U0210105

"十二五"国家重点图书出版规划项目

城市防灾规划丛书

谢映霞 主编

第四分册

城市地质灾害防治规划

崔 鹏 彭建兵 等 编著

中国建筑工业出版社

图书在版编目（CIP）数据

城市防灾规划丛书　第四分册　城市地质灾害防治规划／崔鹏等编著. —北京：中国建筑工业出版社，2016.8

ISBN 978-7-112-19598-5

Ⅰ.①城…　Ⅱ.①崔…　Ⅲ.①城市-灾害防治-城市-规划②城市-地质-自然灾害-灾害防治　Ⅳ.①X4②P694

中国版本图书馆CIP数据核字（2016）第164360号

责任编辑：焦　扬　陆新之
责任校对：王宇枢　李美娜

城市防灾规划丛书
第四分册
城市地质灾害防治规划
崔　鹏　彭建兵　等　编著
*
中国建筑工业出版社出版、发行（北京海淀三里河路9号）
各地新华书店、建筑书店经销
北京锋尚制版有限公司制版
北京顺诚彩色印刷有限公司印刷
*
开本：880×1230毫米　1/16　印张：27¾　字数：694千字
2016年12月第一版　2016年12月第一次印刷
定价：108.00元
ISBN 978-7-112-19598-5
（29095）

总　序

　　我国是一个灾害频发的国家，近年来，随着公共安全意识的逐渐提高，我国防灾减灾能力不断提升，防灾减灾设施建设水平迅速提高，有效应对了特大洪涝灾害、地震、地质灾害以及火灾等灾害。但是，我国防灾减灾体系仍然还不完善，防灾减灾设施水平和能力建设仍然相对薄弱，随着我国城镇化的迅速发展，城市面临的灾害风险仍然呈日益加大的趋势。特别是当前我国正处于经济和社会的转型时期，公共安全的风险依然存在，防灾减灾形势严峻，不容忽视。

　　城市防灾减灾规划是保护生态环境，实施资源、环境、人口协调发展战略的重要组成部分，对预防和治理灾害，减轻灾害造成的损失、维护人民生命财产安全有着直接的作用，对维护社会稳定，保障生态环境，促进国民经济和社会可持续发展具有重要的意义。

　　防灾减灾工作的原则是趋利避害，预防为主，城市规划是防灾减灾的重要手段，这就是要在城市规划阶段做好顶层设计，防患于未然，关键是关口前移。城市安全是关乎民生的大事，国务院高度重视城市防灾减灾工作，在2016年对南京、广州、合肥等一系列城市的规划批复中要求各地要"高度重视城市防灾减灾工作，加强灾害监测预警系统和重点防灾设施的建设，建立健全包括消防、人防、防洪、防震和防地质灾害等在内的城市综合防灾体系"，进一步阐明了防

灾减灾规划的重要作用，无疑，对规划的编制和实施提出了规范化的要求。

　　随着我国城镇化的发展，各地防灾规划的实践日益增多，防灾规划编制的需求日益加大。但目前我国城市防灾体系还不健全，相应的防灾规划的体系也不完善，防灾规划的编制内容、深度编制和方法一直在探索研究中。为了满足防灾规划编制的需要，加强防灾知识的普及，我们策划了本套丛书，旨在总结成熟的规划编制经验，顺应城市发展规律，推动规划的科学编制和实施。

　　本套丛书针对常见的自然灾害，按目前城市防灾规划中常规分类分为城市综合防灾规划、城市洪涝灾害防治规划、城市抗震防灾规划、城市地质灾害防治规划、城市消防规划和城市灾后恢复与重建规划六个方面。丛书系统介绍了灾害的基本概念、国内外防灾减灾基本情况和发展趋势、城市防灾减灾规划的作用、规划的技术体系和技术要点，并通过具体案例进行了展示和说明。体现了城市建设管理理念的更新和转变，探讨了新的可持续的城市建设管理模式。对实现城市发展模式的转变，合理建设城市基础设施，推进我国城镇化健康发展，具有积极的作用，对防灾规划的研究和编制具有很好的参考价值和借鉴作用。

　　丛书编写过程中，编写组收集了国内外相关领域

的大量资料，参考了美国、日本、欧洲一些国家以及我国台湾和香港地区的先进经验，总结了我国城市综合防灾规划以及单项防灾规划编制的实践经验，采纳了城市规划领域和防灾减灾领域的最新研究成果。本套丛书跨越了多个学科和门类，为了便于读者理解和使用，编者力求从实际出发，深入浅出，通俗易懂。每一分册由规划理论、规划实务和案例三部分组成，在介绍规划编制内容的同时，也介绍一些编制方法和做法，希望能对读者编制综合防灾规划和单灾种防灾规划有所帮助。

本套丛书共分六册，第一分册和第六分册为综合性的内容。第一分册为综合防灾规划编制，第六分册针对灾后恢复与重建规划编制。第二分册至第五分册分别围绕防洪防涝、抗震、防地质灾害和消防几个单灾种专项规划编制展开。第一分册《城市综合防灾规划》，由中国城市规划设计研究院邹亮、陈志芬等编著；第二分册《城市洪涝灾害防治规划》，由华南理工大学吴庆洲、李炎等编著；第三分册《城市抗震防灾规划》，由北京工业大学王志涛、郭小东、马东辉等编著；第四分册《城市地质灾害防治规划》，由中国科学院山地研究所崔鹏等编著；第五分册《城市消防规划》，由上海市消防研究所韩新编著；第六分册《城市灾后恢复与重建规划》由清华同衡城市规划设计研究院张孝奎、万汉斌等编著。本套丛书既是系统的介绍，也是某一个专项的详解，每一本独立成册。读者可以阅读全套丛书，进行综合地系统地学习，从而对城市综合防灾和防灾减灾规划有一个全方位的了解，也可以根据工作需要和专业背景只选择某一本阅读，掌握某一种灾害的防治对策，了解单灾种防灾规划的编制内容和方法。

本套丛书阅读对象主要是从事防灾减灾专业的技术人员和城市规划专业的技术人员；大专院校、科研院所城市规划专业和防灾领域的教师、学生也可以作为参考书；对政府管理人员了解防灾减灾规划基本知识以及管理工作也会有一定帮助。

本书编写过程中，得到了洪昌富教授、秦保芳先生、黄国如教授等的大力帮助，他们提供了相关领域的研究成果和案例，在百忙之中抽出时间审阅了文稿，并提出了宝贵的意见和建议。本书编写出版过程中还得到了中国建筑工业出版社的大力帮助和支持，出版社陆新之主任和责任编辑焦扬对本丛书倾注了极大的心血，从始至终给予了很多具体的指导，在此一并致谢。

由于本丛书篇幅较大，专业涉及面广，且作者水平有限，尽管我们竭尽心力使书稿尽量完善，但不足及疏漏的地方仍在所难免，敬请读者批评指正。

丛书主编 谢映霞

2016年8月

前　言

中国幅员辽阔，地貌类型多样，地质构造复杂，是地质灾害最为严重的国家之一。地质灾害种类多、分布广、危害大，严重制约着灾害多发地区的经济发展，威胁着人民生命财产安全。根据全国地质灾害统计资料，2005～2014年的十年间，全国共发生地质灾害261 647起，其中滑坡194 344起、崩塌47 600起、泥石流10 093起、地面塌陷3 741起、地裂缝1 391起和地面沉降341起，共造成6 489人死亡、1 442人失踪、3 758人受伤，直接经济损失466.85亿元。

改革开放以来，中国的城市化速度大大加快，2000年城镇人口所占比重达到36.22%，比1978年提高了18.3个百分点；2015年城镇人口已经达到56.1%；至2030年，中国将有60%以上的人口生活在城市里。随着城市人口的增长，平原大中城市和山区中小城镇的规模不断扩大。山区城镇建设区往往位于滑坡和泥石流的危险区，遭受崩塌、滑坡和泥石流灾害的可能性增大；而平原区城市建设也不断引发地面沉降、地裂缝等地质灾害。因此，城镇地质灾害防控将成为我国地质灾害防治的重要任务。

2003年11月24日，第394号中华人民共和国国务院令，公布并实施了《地质灾害防治条例》（简称《条例》）。《条例》中要求国土资源主管部门会同建设、水利、铁路、交通等部门，依据全国地质灾害调查结果，编制全国地质灾害防治规划，经专家论证后报国务院批准公布。县级以上地方人民政府国土资源主管部门会同同级建设、水利、交通等部门，依据本行政区域的地质灾害调查结果和上一级地质灾害防治规划，编制本行政区域的地质灾害防治规划，经专家论证后报本级人民政府批准公布，并报上一级人民政府国土资源主管部门备案。同时指出，编制城市总体规划、村庄和集镇规划，应当将地质灾害防治规划作为其组成部分。因此，地质灾害防治规划是我国现阶段进行地质灾害防治的重要环节。然而，迄今还没有一部系统地论述地质灾害防治规划编制的专著，尤其是城市地质灾害防治规划编制和城市地质灾害防治的技术指导工具书。本书力图满足这种客观需求，提供城市地质灾害防治规划编制必要的知识和技术，本书的出版发行将为各级政府编制规划提供重要的支持。

全书分两部分，共10章。第一部分为第一章至第四章，为城市地质灾害防治规划概论。第一章绪论，在对城市地质灾害的类型、危害以及对城市规划与安全影响分析的基础上，论述了我国城市地质灾害防治现状和存在的问题；第二章主要论述了城市地质灾害防治规划的目标、原则、依据、内容以及城市地质灾害防治规划和城市规划之间的关系；第三章论述了城市地质灾害防治规划编制的技术基础（地质灾害调查、勘察、判识、风险评价、适宜性评价）、标准和方法；第四章从地质灾害管理的法律体系、地质灾害防治与应急预案、社区减灾管理、地质灾害减灾防灾设施管护和地质灾害管理信息系统五个方面，介绍了目前城市地质灾害管理的基本内容与方法。第二部分为第五章至第十章，主要介绍城市地质灾害防治规划技术与案例。五至九章从泥石流、滑坡、地裂缝、地面沉降和地面塌陷五个灾种，论述了城市地质灾害防治规划的特点、依据、指导思想、原则、内容，重点介绍了城市地质灾害防治规划编制的技术方法，主要包括基本信息获取、风险评价、监测预警、预防与治理，并附了相应实例。第十章主要介绍香港在山坡地风险管理方面的经验和方法。

本书由崔鹏和彭建兵主持编著工作。第1章由崔鹏、王洋、蒋先刚、江兴元和雷雨编写；第2章由崔鹏、陈晓清、蒋先刚和刘剑编写；第3章第1节和第2节由彭建兵和成玉祥编写，第3节由邹强、曾超和雷雨编写，第4节由游勇和何思明编写，第5节由陈晓清、成玉祥和刘聪编写，第6节由陈晓清编写；第4章第1节由崔鹏、彭建兵和成玉祥编写，第2节由彭建兵和成玉祥编写，第3节由陈蓉编写，第4节由陈晓清编写，第5节由邹强编写；第5章由游勇、李德基、陈晓清、柳金峰和张金山编写；第6章由王全才和何思明编写；第7章由彭建兵和刘聪编写；第8章由彭建兵和成玉祥编写；第9章由陈学军、刘之葵、肖桂元、宋宇和黄翔编写；第10章由岳中琦编写。

参与本书编写的各位作者在繁忙的科研和教学工作之余，以严谨的态度为我国城市地质灾害防治做出了贡献；多位匿名审稿人认真审阅书稿，提出中肯的建设性意见和建议，对于提高本书质量起到了重要作用；中国建筑工业出版社焦扬编辑在本书编写的全过程给予多方面的帮助，并一丝不苟精心编辑修改，在本书编印质量的保障上倾注了大量心血；秦保芳老先生不顾年迈，昼夜伏案阅览书稿，提出了宝贵意见；蒋先刚、刘剑、成玉祥、刘聪、王娇和严炎协助汇总稿件和审读全书。值此书稿即将付梓之际，谨向作者、审稿人、图件绘制者、编辑以及所有在撰写与编印过程中做出贡献和给予支持与帮助的个人和单位致以衷心的谢忱！

本书是我国第一部城市地质灾害防治规划的书，我们在编写过程中很难定位和把握尺度，期间有幸得到多位专家的指教和丛书组织单位中国建筑工业出版社的帮助，使得本书以目前的面貌与读者见面。我们反复思考，多次修改，时间上多有延误，仍然感觉不够成熟；同时由于作者水平和对丛书整体要求的理解所限，书中难免有错误和不当之处，作为引玉之砖，敬请读者批评指正，并期盼更高水平的同类著作问世，在国家城镇减灾中发挥作用。

崔鹏　彭建兵
2016年8月

目　录

第1篇　理论基础 　　　　　　　　　　1

第一章　绪论 　　　　　　　　　　2

1.1　城市地质灾害类型及其危害特征 　2
　　1.1.1　城市地质灾害的类型 　2
　　1.1.2　典型城市地质灾害及其危害特征 　3
1.2　地质灾害对城市规划与安全的影响 　7
1.3　我国城市地质灾害防治现状 　7
　　1.3.1　地质灾害调查 　7
　　1.3.2　城市地质灾害机理研究 　8
　　1.3.3　灾害监测与预测、预报和预警 　8
　　1.3.4　工程防治 　9
　　1.3.5　群测群防 　9
1.4　我国城市地质灾害防治面临的问题 　10
1.5　城市地质灾害防治规划的意义 　11

第二章　城市地质灾害防治规划原理 　12

2.1　城市地质灾害防治规划的目标与原则 　12
　　2.1.1　城市地质灾害防治规划的目标 　12
　　2.1.2　城市地质灾害防治规划的原则 　13
2.2　城市地质灾害防治规划的构成与内容 　14
　　2.2.1　地质灾害防治规划编制构成 　14
　　2.2.2　地质灾害防治规划编制的主要内容 　14
2.3　与城市规划相匹配的地质灾害防治规划 　15
　　2.3.1　城市地质灾害防治规划与城市总体规划的关系 15
　　2.3.2　城市地质灾害防治规划与重大工程规划的关系 16

　　2.3.3　城市地质灾害防治规划对城市建设的支撑作用 16

第三章　城市地质灾害防治规划 　17

3.1　地质灾害的调查和勘查 　17
　　3.1.1　地质灾害的调查 　17
　　3.1.2　地质灾害的勘查 　21
3.2　地质灾害判识 　29
　　3.2.1　地质灾害的遥感影像判识 　29
　　3.2.2　地质灾害的现场判识 　32
3.3　地质灾害风险分析与制图 　37
　　3.3.1　地质灾害危险性分析 　37
　　3.3.2　地质灾害承灾体易损性分析 　42
　　3.3.3　地质灾害风险分析与制图 　47
3.4　灾害危险区土地利用适宜性评价与选址 　51
　　3.4.1　泥石流灾害危险区土地利用适宜性评估 　51
　　3.4.2　崩塌、滑坡灾害危险区土地利用适宜性评估 　59
　　3.4.3　地裂缝灾害危险区土地利用适宜性评估 　62
　　3.4.4　地面沉降灾害危险区土地利用适宜性评估 　64
　　3.4.5　地面塌陷灾害危险区土地利用适宜性评估 　64
3.5　地质灾害防治标准 　65
　　3.5.1　泥石流防治标准 　65
　　3.5.2　滑坡防治标准 　67
　　3.5.3　地面塌陷和地裂缝防治标准 　68
3.6　地质灾害防治规划技术路线 　69
　　3.6.1　地质灾害防治规划的任务 　69
　　3.6.2　地质灾害防治规划的要求与内容 　69
　　3.6.3　地质灾害防治规划的报告大纲 　70

第四章　城市地质灾害风险管理　78

4.1 地质灾害风险管理体系　78
　4.1.1 地质灾害风险管理的目的与原则　78
　4.1.2 地质灾害防治工作管理的主要内容　78
　4.1.3 地质灾害防治法律体系　79
　4.1.4 地质灾害危险性评估　81
4.2 地质灾害防灾预案与应急预案　83
　4.2.1 地质灾害防灾预案的编制　83
　4.2.2 灾害点防灾预案的内容　83
　4.2.3 地质灾害应急预案　92
4.3 社区减灾管理　96
　4.3.1 减灾社区的定义　96
　4.3.2 减灾社区建设内容　99
　4.3.3 国内外社区减灾管理的经验　99
　4.3.4 我国社区减灾管理存在的问题　100
　4.3.5 我国社区减灾管理的展望　100
4.4 减灾防灾设施管护　101
　4.4.1 减灾防灾设施管护存在的问题及原因分析　102
　4.4.2 相关对策及措施　103
4.5 地质灾害风险管理信息系统　105
　4.5.1 系统建设目标　105
　4.5.2 系统总体设计　105
　4.5.3 地质灾害数据库　105
　4.5.4 软件功能编制　110

第2篇　实施技术与案例　115

第五章　城市泥石流防治规划　116

5.1 泥石流防治规划内容与实施途径　116
　5.1.1 城市泥石流防治规划的特点　116
　5.1.2 城市泥石流防治规划的依据、指导
　　　　思想、原则　116
　5.1.3 城市泥石流防治规划方案与内容　118
5.2 泥石流防治规划信息获取　121
　5.2.1 泥石流灾害调查　121
　5.2.2 泥石流成因调查　122
　5.2.3 流域地形地质勘测　128
　5.2.4 泥石流参数确定　133
5.3 泥石流风险评价与防治分区　144
　5.3.1 泥石流危险区确定与危险性评估　144
　5.3.2 泥石流易损性与风险评估　155
　5.3.3 泥石流分区灾害的处置措施　159
　5.3.4 不同危险区对城市规划的约束　160
5.4 泥石流监测预警　160
　5.4.1 城市泥石流监测预警的原则　160
　5.4.2 城市泥石流监测预警的主要技术方法　161
　5.4.3 城市泥石流监测预警的组织体系　166
　5.4.4 城市泥石流监测预警的实施　169
5.5 泥石流预防与治理　170
　5.5.1 防治工程等级与设计标准　170
　5.5.2 泥石流防治的基本原理　172

5.5.3　泥石流拦挡工程　175
5.5.4　泥石流排导工程　183

5.6　案例——金川县城泥石流防治规划　193
5.6.1　八步里沟流域背景　194
5.6.2　泥石流灾害史　194
5.6.3　泥石流综合治理方案　195
5.6.4　拦蓄工程规划设计　196
5.6.5　排导工程规划设计　197
5.6.6　防治效益及金川县城八步里沟泥石流
综合治理主要经验　198

第六章　城市滑坡与崩塌防治规划　199

6.1　滑坡与崩塌防治规划内容与实施途径　199
6.1.1　规划内容　199
6.1.2　实施途径　199

6.2　滑坡与崩塌防治规划信息获取　200
6.2.1　城市滑坡勘察　200
6.2.2　滑坡的参数确定　206
6.2.3　滑坡稳定性分析　209

6.3　滑坡风险评价与防治分区　220
6.3.1　滑坡危险度区划　220
6.3.2　滑坡易损度区划　227
6.3.3　滑坡风险度区划　228
6.3.4　分区灾害的处置措施　232
6.3.5　不同风险区对城市规划的约束　232

6.4　滑坡监测预警　233
6.4.1　滑坡监测体系　233

6.4.2　滑坡预警预报体系　239
6.4.3　滑坡警示系统　248

6.5　滑坡预防与治理　249
6.5.1　城镇滑坡灾害的主要特征与防灾现状　249
6.5.2　城镇滑坡灾害综合防治基本理念　250
6.5.3　城镇滑坡灾害防治方法　251
6.5.4　崩塌滚石防治技术　257

6.6　案例——樟木镇滑坡防治规划　271
6.6.1　樟木镇滑坡概况　271
6.6.2　防治目标与原则　271
6.6.3　等级划分与设计荷载组合　272
6.6.4　综合防治工程总体方案　272

第七章　城市地裂缝防治规划　279

7.1　城市地裂缝防治规划内容与实施途径　279
7.1.1　城市地裂缝防治规划的特点　279
7.1.2　城市地裂缝防治规划的原则　279
7.1.3　城市地裂缝防治规划的内容　279
7.1.4　城市地裂缝防治规划的编制　280

7.2　地裂缝防治规划信息获取　280
7.2.1　勘察工作应遵循的一般原则　280
7.2.2　勘察工作程度要求　280
7.2.3　勘察技术要求　280
7.2.4　参数确定　288

7.3　地裂缝风险评价与防治分区　289
7.3.1　地裂缝灾害风险评价的内容　289
7.3.2　地裂缝灾害风险评价的步骤　289

7.3.3 地裂缝风险评价指标的选取原则 289
7.3.4 地裂缝危险性指标体系 290
7.3.5 易损性评价指标体系 291
7.3.6 风险评价指标体系 293
7.3.7 不同危险区地裂缝处置措施 297
7.3.8 不同风险区的城市规划 298

7.4 地裂缝监测预警 298
7.4.1 地裂缝监测 298
7.4.2 地裂缝预测 305

7.5 地裂缝预防与治理 308
7.5.1 防治原则 308
7.5.2 减缓与防治灾害措施 309
7.5.3 防治对策 309
7.5.4 地裂缝灾害治理工程实例 315

7.6 案例——西安市地裂缝防治规划 319
7.6.1 现状与形势 320
7.6.2 指导思想、基本原则和防治目标 322
7.6.3 主要任务 324
7.6.4 地裂缝防治工程 325
7.6.5 保障措施 327

第八章 城市地面沉降防治规划 329

8.1 城市地面沉降防治规划内容与实施途径 329
8.1.1 城市地面沉降防治规划的概念及特点 329
8.1.2 城市地面沉降防治规划的主要任务和目的 329
8.1.3 城市地面沉降防治规划的内容 329
8.1.4 城市地面沉降防治规划的编制与实施 330

8.2 地面沉降防治规划信息获取 330

8.2.1 地面沉降调查与勘察的基本要求 330
8.2.2 地面沉降的调查内容 330
8.2.3 地面沉降的勘察与参数确定 331

8.3 地面沉降风险评价与防治分区 332
8.3.1 地面沉降的风险评价理论 332
8.3.2 地面沉降的风险评估模型 334
8.3.3 分区灾害的处置措施 336
8.3.4 不同危险区对城市规划的约束 337
8.3.5 危险区对城市规划的指导意义 337

8.4 地面沉降监测与预测 337
8.4.1 地面沉降监测技术 338
8.4.2 地面沉降预测 346

8.5 地面沉降预防与治理 357

8.6 案例——上海市地面沉降防治规划 359
8.6.1 地面沉降防治现状及面临形势 359
8.6.2 指导方针与防治目标 361
8.6.3 主要任务和工作部署 361
8.6.4 保障措施 365

第九章 城市地面塌陷防治规划 366

9.1 城市地面塌陷防治规划内容与实施途径 366
9.1.1 城市地面塌陷防治规划特点 367
9.1.2 城市地面塌陷防治规划的内容 367
9.1.3 城市地面塌陷防治规划的实施途径 368
9.1.4 城市地面塌陷防治规划的意义 368

9.2 地面塌陷防治规划信息获取 368
9.2.1 岩溶塌陷 368
9.2.2 采空区 374

9.3 地面塌陷风险评价与防治分区 376
　　9.3.1 地面塌陷危险性分区 376
　　9.3.2 地面塌陷易损性评价 384
　　9.3.3 地面塌陷风险性分区 384
　　9.3.4 分区灾害的处治措施 387
　　9.3.5 地面塌陷与城市规划的关系 388

9.4 地面塌陷监测预警 389
　　9.4.1 塌陷监测要求 389
　　9.4.2 采空塌陷监测技术与方法 389
　　9.4.3 岩溶（土洞）塌陷监测技术与方法 391
　　9.4.4 塌陷的预报和预警 393

9.5 地面塌陷预防与治理 395
　　9.5.1 地面塌陷的预防分区 395
　　9.5.2 地面塌陷的预防措施 396
　　9.5.3 采空区地面塌陷的治理措施 397
　　9.5.4 岩溶地面塌陷的治理措施 398

9.6 案例——桂林市西城区地面塌陷防治规划 399
　　9.6.1 桂林市西城区环境地质背景 399
　　9.6.2 桂林市西城区地面塌陷影响因素 400
　　9.6.3 桂林市西城区岩溶塌陷危险性预测评价 402
　　9.6.4 西城区岩溶塌陷预测分区评价 403
　　9.6.5 桂林市西城区岩溶塌陷防治原则及分区 404
　　9.6.6 西城区岩溶塌陷防治措施建议 405

第十章　香港山坡地滑坡风险管治 408

10.1 香港山坡地灾害概况 408
　　10.1.1 香港地理与地质环境 408
　　10.1.2 早期滑坡灾害事件 409
　　10.1.3 20世纪70年代滑坡灾害事件 409
　　10.1.4 1980年以来滑坡灾害事件 409

10.2 山坡地灾害管理发展过程 410
　　10.2.1 概述 410
　　10.2.2 没有专门政府部门管治阶段 410
　　10.2.3 设有专门政府部门管治阶段 410
　　10.2.4 方法、经验与效益 410

10.3 山坡地安全和灾害风险管理理念 411
　　10.3.1 概念 411
　　10.3.2 责任归属 411
　　10.3.3 滑坡调查和目的 412
　　10.3.4 经济和伤亡安全度 412
　　10.3.5 山坡地上水的管理与分工 412
　　10.3.6 经费投入与成果产出 412

10.4 人工边坡安全与灾害风险管理 412
　　10.4.1 概述 412
　　10.4.2 人造斜坡安全技术规范和法规 412
　　10.4.3 人造斜坡的调查和档案 413
　　10.4.4 新岩土工程的技术审批和监理 413
　　10.4.5 长期防止滑坡工程 413
　　10.4.6 启动和推行迁拆简易居民房 414
　　10.4.7 政府斜坡的维修审核 414

10.5 天然斜坡安全与灾害风险管理 414
　　10.5.1 防御式防治 414
　　10.5.2 郊野公园 415

附图 417
参考文献 421

第 1 篇　理论基础

第一章　绪论

1.1　城市地质灾害类型及其危害特征

城市地质灾害是指发生在城市或对城市造成危害的地质灾害的通称。它有两方面的含义，一是作为一种地质体的运移破坏现象，即地质灾害的物质本体，可称为致灾体（hazard）；其二是致灾体造成的人员伤亡、财产、设施损毁和经济损失（disaster）。从致载体的角度讲，城市地质灾害与发生在其他地区灾害体的物理性质没有明显区别；但是，由于城市承载体的性质（空间分布、密度、易损性、暴露度等）显著区别于其他地方，城市地质灾害具有明显区别于其他地方的成灾特征。本章简述城市地质灾害的类型、危害及其对城市规划与安全的影响，简要回顾我国城市地质灾害防治现状，提出城市减灾面临的问题。

1.1.1　城市地质灾害的类型

灾害分类是对灾害形成因素、内在规律和外部特征的系统认识和概括，反映了对灾害现象的整体认识程度。分类结果对于基础理论研究和灾害防治具有重要的参考作用。根据2003年颁发的《地质灾害防治条例》，地质灾害可划分为30多种类型。由降雨、融雪、地震等因素诱发的称为自然地质灾害，由工程开挖、

堆载、爆破、弃土等引发的称为人为地质灾害。对于城市地质灾害的分类，也有不少学者做了较为详细的研究[1, 2]，比较系统的分类体系有以下几种。

1）按地质动力作用分类

按地质动力作用，城市地质灾害分为内动力地质作用引发和外动力地质作用引发两种类型。内动力地质作用引发城市地质灾害包括地震、火山活动、断层活动等；外动力地质作用引发城市地质灾害（自然外动力、人类活动外动力）包括泥石流、崩塌、滑坡、地裂缝、地面塌陷、地面沉降、砂土液化、海水入侵、海岸蚀退、垃圾堆积、建筑地基变形等。

2）按地质体（环境）变化速度分类

突发性城市地质灾害包括地震、火山活动、崩塌、滑坡、泥石流、地面塌陷等；渐进性城市地质灾害包括地裂缝、地面沉降、海水入侵、垃圾污染、建筑地基变形、海岸侵蚀等。

3）按地貌部位分类

城市所处的地貌位置不同，会发育不同类型的地质灾害。因此，平原城市、矿业城市、山区城市和沿海城市的城市地质灾害各有不同，图1-1列出了主要的灾害类型。

可以看出，上述城市地质灾害分类是从不同角度对各类地质灾害特性的归纳总结，这不仅折射出人类

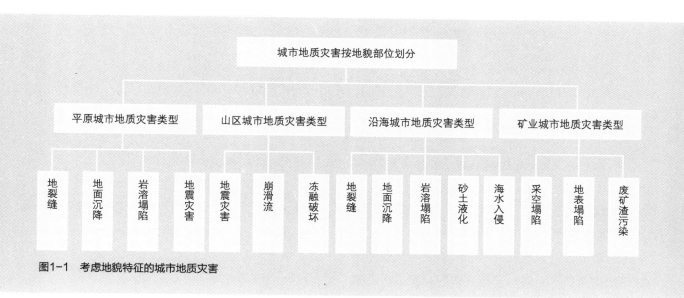

图1-1　考虑地貌特征的城市地质灾害

对城市地质灾害认识的不断深入，更多的是体现在为未来的城市规划指明了发展方向。

1.1.2　典型城市地质灾害及其危害特征

1）地震灾害

地震活动是对城市地貌改造、人员伤亡、构筑物破坏最强烈的一种构造地质作用。城市地震灾害的发生与所处的地质构造带密切相关，同时城市因人口、工程设施、财产高度密集，地震灾害造成的直接损失和间接损失严重，是城市地质灾害减灾的重点。

我国的地震活动具有分布广、频率高、强度大、震源浅、危害大的特点。地震活动强烈的地区多分布在地壳不稳定的大陆板块和大洋板块接触带及板块断裂破碎带上，主要为东南部的台湾和福建沿海，华北太行山沿线和京津唐地区，西南青藏高原及其边缘的四川、云南省西部，西北的新疆、甘肃和宁夏（图1-2）。据不完全统计，我国8级以上的地震平均每10

图1-2 中国地震活动强烈地区分布图[3] [审图号：GS（2013）5190号]（彩图详见文末附图）

年1次，7级以上的地震平均每年1次，而5级以上的地震平均每年有14次之多。城市地震灾害的大小主要取决于地震强度以及地震震中与城市的距离或破裂带与城市的相对位置。同时，地震灾害与城市规模和防震抗灾能力有密切关系，我国人口在100万以上的城市，70%位于地震烈度大于Ⅶ度的地区内，防灾形势严峻。

强地震作用可在几分钟甚或几十秒钟内摧毁一座城市的全部或大部分建筑物和生命线系统。据世界主要地震资料统计，由房屋倒塌和生命线工程的破坏造成人员伤亡和财产损失占全部地震损失的95%。此外，地震灾害极易诱发地质灾害的连锁效应，地震过程中产生的滑坡、山崩、地面塌陷、水灾等造成的间接损失往往超过地震灾害直接损失的几倍。

2008年5月12日，我国四川省汶川县映秀镇发生8.0级地震（图1-3a），波及我国大部分地区，受灾面积44万km²，受灾人口达到4 624万人，其中汶川、北川等10个县（市）为极重灾区，41个县（市、区）为重灾区，186个县（市、区）为一般受灾区，地震共造成69 277人遇难，17 923人失踪，直接经济损失达8 451亿人民币[4]。

2015年4月25日发生在尼泊尔博克拉市区的8.1级地震，造成超过9 000人死亡，23 000人受伤，地震最大烈度Ⅹ度，地震造成尼泊尔大量房屋和道路损毁（图1-3b）。我国西藏、印度、孟加拉国、不丹等地均出现人员伤亡。其中，西藏自治区房屋倒塌1 191户（聂拉木县倒塌310户，定日县倒塌62户，吉隆县819户），房屋受损5 828户（吉隆县受损1 100户，聂拉木县受损540户，萨嘎县受损3 730户，仲巴县受损22户，拉孜县受损118户），日喀则市寺庙受损54座。

（a） （b）

图1-3 地震引发城市破坏
（a）汶川地震；（b）尼泊尔地震

2）崩塌、滑坡、泥石流

崩塌、滑坡、泥石流（简称崩滑流）广泛分布于山区，亦是对城市影响比较严重的地质灾害。我国西南山区的城市一般依地势而建，在青藏高原隆升和季风气候的背景下，降雨集中，地质构造复杂，地形起伏大，这些地区的岩层经过长期的构造、风化作用，节理、裂隙比较发育，加之城市建设中不合理的人类工程扰动烈，会加速地质环境的恶化，从而改变地质体的稳定性，极易造成崩塌、滑坡、泥石流等城市地质灾害的发生。随着国家西部大开发战略的实施，西部城镇基础设施建设以及资源开发等领域将会得到迅猛的发展，这不可避免地会大量引发上述城市地质灾害，危害城镇、工厂、矿山、铁路、公路、航运、农业、水利、电力、通信和国防等社会、经济的各个方面[5]。

城市崩滑流灾害导致人员伤亡、破坏城镇的各种工程设施、土地资源和生态环境等。据不完全统计，我国每年发生灾害数千至上万起，7 400万人不同程度地受到城市地质灾害的危害和威胁。2001～2013年全国崩塌、滑坡、泥石流、地面沉降、地面塌陷和地面裂缝等城市地质灾害共造成11 264人死亡或失踪（不含汶川地震期间滑坡、崩塌和泥石流造成的约25 000人遇难的数据），直接经济损失高达589.11亿

元，平均每年死亡或失踪867人，年平均直接经济损失达45.32亿元（图1-4）。其中仅2010年8月8日甘肃省舟曲山洪泥石流就造成1 765人死亡和失踪，毁坏房屋4 321间，22 667人无家可归（图1-5）。2010年8月13日四川省绵竹市清平乡特大泥石流灾害造成12人死亡和失踪，500人被困，600余户房屋被掩埋。据《全国地质灾害通报》，2012年1～9月全国共发生滑坡10 738起、崩塌2 015起、泥石流905起，造成348人死亡或失踪。

2013年7月10日四川省都江堰市中兴镇五里坡发生山体滑坡事件，大约264万方岩土体发生失稳，滑坡体下方11户农家乐被吞噬，造成44人死亡和117人失踪。2013年3月29日西藏普朗沟发生特大型滑坡——碎屑流灾害，造成83人遇难和失踪（图1-6）。

3）地面变形灾害

地面变形是指地面岩土体在内外动力作用下垂向变形破坏并向深部架空或潜在空间方向的运动，主要包括地面沉降、地面塌陷和地面裂缝等。我国工矿企业的发展与建设，一方面促进了国民经济的发展，形成了一大批城市；另一方面，在这些城市周围矿产资源开发和隧道等工程建设中，形成大面积的地下采空区。如果采空区域上有建筑物存在，在上覆荷载的作

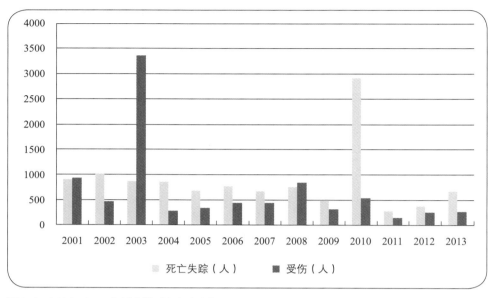

图1-4 2001～2013年城市地质灾害造成的伤亡人数统计

图1-5 甘肃省舟曲特大山洪泥石流灾害（粉色部分为灾前建筑物的分布）（彩图详见文末附图）

图1-6 2013年7月10日四川都江堰五里坡滑坡灾害（彩图详见文末附图）

用下，岩土层易发生不均匀沉降，产生地裂缝，甚至突然塌陷。此外，沿海和内陆城市地下水超采严重，长期的过量开采，造成地下水位下降，土体在上层自重荷载作用下压缩孔隙，发生沉降固结变形。在地面变形强烈区域，往往会伴随着地表较大的垂直和水平位移的发生，如深井管上升、井台破坏、桥墩的不均匀下沉等，对地面建筑及市政建设造成严重威胁。不仅如此，地面沉降还常伴随着地裂缝的发生，造成建

筑物破坏、道路毁损、管网错断，并严重制约着城市建设的发展[6]。

《全国地面沉降防治规划（2011—2020年）》（2012）指出，目前全国遭受地面变形灾害的城市超过50个，分布于北京、天津、河北、山西、内蒙古等20个省区市。其中，全国累计地面沉降量超过200mm的地区达到7.9万km²，并有进一步扩大趋势。我国地面沉降主要有三大重点片区，分别为长江三角洲

地区、华北平原、汾渭盆地。根据中国地质调查局等部门评估，近几十年来，长三角地区因地面沉降造成的经济损失共计3 150亿元；华北平原地面沉降所造成的直接经济损失达404.42亿元，间接经济损失2 923.86亿元。

1.2 地质灾害对城市规划与安全的影响

城市化是一个国家走向现代化的必然趋势，是人类社会发展的必然结果[7]。随着社会发展和人类进步，人口和经济设施相对集中的现代化城市不仅在发达国家，而且在发展中国家都以极快的速度形成并扩展。面对地质灾害的威胁，城市容易受损已在全球灾害学家中达成共识，城市地质灾害也成为"国际减灾十年"和当今社会生活中人们关注的焦点[8]。城市地质灾害对人类的生存发展环境（城镇）、人民健康、生命、财产造成危害，是致灾地质作用与受灾对象（人、物、设施）相遭遇的结果。地质环境是城市发展的物质基础，随着经济社会的发展，人类对自然的干预能力越来越大，地质环境恶化已日益显露出来，城市地质灾害日渐突出，已经成为制约现代城市可持续发展的重要影响因素之一[9]。

我国幅员辽阔，国土南北跨纬度近50°，东西横逾经度60°，大陆海岸线长逾18 000km。此外，我国还属于山地大国，包括高原和丘陵在内，约有山地面积666万km²，占国土总面积的69.4%，山区人口占全国总人口的1/3以上。广袤的国土内气候、地形、地质条件差异巨大，为各类地质灾害的发生提供了基本条件。尤其是山区特有的能量梯度使之成为泥石流、滑坡、崩塌等地质灾害的集中发育区。城市地质灾害通过冲刷、冲毁和淤积等过程，摧毁城镇和乡村居民点，破坏道路桥梁和水电工程，淤积河道和水库，毁坏农田和森林，阻断交通和河道，造成巨大的人员伤亡、财产损失和生态破坏，严重影响到城镇人民生命财产与工程建设安全，制约着城镇资源开发与经济发展。特殊的国情和地情，给我国城市尤其是山区城市的发展建设带来巨大挑战。

1.3 我国城市地质灾害防治现状

1.3.1 地质灾害调查

地质灾害调查是城市地质灾害防治的基础，由于科技和经济条件制约，我国地质灾害研究工作的开展较其他发达国家起步晚，发展相对落后，1930年才开始对地震灾害研究。20世纪50年代开始先后对北京、西安、包头等城市的水源地勘察、地下水开采以及在此基础上开展的地下水动态监测[10, 11]。六七十年代为满足城市建设和经济发展的需要，开展了各种尺度的区域性和专门性的水文地质、工程地质以及环境地质的调查和评价工作。尤其是上海、天津在地面沉降的勘察方面取得了许多重要的成果，与此同时全国各地相继建立起了地下水动态监测站。在此后的"三线建设"中，尽管地质灾害受到党中央和国务院的高度重视，但是基层的地质灾害防治工作仍然多为分散地、被动地应急式开展[12, 13]。80年代，我国城市地质灾害工作发展迅速，水文地质、工程地质勘察、水工环境地质勘察研究全面展开，工作区域从单个城市向国土综合开发区和大江大河流域发展，先后完成了长江、黄河等流域的环境地质调查和编图工作[14]。如：1983年开展了北京地区航空遥感调查，1984～1985年开展了30多个中心城市1/5万地质调查，1989年在100多座城市开展了地质论证、工程地质以及环境勘察，为城市规划、建设和管理提供了参考。1990年地矿部环境司主编了《沿海主要城市水资源及地质环境评价》报告，对丹东、上海、青岛、厦门、珠海、北海等21个城市水资源和地质环境进行了评价。1992年由国家计划委员会和地矿部环境司共同编写出版的《中国重点城市和地区地下水资源开发利用现状以及供水对策图集》,包含了全国25个重点城市的地质环境和能源基地的重点图幅。1995年至2000年期间,在党中央国务院的积极倡导下,我国的地质灾害研究工作才得以在全国范围内展开,工作重点集中在地震、滑坡、地面沉陷、崩塌、泥石流灾害等方面。2000年中国地质调查局开展了一系列的矿山地质环境调查。2001年国土资源部组织召开了"全国地质环境与城市规划研讨会"。会议主要围绕在新的历史时期,如何科学合理地利用城市地质环境,城市环境地质问题,城市环境与城市可持续发展问题,不同功能、不同规模城市的地质环境等问题展开了研讨。中国地质学会在2004年于青岛召开了中国城市地质研究成果交流会,汇报交流城市地质研究进展,并完成《中国城市地质》专著的编写[15]。

21世纪以来,城市地质灾害严峻,国家对城市地质灾害越发重视。2003年《地质灾害防治条例》颁布后,29个省(区、市)颁布相关的地方性法规或章程,后续又出台了《国家突发地质灾害应急预案》等规程,对山地丘陵区的2 020个县开展了灾害调查与区划,完成了我国地质灾害区域分布图[16]。

1.3.2 城市地质灾害机理研究

开展城市地质灾害机理研究是城市地质灾害防治的基础。城市地质灾害对我国经济建设和人民生命财产安全构成了严重威胁,受到众多科研工作者的重点关注,并对各种灾害类型如泥石流、滑坡、崩塌等进行了大量的研究。在对地质灾害领域研究的不断拓展中,研究者把相关基础学科理论系统地引入到地质灾害的研究中,逐渐从演变过程、形成机理等方面开展研究。20世纪80年代中期,西安矿业学院杨梅忠对煤田矿区的地质灾害问题进行研究,从地质灾害链入手分析其形成原因,之后又在地质灾害点、灾害面、灾害群、灾害体系及灾害结果上提出了独特的理论和实

践系统[17-19]。从90年代起,崔鹏就致力于泥石流起动机理研究,系统地分析了泥石流起动模式,建立了泥石流起动辨别条件,从理论上为泥石流灾害的防治提供了支持[20-23]。王光谦[24]初步建立了泥石流运动的理论体系,胡凯衡[25]在其流团模型的基础上发展了数值模拟方法,并进行了危险度分区的实例验证。黄润秋[26]收集了20世纪以来中国大型滑坡实例,并重点选取其中典型的11例做了深入分析,认为滑动面上的"锁固段"是岩质滑坡灾害防治的关键,并指出查明滑坡变形破坏的力学模式是滑坡防治的基础。岳中琦[27, 28]提出气体在地震滑坡启动中的重要作用,并对气体成因和机理做了深入研究,为该类滑坡今后的防治提供了新的思路。彭建兵等[6]在大型科学探槽、钻探和地震勘探的揭露基础上,通过大型物理模拟和数值模拟,发现西安地裂缝实际上是在盆地区域拉张伸展背景下,在超采地下水诱致地面沉降作用下,土层中的先存构造破裂面扩展至地表形成的地表裂缝,并把新的理论认识用于科学制订城市地裂缝防灾减灾中。这些研究成果对于灾害发生的机理有了较深层次的认识,对发展泥石流、滑坡、崩塌等地质灾害相应的减灾对策提供了理论基础,为城市地质灾害的评估和防治提供了强有力的支撑。

1.3.3 灾害监测与预测、预报和预警

灾害预警是在灾害即将发生或者已经发生尚未到达危险区的时刻,发出预警信息,为人员疏散撤离赢得时间,减免人员伤亡。地质灾害的预测预报解决的是灾害是否发生(以及发生的可能性)、发生时间、发生地点、爆发规模与破坏能力的问题,是经济有效的减灾手段。灾害预测预报包括时间预报、空间预测和灾害(规模和性质)预测等。随着对灾害形成机理认识的不断深入,城市地质灾害的监测预测、预报、预警亦取得了长足的发展。

在对我国地质灾害的分类、特点、影响元素、分

布情况和地区规律等进行广泛研究的基础上，对城市地质灾害危险性预测预警提出了一些新颖的观点和理论。如丁继新等[29]根据三峡地区部分县市的滑坡和降雨历史资料，将降雨量、暴雨和降雨时间3个因子叠加分析，建立了降雨因子与滑坡易发程度的关系，并在三峡的万县地区得到较好应用。崔鹏等[30]通过分析蒋家沟实测泥石流发生的降雨数据，发现土壤含水量对激发雨量影响较大，反映土壤含水量的前期降雨与激发雨量具有负相关关系，且激发雨量随着雨季的推进而降低。马力等[31]通过对重庆1 615个滑坡样本与其发生前10天降水量进行统计分析，揭示了前期降水量、有效降雨量和滑坡发生时间、发生概率和位移量的关系，并依此建立了强降水诱发的滑坡预报模型。乔建平等[32]提出采用不同危险区内降雨滑坡时间和空间概率的预警方法。国土资源部和中国气象局联合发布的地质灾害预报在全国范围包括城市减灾中发挥了巨大作用。这些理论和关系模型为城市地质灾害的防治起到了巨大的促进作用，仅2010年我国地质灾害就成功预报1 166起，减少近10亿元的经济损失[33]；2012年1～7月辽宁省成功预报地质灾害53起，紧急转移人员12 609人，避免人员伤亡311人[34]。彭建兵、张勤等[6]在地面沉降地裂缝发育最显著的西安市和北京市建立了基于InSAR、GPS和水准监测的立体监测网络，有效地掌控着地面沉降地裂缝的动态变化，为城市规划建设提供了重要的基础资料。

1.3.4　工程防治

我国工程技术的进步也使得地质灾害的防治工作有了突破性进展。如预应力锚索、滑坡带土注浆技术、纤维束导渗排水技术、预应力锚梁技术、层状网式钢筋石笼挡墙技术、预应力抗滑桩技术的发展，为地质灾害的预防和治理提供了更多的有效手段，收到了良好的效果[35-37]。20世纪60年代起，中国科技人员就进行了城市地质灾害的治理工作。70年代以来，中

国科学院成都山地灾害与环境研究所的科研人员，进行了城镇泥石流防治研究与实践，在灾害治理中引入生物措施，如水源涵养林、水流调节林、护坡林等，并确定了其适用性[38]，并构建了金川县城、黑水县城等一系列山区城镇泥石流防治示范工程。到20世纪90年代末，研究者对林木根系固土效应展开了初步研究，杨亚川[39]、代全厚[40]等测试了不同草种生长土体的抗剪强度，初步量化了草根系对土壤的"加筋作用"。这意味着生物措施的应用开始了由最初的经验性应用向具有科学依据的定量化措施的转变。生物措施的引入，为工程防治城市地质灾害与环境的可持续性发展提供了新的思路。彭建兵等[6]针对西安地裂缝灾害，系统地提出了控制采水、合理避让、适应变形和局部加固的城市地裂缝减灾应对措施，并成功地解决了地铁工程的地裂缝防治技术难题，为西安市建设尤其是地铁建设提供了重要的技术支撑。

1.3.5　群测群防

群测群防是我国城市地质灾害防治减灾的重要非工程措施。2003年国务院颁布的《地质灾害防治条例》中明确指出应当加强地质灾害易发区的群测群防工作。地质灾害群测群防体系是指县、乡、村地方政府组织为防治地质灾害而自觉建立与实施的一种工作体制[41]。该工作始于20世纪70年代，是当时针对地震灾害的重要防震减灾措施，并得到了蓬勃发展。而后应用在地质灾害减灾方面，取得了巨大的成功。始于20世纪90年代的长江上游滑坡、泥石流监测预警体系就首先在地质灾害领域构建群策群防体系，成功预警多起灾害，起到很好的减灾效果。21世纪初，广西壮族自治区选择了107个地质灾害频发点作为群测群防网络试点，成功预报了多起灾害发生，避免了50多人伤亡和近3 000万元的经济损失[42]。据2004年全国715个地质灾害成功预报避灾实例统计分析，居民自我判定、群测群防和临界雨量预报三类分别占成功

预报的3.5%、86.7%和9.8%[41]。

经过多年努力，我国的科研工作者和工程技术人员在城市地质灾害理论研究、工程治理和监测预警等方面做出了重要贡献，总的来说体现在以下几个方面：①开展实施了全国范围内的地质灾害调查，经过大量地质勘探调查，初步掌握了我国地质灾害的分布点和分布特征，总结出了灾害发生和分布规律；②在地质灾害形成机理、演变过程和防治方面取得了重要进展，建立了地质灾害研究体系，初步认清了灾害发生原因与形成运动机理；③针对不同灾害种类形成了相应的防治措施和减灾策略，建立了相对科学、完善、有效的减灾防治技术体系；④新成果、新技术得到了较广泛的应用，对城市地质灾害的预测和防治起到了良好的作用；④建立了群测群防工作体系，加强了易发区民众的地质灾害防范教育，取得了较为显著的成效。

1.4　我国城市地质灾害防治面临的问题

我国城市地质灾害科研工作人员在地质灾害调查、灾害机理研究、防治工程技术以及灾害监测预警上取得了较大发展，但由于灾害现象的负载性和我国减灾任务的艰巨性，目前城市地质灾害防治仍面临以下问题：

（1）地质灾害调查、识别与灾情预估技术尚须完善，未建立起针对城市减灾特殊需求的较为成熟的地质灾害调判、识查与灾情预估理论与技术体系。我国地质灾害活动规律，潜在危害的定量判识方法还未能非常清楚地掌握。由于理论与技术的限制，不能清晰、准确地在灾前判定地质灾害发生的地点、性质及其潜在危害，难以采取适当的预防措施，不能为城市地质灾害防治对策的制定提供坚实的支持。

（2）地质灾害理论体系与技术方法的研究还有较大发展空间，特别是针对城市地质灾害防治的专

门技术还不成熟。目前，虽然提出了很多灾害的形成运动机理，成灾机制有了较系统的认识，但是对灾害的形成、演变、成灾的动力过程研究还处于发展阶段，其成果还不能很好地运用到灾害防治实践中。关于地质灾害预防、整治理论和方法基本上还是建立在对以往灾害的总结、分析和模拟上，较少能够运用这些理论和方法定量精准预测灾害，在灾前制定预防措施，避免人民生命财产的损失。另外，由于灾害体与灾害过程的复杂性，目前提出的灾害理论大多基于相应的假设，对灾害发生环境条件和过程进行简化，只能有条件地适用于解决某种特定情况，针对性强但通用性差。另外，新工艺、新技术、新方法、新材料在地质灾害防治方面的重视度和应用性还不够。真正建立起一套完善的理论与技术体系还有很长的路要走。

（3）城市地质灾害防治与城市规划设计分别由不同部门负责，由不同科技人员群体实施，缺乏二者之间的有机结合。一般而言，如果能把城市地质灾害防治与城市规划设计有机结合，在地质灾害系统勘查与风险评估的基础上，制定城市规划，将会在城市规划设计中充分考虑灾害风险，尽量规避风险或预先采取适当的措施预防灾害，最大限度地降低风险。然而，目前缺乏把二者有机结合的体制与工作机制，从风险到规划之间的知识链不能衔接，基于减轻风险的城市规划缺乏专业坚实的灾害风险知识支撑，成为不少新建城区频频受灾的原因之一。

（4）针对地质灾害的工程防治标准须重新商榷。地质灾害防治标准是防治思路、防治方法和防治技术的较好诠释，也是以往经验和智慧的结晶。地质灾害的发生规模和外界环境紧密相连，在气候变化背景下极端天气气候事件（如极端降雨、高震级地震等）出现频率增加的影响下，城市地质灾害的频度和规模势必会增加，影响范围扩大，损失加重。这就需要对现今使用的规范（程）进行重新审视，与时俱进，建立能适用于当前形势下的灾害防治工程标准。

1.5 城市地质灾害防治规划的意义

我国高度重视城市地质灾害的防治工作。江泽民同志曾把包括地质灾害防治在内的人口资源环境工作视为强国富民安天下的大事；胡锦涛同志也曾强调地质灾害防治事关人民群众的生命财产安全，事关重大建设项目的建设成效，要全面落实地质灾害防治和各项制度和措施，进一步提高监测预报和反应能力，最大限度地减少人员伤亡和财产损失。习近平总书记在要求提高地震后次生灾害认识，加强地质灾害监测预警和应急防范，避免造成新的人员伤亡和财产损失。李克强总理表示灾后重建应该进行科学评估，不能抢进度，重建工作要经得起历史的检验。

城市地质灾害与城市空间、结构、社会、经济各种因素共同影响城市发展格局。中华文明五千年的智慧结晶告诉我们，"凡事预则立，不预则废"，"规划"的重要性可见一斑。开展城市地质灾害防治规划，可以通过调查研究掌握地质灾害特征及分布规律，结合城市社会经济发展需要，科学合理地圈定地质灾害易发区、重点防治区，并按灾害可能的危害程度，分轻重缓急提出分期分批治理方案和科学的防治对策，使地方政府有计划地进行地质灾害防治，为城市社会经济的和谐发展提供宏观决策和技术依据，为实现中华民族伟大复兴的"中国梦"保驾护航。

开展城市地质灾害防治规划：①有利于建立全国地质灾害调查信息系统，在不同地域尺度进行地质灾害危险性评估和风险区划，为城市地质灾害防治提供信息支持。②有利于建立健全监测预警体系，在地质灾害调查与风险评估的基础上，针对地质灾害易发区，逐步建立完整的灾害监测与预警体系，为避险决策和应急处置提供关键性依据。③有利于促进并完善应急体系，逐步建立公共管理需要的重大地质灾害应急响应体系，逐级建设应急中心，指导地方建立防灾责任制和防灾预案，开展地质灾害防治知识宣传培训和演练，完善和充实县级以下基层防灾减灾体系，提高我国地质灾害应急处置的水平。④有利于开展地质灾害防治科学技术支撑研究，对重大地质灾害成因研判、风险评估、监测预警、防控技术和风险管理方法等技术标准等开展系统研究，全面提升我国城市地质灾害的监测预警技术、防控工程手段和应急处置水平。

科学规划城市地质灾害防治是保护地质环境，实施资源、环境、人口协调发展战略的重要组成部分，对预防和治理地质灾害，减轻地质灾害造成的损失、维护人民生命财产安全，维护社会稳定，保障生态环境、促进国民经济和社会可持续发展具有重要的意义[43]。

"十一五"期间，我国积极开展城市地质灾害防治规划工作。2006年以来，全国共成功避让地质灾害3 200多起，临灾转移受地质灾害直接威胁人员20多万。"十二五"以来，2011～2013年全国共成功预报地质灾害5 692起，避免人员伤亡262 004人，避免直接经济损失34.3亿元。这些数据充分说明开展城市地质灾害防治规划对防灾减灾的重要作用。

目前，国家明确提出了到2020年基本消除特大型灾害隐患威胁和明显减少人员伤亡的减灾目标。城市是人口与经济密度最大的区域，也是地质灾害的易损区。因此，城市地质灾害防治及其规划是实现国家减灾目标的关键。

第二章　城市地质灾害防治规划原理

地质灾害防治规划是防治地质灾害的基础性工作和重要依据。科学规划对主动有效地开展地质灾害防治工作，避免和减轻地质灾害给人民生命和财产造成的损失，具有十分重要的作用。

2.1　城市地质灾害防治规划的目标与原则

地质灾害的防治原则是指根据我国社会经济发展水平和地质灾害现状提出的、在规划期内指导地质灾害防治工作的基本准则。

由于我国灾害种类多样、数量巨大、活动频繁、危害严重，而经济仍然处于发展阶段，地质灾害防治的原则为以预防为主，避让与治理相结合，全面规划、突出重点。同时，还强调地质灾害防治工作必须坚持按客观规律办事，从实际出发，因地制宜，讲求实效，发挥综合治理效益；坚持依法保护地质环境和治理地质灾害，依靠科技进步，建立法律法规保障体系和科技支撑体系，使地质灾害防治法制化，治理工程的设计、施工科学化；坚持预防为主，加强监测预报和科普教育工作，提高全民的减灾防灾水平，建立群专结合的防灾体系。

2.1.1　城市地质灾害防治规划的目标

地质灾害防治规划的总体目标是以全市为空间范围，布设地质灾害防御系统和治理工程系统，建立全市灾害风险防控管理体系，加强城市抗灾能力，保障当地社会、经济和生态环境的安全与可持续发展。此外，作为城市地质灾害防治规划，不仅要为城市发展规划提供依据，更重要的是要对未来城市地质灾害防治的整体性、长期性、基本性问题进行思考，设计整套行动方案。城市地质灾害防治工作是一项艰巨而复杂的系统工程，在制定行动方案和工作部署中必须设定阶段性目标，根据城市地质灾害发育规律和危害特点，制定近期、中期、长期防治目标，突出重点，统筹规划，量力而行。实施中以突发性城市地质灾害防治为重点，优先安排重大地质灾害的治理。同时，也要做到近期与长期目标互补，基础工作与应急性处置兼顾，分阶段性地减轻地质灾害，并使得城市地质环境状况显著好转，并向良性循环方向发展。

城市地质灾害防治规划的目的是在搞清城市地质灾害性质及背景的基础上，评估灾害未来发展趋势和潜在风险，对城市土地利用和城市发展进行科学规划，减轻各类地质灾害给城市安全造成的危害。因此，要全面查清全市地质灾害的分布、危害程度和危害对象；建立比较完善的地质灾害防治监督管理体系；逐渐完善地质灾害监测预报和群测群防体系；加大地质灾害防治工作力度，使已发生的地质灾害点基本得到整治，新发生的地质灾害点及时治理；规范矿山开采等人类经济活动，严格控制人为诱发的地质灾害，使突发性地质灾害的发生率和损失量有明显降低。

地质灾害防治规划须根据地质灾害的发生条件、基本性质、发展趋势和治理需求，从全局的角度采取切实可行和相互关联的工程措施、预警预报措施及有效的行政管理措施等。同时，在大规模的城市建设与发展中，无节制、不合理的工程活动，特别是不合理的土地利用，会导致城市地质、地理环境的变异，进而可能诱发和激化新的地质灾害，给城市社会经济带来巨大的损失。因此，城市地质灾害规划不仅要针对现有的成灾背景与灾害发展趋势，而且要考虑不合理的工程建设与土地利用引发的新灾害。

2.1.2　城市地质灾害防治规划的原则

1. 把地质灾害规划与城市规划有机结合。建立地质灾害与城市规划部门的协调机制，保证地质灾害勘查评估的深度与精度，切实把地质灾害规划作为城市规划的基础，并确保地质灾害防治工程超前或与城市建设工程同步进行。

2. 全面规划，突出重点，分期分批进行防治。根据地质灾害的发生条件、活动特征和危害状况（危害方式、危害程度、危害对象），全面综合地制定相应的防治方案；统筹兼顾，突出重点，抓住关键因素，根据危害的轻重和保护对象等分期分批进行防治。

3. 地质灾害防治与发展当地经济相结合。地质灾害防治应充分体现当地社会、经济和生态环境的良好效益，使地质灾害防治工程能达到护民和富民的双重目的。在山区城市地质灾害防治中，应坚持治理与利用一体化的思路，通过地质灾害治理与利用统一协调，有机结合，克服地质灾害治理与城市建设中出现的一些矛盾与弊端。

4. 以防为主，防治结合，建立综合防治体系。开展地质灾害监测预警工作，提高当地群众的防灾意识，在以防为主的前提下，做到防治结合，进行必要的工程治理措施，以达到地质灾害防治的最佳效益。而在地质灾害综合防治中，应停止一切不合理的人类经济活动，对整个区域进行多尺度、多措施的全面规划，建立相应的综合防治体系，以发挥最大效益。

5. 分级防治，群防群治，加强社区风险管理。根据地质灾害规模的大小、危害的轻重、防治的难易等进行分级管理和防治，在地质灾害防治中应充分考虑当地群众的利益，在有关部门的组织下，让当地群众参与到防治中来，形成一个分工明确、协作充分，群众参与的共同防御地质灾害的社区灾害风险管理体系。

2.2 城市地质灾害防治规划的构成与内容

2.2.1 地质灾害防治规划编制构成

1. 地质灾害防治规划编制的主体

地质灾害防治规划编制的主体是各级国土资源主管部门和建设、水利、铁路、交通等部门。根据国务院《关于印发国土资源部职能配置内设机构和人员编制规定的通知》（国办发[1998]47号）第二条的规定，国土资源部的主要职责是"组织编制和实施国土规划，土地利用总体规划和其他专项规划……编制矿产资源和海洋资源保护与合理利用规划、地质勘查规划、地质灾害防治和地质遗迹保护规划"。因此，国土资源部是编制全国地质灾害防治规划的组织和协调部门。

2. 地质灾害防治规划编制的依据

地质灾害防治规划是根据目前地质灾害的现状和面临的形势提出未来一段时期内对地质灾害防灾减灾工作的部署及保障措施。地质灾害防治规划编制的依据是地质环境和地质灾害调查的结果，但要综合考虑国民经济和社会发展计划、生态保护规划、其他减灾防灾规划的内容等。

另外，地方规划编制的依据是本行政区域的地质环境和地质灾害调查结果以及上一级地质灾害防治规划。因此，必须做好同级规划的衔接和上下级规划的衔接，要做到不同级别的规划解决问题的重点不同。

3. 地质灾害防治规划的编制程序

国土资源部必须会同铁道、水利、交通、建设等相关部门，依据全国地质灾害基础调查的结果编制全国城市地质灾害防治规划，并在规划编制完成后，组织有关专家对规划提出的目标、原则、工作部署和工作内容、经费估算进行论证。

省（自治区、直辖市）、市（地、州）、县级地质灾害防治规划由同级地方人民政府国土资源主管部门会同同级建设、水利、交通等部门编制各自的城市地质灾害规划。地方规划的批准程序类同全国规划，即先组织专家论证，然后由同级人民政府批准公布，同时，报上一级人民政府国土资源主管部门备案。

4. 地质灾害防治规划的修改规定

由于科学技术和经济社会的发展以及地质环境状况的不断变化，地质灾害基础调查工作需要不断更新，地质灾害防治规划也需要适时修改，为了确保规划修改的严肃性，国务院发布的《地质灾害防治条例》明确规定修改规划必须经原批准规划的机关批准，任何单位和个人不得随意修改规划。

2.2.2 地质灾害防治规划编制的主要内容

1. 地质灾害防治规划的内容

地质灾害防治规划的内容，狭义上讲是指通过地质灾害基础调查掌握的各类地质灾害的分布、规模、数量和影响，以及地质灾害威胁的对象等，制定特定区域和防护对象的灾害风险防控总体设计，包括防治目标、标准、项目与措施。广义上讲是指地质灾害防治各项工作总体设计，除具体的灾害防治措施布设以外，在国家层面还涉及地质灾害防治法律、法规建设，行政管理机构体系设置，灾害监测预警和治理规范、危险性评估制度、地质灾害防治工程勘查、设计、施工、监理等资质管理制度，以及与相关规划与对策的对接机制等。同时，还应包括根据经济社会的发展和自然环境因素的变化，预测未来一段时期地质灾害的发展变化规律。

2. 地质灾害的防治目标与标准

城市地质灾害的防治目标是指在一定期限内地质灾害防治工作所达到的目的和实现的程度，这是依据防护对象的重要性和未来灾害发展趋势而确定的。灾害防治标准是在保证目标实现的基础上，进行防治工程设计所采用的标准，一般由防治目标、国家规范和投资额度综合确定。如一般情况下，山区镇的泥石流防治标准为20年一遇，城市为50年一遇。

3. 地质灾害易发区、重点防治区

城市地质灾害防治首先要进行灾害防治分区。

（1）地质灾害易发区，是指具备地质灾害发生的地质构造、地形地貌和气候条件，容易或者可能发生地质灾害的区域。地质灾害易发区必须经过地质灾害基础调查才能划定。易发区是一个相对的概念，并且可按照灾害种类划定，不同灾种其易发的范围也各不相同。

（2）地质灾害重点防治区，是指根据地质灾害现状和需要保护的对象而提出的给予重点防护的区域。如人口集中居住的城区、集镇以及生命线工程和重要基础设施等，都是应当给予重点防护的地质灾害防治区。

地质灾害的防治工作需要巨大的资金投入，其治理范围往往是与一个国家经济社会发展水平相联系的。考虑到我国目前的社会经济发展水平和各级财政的承担能力，《地质灾害防治条例》明确规定县级以上人民政府应当将城镇、人口集中居住区、风景名胜区、大中型工矿企业所在地和交通干线、重点水利电力工程等基础设施作为地质灾害重点防治区中的防护重点。

4. 地质灾害防治项目

地质灾害防治项目是指为实现地质灾害防治目标而提出的主要工程和项目。地质灾害防治项目主要包括如下内容：

（1）地质灾害调查与评价

这类项目是地质灾害防治的基础工作，主要是查清不断变化的地质灾害的现状和开展科学研究，以科技进步解决地质灾害防治中的问题。

（2）地质灾害应急处置

为应对突发地质灾害、灾情或险情，立即采取紧急行动，以避免灾害发生或减轻灾害后果。

（3）地质灾害防治工程

根据灾害的规模和威胁的对象，对危害公共安全、自然因素引发的灾害要由财政出资，对人为活动引发的灾害也要进行经济技术论证，分清责任，实施治理工程。

（4）监测预警

对已发现的地质灾害隐患要实施监测预警工程，包括专业监测和群测群防，对其发展趋势进行预测预警预报。

5. 地质灾害防治措施

地质灾害防治措施是指为实现地质灾害防治规划预期目标而实施的措施。主要包括加强法制建设和行政管理工作、加强科普教育宣传工作、建立稳定的资金投入机制、坚持群专结合以及采取综合防治的工程措施等。

2.3 与城市规划相匹配的地质灾害防治规划

2.3.1 城市地质灾害防治规划与城市总体规划的关系

城市规划是人类为了在城市的发展过程中维持公共生活的空间秩序而作的未来空间安排，是人居环境各层面上的以城市层次为主导工作对象的空间规划。在市场经济体制下，城市规划的本质任务是合理、有效和公正地创造有序的城市生活空间环境。从本质上看，城市规划的目的在于消除或抑制发展的消极影响，并增进积极影响。

城市建设发展和地质地理环境有密切关系，一方面，任何城市都是建立在特定的地质体和地貌部位上，优越的地质地理环境是城市建设与发展的基础；另一方面，城市建设与发展又会改变原有地质地理环境，引发新的环境工程地质问题，其中城市地质灾害就是典型问题之一。随着我国社会经济的快速发展，城镇发展的骤然性和城镇化发展的跨越性[44]，使得城镇建设用地日趋紧缺，不得不开发利用地质灾害易发区，也将面临各种地质灾害的威胁，包括滑坡、崩塌、泥石流、岩溶塌陷等。城市地质灾害对城市安全和各项建设的影响巨大，为了保障城市正常功能的发挥，城市地质灾害防治规划必须是城市总体规划的重要依据和重要组成部分[45]。

为了充分体现以人为本的思想，做好城市的地质灾害防治工作，国务院办公厅转发国土资源部、建设部《关于加强地质灾害防治工作意见的通知》（国办发[2001]35号）中明确规定："各地区、各有关部门在编制和实施城市规划过程中，要加强地质灾害防治工作。要将地质灾害防治规划作为城市总体规划必备的组成部分……对城市规划区内地质情况尚不清晰的，必须加强和补充建设用地地质灾害危险性评估。城市规划行政主管部门在审批建设时，必须充分考虑建设用地条件；凡没有进行建设用地地质灾害危险性评估或者未考虑建设用地条件而批准使用土地和建设的，要依法追究有关人员的责任"。根据上述规定，在总结近年实践经验的基础上，为了处理好城市总体规划和地质灾害防治规划的关系，《地质灾害防治条例》规定在编制城市总体规划、村庄和集镇规划时，应当将地质灾害防治规划作为其组成部分，而且城市地质灾害防治规划的编制与城市总体规划编制应同步进行，相互协调。

2.3.2 城市地质灾害防治规划与重大工程规划的关系

随着我国社会经济的发展和人口的快速增长，地质灾害防治工作的任务更加艰巨。我国是个地质灾害多发的国家，加之以前一些公路、铁路、水利工程以及土地开发、采矿工程在规划过程中没有或较少考虑地质灾害防治，使建成后维护费用很高，有的还造成人员伤亡和严重的经济损失。为了从源头上解决和避免这个问题，《地质灾害防治条例》规定在编制和实施土地利用总体规划、矿产资源规划以及水利、交通、能源等重大工程项目规划的过程中，应当充分考虑地质灾害防治要求，避免和减轻地质灾害造成的损失。因此，在编制重大工程规划的同时，应同步开展城市地质灾害防治规划，保证重大工程规划与城市地质灾害防治规划相互协调。

2.3.3 城市地质灾害防治规划对城市建设的支撑作用

城市地质灾害防治为城市建设规划的顺利实施保驾护航。城市建设是人类工程活动比较集中的一部分，在人与地质地理环境的相互关系中扮演重要角色。人类要建设和发展城市，特别是山区城市，不可避免地会破坏城市地质环境，引发城市地质灾害，最终影响到城市建设的进程。开展城市地质灾害防治规划工作，就是要认识城市地质灾害风险，明确应对措施，科学规划地质灾害防治工作，保障城市安全；进而，对城市建设过程中可能遇到或激发的地质灾害提供相关预防措施和避让方案，合理利用和保护地质环境资源，避免和减轻地质灾害造成的损失，保证和促进城市可持续发展。

第三章　城市地质灾害防治规划

进行城市地质灾害防治规划，首先要获取城市地质灾害的特征要素，然后在此基础上分析其危险性、易损性和风险性，为城市地质灾害规划的制定提供基础数据。为了做好城市地质灾害防治规划，本章重点介绍城市地质灾害防治规划所需的地质灾害调查、勘察、判识、评估等的内容、方法和技术。

受灾财产数量、分布及抗灾能力，地质灾害防治途径、措施及其可行性。地质灾害勘查的目的是为评价与防治地质灾害提供基础依据。除独立进行的专门性地质灾害勘查外，在综合性地质勘查以及在水文地质、工程地质、环境地质、地壳稳定性等勘查评价工作中，有时也对工作区地质灾害进行不同程度的勘查工作。

3.1　地质灾害的调查和勘查

地质灾害调查，系指对地质灾害进行的一般性考察了解，其精度比较低，使用的技术方法比较简单，主要应用遥感和地面调查手段。地质灾害调查在工作量和工作强度上要小于地质灾害勘查，主要目的是认识地质灾害体的发育过程及其稳定性。调查过程中应尽量收集该区域内水文、气象、地层及岩性资料，并利用简单、易携带的工具和仪器进行大致测量，以此确定地质体的特征、稳定状态和发展趋势，为划分地质灾害分区、论证地质灾害发生的危险性提供依据。

地质灾害勘查，系指用专业技术方法调查分析地质灾害状况和形成发展条件的各项工作的总称。主要调查了解灾区地质灾害分布情况、形成条件、活动历史与变化特点，灾区社会经济条件、受灾人口和

3.1.1　地质灾害的调查

1. 地质灾害程度等级划分与危害等级划分

地质灾害灾情与危害程度分级应按表3-1的规定进行。根据危害对象的重要性按表3-2划分危害等级。

2. 滑坡灾害的调查

1）一般技术要求参照《滑坡防治工程勘查规范》DZ/T 0218—2006 执行。地面测绘应在充分利用遥感解译成果和已有的区域地质调查资料的基础上进行。

滑坡灾害的调查测绘主要任务是：

（1）查明滑坡区的地层岩性、地质构造、水文地质、工程地质特征，阐明滑坡的发育形成条件。

（2）查明滑坡类型、性质、分布、规模。

（3）实地验证遥感解译的疑难点，提高其解译质量。

地质灾害灾情与危害程度分级标准 表3-1

灾害程度分级	死亡人数（人）	受威胁人数（人）	直接经济损失（万元）
一般级（轻）	< 3	< 10	< 100
较大级（中）	3 ~ 10	10 ~ 100	100 ~ 500
重大级（重）	10 ~ 30	100 ~ 1 000	500 ~ 1 000
特大级（特重）	> 30	> 1 000	> 1 000

注：1. 灾情分级，即已发生的地质灾害灾度分级，采用"死亡人数"或"直接经济损失"栏指标评价；
　　2. 危害程度分级，即对可能发生的地质灾害危害程度的预测分级，采用"受威胁人数"或"直接经济损失"栏指标评价。

危害对象等级划分 表3-2

危害等级		一级	二级	三级
危害对象	城镇	威胁人数大于100人，直接经济损失大于500万元	威胁人数10～100人，直接经济损失100～500万元	威胁人数小于10人，直接经济损失小于100万元
	交通干线	一、二级铁路，高速公路及省级以上公路	三级铁路，县级公路	铁路支线，乡村公路
	水利水电工程	大型以上水库，重大水利水电工程	中型水库，省级重要水利水电工程	小型水库，县级水利水电工程
	矿山	大型矿山	中型矿山	小型矿山

（4）查清影响滑坡稳定性的主要因素及其作用方式。

2）地质调查测绘范围

根据工作需要适当地扩大到滑坡体以外可能对滑坡的形成和活动产生影响的地段。如山体上部崩塌地段；河流、湖泊或海洋岸边遭受侵蚀的地段；采矿、灌渠等人为工程活动影响地段等。测绘范围应包括滑坡及其邻近能反映生成环境或有可能再发生滑坡的危险地段。

3）地质调查测绘比例尺

应根据勘查阶段（即初查和详查阶段）和滑坡（或滑坡群）的复杂程度选定。如果滑坡的成灾条件较简单时，不必分阶段进行，一般采用1∶2 000～1∶500比例尺。

4）地质测绘的内容

（1）观察描述滑坡所处的地貌部位、斜坡形态、沟谷发育情况、河岸冲刷情况、堆积物和地表水的汇聚情况，以确定滑坡产生的时代、发展和稳定情况。

（2）查明滑坡体及其外围的地层岩性组成，并进行对比，特别应查明与滑坡形成有关的基岩软弱夹层的分布及其水理、物理和力学性质特征；岩石风化特征，各风化带及风化夹层的分布情况；覆盖层的成因、岩性及其中软塑黏土夹层的空间分布位置、富水程度及密实程度等。

（3）选定标准岩层，进行滑坡体与其外围同一地层的层位对比，确定滑坡的位移距离。当为顺层滑坡时，则利用具有较明显特点的后缘与两侧岩、土体组合进行对比。

（4）查明滑坡体及其外围的岩层产状、拉裂后壁、裂缝位置及其性状的变化；滑坡产生与岩层产状、断层分布、断层带特征及裂隙特征的关系；堆积层与基岩接触面的陡度、性状及其与滑坡的关系。

（5）查明斜坡地段地下水的补给、径流、排泄条件；含水层、隔水层的分布及遭受滑坡破坏的情况；地下水位及泉水的出露位置、动态变化情况。

（6）详细观察滑坡体。

①滑坡的边界特征。后缘滑坡壁的位置、产状、高度及其壁面上擦痕方向；滑坡两侧界线的位置与性状（如果滑坡体与两侧围岩的界线为突变式，要观察和测定裂面产状、擦痕方向及其与层面、构造断裂面的关系；若滑坡体与两侧围岩的界线为渐变式拖曳变形带，则要观察和测定拖曳褶皱及羽状裂隙的产状、分布及所造成的两侧岩体位移情况）；前缘出露位置及剪出情况；露头上滑坡床的性状特征等。

②表部特征。滑坡微地貌形态，台坎、裂缝的产状、分布及地物变形情况。

③内部特征。滑坡体内的岩体结构、岩性组成、松动破碎情况及含泥、含水情况。

④活动特征。滑坡发生时间，目前的发展特点及其与降雨、地震、洪水和工程建设活动之间的关系。在滑坡调查中，必须重视访问群众的工作。对较新和仍有活动的滑坡的历史和动态，当地居民常能提供宝贵材料。

3. 崩塌灾害的调查

1）危岩体调查内容

（1）危岩体位置、形态、分布高程、规模。

（2）危岩体及周边的地质构造、地层岩性、地形地貌、岩（土）体结构类型、斜坡组构类型。岩土体结构应初步查明软弱（夹）层、断层、褶曲、裂隙、裂缝、临空面、侧边界、底界（崩滑带）以及它们对危岩体的控制和影响。

（3）危岩体及周边的水文地质条件和地下水赋存特征。

（4）危岩体周边及底界以下地质体的工程地质特征。

（5）危岩体变形发育史。历史上危岩体形成的时间，危岩体发生崩塌的次数、发生时间，崩塌前兆特

征、崩塌方向、崩塌运动距离、堆积场所、崩塌规模、诱发因素，变形发育史、崩塌发育史、灾情等。

（6）危岩体成因的动力因素。包括降雨、河流冲刷、地面及地下开挖、采掘等因素的强度、周期以及它们对危岩体变形破坏的作用和影响。在高陡临空地形条件下，由崖下硐掘型采矿引起山体开裂形成的危岩体，应详细调查采空区的面积、采高、分布范围、顶底板岩性结构，开采时间、开采工艺、矿柱和保留条带的分布，地压现象（底鼓、冒顶、片帮、鼓帮、开裂、压碎、支架位移破坏等）、地压显示与变形时间，地压监测数据和地压控制与管理办法，研究采矿对危岩体形成与发展的作用和影响。

（7）分析危岩体崩塌的可能性，初步划定危岩体崩塌可能造成的灾害范围，进行灾情的分析与预测。

（8）危岩体崩塌后可能运移的斜坡，在不同崩塌体积条件下崩塌运动的最大距离。在峡谷区，要重视气垫浮托效应和折射回弹效应的可能性及由此造成的特殊运动特征与危害。

（9）危岩体崩塌可能到达并堆积的场地的形态、坡度、分布、高程、地层岩性与产状及该场地的最大堆积容量。在不同体积条件下，崩塌块石越过该堆积场地向下运移的可能性，最终堆积场地。

（10）可能引起的灾害类型（如涌浪，堰塞湖等）和规模，确定其成灾范围，进行灾情的分析与预测。

2）崩塌堆积体调查内容

（1）崩塌源的位置、高程、规模、地层岩性、岩（土）体工程地质特征及崩塌产生的时间。

（2）崩塌体运移斜坡的形态、地形坡度、粗糙度、岩性、起伏差，崩塌方式，崩塌块体的运动路线和运动距离。

（3）崩塌堆积体的分布范围、高程、形态、规模、物质组成、分选情况、植被生长情况、块度（必要时需进行块度统计和分区）、结构、架空情况和密实度。

（4）崩塌堆积床形态、坡度、岩性和物质组成、

地层产状。

（5）崩塌堆积体内地下水的分布和运移条件。

（6）评价崩塌堆积体自身的稳定性和在上方崩塌体冲击荷载作用下的稳定性，分析在暴雨等条件下向泥石流、崩塌转化的条件和可能性。

4. 泥石流灾害调查

泥石流调查范围应包括沟谷至分水岭的全部地段和可能受泥石流影响的地段。测绘比例尺，对全流域宜采用1：50 000；对中下游可采用1：2 000～1：10 000，对防治工程布设区，应采用1：500～1：1 000。应以下列与泥石流有关的内容作为调查的重点：

1）地质因素：地层岩性及其风化程度、地质构造、断裂活动、地震影响等。

2）地形地貌特征：包括沟谷的发育程度、切割情况、坡度、沟床比降与物质组成，圈绘整个沟谷的汇水面积并划分泥石流的形成区、流通区和堆积区。

3）形成区固体物质储量：侵蚀作用，滑坡、崩塌、岩堆等不良地质作用的发育情况，可能形成泥石流固体物质的分布范围、储量、组成成分和可搬运的量（动储量）。

4）形成区水源供给特征：供给泥石流的水源类型、水量、产流与汇流条件，平均及最大流量，地下水活动等情况，冰雪融化和暴雨强度。对于降雨，还要了解平均24小时、12小时、6小时等特征降雨量、一次最大降雨量。

5）流通区沟坡特征：沟床纵横坡度、跌水、急弯、糙率与可蚀性等；沟床的冲淤变化和泥石流的痕迹；谷坡与两侧山坡坡度、稳定程度、坡面侵蚀、沿程松散固体物质供给量等。

6）堆积区的堆积特征：泥石流堆积扇分布范围、表面形态、纵坡、植被、堆积扇中沟道变迁和冲淤情况，堆积扇与主河道的关系；堆积物的物质、层次、厚度、一般粒径和最大粒径；判定堆积区的形成历史、堆积速度，估算一次最大堆积量。

7）泥石流活动历史：历史泥石流发生的频度，

历次泥石流的发生时间、规模、形成过程、激发因素及其量值，暴发前的降雨情况和暴发后产生的灾害情况；对于古泥石流，还应查明其发生年代、激发因素与环境条件。

8）人类活动影响：调查开矿弃渣、修路切坡、砍伐森林、陡坡开荒和过度放牧等人类活动情况及其对泥石流形成的影响。

9）当地知识与经验：了解当地居民对泥石流灾害的认识、应对的对策和经验，已经采取的防治措施及其成效与局限。

5. 塌陷调查

1）岩溶塌陷

（1）岩溶塌陷区调查。了解地貌成因类型与形态特征（重点是岩溶地貌形态的成因类型和形态组合类型及其特征）、碳酸盐岩及其他可溶岩和其上覆第四系松散覆盖层的特征、岩溶发育特征和水文地质条件，分析其发育阶段。

（2）岩溶塌陷特征调查。查明岩溶塌陷的发育与分布特征，确定塌陷类型（土层塌陷或基岩塌陷）及发育强度与频度；查明岩溶塌陷的发育过程及伴生现象。

（3）岩溶塌陷成因调查，了解上覆荷载、地震、暴雨或洪水等自然因素和抽水、排水、水库蓄水与渗漏、地面加载、振动等人为因素与岩溶塌陷的相关关系，确定岩溶塌陷的主要成因类型。

（4）了解岩溶塌陷对地面工程设施、农田和生态环境及各种资源开发的危害与影响；圈定塌陷危险区范围，分析其发展趋势。

（5）了解岩溶塌陷勘查、监测、工程治理措施（包括塌陷区土地复垦）等防治现状及效果，提出防治建议。

2）采空区塌陷

（1）采空区的开采历史，开采规划、现状、方法、范围和开采深度；采空区的井巷分布、断面尺寸及相应的地表位置。

（2）采空区的顶板厚度、地层及其岩性组合、顶板管理方法及稳定性。

（3）地下水的类型、分布、水位及其变化幅度，地下水开采对采空区稳定性的影响；有害气体的类型、分布特征和危害程度。

（4）地表沉陷、裂缝、塌陷的位置、形状、规模、发生时间。

（5）采空区与路线及构筑物的位置关系、地面变形可能影响的范围和避开的可能性。

6. 地面沉降调查

1）基本查明地面沉降地质环境背景。包括地形地貌、基底构造；第四纪沉积环境、年代、地层结构；各土体（重点是软弱压缩层）工程地质特征；各含水层、弱透水层组的特征。

2）查明地面沉降现状与发生发展历史。包括地面沉降区分布范围、形状、面积及累计沉降量、沉降发生时间、历年变化与沉降速率等。

3）基本查明地面沉降影响因素。包括地下水、油气矿产开采工程的分布、类型、开采量、开采层位、开采时间、地下水位降低及影响范围等；工程建设对地面沉降的影响；区域性构造沉降等。

4）了解地面沉降危害。包括地面沉降引起的海水倒灌，港口、码头或堤岸失效，桥梁净空减少，城市排水不畅，河流泄洪能力降低，建筑物破坏等，造成的直接与间接经济损失。分析预测沉降发展趋势及可能的成灾范围，并对危害程度进行分析预测。

5）了解地面沉降勘查、监测和防治现状（人工回灌、控制地下水开采量等措施）及效果，提出预防与控制地面沉降的建议。

7. 地裂缝调查

1）地裂缝特征调查。查明地裂缝几何与活动特征，确定地裂缝类型。

2）地裂缝成因调查。了解地裂缝发生区的地貌及微地貌单元、地层岩性、岩土体结构与工程地质、水文地质特征；了解地裂缝与区域地质构造格架和地震活动、气象水文与与人为活动的关系；分析确定地

裂缝的主要成因。

3）地裂缝危害调查。了解地裂缝对建筑物的破坏过程、破坏程度、经济损失，圈定地裂缝危害的范围，并对其发展与危害进行趋势分析。

4）了解地裂缝灾害勘查、监测、工程治理措施及效果，提出防治建议。

3.1.2　地质灾害的勘查

1. 滑坡勘查

滑坡灾害勘查的目的是为该滑坡灾害防治论证提供地质依据。滑坡灾害勘查的任务是查明滑坡形成的地质环境条件，分析滑坡发生的诱发因素和变形机制，评价滑坡的稳定性及评估滑坡一旦发生造成的灾情，初步提出滑坡防治的方案。

1）勘查工作遵循的一般原则

（1）按规定的防治工作阶段循序渐进地开展工作。对成灾条件简单或者已经掌握的滑坡灾害，勘查的目的是为该滑坡灾害防治论证提供地质依据。

（2）在勘查程序上，应在充分地搜集、利用前人已有的资料基础上，遵循先进行航、卫片解译、地质测绘、轻型山地工程和地球物理勘探等项工作之后，再上硐、井或钻探工程的原则，尽可能优化勘查工作种类。

（3）勘查工作的内容及其投入的工作量，应根据滑坡的类型、复杂程度及其研究程度、受灾对象的等级等因素综合考虑确定。选择既有效又经济的勘查技术方法，合理地布置勘查工程量。

（4）经主管部门批准立项，并下达勘查任务书后，实施编写勘查设计书。设计书需经主管部门组织专家审定后开始实施。

2）勘查工作内容

（1）滑坡区自然地理—地质环境概况。

（2）滑坡规模、性质、特点、类型及其危害状况。

（3）滑坡的形成条件及影响因素（自然的、人为的）。

（4）滑坡的稳定性评价。

（5）滑坡的发展趋势及其可能的危害性评估。

（6）实施治理工程的必要性及意义。

（7）滑坡治理工程方案比选与防御措施建议。

（8）存在问题与建议。

3）勘查方法（强调在调查测绘的基础上有针对性地选择以下方法）

（1）地球物理勘探

地球物理勘探工作是滑坡灾害勘查工作中的重要组成部分，应根据滑坡区地质条件的复杂程度决定投入工作量及工作方法。

常用的、有效的滑坡地球物理勘探方法有：浅层高分辨率（反射、折射）地震勘探方法、声频大地电场法、激发极化法、地面甚低频电磁法（简称VLF法或甚低频法）、声波测井法和天然放射性法〔即阿尔法（α）径迹测量、静电α卡法、阿尔法（α）杯法和测氡（Rn）法〕等。

当滑坡规模大、成灾地质条件复杂时，应采用综合物探方法。如钻孔交叉地震法与深部钻孔交叉地震折射法，地震反射剖面与声波测井剖面等，并用钻孔验证。当滑坡体含水甚微弱或呈干燥状态时，一般采用浅层高分辨率反射地震勘探方法；当滑坡体富含地下水或滑坡岩土体十分潮湿时，采用电法勘探突出其电导性特征，可取得更好的效果。应特别强调物探人员与地质人员的密切配合。

（2）钻探

钻探的目的是查明滑坡及其邻近地段斜坡的地质结构，评价滑坡的稳定性及其对居民和工程建筑物的危害程度，为防治滑坡提供地质依据。

钻探的主要任务有：

查明滑坡岩土体的岩性，特别是软弱夹层、软土的层位岩性、厚度及其空间变化规律。查明滑坡体内透水、含水层（组）的岩性、厚度、埋藏条件、地下水的水位、水量及水质。采集滑坡床（带）岩、土和水体样品进行室内及野外试验，了解岩土体的工程地质性质及其变化。利用钻孔进行抽水试验及地下水动态观测，以及在孔内安装仪器对滑坡体位移及变形进行长期观测，验证物探异常或争议问题。

勘探线（网）的布置严格控制钻探工作量。应充分地研究和利用已有的物探和地面测绘的资料，根据具体的滑坡区地质条件和对钻探的特殊的要求进行钻探工作设计，包括钻孔结构设计和施工顺序设计。应先在滑坡的上、中、下部进行控制性勘探，然后根据具体情况加密。勘探工作不仅在滑坡体内进行，有时为了进行岩性对比或者查明滑坡体的地下水补给情况，也需要在滑坡体外进行。

滑坡勘查的关键问题是准确地确定滑坡床（即滑动面或带）的位置及其变化。它不仅是肯定滑坡存在的最重要标志，也是决定滑坡治理方案的重要依据。滑动面（带）的确定，除其自身的岩、土体物理—力学性质特征外，还必须综合考虑滑坡体内、外的岩、土体及水文地质特征诸因素的差异。

钻孔地质编录要求各项原始资料都应满足设计要求，可参照有关规范执行，并保持资料清晰完整，数据准确。

（3）山地工程

山地工程主要用于查明滑坡的内部特征，如滑坡床的位置、形状，塑性变形带特征，滑坡体的岩体结构和水文地质特征等。一般情况下，对滑坡周界的确定，常采用坑、槽探；为查明滑坡体内部的诸特征，常采用竖井；在滑坡体厚度较大，且地形有利的情况下（如滑坡邻近地段有深陡临空面等），可采用硐探。浅坑、槽探和剥土等轻型山地工程，用于了解滑坡体的边界、岩土体界线、构造破碎带宽度、滑动面（带）的岩性、埋深及产状，揭露地下水的出露情况等。探井（竖井）工程主要布置在土质滑坡与软岩滑坡分布区，直接观察滑动面（带）段，并采样试验。

不论何种山地工程完成后，都应进行地质描述，做出展示图，照相，有条件者应进行录像。采集岩、土、水样品。

4）岩、土、水样试验

在滑坡灾害勘查过程中，应系统地采集岩石、土体、地下水等样品进行分析鉴定，以获得必要的参数。在地面测绘和钻探过程中，应系统采集原状岩、土样和扰动岩、土样，选取有代表性的控制性钻孔进行系统取样。对每一个采样孔宜进行多种测试项目。钻孔、探井及具有代表性的泉（水井）均需取样，进行水质全分析。

均质土层（或岩层）内的滑坡，应在滑坡床上、下及滑坡变形带内取样试验；非均质土层（或岩层）内的滑坡，应逐层分别取样试验。在一般情况下，测定土层（或岩层）的内摩擦角（φ）、凝聚力（C）及表观密度（γ）等是最基本的内容。

2. 崩塌勘查

1）崩塌勘查的目的任务

崩塌勘查的目的是为了查明区内重大崩塌——危岩体灾害，为国民经济发展规划、灾害监测预报、减灾防灾、防治工程可行性研究等提供可靠的依据。

崩塌勘查的基本任务主要有：

（1）调查崩塌区内自然地理、自然地质环境和人为地质环境。

（2）查明崩塌灾害体的地质要素、灾害要素、监测和防治要素。

（3）分析评价崩塌灾害的危险性和灾情，进行崩塌灾害防治工作论证。

在上述勘查的基础上，对崩塌灾害的形成原因、致灾因素、变形破坏机制、变形破坏特征和稳定性，进行系统研究和综合分析评价。进行崩塌灾害危险性分析和崩塌灾害灾情预评估，对防治工作的可能性和必要性进行论证；提出防治工程方案或思路。

2）工作程序

（1）接受主管部门或委托单位的勘查任务书，并认真分析研究。

（2）全面系统地搜集有关资料，编制工作设计。

（3）进行遥感图像解译。

（4）进行现场踏勘。

（5）根据任务书及有关规范，编写勘查设计书，明确工作重点。

（6）按审查批准的勘查设计书，逐步开展野外测绘、物探、钻探、试验等工作。

（7）勘查中需要变更设计，应按报批设计的有关程序进行。

（8）接受主管部门或委托单位的野外验收。

（9）进行室内资料综合整理，编制图件，编写勘查报告。

（10）成果上报主管部门和委托单位，经审批后交付使用。

（11）原始资料与成果报告建档、归档，并接受资料主管部门的验收。

3）勘查方法的选择与配置

地质灾害的勘查质量、研究方法及研究成果，是通过一系列的勘查工作来实现和体现的，很大程度上取决于勘查方法的选择和配置的完善程度。

主要勘查方法有：遥感图像解译、地质测绘、地球物理勘探、钻探、山地工程、室内试验及现场试验、模型试验和模拟试验等动态监测。

3. 泥石流灾害的勘查

1）泥石流勘查的目的

通过勘查，查清泥石流的形成条件，全面了解泥石流的活动特征与危害，最终为泥石流防治工程设计提供所需要的有关资料。

2）泥石流勘查应遵循的原则

泥石流勘查工作应根据防治目的或目标，采用有效、可靠和经济合理的原则布置勘查工作。在具体的勘查工作中，一般应遵循三个基本原则，即重点与一般相结合的原则，调查与研究相结合的原则和勘查与防治工程相结合的原则。

3）泥石流勘查的内容

（1）流域地表基本特征。

（2）流域内松散固体物质的产生和存在状态。

（3）泥石流运动的沟床条件。

4）地球物理勘探

泥石流灾害勘查物探方法主要用于上游形成区，一般采用浅层地震、电阻率法、自然电磁法。在堆积区一般采用浅层地震、电阻率法、地质雷达。

物探的比例尺应大于地质测绘的比例尺，一般采用1∶25 000，1∶10 000，1∶5 000，1∶2 000或1∶500。

物探勘测的范围在泥石流形成区，其测线一般不超过测区单面坡的坡长，深度在20～30m范围之内。在泥石流堆积区，测线应能控制住泥石流主要物源的分布，深度上也能控制堆积的厚度。在工程勘测中，物探测线顺勘探线布置，其范围应能达到其所需物探数据。在孔中垂直测定范围能控制两孔之间和孔深范围。

勘查应提交综合地质—物探解译成果，根据不同方法所得的资料，结合钻、坑、槽探等实际揭露资料，进行合理解译处理。成果报告应按各种物探方法的要求进行编制，最终统一到一种解译。

5）勘查钻探工程

（1）钻探目的

在泥石流形成区（物源区）查明物源的数量，钻探的任务是在松散物源集中堆积体中（如滑坡、崩塌、岩堆和巨厚的冰水堆积层等）揭露其物质组成、结构、厚度；在基岩地层中揭露岩层的结构、构造、风化程度和风化厚度，为计算物源数量提供可靠的数据。

在泥石流堆积区，钻探查明堆积物的性质、结构、层次及粒径的大小和分布。成果资料用于分析泥石流的物质来源、搬运的距离、泥石流发生的频率及一次最大堆积量。

在泥石流可能采取防治工程的沟段，钻探工程应划分不同的工程地质单元，查明各类岩土的岩性、结构、厚度和分布；为防治工程的设计，提供岩土的物理力学及水理性质的指标。

配合完成在钻孔中所需进行的原位测试工作（如标准贯入试验、动力触探试验和波速测试等）；为了解岩土的渗透系数，在钻孔中进行压水（注水）试验和抽水试验。

（2）孔内岩、土、水样的采集

在钻孔中采集不同工程地质单元的岩、土、水试样。泥石流堆积物勘查主要查明泥石流堆积物的性质，一般不采集岩样。

钻孔中采集土样，要尽可能采集原状土样；在采样钻进中要求回转取土；对于坝址勘探取样，要求用三重管取样，而在泥石流勘探中采用岩芯管头即可，采集工艺参照《岩土工程勘察规范（2009年版）》GB 50021—2001，样品一般采用样盒装满后密封。对于扰动样（Ⅲ、Ⅳ级），可采用布和塑料样袋封装。送检样品要求附送样单、试验项目和试验方法。

在孔内采集水样时，要将孔内混有的地表水或孔内的长期积水抽出，取含水层进入孔中的纯地下水。水样取好后，要立即封好瓶口，并标明取水的孔号、编号，加试剂名称，填好水样标签。水样运送中要防止瓶口破损，送交样品时要填好送样单，注明送样单位，样品编号，分析项目要求，交化验人员当面验收，水样保存时间不允许超过72h。

6）简易勘查工程

简易勘查工程因不受地形条件的限制，施工快而方便，又能更好地揭示地表以下岩、土的基本特征，是泥石流灾害勘查中的主要手段之一。

配合钻探工程，更清晰揭示泥石流在形成区、流通区和堆积区中不同部位的物质沉积规律和颗粒粒度级配的变化；准确掌握松散层、基岩层位、基岩风化程度和新鲜岩层的结构、构造。现场测定泥石流物质沉积后的表观密度、天然含水量、相对密度、颗粒分选等，为施工开挖基坑提供松散层的放坡和排、止水技术指标。直接采集具有代表性的原状岩、土试样。

4. 岩溶地面塌陷勘查

1）勘查目的

岩溶塌陷勘查是为岩溶塌陷防治服务的，勘查成果应满足岩溶塌陷防治工程方案可行性研究的需要。通过勘查，查明岩溶塌陷的发育历史和现状、成因、类型及其形成条件，调查研究其发育的机制和影响因素、分布规律与动态特征，预测其发展趋势，为岩溶塌陷防治工程方案的制定提供地质依据。

2）勘查工作应遵循的原则

勘查工作应根据制定防治工程方案的目标，按照技术可行、经济合理的原则来部署。应遵循以下原则。

（1）以区域岩溶环境工程地质条件为基础，由面到点，点面结合。岩溶塌陷的发育条件和影响因素中，如岩溶发育规律、岩溶地下水的分布与运动特征、塌陷形成条件和影响因素等都具有区域性的规律，在了解这些规律的基础上开展勘查工作。

（2）着重调查研究各种人为因素的作用和影响。由于塌陷的发育一般需要有一定的历史过程，因此，不但要了解现今人为因素作用的现状，还需要调查研究其历史的作用过程，了解人为因素对地质环境的影响及其变化过程。

（3）强调对塌陷发育现状及其历史过程的调查研究，突出勘查重点。要特别注意对潜在塌陷的土洞的调查研究。

（4）采用综合的勘查手段和方法。岩溶塌陷多具突发性和隐蔽性，其勘查难度远大于滑坡等地质灾害，应综合采用地质测绘、物探、钻探、测试、模拟试验及长期监测等多种手段和方法。

（5）勘查工作要充分适应岩溶发育的特点。勘查工作要综合研究岩溶水的介质场、水动力场、水化学场和水温度场，以期对岩溶发育和岩溶地下水的分布和运动规律取得较深入、全面的认识。

（6）勘查工作应针对经济开发和工程建设的需要，突出实用性。

（7）充分利用高新技术方法，如地质雷达、电磁波和声波CT层析成像扫描技术、同位素水文地质、示踪、模拟试验、自控监测系统（遥测水位计、自控变形监测系统等）、3S技术（遥感RS、全球定位系统GPS及地理信息系统GIS）等，以提高勘查工作质量及效率。

3）勘查工作内容的一般要求

（1）查明岩溶塌陷的发育现状、历史过程及其危害性。

（2）确定岩溶塌陷的成因、类型、形成条件和地质模式，研究其分布规律。

（3）确定岩溶塌陷发育的动力因素，研究其动态特征及其与塌陷的相关关系。

（4）确定岩溶塌陷的机制及其临界条件。

（5）研究岩溶塌陷综合评价预测和信息管理系统，评价其稳定性，预测其发展趋势。

（6）确定岩溶塌陷的前兆现象与监测预报方法，研究预警措施。

（7）研究岩溶塌陷的防治工程方案和措施。

4）地球物理勘探

物探目的是与其他勘探手段相配合，以达到更迅速、经济地取得正确而全面的地质成果。其基本任务是通过测定地质体的物理场变化及有关物理参数，探查隐伏地质体的分布与特征，包括岩、土体分布、岩性及基岩面起伏。隐伏断裂的产状、规模及破碎带特征。土洞、岩溶洞隙、地下河及岩溶发育带的埋藏条件、形态规模、空间分布和充填特征。岩、土体松动带及其弹性力学参数。

5）钻探

（1）目的与任务

钻探工作的目的是揭露地表以下各种地质体的埋藏条件、形态特征与空间分布，为研究岩溶塌陷的发育规律和防治方案的论证提供地质依据。其主要任务是：

查明第四系覆盖层的岩性、结构、厚度，空间分布与变化规律，划分土体结构类型，确定第四系底部缺失黏性土层的"天窗"地段。

查明可溶岩的层位、岩性、结构、产状及其与非可溶岩接触关系，划分岩溶层组类型；确定基岩面的起伏与隐伏的溶沟、溶槽、洼地、漏斗、槽谷等岩溶形态的分布与特征断裂破碎带的产状、规模、构造岩结构特征与胶结程度。

查明土洞的发育和分布特征，确定地下岩溶形态、规模、充填及其空间变化规律，包括在水平方向上岩溶发育的不均一性和在垂直方向上岩溶发育随深度减弱的趋势，统计钻孔遇洞率和钻孔线岩溶率，研究判定岩溶强烈发育的区段或地带及岩溶强发育带的深度。

查明岩溶含水层与上覆松散地层孔隙（裂隙）含水层的分布与埋藏条件、富水性与渗透性、水质及其流场特征，确定各含水层之间及与附近地表水体的水力联系、水力坡降或水位差。

进行岩、土、水取样试验及野外测试，了解岩、土体的工程地质性质和水化学性质及其空间变化规律。

（2）岩、土、水样的采集

岩样一般采取岩芯样，应保证其原始结构不受或少受人为扰动；其数量应能满足试验要求。对于主要岩性类型不小于3组，软弱岩体不少于6组，采样点一般布置在代表性勘探剖面上。对于干缩湿胀、易于风化的岩石，应尽快取样蜡封，以避免温度、湿度变化的影响。

土样应尽可能采取原状土样，并根据不同土层性质采取适当的采样方法，可参照《岩土工程勘察规范》的有关规定执行。

在孔内采集水样时，应先将孔内积水提抽排尽后取样，采样数量应满足试验要求。采样方法及技术要求应按有关水文地质、工程地质勘查规范、规程执行。注意取样时应同时测定水温和气温。当钻孔揭露不同含水层时，应在同一钻孔或邻近钻孔中对其分别采样，注意避免采取混合水样。水样点的布置，应能反映岩溶地下水运动的方向上的水质变化及与其他类型地下水和地表水交替发生的水质变异。采样后立即密封，并填写标签和送样单，及时运送。水样保存时间一般不超过72h。

6）轻型山地工程

轻型山地工程一般采用探槽、试坑、浅井和剥土等，配合钻探工程，其目的是清除浮土，以便更清晰地直接观察探查对象。其任务是了解岩、土层界线，构造形迹、破碎带宽度、岩溶形态（溶沟、溶槽、溶蚀裂隙等），浅部土洞发育情况，包气带岩层的渗透性，以及进行采样或现场试验。

5. 地面沉降勘查

1）地面沉降勘查要求

应查明其原因和现状，并预测其发展趋势，提出控制和治理方案。对地面沉降原因的调查包括下列内容：

（1）场地的地貌和微地貌。

（2）第四纪堆积物的年代、成因、厚度、埋藏条件和土性特征，硬土层和软弱压缩层的分布。

（3）地下水位以下可压缩层的固结状态和变形参数。

（4）含水层和隔水层的埋藏条件及承压性质，含水层的渗透系数、单位涌水量、孔隙度、弹性释水系数等水文地质参数。

（5）地下水的补给、径流、排泄条件，含水层间或地下水与地面水的水力联系。

（6）历年地下水位、水头的变化幅度和速率。

（7）历年地下水的开采量和回灌量，开采或回灌的层段。

（8）地下水位下降漏斗及回灌时地下水反漏斗的形成和发展过程。

（9）全面收集地面沉降的动态监测资料。

2）勘探测试孔的布设和主要技术要求

（1）勘探测试孔的布设

地面沉降区域较小时，可沿地面沉降区的长、短轴方向按"十"字形布置勘探测试孔；当地面沉降区域较大或尚未发生但可能发生地面沉降的区域，宜按网络状均匀布置勘探测试孔。孔距一般为1 000～3 000m，重点地段适当加密。

（2）试验、观测内容及主要技术要求

试验、观测的内容，主要技术要求和试验成果见表3-3。

6. 地裂缝勘查

1）勘查目的

地裂缝的勘查应特别重视区域地质环境条件和人类社会工程经济活动的调查，这对于判定地裂缝的成因、规模和发展趋势至关重要。地裂缝勘查的重要工作包括地质环境、人类活动、发生地域、危害性、监测、预测和划分危险区等。

地裂缝勘查的目的是为城市规划、经济开发和工程建设提供基本地质环境资料，为受到地裂缝灾害威胁地区的建筑工程危险性评价、预测或提出防治对策服务。

2）勘查工作应遵循的一般原则

（1）地裂缝的调查和勘查必须在已有地质环境资料基础上进行地裂缝的勘查，应特别重视资料收集工作，力求全面地在深层次上认识地裂缝的成因，为布置实物工作量打好基础。

（2）在地裂缝勘查工作中，应把现场调查访问置于特别重要的地位。

（3）地裂缝勘查工作的重点是目前已经造成直接经济损失或将要造成较大危害的地段。

（4）地裂缝勘查工作的布置，应考虑相应地区经济建设和社会发展的要求。

（5）地裂缝勘查与防治是一项逐步深入的工作。

试验观测内容及主要技术要求

表3-3

试验、观测内容	主要技术要求	成果要求
室内土工试验	对原状土试样除进行常规物理力学性质试验外，对引起地面沉降的主要土层土试样进行高压固结试验，最大压力达8～16MPa，并模拟地下水位波动情况进行循环加荷固结试验	提供含水量、密度、相对密度、液塑限、抗剪强度、颗粒级配、压缩系数、压缩模量、固结系数、先期固结压力等
现场抽水试验	对主要含水层作分层抽水试验	提供渗透系数、导水系数、弹性储水系数等
水质分析	井泵抽水采样，丰水期、枯水期、回灌前及开采后各采取水样一次作水质分析	不同时期水质变化情况
地下水采灌量测	对所有开采井、回灌井用水表计量采灌量，每月观测1～3次，精度±1m³	按单井、含水层、地区和时间进行统计
地下水位观测	沉降区与邻近区均匀布点用电测水位计或自记水位仪每10～30天观测一次（水位变幅较大时，5天一次），精度±0.03m	绘制单孔地下水位历时曲线，年度水位等值线图等
孔隙水压力观测	孔隙水压力测头埋设在黏性土层中，与地下水位作同步观测	提供土层中各点孔隙水压力变化情况
地面沉降观测	布设地面沉降观测高程网，当年均沉降量为1～10mm时，沉降观测点间距为2 000～500m，复测周期5～0.5年，当年均沉降量大于10mm时，沉降观测点间距不大于500m，复测周期1～6个月，一般按一等或二等水准测量要求进行观测，当沉降速率较大时，也可按三等或四等水准测量要求进行观测	提供各水准点的沉降量，绘制沉降量等值线图，计算各沉降区的年平均沉降量

一是调查访问;二是开展地裂缝的地质测绘;三是地球物理化学勘探;四是槽探、钻探;五是进行必要的岩、土、水样品测试;六是根据需要设置地裂缝监测;最后进行综合分析,分阶段提出防治对策。

3)勘查内容要求

(1)区域自然地理—地质环境条件。

(2)单个地裂缝及群体地裂缝的规模、性质、类型及特点。

(3)地裂缝的形成原因及影响因素。

(4)地裂缝的发展规律。

(5)地裂缝的危害性、未来的危险性评价。

(6)地裂缝灾害的防治或避让工程方案。

4)地球物理化学勘探

物化探技术一般作为一种辅助手段使用。针对地裂缝的点多、面广且具有较大的隐蔽性的特点,地裂缝勘查应充分重视物化探方法的应用。

物化探技术用于研究地裂缝深部特征,第四纪沉积物成分、结构特征、基底构造特征及区域水文地质特征等。物化探应与地质测绘、槽探、钻探密切配合,以保证工作精度,节约工作量。应根据工作目标、工作区的地质、地形地貌条件和干扰因素等因素,因地制宜地选择确定物化探方法。

(1)地球物理勘探

①深层地震勘探;

②浅层地震勘探;

③地震层析成像(CT)法;

④地面甚低频电磁法。

(2)地球化学勘探方法

①α卡法;

②氡气测量法。

5)山地工程

(1)槽探

揭示地裂缝空间展布特征、地裂缝与下部断层的关系及地裂缝所处的第四纪地层特征。槽探剖面应垂直于地裂缝,即横跨地裂缝带。槽探是地裂缝研究的主要手段,应有一定的密度,可考虑沿主要地裂缝100m间距内布置一个。将各种数据详细列表记录,并进行照相或录像。描述周围地貌、第四纪地层特征、描述周围的环境特征。取年龄测试样及土工测试样,分析形成时代。注意槽探剖面与物探剖面相结合,尽量使两者位置一致,以便对比分析。

(2)浅井或竖井

对于问题复杂且典型的地点,应布置浅井或竖井,其深度应达下部断层,即裂缝消失而断层产生位移稳定的地方。其他未及要求应参照《地质勘察坑探规程》DZ 0141—94。

6)钻探

在地裂缝研究中,钻探主要用于第四纪地质条件,水文地质条件及工程地质条件的研究。第四纪松散沉积物是地裂缝发育的物质基础,而钻探是揭示松散沉积物特征的有效方法,也是揭示沉积物透水性、含水性及流变性等控制地裂缝发育因素的有效途径;其次是揭示断裂活动性状,弄清断裂两盘的位移,断裂带的宽度及构造破碎岩特征。

钻探剖面线的布置尽量做到与槽探、物探剖面线相一致,以便相互印证。由于钻探消耗的人力物力较大,在布孔和确定钻探深度时应细致论证。施工中做好岩芯编录,特别注意观察沉积物的孔隙发育情况。

采集必要的第四纪测龄、气候分析样品,采集测试岩土粒度、压缩性、透水性、含水性、孔隙比、液限、塑限等工程地质指标的样品,采集测试弹性模量、剪切模量、泊松比等力学性质指标的样品。

7)岩、土、水样测试

样品种类包括第四纪测龄样品、古气候分析样品、土体物理力学性质参数和土体动力学参数样品。第四纪测龄样品包括碳14测龄(^{14}C)、热释光测龄(TL)样品。古气候样品包括孢粉样品,微体古动物样品。

土体物理力学性质样品用于测试天然密度、相对密度、含水量、孔隙比、塑性指数、液性指数、液限、塑限、压缩系数和压缩模量、剪切模量等。

土动力学参数样品用于测试泊松比、动弹性模量、动剪切模量、动体积模量、拉梅常数、纵波波速等。

以上内容只是对地质灾害调查和勘察的粗略介绍，具体内容及方法详见本书第二部分。

3.2　地质灾害判识

3.2.1　地质灾害的遥感影像判识

1. 滑坡遥感判识

利用遥感图像识别滑坡，主要利用的是遥感设备所提供的大比例尺（1：2 000～1：20 000）航片或彩红外照片，并辅以其他遥感图像，如多光谱摄影、多光谱扫描图像、侧视雷达扫描图像等。根据色调、色彩、阴影所构成的各种形态、大小、结构、纹影图案，能把一定范围内的地表景观按一定比例尺真实、客观地显示出来，使我们能够迅速初步判别是否存在滑坡及滑坡的规模和性质。

在航片上识别滑坡，主要识别滑坡的形态要素，然后结合搜集的地质资料进行综合分析，从而初步确认滑坡的存在与否。由于滑坡过程是陡坡变为缓坡的位能释放过程，所以滑坡体的平均坡度较周围山体平缓，有的甚至成为平坦地形或凹地；由于岩性、构造、地下水活动和滑坡体积等条件不同，滑坡体常以不同形状下滑，最典型的是滑坡体与后壁及两侧壁构成的"倒扣贝壳"或"圈椅"状地形，其他如舌形、梨形、三角形、不规则形等。滑坡体的这些形状在航片上均有清晰的影像，很容易识别。滑坡体在滑动前及滑动过程中，滑体前后缘、两侧及中部均会产生裂缝；首次滑动以后，这些裂缝在地表水和其他营力的作用下会发育成大小不同的冲沟。这些冲沟在航片上表现为明显的带状阴影和色调差异，从而在航片上可

判读滑坡体上沟谷的规模、条数、切割深度、宽度及沟内分布物等情况。同样，滑坡体上的其他水体，如水田、沼泽、池塘等在航片上也都很容易识别。

在航片上可以看到滑坡体不规则的阶梯状地形，即平台与陡坎相间的地形。因此，根据航片上滑坡台地的形状、大小、级数和位置，可以间接地推测滑坡体上发生滑动的次数、滑坡区段及范围等情况。滑坡体在向前滑动时如果受阻就会形成隆起的丘状地形，即鼓丘，而且在航片上比较清楚。

图3-1所示为陕西地区高级阶地中发育的新滑坡的航片影像。箭头A所指处为近期活动频繁的新滑坡，滑壁仍在崩塌，滑体产生多级平台，支离破碎，凹凸不平。虽有耕地，但不规则。滑坡体中1所示系1955年5月雨后滑动的，把铁路向南推出110m，大量泉水涌出，致使东侧村庄井泉干涸，后缘形成滑坡湖。滑体最厚达88.6m，体积约2 000m³；2所示系1964年高阶地前缘发生的崩塌，将原滑坡湖填塞；3所示系未受滑坡影响地区。

当然，多数滑坡不一定具备上述所有判读特征，各项判读特征在各种具体情况下的表现也不尽相同。因此，必须综合判读各要素，才能初步确定某个滑坡的基本情况。

利用遥感图像进行滑坡判读，特别是对区域性滑坡群的识别，优点很多。其中最突出的是效率高、视野广和准确度高，因此它是一种先进的滑坡识别手段。但是，滑坡是一种复杂的动力地质现象，航空遥感或地形图解译仅能作为滑坡存在与否的初步判断依据，不可能完全代替滑坡的地质调查工作。

2. 崩塌遥感判识

1）崩塌的遥感影像特征

崩塌一般发生在节理裂隙发育的坚硬岩石组成的陡峻山坡与峡谷陡岸上，它在航片上显示得较清楚（图3-2）。

其主要判释标志如下：

（1）位于陡峻的山坡地段，一般在55°～75°的

图3-1　高级阶地中发育的新滑坡[46]

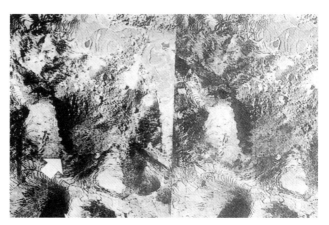

图3-2　崩塌影像[46]

陡坡前易发生，上陡下缓，崩塌体堆积在谷底或斜坡平缓地段，表面坎坷不平，具粗糙感，有时可出现巨大块石影像。

（2）崩塌轮廓线明显，崩塌壁颜色与岩性有关，多呈浅色调或接近灰白，无植被。

（3）崩塌体上部外围有时可见到张节理形成的裂缝影像。

（4）有时巨大的崩塌堵塞主河，在堰塞体上游形成堰塞湖，而崩塌处的河流本身则在崩塌处形成一个带有瀑布状的峡谷。

2）崩塌堆积的影像特征

崩塌堆积的岩堆在航片上可按其分布部位、外表形态和色调等判断，主要特征如下：

（1）位于陡坡或坡脚下，岩堆表面坡度一般在30°～40°之间。

（2）平面形态多呈沿山坡逐渐向下方展开的条带，一般呈楔形、三角形、舌形、梨形、梯形（岩堆裙）等；纵断面形态成凹形、直线形、凸形或它们的组合；横断面形态在斜坡上呈微微凸起，在河谷内时，多呈直线形。

（3）坡面色调比较均匀，一般呈灰白色至浅灰色，无阴影感，有时呈细点纹形状，具粗糙感。

（4）有时在陡峻的山坡上可见到搬运区呈白色条

带的沟槽石流，这种沟槽石流，应与山坡型泥石流区别开。

3）崩塌判识时应注意的问题

（1）注意崩塌与落石、剥落的区别。落石，系指悬崖陡坡上个别岩块的突然坠落，山体本身基本稳定。落石在大比例的航片上可以看到巨大岩块呈粒状，具阴影，有的滚落在距坡脚较远处。剥落的特点是斜坡表层岩石长期遭受风化、冲刷而造成的岩屑，经常不断地沿坡面滚落和堆积在坡脚，而斜坡基本上是稳定的。剥落一般分布在坡脚或缓坡地段，多在均质页岩、云母片岩、粗粒花岗岩等地区产生，其色调较淡而均一。

（2）应注意崩塌与采石场露采边坡的区别。一般采石场露采边坡影像呈均匀的浅色调，有道路通往采石场，并有小路贯通山坡上下，有时还能看到采石场附近路边收方的石堆或石灰窑，甚至还可看到运料石的各种车辆。尤其是石灰岩地区，如发现附近有石灰窑或水泥厂，则可确定其为采石场。

（3）应注意阴影对崩塌体判识的影响。有时崩塌壁形成陡坎，受光照方向的影响，整个崩塌壁和崩塌体均被阴影所遮盖，影响崩塌微地貌的研究，但从其地貌部位和阴影仍可推测其为崩塌。

（4）崩塌判识除规模、性质外，还要统计出单位斜坡内的崩塌发生的数量、计算崩塌面积及崩塌面积率等。

3. 泥石流遥感判识

1）泥石流的影像特征

泥石流的形成必须同时具备三个基本要素：汇水区内有丰富的松散固体物质、陡峻的地形和较大的沟床纵坡、激发水源条件，水源条件包括流域中上游有强大的暴雨、急骤的融雪、融冰或水库的溃决洪水等。三个基本要素与区域水文、气象、地形地貌、岩性、构造、地表物质组成、植被、不良地质现象等因素密切相关，因此，判识泥石流的关键在于对影响泥石流形成的自然因子进行调查和综合分析。

利用航片对泥石流的判识能收到事半功倍的效果，在实地进行泥石流调查，如果对泥石流的形成区、流通区及堆积区都进行详细的调查，工作量很大，而利用航片观察可一目了然。可对泥石流的三个区情况，泥石流的分类及其危害程度进行详细的研究和判识。

泥石流形态在航片上易辨认。通常标准型的泥石流流域可清楚地看到三个区的情况，泥石流形成区一般呈瓢形，山坡陡峻，岩石风化严重，松散固体物质丰富，常有滑坡、崩塌产生；流通区沟床较直，纵坡较形成地段缓，但较沉积地段陡，沟谷一般较窄，两侧山坡坡表较稳定；堆积区位于沟谷出口处，纵坡平缓，常形成洪积扇或冲出锥，洪积扇轮廓明显，呈浅色调，扇面无固定沟槽，多呈漫流状态。有的泥石流流域不一定有完整的三个区，有的形成区则为流通区，有的流通区伴有堆积，有的未见堆积区或堆积区不明显（图3-3）。

2）泥石流的遥感判识内容

通过遥感图像可对泥石流进行下列内容判识：

（1）确定泥石流沟，并圈划流域边界。

（2）初步判识泥石流沟的整个流路路径长度、堆积扇体大小与形状。

图3-3 标准型泥石流影像[46]

（3）圈画流域范围内的不良地质现象，如补给泥石流的崩塌、滑坡等。

（4）判识泥石流沟的背景条件，如松散堆积层厚度、植被种类及覆盖度、山坡坡度和岩石破碎状况、人类活动的痕迹等。

（5）确定泥石流发生的方式、类型、规模大小、危害程度。

（6）初步对泥石流流域进行分区，划分泥石流危险区，计算堆积区面积并估算固体物质冲出量。

（7）一旦确定泥石流对工程有影响时，则应结合遥感图像判识，确定泥石流的整治方案。

3）泥石流的遥感判识方法

泥石流沟的判别有两种基本方法，即定性判别和统计分析判别。

（1）定性判别

由于遥感图像记录了地表瞬时的真实情况，尤其是曾经暴发过泥石流的沟谷，都能逼真地显示在图像上。一般只要发现沟口有明显的泥石流堆积扇，则可明确判别其为泥石流沟。但有些泥石流沟流入大河，其堆积物大部分被河水带走，未保留扇形地貌，这并不能说明该沟道就不是泥石流沟。此时，应对流域内与泥石流有关的因素进行详细的判识，参照泥石流勘查规范易发性判别表的15项要素，进行解识并评价其易发性。

（2）统计分析判别

有时泥石流沟由于沟口泥石流堆积物被河流冲走，未保留泥石流堆积扇，且流域内也未见滑坡、崩塌等不良地质现象，特别是泥石流暴发时间较久，显示泥石流的主要特征难以直观判别。此时，很难用定性方法确定是否有泥石流沟存在，且每个判识者的经验不一样，漏判、误判的可能性加大，何况还存在一定的主观性。在这种情况下，可以采用定量分析的方法予以确定，但定量数据的指标各地区不一样，应结合各地区泥石流的特点予以规定。以成昆铁路沙湾至泸沽段为例，凡具备下列条件的沟谷则可判定为泥石流沟。

①山坡坡度大于25°以上的山坡面积占流域面积40%以上；

②松散固体物质储量在（4.0～5.0）万m³/km²；

③主沟床上游的平均纵坡坡降大于200‰。

采用遥感图像定性判识和定量统计分析判别相结合，确定泥石流沟存在与否，无疑将更加可靠些。

4）泥石流判识时应注意的问题

（1）在泥石流判识时，不能仅仅对流域本身的三大区解释来判断是否为泥石流沟，因为有的处于间歇期较长的泥石流沟，其三大区的特点不是太明显，尤其是泥石流堆积物被河流冲走，未形成堆积扇，流域区植被又较茂密时，很容易被认为是清水沟。此时应进行大面积岩性、构造、地貌等判识，还应结合地面调查访问，才能有把握地判断其为清水沟或是泥石流沟。总而言之，泥石流的判识不应只限于泥石流堆积扇的判识，应和整个流域的泥石流孕育环境相结合进行综合判断。即在研究泥石流扇体的同时，把泥石流孕育和发生作为一个过程，把诸多因素及其影响结果作为一个系统进行分析。

（2）当大型泥石流堆积扇前端伸入河流中，而该河流又不是太宽时，应注意河流对岸可能受到泥石流的威胁，并应注意对岸是否有泥石流堆积物。

（3）并不是所有植被茂密地区均反映泥石流趋于稳定。在南方多雨以化学风化为主地区，泥石流流域内植被茂密，往往表面上看该泥石流趋向稳定，但由于滥砍滥伐森林，也能导致泥石流发生。而在华北山区，如北京北部山区，由于以物理风化为主，在基岩上面，往往只覆盖较薄的土壤（夹碎块石），树木的根系较浅，难以深入基岩内，一旦遇到暴雨或雨季土壤饱和后，树木歪倒甚至连根拔，和水流一起冲入河床中，成为泥石流的固体物质，反而助长了泥石流的形成和规模的扩大。从某种意义上讲，这种地区的树木对泥石流的形成不但不能起到阻碍作用，反而起到有利作用。

（4）利用遥感图像估算泥石流松散固体物质量较地面方法优越，一般主要估测动储量，即能成为泥石流固体物质来源的那一部分松散堆积物。因为不一定所有流域内的滑坡、崩塌、岩堆、坡积层、堆积阶地等的松散堆积物都能成为泥石流松散固体物质的来源，应视其所在部位、是否受河流冲刷、松散固体物质能否进入河床等等而定。每条沟情况都不一样，应对每条泥石流沟进行分析估测。

3.2.2 地质灾害的现场判识

1. 滑坡的现场判识

滑坡的基本地质特征是识别或判断滑坡的重要标志，它包括滑坡的地貌特征（或形态特征）、滑体特征、滑带（面）特征、滑床特征等，针对中、低速滑坡的判识特征如下：

1）地貌特征

滑坡现象常以其独有的地貌形态与其他类型的斜坡地貌形态相区别。滑坡形态既是滑坡特征的一部分，又是滑坡力学性质在地表的反映。不同的滑坡有不同的形态特征，滑坡的不同发育阶段也有各自的形态特征。因此，在滑坡的工程研究中，识别滑坡形态特征是认识滑坡的极其重要的方面。典型滑坡或新生

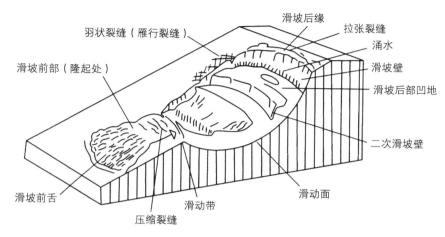

羽状裂缝（雁行裂缝）

滑坡前部（隆起处）

滑坡前舌

压缩裂缝

滑动带

滑坡后缘

拉张裂缝

涌水

滑坡壁

滑坡后部凹地

二次滑坡壁

滑动面

图3-4　滑坡地貌形态及要素示意图[47]

滑坡的地貌特征如图3-4所示。自然界中的许多新、老滑坡，由于要素发育不全或经过长期剥蚀及堆积作用，常常会消失一种或多种要素，应注意观察。

滑坡大部分为曾经发生过崩塌或古滑坡地形之处的重新滑坡，而特殊外因在不具滑坡地形的地方很少产生新的滑动。一般有经验的地质工作者有时在地形图上就可以根据等高线的紊乱情况及其展布形态来判断是否可能存在滑坡，其根据就是滑坡具有的特殊的地貌特征。简而言之，所谓滑坡地形，就是"倒扣贝壳"状或"圈椅"状地形。

滑坡地形的一般特点是：滑坡后部有陡斜坡或者断壁（滑坡壁），其下连接凹地（反坡地形）或平坦地带（台地），继续向下是缓斜坡。

滑坡后部的滑坡壁及其下部的凹地，是滑坡地形的重要特征，凹地常形成水塘、沼泽或湿地。在滑坡壁的半腰部有时可见到涌水，特别是在刚发生滑坡之后，这种滑坡壁和涌水现象明显，时间长了则因滑坡壁逐渐坍塌而被覆盖。滑坡地形形成后，在已滑动的岩土体中也可能再产生二次、三次甚至更多次的次级解体或滑坡，滑坡壁和平坦地带的数目也相应增多，最后形成所谓的阶梯状的"梯田"、"条田"、"弧形田"等地形。

滑坡有时也被看作是地层岩性及其组合类型、地质构造的反映，所以滑坡地形多数排列成直线状或带状，甚至断层崖等有时也被看作是一种能生成滑坡的地形。

2）滑体特征

滑坡体（简称滑体）是指与母体脱离经过滑动的岩土体。因为是整体性滑动，滑体内部岩土体相对位置基本不变，基本保持了原有的层序和结构，即原岩性特征。

对基岩滑坡而言，受滑动动力作用，滑动岩块（或似基岩块体）中将产生新的裂隙或破裂，滑动岩块明显松动，加之后期风化营力侵入，岩石风化程度明显加深。因此，滑体中滑动岩块（或似基岩块体）与滑床基岩的重要区别主要表现在其完整程度与风化程度的差异上。前者一般较为破碎、风化程度较深，后者则相对较完整、岩石较新鲜。

滑体的原岩性特征有时会给我们判断或识别滑坡带来极大的困难。三峡库区、百色库区的某些滑坡正是因此而导致判断失误，而误将滑坡体当基岩，对库区移民安置造成了非常不利的影响，不仅给移民重建和滑坡防治加大了工程成本，还带来了其他负面影响。因此，正确认识与切实把握滑体的原岩性特征已成为滑坡勘察研究工作中的重要内容之一。

为了进一步阐明滑体的原岩性特征,下面以基岩滑坡为例,对滑体特征做更深层的分析。

(1)结构分层与物质组成

滑体结构因物质组成的差异而具有成层性,自上而下大体可分为三层(不具普遍性和普适性,滑坡类型不同差异很大,如汶川地震引发的高速滑坡,完全成为碎屑流):

表部:为滑体原岩风化的残积物或覆于其上的崩坡积物,多为土夹碎块石或碎块石夹土,分布不连续,结构松散。

主体:为略具层序的似基岩破裂块体层或具层序特征的块石层,分布连续。此层在滑动过程中受到一定的扰动,其岩性与环境岩体一致,结构与环境岩体相似,但相对原岩一般较为破碎且风化程度较深。

底部:为岩性与环境岩体一致的碎块石层,分布连续。此层在滑动过程中,由于靠近滑动界面,受扰动程度更大,其岩性虽与环境岩体一致,但结构已完全破坏而成碎块石状。

(2)水文地质特征

受滑体结构及其物质组成所决定,滑体的透水性具有一定的差异性,具体表现如下:

表层:主要为原岩风化残积物或崩坡积物土夹碎块石或碎块石夹土,结构松散,表现为中至弱透水特征。

中部:因基本保持原岩的层序及结构,总体透水性微弱,但受滑体原岩岩性的影响,其透水性特征存在一定差异。当滑体原岩为相对不透水的黏土岩、砂岩时,主要表现为弱至微透水性。当滑体原岩为可溶岩时,因可能形成岩溶管道,应视溶蚀发育情况确定其透水性强弱,溶蚀较强烈时表现为中至强透水性,溶蚀轻微时则透水性微弱。

底部:因靠近滑带,在滑坡滑动过程中受到了较强烈的破坏,一般表现为中至强透水性。正因为如此,再加上下伏滑带的隔水作用,该层往往成为地下

水溢出的部位,这也是大多数滑坡前缘出露泉水的原因。

3)滑带(面)特征

滑带(面)也称滑动带或滑动面,是滑坡体与滑坡床之间的分界面,也是滑坡体沿其滑动并与滑坡床相接触的带或面。由于滑坡滑动时的挤压与揉搓,滑带中的土石一般都受到比较强烈的破坏,颗粒定向排列明显且有一定程度的磨圆,甚至发生片理或糜棱化,并可见摩擦光面或镜面,光面上有时可见擦痕。滑带的厚度一般可达数十厘米甚至数米。

因摩擦而变细的滑带土与其上下层岩土在粒度、密实度及含水量等方面均有较大差异。其粒度相对较细且多以细颗粒为主,密实度较一般土要密实,而含水量(尤其是上界面附近)较高,往往呈软塑状态。

4)滑床特征

滑床又称滑坡床,它是指滑坡体之下未经滑动的岩土体,它基本保持着原岩的结构。但是,因受滑坡体滑动作用的影响,在滑坡体周缘(含下伏)的滑床会发生不同程度的微量变形或破坏,如前缘部分及滑体底面以下的滑床表层因受滑坡体挤压而产生的挤压裂隙,后缘部分因受牵引而出现的弧形张裂隙及滑坡体两侧产生的剪裂隙等羽状裂隙。

除此之外,滑床顶面(对于基岩滑坡,则为基岩面)形态也有一定的特点,如纵向上一般多具有汤勺特征(即上陡、中缓,靠近前缘微有反翘或呈平缓状),而在横向上一般多呈宽缓的凹槽形等。

2. 崩塌的现场判识

崩塌的形成总是需要一定的地质条件,我们可以根据这些地质条件和崩塌的结构特征进行崩塌灾害的判识。

1)地貌条件:崩塌多产生在陡峻的斜坡地段,一般坡度大于55°,高度大于30m以上,坡面多不平整,上陡下缓。

2)岩性条件:坚硬岩层多组成高陡山坡,在节理裂隙发育、岩体破碎的情况下易产生崩塌,软、硬

相间岩性组合形成凹腔，而软、硬相间缓倾岩性组合滑移导致厚层砂岩形成崩塌。

　　3）构造条件：当岩体中各种软弱结构面的组合位置处于下列最不利的情况时易发生崩塌：

　　（1）当岩层倾向山坡，倾角大于45°而小于自然坡度时。

　　（2）当岩层发育有多组节理，且一组节理倾向山坡，倾角为25°～65°时。

　　（3）当两组与山坡走向斜交的节理（X形节理），组成倾向坡脚的楔形体时。

　　（4）当节理面呈弧形弯曲的光滑面或山坡上方不远处有断层破碎带存在时。

　　（5）结构面和结构面构成的菱形体或楔形体的交线倾角小于斜坡坡角时。

　　（6）在岩浆岩侵入接触带附近的破碎带或变质岩中片理片麻构造发育的地段，风化后形成软弱结构面，容易导致崩塌的产生。

　　4）此外昼夜的温差，季节的温度变化促使岩石风化，地表水的冲刷，溶解和软化裂隙充填物形成软弱面，或水的渗透增加静水压力，强烈地震以及人类工程活动中的爆破，边坡开挖过高过陡，破坏了山体平衡，都会促使崩塌的发生。

　　3. 泥石流的现场判识

　　能否产生泥石流可从形成泥石流的条件分析判断；已经发生过泥石流的流域，可从下列几种现象来识别：

　　1）中游沟道常不对称，参差不齐，往往凹岸发生冲刷坍塌，凸岸堆积成延伸不长的"石堤"，或凸岸被冲刷，凹岸堆积，有明显的截弯取直现象。

　　2）沟槽经常大段地被大量松散固体物质堵塞，构成跌水。

　　3）沟道两侧地形变化处、各种地物上、基岩裂缝中，往往有泥石流残留物、擦痕、泥痕等。

　　4）由于多次不同规模泥石流的下切淤积，沟谷中下游常有多级阶地，在较宽阔地带常有垄岗状堆积物。

　　5）下游堆积扇的轴部一般较凸起，稠度大的堆积物扇角小，呈丘状。

　　6）堆积扇上沟槽不固定，扇体上杂乱分布着垄岗状、舌状、岛状堆积物。

　　7）堆积的石块均具尖锐的棱角，粒径悬殊，无方向性，无明显的分选层次。

　　上述现象不是所有泥石流地区都具备的，调查时应多方面综合判定。

　　4. 地裂缝的判识标志

　　在地裂缝的形成、发展和演化过程中，会在地表、地下、建筑物或其他构筑物形成或留下永久的变形和破坏，这些变形和破坏的特征是鉴别地裂缝的重要标志。

　　1）地面标志（平面标志）

　　地面破裂是地裂缝的最主要标志之一。在地裂缝发育地带，地表土体中都会出现土体开裂现象。在土体中特别是人类活动较强烈地段，这些现象会被掩盖或被人类活动破坏，表现为断续分布的性质。一般情况下，裂缝仅为细微的裂缝，宽度不超过1cm，长度几十厘米到数米，时断时续，有时呈雁行状排列（图3-5）。但是在野地，尤其是由于长期降雨或者持续干旱时，这些裂缝会十分明显地显露出来。宽度和长度明显加大。在农田中，大部分情况也是地裂缝断续分布，雨季或农田灌溉时，会出现线性排列的落水洞，最后形成连续裂缝。地表裂缝除张裂外，在较坚硬的土体中垂直位移量也会显示出来。

　　2）建筑物破坏标志

　　地裂缝的发现大多数是由于建筑物严重破坏才引起人们重视的。由于建筑物（包括道路桥梁）一般为刚性体，因此，其破坏比起土体要明显得多，是鉴别地裂缝发育的重要标志。地裂缝活动产生的地表建筑物破坏的主要特征是：线性破坏，即沿一定方向上的建筑物均遭受破坏。在地裂缝活动强烈地段，不管是何种建筑类型，其强度有多大，都不能抵挡地裂缝的

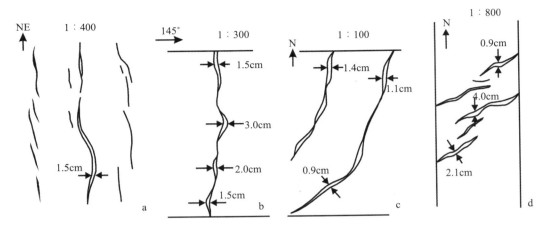

图3-5 地裂缝形状图

破坏，在同一条地裂缝上，建筑物的破坏方式相同，表现为与主裂缝相连建筑物上为一条较大的拉张裂缝，可明显看到上盘相对下降，在主裂缝的上盘上，与主裂缝斜交为一系列羽状分布的剪切裂缝。在有水平位移的地裂缝上，建筑物破坏也具有三维破坏，即横向拉张、水平扭动和垂直升降，其中垂直升降表现比较明显。地裂缝活动在道路上的破坏可以确定地裂缝的活动量和活动方式，因为道路是地表的一部分，具有刚度较大的特点，较好地保留了地裂缝活动产生的永久变形，如西安市后村带及和平门地裂缝带，其在雁塔路的沉降量分别可达60cm和38cm。

地裂缝地面建筑破坏标志是确定地裂缝的重要证据，但是在调查时，一定要注意区分其他成因造成的破坏，如地基不均匀沉降、建筑物结构自身变异等（图3-6）。

图3-6 建筑物破坏情况
（a）楼房破坏；（b）桥梁受损

3）地质标志（剖面标志）

地裂缝在其发育过程中不仅使地表面发生破裂变形，而且在地表层一定深度的土体中也会留下永久性的破裂变形痕迹，这些痕迹也是鉴别地裂缝的主要标志。

（1）地裂缝剖面上的张性特征。地裂缝在剖面上均表现为张性特性，主地裂缝张开量较大，在近地表处，上宽下窄，在下部则为断续的裂缝，较新者无充填，一些部位由于地表水的入渗，有细沙或泥质充填，裂缝两壁较粗糙。次级裂缝一般张量较小，在主地裂缝影响带内，在上盘发育有剪切裂缝。

（2）地裂缝在剖面上呈带状分布。在主裂缝两侧，各发育有若干条次级裂缝，一般活动盘次级裂缝条数多，发育范围较宽；而下盘，次级裂缝发育较少，范围较窄，根据大量统计，在近地表处，强发育带上盘2.5~3.5m，下盘小于2m。

地裂缝带的发育程度具有上宽下窄的特点，一般在表层3m以内，土体上地裂缝发育较下部条数多，主要是次级裂缝向下部延伸与主裂缝相交，其相交深度一般不超过5m。

（3）地裂缝在剖面上近地表附近一般看不到地层的错断，但垂直量越向下部越大，在较深的探槽中，有些地裂缝与活断层直接相连，这在西安、大同等地裂缝中均有较多实例。

（4）地裂缝在剖面上的形态比较复杂，但一般情况下，主裂缝较陡，上盘次级裂缝在一定深度上与主裂缝相交，形成"Y"字形。有些剖面则由3条以上平行地裂缝形成，作同一方向的错动，使所切割的地层形成"阶梯状下降"，在软弱的土层或人工填土中，地裂缝往往形成多条直立的等间距的裂缝带，但规模不大。

（5）由于岩性差异，地裂缝在剖面上表现出明显的差异，黏性土中裂缝发育较好，产状较稳定，张开量大。而在粉砂类土和人工填土中，裂缝则规律性不强，产状多变，张开量小。在砂类土中，裂缝消失或仅有因活动保存下来的砂土松动或小砾石定向排列。在黄土中，地裂缝比较规则。

4）地下构筑物的标志

地下构筑物由于直接位于土体中，在地裂缝活动中，其变形特征、变形量更能反映地裂缝的活动规律，一般情况下，地下构筑物上的垂直沉降量和水平拉张量比较直观。如有水平错动，也能在其结构上反映出来。深度越大，破坏宽度越小，裂缝条数也随深度递减，到较深部位，仅存一条裂缝，但位移量加大，如大同机车工厂—食堂，地表主裂缝张量2cm，上盘下降量2.5cm，在第一层地道中（埋深4m），张量3cm，下降量4cm，微显左旋，而9m埋深的第二层地道中，张量6.4cm，差异沉降量8.7cm，左旋量2cm。地下构筑物的另一种破坏是直接剪断地下管道，由于一些管道采用直埋式，土体的变形在管道上积累到一定程度，管道将被拉断或剪断，西安地裂缝上煤气管道、上下水管道据不完全统计约有90余处被破坏或反复破坏（如图3-7）。在地裂缝经过部位，管道的破坏和反复破坏无疑是地裂缝活动的最好证据。

5）地貌及地形变化标志

地裂缝实际是新构造活动的一种表现形式，与断层活动有密切的关系，因此形成一些特殊的构造地貌，如西安市的盆岭地貌，目前西安市十余条NEE向展布，平行等间距的黄土梁和洼地的形成、分布与地

图3-7 地下管道破坏

裂缝以及活断层有比较好的对应关系。大同市地裂缝也是沿地形上高差3～5m的斜坡或陡坎下部发育。地裂缝及下部活断层的长期活动逐渐形成这些独特的微地貌景观，也可作为地裂缝的判别标志。跨地裂缝进行短水准测量发现，由于地裂缝的活动，可造成沿主裂缝向两侧逐渐递减的地面变形，变形范围大于地裂缝及两侧分支裂缝的宽度，这种变形也可作为判别地裂缝活动的间接标志。

6）物化探测试标志

对于地裂缝的隐伏段，可利用物探、化探方法进行测试。根据研究，在地裂缝带上其物化探特征和活断层有相同特征，如浅层地震可直接反映较深部的错断，α卡、测氡仪测试也可确定其异常值的范围，因此，也可作为寻找隐伏地裂缝的方法和确定地裂缝的间接判别标志。

3.3 地质灾害风险分析与制图

3.3.1 地质灾害危险性分析

1. 地质灾害危险性分析概念与意义

地质灾害危险性分析主要用来预测地质灾害的破坏能力及其时间发生概率，它强调地质灾害造成破坏的自然属性，如强度、速度、运动距离、破坏范围以及发生频率等，换而言之，地质灾害危险性评价既反

映了地质灾害的活跃程度，又反映了地质灾害可能的破坏能力[48]。

地质灾害危险性分析可分为两个层次，第一个层次是通过对地质灾害的孕灾背景因子进行分析，通过分析已经发生的地质灾害的特征，对区域地质灾害的发生的倾向性进行评价，强调静态地质灾害易发条件和灾害发生的空间概率统计，该层次称为地质灾害易发性评价（也称为敏感性评价，Susceptibility Assessment）；第二个层次是在易发性评价的基础上，考虑地质灾害的分布位置、体积（或面积）、发生时间概率、诱发条件（强降雨、地震和人类工程活动）、运动速度、运动距离及其影响范围和强度，称为地质灾害危险性评价（Hazard Assessment）。

地质灾害危险性评价实施于地质灾害发生前，对地质灾害的危害范围和强度具有一定的预测功能。地质灾害危险性评价结果，可为城市规划提供基础背景资料，合理规划区域工农业生产规划、项目建设和产业布局，特别是为公路、铁路等城市重点建设工程的布设提供依据，降低其遭受地质灾害的危险；其次，地质灾害危险性评价结果可用来指导地质灾害防治规划，加强对高危区地质灾害的防治工程和监测预警系统建设，合理分配地质灾害防治的投入，为地质灾害防治管理提供依据[49]。

2. 地质灾害危险性评价的内容与流程

地质灾害危险性评价的主要内容包括阐明分析研究区地质环境条件的基本特征，调查地质灾害发生的现状；选取与地质灾害发生关系密切的孕灾因子，计算因子的权重，建立地质灾害危险性评价模型；对研究区进行地质灾害危险性评价，可包括地质灾害现状评估、预测评估和综合评估等内容；最后可以提出地质灾害防治的措施和建议等。

地质灾害危险性评价的流程一般可分为资料收集、实地考察、孕灾背景分析、灾害活动特征分析、危险性评价与分区等步骤（图3-8）。首先对研究区的资料进行收集，包括孕灾背景数据，如地质数据

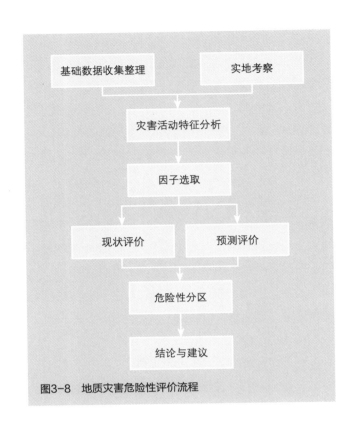

图3-8 地质灾害危险性评价流程

（地层岩性、地质构造等）、地貌数据（高程、坡度、坡向、坡型、沟谷密度等）、人类活动（土地利用、道路、水电工程等）、降雨数据、地震数据等；根据研究尺度和区域的大小，收集购买不同分辨率的遥感影像；收集已有的地质灾害数据。对研究区地质环境、地质灾害进行现场考察、测量，进而利用遥感影像对地质灾害进行判识。对地质灾害的分布规律、活动特征进行统计分析，并根据地质灾害的类型、地质灾害的活动特征等，选取危险性评价的指标，建立评价指标体系。利用物理建模、统计建模等方法，建立地质灾害的危险性评价模型，对地质灾害的现状和趋势进行评价，并对模型和评价结果进行校验；根据评价的结果可以对研究区进行危险性的分区，并得出相应的结论和减灾防灾建议。

3. 地质灾害危险性评价方法

根据地质灾害研究的范围、对象以及研究目的需要，地质灾害危险性评价可以分为区域地质灾害危险

性评价和单体地质灾害危险性评价两个尺度，不同的评价尺度使用的评价单元和研究方法各不相同。

1）区域地质灾害危险性评价

区域尺度地质灾害危险性评价核心在于评价因子的选取和权重的设置。

（1）物理确定性模型的评价方法

物理确定性模型主要是基于地质灾害发生的机理对地质灾害的危险性进行评价。如降雨型滑坡危险性评价的物理模型包括SHALSTAB模型、SINMAP模型、TRIGRS模型等，地震诱发滑坡危险性评价的物理模型有NEWMARK模型等。

SHALSTAB模型主要通过土壤的最大饱和状态来判断坡体的稳定性，其计算公式如下：

$$\log \frac{Q}{T} = \frac{\sec\theta}{a/b} \cdot \left[\frac{c'}{\rho_w \cdot g \cdot z \cdot \cos^2\theta \cdot \tan(\varphi')} + \frac{\rho_s}{\rho_w} \cdot \left(1 - \frac{\tan\theta}{\tan\varphi}\right) \right]$$

（3-1）

式中　Q——降雨量（mm）；

T——土壤导水系数（$m^2 \cdot dia^{-1}$）；

θ——坡度（°）；

a——贡献面积（m^2）；

b——上游等高线长度（m）；

c'——土壤黏聚力（kPa）；

ρ_s——土壤密度（$kg \cdot m^{-3}$）；

ρ_w——水密度（$kg \cdot m^{-3}$）；

g——重力加速度（$m \cdot s^{-2}$）；

z——土壤厚度（m）；

φ'——土壤有效摩擦角（°）。

（2）成因分析评价方法

成因分析评价方法是根据已有的研究成果，在了解地质灾害发生机理与分布特征的基础上，对地质灾害的孕灾因子进行排序、赋值的评价方法。该方法首先选取孕灾背景因子，按照与地质灾害的关系对各个因子赋予权重；进而对每个因子进行分级，根据每个等级对灾害活动的影响对其赋值，得到一系列参数；将这些因子进行叠加，从而得到地质灾害的危险性评

价结果。常用的方法如专家打分、层次分析法、频率比例法等。

专家打分是列出影响地质灾害的候选因子，供专家进行评判，根据自己的经验，专家给出"大、中、小"等定性的判断，或者对候选因子进行一定数值的打分，最终将这些专家评判结果进行汇总，选定地质灾害危险性的评价因子，确定因子的权重。如中国科学院成都山地灾害与环境研究所印制100份调查问卷，提供了一次泥石流可能最大冲出量、历次泥石流堆积总量、泥石流最大表观密度、泥石流最大漂砾粒径、泥石流最大流量、泥石流最大流速等6个候选因子，对10个省市的41个单位的专家进行调查，获取泥石流危险性评价因子及其重要性[50]。

层次分析法是一种定性分析与定量分析相结合的多因素决策方法，根据经验、已有研究成果等，对地质灾害危险性评价的相关指标进行两两比较，按照标度进行赋值（表3-4），建立判断矩阵，并对判断矩阵进行一致性检验，进而定量地计算每个因子的权重。

（3）统计学方法

统计学模型是通过地质灾害样本数据，分析地质灾害的发生相关的地质岩性、地貌条件等孕灾背景数据，认为在这些因子的作用下，相同的因子组合会导致地质灾害发生，通过计算与地质灾害发生条件组合的相似性获取地质灾害发生的概率。常用的统计学

判断矩阵中因子标度及含义　表3-4

标度	含义
1	a_i较a_j对地质灾害发生影响相同
3	a_i较a_j对地质灾害发生影响稍强
5	a_i较a_j对地质灾害发生影响强
7	a_i较a_j对地质灾害发生影响明显的强
9	a_i较a_j对地质灾害发生影响绝对的强
1/3，1/5，1/7，1/9	a_i较a_j对地质灾害发生影响与上述说明相反
2，4，6，8	处于上述判断的中间值

方法包括判别分析、多元线性回归、Logistic回归等，其中Logistic回归在灾害危险性评价中最为常用，较多学者使用该方法进行了地质灾害危险性的分析，取得较好的结果。

Logistic回归模型来源于广义线性模型，它是由一个Logit函数将一系列非线性相关的独立的自变量（孕灾因子）和一个应变量（代表地质灾害发生的概率，值处于0～1之间），公式如下：

$$Logit(p) = \ln \frac{p}{1-p} = b_0 + b_1 x_1 + b_2 x_2 + \cdots + b_n x_n$$

（3-2）

式中　　　p——地质灾害发生的概率或危险度；

$x_1, x_2, \cdots, x_n$——致灾因子；

$b_0, b_1, b_2, \cdots, b_n$——逻辑回归系数。

（4）数据挖掘方法

数据挖掘兴起于20世纪90年代中后期，其来源于统计分析，但是与统计分析又有不同，它是统计学方法的扩展和延伸。数据挖掘目的是从大量的数据或数据库中提取潜在的有价值的信息，从地质灾害危险性评价来讲，需要从大量的孕灾因子中提取与地质灾害发生相关的信息，因而数据挖掘方法得以应用于地质灾害危险性评价中。数据挖掘的方法包括监督式学习和非监督式学习。地质灾害危险性评价中常用的数据挖掘方法包括人工神经网络、支持向量机、决策树算法等。

①人工神经网络

人工神经网络是近年来得到广泛应用的一种非线性建模预测技术，它由输入层、隐含层和输出层组成（图3-9），能实现信号从输入空间到输出空间的变换，其信息处理能力来源于简单非线性函数的多次复合，适合预测、模式识别以及非线性函数的逼近。

②支持向量机

支持向量机是对偶理论和核函数的发展的一种算法。它是一种监督式学习的方法，根据给定的训练集合样本，假设这些样本可以被一个超平面线性分化为两个类别，支持向量机就是计算这个满足要求的分割

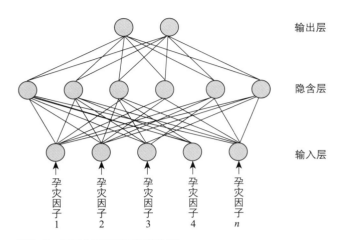

图3-9　三层人工神经网络结构图

超平面，而且样本中到超平面的最近的两类样本之间的距离最大。

③决策树法

决策树评价方法是使用地质灾害样本数据，利用归纳算法生成可读的规则和决策树，然后使用决策树对整个区域进行地质灾害危险性分析。常用的决策树算法包括ID3算法、C4.5算法、C5.0算法等。

2）单体地质灾害危险性评价

数值模拟是单体地质灾害危险性评价最常用的方法，这种方法是在对地质灾害机理了解的基础上，通过数值计算和图像显示的方法，对地质灾害运动状况的模拟，从而对地质灾害的威胁区域和危害程度进行预测和评价。

在进行滑坡危险性的数值模拟时，要求从时间和空间上分析滑坡发生的概率和强度（包括速度、体积、冲击力、滑坡堆积体厚度等）。在进行数学建模时，一般考虑如下特征来更好地表示滑坡运动：首先，建立坡体形状与内部结构（包括分层、不连续性等）的几何模型，以定义滑坡运动的可能的范围；第二，通过拍照—解译和地面调查等工作，建立滑坡运动的地貌结构模型，以定义坡面的稳定性；第三，确定主要控制变量（如降水、土壤湿度、水位、表面和深度位移等）随时间变化的动力模型，以确定滑坡以

前的状态及其运动的速率；第四，建立表征坡体物质的物理和水文机制的工程地质模型，来反映坡体的非均质性和异向性，以确定滑坡运动的时间、速度等特征；第五，根据滑坡可能的运动机理，用数学形式表示滑坡连续运动的物理过程。为了对滑坡机制在空间维和时间维上离散，在分析连续性问题时，采用极限平衡法（limit-equilibrium method，LEM）、有限元法（finite element method，FEM）、边界要素法（boundary element method，BEM）和有限差分法（finite difference method，FDM），分析不连续性问题时则采用确切要素法（distinct element method，DEM）。

泥石流数值模拟方法可分为两类：唯象模型方法和流体力学方法[51]。唯象模型方法是在对泥石流运动现象认识的基础上对其运动过程制定理想的假设或限定条件，进而编制算法进行模拟。这种方法不需要了解泥石流运动的物理机理，只要求模拟结果与实际现象的相似。其模拟结果只提供较为准确的泥石流淹没范围，不提供泥石流流速、泥石流等特征参数。流体力学模型方法是通过对泥石流运动特征、力学机制进行分析，建立泥石流运动方程，利用计算流体力学方法来求得微分方程的近似解。流体力学模型比唯象模型方法复杂，但其模拟结果不仅可以展示泥石流的淹没范围，而且可以提供泥石流的流速、泥深、动量等参数的时空分布。

4. 地质灾害危险性分级

1）地质灾害危险度级别与命名

为了便于统一和对比，使得地质灾害危险性评价结果具有可读性，因而对地质灾害危险度进行分级（表3-5），分级的数量与工作精度对应：初级工作精度地区的地质灾害危险度分为高度危险、中度危险和低度危险3级；中级工作精度地区的地质灾害危险度分为极高度危险、高度危险、中度危险和低度危险4级；高级工作精度地区的地质灾害危险度分为极高度危险、高度危险、中度危险、低度危险和微度危险等5级[47]。

地质灾害危险度分级与命名　　表3-5

工作精度级别	分级个数	危险度分级命名
初级	3级	高度危险、中度危险、低度危险
中级	4级	极高度危险、高度危险、中度危险、低度危险
高级	5级	极高度危险、高度危险、中度危险、低度危险和微度危险

2）地质灾害危险度分级方法

（1）物理含义

基于物理含义的地质灾害危险性分级主要针对物理模型方法的评价，由于物理模型的评价结果往往具有一定的物理意义，因此在进行危险度分级时，根据具体的含义进行危险性的分级，如滑坡物理评价模型SHALSTAB对滑坡稳定性的分级（表3-6）和泥石流数值模拟结果对危险度的分级（表3-7）。

SHALSTAB稳定性分级　　表3-6

SHALSTAB分级	分级含义
不稳定	无条件的不稳定和不饱和
$\log Q/T < -3.1$	无条件的不稳定和饱和
$-3.1 < \log Q/T < -2.8$	不稳定和饱和
$-2.8 < \log Q/T < -2.5$	不稳定和不饱和
$-2.5 < \log Q/T < -2.2$	稳定和不饱和
$\log Q/T > -2.2$	无条件的稳定和不饱和
稳定	无条件的稳定和饱和

（2）等间距分级

等间距分级是采用固定间隔的方法对危险性评价结果进行等级划分的方法，如基于统计学方法灾害危险性评价结果表示地质灾害发生的概率，常常用等间距分级方法。

分级间距的计算方法为：

$$d = \frac{h_{max} - h_{min}}{n} \qquad (3-3)$$

式中　　d ——分类间距；

基于数值模拟的泥石流危险性分区 表3-7

	极高度危险区	高度危险区	中度危险区	轻度危险区
唐川等（1993）	$v > 5m/s$，$h > 3m$	$2m/s < v < 5m/s$，$1m < h < 3m$	$1m/s < v < 2m/s$，$0.5m < h < 1m$	$v < 1m/s$，$h < 0.5m$
唐川（1994）	$v > 4m/s$，$h > 2m$	$2m/s < v < 4m/s$，$1m < h < 2m$	$1m/s < v < 2m/s$，$0.5m < h < 1m$	$v < 1m/s$，$h < 0.5m$
Kienhoz（1999），Buwal（1999）	—	$h > 1m$，$v > 1m/s$	$h < 1m$ or $v < 1m/s$	—
Rickenmannn（2001）	—	$h > 1.5m$或$v > 1.5m/s$	$h < 1.5m$，$0.5m/s < v < 1.5m/s$	$h < 0.5m$，$v < 0.5m/s$
韦方强等（2003）	—	$z > 1.57 \times 10^6 kg \cdot m/s$	$7.5 \times 10^5 kg \cdot m/s < z < 15.7 \times 10^5 kg \cdot m/s$	$z < 7.5 \times 10^5 kg \cdot m/s$
胡凯衡等（2003）	—	$R > S(R) + V(R)$	$S(R) < R < S(R) + V(R)$	$R < S(R)$

注：表中h为泥深，v为流速，z为泥石流动量，R为泥石流动能，$S(R)$为R的均值，$V(R)$为R的方差。

h_{max} ——最大危险度；

h_{min} ——最小危险度；

n ——危险度等级数量。

（3）自然断点

主要在地质灾害危险度分布频率的基础之上，以分布统计曲线的自然断点为临界值进行危险度分级的方法。该分级方法可以较好地揭示和展示地质灾害危险度的等级和分布情况。

3.3.2 地质灾害承灾体易损性分析

1. 承灾体易损性研究现状

城市地质灾害中的承灾体主要包括建筑物与城市基础设施以及一些水利水电工程，而易损性则是用于描述承灾体在地质灾害作用下的破坏难易度。在自然科学领域，联合国救灾处（UNDRO）和联合国教科文组织（UNESCO）于1980年提出自然灾害易损性的定义：即在特定规模的自然现象作用下，承灾体的损失程度，其取值从0（无损害）到1（完全损害）[52]。这一定义也为诸多学者所认同和采纳[53-56]。易损性只与地质灾害中承灾体的自身性质相关，与灾害作用的大小无关。易损性的大小取决于承灾体对地质灾害作用的敏感程度。

地质灾害承灾体易损性研究始于20世纪90年代，经历了从专家知识的定性评判到定量化计算的过程。澳大利亚、阿尔卑斯山区国家的学者最早通过专家知识评判承灾体的易损性[57]，其结果因研究者知识背景差异而具有一定主观性。随着灾史数据记录的不断完善，经验统计的方法开始应用，这主要利用山洪、泥石流泥深野外调查数据和相关灾害损失资料，构建承灾体的易损性经验曲线和函数表达式[58, 59]。模型实验是研究承灾体易损性的途径之一，此方法可较好反映构筑物破坏物理过程[60, 61]，但模型的几何相似、动力相似和运动相似等相似准则难以满足，目前只能用于机理和过程探索，距实际应用还有一定距离。通过野外观测和实验获取灾害作用强度参数（冲击力、流速和动量等），结合结构力学理论反演承灾体破坏过程是较为可取的途径，且理论计算可设计灾害和承灾体原型并开展可重复的数值试验，为易损性提供良好的物理解释，近年来已经在滑坡、滚石和泥石流易损性研究中开展了有益的尝试[62-64]，但尚未形成成熟的方法。目前，地质灾害承灾体易损性的评价仍以经验模型为主。

2. 地质灾害承灾体易损性评价方法

建筑物是山区城镇人类活动的主要场所，也是城市规划的主要组成部分，其遭受地质灾害作用后被掩埋或倒塌是造成人员伤亡和经济损失的主要原因。故本书仅介绍地质灾害作用下建筑物的易损性评价方法。不同地质灾害类型对建筑物破坏方式有较大差异，如：泥石流危险区和滑坡前缘建筑物多受冲击和掩埋破坏；位于滑坡体表面、后缘和侧缘建筑物多因变形和位移产生拉裂和压缩破坏；滚石作用建筑物则仅表现冲击破坏。因此，针对不同类型和作用方式选取地质灾害强度指标。

1）建筑物破坏程度的量化

为研究建筑物易损性，应首先对建筑物受地质灾害作用后损失程度进行量化。参照FEMA（美国国家应急管理中心）和NIBS（建筑科学研究所）、Jakob等和Hu等提出的建筑物破坏等级划分原则，以半定量的描述方式给出建筑物整体破坏程度[65, 66]。详细描述见表3-8所列。

2）地质灾害强度指标选取

（1）冲击和掩埋强度指标

滑坡、泥石流冲击和掩埋建筑物导致其破坏过程是能量转化的过程，即灾害体冲击能量向建筑物变形破坏能量的转化。因此，选取反映冲击能量的表达方式作为灾害的强度指标（I_{DF}），为了体现泥石流和滑坡体的掩埋作用，增加流深这一因子（式3-4）。

建筑物破坏程度的等级量化　　　　表3-8

破坏等级	破坏状态描述		
	木质、轻型框架结构	钢筋混凝土框架结构	砖混结构
完全破坏（Ⅴ）	结构发生永久性大尺度侧移，甚至倒塌；或因多数墙体破坏、抗侧向荷载系统破坏而处于倒塌边缘；一些结构与地基错位；地基出现大型裂缝。房屋不可修复	结构倒塌或因为非延展性框架里构件的脆性破坏或失稳而即将倒塌；房屋柱体和梁的破坏比例超过40%，或超过25%的中央支撑柱体破坏。房屋不可修复	结构倒塌或因为墙体破坏而即将倒塌。房屋承重墙体受损比例超过40%。房屋不可修复
主体结构破坏（Ⅳ）	大型斜向裂缝跨过剪力墙或胶合板的连接处；地表和屋顶产生永久性侧移；多数砖烟囱倒塌；地基裂缝；木头与锚固板分离或房屋与地基错位；部分顶棚或相同类型的附加楼层倒塌。受损比例超过其整体体积的20%，建筑物需要大规模翻修或重建	部分支撑构件达到极限承载力，在延展性良好的框架中，表现出大型弯曲裂缝，混凝土剥落和主要钢筋屈服；不具延展性的框架中，构件可能在钢筋搭接处发生剪切破坏或弯曲破坏，或者受拉构件与混凝土柱体钢筋发生破坏，并造成部分倒塌。受损比例超过其整体体积的20%，建筑物需要大规模翻修或重建	在大面积墙面开孔的房屋中，大部分墙体出现大量裂缝；一些护墙和端墙倒塌；楼板和桁架相对其支撑发生位移。受损比例超过其整体体积的20%，建筑物需要大规模翻修或重建
部分结构破坏（Ⅲ）	门窗角落的石膏板产生大裂缝；墙体产生较大的裂纹或部分倒塌；砖砌烟囱出现大裂缝；高烟囱倒塌。室内物品遭受严重损坏。需要耗费较大人力和财力加以修复	多数梁和柱出现发丝状裂缝。在延展性良好的框架中，一些构件因达到屈服极限而表现出更大的受弯裂缝，一些混凝土剥落，钢筋裸露。不具延展性的框架可能表现出更大的剪切裂痕和剥落现象。室内物品遭受严重损坏。需要耗费较大人力和财力加以修复	多数墙面表现出斜向裂缝；一些墙体表现出更大的斜向裂缝；砌体与楼板可能出现可见的分离；护墙出现严重开裂；一些砖砌体可能从墙体或护墙掉落。室内物品遭受严重损坏。需要耗费较大人力和财力加以修复
轻微结构损伤（Ⅱ）	门窗角落的抹灰或石膏板以及墙与顶棚交接处产生小裂缝；砌筑的烟囱或面墙轻微开裂。室内物品被掩埋，房屋需要翻修	非承重墙体完好，梁柱连接处及附近产生受弯曲或剪切的发丝状裂缝，部分门窗受损。室内物品被掩埋，房屋需要翻修	在墙面产生对角或阶梯状发丝裂缝；对大面积开孔的墙体，门窗开口附近产生大裂缝，且部分门窗受损；门的过梁产生位移；护墙墙脚开裂。室内物品被掩埋，房屋需要翻修
轻度掩埋（Ⅰ）	周围的空地、道路等被掩埋。外墙有被冲刷、磨损的痕迹，墙面粉刷被破坏并产生了细小的裂纹。水和细小的泥石流、滑坡物质进入建筑物内部		

$$I_{DF} = \rho \cdot v^2 \cdot h \qquad (3-4)$$

式中　ρ——泥石流或滑坡密度（kg/m³）；

　　　v——灾害体速度（m/s）；

　　　h——灾害体冲击建筑物高度（m）。

（2）拉裂和压缩破坏强度指标

①滑坡运动过程中引起的地表水平位移常导致建筑物主要支撑构件（墙体或梁柱）产生裂缝，当裂缝发展扩大可能导致建筑物整体倒塌。因此，滑坡运动引起的水平位移是建筑物拉裂或压缩破坏的强度指标之一。

谭志祥等（2004年）研究结果表明：地表水平位移与建筑物水平位移间的关系符合线性函数。可表达为（式3-5）：

$$\varepsilon_b = a\varepsilon_s + b \qquad (3-5)$$

ε_b和ε_s分别为建筑物和地表水平位移（mm/m）；a为水平变形比例系数；b为常数，其值相对很小，可忽略。

式（3-5）中水平变形系数a与建筑物长高比相关，且因建筑物是否拉伸或压缩变形而有所差异（式3-6）。

$$a = \begin{cases} 0.0205\ln(L/H) + 0.4214 & \text{拉伸变形} \\ 0.0764\ln(L/H) + 0.1542 & \text{压缩变形} \end{cases}$$
$$(3-6)$$

②滑坡运动中引起地表倾斜是建筑物倾覆倒塌的关键因子，也是易损性强度指标的评价因子之一。谭志祥等（2004年）通过对不同类型的建筑物实测结果表明：建筑物倾斜量与地表倾斜量满足以下关系（表3-9）：

建筑物倾斜量与地表倾斜量关系　　　　　　　　表3-9

建筑物类型	民房	教学楼	办公楼
基础与地表	$i_t = 0.9934i_s - 0.8281$	$i_t = 1.0672i_s + 0.1185$	$i_t = 0.981i_s - 0.0374$
建筑物类型	民房	教学楼	办公楼
墙体与地表	$i_w = 0.9952i_s - 0.9249$	$i_w = 1.1097i_s + 0.0474$	$i_w = 0.9794i_s - 0.2683$

注：i_t为建筑物基础倾斜量；i_w为建筑物墙体倾斜量；i_s为地表倾斜量。

综上所述，对位于滑坡体表面、后缘和侧缘建筑物的易损性评价，可采用地表水平位移与倾斜量作为强度指标，并可依据式（3-5）、式（3-6）与表3-9计算上述强度指标与建筑物拉裂和压缩量的关系。

（3）滚石冲击指标采用滚石的冲击能量作为其强度指标（式3-7）。

$$E_K = 0.5 \cdot m \cdot v^2 \qquad (3-7)$$

3）建筑物受冲击和掩埋破坏的易损性评价

采用破坏概率描述建筑物受冲击和掩埋的易损性，即计算地质灾害不同作用强度条件下发生某种破坏程度的可能性。通过野外调查和资料收集，得到59次灾害事件（含107组样本数据）中构筑物受地质灾害破坏的编录数据。同时获得最小和最大冲击高度与速度，以最小冲击高度和速度计算灾害强度指标的下限值（I_{DF}(min)），反之获得强度指标的上限值（I_{DF}(max)）。两者取平均值后作为易损性分析的强度指标，即（I_{DF}(mean)）。

根据灾害事件中建筑物破坏的编目数据，统计不同灾害强度下建筑物5种破坏等级出现的数量（表3-10）。灾害强度等级按对数函数形式递增，依次为0~2kg·s⁻²、2~20kg·s⁻²、20~200kg·s⁻²、200~2 000kg·s⁻²和大于2 000kg·s⁻²，建筑物的数量为每次灾害事件记录的总量。

将特定灾害强度下每种破坏程度对应的建筑物数量与该强度下建筑物总数的比值作为建筑物在该强度下产生某种破坏的可能性。如：强度小于2kg·s⁻²时，

灾害强度与建筑物破坏关系表 表3-10

I_{DF}（mean）（kg·s⁻²）	破坏等级					
	I	II	III	IV	V	总数
0～2	51	8	0	0	0	59
2～20	11	46	37	13	0	107
20～200	0	12	34	53	31	130
200～2 000	0	0	1	32	77	110
＞2 000	0	0	0	0	41	41
总数	62	66	72	98	149	447

建筑物受特定强度灾害作用下
发生某种破坏的可能 表3-11

I_{DF}（mean）（kg·s⁻²）	破坏等级					
	I	II	III	IV	V	总数
0～2	0.86	0.14	0.00	0.00	0.00	1.00
2～20	0.10	0.43	0.35	0.12	0.00	1.00
20～200	0.00	0.09	0.26	0.41	0.24	1.00
200～2 000	0.00	0.00	0.01	0.29	0.70	1.00
＞2 000	0.00	0.00	0.00	1.00	1.00	1.00

发生轻度掩埋的建筑物数量为51户，该强度下建筑物损坏总数59户，于是得到建筑物在强度小于2kg·s⁻²的灾害作用下，发生轻度掩埋的可能为86%。

统计分析结果（表3-11）表明：灾害强度小于2kg·s⁻²时，建筑物以轻度掩埋为主；强度为2～20kg·s⁻²时，建筑物发生轻微或部分结构性损伤的可能性最大，其中轻微结构破坏最大为43%；强度增加至20～200kg·s⁻²时，建筑物主体结构性破坏所占比例最大，为41%；200～2 000时建筑物以完全破坏为主；超过2 000kg·s⁻²则完全破坏。

从完全破坏到掩埋破坏造成的损失分别为建筑物总价值的1、0.75、0.5、0.25和0.05。据此可对地质灾害冲击掩埋建筑物的易损性进行评价，进而计算单次灾害事件建筑物损失价值。

4）滑坡（含崩塌）变形易损性评价方法

对建筑物变形破坏易损性评价在于量化建筑物变形破坏程度与滑坡变形量的关系。在矿业领域，我国煤炭部门对砖混结构建筑物破坏等级与变形量间的关系作了统一规定（表3-12）。通过表3-12，可以由地表变形值得到相应的砖混结构建筑物损坏等级。在此

砖混结构建筑物的破坏等级[68] 表3-12

破坏等级	建筑物损坏程度	地表变形值			损坏分类	结构处理
		倾斜i（mm/m）	曲率k（mm/m²）	水平变形ε（mm/m）		
I	自然间砖墙上出现宽度1~2mm的裂缝； 自然间砖墙上出现宽度小于4mm的裂缝； 多条裂缝总宽度小于10mm	≤3.0	≤0.2	≤2.0	极轻微损坏 轻微损坏	不修 简单维修
II	自然间砖墙上出现宽度小于15mm的裂缝；多条裂缝总宽度小于30mm；钢筋混凝土梁、柱上裂缝长度小于1/3截面高度；梁端抽出小于20mm；砖柱上出现水平裂缝，缝长大于1/2截面边长；门窗略有歪斜	≤6.0	≤0.4	≤4.0	轻度损坏	小修
III	自然间砖墙上出现宽度小于30mm的裂缝；多条裂缝总宽度小于50mm；钢筋混凝土梁、柱上裂缝长度小于1/2截面高度；梁端抽出小于50mm；砖柱上出现小于5mm的水平错动，门窗严重变形	≤10.0	≤0.6	≤6.0	中度损坏	中修
IV	自然间砖墙上出现宽度大于30mm的裂缝；多条裂缝总宽度大于50mm；梁端抽出小于60mm；砖柱上出现小于25mm的水平错动	＞10.0	＞0.6	＞6.0	严重损坏	大修
	自然间砖墙上出现严重交叉裂缝、上下贯通裂缝，以及墙体严重外鼓、歪斜；钢筋混凝土梁、柱裂缝沿截面贯通；梁端抽出大于60mm；砖柱出现大于25mm的水平错动；有倒塌的危险				极度严重损坏	拆建

注：建筑物的损坏等级按自然间为评判对象，根据各自然间的损坏情况分别进行。

建筑物破坏等级与损坏程度关系[67]   表3-13

破坏等级	状态评价	损失范围	损失比例
I	保持良好	≤10	5
II	轻度损坏	11~20	15
III	中度损坏	21~40	30
IV	严重破坏	41~80	60
V	极严重或完全破坏	81~100	90

滚石冲击能量与建筑物损坏等级关系   表3-14

建筑物破坏等级	滚石冲击能量	破坏描述
V	>28kJ	完全破坏
III 和 IV	14~28kJ	结构破坏（主体或部分）
I 和 II	<14kJ	非结构性损伤

基础上，殷坤龙等[67]将其引入滑坡领域，得到滑坡变形与建筑物损坏程度的定量关系（表3-13）。

5）滚石灾害建筑物易损性评价方法

滚石的冲击能量可表达为：

$$E_k = 0.5 \cdot mv^2 \qquad (3-8)$$

式中　E_k——冲击能量（$kg \cdot m^2/s^2$）；

　　　m——滚石质量（kg）；

　　　v——速度（m/s）。

Mavrouli和Corominas[64]研究了滚石冲击能量与建筑物破坏的关系，确定了不同破坏等级对应的能量临界值（表3-14）。

将冲击能量换算成滚石的质量和速度即得到滚石灾害建筑物易损性评价表（表3-15）。

滚石灾害建筑物易损性评价表   表3-15

d（m）	m（kg）	v（m/s）														
		0.5	1	1.5	2	2.5	3	3.5	4	4.5	5	5.5	6	6.5	7	7.5	8
0.2	10	0	0	0	0	0	0	0	0	0	0	0	0	0	0	0	0
0.4	84	0	0	0	0	0	0	0	0	0	0	0	0	0	0	0	0
0.6	283	0.01	0.01	0.01	0.01	0.01	0.01	0.01	0.01	0.01	0.01	0.01	0.01	0.01	0.01	0.01	0.01
0.8	670	0.01	0.01	0.01	0.01	0.01	0.01	0.01	0.01	0.01	0.01	0.01	0.05	0.05	0.05	0.05	0.05
1	1 308	0.01	0.01	0.01	0.01	0.01	0.01	0.01	0.01	0.01	0.05	0.05	0.05	0.05	0.26	0.26	0.26
1.2	2 261	0.01	0.01	0.01	0.01	0.01	0.01	0.06	0.06	0.3	0.3	0.3	0.3	0.3	0.3	0.3	0.3
1.4	3 590	0.01	0.01	0.01	0.01	0.01	0.07	0.07	0.34	0.34	0.34	0.34	0.34	0.34	0.34	0.34	0.34
1.6	5 359	0.01	0.01	0.01	0.01	0.07	0.07	0.37	0.37	0.37	0.37	0.37	0.37	0.37	0.37	0.37	0.37
1.8	7 630	0.01	0.01	0.01	0.08	0.08	0.41	0.41	0.41	0.41	0.41	0.41	0.41	0.41	0.41	0.41	0.41
2	10 467	0.01	0.01	0.01	0.09	0.45	0.45	0.45	0.45	0.45	0.45	0.45	0.45	0.45	0.45	0.45	0.45
2.2	13 931	0.01	0.01	0.09	0.09	0.49	0.49	0.49	0.49	0.49	0.49	0.49	0.49	0.49	0.49	0.49	0.49

续表

d（m）	m（kg）	v（m/s）															
2.4	18 086	0.01	0.01	0.1	0.52	0.52	0.52	0.52	0.52	0.52	0.52	0.52	0.52	0.52	0.52	0.52	0.52
2.6	22 995	0.01	0.01	0.11	0.56	0.56	0.56	0.56	0.56	0.56	0.56	0.56	0.56	0.56	0.56	0.56	0.56
2.8	28 721	0.01	0.11	0.6	0.6	0.6	0.6	0.6	0.6	0.6	0.6	0.6	0.6	0.6	0.6	0.6	0.6
3	35 325	0.01	0.12	0.64	0.64	0.64	0.64	0.64	0.64	0.64	0.64	0.64	0.64	0.64	0.64	0.64	0.64
3.2	42 871	0.01	0.13	0.67	0.67	0.67	0.67	0.67	0.67	0.67	0.67	0.67	0.67	0.67	0.67	0.67	0.67
3.4	51 423	0.01	0.13	0.71	0.71	0.71	0.71	0.71	0.71	0.71	0.71	0.71	0.71	0.71	0.71	0.71	0.71
3.6	61 042	0.01	0.75	0.75	0.75	0.75	0.75	0.75	0.75	0.75	0.75	0.75	0.75	0.75	0.75	0.75	0.75
3.8	71 791	0.01	0.79	0.79	0.79	0.79	0.79	0.79	0.79	0.79	0.79	0.79	0.79	0.79	0.79	0.79	0.79
4	83 733	0.01	0.82	0.82	0.82	0.82	0.82	0.82	0.82	0.82	0.82	0.82	0.82	0.82	0.82	0.82	0.82
4.2	96 932	0.01	0.86	0.86	0.86	0.86	0.86	0.86	0.86	0.86	0.86	0.86	0.86	0.86	0.86	0.86	0.86
4.4	111 449	0.01	0.9	0.9	0.9	0.9	0.9	0.9	0.9	0.9	0.9	0.9	0.9	0.9	0.9	0.9	0.9
4.6	127 348	0.17	0.94	0.94	0.94	0.94	0.94	0.94	0.94	0.94	0.94	0.94	0.94	0.94	0.94	0.94	0.94

注：▢为建筑物非结构损伤；▢和▨表示结构性损伤；▨为完全破坏。

3.3.3 地质灾害风险分析与制图

1. 分析方法

地质灾害风险评价是一个关于地质灾害发生的危险性及其可能产生危害影响的综合分析过程。风险度是地质灾害风险的定量表达。目前，国际上对自然灾害风险没有统一的严格定义，如表3-16所示，风险的定量表达也就有不同的方式，但积函数得到广泛学者的认同。

地质灾害具有其特殊性，灾害发生时承灾体是否暴露于地质灾害致灾范围具有不确定性。很多学者都忽视了承灾体暴露性对地质灾害风险的影响，这样获得的评价结果往往过低估算了地质灾害危害的风险。因此，考虑承灾体暴露性这一因素，将其应用到地质灾害风险评价研究中，并提出了地质灾害风险评价的概念模型（图3-10）。

从图3-10可以看出，地质灾害风险（Risk）是地质灾害危险性（Hazard）、承灾体易损性（Vulnerability）及其暴露性（Exposure）的综合函数。依据联合国地质灾害风险的统一定义及其概念模型，确定地质灾害

风险度是地质灾害危险度、易损度和暴露度的乘积，其计算公式为：

$$R = f(H, V, E) = H \times V \times E \qquad (3-9)$$

式中，R为地质灾害的风险度，用0（无风险）～1（高风险）之间的某数值表示；H为地质灾害的危险度，用0（无危险）～1（高危险）之间的某数值表示；V为承灾体遭受地质灾害危害后的易损程度，用0（无损失）～1（完全损失）之间的某数值表示；E为承灾体暴露度，用0（无暴露）～1（完全暴露）之

图3-10　地质灾害风险评价的概念模型

自然灾害风险定义及风险表达式 表3-16

作者或机构	风险表达式	风险定义	说明
Wilson & Crouch（1987年）	风险度=期望值（概率）	发表在《Science》上将风险的本质描述为不确定性，定义为期望值（概率）	认为风险是关于不确定性的状态，可以用概率表示
Maskrey（1989年）	风险度=危险度+易损度	Maskrey（1989年）将风险定义为"某一自然灾害发生后所造成的总损失"	风险表达式是首次将风险度表达为致灾体危险度与承灾体易损度的函数
Smith（1996年）	风险度=概率×损失	Smith（1996年）将风险定义为"某一灾害发生的概率"	—
Deyle（1998年）IUGS（1997年）Hurst（1998年）	Risk=Probability × Consequences	Deyle（1998年）等将风险定义为"某一灾害发生的概率（或频率）与灾害发生后果的规模的结合"；Hurst（1998年）认为风险是对某一灾害概率与结果的描述；国际地科联（IUGS，1997年）把风险定义为"对健康、财产和环境不利的事件发生的概率及可能后果的严重程度，可用二者的乘积来表达"	这两种风险表达式都把灾害发生的概率与灾害所造成的损失联系起来，为进一步研究风险度、危险度与易损度的定量表达提供了新的思路
Nath（1993年）	风险度=概率×潜在损失	Nath（1993年）将风险定义为"风险是某一灾害发生概率和潜在损失的乘积"	风险表达式中，将损失改为潜在损失或期望损失是一个大的进步，表达得更为准确与科学
Tobin（1997年）	风险度=概率×期望损失	Tobin和Montz（1997年）将风险定义为"风险是某一灾害发生概率和期望损失的乘积"	
联合国（1991，1992年）	风险度=危险度×易损度	UNDHA于1991年和1992年两次正式公布了自然灾害风险的定义为"在一定区域和给定时段内，由于某一自然灾害而引起的人们生命财产和经济活动的期望损失值"	这一表达式体现了风险度是灾害自然属性与承灾体自身社会属性的结合，较为全面地反映了风险的本质特征。而这一评价模式已逐步得到了国内外研究学者的认同（Alexander，1991；Panizza，1996；Flageollet，1999；刘希林，2003；高庆华，2003）

间的某数值表示。承灾体暴露度不但与地质灾害暴发的频率或概率有关，更与承灾体是否暴露于地质灾害致灾范围以及承灾体遭受破坏损失有关。一方面，不同承灾体暴露性的损失估算十分复杂，对数据资料要求很高，目前这方面的研究极少；另一方面，在易损性分析过程中有时也考虑了承灾体暴露概率指标。因此，为了简化操作、便于应用，在计算中体现潜在最大风险值，暂不考虑承灾体暴露破坏损失率这一指标因子，地质灾害风险度简化计算公式为：

$$R = H \times V \quad\quad (3-10)$$

式中 R——地质灾害风险度（0~1）；

H——地质灾害危险度（0~1）；

V——地质灾害易损度（0~1）。

2. 风险分析流程

地质灾害风险分析主要包括三个关键环节：首先，分析地质灾害孕灾环境条件、分布规律、危害方式及其易发性，在地质灾害风险辨识的基础上，确定风险评价尺度；第二，针对不同研究尺度风险评价要求，确定地质灾害危险性与易损性评价指标体系、评价方法；第三，结合地质灾害相关数据，利用空间分析和建模功能，获得地质灾害危险性、易损性和风险分析计算值，通过风险分级与风险制图方法，依据风险度的空间分布进行风险分区，获取评价范围地质灾害风险评价结果。具体分析流程如图3-11所示。

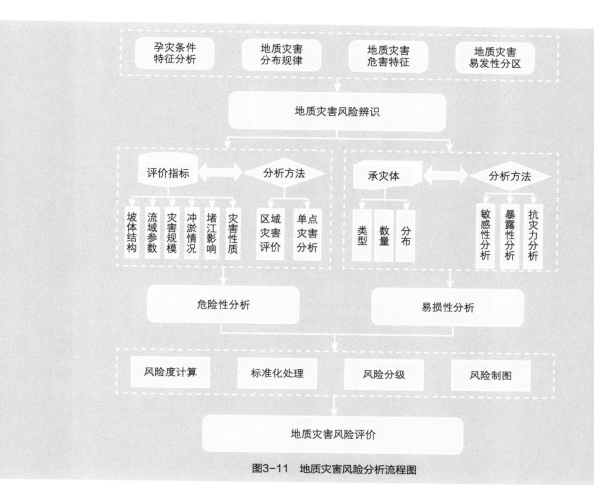

图3-11 地质灾害风险分析流程图

3. 数据归一化处理

由于危险度指标和易损度指标的量纲不同，需对数据进行归一化处理。对危险度值和易损度值的归一化处理方法如下：

$$H_{i,j}' = (H_{i,j} - H_{\min})/(H_{\max} - H_{\min})$$
$$V_{i,j}' = (V_{i,j} - V_{\min})/(V_{\max} - V_{\min})$$ （3-11）

式中 $H_{i,j}'$ ——危险度的归一化值；

$H_{i,j}$ ——危险度指标值；

$H_{\max}$ ——最大危险度值；

$H_{\min}$ ——最小危险度值；

$V_{i,j}'$ ——易损度的归一化值；

$V_{i,j}$ ——易损度指标值；

$V_{\max}$ ——最大易损度值；

$V_{\min}$ ——最小易损度值；

i, j ——是网格点行列值。

4. 风险分级

风险度是地质灾害风险性的定量表达，其数值和分级是由危险度和易损度的数值共同决定的因变量。风险等级是在地质灾害危险性和易损性分析的基础上，对风险度进行等级划分的结果。危险度、易损度和风险度计算值的分级方法通常包括等间距法、分位数法、标准差法和自然断点法。其中标准差法适用于符合正态分布规律的数值，而等间距法、分位数法和自然断点法均具有较好制图效果的优点，具有较广泛的应用范围。依据灾害风险特征，选取适合的分级方法寻找数据集的自然转折点和特征点对评估结果进行等级划分。结合风险管理的目标，可以将风险度划分为高度风险、中度风险、低度风险和微度风险四个等级，各个等级风险特征描述见表3-17。

5. 风险制图

地质灾害风险制图过程中，风险度分布、风险等级、风险区位置是风险图中的关键因素。风险评价结果需要考虑地质灾害对承灾体的冲毁和淤埋而导致的直接危害，也要体现地质灾害引发次生灾害的影响。以危险性与易损性的分析结果为基础，应用GIS的地图代数功能进行栅格数值计算，即可获得研究区风险度分布。应用风险分级方法，并用不同颜色表示各风险等级，合并相同风险级别的栅格单元，结合ArcGIS多边形构面方法，完成地质灾害风险分区图。风险制图的流程如图3-12所示。

地质灾害风险分级及特征描述 表3-17

风险编号	风险等级	空间分布与危害特征
I	微度风险	地质灾害分布极少，规模很小，地质灾害危险度与易损度均很低，遭受地质灾害危害导致损毁的风险很小，不影响正常运营
II	低度风险	地质灾害分布少，遭受轻度地质灾害危害，承灾体易损度较低，地质灾害对破坏小，地质灾害综合风险值较低，基本不影响正常运营
III	中度风险	地质灾害分布较广泛，地质灾害对危害的风险水平为中等，影响正常运营，需设计不同等级地质灾害防治措施保护工程设施，以保障交通的正常运营
IV	高度风险	地质灾害分布较广泛，且规模较大。地质灾害危险度与易损度均较高，地质灾害对工程破坏大，地质灾害风险很高，严重影响正常运营，在加强地质灾害防治措施的同时，需要加强地质灾害监测预警等措施。严重时，需要根据路段具体情况，采取绕避地质灾害或重新选线等措施

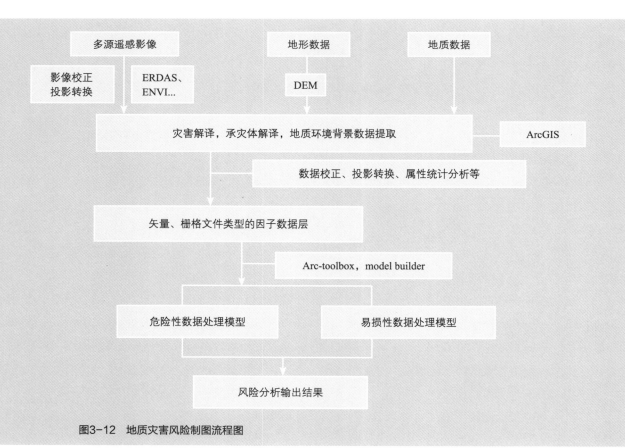

图3-12 地质灾害风险制图流程图

3.4　灾害危险区土地利用适宜性评价与选址

3.4.1　泥石流灾害危险区土地利用适宜性评估

各类城市建设项目和规划区泥石流灾害危险性评估，必须在可行性研究阶段进行，对建设工程和规划区在建设中与建成后引发、加剧和遭受泥石流灾害的可能性作出评估，并提出泥石流危险区土地利用适宜性评价。

（一）泥石流灾害危险区土地利用适宜性评估的内容、范围、等级及工作程序

1．评估工作内容

1）阐明城市建设项目和规划区的地质环境条件基本特征和泥石流灾害类型及其分布。

2）分析论证城市建设项目和规划区各类泥石流灾害的危险性，进行现状评估、预测评估和综合评估。

3）提出防治泥石流灾害的对策措施和建议，并作出建设用地适宜性评价结论。

2．评估范围和评估等级

1）评估范围

（1）泥石流灾害危险性评估范围不局限于建设用地和规划用地范围内，应视建设项目和规划区的特点、地质环境条件和灾害影响范围予以确定。

（2）可能受泥石流影响的评估项目，其评估范围应包含完整的泥石流沟域面积。

（3）重要的线性工程建设项目，评估范围一般应以线路两侧各500～1 000m为宜。可根据灾害和项目特点扩展到影响范围边界。

（4）各类建设项目和规划区位于强震区，建设用地范围内有全新活动断裂或发震断裂时，评估范围尽可能把活动断裂的一些特殊构造部位（如断裂的拐点、端点、交会点、强烈活动部位等）包含其中。

（5）在已进行泥石流灾害危险性评估的城市规划区范围内进行工程建设，对其中建设工程较重要且处于已划定为危险性大至中等的区段，还应进行建设工程的泥石流灾害危险性评估。

2）评估级别

（1）建设用地泥石流灾害危险性评估级别应根据地质环境条件复杂程度和建设项目重要性按表3-18划分为一级、二级和三级。

（2）城市和村镇规划区用地泥石流灾害危险性评估级别应为一级。

（3）地质环境条件复杂程度按表3-19确定；建设项目重要性按表3-20确定。

建设用地泥石流灾害危险性评估分级

表3-18

建设项目重要性	地质环境条件复杂程度		
	复杂	中等复杂	简单
重要	一级	一级	一级
较重要	一级	二级	三级
一般	二级	三级	三级

地质环境复杂程度分类表

表3-19

条件	类别		
	复杂	中等复杂	简单
区域地质背景	区域地质构造条件复杂，建设场地附近（＜20km）有全新世活动断裂，地震基本烈度大于Ⅷ度，地震动峰值加速度大于0.20	区域地质构造条件较复杂，建设场地附近有全新世活动断裂，地震基本烈度Ⅶ～Ⅷ度，地震动峰值加速度0.10～0.20	区域地质构造条件简单，建设场地附近无全新世活动断裂，地震基本烈度小于Ⅶ度，地震动峰值加速度小于0.10

条件	类别		
	复杂	中等复杂	简单
地形地貌	地形复杂，相差高差大于200m，地面坡度以大于25°为主，地貌类型多样	地形较简单，相对高差50~200m，地面坡度以8°~25°为主，地貌类型较单一	地形简单，相对高差小于50m，地面坡度小于8°，地貌类型单一
地层岩性和岩土工程性质	岩性岩相复杂多样，岩土体结构复杂，工程性质差	岩性岩相变化较大，岩土体结构复杂，工程性质较差	岩性岩相变化小，岩土体结构简单，工程性质良好
地质构造	地质构造复杂，褶皱、断裂发育，岩体破碎	地质构造较复杂，有褶皱、断裂分布，岩体较破碎	地质构造简单，无褶皱、断裂、裂隙发育
水文地质条件	具多层含水层，水位年际变化大于20m，水文地质条件不良	有2~3层含水层，水位年际变化5~20m，水文地质条件较差	单层含水层，水位年际变化小于5m，水文地质条件良好
地质灾害及不良地质现象	发育强烈，危害较大	发育中等，危害中等	发育弱或不发育，危害小
人类活动对地质环境的影响	人类活动强烈，对地质环境的影响、破坏严重	人类活动较强烈，对地质环境的影响、破坏较严重	人类活动一般，对地质环境的影响、破坏小

注：每类条件中，地质环境条件复杂程度按"就高不就低"的原则，有一条符合条件者即为该类复杂类型。

表3-20所示为建设项目重要性分类。

建设项目重要性分类表　　　　　　　　　　　　　　　表3-20

重要性	建设项目类别
重要	城市和农村规划区，层数不小于28层或高度不小于100m的房屋建筑，高度大于120m的高耸构筑物，大型水利水电工程，大型电力工程，铁路，高速公路和一级公路，油气管道和储库，核电站，大型港口码头，航空港，军事设施，大型垃圾处理场（厂）和污水处理厂
较重要	层数14~28层或高度50~100m的房屋建筑，高度70~120m的高耸构筑物，中型水利水电工程，中型电力工程，二级、三级公路，中型港口码头，中型垃圾处理场（厂）和污水处理厂
一般	层数小于14层或高度小于50m的房屋建筑，高度小于70m的高耸构筑物，小型水利水电工程，小型电力工程，三级以下公路，小型港口码头，小型垃圾处理场（厂）和污水处理厂

3. 不同评估等级的要求

1）一级评估

（1）应有充足的基础资料，对地质环境条件和泥石流灾害发育程度进行充分的分析论证。

（2）应对评估区内分布的各类地质灾害的危险性逐一进行确切的现状评估。

（3）对建设场地和规划区范围内，工程建设可能引发或加剧的和本身可能遭受的泥石流灾害的可能性和危险性分别进行预测评估。

（4）依据现状评估和预测评估的结果，综合评估建设场地和规划区泥石流灾害危险性，分区段划分出危险性等级，说明各区段泥石流灾害的种类和危害程度，对建设和规划用地适宜性作出评估结论，并提出有效的泥石流灾害防治措施与建议。

（5）编制评估区泥石流灾害危险性评估报告并附泥石流灾害现状分布图和泥石流灾害危险性综合分区

评估图。

2）二级评估

（1）应有足够的基础资料，进行综合分析。

（2）应对评估区内分布的各类泥石流灾害的危险性逐一进行现状评估。

（3）对建设场地和规划区范围内，工程建设可能引发或加剧的和本身可能遭受的各类泥石流灾害的危险程度分别进行预测评估。

（4）在上述评估的基础上，综合评估建设场地和规划区泥石流灾害危险性，分区段划分危险性等级，说明各区段主要泥石流灾害种类和危害程度，对建设和规划用地适宜性作出评估结论，并提出可行的泥石流灾害防治措施与建议。

（5）提交简略的评估文字成果和附图。

3）三级评估

应对必要的基础资料进行分析，参照一、二级评估要求的内容，作出概略评估。根据建设单位要求与工程项目情况可提交评估文字说明书或表格式成果。

4．评估工作程序

1）接受评估委托后，首先要进行建设项目初步分析，通过搜集有关资料和现场踏勘，对评估区地质环境条件和地质灾害发育情况作初步分析。

2）确定评估范围和划分评估等级，编制评估工作大纲和设计书，并提交有关部门审批。

3）泥石流灾害现场调查，重点查清对建设项目和规划区泥石流灾害的发育特点。

4）对泥石流灾害危险性作出评估，包括现状评估、预测评估和综合评估，并对建设用地适宜性作出评价结论。

5）提交评估报告。

（二）泥石流灾害调查及危险性现状评估

1．泥石流灾害调查

泥石流调查的内容参照3.1.1节中"4．泥石流灾害调查"的内容。泥石流调查时宜填写调查表，见表3-21、表3-22。

2．现状评估应符合下列要求：

1）分析泥石流的形成条件、类型、规模、发育阶段、活动规律、影响范围及危害。泥石流类型按表3-23确定，泥石流发育阶段按表3-24确定。

2）根据沟谷地形地貌、物源、水源等因素，按表3-25评判泥石流易发程度。

3）根据泥石流的易发程度及灾情或危害程度，按表3-26对泥石流灾害的现状危险性进行评估。

（三）泥石流灾害危险性预测评估

1．泥石流沟易发程度按表3-25判定，分为高易发、中易发和低易发。

2．评估泥石流发生后可能造成的危害性按表3-26确定。

3．充分考虑当地泥石流的水源和物源，根据泥石流易发程度（可能性）及其可能形成的危害性，按表3-27和表3-28预测其危险性。

（四）泥石流灾害危险性综合评估和土地适宜性评价

1．泥石流灾害危险性综合评估

1）在现状评估和预测评估的基础上，充分考虑建设工程或规划用地特点和地质环境条件的差异，根据存在与可能诱发的泥石流灾害种类、数量、稳定性和危害性，进行泥石流灾害危险性综合评估。

2）泥石流灾害危险性综合评估，按危险性划分为大、中、小三个等级，较大规模的面状工程以及线型工程应按区段进行危险性划分。

3）同一地（点）区，当现状评估与预测评估级别不同，应重点考虑建设工程或规划用地所受的泥石流灾害危险状况和可能造成的灾害损失，按"就高不就低"的原则确定综合评估结论。

4）综合评估可采用定性或半定量分析方法。

2．土地适宜性评价

1）依据泥石流灾害危险性综合评估分级和泥石流灾害防治难度，对建设工程与规划用地土地适宜性进行评价。泥石流灾害防治难度分级按表3-29确定。

泥石流基本要素与形成条件调查表　　　　表3-21

基本要素	沟名			野外编号		统一编号	
	沟口位置	经度：　°　′　″		行政区位		县　　　　　乡	
		纬度：　°　′　″		所属流域			
	面积（km²）			沟口与沟床堆积		□大量　□中等　□少或无	

形成条件	沟 坡 地 形				
	河沟纵坡	□＞12°	□12°～6°	□6°～3°	□＜3°
	山坡平均坡度	□＞45°	□45°～35°	□35°～25°	□25°～15° □＜15°
	产沙区沟槽断面	□V型	□U型	□复式	□平坦宽谷
	流域相对高差	□＞600m	□600～300m	□300～100m	□＜100m
	沟谷切割（m/km）	□≥150	□150～100	□100～50	□≤50
	雨 量 和 雨 强				
	多年平均雨量	□≥750mm	□750～600mm	□600～500mm	□≤500mm
	降雨强度（mm）	H_{24max}	H_{12max}	H_{1max}	$H_{1/6max}$

不 良 地 质 现 象

发育特征与发育密度（处/km²）	坍塌、滑坡严重，表土疏松，冲沟十分发育	中小崩、滑发育，零星植被，冲沟发育	有零星崩塌、滑坡和冲沟存在	无零星崩塌、滑坡、冲沟或轻微
	□≥20	□20～10	□10～1	□≤1

崩、滑体活动程度与规模			人工活动程度与规模			自然堆积活动程度与规模		
□严重 □中等 □轻微 □大 □中 □小			□严重 □中等 □轻微 □大 □中 □小			□严重 □中等 □轻微 □大 □中 □小		

人类活动影响

土地利用类型	□森林　□灌丛　□草地　□农耕地　□荒地　□坡耕地
土地覆盖率（%）	□＞70　□70～50　□50～30　□30～10　□＜10

防治措施现状		沟坡开发程度与影响	
□有 □无 □拦、挡 □排导 □避绕		□强烈 □较强 □轻或无	□大 □中 □小

调查负责人：　　　　填表人：　　　　审核人：　　　　填表日期：　　年　　月　　日

泥石流特征、灾情、危害调查表　　　　　　　　　　　　　表3-22

<table>
<tr><td rowspan="4">基本要素</td><td>沟名</td><td colspan="3"></td><td>野外编号</td><td colspan="2"></td><td>统一编号</td><td></td></tr>
<tr><td rowspan="2">沟口位置</td><td colspan="3">经度：　　°　　′　　″</td><td>行政区位</td><td colspan="4">县　　　　　　　　　乡</td></tr>
<tr><td colspan="3">纬度：　　°　　′　　″</td><td>所属流域</td><td colspan="4"></td></tr>
<tr><td colspan="3">面积（km²）</td><td></td><td>沟口与沟床堆积</td><td colspan="4">□大量　　□中等　　□少或无</td></tr>
</table>

<table>
<tr><td rowspan="28">特征参数</td><td colspan="5" style="text-align:center">补给、冲淤和堆积特征</td></tr>
<tr><td>泥沙补给性质</td><td colspan="4">□面蚀　　□沟岩崩滑　　□沟底再搬运</td></tr>
<tr><td>泥沙沿程补给长度比</td><td colspan="4">□＞60%　　□60%～30%　　□30%～10%　　□＜10%</td></tr>
<tr><td>河沟近期一次变幅</td><td colspan="4">□＞2m　　□2～1m　　□1～0.2m　　□＜0.2m</td></tr>
<tr><td>扇形堆积规模与完整性</td><td colspan="4">长_____（m），宽_____（m），扩散角_____（°）。完整性_____（%）</td></tr>
<tr><td>沟口扇形挤压主河</td><td colspan="4">□河形弯曲主流偏移　　□主流偏移　　□只在高水位偏移　　□主流不偏</td></tr>
<tr><td colspan="5" style="text-align:center">泥石路特征参数</td></tr>
<tr><td rowspan="3">河沟堵塞</td><td>程度</td><td>严重</td><td>中等</td><td>轻微</td></tr>
<tr><td>特征</td><td>河槽弯曲，卡口与陡坎多。物质组成黏性大，稠度高，沟槽堵塞严重，阵流间隔时间长</td><td>河槽较顺直，卡口与陡坎不多。沟床堵塞一般，流体多呈稠浆、稀粥状</td><td>河槽顺直均匀，基本无卡口与陡坎。物质组成黏度小，阵流时间短而少</td></tr>
<tr><td>系数D。</td><td>□＞2.5</td><td>□2.5～1.5</td><td>□1.8～2.0</td></tr>
<tr><td colspan="5">泥石流流量_____（t/m³）　　　泥石流流速_____（m/s）　　　泥位_____（m）</td></tr>
<tr><td colspan="2" rowspan="4">发生频次</td><td colspan="3">□极高频　　n≥10次/年　　　　　　　　　　□间歇性　　0.001次/年≤n＜0.01次/年</td></tr>
<tr><td colspan="3">□高频　　1次/年≤n＜10次/年　　　　　　□老泥石流　0.0001次/年≤n＜0.001次/年</td></tr>
<tr><td colspan="3">□中频　　0.1次/年≤n＜1次/年　　　　　　□古泥石流　n＜0.0001次/年</td></tr>
<tr><td colspan="3">□低频　　0.01次/年≤n＜0.1次/年</td></tr>
</table>

<table>
<tr><td rowspan="14">灾情与危害</td><td colspan="9" style="text-align:center">灾害历史</td></tr>
<tr><td>发生时间（年月）</td><td>死亡</td><td>伤</td><td>失踪</td><td>毁房（间）</td><td>毁地（亩）</td><td>道桥（m）</td><td>水库（座）</td><td>总经济损失（万元）</td></tr>
<tr><td></td><td></td><td></td><td></td><td></td><td></td><td></td><td></td><td></td></tr>
<tr><td></td><td></td><td></td><td></td><td></td><td></td><td></td><td></td><td></td></tr>
<tr><td></td><td></td><td></td><td></td><td></td><td></td><td></td><td></td><td></td></tr>
<tr><td colspan="9" style="text-align:center">危害状况</td></tr>
<tr><td colspan="4" style="text-align:center">受威胁或危害对象</td><td style="text-align:center">危害方式</td><td colspan="2" style="text-align:center">可能经济损失（万元）</td><td colspan="2" style="text-align:center">受威胁人数</td></tr>
<tr><td>□城镇</td><td>□工厂</td><td>□矿山</td><td>□村户　□学校</td><td>□直接</td><td colspan="2">＜100</td><td colspan="2">＜10</td></tr>
<tr><td>□景区</td><td>□公路</td><td>□铁路</td><td>□农田　□林木</td><td>□间接</td><td colspan="2">100～500</td><td colspan="2">10～100</td></tr>
<tr><td>□电站</td><td colspan="2">□水利设施</td><td>□电力设施　□国防</td><td></td><td colspan="2">＞500</td><td colspan="2">＞100</td></tr>
</table>

泥石流分类表 表3-23

分类指标	分类	特征
水源类型	暴雨型	由暴雨因素激发形成的泥石流
	溃决型	由水库、湖泊等溃决因素激发形成的泥石流
	冰雪融水型	由冰、雪消融水流激发形成的泥石流
流域形态	沟谷型	流域呈扇形或狭长条形等，可划分形成区、流通区和堆积区
	山坡型	流域呈斗状，无明显流通区、形成区与流通区，直接相连，沟短
物质组成	泥流	由细粒土组成、偶夹砂砾、黏度大，颗粒均匀
	泥石流	由土、砂、石混杂组成，颗粒差异较大
	水石流	由砂、石组成，粒径大，堆积物分选性强
流体性质	黏性	层流、有阵流，浓度大、破坏力强、堆积物分选性差
	稀性	紊流、散流，浓度小、破坏力较弱、堆积物分选性强
发育阶段	发育期	山体破碎、植被衰败、淤积速度递增、堆积扇规模小且坡度大
	旺盛期	沟坡极不稳定，淤积速度稳定，规模大
	衰败期	沟坡趋于稳定，以河床侵蚀为主，有淤有冲、由淤转冲
	停歇期	有古泥石流堆积扇存在，沟坡稳定、植被恢复、冲刷为主、沟槽稳定
堆积物体积（V）	巨型	一次最大冲出量 $V > 200 \times 10^4 m^3$
	特大型	一次最大冲出量 $50 \times 10^4 m^3 \leqslant V < 200 \times 10^4 m^3$
	大型	一次最大冲出量 $20 \times 10^4 m^3 \leqslant V < 50 \times 10^4 m^3$
	中型	一次最大冲出量 $2 \times 10^4 m^3 \leqslant V < 20 \times 10^4 m^3$
	小型	一次最大冲出量 $V < 2 \times 10^4 m$
爆发频率（n）	极高	$n \geqslant 10$次/年
	高频	1次/年 $\leqslant n < 10$次/年
	中频	0.1次/年 $\leqslant n < 1$次/年
	低频	0.01次/年 $\leqslant n < 0.1$次/年

泥石流发育阶段划分表 表3-24

判别因素	发育阶段			
	发展期	旺盛期	衰退期	停歇期
形态特征	山坡以凸形为主，形成区分散，并见逐步扩大，流通区较短，扇面新鲜，淤积较快	山坡从凸形坡转为凹形坡，沟槽堆积和堵塞现象严重，形成区扩大，流通区向上延伸，扇面新鲜，漫流现象严重	山坡以凹形为主，形成区减少，流通区向上延伸，沟槽逐渐下切，扇面陈旧，生长植物，植被较好	全沟下切，沟槽稳定，形成区基本消失，逐渐变为普通洪流，植被良好
山坡块体运动	发展明显，多见新生沟谷，有少量滑坡	严重发育，供给物主要来自崩塌、滑坡、错落等，片蚀、侧蚀也很发育	明显衰退，坍塌渐趋稳定，以沟槽搬运及侧蚀供给为主	山坡块体运动基本消失
塌方面积率（%）	1～10	≥10	10～1	<1

续表

判别因素	发育阶段			
	发展期	旺盛期	衰退期	停歇期
单位面积固体物质储量（10^4m^3）	1～10	≥10	10～1	＜1
冲淤性质与趋势	以淤为主，淤积速度增快	以淤为主，淤积值大	有冲有淤，淤积速度减小	冲刷下切
危害程度	中等	严重	中等	轻微

泥石流沟易发程度数量化评分及评判等级标准   表3-25

序号	影响因素	量级划分							
		极易发（A）	得分	中等易发（B）	得分	轻度易发（C）	得分	不易发生（D）	得分
1	崩塌、滑坡及水土流失（自然和人为活动的）严重程度	崩塌、滑坡等重力侵蚀严重，多层滑坡和大型崩塌，表土疏松，冲沟十分发育	21	崩塌、滑坡发育较多，多层滑坡和中小型崩塌，有零星植被覆盖，冲沟发育	16	有零星崩塌、滑坡和冲沟存在	12	无崩塌、滑坡、冲沟或轻微发育	1
2	泥砂沿程补给长度比	＞60%	16	60%～30%	12	30%～10%	8	＜10%	1
3	沟口泥石流堆积活动程度	主河河形弯曲或堵塞，主流受挤压偏移	14	主河河形无较大变化，仅主流受迫偏移	11	主河形无变化，主流在高水位时偏，低水位时不偏	7	主河无河形变化，主流不偏	1
4	河沟纵坡	＞12°（21.3%）	12	12°～6°（21.3%～10.5%）	9	6°～3°（10.5%～5.2%）	6	＜3°（5.2%）	1
5	区域构造影响程度	强抬升区，6级以上地震区，断层破碎带	9	抬升区，4～6级地震区，有中小支断层	7	相对稳定区，4级以下地震区，有小断层	5	沉降区，构造影响小或无影响	1
6	流域植被覆盖率	＜10%	9	10%～30%	7	30%～60%	5	＞60%	1
7	河沟近期一次变幅	＞2m	8	2～1m	6	1～0.2m	4	＜0.2m	1
8	岩性影响	软岩、黄土	6	软硬相间	5	风化强烈和节理发育的硬岩	4	硬岩	1
9	沿沟松散物储量（$10^4m^3/km^2$）	＞10	6	10～5	5	5～1	4	＜1	1
10	沟岸山坡坡度	＞32°（＞62.5%）	6	32°～25°（62.5%～46.6%）	5	25°～15°（46.5%～26.8%）	4	＜15°（＜26.8%）	1
11	产砂区沟床横断面	V型谷、U型谷、谷中谷	5	宽U型谷	4	复式断面	3	平坦型	1
12	产砂区松散物平均厚度	＞10m	5	5～10m	4	1～5m	3	＜1m	1
13	流域面积	0.2～5km²	5	5～10km²	4	0.2km²以下 10～100km²	3	＞100km²	1
14	流域相对高差	＞500m	4	300～500m	3	100～300m	2	＜100m	1
15	河沟堵塞程度	严重	4	中等	3	轻微	2	无	1
评判等级标准	综合得分	116～130		87～115		＜86			
	易发程度等级	高易发		中易发		低易发			

地质灾害危险性分级表 表3-26

地质灾害危害程度	地质灾害发育程度		
	强发育	中等发育	弱发育
严重	大	大	中等
中等	大	中等	中等
轻微	中等	小	小

泥石流堵塞程度 表3-27

堵塞程度	特征
严重	河槽弯曲，河段宽窄不均，卡口、陡坎多。大部分支沟交汇角度大，形成区集中。物质组成黏性大，稠度高，沟槽堵塞严重，阵流间隔时间长
中等	沟槽较顺直，沟段宽窄较均匀，陡坎、卡口不多。主支沟交角多小于60°，形成区不太集中。河床堵塞情况一般，流体多呈稠浆—稀粥状
轻微	沟槽顺直均匀，主支沟交会角小，基本无卡口、陡坎，形成区分散，物质组成黏度小，阵流的间隔时间短而少

泥石流危险性预测评估分级 表3-28

泥石流易发性（可能性）及特征	危害大	危害中等	危害小
高易发（可能性大）。评估区位于泥石流冲淤范围内的沟中和沟口，上游主沟和主要支流物源丰富，有堵塞成堰塞湖（水库）或水流不通畅，降雨强度大	大	大	中
中易发（可能性中等）。评估区局部位于泥石流冲淤范围内的沟上方两侧和距沟口较远的堆积区中下部，物源较丰富，水流基本流畅，降雨强度中等	大	中	小
低易发（可能性小）。评估区位于泥石流冲淤范围外历史最高泥位以上的沟上方两侧高处和距沟口较远的堆积区边部，有物源，水流通畅，降雨强度小	小	小	小

注：坡面泥石路、泥流等可根据当地经验参考本表进行预测评估。

建设用地或规划区泥石流灾害防治难度划分

表3-29

泥石流灾害防治难度	分级说明
小	可不设防治工程或防治工程简单，防治费用低，灾害易处理
中等	防治工程中等复杂、治理费用偏高，防治效益与投资比中等
大	地质灾害发育，防治工程复杂、治理费用高，防治效益与投资比低

建设用地或规划区土地适宜性划分

表3-30

地质灾害危险性综合评估分级	防治难度		
	大	中等	小
大	适宜性差	适宜性差	基本适宜
中	适宜性差	基本适宜	适宜
小	基本适宜	适宜	适宜

2）建设用地或规划区土地适宜性分为适宜、基本适宜、适宜性差三个等级，各等级按表3-30确定。

3）工程建设或规划区用地适宜性

（1）适宜：地质环境条件简单，工程建设遭受地质灾害危害的可能性小，引发、加剧地质灾害的可能性小，危险性小，易于处理。

（2）基本适宜：地质环境条件较复杂，工程建设遭受地质灾害危害的可能性中等，引发、加剧地质灾害的可能性中等，危险性中等，但可采取措施予以处理。

（3）适宜性差：地质环境条件复杂，地质灾害发育强烈，工程建设遭受地质灾害的可能性大，引发、加剧地质灾害的可能性大，危险性大，防治难度大。

3.4.2　崩塌、滑坡灾害危险区土地利用适宜性评估

3.4.2.1　崩塌灾害危险区土地利用适宜性评估

1. 临山或山区的建设（规划）用地应进行崩塌地质灾害的危险性评估。

2. 评估工作应搜集下列资料：

1）气象（重点是大气降水）、水文、地震和地下水的活动资料。

2）崩塌区已有的地质资料，包括地层、岩性、地质构造等内容。

3）以往崩塌灾情与防治的经验。

3. 调查工作宜包括下列内容：

1）地形地貌及崩塌类型、规模、范围，崩塌体的大小和崩落方向。

2）崩塌岩体的岩性特征、风化程度和岩体完整程度的划分。

3）崩塌区的地质构造、岩体结构类型，结构面的产状、组合关系。

4）崩塌前的迹象和崩塌原因。

（崩塌灾害调查的主要内容参见附录1滑坡灾害野外调查表）

4. 现状评估应符合下列要求：

1）通过调查分析，确定崩塌体的位置、与建设用地的空间关系、可能的崩塌方向、崩塌规模、崩塌体运动方式。崩塌的规模按表3-31确定，崩塌体运动方式按表3-32确定。

崩塌体体积分类表　　　　　表3-31

崩塌体体积 V（m³）	$V \leqslant 500$	$500 < V \leqslant 5\,000$	$V > 5\,000$
规模	小型	中型	大型

崩塌危岩体类型分类表　　　表3-32

崩塌危岩体类型	危岩离开母岩方式
滑移式崩塌	危岩沿软弱面滑移，于陡崖（坡）处塌落
倾倒式崩塌	危岩转动倾倒塌落
坠落式崩塌	悬空或悬挑式岩块拉断、切断塌落

2）判断崩塌体的稳定状态。

3）根据崩塌危岩体的稳定性按表3-33和灾情按表3-34确定崩塌现状灾害的危险性。

崩塌危岩体稳定性　　　　　表3-33

稳定性	描述
不稳定	大型崩塌危岩体处于欠稳定—不稳定状态
欠稳定	小型或中型崩塌危岩体处于不稳定—欠稳定状态
稳定	处于稳定状态的崩塌危岩体

崩塌灾害危险性现状评估分级　表3-34

灾情 危险性 稳定性	重	中	轻
不稳定	大	大	中
欠稳定	大	中	小
稳定	小		

5. 预测评估应符合下列要求：

1）预测拟建工程引发或加剧崩塌灾害的危险性。

2）预测建设用地遭受崩塌灾害的危险性。

3）按表3-35对崩塌发生的可能性进行预测，按表3-36进行预测评估。

崩塌发生可能性预测　　　表3-35

发生的可能性	描述
大	拟建工程诱发崩塌灾害的可能性大，遭受崩塌危害程度高；大型崩塌体处于基本稳定—不稳定状态
中	拟建工程诱发崩塌灾害的可能性中等，遭受崩塌危害程度中等；小型或中型崩塌危岩体处于不稳定—基本稳定状态
小	拟建工程诱发崩塌灾害的可能性小，遭受崩塌危害程度低；崩塌体处于稳定状态

崩塌灾害危险性预测评估分级　　　表3-36

危险性　　危害程度　　发生的可能性	重	中	轻
大	大	大	中
中	大	中	小
小	小		

3.4.2.2 滑坡灾害危险区土地利用适宜性评估

1. 建设（规划）用地存在滑坡或受滑坡危害时，应进行滑坡灾害的危险性评估。评估范围一般以第一斜坡带区域为主，包括滑坡区及其影响区。

2. 评估工作应搜集下列资料：

1）地形地貌、水文、气象。

2）地层组成、地质构造、岩土体结构发育特征等工程地质、水文地质条件。

3）评估区地震地质、活动断裂特征。

4）滑坡堆积物的年代、成因、厚度、埋藏条件、地层组成和结构。

5）地下水的补给、径流、排泄条件，相邻含水层或地下水与地表水的水力联系。

6）评估区历史滑坡和潜在滑坡的形态要素、发展历史、变形特征和现状。

7）经济发展、工程建设活动和城市建设发展现状。

8）植被发育特征及其变形、破坏历史和现状。

9）滑坡防治历史和地方经验。

3. 调查工作宜包括下列内容：

1）调查的主要内容参见附录2和滑坡灾害野外调查表（附录3）。

2）当已有资料和地质调查工作不能满足滑坡稳定性评价时，应进行必要的勘探和试验测试工作。

4. 现状评估应符合下列要求：

1）在查明滑坡现状发育特征基础上，分析滑坡形成原因、滑动方式和变形范围，根据附录4进行滑坡分类，根据滑坡滑动带（面）、滑坡边界和滑体变形状况按附录5判断滑坡的演变阶段。

2）采用地质分析法和定性定量等方法评价滑坡的现状稳定性状态。可参考附录6进行滑坡稳定性的定性评价。

3）根据滑坡的规模、稳定状态和造成损失的大小等综合评估滑坡的现状危险性，按表3-37进行发育程度评估，按表3-38进行危险性分级。

评估区滑坡灾害的发育程度评估
　　　　　　　　　　　　　　　表3-37

发育程度	描述
强	不稳定—欠稳定的特大型—中型滑坡
中	（1）基本稳定的特大型—中型滑坡；（2）不稳定—欠稳定的小型滑坡
弱	（1）稳定的特大型—中型滑坡；（2）基本稳定—稳定的小型滑坡

注：在各分级评价中，按就高原则，只要符合一条就可定为相应分级。

滑坡灾害危险性现状评估分级　表3-38

危险性　　灾情　　发育程度	重	中	轻
强	大	大	中
中	大	中	小
弱	小		

5. 预测评估应符合下列要求：

1）分析预测建设用地可能遭受地下水（包括大气降水）、拟建工程及周边工程建设、荷载变化、地震的各种不利工况及其组合，采用宏观地质分析法及极限平衡法、有限元法等方法进行定性、定量计算分析，预测滑坡在不同工况下的稳定状态及其发生发展趋势。

2）根据滑坡的稳定状态，预测建设用地在不同工况下遭受滑坡灾害的可能性。

3）根据滑坡的规模、危害范围和对象、可能造成的损失，按表3-39评估滑坡灾害对建设用地及其周边工程产生的危害程度。

4）根据建设用地遭受滑坡灾害的可能性及其造成的危害程度，按表3-40综合评估建设用地遭受滑坡灾害危险性的预测评估分级。

崩塌、滑坡相关调查表等内容见本章末附录。

建设用地滑坡灾害的危害程度评估　　　　　　　　　　　　　　　　　　　　表3-39

危害程度	重	中	轻
评价因素	（1）损失大 （2）特大型—大型、不稳定—欠稳定状态，影响范围大—中等 （3）中型规模、不稳定状态，危害大	（1）损失中等 （2）特大型—大型、基本稳定状态，影响范围中等 （3）中型规模、欠稳定状态，影响范围中等 （4）小型规模、不稳定—欠稳定状态、影响范围中等	（1）损失小 （2）特大型—大型、稳定状态、影响范围小 （3）中—小型规模、基本稳定—稳定状态，影响范围小

注：在各分级评估中，按就高原则，只要符合一条就可定为相应分级。

建设用地滑坡灾害危险性预测评估分级　　表3-40

危害程度 稳定状态 危险性	重	中	轻
不稳定—欠稳定	大	大	中
基本稳定	大	中	小
稳定	小		

注：危害程度指建设用地遭受的损失。

3.4.2.3　灾害危险区的合理选址

随着人类工程活动的增加，山区地质灾害频发，危害越来越严重，直接影响了当地社会经济的持续健康发展。根据山区地质灾害的特点，除了地质灾害频发的主要原因是人类工程活动之外，山区居民住房选址存在很大的随意性，甚至选择在地质灾害易于发生的危险地段。

1. 科学性选址

山区城镇一般多位于山区小盆地内，地势较开阔。但是，有的单位或者个人喜欢将房屋建在盆地内的局部小山上，大肆切坡和开挖，破坏了山坡的自然稳定性。将房屋建到半山腰上，前排房屋和后排房屋之间均呈现台阶状；甚至在坡脚大开挖建房，将房屋紧邻陡坡；或者将房屋直接建在陡崖下。山区城镇建设时，在坡地上一般采取后削坡、前填方的办法，依山谷建房，在用地和选址条件限制以及资金有限的情况下，普遍存在削坡不够，形成高陡的临空面，没有护坡或挡土墙或未按要求砌筑，后坡无引（排）水沟渠系统，甚至存在将房屋后墙、柱、梁、板直接架设在人工陡坡之上的危险情形。存在危险性很大的崩塌、滑坡灾害隐患。泥石流堆积扇可能被认为地势较平坦，易于开发为居住区，却忽略了雨季可能造成的泥石流和山洪的危害。

2. 选址不当的原因

由于缺乏防范地质灾害的意识，不了解地质灾害危险地段的认定和划分，一些山区城镇建设总体规划没有充分考虑地质灾害的风险。另一方面，山区经济实力不强，在了解地质灾害威胁时，有些情况下防治能力也不够，不能实施有效和及时的治理。目前，部分山区城镇在编制规划过程中没有进行地质灾害危险性评估，缺乏相应的科学数据，缺少在规避灾害基础上的科学选址，地质灾害隐患威胁着许多山区城镇的生命财产安全。

3. 选址的建议

灾害危险区土地的选址应当避开已经查明的地质灾害危险地段，即便没有进行过地质灾害危险性调查的地区，建房选址应当把握一些基本的原则。

1）避开陡崖、陡坡

按照自然界物质由高处向低处的运动规律，陡崖、陡坡一般是崩塌、滑坡的危险地段，即便有的情况下能够持续一段时间的稳定，最终人类无法抵御自然界的运动规律。不管是坡脚处，还是陡崖上都是危险地段，要避开坡高大于3m的陡崖、陡坡。

2）避开沟谷出口处

山区沟谷是一定范围内的主要泄洪通道，也是大量土石的搬运、堆积场所。上游汇水面积愈大，产生的洪水和泥石流愈迅猛，在下泄惯性力的作用下，沟谷出口处洪水和泥石流的冲击力达到顶峰，对沟谷出口处的建筑物将造成毁灭性的破坏。

3）避开沟谷低洼处

由于山区汛期暴雨产生的洪水排泄不畅，沟谷内容易积蓄大量的洪水，山坡上大量土石也被冲入沟谷，沟谷低洼处不仅易遭受洪水灾害，还容易被大量土石埋没。

4）避开松软的土层

在山坡下的厚层松软土层一般是陡坡上的崩塌堆积物，土层不密实，影响房屋基础的稳定性，随着时间推移，在雨水下渗的侵蚀下容易造成土层的不均匀沉陷，导致房屋墙体开裂，甚至倒塌。如果条件具备，可以把房屋基础深埋在松软土层以下硬实岩石上。

5）避开"马刀树"地形

"马刀树"是滑坡体没有稳定前的典型植物特征，

是滑坡体在缓慢滑动过程中坡上树木变成歪斜状，许多树木向某个方向有规律地倾斜如同马刀状。这种地形有可能发生滑坡，建设规划时应尽量避开。

3.4.3 地裂缝灾害危险区土地利用适宜性评估

由于每条地裂缝所处的地质环境差异较大，成因各异，对城市建构筑物的影响也不尽相同，因此，单条地裂缝灾害危险区土地适宜性评估方法采用定性分析方法。

地裂缝主要有两大类：构造地裂缝和非构造地裂缝。其最大的区别在于构造地裂缝的活动无法通过人类工程结构的加强而得以克服，而非构造地裂缝则可以。在这里构造地裂缝包含了活动断裂上延造成的地表错动、隐伏断裂蠕滑形成的地裂缝、盆缘断裂走滑活动产生的张剪作用形成的地裂缝。非构造地裂缝包括黄土湿陷地裂缝、地表不均匀沉降产生的地裂缝、地下水潜蚀形成的地裂缝、地表水冲蚀形成的地裂缝。

地裂缝灾害危险区土地适宜性评估的目的是为了服务于城市建设，因此，必须针对城市建筑物来进行。我们参照《西安地裂缝场地勘察与工程设计规程》，根据建筑物规模、重要性以及由于地裂缝活动可能造成的建筑物损坏或影响正常使用的程度，可将建设在地裂缝场地的建筑分为一、二、三、四类四个重要性类别。

一类建筑为特别重要的建筑和构筑物、高度超过100m的超高层建筑；

二类建筑为大跨度公共建筑、高度28~100m的高层建筑、有桥式吊车（吊车额定起重量小于100t，大于等于30t）的单层厂房、高度超过30m的水塔和烟囱、容易引起次生灾害的建筑（如储水构筑物和大量用水的工业民用建筑物）；

三类建筑为除一、二、四类以外的一般工业与民用建筑；

四类建筑为临时性建筑。

结合地裂缝的成因类型和威胁对象的类别，在统计分析渭河盆地地裂缝分布、影响范围和致灾特征的基础上，分构造地裂缝和非构造地裂缝建立了单条地裂缝灾害危险区土地适宜性评估标准（表3-41，表3-42，图3-13～图3-18）。

该标准有以下几点说明：

（1）适用于城镇和工程建设规划，工程建设涉及地裂缝时应进行详细勘察；

（2）四类建筑为临时性建筑，因此对于地裂缝的破坏认为是适宜建设的；

（3）与地裂缝的距离是指建筑物基础底面外沿（桩基时为桩端外沿）至地裂缝的距离。

构造地裂缝适宜性评价标准（单条评价用）　　　　　　　表3-41

与地裂缝的距离（m）	活动性强、较强	活动性中等	活动性弱
上盘0~6m 下盘0~4m	一类建筑不适宜 二类建筑不适宜 三类建筑不适宜	一类建筑不适宜 二类建筑不适宜 三类建筑不适宜	一类建筑不适宜 二类建筑不适宜 三类建筑适宜性差
上盘6~20m 下盘4~12m	一类建筑不适宜 二类建筑不适宜 三类建筑适宜性差	一类建筑不适宜 二类建筑不适宜 三类建筑基本适宜	一类建筑适宜性差 二类建筑基本适宜 三类建筑适宜
上盘20~40m 下盘12~24m	一类建筑不适宜 二类建筑适宜性差 三类建筑基本适宜	一类建筑适宜性差 二类建筑基本适宜 三类建筑适宜	一类建筑基本适宜 二类建筑适宜 三类建筑适宜

非构造地裂缝适宜性评价标准（单条评价用）　　　　　　表3-42

与地裂缝的距离（m）	活动性强、较强	活动性中等	活动性弱
两盘各0~5m	一类建筑基本适宜 二类建筑基本适宜 三类建筑不适宜	一类建筑基本适宜 二类建筑基本适宜 三类建筑适宜性差	一类建筑适宜 二类建筑适宜 三类建筑基本适宜
两盘各5~16m	一类建筑适宜 二类建筑基本适宜 三类建筑适宜性差	一类建筑适宜 二类建筑基本适宜 三类建筑适宜性差	一类建筑适宜 二类建筑适宜 三类建筑适宜
两盘各16~32m	一类建筑适宜 二类建筑适宜 三类建筑适宜	一类建筑适宜 二类建筑适宜 三类建筑适宜	一类建筑适宜 二类建筑适宜 三类建筑适宜

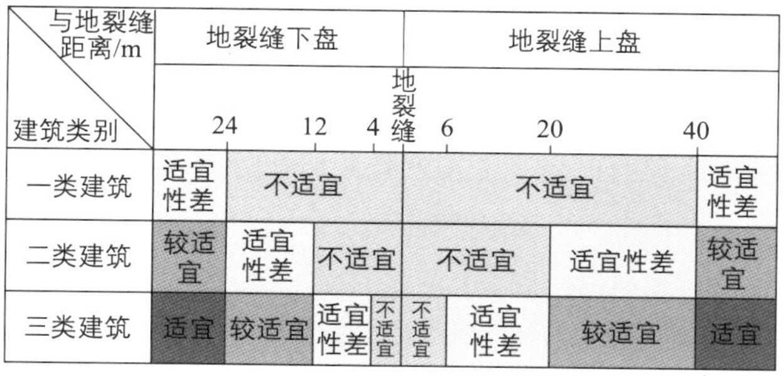

图3-13　活动性强、较强构造地裂缝适宜性评价标准

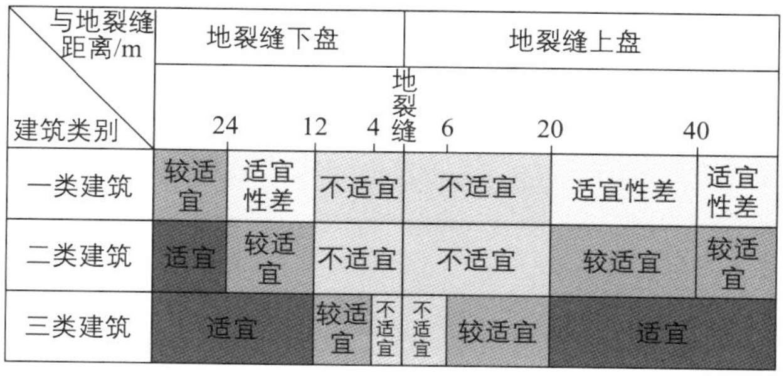

图3-14　活动性中构造地裂缝适宜性评价标准

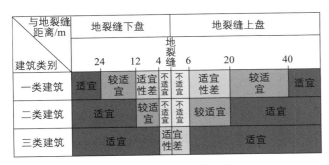

图3-15 活动性弱构造地裂缝适宜性评价标准

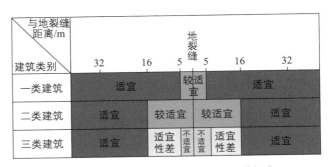

图3-16 活动性强、较强非构造地裂缝适宜性评价标准

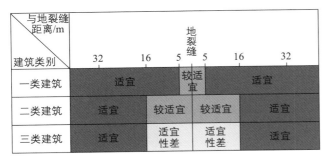

图3-17 活动性中非构造地裂缝适宜性评价标准

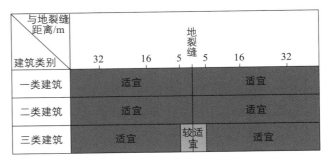

图3-18 活动性弱非构造地裂缝适宜性评价标准

特别说明：任何建筑物跨越地裂缝都是很危险的，所以我们认为地裂缝带内是所有工程不适宜建设区。尽管有些地裂缝几年来活动性减弱，但无法保证其活动性今后不会加剧。而针对非构造地裂缝，其影响深度有限，一类、二类建筑在基础施工时，避开地裂缝往往都能保证建筑的安全，因此设立标准是适宜性较好。

3.4.4 地面沉降灾害危险区土地利用适宜性评估

由于地面沉降属于区域性地质灾害，大多发育在城市建设区。作为城市建设来说，已经选定或者存在的城市再开展土地利用适宜性评估的意义不大，而开展不同地面沉降幅度、速度对目前存在或者拟建建筑物的危险性评价更有实用价值，此部分内容将在"第8章 城市地面沉降防治规划"进行详细论述。

依据危险性评价结果开展城市规划，有利于规划人员合理规划城市布局。地面沉降严重地区，在满足城市基本功能的前提下，规划中增加地面沉降要素分析。将较为敏感的重要工程进行调整，这将大大降低地面沉降的风险。同时，在已经完成城市规划的区域，根据风险评价结果，城市建设中也可以指导工程建设，选择能够规避地面沉降影响的建筑结构类型，或者指导政府进行规划区的地面沉降防治工作。

3.4.5 地面塌陷灾害危险区土地利用适宜性评估

地面塌陷灾害的危险性主要受地面塌陷区塌陷稳定性的影响，而地面塌陷区塌陷稳定性则又受岩体的物理力学性质、构造发育情况（褶皱、断裂等）、结构面特征、地下水赋存状态、溶洞的几何形态、溶洞顶板承受的荷载（工程荷载及初始应力）、人为影响因素等多方面因素的控制。地面塌陷灾害危险区土地利用适宜性一方面与地面塌陷灾害的危险性有关，另一方面也与拟建工程对地面塌陷的敏感程度不同而异，下文主要针对城市建设土地利用的适宜性提出一些简单的认识。

（1）城市总体规划方面，考虑到地面塌陷的影响，合理进行城市规划布局及工程措施，这样减少了不必要的工程浪费，对土地进行了合理分类利用，有助于城市的长久发展。合理进行城市功能分区，以生产性与生活性用地适当分离和合理隔离、严格保护生态用地和非建设用地为原则，以生活区、生态保护区得到保护为目标，优化产业布局，使城区功能布局、产业布局与自然生态结构相适应，减轻了用地混杂带来的环境影响，促进了环境规划与城市规划的协调衔接。

（2）地基稳定性方面，地面塌陷会导致地基承载力降低，引起地基不均匀沉降，使建筑物倾斜或结构破坏而不能正常使用。因此，地面塌陷危险性大地区不适宜建设高大建筑物、重要性建筑物等大型工程，可将危险性较大区作为绿地等人为扰动较小、附加应力较小的设施来进行规划；地面塌陷危险性较大区建设高大建筑物、重要性建筑物等大型工程时，必须对其地下洞穴及岩溶发育情况进行详细勘察，并采取有效的处理措施后才可进行建筑，同时，还需建立长期的地面塌陷监测预警装置，发现异常立即停止对建筑物的使用，并查明原由，采取合理有效的处治措施，确定危险排除后方可继续使用。

（3）城市管线、管道、隧道等线状工程方面：由于线状工程跨越距离长，不可避免地要穿越地面塌陷灾害危险区，所以必须对其地下洞穴及岩溶发育情况进行详细勘察，采取必要的防治措施或者防护结构措施。

3.5　地质灾害防治标准

3.5.1　泥石流防治标准

泥石流防治标准与洪水防治标准类似，以工程设计保证率来表达，即保证防治工程的设计防护能力能控制在相应频率下的泥石流规模时不造成危害。设计保证率的确定与国家财力和保护对象的重要性密切相关，防治工程设计保证率愈高，防治工程愈安全，但所需防治费用愈多。

目前泥石流防治标准还没有一个完善的确定方法。综合参考《泥石流防治指南》和《中国泥石流》等学术专著，泥石流防治标准主要划分的灾害等级相应分为四等16级，其工程设计保证率按照表3-43选取。

规模大的泥石流，具有较大的破坏作用，但由于受害对象不同，造成的危害不一定就大；而规模小的泥石流，由于受害对象重要，也会酿成大灾；危害大的泥石流，由于条件变化，以后不会造成大的危害也是常有的；危害小的泥石流，若具备条件后造成大的危害也是可能的。因此，在选用防治标准时应同时考虑泥石流规模、危害程度、受害对象三个方面，并应考虑可能的变化：

1. 泥石流规模与危害程度同属某一标准时，则选用该标准。

2. 泥石流规模的标准高于或低于危害程度所达到的标准，按危害标准选用。

3. 由于条件变化，以后的危害程度只可能低于

不同泥石流灾害等级下的工程防治标准　　　　　　　　表3-43

受灾对象	泥石流活动规模			
	小（<1万m³）	中（1万~10万m³）	大（10万~80万m³）	特大（>80万m³）
大城市，国家重点企业和单位	10%~5%	5%~2%	2%~1%	1%~0.33%
中小城市，省级重要企业	20%~10%	10%~5%	5%~2%	2%~1%
小城镇，小厂矿，地区交通干线	50%~20%	20%~10%	10%~5%	5%~2%
农田，村庄，县区交通线路	50%	50%~20%	20%~10%	10%~5%

已造成的危害程度，按低的标准选用。

4. 规模所达到的标准高，已造成的危害程度低，但今后可能造成大的危害，按高的标准选用。

针对山区，例如汶川地震灾区，由于主要的受灾对象是小城镇、地区交通干线及以下，考虑地震对泥石流的影响，按照最严重危害程度设计，则设防标准按20～50年一遇暴雨标准。为了充分利用目前泥石流灾害工程防治设计规范的计算方法，采取基于该规范数据，提高设防频率是一种简便的做法。危害对象为县级城市、风景名胜区、国道、省道、重要工矿企业时，泥石流灾害工程设防标准采取50～100年一遇设计、100～200年一遇校核。危害对象为一般乡镇、重要居民点、县级道路、小型工矿企业时泥石流灾害工程防治的设防标准采取20～50年一遇设计、50～100年一遇校核。对于一般灾区，可以参照目前防治工程设防标准实施。

泥石流防治标准还可以根据防治工程安全等级来进行确定。泥石流防治工程安全等级标准划分，应以各

类受灾对象及灾情或险情综合确定。根据泥石流灾害威胁城镇、建筑、交通、专项设施等产生的死亡人数或受威胁的人数、直接经济损失或期望经济损失等因素，将泥石流防治工程的等级分为四个级别（表3-44）。

泥石流防治工程能够抵御一定频率下暴雨（溃决洪水、冰川融水等）激发泥石流的规模，参照保护对象所规定的防洪标准，选择对应的泥石流防治工程设计标准。泥石流防治工程设计标准一般包括设防标准下安全系数和校核标准下安全系数。一般经过充分的技术、经济比较后，确定泥石流防治工程设计安全系数和校核安全系数，既要安全可靠，也要经济合理。泥石流防治工程的设计安全系数和校核安全系数应使其主体建筑物（拦挡坝）的整体稳定性满足抗滑和抗倾覆安全系数的要求（表3-45）。

山区小流域的泥石流与山洪往往不易分清，究其流体中固体物质含量而言，山洪中的固体物质体积含量和表观密度都低于泥石流。而在一条山区小流域

泥石流灾害防治工程安全等级标准　　　　　　　　　　　　　　　表3-44

分级标准	防治工程安全等级			
	一级	二级	三级	四级
受灾对象	省会级城市	地、市级城市	县级城市	乡、镇及重要居民点
	铁道、国道、航道主干线及大型桥梁隧道	铁道、国道、航道及中型桥梁、隧道	铁道、省道及小型桥梁、隧道	乡、镇间的道路桥梁
	大型的能源、水利、通信、邮电、矿山、国防工程等专项设施	中型的能源、水利、通信、邮电、矿山、国防工程等专项设施	小型的能源、水利、通信、邮电、矿山、国防工程等专项设施	乡、镇级的能源、水利、通信、邮电、矿山等专项设施
	甲级建筑物	乙级建筑物	丙级建筑物	丁级建筑物及以下
死亡人数（人）	≥30	（30，10]	（10，3]	<3
受威胁人数（人）	≥1 000	（1 000，100]	（100，10]	<10
直接经济损失（10^4元）	≥1 000	（1 000，500]	（500，100]	<100
期望经济损失（10^4元／年）	≥1 000	（1 000，500]	（500，100]	<100
防治工程投资（10^4元）	≥1 000	（1 000，500]	（500，100]	<100

注：表中的甲、乙、丙级建筑物是指《建筑地基基础设计规范》GB 50007—2011标准中甲、乙、丙级建筑物。

泥石流灾害防治主体工程设计标准　　　　　　表3-45

防治工程安全等级	降雨强度	拦挡坝抗滑安全系数		拦挡坝抗倾覆安全系数	
		基本荷载组合	特殊荷载组合	基本荷载组合	特殊荷载组合
一级	设计标准100年一遇	1.25	1.08	1.60	1.15
	校核标准200年一遇	1.30	1.09	1.70	1.16
二级	设计标准50年一遇	1.20	1.07	1.50	1.14
	校核标准100年一遇	1.25	1.08	1.60	1.15
三级	设计标准20年一遇	1.15	1.06	1.40	1.12
	校核标准50年一遇	1.20	1.07	1.50	1.14
四级	设计标准10年一遇	1.10	1.05	1.30	1.10
	校核标准20年一遇	1.15	1.06	1.40	1.12

注：在一级防治工程的设计标准中根据保护对象（高速铁路和特大型水电工程等）可以将设计标准的设防暴雨强度提高至200年一遇，相应校核标准暴雨强度为500年一遇。

内，山洪过程往往伴生有泥石流，在泥石流过程中也会有山洪，在防治工程中，泥石流防治工程一般都能防御山洪，因此，在防治固体物质体积含量低于泥石流的山洪时，其标准可选用相应的泥石流防治标准。

3.5.2　滑坡防治标准

滑坡防治工程设计标准，一般按50～100年服务期限考虑，特殊工程应进行专门论证。位于人口密集区的滑坡防治工程，安全系数应适当增加。

滑坡防治工程，应根据滑坡类型、规模、稳定性，并结合滑坡区工程地质条件、建筑类型及分布情况、施工设备和施工季节等条件，选用截排水、抗滑桩、预应力锚索、格构锚固、挡土墙、注浆、减载压脚及植物工程等多种措施综合治理。

根据受灾对象、受灾程度、施工难度和工程投资等因素，可按表3-46对滑坡防治工程进行综合划分[68]。

对于滑坡防治工程暴雨和地震荷载强度取值标准参见表3-47。

一般滑坡防治工程分级表　　　　　　表3-46

级别		I	II	III
受灾程度	危害对象	县级和县级以上城市	主要集镇。或大型工矿企业、重要桥梁、国道专项设施	一般集镇。县级或中型工矿企业，省道及一般专项设施
	危害人数	>1 000	1 000～500	<500
	直接经济损失（万元）	>1 000	1 000～500	<500
	灾害期望损失（万元/年）	>10 000	10 000～5 000	<5 000
	施工难度	复杂	一般	简单
	工程投资（万元）	>1 000	1 000～500	<500

滑坡防治工程荷载强度标准表　　表3-47

滑坡防治工程级别	暴雨强度重现期（a）		地震荷载（年超越概率10%）	
	设计	校核	设计	校核
I	50	100	50	100
II	20	50		50
III	10	20		

对于 I 级滑坡防治工程，应建立地表与深部相结合的综合立体监测网，并与长期监测相结合；对于 II 级滑坡防治工程，在施工期间应建立安全监测和防治效果监测点，同时可建立以群测为主的长期观测点；对于 III 级滑坡防治工程，可建立群测为主的简易长期监测点。

3.5.3 地面塌陷和地裂缝防治标准

地面塌陷指地表岩体或土体受自然作用或人为活动影响向下陷落，并在地面形成塌陷坑洞而造成灾害的现象或过程。引起地面塌陷的动力因素主要有地震、降雨以及地下开挖采空，大量抽水等。地面塌陷主要破坏房屋、铁路、公路、堤坝等工程设施。

地面塌陷所形成的单个塌陷坑洞的规模不大，直径一般为数米至数十米，个别巨大者达百米左右。塌陷程度的主要标志是一次塌陷所形成的塌陷坑洞数量和它的影响范围，据此将地面塌陷分为4个等级（表3-48）。

开采地下水是诱发地面沉降主要因素，其过程非常复杂。因此，在地面沉降研究程度低且加速变形地区，最有效的遏制措施就是禁采地下水。

为了有效控制地下水开采诱发的地面沉降，应优化地下水采灌格局，合理开发地下水资源[69]。为了有效控制建设工程诱发的地面沉降，应对建设工程进行合理规划、设计和施工。通过地面沉降监测和评估，应依据地面沉降控制的要求，采取规划控制、设计控制、施工控制和地下水人工回灌等防治措施实现地面沉降的控制。在地面沉降防治技术中，可优先选用能有效控制地面沉降的新技术、新方法。为了有效控制地下水开采诱发的地面沉降，应系统总结年度地下水采灌、地下水位和地面沉降动态，编制下年度地下水采灌方案，内容应包括方案制定的依据、原则、方法、指标等。需进行降水的建设工程在工程设计或施工方案评审中认定需要进行地下水人工回灌的，应实施人工回灌措施。建设工程降水后常规监测区外地面沉降现象明显时，宜考虑实施降水含水层地下水人工回灌措施。

地裂缝在一定地质自然环境下，由于自然的或人为的原因，地表岩土体开裂，在地面形成一定长度和宽度的裂缝的现象或过程，大部分地裂缝是由于地震、火山喷发、构造蠕变活动引起，部分地裂缝是由于崩塌、滑坡、地面沉降、岩土膨缩、黄土湿陷以及水的渗蚀、冻融等原因引起。可将地裂缝分为3个等级（表3-49）。

地裂缝影响区范围应符合以下规定（西安地裂缝场地勘察与工程设计规程[70]）：

地面塌陷级别表　　表3-48

塌陷级别	塌陷坑洞	影响面积
I	1～3处	< 1km²
II	4～10处	1～5km²
III	11～20处	5～10km²
IV	> 20处	> 10km²

地裂缝级别　　表3-49

地裂缝级别	地裂缝长度	影响面积
I	< 100km	< 0.5km²
II	100～1 000km	0.5～5km²
III	> 1 000km	> 5km²

上盘（地裂缝破裂面的上覆一侧）0～20m，其中主变形区0～6m，微变形区6～20m；

下盘（地裂缝破裂面的下伏一侧）0～12m，其中主变形区0～4m，微变形区4～12m。（以上分区范围均从主地裂缝或次生地裂缝起算）

在地裂缝场地，同一建筑物的基础不得跨越地裂缝布置。采用特殊结构跨越地裂缝的建筑物应进行专门研究。在地裂缝影响区内，建筑物长边宜平行地裂缝布置。建筑物基础底面外沿（桩基时为桩端外沿）至地裂缝的最小避让距离，应符合以下规定：

一类建筑为特别重要的建筑和构筑物、高度超过100m的超高层建筑；二类建筑为大跨度公共建筑、高度28～100m的高层建筑，有桥式吊车（吊车额定起重量小于100t，大于等于30t）的单层厂房、高度超过30m的水塔和烟囱、容易引起次生灾害的建筑（如储水构筑物和大量用水的工业民用建筑物）；三类建筑为除一、二、四类以外的一般工业与民用建筑；四类建筑为临时性建筑。

一类建筑应进行专门研究或按表3-50采用。

二、三类建筑应满足表3-50的规定，且基础的任何部分都不得进入主变形区内。

四类建筑允许布置在主变形区内。

地裂缝场地建筑物最小避让距离（m）见表3-50。

地裂缝场地建筑物最小避让距离（m）

表3-50

结构类别		建筑物重要性类别		
		一	二	三
砌体结构	上盘	—	—	6
	下盘	—	—	4
钢筋混凝土结构、钢结构	上盘	40	20	6
	下盘	24	12	4

注：1. 底部框架砖砌体结构、框支剪力墙结构建筑物的避让距离应按表中数值的1.2倍采用。
　　2. Δk大于2m时，实际避让距离等于最小避让距离加上Δk。
　　3. 桩基础计算避让距离时，地裂缝倾角统一采用80°。

主地裂缝与次地裂缝之间，间距小于100m时，可布置体型简单的三、四类建筑；间距大于或等于100m时，可布置二、三、四类建筑。总平面设计应妥善处理雨水、污水排水系统，场地排水不得排进地裂缝。

进行总平面设计时，各种管道应避免跨越主地裂缝和次生地裂缝。必须跨越时，应采用可靠设防措施，并做沉降记录，必要时可进行调整。

3.6　地质灾害防治规划技术路线

3.6.1　地质灾害防治规划的任务

1. "以人为本"，对城市区域包括影响城市区域内的崩塌、滑坡、泥石流、地面沉降以及潜在的灾害进行调查，并对其稳定程度和潜在危害（险情）进行初步评价。

2. 对已发生的滑坡、崩塌、泥石流、地面塌陷、地裂缝、地面沉降等地质灾害点进行调查。查清其分布范围、规模、结构特征、影响因素、引发因素等，并对其稳定性、危害性（灾情）及潜在危害性（险情）进行评价。

3. 划定地质灾害易发区。

4. 开展地质灾害防治规划。

5. 建立地质灾害信息系统。

3.6.2　地质灾害防治规划的要求与内容

地质灾害防治规划按工作阶段可分为总体规划和详细规划两大阶段。不同阶段要求也有所差异。在总体规划阶段，分析当地抵御各种地质灾害的能力和薄弱环节，建立当地综合防灾的长期和应急对策，分析城市防灾的合理标准和减灾资源的合理配置，主要解决当地安全需求和地质灾害危险性评价、灾害分区、重点防治区域和防救对策等总体规划层面的地质灾害防治问题；在详细规划阶段，主要针对当地部分区域提出地质灾害评价及具体的防治措施。

以城市地质灾害防治为例，城市地质灾害使城市建设难度增大，编制科学合理的城市地质灾害防治规划以支撑城市建设的实施，保障城市建设的安全是其最基本的要求。总体规划阶段需将对城市用地评价、城市综合防灾规划等作为总体规划的重要部分，重点对地质灾害多发和有地质灾害潜在危险的区域进行城市地质灾害防治专项规划，从宏观上提出一个整体的防治思路，为下一步的详细规划起到提纲挈领的作用。而详细规划阶段，应在总体规划基础上，对重点区域、重点环节进行定量分析，提出实质性的、建设性的建议和意见。

地质灾害防治规划的内容有以下几点：

1. 地质灾害调查应在充分收集、利用已有资料的基础上进行。收集资料内容包括与地质灾害形成条件相关的气象水文、地形地貌、地质构造、区域构造、第四纪地质、水文地质条件、生态环境以及人类活动与社会经济发展计划等。

2. 地质灾害调查的主要内容包括不稳定斜坡、滑坡、崩塌、泥石流、地面塌陷、地裂缝、地面沉降。根据工作区实际情况，可以增加其他种类的地质灾害调查内容。

3. 地质灾害调查应充分发动群众，采取有关部门和群众报险与专业人员调查相结合的方式进行。对于前人文献已有记载的以及当地群众和有关部门报告的地质灾害点，必须逐一进行现场调查。

4. 地质灾害调查必须按照统一的格式要求建立相应的信息系统，可以参照《县（市）地质灾害调查与区划基本要求》建设信息系统。

5. 地质灾害防治规划应与城市总体规划衔接，并与其他重大工程建设规划协调。

6. 地质灾害防治规划应按照一定时间间隔进行

修编，当城市总体规划修编或重大工程建设规划修编时，应对地质灾害防治规划进行相应修订。

3.6.3 地质灾害防治规划的报告大纲

第一章：地质灾害现状、发展趋势预测与防治工作进展

主要内容：地质灾害的分布、规模、数量、影响；地质灾害威胁的对象；未来一段时期地质灾害的发展变化规律；地质灾害防治工作取得的主要成绩和存在的突出问题。

第二章：地质灾害的防治原则和目标

主要内容：当地国民经济建设与社会发展对地质灾害防治的要求、防治原则、防治目标。

第三章：地质灾害易发区和重点防治区

主要内容：易发区划分的原则和方法，易发区分区评述；重点防治区划分原则和方法，重点防治区分区评述。

第四章：地质灾害风险评估与风险图

在地质灾害基本属性调查勘查数据的基础上，进行灾害的危险性分析；结合城市现有设施与建筑物以及未来城市规划，确定其易损性；进而评估城市地质灾害的风险，编制风险图，作为城市规划和建设以及防灾减灾的依据。

第五章：地质灾害防治规划方案

主要内容：总体部署和主要任务；地质灾害隐患点防治分期安排建议；宜避让搬迁的方案；需工程治理的方案；群测群防网络与专业监测建设方案。

第六章：预期效果

主要内容：期望达到的地质灾害防灾减灾水平与效益分析。

第七章：实施防治规划的保证措施

主要内容：法制建设和行政管理工作；科普教育宣传工作；稳定的资金投入机制；群专结合及采取综合防治措施等。

崩塌灾害野外调查表

室内编号：＿＿＿＿＿＿＿＿

野外编号：＿＿＿＿＿＿＿＿

名称		崩塌隐患点		照片编号				
位置		省	县（市）		乡	村		
	经度：＿＿＿°＿＿＿′＿＿＿″ 纬度：＿＿＿°＿＿＿′＿＿＿″			测点高程（m）			隐患点确定时间	
				距坝里程（km）			年 月 日	
流域名称	○干流＿＿＿＿ ○一级支流＿＿＿＿			斜坡相对河流位置：□左岸 □右岸 □凹岸 □凸岸				
所在斜坡特征	结构类型	□土质斜坡 □碎屑岩斜坡 □碳酸盐岩斜坡 □岩浆岩斜坡 □变质岩斜坡 □平缓层状斜坡 □顺向斜坡 □横向斜坡 □斜向斜坡 □反向斜坡 □特殊结构斜坡		地质构造	□褶皱轴部 □褶皱翼部 □断层带 □构造复合带 □褶皱倾伏（翘起）端 □其他		地层代号	
							岩性	
崩塌隐患点地貌特征	横向长（m）	纵向高（m）	坡度（°）	坡向（°）	纵坡面形态	□凸形 □凹形 □直线 □复合		
					横坡面形态	□圈椅 □凸形 □直线 □折线		
	岩性	□碎屑岩 □碳酸盐岩 □岩浆岩 □变质岩 □顶部裸露 □顶部碎石土						
	风化程度	□新鲜完整 □陈旧完整 □碎裂强风化 □密集裂隙 □稀疏裂隙						
	地下水出露	□中部地下水 □下部地下水 □无地下水 □集中溢出 □散状溢出 □全年溢出 □仅雨季溢出						
隐患点坡脚特征	地形特征	□陡坡 □缓坡 □平地 □坡面较平整 □凸凹不平 □平均坡度：						
	坡面堆积	□无堆积 □薄层堆积 □较厚堆积 □坡残积土 □块碎石土 □块碎石						
	地下水	□无地下水 □散状地下水溢出 □单个泉 □多个泉 □全年溢出 □雨季溢出， 估计流量：						
	植被特征	□荒地 □无植被 □稀疏草丛 □密集草丛 □森林 □坡耕地						
变形破坏特征	变形类型	□横张裂缝 □纵张裂缝 □剪切裂缝 □隆起 □下错 □沉陷						
	变形程度	□明显变形 □局部变形 □未变形						
	可能诱发因素	□暴雨 □强地震 □人为扰动 □蓄水位降落 □地下水						
稳定性评价	目前稳定状况（不考虑诱因）	□稳定 □局部失稳（前部滑移） □整体失稳						
	发展趋势分析（考虑诱因）	□稳定 □局部失稳（前部滑移） □整体失稳 □快速崩塌						
	可能成灾方式	□掩埋 □阻河回淹 □激浪 □推移 □溃坝洪口 □牵引 □转化为泥石流 □推动坡下滑移 □堵江						
取样编号			取样位置：□后壁岩土 □坡脚堆积物（□前缘 □中部 □后缘）					
调查说明								

平面图	
剖面图	
其他资料补充	

填表人：＿＿＿＿＿＿＿＿　　　　　　　填表时间：20　　年　　　月　　　日

滑坡灾害调查的主要内容	附录2
调查对象	**调查内容**
滑坡评估区	（1）评估区的地理条件：地理位置、微地形地貌特征及其演变过程，斜坡形态、坡度、相对高度及其变化，沟谷发育和河岸冲刷情况，堆积物及地表水汇聚情况以及植被发育特征； （2）评估区的地质环境：地层岩性、地质构造、易滑地层分布及变化、地震活动情况及外动力地质现象，调查引起滑坡或滑坡复活的主导因素； （3）评估区的气象水文条件：调查和搜集气象和水文地质资料； （4）评估区的人类工程活动及发展规划等
滑坡体	（1）滑坡体的地质结构：滑坡体物质组成、结构构造、主控结构面发育特征、岩体完整性、软弱夹层性状及含泥含水情况等； （2）形态与规模：滑坡体的平面、剖面形状，长度、宽度、厚度等几何要素及分布高程； （3）边界特征：滑坡后壁的位置、产状、高度及其壁面上擦痕方向；滑坡两侧界线的位置与性状；前缘出露位置、形态、临空面特征及剪出情况；滑床的露头特征等； （4）表部特征：后缘洼地、台坎、平台、前缘鼓胀、侧缘剪胀等表部微地貌形态特征，滑坡裂缝的分布、方向、长度、宽度、产状、力学性质及其他变形特征； （5）滑体内、外建筑物与树木的变形、位移及其破坏的时间和过程；井泉、水塘渗漏或水量的变化，地表水系和自然排泄沟渠的分布和断面，湿地分布和变迁情况等； （6）滑面或软弱面特征：通过野外调查和必要的钻探等，调查滑坡体软弱层（带）的发育特征，滑面（带）的层数、形态、埋深、连通性、物质成分、胶结状况，滑动面与其他结构面的关系； （7）变形活动特征：访问调查滑坡发生、发展特点，滑动的方向、滑距及滑速，分析判断滑坡变形活动阶段及其滑动方式、力学机制和目前稳定状态
滑坡影响因素	（1）自然因素：地震、降雨、洪水、侵蚀、崩坡积加载等与滑坡发生发展关系； （2）人为因素：森林植被破坏、不合理开垦，建筑加载、矿山采掘、不合理切坡、震动、废水随意排放、渠道渗漏、水库蓄水等； （3）综合因素：人类工程经济活动和自然因素共同作用
滑坡危害	（1）滑坡发生发展历史，破坏地面工程、环境和人员伤亡、经济损失等现状和历史情况； （2）分析与预测滑坡的稳定性和滑坡发生后可能成灾范围及灾情； （3）调查和预测滑坡引发的次生灾害类型及损失的历史和现状情况
滑坡防治	（1）调查当地已采取的应急预防减灾措施、防治工程及其投资情况和效果； （2）调查当地防治滑坡灾害的勘查、治理、监测等经验

滑坡灾害野外调查表

附录3

室内编号：_____

野外编号：_____

名称				滑坡隐患点	照片编号		
位置		省	县（市）		乡	村	
位置		经度：_____°_____′_____″ 纬度：_____°_____′_____″		测点高程（m）		隐患点确定时间	
位置				距坝里程（km）		年　月　日	
流域名称	○干流○一级支流			斜坡相对河流位置：□左岸　　□右岸　　□凹岸 □凸岸			
原始斜坡特征	结构类型	□土质斜坡　　□碎屑岩斜坡　　□碳酸盐岩斜坡 □岩浆岩斜坡　　□变质岩斜坡 □平缓层状斜坡　　□顺向斜坡　　□横向斜坡 □斜向斜坡　　□反向斜坡　　□特殊结构斜坡			地质构造	□褶皱轴部　　　□褶皱翼部 □断层带　　　　□构造复合带 □褶皱倾伏（翘起）端 □其他	地层代号
原始斜坡特征	结构类型				地质构造		岩性
滑坡隐患点地貌特征	外形特征	长度（m）	宽度（m）	面积（m²）	坡度（°）	坡向（°）	坡面形态
滑坡隐患点地貌特征	外形特征				上：中：下：		□凸形　□凹形　□直线　□阶梯　□复合
滑坡隐患点地貌特征	斜坡位置		□中上部　　□中下部　　□老滑坡地形			横向坡面形态	
滑坡隐患点地貌特征	坡面特征		□平整　　□高低起伏　　□小冲沟切割			□凸形　　□圈椅凹形　　□平面形	
滑坡隐患点地貌特征	前缘临空特征		高度：m，坡度：　　□沟河水冲刷　　□基岩出露　　□地下水溢出				
坡体结构组成	坡体结构	□坡残积土质结构　　□土质—顺坡岩质结构　　□土质—逆坡岩质结构 □顺坡岩质结构　　□逆坡岩质结构　　□近水平岩质结构					
坡体结构组成	坡体组成	□碎石土　　□黏性土　　□人工填土　　□含盐地层　　□半成岩　　□砂泥（页）岩 □煤系地层　　□碳酸盐岩　　□千枚岩　　□片岩　　□板岩　　□凝灰岩　　□偶滑地层					
变形特征	变形类型	□后部横张裂缝　　□前部纵张裂缝　　□两侧剪切裂缝　　□隆起　　□下错					
变形特征	变形程度	□后部明显变形　　□前部明显变形　　□局部微量变形　　□未变形					
变形特征	可能诱发因素	□暴雨　　□强地震　　□蓄水位降落　　□地下水　　□开挖　　□加载　　□放炮					
稳定性评价	目前稳定状况（不考虑诱因）		□稳定　　□局部失稳（前部滑移）　　□整体失稳				
稳定性评价	发展趋势分析（考虑诱因）		□稳定　　□局部失稳（前部滑移）　　□整体失稳　　□快速滑移				
稳定性评价	可能成灾方式		□掩埋　　□阻河回淹　　□激浪　　□推移　　□溃坝洪水　　□牵引 □转化为泥石流　　□转化为崩塌　　□堵江				
取样编号			取样位置：□可能滑带土　　□隐患体土层（□前缘　　□中部　　□后缘）				
调查说明							

平面图	
剖面图	
其他资料补充	

滑坡按其物质组成和结构的主要因素分类表 附录4

类型	亚类	特征描述
土质滑坡	滑坡堆积体滑坡	由滑坡等形成的块碎石堆积体，沿下伏基岩表面或堆积体内软弱面滑动
	崩塌堆积体滑坡	由崩塌等形成的块碎石堆积体，沿下伏基岩表面或堆积体内软弱面滑动
	黄土滑坡	由黄土构成，大多发生在黄土体中
	黏性土滑坡	由各种成因的黏性土组成为主
	残坡积土滑坡	由花岗岩风化壳、沉积岩残破积土等构成，浅表层滑动
	人工堆填土滑坡	由人工填筑的堤坝和场地以及弃渣堆场等物质为主形成滑坡
岩质滑坡	顺层滑坡	由基岩构成，沿顺坡岩层或裂隙面滑动
	切层滑坡	由基岩构成，滑动面与岩层层面相切，常沿倾向坡外的一组软弱结构面滑动
	近水平层状滑坡	由基岩构成，沿缓倾岩层或裂隙滑动，滑动面倾角小于等于10°
	破碎岩石滑坡	由基岩构成，但滑体内构造发育，岩石破碎松散，呈碎裂结构
变形体	危岩体	由基岩构成，岩体受多组软弱结构面控制，存在潜在滑坡
	堆积层变形体	由堆积体构成，以蠕滑变形为主，滑动面不明显

滑坡其他因素分类表 附录5

分类因素	类型名称	特征说明
滑体厚度	浅层滑坡	滑坡体厚度≤10m
	中层滑坡	10m < 滑坡体厚度≤25m
	深层滑坡	25m < 滑坡体厚度≤50m
	超深层滑坡	滑坡体厚度 > 50m
滑体体积（V）	小型滑坡	$V \leq 10 \times 10^4 m^3$
	中型滑坡	$10 \times 10^4 m^3 < V \leq 100 \times 10^4 m^3$
	大型滑坡	$100 \times 10^4 m^3 < V \leq 1\,000 \times 10^4 m^3$
	特大型滑坡	$V > 1\,000 \times 10^4 m^3$
始滑部位及运移形式	推移式滑坡	斜坡上部先滑，挤压下部产生变形，一般滑动速度较快，滑体表面波状起伏，多见于有堆积物分布的斜坡地段
	牵引式滑坡	斜坡下部先滑，使上部失去支撑而变形滑动。一般滑动速度较慢，多具上小下大的塔式外貌，横向张性裂隙发育，表面多呈阶梯状或陡坎状
	混合滑坡	始滑部位前后缘结合、共同作用
稳定程度	活滑坡	目前仍在继续活动（包括迅速、缓慢和间歇），后壁及两侧常有新鲜擦痕，滑坡体上有开裂、鼓起或前缘有挤出等变形迹象
	死滑坡	目前已停止活动，滑坡体上植被较盛，常有居民点
诱发因素	工程滑坡	在滑坡或潜在滑坡体上及边缘附近进行的工程建设活动引起的滑坡。可细分为：工程新滑坡和工程复活古滑坡
	非工程滑坡	以非工程建设活动的人为因素诱发的滑坡
	自然滑坡	由地震、暴雨、久雨、侵蚀、潜蚀、崩塌积加载等自然作用产生的滑坡

滑坡的演变阶段及其变形特征　　　　　　　　　　　　　　附录6

演变阶段	滑动带（面）	滑坡前缘	滑坡后缘	滑坡两侧	滑坡体
弱变形阶段	主滑段滑动带（面）在蠕动变形，但滑体尚未沿滑动带位移	无明显变化，未发现新的泉点	地表建（构）筑物出现一条或数条与地形等高线大体平行的拉张裂缝，裂缝断续分布	无明显裂缝，边界不明显	无明显异常，偶见"醉树"
强变形阶段	主滑段滑动带（面）已大部分形成，部分探井及钻孔发现滑带有镜面、擦痕及搓揉现象，滑体局部沿滑动带位移	常有隆起，发育放射状裂缝或大体垂直等高线的压张裂缝，有时有局部坍塌现象或出现湿地或泉水溢出	地表或建（构）筑物拉张裂缝多而宽且贯通，外侧下错	出现雁行羽状剪裂缝	有裂缝及少量沉陷等异常现象，可见"醉汉林"
滑动阶段	滑动带已全面形成，滑带土特征明显且新鲜，绝大多数探井及钻孔发现滑动带有镜面，擦痕及搓揉现象，滑带土含水量常较高	出现明显的剪出口并经常错出。剪出口附近湿地明显，有一个或多个泉点，有时形成了滑坡舌，鼓张及放射状裂缝加剧并常伴有坍塌	张裂缝与滑坡两侧羽状裂缝连通，常出现多个阶坎或地堑式沉陷带。滑坡壁常较明显	羽状裂缝与滑坡后缘张裂缝连通，滑坡周界明显	有差异运动形成的纵向裂缝；中、后部有水塘，不少树木成"醉汉林"。滑坡体整体位移
停滑阶段	滑体不再沿滑动带位移，滑带土含水量降低，进入固结阶段	滑坡舌伸出，覆盖于原地表上或到达前方阻挡体而壅高，前缘湿地明显，鼓丘不再发展	裂缝不再增多，不再扩大，滑坡壁明显	羽状裂缝不再扩大，不再增多甚至闭合	滑坡变形不再发展，原始地形总体坡度显著变小，裂缝不再扩大增多甚至闭合

滑坡的稳定性评价　　　　　　　　　　　　　　　　　　附录7

稳定性分级	稳定	基本稳定	欠稳定	不稳定
分级标准	在一般条件（自重）和特殊工况条件（地震、暴雨等）下均是稳定的	在一般条件下是稳定的，在特殊条件下其稳定性有所降低，局部可能产生变形，但整体仍是稳定的，安全储备不高	在现状条件下是稳定的，但安全储备不高，略高于临界状态。在一般工况条件下向不稳定方向发展，在特殊工况下有可能失稳	在现状态下即近于临界状态，且向不稳定状态发展。在一般工况条件下将失稳
稳定性判别指标	原有滑坡洼地基本难以辨认或没有，滑体地面坡度平缓（≤10°），前缘斜坡较缓，临空高差小，无地表径流和继续变形的迹象；坡面上无裂缝发展，其上建筑物、植被未有新的变形迹象。滑坡周边没有新的加载来源，人为动力因素很弱或不存在	崩滑体外貌特征后期改变较大，滑坡洼地能辨认但不明显或略有封闭，滑坡地面坡度较缓，前缘临空，较低缓，且已形成河流侵蚀的稳定坡型。坡面上局部有轻微变形现象。滑坡周边无新的加载来源，人为动力因素较轻微，在特殊工况下其整体稳定性有所降低，但仅可能产生局部变形破坏	崩滑体外貌特征后期改变不大，后缘滑坡洼地封闭或半封闭，滑体平均坡度中等，滑体内冲沟切割中等。滑坡前缘受冲刷尚未形成稳定坡型，有局部坍塌，整体尚无明显变形迹象，但坡面上局部滑坡裂缝发育，其上建筑物、植被有变形迹象，后缘有断续的小裂缝发育。滑坡周边有一定数量的加载来源，人为工程活动较强烈。在一般工况下是稳定的，但安全储备不高，在特殊工况下有可能整体失稳	崩滑体外貌特征明显，滑坡洼地一般封闭。滑体坡面平均坡度较陡（大于30°），滑坡前缘临空较陡且常处于地表径流的冲刷之下，有季节性泉水出露，岩土潮湿、饱水。近期滑体上有明显变形破坏现象，且为滑坡变形配套产物：后缘弧形裂缝或塌陷，两侧羽状开裂，前缘鼓胀、鼓丘等变形现象发育。滑体目前接近于临界状态，且正在向不稳定方向发展，滑坡周边有加载来源。在特殊工况条件下很有可能大规模失稳
稳定性系数F_s	$F_s > F_{st}$	$1.05 < F_s \leqslant F_{st}$	$1.00 < F_s \leqslant 1.05$	$F_s \leqslant 1.00$

注：F_{st}为滑坡稳定性安全系数，根据滑坡防治工程等级及其对工程的影响综合确定。

第四章 城市地质灾害风险管理

4.1 地质灾害风险管理体系

4.1.1 地质灾害风险管理的目的与原则

地质灾害风险管理的目的是建立高效、合理的灾害风险管理体制，运用法律、行政、经济、技术等手段，实现减灾社会化、科学化、信息化，调动全社会力量，最大限度地减轻灾害损失，促进社会经济可持续发展。

地质灾害风险管理的基本原则是实行分级管理、推进减灾社会化；推进灾害管理信息化、科学化、现代化、规范化和法制化；把地质灾害风险管理同地质资源管理、环境管理、国土开发以及其他自然灾害管理结合起来；建立与社会经济发展相适应的地质灾害风险管理体系。地质灾害风险管理还必须遵循超前预见性原则、动态调控与中心转移原则、顾全大局原则、就近调度原则、长远利益至上原则和科学筹划原则等。结合我国城市地质灾害防治现状，地质灾害风险管理应以预防为主、避让与治理相结合，在前述原则的基础上全面规划。

4.1.2 地质灾害防治工作管理的主要内容

地质灾害风险管理应贯穿于各项减灾措施中，其主要内容包括地质灾害调查与勘查管理、监测预报管理、灾情评估管理、防治工程施工管理以及制定减灾规划与减灾法规、推行减灾技术、合理使用减灾资金等方面的管理。地质灾害调查与勘查、监测与预报是实现地质灾害风险管理动态化和有效减轻灾害损失的重要手段，灾情评估管理是地质灾害减灾工作的基础。及时进行地质灾害灾情信息收集与统计，积极开展灾情评估与灾害预测预报，可使各级政府和社会职能部门准确掌握地质灾害灾情现状和发展趋势，以便做出果断决策，采取切实可行的减灾对策。地质灾害减灾工程管理是为了保证工程设施的质量，最大限度地发挥减灾工程的效益。制定减灾规划与减灾法规、推行减灾技术新方法、合理使用减灾资金等方面的管理是减灾工作的必要保障。

地质灾害风险管理重在健全管理体制，建立省、市、县级地质灾害防治领导机构，按地质灾害险情、灾害等级和防治工程规模进行分级管理，做到责任明确，任务到人。同时，要调动受威胁群众防灾减灾的积极性，加强其识灾、报灾、防灾、减灾意识，建立并深化防治领导机构与受威胁群众的互动机制，形成有中国特色的地质灾害防治工作体系。在发生灾情的时候，国土资源主管部门要组织、协调、指导和监督民政、公安、卫生、规划建设、交通、水利、气象、供电、通信等其他各部门，根据险情状况，做好相关应急工作。确保灾害应急中需要的资金能够及时到位，受到威胁的当地老百姓的生活、健康能够得到保障；维护治安稳定，防止因恐慌引发的动乱；保持交通通畅，保证救灾物资能够迅速、及时地运抵现场；保持供电、通信通畅，如果确实因为地质灾害造成了硬件损坏，应尽快采取相应措施，建立临时供电和通信设施；气象部门应该做好天气预报工作，做到准确、及时。

4.1.3 地质灾害防治法律体系

在地质灾害防治法律体系中，最高级别的法规当属《地质灾害防治条例》。《地质灾害防治条例》经2003年11月19日国务院第29次常务会议通过，自2004年3月1日起施行。《条例》以避免和减轻地质灾害造成的损失，维护人民生命和财产安全，促进经济和社会的可持续发展为原则，对山体崩塌、滑坡、泥石流、地面塌陷、地裂缝、地面沉降等地质灾害威胁的城市做相应的防治规划。防治规划内容主要包括地质灾害现状和发展趋势预测、地质灾害的防治原则和目标、地质灾害易发区、重点防治区、地质灾害防治项目和地质灾害防治措施；同时建立地质灾害监测网络

和预警信息系统，对地质灾害险情进行动态监测。对地质灾害易发区，乡镇人民政府、基层群众自治组织应当加强地质灾害险情的巡回检查，发现险情及时处理和报告，发挥群测群防在地质灾害预防中的作用。《条例》要求具有地质灾害前兆、可能造成人员伤亡或者重大财产损失的区域和地段，应当及时划定为地质灾害危险区，在地质灾害危险区的边界设置明显警示标志。在地质灾害危险区内，禁止爆破、削坡、进行工程建设以及从事其他可能引发地质灾害的活动。

《条例》要求从事地质灾害危险性评估的单位应经省级以上人民政府国土资源主管部门资质审查合格，取得国土资源主管部门颁发的相应等级的资质证书后，方可在资质等级许可范围内从事地质灾害危险性评估业务。对地质灾害危险性进行评估时，应当对建设工程遭受地质灾害危害的可能性和该工程建设中、建成后引发地质灾害的可能性做出评估，提出具体的预防治理措施，并对评估结果负责。严禁地质灾害危险性评估单位超越其资质等级许可的范围或者以其他地质灾害危险性评估单位的名义承揽地质灾害危险性评估业务。禁止地质灾害危险性评估单位允许其他单位以本单位的名义承揽地质灾害危险性评估业务，不允许任何单位和个人伪造、变造、买卖地质灾害危险性评估资质证书。对经评估认为可能引发地质

灾害或者可能遭受地质灾害危害的建设工程，应当配套建设地质灾害治理工程。地质灾害治理工程的设计、施工和验收应当与主体工程的设计、施工、验收同时进行。配套的地质灾害治理工程未经验收或者经验收不合格的，主体工程不得投入生产或者使用。发现地质灾害险情或者灾情的单位和个人，或其他部门或者基层群众自治组织接到报告时，应当立即向当地人民政府或者国土资源主管部门报告。发生地质灾害后，应迅速成立应急机构，明确有关部门的职责分工，开展人员财产撤离、医疗救治、疾病控制等工作。当地人民政府或者县级人民政府国土资源主管部门接到报告后，应当立即派人赶赴现场，进行现场调查，采取有效措施，防止灾害发生或者灾情扩大，并按照国务院国土资源主管部门关于地质灾害灾情分级报告的规定，向上级人民政府和国土资源主管部门报告。国土资源主管部门应当会同同级建设、水利、交通等部门尽快查明地质灾害发生原因、影响范围等情况，提出应急治理措施，减轻和控制地质灾害灾情。民政、卫生、食品药品监督管理、商务、公安部门，应当及时设置避难场所和救济物资供应点，妥善安排灾民生活，做好医疗救护、卫生防疫、药品供应、社会治安工作；气象主管机构应当做好气象服务保障工作；通信、航空、铁路、交通部门应当保证地质灾害应急的通信畅通和救灾物资、设备、药物、食品的运送。

对须治理的地质灾害隐患点，根据灾害等级，由不同政府部门负责，并联合相应单位进行治理，如特大型地质灾害需由国务院国土资源主管部门会同灾害发生地的省、自治区、直辖市人民政府组织治理，其他地质灾害，需治理的，由县级以上地方人民政府的领导，由本级人民政府国土资源主管部门组织治理。对因工程建设等人为活动引发的地质灾害，由责任单位承担治理责任。地质灾害治理工程方案，应结合地质灾害形成的原因、规模以及对人民生命和财产安全的危害程度进行制定。承担专项地质灾害治理工程勘查、设计、施工和监理的单位，地质灾害治理工程的勘查、设计、施工和监理应当符合国家有关标准和技术规范。政府投资的地质灾害治理工程竣工后，由县级以上人民政府国土资源主管部门组织竣工验收，并由其指定的单位负责管理和维护。其他地质灾害治理工程竣工后，由责任单位组织竣工验收，并负责管理和维护。竣工验收时，应当有国土资源主管部门参加。

对未按照规定编制突发性地质灾害应急预案，或者未按照突发性地质灾害应急预案的要求采取有关措施、未履行有关义务的违反《条例》规定的；在编制地质灾害易发区内的城市总体规划、村庄和集镇规划时，未按照规定对规划区进行地质灾害危险性评估的；批准未包含地质灾害危险性评估结果的可行性研究报告的；隐瞒、谎报或者授意他人隐瞒、谎报地质灾害灾情，或者擅自发布地质灾害预报的；给不符合条件的单位颁发地质灾害危险性评估资质证书或者地质灾害治理工程勘查、设计、施工、监理资质证书的；在地质灾害防治工作中有其他渎职行为的、直接负责的主管人员和其他直接责任人员，依法给予降级或者撤职的行政处分；造成地质灾害导致人员伤亡和重大财产损失的，依法给予开除的行政处分；构成犯罪的，依法追究刑事责任。对工程建设等人为活动引发的地质灾害不予治理的，应由县级以上人民政府国土资源主管部门责令治理；逾期不治理或者治理不符合要求的，由国土资源主管部门组织治理，所需费用由责任单位承担，并处10万元以上50万元以下的罚款。在地质灾害危险区内爆破、削坡、进行工程建设以及从事其他可能引发地质灾害活动的，应停止违法行为，并对单位处以罚款。对在地质灾害危险性评估中弄虚作假或者故意隐瞒地质灾害真实情况的；在地质灾害治理工程勘查、设计、施工以及监理活动中弄虚作假、降低工程质量的；无资质证书或者超越其资质等级许可的范围承揽地质灾害危险性评估、地质灾害治理工程勘查、设计、施工及监理业务的；以其他单位的名义或者允许其他单位以本单位的名义承揽地质灾害危险性评估、地质灾害治理工程勘查、设计、施工和监理业务的行为，地质灾害危险性评估单位、地质灾害治理工程勘查、设计或者监理单位应受罚款，并责令其停业整顿，降低资质等级；有违法所得的，没收违法所得；情节严重的，吊销其资质证书；构成犯罪的，依法追究刑事责任；给他人造成损失的，依法承担赔偿责任。

4.1.4　地质灾害危险性评估

1. 地质灾害危险性评估的时限和时效

《地质灾害危险性评估规范》中明确规定："在地质灾害易发区进行工程建设应当在可行性研究阶段进行地质灾害危险性评估，在地质灾害易发区内进行城市和村镇规划时，应在总体规划阶段对规划区进行地质灾害危险性评估。"

评估工作结束后两年，工程建设仍未进行，应重新进行地质灾害危险性评估工作。

2. 地质灾害类型规定

地质灾害危险性评估的灾种主要包括：崩塌、滑坡、泥石流、岩溶塌陷、采空塌陷、地裂缝、地面沉降等。

3. 地质灾害危险性评估范围

（1）地质灾害危险性评估范围，不能局限于建设用地和规划用地面积内，应视建设和规划项目的特点、地质环境条件、地质灾害的影响范围予以确定。

（2）若危险性仅限于用地面积内，则按用地范围进行评估。

（3）在已经进行地质灾害危险性评估的城市规划区范围内进行工程建设，建设工程处于已划定为危险性大、中等的区段，应进行建设工程地质灾害危险性评估。

（4）区域性工程建设的评估范围，应根据区域地质环境条件及工程类型确定。

（5）重要的线路建设工程，评估范围一般向线路两侧扩展500～1 000m为宜，可根据灾害类型和工程特点扩展到地质灾害影响边界。

（6）滑坡、崩塌评估范围应以第一斜坡带为限；泥石流必须以完整的沟道流域边界为限；地面塌陷和地面沉降的评估范围应与初步推测的可能范围一致；地裂缝应与初步推测可能延展、影响范围一致。

（7）建设工程和规划区位于强震区，工程场地内分布有可能产生明显位错或构造性地裂的全新活动断裂或发震断裂，评估范围应尽可能把邻近地区活动断裂的一些特殊构造部位（不同方向的活动断裂的交会部位、活动断裂的拐弯段、强烈活动部位、端点及断面上不平滑处等）包括其中。

4. 地质灾害危险性评估的主要内容

阐明工程建设区和规划区的地质环境条件基本特征；分析论证工程建设区和规划区各种地质灾害的危险性，进行现状评估、预测评估和综合评估；提出防治地质灾害措施与建议，并做出建设场地适宜性评价结论。

5. 地质灾害危险性评估的主要工作方法及工作程序

地质灾害危险性评估工作，必须在充分收集利用已有的遥感影像、区域地质、矿产地质、水文地质、工程地质、环境地质和气象水文等资料基础上，进行地面调查，必要时可适当进行物探、坑槽探与取样测试。工作程序如图4-1所示。

6. 地质灾害危险性评估分级

地质灾害危险性评估分级进行，根据地质环境条件的复杂程度与建设项目的重要性分为三级（表4-1）。

7. 地质灾害危险性级别的确定

地质灾害危险性级别主要依据地质灾害的发育程度、危害程度，分为大、中、小三级。

8. 地质灾害危险性成果提交

（1）地质灾害危险性一、二级评估，提交地质灾害危险性评估报告书；三级评估，提交地质灾害危险性评估说明书。

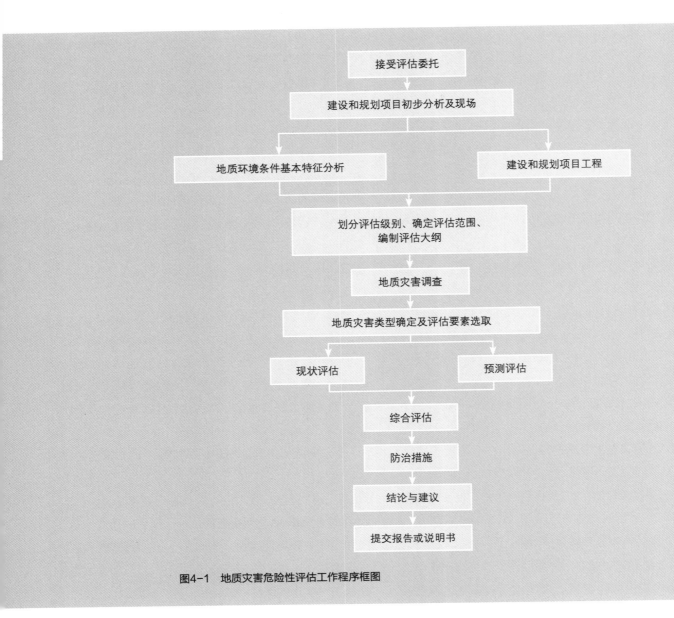

图4-1 地质灾害危险性评估工作程序框图

建设用地地质灾害危险性评估分级表 表4-1

复杂程度 灾害级别 项目重要性	复杂	中等	简单
重要建设项目	一级	一级	一级
较重要建设项目	一级	二级	三级
一般建设项目	二级	三级	三级

（2）地质灾害危险性评估成果包括：地质灾害危险性评估报告书或说明书，并附评估区地质灾害分布图、地质灾害危险性综合分区评估图和有关的照片、地质地貌剖面图等。

（3）报告书要力求简明扼要、相互连贯、重点突出、论据充分、措施有效可行、结论明确；附图规范、时空信息量大、实用易懂、图面布置合理、美观清晰、便于使用单位阅读。

4.2　地质灾害防灾预案与应急预案

4.2.1　地质灾害防灾预案的编制

编制地质灾害防灾预案作为省（自治区、直辖市）、市（地、州）、县各级人民政府地质灾害防治重要工作内容之一，已开展和推进了多年，多数地方已形成常规性的工作制度。围绕地质灾害预案编制，还开展了汛前检查、汛期突发性地质灾害调查、应急防治等工作，均取得了十分显著的减灾防灾效果。在地质灾害防治条例中也作出"县级以上地方人民政府国土资源主管部门会同同级建设、水利、交通等部门依据地质灾害防治规划，拟订地质灾害防治方案，报本级人民政府批准公布后实施"的规定，还明确年度地质灾害防灾预案包括下列内容：

1. 主要灾害点的分布；
2. 地质灾害的威胁对象、范围；
3. 重点防范期；
4. 地质灾害防治措施；
5. 地质灾害的监测、预防责任人。

从近年实际发生的地质灾害情况看，发生的部分灾害点在年度预案之内，取得了较好的防灾效果。但仍有相当数量发生的灾害点，不在年度防灾预案之内。从客观上讲，调查工作的投入和技术水平，尚不能达到完全掌握和预测预报所在区域潜在的地质灾害点的程度。如何结合地质环境条件，对已发生地质灾害点发育分布规律和引发地质灾害的因素等方面进行深入分析；发现和调查潜在存在的地质灾害点，尤其是规模不大，但危害性大的灾害点，仍是地质灾害调查和年度预案编制必须攻克的难点和长期不容忽视的工作重点。所以年度预案必须结合所辖区域内地质灾害发生和潜在威胁的情况，结合监测工作成果做出相应调整，年度预案必须年年编，而不是例行公事年年照抄。

针对群测群防工作的地质灾害年度预案编制中，

最有针对性和有效的是县级地质灾害年度预案的编制，这却又是我国各省（自治区、直辖市）年度预案编制最薄弱的环节。重视和加强这方面的工作，已经刻不容缓了。

4.2.2　灾害点防灾预案的内容

根据地质灾害预案编制要求，对影响较大、可能造成重大人员伤亡和严重财产损失的隐患点，尽可能提出较为具体的监测方案和预防意见、预防措施建议。不同种类地质灾害发育于不同的地质环境条件，发生机理、引发因素及临灾前兆，监测及防治内容也不相同。其编制技术要点和内容分述如下：

1. 崩塌

崩塌是位于陡崖、陡坎、陡坡上土体、岩体及它们的碎屑物质在重力作用下失稳而突然脱离母体翻滚、坠落而下危及人民生命财产安全的地质现象。

编制崩塌灾害预案的内容包括：

1）位置

崩塌点行政区位置、坐标，附平面图、剖面图及照片。

2）崩塌规模及主要特征

包括已崩塌的体积，形成条件（包括地层岩性、坡体结构、有无凹腔、高陡临空面等），运动方式等；尚存在危岩体分布及稳定性，发生崩塌的运动方式（包括坠落、滚动、倾倒、落石、碎屑流），崩塌引发的次生灾害等。

3）危险区范围

崩塌危险区的确定主要根据危岩崩落运动的距离和危岩带宽度确定。

4）危害性评估

对危险区范围内的直接和间接损失进行评估，划分危险性分级。

5）引发因素

包括引发崩塌的自然和人为因素。

6）临灾特征

崩塌临灾前兆特征包括以下方面：

①崩塌的前缘掉块、坠落，小崩小塌不断发生；

②崩塌的脚部有凹腔或出现新的破裂形迹；

③危岩体出现撕裂摩擦声响；

④陡岩坡脚处下降泉出现水质、水量异常，变浑浊等；

⑤动物出现异常现象。

对临灾前兆应细心调查，综合分析后判定。切不可捕风捉影，导致误判。

7）防灾责任人及监测责任人

根据地质灾害分级管理原则，确定崩塌点的防灾责任人及监测责任人。

8）监测内容

（1）相对位移监测

相对位移监测是设点量测崩滑体重点变形部位点与点之间相对位移变化（张开、闭合、下沉、抬升或错动等）的一种常用变形监测方法。主要用于裂缝、崩滑带和采空区顶底板等部位的监测，是崩塌监测的主要内容。主要方法有：

①在裂缝或滑面两侧（或上、下）设标记或埋桩，定期用钢尺等直接量测裂缝张开、闭合、位错或下沉等变形；

②在裂缝上或滑带上设置骑缝式标志，如贴水泥砂浆片、玻璃片等，直接量测；

③在平斜硐及采空区顶板设置重锤，量测硐顶的相对位移和沉降。

（2）绝对位移监测

绝对位移监测是最基本的常规监测方法，用以监测崩塌体测点的三维坐标，从而得出测点的三维变形位移量、位移方位与位移速率，可分为地表和地下（平斜硐内）监测。包括大地测量法、GPS（全球定位系统）测量法、近景摄影测量法等。

（3）监测周期

监测一般分为正常监测和特殊监测。正常监测周期为15天或一个月，特殊监测（比如雨季、勘查阶段山地工程施工期以及变形加剧时等）必须加密监测。丹巴县建设街后山滑坡因处在蠕滑状态，滑坡累计位移量达50～60cm，后缘拉张裂缝和侧缘裂缝贯通，前沿陡坎堡坎和房屋变形明显，其危险区危及一所学校、医院和丹巴县人民政府大楼、商业中心街道，又处在应急抢险治理阶段。为使监测工作能及时指导抢险和确保抢险施工人员遇险及时撤离和保障安全，根据专家建议确定实施仪器监测，周期是每小时一次。

9）防灾建议

①主动撤离、避让。确定预警信号、避让路线，附疏散路线图。

崩塌避让和撤离路线应垂直崩塌崩落运动方向，即顺斜坡水平方向。避让位置应在崩落危险区之外。

②应急防治措施

对危害性大的崩塌点，提出应急防治措施。应急措施一般包括采用遮拦建筑物，对崩塌运动的岩土体进行消能拦挡，限制崩塌体的运动速度，同时对建筑物进行遮拦，隔离崩塌体与受灾体，使之不能成灾。此外采取支撑凹腔、锚杆、锚索、格子梁锚杆、填缝、嵌补、注浆等工程措施。

10）崩塌隐患点（危岩）防灾预案实例（表4-2）

2. 滑坡

滑坡是指斜坡上的土体或岩体，受降雨、河流冲刷、地下水活动、地震及人工切坡或加载等因素的影响，在重力的作用下，沿着一定的软弱面或软弱带，整体地顺坡向下滑动并危及人民生命财产安全的地质现象。

滑坡点预案编制的内容包括：

（1）位置

滑坡点行政区位置、坐标等，附平面图、剖面图及照片。

（2）滑坡规模及变形特征

内容包括滑坡体长度、宽度、面积、体积等，滑

四川省内江市×××地质灾害隐患（危险）点防灾预案表　　　　表4-2

地质灾害名称：×××垮石岩崩塌

编号：NJ-015

位置	内江市××县××镇西侧××煤矿中学运动场后山（东经××°××′××″，北纬××°××′××″）			
灾害类型	崩塌			
灾害规模及主要特征	危岩为三叠系须家河组厚层块状长石石英砂岩夹薄层泥质粉砂岩构成的相对高差达80余米、走向近南北向的高陡斜坡，规模约3万立方米，斜坡前缘出现了可测长度达21米，可见深度达24米，最宽处超过70厘米的宽大拉张裂缝，岩层微倾坡外			
诱发因素	暴雨或持续降雨			
危险区范围	崩塌体坡脚至前缘沟谷			
危害程度	威胁斜坡下124户400人以及××中学1 205名师生员工生命财产安全			
监测预报	监测级别	市级	监测责任单位	××县国土资源局 ×××镇人民政府
	监测责任人	×××、×××	监测人	×××、×××
	监测手段	标尺、卷尺	监测方法	定期测量、随时巡查
	监测周期	降雨1天2次，未降雨1日1次	预警信号	鸣锣、喊话
	临灾预报的判据：崩塌的前缘掉块、坠落，小崩塌不断发生，崩塌的脚部有凹腔或坡顶出现新的变形迹象			
防灾措施	疏散措施	组织单位	×××镇人民政府	责任人	×××
		预定疏散地点：崩塌体前缘西侧政府所在地		
		疏散路线：沿矿区公路或小路		
		疏散顺序：先人后物；先老人、妇幼，后青壮年		
	应急处理措施：成立抗灾抢险指挥部及应急抢险分队，采取锚索、支护、卸载等应急工程处理措施			
防灾责任单位				
			主管领导签字（章）：××× 二〇〇三年三月五日	
主要责任人				
			签字（章）：××× 二〇〇三年三月五日	

坡性质，变形配套特征。

（3）危险区范围

滑坡危险区的确定主要取决于滑坡体大小和滑坡体滑动的距离，以及由于堵沟、堵河引发的次生灾害区。

（4）危害性调查

对危险区范围内直接和间接损失进行调查统计。包括人员伤亡、财产损失及资源损失等。

（5）引发因素确定

包括引发滑坡的自然和人为因素。自然因素如降雨、地震等，人为因素如削坡、加载、灌渠入渗等。

（6）临灾前兆特征

①在滑坡体后缘出现弧形下错拉张裂缝，中、前部出现横向及纵向放射状张裂缝，两侧出现羽状剪裂缝。它反映了滑坡体向前推挤，滑体与滑体外围受剪变形的特征，是判断进入临滑状态的最重要组合变形特征。

②在滑坡前缘坡脚处，有堵塞多年的泉水复活现象，或者出现泉水（水井）突然干涸、井（钻孔）水位突变等类似的异常现象。

③临滑前，在滑坡体前缘坡脚处，土体出现上隆（鼓胀）现象。这是滑坡向前推挤的明显迹象。滑坡体四周岩体（土体）会出现小型坍塌和松弛现象，滑坡后缘的裂缝急剧扩展。

④有岩石开裂或被剪切挤压的音响。动物对此十分敏感，有异常反应。

⑤如果在滑坡体上有长期位移观测资料，滑动之前，无论是水平位移量还是垂直位移量，均会出现加速变化的趋势，这也是明显的临滑迹象。

（7）监测内容

滑坡动态监测内容包括：滑坡变形监测、滑带和滑体地下水动态监测、建筑物变形监测等。

（8）防灾责任人及监测责任人

按地质灾害分级管理原则，确定防灾责任人、监测责任人。

（9）防治建议

①发现险情时主动搬迁避让。确定疏散路线，避灾地点，疏散信号，疏散命令发布人，抢、排险单位、负责人，治安保卫单位、负责人，医疗救护单位、负责人。对滑动速度快的滑坡，可采取强制措施组织避让、疏散、搬迁。

②采取应急工程治理措施，常用工程措施见表4-3。

（10）滑坡防灾预案实例（表4-4）

3．泥石流

泥石流是我国山区常见的一种地质灾害现象，它常发生在山区小溪沟，是一种包含大量泥沙石块和巨砾的固液两相流体，呈黏性层流或稀性素流等运动状态，是多种自然因素和人为因素综合作用的结果。

泥石流预案编制的内容：

1）位置

泥石流沟（沟口）行政区位置、坐标等，附平面图、剖面图及照片。

2）泥石流类型

按物源地和堆积地貌的差异，分为坡面泥石流（散流坡泥石流、滑坡泥石流、崩塌泥石流）、沟道泥石流（可分为间歇性水沟泥石流，包括切沟泥石流、冲沟泥石流；常流水沟泥石流，包括溪沟泥石流、河沟泥石流）、流域泥石流（物质聚集区、流体汇集区、流体停积区遭稀释而成为挟砂水流）。泥石流有多种分类方案，可参照有关书籍、标准和第三章的相关论述并结合本地区的实际选用。

3）主要特征

包括沟谷地貌、堆积地貌、地层岩性、构造、植被土壤条件、沟内人类工程活动等。

4）危险区范围

泥石流主要危害区在堆积区，这里一般是山区人口聚集的城镇、企业以及交通设施所在地，所以泥石流活动常造成比较严重的损失。但在形成区和流通区有人居住时，也应根据泥石流作用特点纳入危险区范围。

常用滑坡治理工程措施

表4-3

排水工程		抗滑工程	土质改良	减重、反压	其他工程
地表排水	地下排水				
地表截水沟	盲沟	挡土墙	焙烧法	刷方减重	
树枝状排水沟	截水渗沟	锚拉墙	电渗法	反压加载	
夯实	地下隧洞	抗滑桩	振动固结		
植被	仰斜钻孔	锚拉桩	化学加固		河岸防护
锚喷	垂直钻孔	锚索	爆破法		排气工程
灌浆	水平钻孔	抗滑键			
	集水井	抗滑明硐			
	地下截水				
	立体排水				

四川省泸州市地质灾害隐患（危险）点防灾预案表

表4-4

地质灾害名称：泸州市××区××滑坡

编号：NX-001

位置		泸州市××区××镇××村××坝			
灾害类型		滑坡			
灾害规模及主要特征		滑坡后缘宽600米，前缘宽1 000米，纵长约600米，滑坡体平均厚约7.5米，滑体体积约360万立方米。滑坡体由夹块碎石的第四系粉质黏土组成，前缘薄后缘厚，约4~12米。下伏基岩为侏罗系蓬莱镇组（J3p）砂泥岩，地层产状186°∠6°。滑坡前缘及后缘高陡，中部平缓，预测可能发生后缘先行起动的推移式滑坡，滑面可能为第四系松散堆积体与基岩接触面			
诱发因素		特大暴雨或持续中雨			
危险区范围		滑坡体范围及滑坡前缘坡脚下			
危害程度		威胁共5个社173户606人的生命财产安全			
监测预报	监测级别	市级防御点	监测责任单位	×××镇人民政府	
	监测责任人	×××	监测人	×××	
	监测手段	标尺、卷尺	监测方法	定期测量、随时巡查	
	监测周期	降雨2小时1次，未降雨1日1次	预警信号	鸣锣、喊话	
	临灾预报的判据：滑坡后缘、地面及房屋裂缝持续加大、稻田水大量渗漏、前缘冒浆、动物躁动不安等异常现象发生				
防灾措施	疏散措施	组织单位	×××镇人民政府	责任人	×××
		预定疏散地点：滑坡体两侧6、7、2社厅房等			
		疏散路线：沿公路或小路			
		疏散顺序：先人后物；先老人、妇幼，后青壮年			
	应急处理措施：成立抗灾抢险指挥部，并由公安干警、武警、乡干部、民兵组成了抢险搬运组、保卫组；地质专业技术人员组成了监测排查组；还由相关人员组成了宣传组、后勤组、医疗救护小组				
防灾责任单位		主管领导签字（章）：××× 二〇〇二年三月十日			
主要责任人		签字（章）：××× 二〇〇二年三月十日			

其危险区范围可依据堆积地貌的长度、宽度、最大幅角进行估算。

5）危害性调查评估

对危险区范围内直接和间接损失进行调查评估。包括人员伤亡、财产损失及资源损失等。

6）临灾前兆特征

泥石流具有暴发突然、来势凶险、运动快速、能量巨大、冲击力强、破坏性大和过程短暂等特点。其发生的前兆较少，主要有大一特大暴雨引发因素存在，沟内突然出现轰鸣声，主沟流水上涨和正常沟水突然中断等。

7）监测内容

（1）物源监测

①形成区和流通区内滑坡、崩塌的体积和近期的变形情况，观察是否有裂缝产生和裂缝宽度的变化；

②形成区内森林覆盖面积的增减，耕地面积的变化和水土保持的状况及效果。

（2）水源监测

结合地质灾害气象预报资料，观察监测泥石流沟降雨状况，并对泥石流沟内的水库、堰塘、天然堆石坝、堰塞湖等地表水体的流量、水位，堤坝渗漏水量，坝体的稳定性和病害情况等进行观测。

（3）活动性监测

主要是指在流通区内观测泥石流的流速、流位（泥石流顶面高程）和计算流量，反映其变化情况，作为预测、预报和警报的依据。

（4）监测周期

在泥石流活动频繁的地区，结合引发泥石流的降雨等引发因素出现的条件下，确定监测周期。出现大到特大暴雨或沟水突然断流等异常现象时，应加密监测，随时掌握泥石流的发展趋势和规律。在雨天应增派巡逻队昼夜值班，遇险情时应发出警报。

8）防灾责任人及监测责任人

按地质灾害分级管理原则，确定防灾责任人监测责任人。

9）一般防灾措施

（1）临灾避险对策

①处在泥石流危险区时，应迅速向泥石流运动方向的横向（两侧）逃离，切不可顺泥石流沟向上游或下游跑动。

②沟谷上游地区发生泥石流，应立即通知下游可能波及的乡村、城镇和工矿单位做好撤离工作，同时，密切注视泥石流的发展动态，对出现可能毁坏或引起次生灾害的情况时，应结合次生灾害可能发生的情况，确定危险区范围和撤离、避让措施。在泥石流的径流区和堆积区的群众听到泥石流的声响或泥石流危险警报时，应立即往主沟道两岸较高山坡上安全地带避让。

（2）一般防治措施

在泥石流治理方面，主要采取工程防御体系、生物水保防御体系、管理防护体系、社会管理体系和预测预报体系等综合防御体系。泥石流综合治理措施甚多，概括有工程措施和生物措施两大类，通常采用的工程防治措施有在物源区修筑谷坊坝，增加斜坡的稳定性，在形成和流通区适宜地段修建拦挡坝和缝隙坝，对固体物质进行拦挡，在流通区、堆积区修建排导工程，以引排为主。

10）泥石流防灾预案实例（表4-5）

4. 地面沉降

地面沉降又称为地面下沉或地陷。它是在人类工程经济活动影响下，由于地下松散地层固结压缩，导致地壳表面标高降低的一种局部的下降运动（或工程地质现象）。地面沉降的特点是波及范围广，下沉速率缓慢。虽然地面沉降可导致房屋墙壁开裂、楼房因地基下沉而脱空和地表积水等灾害，但其发生、发展过程比较缓慢，属于一种渐进性地质灾害。

从成因上看，我国地面沉降绝大多数是因地下水超量开采所致。从沉降面积和沉降中心最大累积降深来看，以天津、上海、苏州、无锡、常州、沧

云南省龙陵县地质灾害隐患点防灾预案表

表4-5

名称	×××泥石流	地理位置	云南省龙陵县（市）×××乡×××社		
野外编号	LL-补2-12		坐标	X：2730647 Y：17500793	
统一编号	530523030009		经度：×××°×××′×××″ 纬度：×××°×××′×××″		
隐患点类型	泥石流	规模及规模等级	240 000m³、大型		
威胁人口（人）	260	威胁财产（万元）	315	险情等级	大型	曾经发生灾害时间	2008年7月
地质环境条件	地层岩性J₂m¹侏罗系中统勐嘎组下段泥灰岩				
变形特征及活动历史	多次发生泥石流，但未造成损失				
稳定性分析	目前稳定性较差，发展趋势差				
引发因素	降雨				
潜在危害	村寨和农田				
临灾状态预测	雨季主沟断流，沟谷声响临灾	监测方法	定期目视	监测周期	5天一次、雨季加密	
监测责任人	××	电话	×××	群测群防人员	×××	电话	×××
报警方法	电话	报警信号	鸣哨	报警人	×××	电话	×××
预定避灾地点	×××	人员撤离路线	向东撤离		
防治建议	群测群防，专业监测，搬迁避让				

示意：
（滑坡平、剖面图及人员撤离路线图）

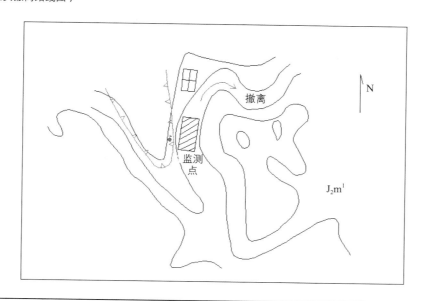

州、西安、阜阳、太原等城市较为严重，最大累积沉降量均在1m以上；如按最大沉降速率来衡量，天津（最大沉降速率80mm/a）、安徽阜阳（年沉降速率60～110mm/a）和山西太原（114mm/a）等地的发展趋势最为严峻。

地面沉降预案编制内容包括：

（1）位置

地面沉降行政区位置、坐标等，附平面图、剖面图及照片。

（2）规模及主要特征

包括地面沉降面积、沉降速度、累计沉降量等。

（3）危险区范围

地面沉降危险区范围基本与沉降区范围一致。

（4）危害性评估

对地面沉降可能造成的直接和间接损失进行评估。包括人员伤亡、财产损失及资源损失等。

（5）监测内容

地面沉降的监测项目主要有大地水准测量、地下水动态监测、地表及地下建筑物设施破坏现象的监测等。

监测的基本方法是设置分层标、基岩标、孔隙水压力标、水准点、水动态监测网、水文观测点、海平面监测点等，定期进行水准测量和地下水开采量、地下水位、地下水压力、地下水水质监测及地下水回灌监测，同时开展建筑物和其他设施因地面沉降而破坏的定期监测等。根据地面沉降的活动条件和发展趋势，预测地面沉降速度、幅度、范围及可能产生的危害。

（6）防灾责任人和监测责任人

根据险情级别，确定防灾责任人和监测责任人。

（7）地面沉降防治措施

①减少地下水开采量。

②调整开采层次：这对减轻地面沉降起了缓和作用，是一种辅助性措施。

③人工回灌地下含水层：实际上是用人工的灌水方法补充地下水量，以提高地下水位，达到缓和沉降速率的效果。

④利用地下水的采、灌数学模型，合理地开发利用地下水：通过这样的采灌模型，既合理地开发利用了地下水，又达到了基本上控制地面沉降的目的。

5. 地面塌陷

地面塌陷是指地表岩、土体在自然或人为因素作用下，向下陷落，并在地面形成塌陷坑（洞）的一种地质现象。当这种现象发生在有人类活动的地区时，便可能成为一种地质灾害。根据形成塌陷的主要原因分为自然塌陷和人为塌陷两大类。前者是地表岩、土体由于自然因素作用：如地震、降雨、自重等，向下陷落而成；后者是由于人为作用导致的地面塌落。在这两大类中，又可根据具体因素分为许多类型，如地震塌陷、岩溶塌陷、矿山采空塌陷等。

预案编制内容包括：

1）位置

地面塌陷行政区位置、坐标、塌陷区分布范围等，附平面图、剖面图及照片。

2）规模及主要特征

包括地面塌陷面积、塌陷坑数量、分布规律、地表裂缝展布等。

3）危险区范围

地面塌陷主要分为岩溶塌陷和采空塌陷，在确定其现状分布范围基础上，结合引发地面塌陷的自然和人为因素的变化预测发展情况。

4）危害性调查评估

对塌陷范围内房屋、工程设施等受影响范围及程度进行调查评估，确定其危害性。

5）塌陷前兆

塌陷尽管具有突发性和隐蔽性的特点，但其形成在地下有一定的发展过程，仍有其异常可寻，只要认真地监测和细致地观察，仍可发现其前兆。这些前兆异常现象有：

①孔（井）、泉的异常变化：如水位的骤升、骤降，流量的突增、突减，冒水冒气，水色突浑，翻砂

涌浆等。

②地面变形：地面出现地鼓、环形开裂或局部下沉等。

③坑、塘、水库或田地积水突然冒水（气）泡、喷水柱或产生旋流、漏失等。

④建筑物变形：如下沉、开裂、倾斜、作响，道路和管渠断裂错位等。

⑤地下土层的垮落声响和微震，家禽家畜惊恐不安等。

6）监测内容

（1）塌陷和地面变形的观测

①观测塌陷坑的形态变化，如坑底下沉、坑壁坍塌等现象，尤其是注意观测塌陷坑周围裂缝的开裂和位移，必要时需设立观测标桩以取得定量数据。

②观测时间间隔视具体情况而定，一般为5～10天，但开裂变形发展较快时需加密至1～3天。

（2）建筑物下沉、开裂变形位移观测

①对变形的建筑物，以每一建筑物为一单元，在详细调查编录其变形的基础上，对每一条裂缝实施观测，布置的观测系统应控制其扩展的长度变化及其开裂的宽度变化，并能取得位移的方向和数量的定量数据。

②对正在变形过程中的建筑物，应逐日观测，对变形极缓慢的建筑物可延至3～5天一次。

③对下沉的建筑物应设立固定的基准点并以仪器观测其下沉值。

④在受人为因素强烈影响的地段，如地下水源地附近、坑道排水点附近等，对重要建筑物（如Ⅰ类工业民用建筑、桥梁、高速公路、铁路等交通干线、水坝等），虽尚无变形迹象，亦应根据具体情况，布置适当的变形观测点进行观测。观测时间间隔一般可为10～15天，雨季可加密至5～10天。

7）防灾责任人和监测责任人

根据险情级别，确定防灾责任人和监测责任人。

8）应急防治措施

①视险情发展将人、物及时撤离险区。发现前兆应立即按防灾预案组织撤离和避让。

②塌陷发生后对邻近建筑物的塌陷坑应及时填堵，以免影响建筑物的稳定。其方法是投入片石，上铺砂卵石，再上铺砂，表面用黏土夯实，经一段时间的下沉压密后用黏土夯实补平。

③对建筑物附近的地面裂缝应及时填塞，地面的塌陷坑应拦截地表水防止其注入。

④对严重开裂的建筑应暂时封闭不许使用，等进行危房鉴定后才确定应采取的措施。

6. 地裂缝

地裂缝是在内外力作用下岩石和土层发生变形，当力的作用与积累超过岩土层内部的结合力时，岩土层发生破裂，其连续性遭到破坏，形成裂隙（含节理和断层）。在地下因遭受周围岩土层的限制和上部岩土层的重压作用其闭合比较紧密，而在地表则由于其围压作用力减小，又具一定的自由空间，裂隙一般较宽，表现为裂缝，即地裂缝。

防灾预案编制内容包括：

（1）位置

地裂缝分布及行政区位置、坐标等，附平面图、剖面图及照片。

（2）规模及主要特征

包括地裂缝长度、地面影响宽度、分布规律等。

（3）危险区范围

地裂缝危害范围除受地裂缝发育长度和影响带宽度控制外，因其对人民生命财产安全受其影响的范围，也应纳入危险区。

（4）危害性调查评估

对地裂缝危险区范围内房屋、工程设施等进行调查评估，确定危险性分级。

（5）监测方法

对于地裂缝的监测主要采用过以下方法：

①采用YDD-A型音频大地电场仪对地形、地质构造复杂又有覆盖层的基岩山区进行勘测，确定地裂缝的深度及其延伸情况，优于其他物探方法。如在长

江三峡河谷岸坡——链子岸危险（开裂）岩体中应用效果较好，受到好评。

②浅层高分辨纵波反射法。用此方法可以根据地震剖面图上反射层位的错断和缺失，推断第四纪松散层中的断层，这是研究新构造活动的一种手段。由于采用了浅层地震反射法，快速地查明了地表地裂缝下存在有第四纪断层，因而为西安地裂缝的成因及地裂缝—断层模式提供了较有价值的资料。

③裂缝位移观测，这是常规的方法。即在地表裂缝两侧定点观测位移变化情况。

（6）防灾责任人及监测责任人

根据地裂缝危险区灾情评估结果实行分级，按级别确定防灾责任人和监测责任人。

（7）防治措施

①加强了地裂缝分布区的工程地质勘察工作，一些城市还制定了相应的条例，法规；

②采取各种行政、管理手段限制地下水的过量开采；

③对已有裂缝进行回填、夯实等，并改善地裂缝分布区土体的性质；

④改进地裂区建筑物的基础形式，提高建筑物的抗裂性能；

⑤对地裂区已有建筑物进行加固处理；

⑥设置各种监测点，密切注视地裂缝的发展动向。

⑦矿区开采中，增大、增多预留保安柱，限制开采区域等。

4.2.3 地质灾害应急预案

突发性地质灾害应急预案，是指经一定程序事先制定的应对崩塌、滑坡、泥石流和地面塌陷等突发性地质灾害的行动方案。地质灾害应急是地质灾害防治工作中的一项重要内容，可以预防和减轻地质灾害损失和有效防止纠纷的产生，在很大程度上取决于应急

工作是否及时、有序和有效。

1. 突发性地质灾害应急预案的编制和审批

编制突发性地质灾害应急预案是贯彻落实地质灾害防治工作以预防为主方针的重要措施。由于突发性地质灾害形成、发生的时间短，破坏性大，往往会造成人员伤亡。因此，应急预案的编制和实施，对于高效有序地做好突发地质灾害应急工作，避免或最大限度地减轻灾害造成的损失，维护人民群众生命财产安全和社会稳定具有十分重要的意义。

国家级突发性地质灾害应急预案由国务院国土资源主管部门会同国务院建设、水利、交通运输等部门编制，由国务院批准后公布。省级、市级、县级突发性地质灾害应急预案，由同级人民政府国土资源主管部门会同同级建设、水利、交通运输等部门编制，由同级人民政府批准后公布。

随着我国社会经济的快速发展，为了提高地质灾害防治工作的针对性和实效性，已建立起国家级、省级、市级、县级、乡镇级、社区级（具体灾害隐患点）地质灾害应急预案体系，这充分体现了统一领导、分级管理、分工负责、协调一致的原则。

2. 突发性地质灾害应急预案的内容构成

不同级别地质灾害应急预案详细程度虽不同，但根据《地质灾害防治条例》第二十六条，突发性地质灾害应急预案编制主要包括以下六部分内容。

1）应急机构和有关部门的职责分工

在应急预案中各应急部门（人员）责任分配是否适当是应急能否成功的关键。为了提高各级政府对地质灾害应急反应能力，尽可能减轻地质灾害造成的损失，建立全国地质灾害应急指挥系统是做好地质灾害防治工作的组织保证。因此，突发性地质灾害应急预案中应当明确应急机构和有关部门的职责分工。一般来讲，全国和各级地方地质灾害应急抢险救灾指挥部应当由政府主管领导任指挥长或者总指挥，成员由国土资源、公安、民政、财政、交通运输、商务、卫生、气象、水利、工信、建设、发改委、武警等相关

部门负责人组成。抢险救灾指挥部下设办公室、紧急抢险、调查监测、医疗卫生、治安保卫、基本生活保障、设施修复和生产自救、应急资金保障等工作组，办公室设在各级国土资源主管部门，具体负责指挥部的日常工作。

2）抢险救援人员的组织和应急、救助装备、资金、物资的准备

为了做到地质灾害防治应急工作的有备无患，人员和物资的准备是基础。抢险救援人员包括抢救被压埋灾民、医疗救护、消防、抢修生命线工程和重大工程等抢险救援人员。应急、救助装备，资金，物资的准备也是制定预案时必须落实的内容。

3）地质灾害的等级与影响分析准备

地质灾害的等级与影响分析准备是指要对特大型、大型、中型、小型地质灾害和潜在的地质灾害险情做出不同的应急救灾应急预案。

按照《地质灾害防治条例》（国务院第394号令），对已发生的地质灾害按照人员伤亡、经济损失的危害性大小，分为四个等级（表4-6）。进行危害性划分时，人员伤亡数和直接经济损失指标，任取其一则可。对潜在危害人民生命财产安全的灾害危害性分级标准，可参照《关于加强地质灾害报告制度的通知》（国土资发[2004]86号）文件划分（表4-7）。

4）地质灾害调查、报告和处理程序

突发性地质灾害应急预案应当明确发生地质灾害后或者出现地质灾害险情两种情况的调查内容和目的，选派专业技术人员组成调查组对灾害的成因、发展趋势进行调查，提出处理措施，避免灾情和损失的扩大。灾点所在乡、村社应派专人对地质灾害隐患点进行定时定点巡查，雨季加大巡查力度，按要求做好隐患点的监测、记录和资料上报。对隐患点进行日或周际变化动态的趋势分析，根据变化动态情况，及时调整监测工作，并将调整情况报告上级管理机构。发生地质灾害后，能迅速组织力量赴现场调查，了解灾害发生的原因、发展趋势，并采取必要的应急措施，

地质灾害灾情（已发生）分级标准　　　表4-6

危害程度分级	灾情	
	死亡人数（人）	直接经济损失（万元）
小型	<3	<100
中型	3~10	100~500
大型	10~30	500~1 000
特大型	>30	>1 000

地质灾害险情（未发生受威胁程度）

分级标准　　　表4-7

威胁程度分级	险情	
	威胁人数（人）	潜在直接经济损失（万元）
小型	<100	<500
中型	100~500	500~5 000
大型	500~1 000	5 000~10 000
特大型	>1 000	>10 000

使灾害损失降到最低限度，做到地质灾害情况准确、上报迅速、应急处理及时。

5）发生地质灾害时的预警信号、应急通信保障

预警信号是指在灾害即将发生前发出的警报信号。应急反应机制能不能及时启动，应急处理措施是否有效，关键要看预警信号是否明确，应急通信系统是否完备、畅通，预警信息是否有效传递。因此，必须在事前做好预警信号和应急通信的准备工作。

6）人员财产撤离、转移路线、医疗救治、疾病控制等应急行动方案

地质灾害应急预案中须明确规定疏散撤离、转移路线，安全区和应急避险场所，以免在紧急情况下出现恐慌、拥挤，延误撤离。另外，还应明确规定医疗救治、疾病控制方案，便于紧急时有序开展救护和传染病控制工作，减少无谓的人员伤亡和损失。因此，必须在事前做好行动方案的准备工作，并经常进行演

练。人员财产的撤离和转移路线，必须遵循安全和迅速的原则，原转移路线遭到破坏时，要根据专家的意见重新确定路线。

3. 地质灾害应急预案的编制大纲

根据地质灾害的内容构成，地质灾害应急预案的编制大纲包括以下内容。

1）总则

（1）本区突发地质灾害特点和现状。

（2）编制依据和目的（法律法规依据）。

（3）分级（地质灾害等级）。

（4）适用范围。

（5）工作原则（预防为主，以人为本，统一领导，分工协作，分级管理，属地为主）。

2）组织指挥体系与职责

（1）指挥职责划分。

（2）应急指挥机构及其职责（协调小组、临时应急指挥部、现场指挥部）。

（3）办事机构及其职责。

（4）协调小组成员单位及其职责。

（5）专家顾问组。

3）监测与预警

落实汛期24小时值班制度，对地质灾害做到早发现、早报告、早处置，加强群测群防，对出现地质灾害前兆，可能造成人员伤亡或者重大财产损失的区域和地段，及时划定为地质灾害危险区，予以公告，并在地质灾害危险区的边界设置明显警示标志。必要时应及时采取搬迁避让措施。

（1）预防行动（地质灾害险情巡查、落实避险措施、建立地质灾害预警预报制度）。

（2）监测预警体系（体系建设、信息收集与分析）。

（3）监测预警（专业监测与群测群防结合）。

（4）预警级别（分为蓝色、黄色、橙色、红色预警）。

（5）预警信息发布和解除（包括突发地质灾害的

类别、预警级别、起始时间、可能影响范围、警示事项、应采取的措施等预警信息）。

（6）预警级别变更（随着预警信息的不断变化，参考地质灾害预警综合指标及实际情况，提高或降低相应区域预警级别）。

（7）预警响应。

4）应急处置与救援

（1）信息报送。

（2）先期处置（收集现场动态信息，判定灾害级别等基础处置工作）。

（3）指挥协调。

（4）应急处置。

（5）信息发布。

（6）响应升级（根据事态发展，若衍生其他突发事件，需由多家专业应急机构、事件主管单位同时参与处置工作的，请求协调和指挥其他相关单位参与应急工作）。

（7）响应结束。

5）恢复与重建

（1）隐患排查（对灾害影响区域的隐患进行排查，确定隐患点，防止二次灾害发生）。

（2）抚恤和补助（对因参与突发地质灾害应急处置工作而致病、致残、死亡的人员，按照国家有关规定，给予相应的补助和抚恤）。

（3）生产自救（当地政府组织灾区群众开展生产自救，尽快恢复生产，确保社会稳定）。

（4）社会救助（做好社会各界向灾区提供的救灾物资及资金的接收、分配和使用工作）。

（5）补偿措施（因救灾需要临时调用单位或个人的物资、设施、设备或者占用房屋、土地的，应及时归还，并依据国家有关政策规定给予相应的补偿）。

（6）重建规划（全面查明灾区地质灾害的发育规律、危害程度及灾害风险等，编制调查报告，提出灾后选址、灾后重建规划建议）。

（7）善后重建（根据地质灾害灾情、灾后安置和灾害防治需要，统筹规划与合理安排受灾地区的善后重建工作）。

（8）总结和评估。

6）应急保障

（1）指挥系统技术保障（完善应急指挥基础信息数据库包括地质灾害隐患点数据库、应急决策咨询专家库、辅助决策知识库等）。

（2）应急资源与装备保障（应急队伍、交通运输、医疗卫生、治安、物资、经费保障）。

7）宣教、培训和应急演练

（1）宣传教育（利用网络、广播、影视、报刊、宣传手册、"防灾明白卡"等多种形式开展地质灾害防治知识的科普宣传，进一步增强全社会抵御地质灾害的能力）。

（2）培训。

（3）应急演练（包括演练计划、演练准备、演练实施、评估总结和改进五个阶段）。

8）附则

（1）预案管理。

（2）奖励（对在地质灾害应急抢险救助、指挥、信息报送等方面有突出贡献的单位和个人，按有关规定给予表彰和奖励）。

（3）责任追究（对瞒报、漏报、谎报突发性地质灾害灾情和在应急处置工作中玩忽职守等人员，给予责任追究或行政处分）。

4. 地质灾害应急预案的启动与更新

1）地质灾害应急预案的启动

应急过程包括预防与应急准备、监测与预警、应急响应、后期处置四大部分，根据地质灾害的等级确定启动相应级别的应急预案和应急指挥系统，分级响应程序如下：

（1）特大型、大型地质灾害险情和灾情应急响应（Ⅰ、Ⅱ级）。

出现特大型、大型地质灾害险情和灾情的县（市、区）政府立即启动相关的应急防治预案和应急

指挥系统，疏散和安置受威胁群众或灾民，组织干部、群众进行自救互救。同时，向市政府和市国土资源主管部门报告，并直接向省国土资源厅或国土资源部报告。市政府立即启动本级应急预案和市应急指挥系统，并立即向省政府和省国土资源厅报告，请求派工作组来指挥或指导地质灾害应急处置工作。省政府在迅速了解灾情基础上，根据受灾程度、范围，立即启动省地质灾害防灾应急预案，投入地质灾害救灾工作。根据实际情况，协调、组织财政、建设、交通、水利、民政、气象等有关部门的专家和人员及时赶赴现场，协助灾区政府进行地质灾害应急工作，防止灾害进一步扩大，避免抢险救灾可能造成的二次人员伤亡。省地质灾害防治领导小组要密切跟踪灾情，在省政府的领导下，必要时，请驻军调派部队赶赴灾区，请求国务院有关部门及全省对灾区进行支援等问题，部署指导协调灾区政府和救灾各专业组进行救灾工作。

（2）中型地质灾害险情和灾情应急响应（Ⅲ级）。

出现中型地质灾害险情和中型地质灾害灾情的县（市、区）政府立即启动相关的应急防治预案和应急指挥系统，国土资源管理部门加强监测，随时向当地和上级政府报告灾情变化趋势，根据灾情发展，组织避灾疏散，平息谣传或误解，保持社会安定。

（3）小型地质灾害险情和灾情应急响应（Ⅳ级）。

出现小型地质灾害险情和小型地质灾害灾情的县级人民政府应启动相关的应急防治预案和应急指挥系统，及时通知防灾责任人和地质灾害监测员加强监测，通知受威胁群众做好思想警惕，并及时将灾情和险情报告市政府、市国土资源局。

2）地质灾害应急预案的更新

随着灾害隐患点变化、相关法律法规的制定和修改，机构调整或应急资源发生变化，以及应急处置过程中和各类应急演练中发现的问题和出现的新情况，需要适时对地质灾害应急预案进行修订和更新，原则上突发地质灾害应急预案的更新期限最长为5年。

4.3 社区减灾管理

4.3.1 减灾社区的定义

减灾社区首次提出是在1999年7月在日内瓦召开的第二次世界减灾大会上，管理论坛强调要关注大城市及都市的防灾减灾，尤其要将社区视为减灾的基本单元。2001年的国际减灾日，联合国提出了"发展以社区为核心的减灾战略"口号[71]。2005年1月，在日本神户世界减灾大会上通过的《2005～2010年减灾规划》中，社区减灾被列为重要内容，大会提出"在所有社会阶层，特别是社区，建立应急机制和提高应急能力"。2005年9月亚洲减灾大会通过的《亚洲减少灾害风险北京行动计划》指出，为了减少生命和财产损失，各国政府必须制定、评估和定期修改灾害应急预案，从社区到国家层面保证灾区充分有效地应对灾害。我国自2004年3月1日开始实施的《地质灾害防治条例》明确规定"地质灾害易发区的县、乡、村应当加强地质灾害的群测群防工作"。2004年10月，由民政部启动了在全国范围内开展的"减灾进社区"活动，并在北京市崇文区进行了试点工作，上海、青岛等地也先后开展了减灾社区的建设工作并取得了一定的成绩。自2007年开始，我国开展了减灾示范社区创建活动，2008年汶川地震后，社区减灾管理越来越受到政府重视。

1. 定义

美国联邦紧急事务管理局（FEMA）将其定义为，减灾社区（Disaster Resistant Community）是指长期以社区为主体进行减灾工作，促使社区在灾害来临前，做好防灾备灾，以减轻社区的脆弱性[74]。其强调必须从居民、社区组织与实施方案等方面着手，通过制度的拟定及居民减灾意识的形成，使社区向可持续发展的方向迈进。Burby[72]认为减灾社区是指降低居民与其财产遭受自然灾害威胁的机会，并能随灾害做应变的社区。

2. 标准

目前国际上对减灾社区并没有统一的标准。2010年我国对原《"减灾示范社区"标准》（民函[2007]270号）进行了修订完善，制定了《全国综合减灾示范社区标准》（国减办发[2010]6号）[73]。新标准指出：综合减灾示范社区的基本条件有：社区居民对社区综合减灾状况满意率大于70%；社区近3年内没有发生因灾造成的较大事故；具有符合社区特点的综合灾害应急救助预案并经常开展演练活动。基本要素有：综合减灾工作组织与管理机制完善；开展灾害风险评估；制定综合灾害应急救助预案；经常开展减灾宣传教育与培训活动；社区防灾减灾基础设施较为齐全；居民减灾意识与避灾自救技能提升；广泛开展社区减灾动员与减灾参与活动；管理考核制度健全；档案管理规范；社区综合减灾特色鲜明。全国综合减灾示范社区评分表见表4-8所列。

全国综合减灾示范社区评分表　　　　　　　　　表4-8

一级指标	二级指标	评定标准	满分标准	考核分数
1组织管理机制（10分）	1.1社区减灾领导机构（2分）	社区综合减灾运行、评估与改进，领导机构健全	2	
	1.2社区减灾执行机构（3分）	社区有专门的风险评估、宣传教育、灾害预警、灾害巡查、转移安置、物资保障、医疗救护、灾情上报等工作小组	3	
	1.3社区减灾工作制度（3分）	（1）领导工作制度	1	
		（2）执行工作制度	2	

一级指标	二级指标	评定标准	满分标准	考核分数
1组织管理机制（10分）	1.4减灾资金投入（2分）	（1）较为固定的综合减灾社区资金来源，有筹措、使用、监督等管理措施	1	
		（2）已经获取资金支持的社区综合减灾项目	1	
2灾害风险评估（15分）	2.1灾害危险隐患清单（4分）	（1）有针对地质地震、气象水文灾害、海洋灾害、生物灾害等各种自然灾害隐患的清单	1	
		（2）有针对公共卫生隐患的清单	1	
		（3）有社区内各种交通、治安、社会安全隐患的清单	1	
		（4）有社区内潜在的供电、供水、供气、通讯或农业生产等各类生产事故的隐患	1	
	2.2社区灾害脆弱人群清单（3分）	（1）有社区老年人、小孩、孕妇、病患者、伤残人员等脆弱人群清单	1.5	
		（2）有外来人口和外出务工人员清单等	1.5	
	2.3社区灾害脆弱住房清单（4分）	（1）有社区针对各类灾害的居民危房清单	2	
		（2）有社区内道路、广场、医院、学校等各种公共设施隐患和公共建筑物隐患清单	2	
	2.4社区灾害风险地图（4分）	（1）用各种符号标示出了灾害危险类型、灾害危险点或危险区的空间分布及名称等	2	
		（2）标示出了灾害危险强度或等级、灾害易发时间、范围等	2	
3灾害应急救助预案（15分）	3.1社区综合避难图（3分）	（1）有避难场所名称、地点、可容纳避难人数等避难能力信息等，有合理明晰的避难路线	2	
		（2）避难场明确标注了紧急救助、安置、医疗等功能分区	1	
	3.2社区灾害应急救助预案（4分）	（1）预案结合了社区灾害隐患、社区脆弱人群、社区救灾队伍能力、社区救灾资源等多方实际情况特点	1	
		（2）明确协调指挥、预报预警、灾害巡查、转移安置、物资保障、医疗救护等小组分工	1	
		（3）符合社区自身灾害隐患特点的应急救助启动标准，标准简单明了，便于社区居民理解	1	
		（4）应急预案有所有工作人员的联系信息，所有脆弱人员的信息，以及对口帮扶救助责任分工	1	
	3.3社区应急救助演练活动（5分）	（1）演练活动密切联系预案，目标明确，指挥有序	1	
		（2）开展了针对各类脆弱人群或外来人员的演练	2	
		（3）社区居民参与程度高，社区内单位、社会组织或志愿者等多方广泛参与	2	
	3.4演练效果评估（3分）	（1）演练活动过程有文字、照片、录音或者录像记录	1	
		（2）演练活动效果有社区居民满意度访谈或者调查	1	
		（3）针对演练发现的问题，有改进方案等	1	
4减灾宣传教育与培训活动（10分）	4.1组织减灾宣传教育（2分）	（1）利用防灾减灾宣传栏、橱窗等组织了防灾减灾宣传教育	1	
		（2）利用喇叭、广播、电视、电影、网络、知识竞赛等多种途径组织了宣传教育（每季度不少于1次）	1	
	4.2开展防灾减灾活动（2分）	（1）在国家减灾日等期间开展防灾减灾活动	1	
		（2）利用公共场所或设施开展经常性的防灾减灾活动（每季度不少于1次）	1	

续表

一级指标	二级指标	评定标准	满分标准	考核分数
4减灾宣传教育与培训活动（10分）	4.3印发防灾减灾材料（2分）	（1）印发国家和地方相关的防灾减灾资料	1	
		（2）印发符合社区特点的、切实可行的防灾减灾材料	1	
	4.4参加防灾减灾培训（3分）	（1）组织社区管理人员参加了防灾减灾培训	1	
		（2）组织社区相关单位人员参加了防灾减灾培训	1	
		（3）组织社区居民参加了防灾减灾培训	1	
	4.5与其他社区进行减灾交流（1分）	组织管理人员、社区居民等经常与其他社区进行防灾减灾经验的交流	1	
5防灾减灾基础设施（15分）	5.1建立灾害避难所（6分）	（1）建立了社区灾害应急避难场所，明确避难场所位置、可安置人数、管理人员等信息	3	
		（2）避难场所功能分区清晰，配备应急食品、水、电、通信、卫生间等生活基本设施	3	
	5.2明确应急疏散路径（3分）	（1）明确了应急疏散路径、指示标牌	1	
		（2）在避难场所、关键路口配备了安全应急标志或指示牌	2	
	5.3设置防灾减灾宣传教育场地和设施（3分）	（1）建立了专门的防灾减灾宣传、教育和培训等活动的空间	1	
		（2）设置了专门的防灾减灾宣传教育设施（安全宣传栏、橱窗等）	2	
	5.4配备应急救助物资（3分）	（1）社区配备了必要的应急物资，包括救援工具、通信设备、照明工具、急救药品和生活类物资等	2	
		（2）居民配备了减灾器材和救生工具，如收音机、手电、哨子、常用药品等	1	
6居民减灾意识与技能（10分）	6.1清楚社区内各类灾害风险（2分）	（1）居民清楚社区内安全隐患	1	
		（2）居民清楚社区内的高危险区和安全区	1	
	6.2知晓本社区的避难场所和行走路径（2分）	（1）居民知晓本社区的避难场所	1	
		（2）居民知晓灾害应急疏散的行走路线	1	
	6.3掌握减灾自救互救基本方法（3分）	（1）居民掌握不同场合（家里、室外、学校等）地震、洪水、台风、火灾等灾害来时的逃生方法	1	
		（2）居民掌握基本的互救方法（帮助脆弱人群、灾时受伤、被埋压、溺水等互救的方法）	1	
		（3）居民掌握基本的包扎方法	1	
	6.4参与社区防灾减灾活动（3分）	（1）居民积极参与社区宣传、培训、防灾演练活动	1	
		（2）居民参加社区安全隐患点的排查活动	1	
		（3）居民参加社区风险图的编制活动	1	
7社区减灾动员与参与（10分）	7.1社区主要机构参与防灾减灾活动（6分）	（1）相关事业单位能积极参与综合减灾社区建设的各种工作，组织展开本单位防灾减灾活动	2	
		（2）学校能积极开展各类防灾减灾宣传、教育、培训和演练活动	2	
		（3）医院能积极承担有关医护工作	2	
	7.2志愿者参与防灾减灾活动（2分）	（1）志愿者承担社区综合减灾建设的有关工作，如宣传教育和培训等	1	
		（2）志愿者承担社区灾害应急时的有关工作，如帮助脆弱人群等	1	

一级指标	二级指标	评定标准	满分标准	考核分数
7社区减灾动员与参与（10分）	7.3社会组织参与防灾减灾活动（2分）	非政府组织和其他社会团体参与社区综合防灾减灾活动	2	
8管理考核（5分）	8.1有相对完善的管理制度（2分）	社区减灾日常管理、防灾减灾设施维护管理制度健全	2	
	8.2进行经常性的检查（2分）	（1）定期对社区的隐患监测工作、防灾减灾设施等进行检查（每季度1次）	1	
		（2）定期对社区应急救助预案、脆弱人群应急救助等工作进行检查	1	
	8.3具体改进措施（1分）	依据评审有具体改进的措施	1	
9档案（5分）	9.1减灾工作档案（4分）	建立了规范、齐全的社区综合减灾档案	4	
	9.2综合减灾示范社区创建过程档案（1分）	综合减灾社区申报、审核、评估、颁发等过程档案	1	
10特色（5分）	10.1明显的地方特色（3分）	（1）在创建过程中有独特有效地调动居民、社区单位参与的方式、方法	1	
		（2）明显的针对各类脆弱人群的救助特色，有针对社区外来人口减灾特色等	1	
		（3）明显的民族地区特色、文化特色	1	
	10.2可供借鉴的独到做法或经验（2分）	（1）明显的减灾工作创新，如利用本土知识或工具进行监测、预报和预警等	1	
		（2）有可供推广的做法或经验，如建立了社区综合减灾网站，购买了社区保险等	1	

4.3.2　减灾社区建设内容

减灾社区建设包括结构性措施和非结构性措施。

结构性措施指为减少或避免危害可能带来的影响而修建的任何有形建筑，包括工程措施以及建造抵御和防御灾害的机构和基础设施。工程性措施体现在社区的硬件建设中包括：社区建设合理规划、布局，同时还包括救灾物资储备、救灾物资仓储网络的建设、应急避难场所及疏散道路的规划和建设、灾害管理部门的组织建设等等。

非结构性措施指政策、认识、知识开发、公众承诺、方法和操作做法，包括参与机制和提供信息，以减少风险和有关的影响。其最低要求应该包括四个方面的内容：社区组织管理体系的建设、社区安全减灾文化的建设、社区安全减灾救援、医疗服务队伍建设。

4.3.3　国内外社区减灾管理的经验

国外发达国家十分注重社区减灾管理，形成了比较完善的防灾减灾体系。美国的减灾社区的建设和运行取得了良好的效果，在组织形式、运行机制、宣传教育等方面值得借鉴，其中开展社区防灾教育和培训是建设"防灾型社区"的重要前提[74]，而防灾社区建设的核心是建立社区与企业、政府部门和民间组织等相关组织和机构的伙伴关系[75]。教育、培训及建立伙伴关系是社区提高其横向整合度和纵向整合度的有效方式。Stehr[76]认为横向整合度和纵向整合度都高的社区，灾后重建工作通常进行得较理想，一方面社区能动员自己的力量，针对社区自身的需求进行重建，另一方面又能从外界取得更多重建所需的资源。德国联邦政府注重整合各类资源提高全社会的风险管理能力。日本的社区（基层）减灾有两种做法：①政府在编制城市规划、地区防灾规划和应急预案时，首先做好社区的风险评估；②政府与居民一起，或以居民为主体，基于政府提供的科学的基础资料，进行风险评估，制定不同比例尺的危险图和面向家庭的应急疏散避难图[77]。日本作为灾害多发国家，提出了"公助·共助·自助"的减灾理念[78]，并在法律中明确了各级政府、企业、社团和公民个人的权力、职责和义务，强化了"自救、互救、公救"相结合的合作关系[79]。加拿大在法律中也明确了基层政府和居民的职责，鼓励社区居民开展自救和互助。

近年来，国外不少发展中国家或地区开展了社区减灾研究和实践尝试，积累了许多宝贵的经验。由于简单挡土墙不能有效地减少滑坡风险，2004年，东加勒比海地区启动了社区边坡稳定性管理项目（Management of Slope Stability in Communities，MoSSaiC）。该项目充分调动当地政府、国际国内非政府组织及社区居民参与边坡稳定性防治。实地验证表明MoSSaiC项目效果显著，在社区建设网络水渠可以有效地截获不同形式的地表水，从而可以最大化地减少滑坡风险，这种方法可能很好地适用于发展中国家的脆弱社区[80]。Tsinda & Gakuba[80]研究表明，非洲卢旺达基加利市若要实现可持续减灾，迫切需要虚心听取公众参与社区减灾的意愿和建议，需要完善组织结构和政策规划。联合国区域发展研究中心在亚洲开展了"可持续社区减灾"试点活动，成效显著，值得借鉴。

我国台湾的泥石流社区减灾取得显著成效。经验包括：以防灾专员为纽带推动社区民众参与；重视防救灾相关措施的标准作业程序；完善泥石流防灾预报预警机制和应变机制；加强防灾减灾综合能力建设，做好防灾准备；大力开展教育培训和演练，强化防灾意识；产学研相结合，发展永续社区[82]。

近年来，全国各级民政部门不断增强城乡社区综合减灾能力建设。截至2013年年底，共有5 402个社区被授予"全国综合减灾示范社区"称号。

4.3.4 我国社区减灾管理存在的问题

从目前的情况来看，各地社区减灾活动实施起来还有一定困难，具体表现在：

1. 资源难以实现有效整合。由于我国传统的条块分割的灾害管理模式，灾害各部门间难以实现信息共享，灾害预警预报精度不高；减灾资金有限且有限的减灾资金没有得到有效使用；资源难以有效整合。

2. 减灾建设中的专业队伍建设滞后。社区缺乏专门的人才去切实推动减灾活动的开展，包括对本区域灾害环境的评估，发动居民研讨并形成较完整的社区防灾计划等。因为身体、经济、年龄等原因，社区既有地质灾害监测员队伍每年人员变动较大，使得责任落实、经验积累受到影响。

3. 监督及反馈制度不健全。群测群防是地质灾害易发区的一种广泛应用的减灾社区方式。群测群防在具体操作层面存在监督机制不健全，不同利益体间沟通协调反馈机制有待健全。

4. 宣传培训方式有待多样化。由于地处偏远山区的人们文化程度较低，传统的发放"减灾明白卡"的方式难以达到良好的宣传效果。据2012年10月在都江堰市的典型调查，在113份有效问卷中，仅67.26%的民众知道防灾避险明白卡，究其原因：防灾明白卡是一张A4白底黑字纸，容易弄丢抑或弄坏，民众对此卡印象不深[83]。典型调研表明，人们对图文并茂的宣传册或视频、应急演练的印象更深刻。

5. 群众参与积极性有待提高。部分居民对减灾存在认识误区，认为减灾都是政府的责任，与自身无关。群众参与减灾社区建设的积极性有待提高，尤其是参与社区风险评估、社区减灾能力建设等方面。

4.3.5 我国社区减灾管理的展望

社区减灾是国际减灾的主要趋势之一。在全球化背景下，与日俱增的各种灾害风险对社区减灾提出了

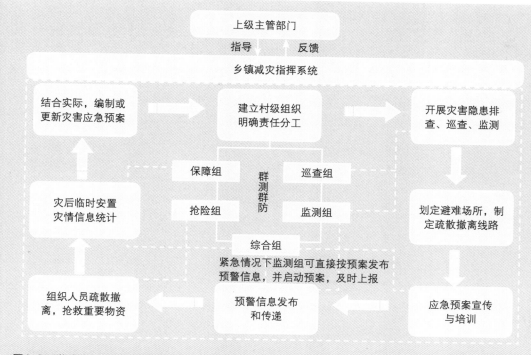

图4-2 群测群防的社区减灾模式

更高的要求，特别是对于人口和资源密集度较高，灾害易发的城市社区，社区脆弱性更高。群测群防作为近年来我国地质灾害社区防治的主要方式，成效显著。群测群防工作责任制落实的重点，一是在县人民政府领导下，同级国土资源管理部门要在调查和充分收集地质环境条件和地质灾害类型、分布、危害的基础上，组织编制好所在行政区域地质灾害群测群防工作预案，落实县、乡、基层群众组织的防灾责任人；二是在预案中，按灾点明确监测责任人，重视地质灾害重点防范期内的地质灾害险情的巡回检查，发现险情，及时启动群测群防工作预案，并及时按预案处理和上报；三是对危险区内的居民和相关人员，做好地质灾害宣传培训和预防工作。今后群测群防工作的重点和应取得更大突破的关键点在发挥基层和广大民众在防灾减灾过程中的巨大潜力。建议从以下几方面加强我国社区减灾管理工作：建立社会参与的长效激励机制，尤其是针对地质灾害监测员的动员机制，健全

参与式社区减灾机制，加强社区防灾减灾综合能力建设，加强灾害资源化利用，并注重多方共同参与的社区灾害风险管理模式的研究。减灾社区管理模式可参考群测群防的社区减灾模式，如图4-2[84]所示。

4.4 减灾防灾设施管护

减灾防灾设施是抵御自然灾害，改善农村及城镇生产生活条件，降低灾害损失，保证人类生命和财产安全的重要基础设施。我国是世界上自然灾害最严重的国家之一。近40年来，每年由气象、海洋、洪涝、地震、地质、农业、林业等七大类灾害造成的直接经济损失，约占国民生产总值的3%～5%，平均每年因灾死亡数万人。城市基础设施设备陈旧、标准偏低，人口高度密集，交通拥挤等，随时都会引起城市重大灾害，其造成的后果十分严重。随着我国改革开放和西

部开发事业的发展，大大加快了城市防灾设施投资建设的步伐，根据城市总体规划制定的建设标准，相继兴建了一大批抗震、水利、气象、交通、市政、邮电、通讯等防灾基础设施项目。减灾防灾基础设施的发展，建设是基础，管理是关键，效益是根本。在国家花费大量人力物力财力大搞建设的同时，如何加强减灾防灾设施的管护，充分发挥其最大效益，实现其可持续发展，是城市减灾防灾设施建设中一项新的课题。

随着防灾减灾体系的建立，工程的日常维修养护经费日益短缺，形成制约工程发挥效益的瓶颈。目前，我国的减灾防灾管理中普遍存在着：管理体制不顺，管理单位机制不活，经费不足，资产管理运营体制不完善等问题。这些问题不仅导致大量减灾防灾设施得不到正常的维修养护，各类工程结构的承载能力降低，使减灾防灾设施抗御自然灾害的功能降低或者完全失去作用，而且对国民经济和人民生命财产安全带来极大的隐患，尤其是雨季泥石流、滑坡等易发季节。严重威胁人类生命和财产安全，所以减灾防灾设施管理与养护显得至关重要。

4.4.1　减灾防灾设施管护存在的问题及原因分析

1. 思想不够重视

近几年国家每年都投资数亿元进行减灾防灾设施新、改、扩建项目，但是花费在设施管护的却寥寥无几，投入资金不成比例，差距较大，政府部门热心于建设市场，往往忽略了管护事业。重建设、轻管护，造成管护水平远远跟不上城市建设发展速度，随着减灾防灾设施使用年限的逐渐临近，为了减灾防灾设施更好、更安全、更方便地服务于社会大众，对提高市政设施管理与养护方面的呼声越来越高。

2. 管护资金渠道单一不能有效解决资金缺乏问题

基础设施的投资是非常大的，而国家财政资金有

限，有限的资金投入总量决定了政府在投资减灾防灾设施时难免存在重建设、轻管护的现象，即使是维系着城市安全的减灾防灾设施也不可避免。减灾防灾设施的维修和养护需要一定的经费，日常的维修养护费、管理费、出险加固费、折旧、更新改造费等，保证这些费用的落实是做好设施管护的基础。而资金的筹集渠道主要依靠国家财政拨款、地方财政配套资金，资金来源过于单一，导致需求资金大于供给资金。

3. 管护资料有待系统收集

管护工作在近几年才进入政府议程，原来思想上对管养不重视，对收集保存资料不理解，许多减灾防灾工程竣工后，没有及时、有效、全面地收集减灾防灾设施资料存档，有的只是简单表面的收集，造成很多减灾防灾设施缺少原始的完整的建设资料。由于早期没有翔实保存基础信息，资料不全，数据准确性及可信度较低，很难应对今后的建设、管理、维护，不利于管护工作的开展。

4. 设施管护体制存在不足

目前还没有形成一套成熟完善的管护体制，用以指导管护工作开展。减灾防灾设施管养缺乏系统化、规范化和科学化，仍在使用传统的管理模式。管护工作监管不到位，监管人员配备有限，职责不明晰，不具备质量检测、经济制约等必要手段，无法深层次地、全过程地对减灾防灾设施管护进行有效科学地监督管理。在养护市场没有引入考核制度，养护队伍还是吃大锅饭，干好干坏一个样，缺少竞争意识和效益意识。管护市场缺少社会关注、舆论监督。随着减灾防灾管护工作的日益关注，相关的体制健全也提到市政建设日常议程中。

5. 管养单位素质需提升

维护单位的人员配备有限，技术力量薄弱，自我巡查自我发现问题、预先解决问题的良好维护习惯尚未形成。维护单位往往满足现状，工作缺少主动性、积极性，虽然或多或少都有安排巡查，但巡查主次不

分、工作不细致、覆盖面窄，对减灾防灾设施巡查重视的程度不高。巡查不力则直接导致维护不到位、不及时，造成一些设施病害长期存在，得不到解决。同时管护具体施工单位的养护施工水平参差不齐，有的施工技术有限，管护水平跟不上时代的步伐。有的挡挡工程出现损坏，组织施工单位修补，但修补质量不过关，使用一段时间后同样地方又出现问题。

6. 管护的机械设备落后

负责管养的机械设备落后，只有固定的几辆（台）路灯车、压路机、管道疏通车、挖掘机、抽水泵等简单设备，设备更新较慢，部分设备老旧或科技含量不高，在养护工作中发挥的作用越来越小。而政府机构对于维护用的机械设备向来不重视，对更新设备安排的资金更是有限。由于养护机械为事业单位的非经营性资产，无法对外经营创收，在设备投资上只有投入没有产出，经济效益低，很难实现机械设备的保值、增值，更加无法带动管养单位对机械设备的维修保养的主动性和积极性。

7. 管护的新技术、新工艺、新材料探索不够

目前，减灾防灾设施养护工程中的新技术、新材料、新工艺层出不穷，但是真正应用到实际管护中的却少之又少。思想保守，未大胆进行创新，没有突破精神，没有努力思索引进新方案、好想法，以提升减灾防灾设施的管护质量及水平；未借鉴发达国家的管护经验，以改善国内的管养环境。

8. 管护依据欠缺

目前，对于管护工作虽有规范或者规程，但没有明确规定减灾防灾设施达到什么样的破坏程度必须进行维修，管护工作有时不能及时开展。往往当减灾防灾设施发生过度破坏以后才进行修护，导致管护工作很难进行，或者维修的费用与功能不成比例。

9. 群众参与管护工作的意识薄弱

减灾防灾设施管护往往局限于有相关责任的事业单位或者企业，由它们完成基础设施的政策制度、建设规划、管理维护等相关工作，群众参与管护工作的意识非常薄弱，避免人为损坏的情况是少之又少。正如古希腊哲学家亚里士多德所说：凡是属于最多数人的公共事物常常是最少受人照顾的事物，人们关怀着自己的所有，而忽视公众的事物，对于公共的一切，他至多只留心到其中对他个人多少有些相关的事物。

4.4.2　相关对策及措施

如何进一步改善国家管护市场，是一个需要我们不断深化研究的课题。针对管护中出现的种种问题，应从以下几个方面做好对策措施。

1. 提高思想认识

减灾防灾设施近年来建设的越来越多，尤其是西部地区，管护的任务越来越繁重。只有保障减灾防灾设施日常的完好，才能充分发挥减灾防灾设施抵御自然灾害的功能作用，促进城市和谐发展，保证人民生命财产的安全，最大限度地降低自然灾害的破坏。很难想象，带有破损或者缺陷的减灾防灾工程能够抵御自然灾害的能力。因此，管护管理部门必须充分认识减灾防灾设施的养护管理的重要性，彻底将"重建轻养"的传统观念转变为"建养并重"，把加强减灾防灾设施的养护管理，作为改善投资环境和人民群众工作生活条件、促进改革开放的一件大事来抓。积极合理地调整财政投入，科学地制定每年度的养护计划，分重点分层次实施，有效地利用维修专项资金，充分调动各层次的主动性、积极性，运用法律、行政、经济手段严格管理，提高国家减灾防灾设施的管护水平。

2. 优化管护资金筹措的模式

解决资金来源问题是城市减灾防灾基础设施良好发展的关键，减灾防灾设施管护中所需的资金缺口需要国家财政、金融机构及社会资本的共同投入。减灾防灾设施作为一种准公共产品，它的筹资方式可以更加多样化，应该充分吸纳社会资金，积极扩展融资渠道，逐步形成以政府投入为主体，群众集体投劳相结

合，多渠道多元化的减灾防灾基础设施融资格局。采取确立政府资金供应主渠道地位和创新减灾防灾设施管护的融资方式相结合的模式。

3. 建立管养系统名片

端正态度，从思想上重视减灾防灾设施管养资料的收集，努力健全完善现有国家减灾防灾设施的技术档案资料，力争为每一项减灾防灾基础设施项目建设一个档案，分门别类，形成专门的管养系统名片，以便科学地开展养护维修工作。对原来缺少基础资料的设施进行现场实测实量，调查分析，逐步将设计、施工方面资料有计划、有目的地补充完整，并尽可能确保数据的准确性和可信度。通过电脑等先进电子产品，形成科学的管养资料电子库，系统化、科学化、细致化，既方便妥善保存，又可快速便捷查找，为具体管护工作提供重要的科学决策依据及参考。

4. 健全管养体制

重视制定减灾防灾设施养护管理相关制度、标准、规范。作为综合管理部门，在工作开展过程中，要结合管护任务制定相关的管理制度、考核目标、细则和技术规范等，明确职责、分工，使得管护工作有法可依，有法可循，能够科学地指导及规范管护工作，同时保证在执行过程中具有针对性和可操作性。努力在管理体制机制上下功夫、在创新管理手段、方式上下功夫，并以此推动行业的新发展。按照养护市场化改革的目标，推进政事分开、事企分开和管护分开，实现减灾防灾设施养护行业的综合管理，提高维护资金的使用效率。建立通畅的减灾防灾设施信息渠道，创建减灾防灾工程信息网，开设日常巡查及处理情况专栏，鼓励公众参与监督，完善公众咨询、监督机制，及时将服务质量检查、监测、评估结果和整改情况以适当的方式向社会公布。

5. 制定规章制度，健全安全体系

为了进行规范化管理，充分调动一线职工的积极性，制定《工程管理考核标准》《工程维修养护制度》及考勤、考绩、例会、学习、请假等规章制度，细化养护内容，分解养护任务，实行"月检查、季评比、年总评"。成立安全生产领导组，开展安全思想教育，强化安全意识，消除事故隐患。

6. 提高单位及人员素质

加强技能培训，提高队伍素质。强化制度建设，提高市政管养单位文明施工水平和队伍素质。重视管护方面专业技术人才的培养和储备工作。组织管护业主、施工单位的现场管理人员及班组长进行全员培训，认真学习相关法律法规和安全施工规范，深刻领会管护施工现场文明施工精神，增强建设的责任感，进一步提高建设队伍施工业务素质和文明意识，使管养施工工作在短期内有明显的提升。同时为了保证养护质量，建议参与管护工程的投标单位除按规定预留5%~10%的质量保证金外，需预交中标价2%的规范管理专项保证金，现场管理达不到要求或平整度等质量控制达不到优质、未明显提升的扣除此项费用。同时近期将努力推行养护工作竞争机制，研究成立专门的养护施工队伍，引进奖励惩罚措施，对养护工作进行年度考核，使维护资质高、维护力量强、维护业绩好的单位参与到更多的设施维护，业绩差不合格的清出基础设施养护市场，以提升整个管护市场品质。

7. 养护设备及时更新

养护机械应重视及时更新换代，提高养护工作的机械化程度。养护机械设备多种多样，养护单位在要求配备养护机械时，应进行经济效益分析，充分考虑机械设备的利用率，不能盲目攀比，适当地引进先进养护机械设备，促进养护工作有效开展。同时调动养护单位用好、管好、保养好机械设备的积极性，延长机械设备的使用寿命，避免产生因维修保养不及时致使机械怠工状况。例如可在桥梁上引进安装超载检测仪器及结构实时监测设备，前者可以监控车辆超载情况，避免桥梁不合理受力，后者可以随时掌握桥梁运营状态及结构安全状况。

8. 引入技术革新

减灾防灾基础设施养护工程中的新发现层出不

穷。应重视对新材料、新技术的应用研究，摈弃闭门造车的拍脑袋差不离的传统养护方式，听取专家合理科学意见决策，引进更优的养护实施方案，使管养工作事半功倍。把无线射频识别技术（RFID，Radio Frequency Identification）引入到减灾防灾设施之中，充分利用地理信息系统（GIS，Geographic Information System）等现代技术实施综合性的减灾防灾设施管理和维护，实现工程管理的便利性和高效性。

9．实行管护分离的体制

管护分离是水管单位体制改革的重要工作之一。管理职能主要负责监督水利工程管理养护和安全运行，计划的安排、上报实施，工程技术的研究，管理设施新技术、新工艺的引进和应用，工程检查质量评价，对维修养护合同签订监督管理。而维修养护单位主要负责工程的维修养护、检查。防止、延缓工程的老化退化，保证工程的完整性以及工程设备的正常运行。管护分离可以引入竞争机制，提高工程的管理水平，提高维修养护水平，降低工程管理运行成本，并能提高管理和养护人员的积极性和主动性，发挥事前管理的作用，保证减灾防灾工程发挥应有的效益。

10．健全管护工作的法律体系

针对管护工作制定相应的规范或者规程，强制管护工作必须执行，而不是依据个人的兴趣去选择的执行。

随着社会的进步，城市的发展，减灾防灾基础设施维护管养工作仍是一项长期而艰巨的任务，应将更深层次地探索减灾防灾设施管护的科学途径、合理模式，确保减灾防灾基础设施能良好地发挥作用，更好地服务于百姓大众。

4.5 地质灾害风险管理信息系统

4.5.1 系统建设目标

针对地质灾害风险管理的技术难点和存在问题，

结合3S技术与计算机编程技术，研究泥石流编录和基础数据获取与更新、泥石流与承灾体的时空特征、灾害分析与风险制图等技术方法，搭建地质灾害风险管理信息系统。

该系统可以方便地管理各种基础空间数据资源，组织面向各种不同需求的地学分析模型（包括基础分析算法库和专用算法库），实现任何从简单到复杂的GIS任务，如数据采集和管理、地图管理、数据分析、专题图制作、数据编辑、可视化建模、制图排版等。

4.5.2 系统总体设计

1．总体框架

系统以ArcEngine+VS.NET+SQL Server为开发环境与平台，采用基于COM的组件式软件开发方法进行系统设计与开发，实现空间数据和属性数据的联合分析处理，提高数据的查询、分析、编辑、检索效率。在软件体系构成上采用数据层、GIS处理层与服务层三层结构体系，分别负责实现数据管理访问、GIS业务处理、用户交互等功能；在业务上将系统划分为数据编辑管理、查询统计分析、泥石流风险辨识、危险性分析、泥石流风险评估、数字制图和成果输出等模块；在系统内部功能实现上将系统划分为相对独立的功能组件，相互之间基于接口进行通信。本系统功能模块设计如图4-3所示。

2．系统主界面

以地质灾害信息管理的主要内容与方法为指导，基于系统开发环境，采用独立二次开发的模式完成软件系统的程序设计与开发。系统主界面分为三个区域：菜单栏、主工具栏、数据列表区和数据显示区。系统的主界面可参考图4-4。

4.5.3 地质灾害数据库

建立调查区地质灾害数据库，能够有效地获取

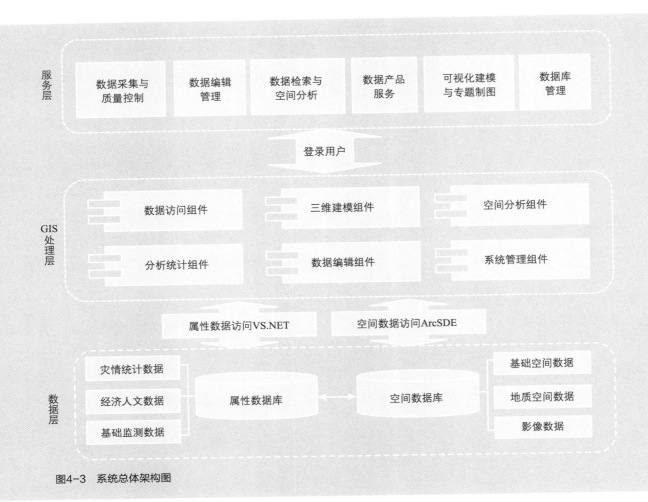

图4-3 系统总体架构图

图4-4 软件系统主界面

储存、查询和分析灾害体特征，总结区域地质灾害的发育规律，为灾害防治和灾后重建等提供决策服务。

1. 数据库内容

数据库内容主要包括地质灾害的空间数据、属性数据和相关多媒体数据（图4-5）。

1）空间数据包括基础地理信息数据、地质地貌数据、专业图形数据、灾害分布图、气象要素图、遥感影像图等，数据格式主要为矢量数据和栅格数据两种。这些空间数据以图层形式存储在Geodatabase数据库中。

2）属性数据包括：地灾时空分布数据（灾害点代码、灾害点行政区位置、灾害点坐标、发生时间）、行政区基本信息（名称、面积、所辖行政村、所辖社、户数、人口、人口密度）、地质地貌资料（灾害点地形数据、地质条件资料）、气象水文资料（降水资料、河流水文资料）、单灾种基本特征信息（灾害的基本特征、活动情况、发育环境、危害方式、灾害防治工程）、灾情信息（受灾面积、损毁承灾体资料、

人员财产损失统计）等。

3）多媒体数据包括：灾害点声音解说、灾害点录像、灾害点照片、各种平面图和剖面图照片等。

2. 数据库设计

数据库设计以交通干线泥石流为主题，将地质灾害的空间数据和属性数据按一定的策略存储在数据库中，规定构成数据库的要素类、栅格数据集、属性表之间的各种关系。

1）数据格式

数据库的数据格式主要包括：shape、raster、tin、txt、xls、jpg、avi等。对于空间数据，建立Geodatabase地理数据库；对于属性数据、文字、音频、视频数据，则建立SQL Server关系数据库。

2）数据表结构

系统中对数据类型采用以下方式表达：

（1）字符型（string）；

（2）双精度（double）；

（3）短整型（short）；

（4）长整型（long）；

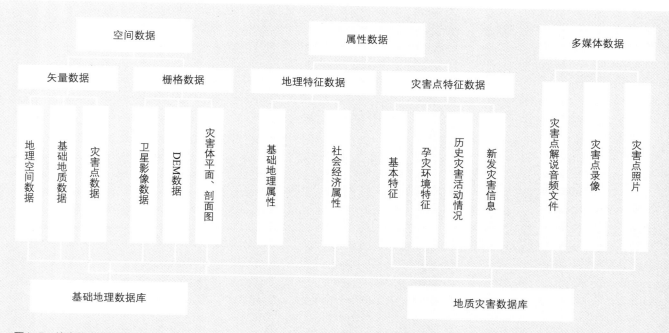

图4-5　综合信息数据库组成

（5）日期型（datetime）。

数据表结构设计，见表4-9所列。

以泥石流灾害数据为例，说明数据库中该图层的

泥石流基本信息 表4-9

属性项名称	数据类型	宽度	备注
ID	long	4	
泥石流名称	string	10	
泥石流编号	string	10	主关键字
填表时间	datetime	8	
省	string	20	
市（县）	string	20	
乡（镇）	string	20	
东经-度	short	4	
东经-分	short	4	
东经-秒	double	8	
北纬-度	short	4	
北纬-分	short	4	
北纬-秒	double	8	
调查点高程	double	8	
水系	string	30	
岸别	string	2	左岸、右岸
与道路的关系	string	20	与道路同岸或不同岸、道路上或下方
水源类型	string	10	降水、地下水、地表水、溃决水
固体物质组成	string	20	
固体物质补给类型	string	10	崩塌、滑坡、沟蚀、面蚀、质搬运
固体物质补给位置	string	20	上游、中游、下游
流体性质	string	20	黏性、过渡性、稀性
泥石流密度	double	8	
堆积体情况	string	10	缺失、较完整、完整
土地利用情况	string	20	
植被覆盖情况	string	50	
工程活动类型	string	20	
形态	string		对称型、偏向下游、偏向上游
堆积体长度	double	8	
堆积体宽度	double	8	
堆积体均厚	double	8	
堆积体方量	double	8	
堆积体坡度	double	8	
泥石流活动情况	string	20	
危害对象	string	20	
危害形式	string	20	
挤压河道情况	string	10	无、不明显、明显
挤压比例	double	8	
堵河可能分析	string	10	堵过、可能堵过、无堵河迹象或能堵断、可能部分堵江、不可能堵江
防治与评估	string	1 000	
取样位置	string	20	
取样编号	string	20	

3）数据存储结构

数据以各条交通干线为基本单元组织，包含相应的数据层及元数据。数据存储结构如图4-6所示。

4）元数据

元数据（Metadata）最本质的定义是关于数据的数据（Data about data），对数据的描述，以及对数据集中数据项的解释，它能提高数据的利用价值[85][86]。元数据应包括数据的覆盖范围、数据内容、源数据、比例尺、数据格式、数学基础、生产单位、生产日期、数据质量等内容，并以文本格式*.mat存储。

（1）地质灾害数据库以主要灾种为单位进行组织。

（2）数据生产加工过程如果使用不止一种类型的源数据，不同数据类型之间用斜杠隔开，如"1：5万基础地理数据/1：1万基础地理数据/1：5万矢量化数据"。

（3）数据的比例尺、数据格式、数据数学基础、数据生产单位、生产日期、数据质量等均按照上述（2）规则填写。

（4）元数据中有关日期信息按照"YYYYMMDD

图4-6　数据存储结构示意图

（年月日）"的格式填写，不清楚"月"或"日"的不填写，只填写"年"。

3. 数据库建设

1）数据表建立

数据表是一个完整的数据库不可缺少的组成部分，主要用来存放一定格式的记录。创建数据表的过程其实就是定义字段的过程，为了实现灾害属性数据之间、属性数据与空间数据之间的关联调用，必须采用唯一标识码以实现表与表之间的连接[90]。本系统将灾害数据在入库的过程中采用统一编码，用数据项"灾害统一编码"实现此功能。某灾种统一编号的编码结构如图4-7所示。

2）数据库建立

采用基于ArcSDE + SQL Server方式建立地质灾害数据库，通过空间数据库的建立、属性数据库的建立以及空间数据库与属性数据库的连接去实现地质灾害数据库的构建。

（1）空间数据库

通过ArcCatalog建立数据集，设置空间参考，将空间数据导入到GeoDatabase数据库中；利用ArcSDE将空间数据导入到大型关系数据库SQL Server，实现空间数据与属性数据的一体化。

（2）属性数据库

属性数据是对地理实体的详细描述，是空间实体的特征数据，其表达方式有字符串、数值等等。

地质灾害数据库的属性数据集存贮于SQL Server数据库中，采用关系数据表的方式来建立。依据不同灾害类型的特点，对于同一灾害要素包括的多条属性的主表，可以将其拆分为若干子表，并建立各个子表之间的连接，通过"1：M"形式表达主表与子表之间关系，从而实现对属性数据的高效存取。

3）数据库连接

空间数据库与属性数据库的连接是道路泥石流数据库建设的关键，将属性数据与空间数据连接起来，满足多元数据管理和信息系统建设需要。空间数据与属性数据以不同的形式分开存放在数据库中，彼此之间存在着一定的联系。每一类基本图形数据对应一个属性数据文件，用来完成对地理图层要素的属性描述，图形中的每一个要素对应着属性数据文件中的一条记录。空间数据与属性数据之间通过"灾害点统一编码"建立通信条件，实现空间数据和属性数据的连接，这使得属性数据和空间数据之间可以方便地通过图形检索调用属性数据，也可以通过属性数据来检索图像数据，实现双向检索。

4.5.4 软件功能编制

1. 图形可视化

图形显示功能将系统中所有的基础地理图层以分层或者综合方式进行显示。能实现用户的定制显示；能实现地图的点击放大（缩小）、拉框放大（缩小），实现图形的无级缩放，图层漫游、选择地图对

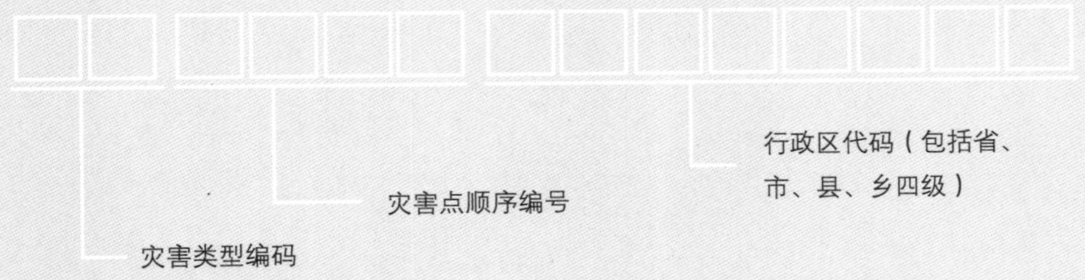

图4-7 灾害统一编号编码结构图

象、恢复上（下）视图等功能基本操作；可以根据显示的比例尺，对所显示的地理要素进行协调，动态显示地图中各点的坐标值，完成距离和面积量算；还可以实现地图保存、另存为、打印预览、打印、输出图片。

2. 数据采集与质量控制

数据采集完成各种数据资料的收集与入库管理，支持各种类型的采集；主要包括外部数据导入、实时数据接入、数据格式转换和数据质量控制等功能，最终形成地质灾害综合信息数据库，为地质灾害风险管理提供数据支持。具体功能设计如图4-8所示。

1）外部数据导入：数据库数据导入、文件数据导入、数据格式转换。

2）实时数据接入：实时自动接入、支持数据格式转换。

3）外部数据库关联：系统通过设置数据库关联参数并连接到外部数据库，业务系统可通过所关联的数据库获取所需的数据。同时支持空间数据与外部数据库的关联，可利用所关联的数据进行因子提取、制作各种专题图等。

4）数据格式转换：数据格式转换内嵌到数据采集的其他模块和地质灾害分析模型中，保证数据能够正确入库，正确参与模型计算。

5）数据质量控制：对来自不同数据源的不同数据格式的数据进行合法性检查，包括是否完整、是否符合格式要求，保证数据满足其他子系统的数据要求。

3. 专题数据管理

专题数据管理实现对数据的查询，编辑，提取挖掘和数据处理，实现对地图的统一配置管理，包括图层控制设置、地图风格设置等。

1）数据查询

（1）点击查询：查询灾害单体的基本信息，可通过鼠标点击查看崩塌、滑坡、泥石流等灾害的基本特征。比如，灾害造成的危害，如死亡人数、损坏房屋面积、易发程度等。

（2）范围查询：分析显示某一行政区划范围的灾害信息或灾害分布状况，如某镇范围内的灾害分布状况。

（3）缓冲区查询：通过缓冲区查询，分析某灾害点缓冲区范围内的人口数、建筑物数量、公路、河流等灾害影响目标的情况；对居民点、河流、公路缓冲区分析方法相似。

（4）条件查询：数据查询根据各种条件查询数据，为其他系统提供数据，方便用户查看数据情况（图4-9）。

2）要素自动化提取

（1）对于部分扫描图件，可以通过自动化数据提取方法，完成位图数据的自动数字化。自动数字化流程如图4-10所示。

（2）对于部分遥感数据，可以采用人机交互方法，完成要素信息的提取（图4-11）。

（3）批量数据处理

在数据列表中为数据源、数据集或属性表节点的快捷菜单中提供数据处理的功能子菜单，实现一键式处理。数据源节点菜单中实现修复数据源，紧缩数据源等；数据集菜单中实现重建索引，重采样，

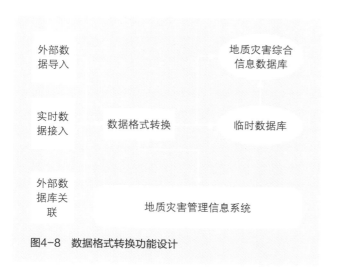

图4-8 数据格式转换功能设计

图4-9 数据条件查询界面

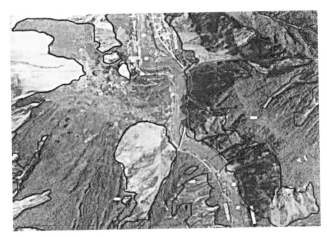

图4-11 人机交互遥感解译结果（彩图详见文末附图）

重新计算空间范围等；属性表菜单中实现重建索引等功能。

4. 图形和属性数据编辑

图形与属性的可视化编辑，可直观地检查原始数据或图形的正确性，并实现图形与属性的联动编辑修改，还能进行各种图面修饰、图案线型设计以及建立图形的空间拓扑关系。

5. 灾害分析

1）统计各评价因子分级或分类中灾害发生频数：选择确定灾害评价因子，如坡度、相对高差、岩性、土地类型、与主要断裂的距离，根据各个因子分类分级标准统计相应范围内的灾害数量与分布，进一步分析区域内灾害的分布规律。

2）统计结果制图：根据对灾害点的属性统计结果，做出各类统计图。例如，统计各坡度区段内滑坡灾害的分布数目，由此得到各区段内灾害数据柱状对比图，并归纳出灾害发生与坡度的函数关系，为确定坡度因子对灾害的影响权重和创建数学模型提供定量依据。

3）灾害危险性分析与评价：分单个灾点与区域尺度两个层次展开地质灾害危险性评价功能研发。

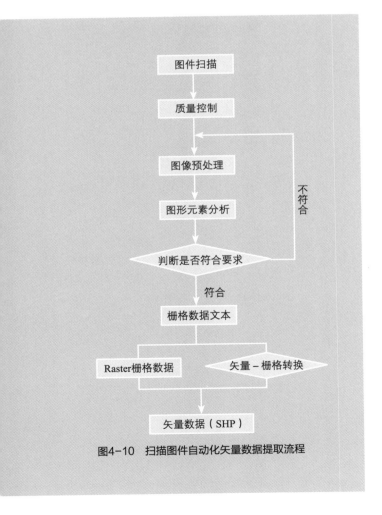

图4-10 扫描图件自动化矢量数据提取流程

（1）对于单个灾点，计算地质灾害危害范围，并实现与地形数据空间配准，分析危险度分布，划分危险等级，实现地质灾害的危险性评价分区。

（2）对于区域尺度的地质灾害，引用多因子分析方法，建立各个危险性因子与灾害危险性的关系，通过GIS空间数据运算功能，实现区域尺度的地质灾害危险性评价。

6. 数据输出与专题制图

灾害空间和属性数据可以以文件表格或指定格式输出；也可以利用选定的属性数据中的字段进行等级图、点密度图、饼图等各种形式的专题地图制作。

第 2 篇　实施技术与案例

第五章 城市泥石流防治规划

5.1 泥石流防治规划内容与实施途径

5.1.1 城市泥石流防治规划的特点

城市是当地政治、文化、经济的中心，也是人口高度集中区，故一般将其列为泥石流防治规划的重点，防治标准也较高。城市泥石流防治规划的目的是保护有关城镇不受城区周围泥石流的危害，总体目标是科学防灾减灾，最大限度地减少和避免地质灾害对灾区人民生命财产的危害。

泥石流防治规划是根据泥石流的发生条件、基本性质、发展趋势和治理需要，从全局的角度采取切实可行的、相互关联的工程措施、预报措施及有效的行政管理措施等，对泥石流流域或区域统一规划，治坡、治沟、治滩相结合，山水林田综合治理，并根据国家及当地经济实力按轻重缓急次序安排实施。其目的是控制泥石流的发生和发展，减轻或消除对被防护对象的危害，使被治理流域恢复或建立起新的良性生态平衡，改善环境。

城市泥石流防治是综合性很强的一项系统工程，它涉及各种防治方法和防治措施的综合运用，并与城市管理的诸多方面息息相关。因此，城市泥石流、滑坡灾害的防治，必须结合成功的防治经验、方法和措施，建立综合防治体系。按照系统工程的观点和泥石流的防治特点，其综合防治体系可分为预防、治理、管理、科技和经济保证等五个方面。此外，在建立城市泥石流综合防治体系过程中，由于在城市泥石流防治的不同时段或阶段，泥石流的发育程度不同，一条泥石流沟在治理工程建设前后的情况也不一样，所以，城市泥石流综合防治体系的重点也应该是不一样的[87][88]。

综上所述，城市泥石流灾害的防治，必须采用全方位的综合控制对策，即建立预防体系、治理体系和管理体系密切配合，城建、林业、农业、水利、水保等部门互相协作的控制对策。但对不同类型的城市应区别对待，主、辅应有不同。需要说明的是，由于科技体系和经济保证体系是起支撑和保障作用的，在任何一种控制对策中都起基础作用。因此，在控制对策规划中，没有考虑科技体系和经济保证体系的配合问题。

5.1.2 城市泥石流防治规划的依据、指导思想、原则

（一）规划编制依据

1.《地质灾害防治条例》；

2.《国家综合防灾减灾规划（2011—2015年）》；

3.《地质灾害危险性评估技术要求（试行）》；

4.《地质灾害防治工程勘察规范》DB 50/143—2003；

5.《中华人民共和国水土保持法》；

6.《中华人民共和国环境影响评价法》；

7.《中华人民共和国环境保护法》；

8. 其他有关规划和技术标准；

9. 当地国民经济区域总体规划。

（二）规划编制指导思想

全面贯彻落实科学发展观，按照"以人为本、预防为主、合理避让、重点整治、保障安全"的防治方针，实施地质环境保障工程，服务于社会经济可持续发展的总目标。地质灾害防治规划流程如图5-1所示。

（三）规划编制原则

不同泥石流的发生过程和危害状况，均有其自身的特点，而且区域差异性很大，各地经济社会情况千差万别，当地财政所能承受治理经费有所差别。根据已有经验，泥石流防治应做到全面规划、突出重点；坚持以防为主，防治结合，除害兴利的方针；同时应该结合实际，注意节约，做到经济上合理，技术上可靠。具体来说应该遵循以下几个原则：

1. 以人为本。地质灾害防治要把人民生命财产安全放在首位，最大限度地减少人员伤亡和财产损失，将威胁人员聚集地的地质灾害作为防治重点。

2. 防治结合。地质灾害防治坚持"以防为主，防治结合"的原则。根据地质灾害的危险性和危害性大小结合受威胁对象的实际情况，有针对性地制定防治措施。能避让的尽量避让，能监测的尽量监测，与必要的治理工程相结合，做到防治工作既要达到目的，又要经济合理。泥石流治理工程尽量做到："乘势利导，因时制宜，以引为主，排拦为辅"的治理方针，在进行城市规划时，应不占用泥石流危险区和泥石流排泄通道。

3. 服务建设。防治规划直接为城市经济建设服务。重点是城区、聚居点、学校、工矿企业的地质灾害防治和地质安全保障。公路、水利水电等基础设施的地质灾害防治工作由相关部门规划并组织实施。

4. 分步实施。根据地质灾害危险性大小，结合受威胁对象的实际情况确定避险搬迁或工程治理的紧迫性，在此基础上，依轻重缓急提出分期分批实施计划，紧迫的先搬或先治。对临灾征兆明显、危险性大且需治理的灾害点，应进行应急治理，及早消除隐患。

5. 动态管理。由于排查工作时间紧迫，加上地质灾害的隐蔽性、诱发因素的多样性，决定了规划编制的时限性和动态性。在实施过程中要注意根据实际情况对规划进行适时调整。

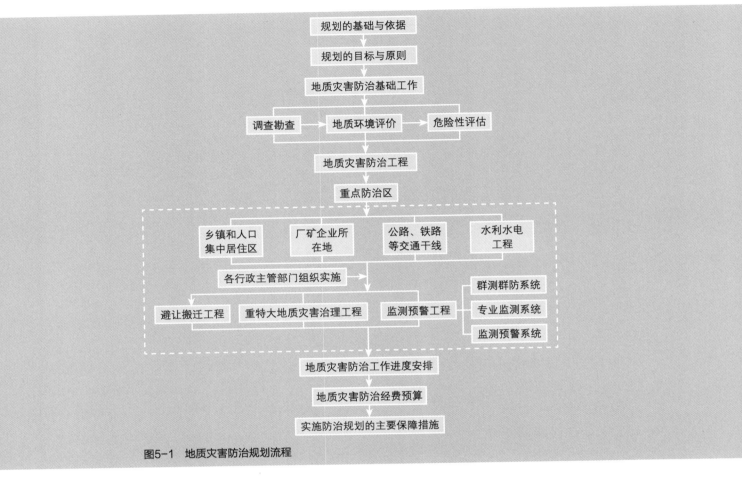

图5-1 地质灾害防治规划流程

5.1.3 城市泥石流防治规划方案与内容

（一）规划方案的制定和比较

泥石流往往集中或分散在一条大河的两侧或某一区域范围内，该区域可以包含一个或多个大的水系，行政区域上可以是一个以上的省、县、区或乡，影响因素复杂，相互联系面宽，范围大。这类防治规划主要是对重点泥石流沟及严重地段作详细工作，而对一般地区提出粗线条、指导性的意见，有明显的层次性，是一个点面结合、综合性强的规划。城市泥石流防治规范方案制定时，应充分考虑当地实际情况。应制定三个以上的泥石流防治规划方案，并进行全面的技术经济比较，最后向甲方和有关主管部门推荐1~2个较为合理的方案，供审批时按国家或地方的财力和

物力进行决策。对于分段实施的规范方案，要特别说明各个阶段所采取的具体措施、所需经费、预期达到的目标等[89]。

1. 规划基本方案

1）综合防治方案（全面治理方案）

本方案就是在整个泥石流流域内，采取防治泥石流发生的体系；在流域内发生泥石流的主要沟道中，采取控制泥石流运动的体系；在泥石流流域内设置预报、警报网点，以减轻或避免灾害；通过科学的行政管理及有关政策、法令系统，防止泥石流的发生，保证各项措施顺利实施及防治效益的有效发挥。这种方案适用于整个流域内泥石流活跃、下游有重要项目的情况。

2）以工程防治为主体的规划方案

本方案主要是在泥石流的形成、流通、堆积区

内，采取相应的治理工程（如蓄水、引水工程，拦挡、支护工程，排导、引渡工程，停淤工程及改土坡工程等）为主，同时辅以其他措施（如生物措施，预警报系统等），控制泥石流的发生和危害。此类方案在泥石流规模大，暴发频率低，松散固体物质补给及水动力条件相对集中，保护对象重要，要求防止标准高、见效快、一次性解决问题的情况下适用。通常情况下工程防治为主体的规划方案又可分为以治水为主的方案、以治土为主的方案和以排导为主的方案。

3）以生物、水保措施为主体的规划方案

这种方案主要是在流域内采取植树、种草，封山育林；改坡地为梯田，坚持大于25°的坡耕地退耕还林；开挖山坡截水沟、分洪沟等措施，控制水土流失，恢复生态平衡。该方案适用于以坡面蚀为主、水土流失严重，且有部分坡面冲沟形成的坡面泥石流流域；适用于量大面宽的农田和林区泥石流防治，投资少，易于动员群众实施。

4）以预报警报系统为主体的规划方案

此种方案主要在全流域内或泥石流沟布设泥石流警报网点，设置有关预报警报装置。根据泥石流发展、活动特点，当条件具备时，就按照一定的模式发出警报信息，从而达到减轻或避免泥石流灾害的目的。该类方案不仅适用于一时难以采取其他防护措施的泥石流沟，而且也适用于已有防护措施的泥石流沟。这种方案投资不高，但要求有较高的技术管理水平。

5）以行政管理及法令措施为主体的规划方案

通过严格的科学管理及有关法令的认真执行，使激化泥石流的人为因素被控制和消除。如合理开发资源，防止对生态环境的破坏，不准乱砍滥伐森林和陡坡垦殖，禁止随意大量弃石弃土及其他有关破坏山坡土体稳定性的行为等。该类方案适合于水热条件较好、水土流失严重、人为因素占主导地位的泥石流危害较轻的流域及未开发区。配合其他措施（工程、生物等措施），也适于已开发的、危害较

严重的泥石流区。

2. 规划方案比较

将已编制好的方案，按照统一的标准和要求，进行排列、比较，得出最佳方案。可以按照七个内容列表做方案比较，见表5-1所列。

规划方案比较内容　　　表5-1

比较内容	评比标准
1. 泥石流发生、活动条件可控制程度	未控制、局部控制、基本控制、完全控制
2. 对泥石流直接危害的控制程度	局部控制、基本控制、完全控制
3. 防治技术措施的可行性程度	勉强可行、基本可行、完全可行
4. 各类措施的单项投资及总投资	最低、偏低、一般、较高、最高
5. 各类方案的总投资比较	最低、一般、最高
6. 各类方案产生的经济效益	最低、偏低、一般、较高、最高
7. 各类方案产生的社会和环境效益比较	最低、偏低、一般、较高、最高

（二）泥石流防治规划报告内容

规划报告包括正文（含图件）及副本两部分，应当同时提交，送有关部门审批。主管机关只审批正文，副本只提供主持单位进一步了解有关规划技术细节和存档用。

1. 规划报告正文

正文内容要求简单、明了，说明下述11个方面的内容：

1）规划区名称及地理位置。

2）规划任务依据——主管机关文件、文号；设计任务书及合同文号等。

3）规划工作过程简述。

4）自然地理概况。

5）泥石流发生原因、性质、危害及发展趋势分析。

6）山洪泥石流在各种设计频率时的洪峰流量、固体物质量等水文计算结果。

7）规划原则及防治标准。

8）已拟定各规划方案的概略内容、工程项目及主要技术经济指标（列表）、优缺点简要说明。

9）推荐方案优缺点说明及有关社会、经济和环境生态效益综合论证。

10）规划总投资概算结果及说明。

11）下一步工作安排、问题及建议。

2. 规划报告副本

副本应包括以下几个详细专题报告：

1）泥石流综合调查报告。应说明泥石流发生的原因、活动历史、规模及类型特征、危害范围及严重程度，泥石流体（含堆积物）的物理力学性质及有关指标的测试结果，泥石流发展趋势的定性、定量分析等。

2）山洪泥石流水文分析报告。包括山洪泥石流的历史洪峰值调查分析，设计频率时洪峰流量的计算及论证（含计算方法的比较）。

3）综合地质报告。包括规划区的地质（含构造及不良地质等）条件说明，防护措施布设段的工程地质及水文地质报告。

4）工程防治规划报告。包括各类单项工程结构形式、控制尺寸及工程材料选择比较，拟定方案的详细说明及论证比较。

5）生物措施、预警报警系统及行政管理等规划报告。

6）各规划方案的概算及说明。

7）其他必要附件。

3. 规划设计图件

泥石流规划设计图件包括资料图件和设计图件，具体内容见表5-2所列。

（三）规划方案投资估算

1. 估算编制原则和依据

1）正确贯彻国家对基本建设的方针、政策，严格执行国家对基本建设收费标准的有关规定。

2）泥石流防治规划设计主要估算参考依据

（1）地质灾害基础调查评价及地质灾害预防经费估算主要参考依据

规划设计图件 表5-2

	1. 泥石流分布图。包括泥石流沟道，松散物质补给图
资料图件	2. 泥石流主要沟道纵断面图
	3. 泥石流流域地质、构造图，单项工程布设段工程地质及水文地质图
	4. 流域内现有森林、植被、土壤分布图
	1. 防治工程规划总图
	2. 各类单项工程平面、立面、剖面图
设计图件	3. 生物措施规划立地条件类型图
	4. 预报警报网点布设图
	5. 其他必要设计图件

①《摄影测量与遥感收费标准》；

②《地质调查项目设计预算暂行标准》（中国地质调查局，2006年）；

③《测绘生产成本费用定额》（财政部1999年）。

（2）地质灾害治理经费估算主要参考依据

①《工程勘察与设计收费标准》（2002年）；

②《建设工程监理与相关服务收费管理规定》国家发展改革委、建设部（发改价格[2007]670号）；

③《水利工程设计概（估）算编制规定》（水总[2002]116号）；

④当地建筑工程计价定额；

⑤当地建筑工程工程量清单计价定额；

⑥《水利建筑工程概算与预算定额》。

3）除大型泥石流防治工程外，一般只能按地、县级施工单位取费标准进行取费。

4）为了控制概预算指标，在编制概算时，可简化为：A——直接工程费；B——施工管理费；C——其他独立费；D——其他费用。

$$工程总造价=A+B+C+D \qquad (5-1)$$

2. 估算内容

1）估算经费总表。

2）主要工程量汇总表。

3）主要材料及用工汇总表。

4）单项工程直接费估算表。

5）估算定额分析表。

5.2　泥石流防治规划信息获取

泥石流调查与勘察的目的主要是查明泥石流发育的环境背景、形成条件和泥石流的基本特征，为泥石流防治工程的规划、设计提供基础资料。

5.2.1　泥石流灾害调查

（一）灾害调查

1. 泥石流灾害史及灾害特征调查

调查有文字记载以来，泥石流灾害发生情况，包括泥石流发生的时间（年、月、日、时），泥石流过程持续时间，泥石流发生的次数，每一次的历时，泥石流运动有无阵性，阵性泥石流的阵间间隔，泥石流有无龙头及龙头高度，泥石流搬运的最大石块粒径及搬运距离，泥石流响声大小等等。

泥石流发生前的降雨情况，暴雨持续时间，是否发生过冰雪崩滑、地震、滑坡、崩塌、水库或塘堰及水渠渗水与溃决等。

灾害调查以现场亲身经历或事后亲临现场的人为调查对象；历史资料除查阅文献外，可找与灾害相关的人介绍祖、父辈传闻作为参证资料。

2. 泥石流灾情调查

调查每一次泥石流造成的人员伤亡、财产损失和直接经济损失并估算总损失。泥石流前进道路上的一切可能危害对象，如城镇、村庄、工矿企业、输电与通信线路、铁路、公路、国防设施等等。通过调查，掌握灾害造成的直接经济损失，并根据当地的实际情况计算或估算间接经济损失，对灾害后果和对当地社会、经济的影响进行评价。

3. 泥石流活动频率调查

调查泥石流活动周期（次/年），依据下列标准确定泥石流活动频率[90]：（1）高频泥石流：每年发生泥石流一次或以上；（2）中频泥石流：数年至30年发生一次；（3）低频泥石流：30年以上发生一次。

（二）泥石流的危害方式与危害范围调查

泥石流的危害方式主要有冲击、冲刷、淤埋及次生灾害。

1. 泥石流的冲击

泥石流的冲击（撞）既可能是泥石流体直接作用于其危害对象，也可能是泥石流体中的个别巨大漂砾作用于其危害对象的某一部分[91]，还可能是泥石流龙头掀起的泥浆或石块飞溅起来砸向其危害对象（图5-2左图）。

图5-2　泥石流冲毁建筑物

图5-3 泥石流淤埋场矿和房屋

2. 泥石流的冲刷

泥石流的冲刷包括下蚀、侧蚀和磨蚀。泥石流下蚀沟床，导致沟床被刷深，使过沟建筑物（如桥墩等）和护岸（坡）的基础被掏空，造成破坏（图5-2右图）；泥石流侧蚀沟床，破坏岸坡稳定，引起崩塌、滑坡等边坡失稳现象发生，促使泥石流活动更加活跃，危及岸坡之上的各种设施。

3. 泥石流的淤埋

在泥石流堆积区，当泥石流停止运动后，堆积下来的泥砂石块对该区的各种设施造成淤埋危害（图5-3）。泥石流规模、暴发频率、堆积区地形等的差异，可能会导致泥石流的淤埋速率和范围的不同。调查中应尽可能查清不同部位、不同规模、不同频率泥石流的淤埋速率和范围。

4. 泥石流的次生灾害

泥石流产生的次生灾害主要是对其汇入的主河产生堵塞。根据对主河的堵塞程度可分为部分堵塞和完全堵塞。因此，对泥石流与主河的关系，诸如泥石流沟与主河的交角、泥石流堆积物堵塞现状、历史上是否堵断过主河等均应进行调查。对历史上曾堵断过主河的泥石流，还应进一步调查堵断主河的次数，每次堵断持续的时间，上游河水位上涨高度，淹没损失、堵塞体溃决后的河水流速、流量及冲刷破坏程度及范围等，并分析泥石流再次堵河的可能性大小。

5.2.2 泥石流成因调查

主要调查泥石流的形成的三个基本条件：松散固体物质、地形条件及水源条件。与这三个条件相关的因素分别是地质、地形、气候与水文、植被、人类活动。

（一）地质因素

地质因素决定了形成泥石流的松散固体物质来源和数量的多少。地质因素包括地层岩性、地质构造、新构造运动、地震、不良物理地质现象等。

1. 地层

泥石流沟内地层出露情况，可通过查阅1：200 000或1：100 000区域地质图获得。但由于区域地质图的比例尺较小，对于与泥石流活动密切相关的第四纪地层资料，往往不能完全满足需要，应使用较大比例尺（1：50 000～1：5 000）地形图进行现场填图，有条件还应结合大比例尺航片（不小于1：25 000）判读，查明第四纪地层的分布状况。

2. 岩性

岩性不一样，其矿物成分、结构构造、物理力学性质均不一样，相应抵抗破坏能力的大小不一样，风化速度不一样，形成的松散堆积物特征也不完全一样，从而对泥石流的形成特征、泥石流体性质的影响不一样。例如，板岩、片岩、千枚岩、泥岩、页岩等出露区，泥石流往往较活跃，泥石流性质以黏性为主；而砾岩、石灰岩、大理岩等岩石出露区，则泥石流活跃程度相对较低，泥石流性质多为稀性。

根据岩石的物理力学性质，大致可划分为硬质岩石和软质岩石两大类（表5-3）。在泥石流勘察中，可参照表5-3判别岩石软硬、抗风化能力强弱等。

表5-4、表5-5为常见岩石的实际密度和天然密度，对确定泥石流流体中固体物质，如砂石等的密度有重要参考价值。

岩石强度等级划分表[92][93]

表5-3

岩石等级		饱和抗压极限强度R_b（kPa）	耐风化能力		代表性岩石
			程度	现象	
硬质岩石	极硬岩	>600	强	暴露后一、二年尚不易风化	1. 花岗岩、闪长岩、玄武岩等岩浆岩类； 2. 硅质、铁质胶结的砾岩及砂岩、石灰岩、泥质灰岩、白云岩等沉积岩类； 3. 片麻岩、石英岩、大理岩、板岩、石英片岩等变质岩类
	硬质岩	>300≤600			
软质岩石	软质岩	>50≤300	弱	暴露后数日至数月即出现风化壳	1. 凝灰岩等喷出岩类； 2. 泥砾岩、泥质砂岩、泥质页岩、炭质页岩、泥灰岩、泥岩、黏土岩、劣煤等沉积岩类； 3. 云母片岩或千枚岩等变质岩类
	极软岩	≤50			

常见岩石的实际密度

表5-4

岩石名称	实际密度（g/cm³）	岩石名称	实际密度（g/cm³）
花岗岩	2.5~2.84	页岩	2.63~2.73
流纹岩	2.65左右	泥质灰岩	2.7~2.8
凝灰岩	2.56左右	石灰岩	2.48~2.76
闪长岩	2.6~3.1	白云岩	2.78左右
斑岩	2.3~2.8	贝壳灰岩	2.70左右
玢岩	2.6~2.9	板岩	2.7~2.84
辉长岩	2.7~3.2	大理岩	2.7~2.87
辉绿岩	2.6~3.1	石英片岩	2.6~2.8
玄武岩	2.5~3.3	绿泥石片岩	2.8~2.9
橄榄岩	2.9~3.4	黏土质片岩	2.4~2.6
蛇纹岩	2.4~2.8	角闪片麻岩	3.07左右
响岩	2.4~2.7	花岗片麻岩	2.63左右
砂岩	1.8~2.75	石英岩	2.63~2.84

常见岩石的天然密度[94]

表5-5

岩石名称	天然密度（g/cm³）	岩石名称	天然密度（g/cm³）
花岗岩	2.3~2.8	坚固的页岩	2.80左右
正长岩	2.5~3.0	砂质页岩	2.60左右
闪长岩	2.52~2.96	砂质钙质页岩	2.50左右
辉长岩	2.55~2.98	页岩	2.30左右
辉绿岩	2.53~2.97	硅质灰岩	2.81~2.90
硅长斑岩	2.20~2.74	白云质灰岩	2.80左右
玢岩	2.40~2.86	坚硬致密灰岩	2.70左右
粗面岩	2.30~2.77	致密灰岩	2.50左右
玄武岩	2.60~3.10	泥质灰岩	2.30左右
安山岩	2.70~3.10	新鲜花岗片麻岩	2.90~3.30

续表

岩石名称	天然密度（g/cm³）	岩石名称	天然密度（g/cm³）
蛇纹岩	2.60左右	强风化花岗片麻岩	2.30～2.50
火山凝灰岩	1.60～1.95	角闪片麻岩	2.76～3.05
凝灰岩	0.75～1.40	混合片麻岩	2.40～2.63
凝灰角砾岩	2.20～2.90	特别坚硬的石英岩	3.00～3.30
含岩浆岩卵石的砾岩	2.90左右	坚固细粒石英岩	2.80左右
钙质胶结砾岩	2.30左右	片状石英岩	2.80～2.90
黏土质胶结砾岩	2.20左右	风化的片状石英岩	2.70左右
胶结不好的砾岩	1.90左右	坚硬白云岩	2.90左右
石英砂岩	2.61～2.70	白云岩	2.10～2.70
硅质胶结砂岩	2.50左右	大理岩	2.70左右
泥质胶结砂岩	2.20左右	板岩	2.60左右

补给泥石流的松散碎屑物质和泥石流堆积物质，都是松散土体，各类土体在不同的状态下其力学性质差异较大，野外工作时可参阅表5-3进行分析，必要时需取样带回室内试验分析。

3. 地质构造

地质构造作用直接致使岩体变形和破坏，有利于松散碎屑物质产生，为泥石流形成与发展提供固相物质源地。地质构造的调查与评价是区域稳定、泥石流沟坡稳定和泥石流防治工程基础稳定评价的基础。

在进行泥石流流域地质构造调查之前，应收集已有的地质构造资料，如已公开出版的《中华人民共和国及其毗邻海区构造体系图》（地质出版社，1984）、《中华人民共和国构造体系图》（中国地图出版社，1976）、《中国大地构造图》（中国地图出版社，1977）及流域所在省区市有关单位编制的1：1 000 000～1：500 000构造体系图，相关的地质论著、报告及图件等，查明和分析将要勘察的泥石流沟所在区域的构造轮廓、构造运动的性质和主要构造运动的时代，各种构造形迹的特点，主要构造线的展布方向等。

在实地勘察中，对褶曲的调查内容包括其形态、规模、组成形式、轴线延伸方向、组成褶曲的地层岩性，两翼岩层的厚度变化及产状、褶曲的形成时代等。对岩体的结构面要注意调查和区分构造结构面、原生结构面和次生结构面，其中构造结构面是调查重点。对断层的调查包括位置、性质、规模、产状、断层两盘的地层及岩性、破碎带中构造岩的特点、主干断裂和伴生与次生构造形迹的组合关系、断层的形成时代及活动性等；对构造裂隙的调查包括形态特征、产状、规模、密度和充填情况等，最好选择典型地段进行产状、规模和密度的量测与统计，并做玫瑰花图，以分析它的分布规律及对坡面稳定的作用和影响。在此基础上，评价地质构造作用形成的各种软弱结构面对岩体与斜坡稳定性的影响，及其对泥石流发育的影响。

4. 新构造运动

新构造运动对第四纪地貌的发育起着控制作用，对泥石流的发生发展影响至深，通过调查工作区地貌特点（如河谷形态、构造盆地、河流阶地、夷平面、成层溶洞、跌水、堆积扇、沉积物厚度及剖面等），分析新构造运动的性质、强度、趋势、频率等，查清其升降变化规律及不同区段的差异性运动特征，分析泥石流发育规律与发展趋势。

5. 地震

地震活动对泥石流固体物质补给极为有利。由地震导致的山体斜坡稳定性破坏而产生的滑坡、崩塌往往成为泥石流的固体物质来源，甚至有的就直接转化成滑坡型泥石流或崩塌型泥石流。地震还能显著地降低岩石强度，使补给泥石流的固体物质增多。一般通过查阅国家地震局编制的《中国地震烈度区划图》

图5-4　肖家沟流域主沟崩塌（左图）、滑坡（右图）

（地震出版社，1990年）或调查区域有关地震部门编制的相应的地震地质调查报告，地震基本烈度鉴定报告等，可获取地震震级和地震烈度等设计参数值。

6. 不良地质现象

不良地质现象是指发生在地壳表层的，由重力作用形成的崩塌、滑坡、冰崩、雪崩和由风化作用形成的各种松散碎屑物质及其在重力和水体作用下发生的自上而下的移动和堆积过程（包括泥石流过程本身）（图5-4）。不良地质现象对泥石流固体物质的补给起着重要作用，往往泥石流活动频率高、规模大的泥石流沟内，均发育有较大规模的崩塌、滑坡，如云南东川蒋家沟，四川西昌黑沙河等。对不良地质现象的规模、活动状况、调查与评价和发展趋势预测，与对泥石流的发展趋势预测及所应采取的相应防治措施关系密切。

7. 松散固体物质储量估算

充足的松散固体物质是形成泥石流的三大基本条件之一，对泥石流沟内松散固体物质储量进行估算，是预测泥石流发展趋势的主要依据，其估算值也是泥石流防治工程设计的重要参数之一。泥石流体中的固体物质来源主要有崩塌、滑坡、沟床堆积物质、人工弃渣等（图5-5），我国西部冰川泥石流分布区，冰碛物和冰水堆积物为泥石流的主要固体物质来源。分别调查来源物质体积大小并估算储量后再汇总，即可得出流域可供泥石流活动的松散固体物质潜在储量。

图5-5　泥石流沟床堆积物源

（二）地形要素

泥石流的形成、运动、堆积是在特定流域——泥石流沟完成的，反映泥石流流域地形特征的参数，称为地形要素。

1. 流域基本参数及获取

流域基本参数可利用比例尺大于或等于1：100 000的地形图获取，也可以野外现场实测（图5-6）。

1）流域面积（A）

在地形图上圈定流域边界线，用光电面积仪、普通求积仪或其他方法可量测流域面积（A），一般保留两位小数，单位为km²。

2）主沟长度（L）

从流域出口沿主沟道至分水岭的长度，包括主沟

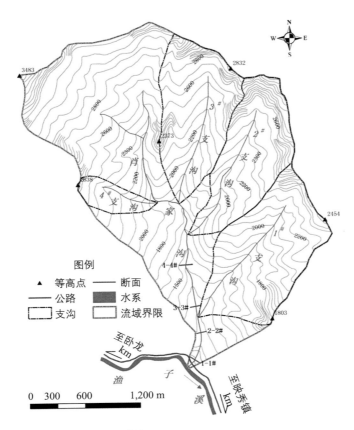

图5-6　肖家沟泥石流流域图

槽及其上游沟形不明显部分和沿流程的坡面到分水岭的全长，单位为km或m。

3）沟床比降（J）

沿主沟从沟口至分水岭的平均坡度为沟床比降，一般用千分数（‰）表示，如图5-7作沟谷纵剖面，以沟口高程为$h_0=0$，则比降（J）：

$$J = 2A/L^2 \qquad (5-2)$$

式（5-2）可以近似计算如下（h_i的划分如图5-7所示）：

$$J = \sum(h_{i-1}+h_i)L_i/L^2 \qquad (5-3)$$

沟床比降是泥石流工程布置的重要依据。沟道纵坡率大于30%不宜筑坝；沟口纵坡率15%左右，以排为主；10%左右，以排为主，并筑梳齿坝。

4）流域出口海拔（h_0）

泥石流流域汇入主河或主沟点的高程为出口海拔，可由地形图相邻两条等高线内插或仪器测量获得其数字，单位m。

5）流域最高点海拔（h）

为流域内最高点高程值，可由地形图直接读取，单位m。

6）流域相对高度（Δh）

为流域最高点高程与出口处高程的差值，即$\Delta h=h-h_0$，单位m。

7）流域周界长度（l）

用卡规或软线在地形图上可直接测量出流域周界长度值，单位m。

8）山坡坡度

利用地形图上标出的坡度尺，可量算山坡坡度，也可根据流域数字地形模型由计算机计算，还可用手持水准仪或罗盘在野外直接测量山坡坡度，如图5-8所示。

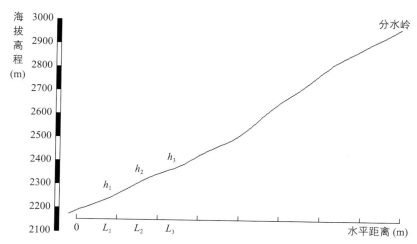

图5-7 流域沟床比降量测原理示意图[95]

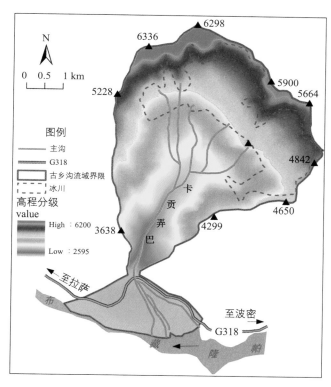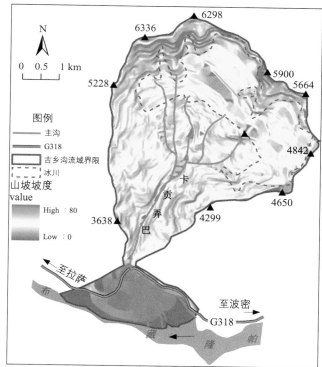

图5-8 古乡沟高程分级图、坡度分级图

2. 流域发育阶段分期

利用流域相对切割程度（*q*）对流域发育阶段分期，其为流域最大相对高度（Δ*h*）与流域周界长度（*l*）之比，可由下式计算：

$$q = \Delta h / l \qquad (5-4)$$

*q*为无量纲值，以小数表示。利用该值对流域发育程度进行判别，*q*值越小，流域发育越成熟，反之则发育越不成熟。以此作为判别泥石流沟发育成熟阶

段的参考值。即：

    $q < 0.1$，沟谷发育完善，多处于老年期；

    $q = 0.1 \sim 0.2$，沟谷发育较完善，多处于壮年期；

    $q > 0.2$，沟谷发育不完善，多处于幼年期。

（三）气候与水文参数

气候与水文因素和泥石流形成的关系极为密切，既影响形成泥石流的松散碎屑物质，又影响形成泥石流的水体成分和水动力条件，而且还往往是泥石流暴发的激发因素[89]。

1. 气候

气候资料包括气温、降水、蒸发与湿度，与泥石流形成和防治均有密切关系，其资料主要从当地气象台（站）获取，根据气象台（站）与泥石流沟的距离、高差等参考使用，也可以从当地气候图集的相应等值线图上查取。必要时，还应设站观测，获取所需气候资料。

1) 气温

调查分析年平均气温、气温年较差、极端最高气温、极端最低气温、气温极端较差，年最高与最低气温出现日期，不小于10°的积温每年，极端最高地面温度、极端最低地面温度，有无冻土发育等。用于评价岩石物理风化条件、泥石流防治工程冬季施工条件及生物工程植物生长条件等。

2) 降水

调查分析多年平均年降水量，降水年际变率，降水年内变率、年降水日数，暴雨日数（日降水量不小于50.00mm的暴雨日数，不小于100.00mm的大暴雨日数，不小于150.00mm的特大暴雨日数）及其出现频率、一日最大降水量，60分钟最大降水量、30分钟最大降水量、10分钟最大降水量，夏半年降水量，冬半年降水量等。分析与确定泥石流的激发雨量，计算不同频率的设计暴雨量，为泥石流流量计算提供基础资料。年降水量及分布也是泥石流生物防治工程所需的重要参数。

2. 水文

若泥石流流域内有水文测站，应收集丰水年和枯水年的最大流量、最小流量、平均流量、径流总量、径流模数、径流深度等资料。但对于绝大多数泥石流流域来讲，都属无水文测站的无资料地区，可采用洪痕调查、推理公式、经验公式等方法推算洪峰流量，也可根据泥石流沟所在省市自治区的水文勘测部门编制的暴雨洪水计算手册及相关图表，查阅和计算有关水文参数，再结合流域降水条件及岩性、植被、地形、表层土体等下垫面状况，分析水文条件。

对处于季节性积雪或现代冰川发育区的泥石流流域，需调查积雪洼地或现代冰川的发育情况，如面积大小、消融季节等，还需收集气温、降水变化对冰川或积雪消融的影响及消融水量大小等资料。

（四）植被

调查流域植被垂直分带状况，流域植被覆盖类型，植被覆盖度（森林覆盖度、灌丛覆盖度等），森林林型，树种，现场填绘流域植被现状图。

（五）人为活动的影响

主要调查人类活动对泥石流发育的影响并收集相关资料，包括森林砍伐情况，砍伐林木及运材方式，毁林开荒状况，森林火灾发生情况，撂荒地大小及撂荒时间，闸沟垫地及筑淤地坝情况，陡坡耕作（坡地坡度、范围），草场载畜量及是否超载，草场有无退化沙化现象及其产生原因，边坡开挖，工业及建设弃渣量及其处理方式，水利水电设施的设计、使用标准与质量高低及是否有毁坏等质量事故，是否发生或有无可能发生人为泥石流，小流域治理措施，已有防灾措施、工程类型及其使用效果等，评价人类活动对泥石流发育的影响程度大小。

5.2.3 流域地形地质勘测

（一）流域地形地质勘测

泥石流流域地形地质勘测是紧密结合泥石流防治工程规划设计的要求进行的，需根据防治工程规划布局与工程布点选择几个（或几处）可做防治工程的场地，并查明其地形地质条件，供方案对比及选择场址使用。全流域勘测一般结合遥感图像判释进行，并采用中比例尺（1：10 000～1：5 000），重点地段（如工程场地等）采用大比例尺（1：5 000～1：1 000）。

1. 遥感图像判释

利用遥感图像（图5-9）视野广、直观的特点，对泥石流沟的地貌类型、地质构造、平面形态、沟床纵坡、山坡坡度、不良地质现象、支沟和主沟口泥石流堆积扇、植被覆盖度与植被生长状况、坡耕地和撂荒地的分布等做出判释，了解泥石流松散固体物质补给区的位置，初步划分出清水汇流区，泥石流形成区、流通区和堆积区，分析泥石流与各种自然因素和人为因素间的关系，编制泥石流沟遥感图像判释图，供野外实地勘测与填图参考。此外，利用不同时期的遥感图像，可获得泥石流沟动态变化的定量值，如通过了解沟内崩塌和滑坡范围的变化及数量增减、泥石流堆积扇的变化等，可做出泥石流动态判释，预测泥石流的发展趋势。泥石流沟遥感图像判释标志见表5-6所列。

图5-9 肖家沟泥石流航测全貌

泥石流沟遥感图像判释标志[96]　　　　　　　　　　　　　　　　　　　　　　表5-6

特征　　发育期	发展期	活跃期	衰退期与中止期
地貌特征	流域形态呈舌状或棒状，无支沟或支沟少，沟头往往缺少集水盆地。沟床纵坡上陡下缓，下游狭窄常有堵沟现象，影像呈凸起不均匀色调。山坡植被较差，缓坡地带大多被垦殖	流域形态呈葫芦状或手掌状，支沟发育，沟床纵坡陡，有裂点或堵沟现象。下游沟谷呈"V"形，急弯多，山坡大多荒秃，植被稀少呈浅色调。黄土地区沟床一般上陡下缓、沟面冲沟发育、沟坡直立	流域形态似瓢状或勺状，支沟多，沟床呈束放相间，纵坡陡缓相间，沟谷开阔地段呈"U"形，常发育有零星阶地呈浅灰、灰白色调。沟坡一般有植被覆盖，局部垦为耕地的呈灰白色调
地质现象	流域内岩层较少裸露，山坡大部被各种成因的松散堆积物覆盖，影像呈浅灰色，沟谷内零星发育有坍塌、滑坡及坡面冲沟，影像呈灰白色调。黄土地区沟谷，一般有溯源侵蚀，呈灰白色细线状影像	流域内岩层大多裸露，岩体破碎。山坡凹凸不平，松散堆积物多，呈浅色调。崩塌、滑坡体明显，滑坡呈较背景深的色调；崩塌体呈浅色调。坡面片蚀及冲沟发育，呈灰白色线状或网状纹理。黄土地区崩塌体呈凹凸不平浅色调；泄出土堆常与背景色调截然不同，有的溯源侵蚀发育，呈灰白色网状纹形。沟坡或沟头地下水集中区呈较背景深的色调，是泥石流的潜在补给区	流域内古滑坡、崩塌体外形轮廓较明显，其色调与背景往往相同。沟谷松散堆积物多因长草丛呈深色调。黄土地区滑坡，色调一般较背景深。沟谷阶地前缘受冲刷地段，常见小型坍塌，呈浅灰色影像
堆积特征	泥石流扇面小，且轮廓不完整，呈较背景深的锥形影像。位于峡谷河段的泥石流沟，沟口有的无泥石流扇，仅保留影像呈灰白色调的边滩。黄土地区泥石流扇一般发育较完整，扇面坡度较大	泥石流扇扇面新鲜，色调浅，无固定沟槽，无植被，有的扇缘向主河推进，压迫河流向对岸侧蚀或形成浅滩急流，影像呈皱纹状白色调。峡谷河段泥石流扇残痕在枯水期航片上可见白色调的浅滩。黄土地区泥石流扇往往出现漫流现象，扇面一般无人类活动迹象，多为浅色调，个别有垄岗状堆积，在影像上呈纹形深色调，略具粗糙感	泥石流扇轮廓一般较明显，呈深色调。有的扇面已遭破坏，但有固定沟槽。峡谷河段泥石流扇扇缘大多受主河流水冲刷成顺直河岸或边滩。有的扇面有村舍或垦为耕地，一般生长灌丛。黄土地区常见泥石流扇成串珠状叠置，呈灰白色，新形成者色调较浅

2. 流域地貌、第四纪地质与工程地质填图

填图内容以与泥石流形成和活动有关的各种地质地貌现象为主，主要包括：①第四纪分布范围、厚度、岩性、成因、地层产状及地层年代，冰川分布线、湖面扩展界线、季节性和永久性冻土分界线等；②灾害地质现象（如崩塌、滑坡、支沟泥石流、坡面泥石流）的分布、活动状况、体积等；③沟谷已有的泥石流堆积及地貌现象的分布及特征，如泥石流阶地、龙头、垄岗、爬高、弯道超高、侧积、堆积扇等；④峡谷、陡崖分布及长度、高度等；⑤泉、井的分布位置，所属含水层类型、水位、水质、水量、动态及开发利用状况；⑥历史上破坏性地震造成建筑物、山坡、地面变形破坏的主要位置及灾害点分布状况；⑦流域内断裂在晚近地质时期以来的活动性及活动特征，断裂的产状、规模、性质及破碎带特征，有无最新充填物、切割的最新地层、断裂两侧地貌景观和微地貌特征等；⑧岩石风化变异程度，风化壳厚度、形态和性质等。除尽量利用沟谷内的天然剖面调查研究各种地质地貌现象外，还应进行适当的坑探、槽探及取样分析；必要时应进行勘探工作，以查明堆积物的分布、厚度、性质及下伏基岩的坡度等[97]。

3. 泥石流沟分区

在进行上一步填图工作的同时进行泥石流分区。

一般典型泥石流沟可以划分出清水汇流区，泥石流形成区、流通区和堆积区（图5-10）。对各区沟床坡度、弯曲度和粗糙程度进行量测和做出评价。在形成区，查明可以补给泥石流的松散碎屑物质的分布范围和储量，主要补给方式，评价沟的溯源侵蚀趋势与谷坡稳定性；取样做颗粒成分分析，根据黏粒含量评估泥石流体的性质，评价采取稳沟固坡措施的可行性。在流通区，查明沟床陡坎（跌水）位置，有无卡口、沟道断面变化情况，沟床冲淤变化特征（淤积速率、冲刷量等）及泥石流泥痕等。在堆积区，观察和描述堆积扇的形态（扇形、锥形、扇裙等），量测堆积扇大小，纵横坡度，查明泥石流堆积物粒径沿程变化特征及沉积剖面特征，一般及最大块石粒径及其分布规律，测量大块石三轴长度，取三轴的平均值作为泥石流输移大块石的直径，取样作粒径成分分析；观察与分析扇缘被主河切割状况，扇面沟道变迁与冲淤情况，主河枯、洪水位变化对沟口泥石流冲淤的影响及其变化幅度，主河输移泥沙能力，泥石流挤压主河状况，有无堵塞主河历史或有无可能堵断主河，堆积扇的发展速度，估算泥石流的规模及一次泥石流的最大堆积量（表5-7），了解人类活动及堆积扇开发利用现状，编制泥石流流域图等图件。

泥石流规模划分表[91]　　　表5-7

泥石流规模等级	特大规格	大规模	中等规模	小规模
最大一次泥石流堆积量（万m³）	>50	10~50	1~10	<1

4. 泥石流泥痕调查

选择沟道断面较稳定的沟段，量测沟壁上泥石流过境时留下的泥痕的高度（h）及沟道断面尺寸，计算过流断面面积A，再利用上、下两断面泥痕点的高差与其水平距离（L）之比，计算泥位纵坡i，即：$i=(h_1-h_2)/L$，按相关公式计算泥石流流速，也可按式（5-5）计算泥石流流量。

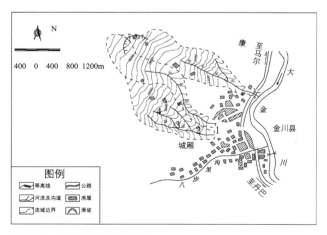

图5-10　金川县蔡家沟流域图
1—泥石流堆积区；2—泥石流流通区；3—泥石流形成区；4—清水汇流区

$$Q_c = A \cdot U_c \qquad (5-5)$$

式中 Q_c——泥石流流量（m^3/s）；

       A——过流断面面积（m^2）；

       U_c——泥石流流速（m/s）。

（二）主要防治地段工程勘测

主要防治地段为泥石流防治工程场址所在地段，其勘测资料是进行工程基础设计、地基处理的依据，勘测精度要高于全流域的勘察，采用大比例填图，比例尺为1∶1 000～1∶5 000，对各种地质地貌现象进行详细研究，以满足对选定场址所需的各种资料。对已确定的防治工程场址，需用仪器定点，并测绘专用大比例尺地形图（1∶100～1∶500比例尺的纵断面图、横断面图等），开展钻探或坑探、槽探等专项地质勘查；为查明泥石流堆积物厚度的钻孔，钻入基岩的深度应超过沟内所见最大石块粒径3～5m[98]；对勘查结果详细而准确编录，绘制钻孔柱状图、坑（槽）探剖面图及勘探处沟谷横断面地质图；采取岩石或土体样品，鉴定其物理力学性质和进行现场原位测试，确定地基承载力，提出供工程设计使用的建议值。

泥石流防治工程建筑物所需的块石料和粗细骨料，一般可在泥石流沟谷内就地解决（黄土及泥流发育区除外），勘查中需对其岩性、抗风化能力、空间分布、开采条件、储量及开采对流域环境的影响做出评价。

（三）泥石流样品试验与流体性质判定[99]

泥石流样品试验的目的是获取泥石流流体密度、固体物质粒径组成、黏度和静剪切强度等特征值。这些特征值是判断泥石流流体性质和进行泥石流防治工程设计的重要参数。由于泥石流为非均质体，在泥石流运动过程中，上述特征值是随着时间和空间的变化而变化的，这就要求样品采取的地点和数量要尽可能有代表性，使试验结果能较真实地反映出泥石流体的特征。

1. 泥石流流体性质判定及密度试验

1）现场调查

通过下面几种现象调查与综合分析，初步判定泥石流的性质是黏性还是稀性。①泥石流黏附在沟岸上的泥浆的浓稠状态；②弯道超高的大小；③泥石流堆积物特征；④泥石流阵性特征；⑤泥石流运动整体性特征；⑥泥石流体中固液两相物质的比例等（表5-8）。特征介于表5-8中两种性质泥石流之间的泥石流可定为过渡性泥石流。

2）现场取样（图5-11）实测与计算密度

图5-11 泥石流现场取样

野外调查泥石流性质判别表   表5-8

特征 泥石流性质	泥浆	弯道超高	阵性流	堆积物	固体与液体比例	运动时的整体性	密度（t/m^3）
黏性泥石流	浓稠	大	一般有	土、砂、石块大小混杂，颗粒大小差异大，无分选，无空间排列，常有巨大漂砾，可保存有泥球	≥2	强，进入主河不被河水稀释或截断	≥2.0
稀性泥石流	稀	较小	一般无	砂、石块混杂，土含量少，有一定分选和空间排列，一般不发育泥球	<1	较弱，进入主河易被河水稀释或截断	<1.7

（1）现场取样实测密度

在泥石流活动过程中的某一或某几个时期对流体采样，根据样品重量与体积之比求得密度 γ_c，即：

$$\gamma_c = W / V_c \qquad (5-6)$$

式中 γ_c——泥石流体密度（g/cm³ 或 t/m³）；

W——样品的重量（g 或 t）；

V_c——样品的体积（cm³ 或 m³）。

采取样品的体积和重量目前尚无统一标准，一般每个样品体积不应小于 5×10^{-3} m³ 或重量不小于 10kg。受取样筒大小限制，该方法获取样品仅为泥石流体中较细粒部分。

（2）现场调查试验

泥石流过后，在沟道内选择有代表性的泥石流堆积物取样，现场加水搅拌配制成泥石流流体样品，进行样品鉴定。一般样品不少于三个，每个样品体积不小于 15×10^{-3} m³。根据每个样品的重量和体积，利用式（5-6）计算密度。

利用式（5-7）也可计算泥石流密度：

$$\gamma_c = (\gamma_s f + 1)/(f + 1) \qquad (5-7)$$

式中 γ_c——泥石流密度（g/cm³ 或 t/m³）；

γ_s——泥石流体中固体物质实际密度（g/cm³ 或 t/m³），根据岩性可参考表5-4取值；

f——泥石流体中固体物质与水的体积之比，由现场调查确定。

2. 泥石流堆积物干密度试验

在野外选定的泥石流堆积区试验点，将表土除去，表面整平，挖掘成边长1m，深0.3～0.4m的近似方形试坑，取出土石全部称重。然后将塑料薄膜平铺于坑底，并紧贴四周坑壁，用水桶作量筒向坑内注水，当水面与坑口地面齐平时，记下用水量。水体的体积即为试坑的容积。用式（5-8）计算泥石流堆积物干密度 γ_s。

$$\gamma_s = W_s / V_s \qquad (5-8)$$

式中 W_s——土石重量（kg 或 t）；

V_s——试坑容积（m³）。

一般按上述步骤重复试验两次，取平均值。

3. 泥石流固体物质粒径组成取样分析

泥石流固体物质的粒径分布范围从巨石到黏粒都有，同一沟内的泥石流固体物质，大小颗粒粒径之比可达 $10^6 \sim 10^8$ 之巨。要比较真实地反映泥石流的固体物质粒度特征，必须取样进行粒度分析，根据样品的重量大小可分为大样和小样。大样的重量一般在 1 000～2 600kg 之间，小样的重量一般为5kg左右。显然，大样的代表性要好于小样。

1）大样

在泥石流堆积区选定取样地点，清除表面杂土，整平表面，按一定的几何形状（尽可能成正方体或长方体，以便于测量和计算体积）挖坑取样，样坑深度不应小于0.5m，体积不应小于0.5m³，最好为 0.5～1.0 m³。取出样品中，粒径大于100mm的石块用卷尺或直尺量测它的三轴长度，取算术平均值作为其直径，并单个分别过秤称重；其余用筛析法分为 100～50mm，50～20mm，20～10mm，10～5mm，5～2mm，2mm以下若干级，每级分组称重，粒径小于0.1mm的颗粒用比重计法测量。最后计算分组重量与总重量之比，算出颗粒级配特征值，绘制颗粒级配曲线。为使分级称重准确，在大石块过秤前，应用毛刷刷干净黏附在其上的细小土粒。取大样试验也可与测泥石流堆积物干密度试验结合进行。

2）小样

根据小样分析作出的颗粒级配曲线，只反映了泥石流体较细粒部分固体物质粒度特征，不如大样的代表性好。但小样由于量少（一般仅5kg左右即可），取样灵活方便，所以在泥石流勘测中应用较多。为了解泥石流形成、运动、堆积这一系列过程中的固体物质粒度变化情况，实际工作中需在泥石流的形成区、流通区和堆积区分别取样，带回室内作粒度分析。

根据我国西南、西北、华北及东北地区数百条泥石流沟的实地调查与测得的粒度特征结果，根据粒度分析资料基本上可以判别泥石流的性质，黏性泥石流堆积物中的黏粒（小于0.005mm）含量一般占3%～5%，或大于5%。

4．黏度测定

泥石流体的黏度η_m是判别泥石流性质的另一个重要物理指标，表示当速度梯度等于1时流体单位面积上的内摩擦力，单位为Pa·s（或g·s/cm²）。受测试技术手段的限制，尚无法直接测试泥石流体的黏度，只能测试泥石流泥浆体或人工配制的泥浆样品的黏度，近似代替泥石流体的黏度。

根据黏度值再结合泥石流的其他特征来判定泥石流性质。一般黏性泥石流体的黏度不小于5Pa·s，稀性泥石流体黏度小于2Pa·s，黏度为2～5Pa·s的为过渡性泥石流。

5.2.4 泥石流参数确定

（一）泥石流力学特征值

1．泥石流运动的最小坡度

泥石流运动的最小坡度由其组成决定，可以根据以下公式计算。

1）土力类泥石流运动的最小坡度为：

$$\tan\theta_m = (\gamma_s - \gamma_y)\tan\phi_m / \gamma_s + \tau_0 / C_v H_c \gamma_s \cos\theta_m \quad (5-9)$$

在这种坡度下，泥石流中的土体是靠其自身的重力沿运动方向的剪切分力维持其运动。

2）水力类泥石流运动的最小坡度为：

$$\frac{(\gamma_s - \gamma_y)\tan\phi_m}{\gamma_s} + \frac{\tau_0}{H_c C_v \gamma_s \cos\theta_m} > \tan\theta_m$$
$$> \frac{C_v H_c(\gamma_s - \gamma_y)\cos\theta_m \tan\theta_m + \tau_0}{\gamma_c H_c \cos\theta_m} \quad (5-10)$$

上两式中，θ_m为泥石流运动的最小坡度角（°）；τ_0为泥石流浆体的静剪切强度（g/cm²）；H_c为泥石流深（cm）；γ_s和γ_y分别为泥石流中土的密度和密度参数，$\gamma_s = \rho_s g$，$\gamma_y = \rho_y g$；ϕ_m为泥石流中土体的动摩擦角，它

应小于松散土体在饱和状态下的内摩擦角ϕ_s，其他符号同前[100]。

γ_y为泥石流中土体的密度参数（g/cm³），根据泥石流中的土体体积浓度和土体颗粒大小分配曲线计算而得：

$$\gamma_y = P_c\gamma_s + P_d\gamma_s + \gamma_m(1 - P_c - P_d) \quad (5-11)$$

式中

$$\gamma_m = (1 - C_v + C_c P_c \gamma_s)/(1 - C_v + C_v P_c) \quad (5-12)$$
$$D_0 = 60\tau_0 /(\gamma_s - \gamma_m) \quad (5-13)$$

以上各式中：P_c为泥石流中土体的黏土和粉土（小于0.05mm）所占的重量百分比，P_d为0.05mm与D_0之间的土体颗粒所占的重量百分比，可由泥石流土体样品的颗粒大小分配曲线查得；D_0为不沉粒径（mm），按式（5-13）计算；γ_m为泥石流浆体（小于0.05mm）的密度（g/mm³）。

2．泥石流冲击力

泥石流冲击力主要指其流体中巨石对遭遇目标的撞击力，大致可以归纳为以下两种情况。

1）泥石流中大石块与拦砂坝、挡土墙、建筑物等目标相撞，可按塑性体平面与刚性球撞击计算。撞击力F_c等于塑性体的平均反力：

$$F_c = \frac{1}{2}A\sigma_p = \pi a R_s \sigma_p \quad (5-14)$$

其中

$$a = U_s(m / \pi R_s \sigma_p)^{\frac{1}{2}} \quad (5-15)$$

式中
$\quad R_s$——刚性球的半径；

$\quad m$——质量；

$\quad U_s$——速度；

$\quad a$——撞入深度；

$\quad \sigma_p$——塑性体材料的抗压强度；

$\quad F_c$——撞击力。

2）按材料力学对受力结构的冲击荷载理论，计算泥石流中大石块的冲击力公式。[101]

（1）大石块冲击悬臂梁的冲击力公式：

$$F_c = (3EJU_s^2 W / L_1^3)^{\frac{1}{2}} \quad (5-16)$$

（2）大石块冲击简支梁的冲击力公式：

$$F_c = (48EJU_s^2 W / L_1^3)^{\frac{1}{2}} \quad (5-17)$$

两式中　　E——构件材料杨氏模数；

　　　　　J——受力断面的惯性矩，在悬臂梁时为固定端断面，在简支梁时为梁中点断面（公式中设冲击在梁中点）；

　　　　　L_1——梁的跨度，悬臂梁时为冲击点至固定端的距离；

　　　　　W——大石块重量；

　　　　　U_s——大石块速度；

其他符号同前。

3. 泥石流冲刷和淤积

1）河床冲刷与淤积

泥石流冲刷和淤积主要决定于河床坡度与流体及河床质特征。

实际河床坡度$\tan\theta_b$大于泥石流运动的最小坡度$\tan\theta_m$，且达到某一临界值时，泥石流将对河床产生冲刷，满足下式：

$$\tan\theta_b > \tan\theta_m \qquad (5-18)$$

河床坡度小于泥石流运动的最小坡度时，泥石流将在河床中淤积，满足下式：

$$\tan\theta_b < \tan\theta_m \qquad (5-19)$$

处于平衡坡度的泥石流河床，由于情况发生变化，如侵蚀基准面下降或上升、流域产砂量减少或增多、上游植被变好或变坏等，也会出现冲刷或淤积。

2）越坝泥石流冲刷公式

越坝跌落泥石流对下游河床会产生严重的局部冲刷，冲刷深度和长度的计算公式列举如下：

（1）冲刷深度计算公式

冲刷深度如图5-12所示，其计算公式如下：[102]

①利地格（Riediger）公式：

$$h_t = h_{t0}[\rho_{c1}/(3\rho_{c2} - 2\rho_{c1})] \qquad (5-20)$$

式中　　h_t——跌落泥石流贯入深度或称冲刷深度；

　　　　h_{t0}——上下游流体密度相等时的贯入深度，$h_{t0} = 2h_d$，h_d为上、下游水位差；

　　　　ρ_{c1}——贯入流体的密度；

　　　　ρ_{c2}——下游侧流体的密度。

②肖克里特希（Schohlitsch）实验式：

$$h_t = (4.75/D_s^{0.32})h_d^{0.2}q_c^{0.57} \qquad (5-21)$$

式中　　D_s——河床砂石的标准粒径（mm），即90%的颗粒小于该粒径，10%的颗粒大于该粒径；

　　　　h_d——上下游水位差；

　　　　q_c——单宽流量［$m^3/(s \cdot m)$］；

其他符号同前。

③伏谷伊一实验公式：

$$h_t = (0.095/D_s^{0.2})[102.04q_cU_{w0} \\ -0.0139(G_s - G_w)D_s^{1.63}]^{0.42} \qquad (5-22)$$

式中　　U_{w0}——下游水面的流速（m／s）；

　　　　G_s——砂石的密度；

　　　　G_w——水的密度；

其他符号同前。

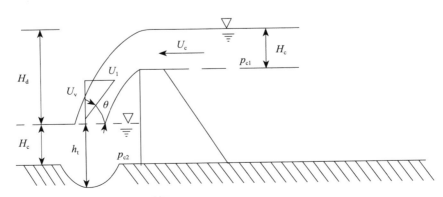

图5-12　越坝泥石流冲刷示意图

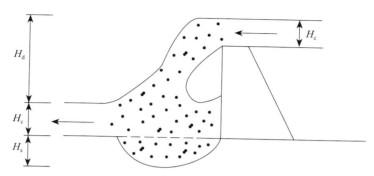

图5-13　越坝跌落石块冲击示意图

④柿德市简化式：

$$h_t = 0.6h_d + 3H_c - 1.0 \quad (5-23)$$

式中　　单位以m计。

⑤按跌落石块的动能计算冲刷坑深度公式[103]（图5-13）：

冲刷坑深度H_s为：

$$H_s = \frac{1}{12} g^2 H_c h_d \rho_s / \sigma_s \quad (5-24)$$

式中　　ρ_s——跌落石块的密度；

　　　　σ_s——坝下游河床质的允许承载力；

其他符号同前。

（2）冲刷长度公式

冲刷长度如图5-14所示，其计算公式如下[104]：

①利地格公式：

$$L_s = L_1 + L_2 + L_3 + L_4$$
$$= U_1 \sqrt{\frac{2(h_d - H_c)}{g}} + h_t \frac{U_1}{\sqrt{2g(H_d - H_c)}}$$
$$+ \frac{H_c}{\cot \arctan \sqrt{2g(h_d - H_c)}} + n(h_t - H_c) \quad (5-25)$$

式中　　L_s——冲刷长度（m）；

　　　　U_1——越坝洪流水平流速（m／s）；

　　　　n——冲刷坑边坡坡度比；

其他符号同前。

②安格荷尔兹（Angerholzen）公式：

$$L_s = \left(U_0 + \sqrt{2gH_c} \right) \sqrt{\frac{2h_d}{g}} + H_c \quad (5-26)$$

式中　　U_0为坝上游流体接近坝的流速（m／s）；

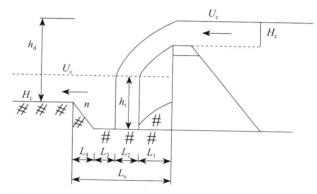

图5-14　冲刷长度示意图

其他符号同前。

③副坝位置公式：

根据式（5-15）副坝距主坝的最近距离l为：

$$l = L_s - L_4 = L_s - n(h_t - H_c) \quad (5-27)$$

4. 泥石流弯道超高和冲起高度

1）弯道超高

泥石流沿弯曲沟道流动，其外侧会产生超高，如图5-15所示。

（1）日本超高计算公式[①]：

$$h_\Delta = 2B_c U_m^2 / R_c g \quad (5-28)$$

式中　　h_Δ——超高，即弯道外测流深超过弯道前的流深H_c之值，泥石流具有直进性，其超高值大于水流，根据日本建设省的实验和野外调查资料，取为清水的2倍；

───────────

① 水山高久. 河湾上泥石流的流态. 日本建设省土木研究所，1981.

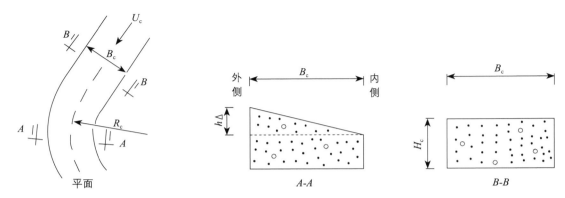

图5-15 泥石流弯道超高示意图

B_c——河床泥石流表面宽度；

R_c——河流中线的曲率半径；

其他符号同前。

（2）根据泥石流运动力学特征推导的超高计算公式[99]：

根据已有资料计算出$\tan\theta_c$后，即可由河床宽度B_c求得超高值h_Δ：

$$h_\Delta = B_c \tan\theta_c \qquad (5-29)$$

2）冲起高度

泥石流在运动方向上与具有垂直面的障碍物相遇，会骤然冲高，若泥石流平均流速为U_m，根据动能与位能相互转化的原理，忽略能量损失，则冲高$h_{\Delta c}$为：

$$h_{\Delta c} = U_m^2 / 2g \qquad (5-30)$$

5. 泥石流堵断主河分析[99]

泥石流是否可能堵塞主河，主要根据一次泥石流规模，主河流量和扇形地的泥石流沟床条件进行分析，亦可根据泥石流堆积长度L与沟口至河岸的距离L_1的关系判断是否堵河。

1）堵塞主河的一次泥石流规模

设泥石流沟与主河正交（图5-16），主河宽度为B_w，主河水深为H_w，主河底坡一般很小，可视为水平，堵塞体上游坡度较陡，应满足该种土体在饱和状态下的内摩擦角φ_s，堵塞体下游坡度可采用河床物质发生水石流的起始坡度[104]，取14°。则堵塞主河需要土体方量V_{cs}为：

$$V_{cs} = \left(\frac{1}{2\tan 14°} + \frac{1}{2\tan\varphi_s} \right) B_w H_w^2 \qquad (5-31)$$

黏性泥石流，水土不易分离，其堵塞的方量，即可作为一次泥石流在汇口断面堵塞主河的规模V_c。

稀性泥石流，由于水土易分离，砂粒及其以下的细颗粒被主河水流带走，堵塞体仅为砂粒以上的粗颗

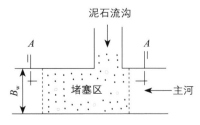

图5-16 泥石流堵塞主河示意图

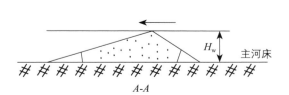

粒，取虚、实方体积折算系数为0.7，则一次泥石流在汇口断面堵塞主河的规模为：

$$V_c = 0.7V_{cs}/(C_v - P_s C_v)$$
$$= (\frac{1}{2\tan 14°} + \frac{1}{2\tan \varphi_s})$$ 　（5-32）
$$\times 0.7 B_w H_w^2/(C_v - P_s C_v)$$

式中　V_c——一次泥石流在汇口断面堵塞主河所需的总量；

　　　P_s——泥石流中砂粒及其以下的土体颗粒重量百分比，由泥石流土体颗粒大小分配曲线查得。

2）主河流量

当输入主河的泥石流土体的剪切阻力大于主河水体的剪切分力时，便会产生淤积堵塞，满足下式：

$$Q_w \leqslant [Q_c C_v(\rho_s - \rho_y)g\tan \varphi_s - Q_c \tan \theta_{b1}\rho_c g]/\rho_w g\tan \theta_{b1}$$
$$= Q_c[C_v(\rho_s - \rho_y)\tan \varphi_s - \tan \theta_{b1}\rho_c]\rho_w \tan \theta_{b1}$$
（5-33）

式中　Q_w——主河汇流断面的清水流量；

　　　Q_c——汇入主河的泥石流流量；

　　　$\tan \theta_{b1}$——主河纵坡；

　　　其他符号同前。

3）扇形地的泥石流沟床条件

扇形地的泥石流沟床坡度应大于土力类泥石流运动坡度，使泥石流能够有较大的速度进入主河才能造成淤积堵塞，沟床坡度$\tan \theta_b$应满足下式：

$$\tan \theta_b \geqslant \frac{(\rho_s - \rho_y)\tan \varphi_s}{\rho_s} + \frac{\tau_0}{C_v \rho_s g H_c \cos \theta_b}$$ 　（5-34）

式中　$\tan \theta_b$——泥石流沟床坡度；

　　　其他符号同前。

扇形地泥石流沟床与主河正交，甚至向主河上游斜交，易于堵塞；而向下游斜交，泥石流汇入主河后利于流动不易堵塞。

6. 泥石流动压力和拖动力[104]

1）动压力

设泥石流的平均流速为U_m，施于垂直面的动压力为σ，得动压力计算公式：

$$\sigma = \rho_c U_m^2$$ 　（5-35）

2）拖动力

泥石流运动时会对断面湿周产生剪切作用，引起这种剪切作用的力称为拖动力，界面的拖动力为：

$$\tau_{db} = H_c \rho_c g\sin \theta + 4\alpha(H_c/[l])\rho_c U_{xo}^2$$ 　（5-36）

式中　H_c——流深；

　　　ρ_c——泥石流体密度；

　　　g——重力加速度；

　　　θ——坡面倾角；

　　　α——泥石流运动碰撞系数，由泥石流动力学试验确定，按现有资料估算，黏性泥石流α平均值可取0.015，稀性泥石流α的平均值可取0.025为单位长度，以保持该式量纲协调；

　　　U_{xo}——泥石流底面相对于静止的坡面存在的底面滑动流速，$U_{xo} = [g(\sin \theta - \cos \theta \tan \varphi_m)/\alpha]^{1/2}H_c^{1/2}/2$，式中$\varphi_m$为泥石流体内摩擦角。

7. 泥石流侧压力[105]

稀性泥石流体的侧压力F_{d1}，可借用朗肯（Rankine）公式求得：

$$F_{d1} = \frac{1}{2}\gamma_{ys}h_s^2 \tan^2\left(45° - \frac{\varphi_{ys}}{2}\right)$$ 　（5-37）

式中　γ_{ys}——坎后泥石流堆积物重度；

　　　$\gamma_{ys} = \gamma_{ds} - (1-n)\gamma_w$；

　　　γ_{ds}——干砂密度；

　　　γ_w——水体密度；

　　　n——孔隙率；

　　　h_s——稀性泥石流泥石堆厚度；

　　　φ_{ys}——浮砂内摩擦角。

黏性泥石流的侧压力F_{vl}也可采用土力学公式计算：

$$F_{vl} = \frac{1}{2}\gamma_c H_c^2 \tan^2\left(45° - \frac{\varphi_\alpha}{2}\right)$$ 　（5-38）

式中 γ_c——黏性泥石流体密度；

H_c——黏性泥石流泥深；

φ_α——黏性泥石流体内摩擦角，据有关资料介绍 φ_α 可为 4°～10°，野外实测 φ_α 值可达 8°（流体黏稠，并含大量粒径为 5～10cm 的块石）。

（二）泥石流流速公式

1. 理论公式

现有泥石流流速理论公式大致可归纳为三类。

一类是将泥石流视为固液两相流，在理论分析基础上建立起阻力和运动的参数方程，通过实验确定其参数。这类方程以拜格诺方程为代表[106]。拜氏导出了在坡面和河床上运动的均匀干沙流和黏性泥石流的匀速运动公式。

干沙流表面流速 U_{cb} 的公式为：

$$U_{cb} = 2\left(\frac{C_v}{0.076}\right)^{1/2}(g\sin\theta)^{1/2}H_c^{3/2}/3\lambda D \quad（5-39）$$

黏性泥石流的表面流速 U_{cb} 公式为：

$$U_{cb} = g\sin\theta[\rho + (\rho_s - \rho)c_v]H_c^2/4.5\eta_m\lambda^{3/2} \quad（5-40）$$

水石流的表面流速公式为：

$$U_{cb} = 2(\rho_c/0.076\rho_s)^{1/2}(g\sin\theta)^{1/2}H_c^{3/2}/3\lambda D \quad（5-41）$$

式中 ρ_c——固体颗粒与水的混合体的密度，

$\rho_c = \rho_w + (\rho_s - \rho_w)c_v$，$\rho_w$ 为水的密度；

其他符号同前。

继拜氏之后，不少人进行了类似的实验研究，并得出了类似的结果，其中高桥保[123]的水石流表面流速公式形式与式（5-41）相同，其表面流速公式为：

$$U_{ck} = (\rho_c H_c g\sin\theta - \tau_B)^2/2\eta\rho_c g\sin\theta \quad（5-42）$$

式中 τ_B——黏性泥石流体的屈服应力；

η——黏性泥石流体的黏度；

其他符号同前。

第三类是将泥石流抽象为均匀分布的固体颗粒散体的流动。这种颗粒散体与实际泥石流体有着相同的物理力学性质，具有基本符合库伦（Coulomb）公式的剪切强度，在这样的物理抽象基础上，采用颗粒

散体重力流模型，以连续介质剪切变形的力学分析方法，建立起了泥石流阻力与运动的参数方程，再用实验和原型观测数据以及实例分析确定其参数并进行验证。这类公式可以用周必凡的公式为代表，其表面流速公式为[107]：

$$U_{cc} = U_{xo} + (2/3[l])(\alpha_1/\alpha)^{1/2}(H_c - \tau_0/\alpha_1\rho_c)^{3/2}$$
$$= \frac{1}{2}(\alpha_1/\alpha)^{1/2}(H_c - \tau_0/\alpha_1\rho_c)^{1/2} + \frac{2}{3[l]}(\alpha_1/\alpha)^{1/2}$$
$$(H_c - \tau_0/\alpha_1\rho_c)^{3/2}$$

$$（5-43）$$

其平均流速 U_m 的公式为：

$$U_m = \frac{U_{cc}\tau_0}{\alpha_1\rho_c H_c} + (\alpha_1/\alpha)^{1/2}(H_c - \tau_0/\alpha_1\rho_c)^{3/2}/H_c$$
$$+ 2(\alpha_1/\alpha)(H_c - \tau_0/\alpha_1\rho_c)^{5/2}/5[l]H_c$$

$$（5-44）$$

式（5-43）和式（5-44）中

τ_0——泥石流的黏聚力，目前还难以测定，在计算中以泥石流中粒径小于 0.05mm 的泥浆体的屈服应力 τ_0 代替；

$\alpha_1 = g(\sin\theta - \cos\theta\tan\varphi_m)$；

φ_m 按计算求得；

φ_s——泥石流中土的摩擦角；

α——泥石流内部相对运动碰撞摩擦阻力参数，其取值需由泥石流动力学实验确定；

$[l]$——单位长度；

U_{xo}——泥石流底面相对静止坡面的滑动流速；

ρ_c——泥石流体密度；

其他符号同前。

2. 经验公式

1）黏性泥石流流速经验公式

（1）云南东川蒋家沟泥石流流速计算公式[108]

该公式根据 1965～1967 年，1973～1975 年间共 101 次泥石流 3 000 多阵次的观测资料整理得出：

$$U_m = (1 - n_c)H_c^{2/3}I_c^{1/2} \quad（5-45）$$

式中　　U_m——泥石流断面平均流速（m/s）；

　　　　H_c——计算断面的平均泥深（m）；

　　　　I_c——泥石流水力坡度，一般可用河床纵坡代替；

$1/n_c=M_c$——泥石流河床糙率系数，$1/n_c=28.5H_c^{-0.34}$。

（2）云南东川大白泥沟、蒋家沟泥石流流速计算公式[109]

该公式根据153阵次泥石流观测资料整理得出：

$$U_c = KH_c^{2/3}I_c^{1/5} \qquad （5-46）$$

式中　　U_c——泥石流表面流速；

　　　　K——黏性泥石流流速系数，用内插法由表5-9查找；

其他符号同前。

黏性泥石流流速系数K值表　表5-9

H_c（m）	<2.5	3	4	5
K	10	9	7	5

（3）甘肃武都地区泥石流流速计算公式

该公式根据100多阵次泥石流观测资料分析得出，该式亦可用于限制条件下的稀性泥石流：

$$U_c = M_c H_c^{2/3}I_c^{1/2} \qquad （5-47）$$

式中　M_c——泥石流沟床糙率系数，具体数值可参考《工程地质手册》；

其他符号同前。

（4）西藏古乡沟、云南东川蒋家沟、甘肃武都火烧沟泥石流流速计算公式

根据199次泥石流3 000多阵次观测资料分析得出：

$$U_c = (1/n_c)H_c^{2/3}I_c^{1/2} \qquad （5-48）$$

式中　n_c——黏性泥石流沟床糙率，具体数值可参考《工程地质手册》；

其他符号同前。

2）水石流（稀性泥石流）流速主要经验公式

（1）铁道部第三勘测设计院建立的经验公式[109]

$$U_c = (15.5/a)H_c^{2/3}I_c^{1/2} \qquad （5-49）$$

式中

$a = 1(1+\varphi_c\rho_s)^{1/2}$，其中$\varphi_c = (\rho_c - \rho_w)/(\rho_s - \rho_c)$。

（2）北京市市政设计院根据北京地区公路泥石流调查资料建立的公式[110]

$$U_c = (M_w/a)R^{2/3}I_c^{1/10} \qquad （5-50）$$

式中　M_w——河床外阻力系数，具体数值可参考《工程地质手册》；

　　　　R——河床计算断面的水力半径（m）；

其他符号同前。

（3）西南地区现行公式[111]

$$U_c = (M_c/a)R^{2/3}I_c^{1/2} \qquad （5-51）$$

式中　R——泥石流水力半径（m），在天然河床，一般可以平均水深H_c代替；

　　　　M_c——泥石流沟糙率系数，查表5-10；

其他符号同前。

（三）泥石流设计流量

1. 形态调查法

1）流量计算式

根据沟床内以往发生过的泥石流痕迹，测量泥位高和过流断面面积，计算平均流速和流量，再根据其发生的日期，确定其经验频率，以此推算设计流量的方法称为形态调查法。这种方法在无或少资料区经常采用，在有资料区也是作为相互校核验证计算的主要方法。其流量计算式和经验频率计算式为：

$$Q_c = A_{sc}U_c \qquad （5-52）$$
$$P = n_i/(n+1)\times100\% \qquad （5-53）$$

式中　Q_c——调查断面的泥石流流量（m³/s）；

　　　　A_{sc}——调查断面的过流面积（m²）；

　　　　U_c——通过调查断面的泥石流平均流速（m/s），选用前述的流速公式进行计算；

　　　　P——本次泥石流出现的经验频率（%）；

　　　　n——调查期的总年数；

泥石流沟糙率系数M_c值

表5-10

组别	沟槽特征	M_c值		坡度
		极限值	平均值	
1	沟槽糙率很大，槽中堆积不易滚动的棱石大块石，并被树木严重阻塞，无水生植物，沟底呈阶梯式降落	3.9～4.9	4.5	0.375～0.174
2	沟槽糙率较大，槽中堆积有大小不等的石块，并有树木阻塞，槽内两侧有草木植被，沟床坑洼不平，但无急剧突起，沟底呈阶梯式降落	4.5～7.9	5.5	0.199～0.067
3	较弱的泥石流沟槽，但有大的阻力，沟槽由滚动的砾石和卵石组成，常因有稠密的灌木丛而被严重阻塞，沟床因有大石块突起而呈凹凸不平	5.4～7.0	6.6	0.187～0.116
4	在山区中下游的光滑的岩石泥石流沟槽，有时具有大小不断的阶梯跌水的沟床，在开阔河段有树枝，砂不停积阻塞，无水生植物	7.7～10.0	8.8	0.220～0.112
5	在山区或近山区的河槽，由砾石、卵石等中小粒径和能完全滚动的物质组成，河槽阻塞轻微，河岸有草本及木本植物，河底降落较均匀	9.8～17.5	12.9	0.090～0.022

n_i——在n年中，按泥石流流量大小排列所得到的本次的序号[112]。

若调查不到泥石流频率资料，可将引起该次泥石流的降雨出现频率，近似地作为本次泥石流流量出现的频率。

2）形态断面位置选择和泥位调查

形态断面应选择在沟道顺直、断面变化不大、无阻塞、无汇流、无回流、泥痕比较清晰的河段。泥位痕迹调查最好由目击者在现场指认，并仔细查找遗留的痕迹，如岸边石缝中留下的泥石流物质，或泥石流在岸壁上留下的擦痕或泥痕等，都是确定泥石流泥位的良好标记。泥位调查应在形态断面上，下游各50m范围的河段内，调查两个以上的泥位痕迹，根据泥位在纵断面上的连续性来判别调查泥位的可靠程度，并据此计算泥石流的平均泥深、过流断面面积和水力坡度。

3）形态断面处的设计流量推算

（1）当调查到三个以上不同年份发生的泥石流流量时，可按一般水文计算中的图解法或试算法，求得理论频率曲线的三个参数，用下式计算设计流量：

$$Q_p = Q_a(1 + \Phi C_y) = Q_a K_p \qquad (5-54)$$

式中 Q_p——设计频率的流量（m³/s）；

Q_a——年最大洪峰流量的算术平均值（m³/s）；

Φ——离均系数，与p及偏差系数C_s有关；

C_y——变差系数；

K_p——频率p时的模比系数。

（2）当泥石流形态调查中，仅调查到一个流量Q_a时，则按下式计算设计流量：

$$Q_p = Q_n K_p / K_n \qquad (5-55)$$

式中 Q_n——频率n的流量（m³/s）；

Q_p——频率p的流量（m³/s）；

K_n——频率n的模比系数；

K_p——频率p的模比系数。

4）工程断面处的设计流量

当形态断面位置与工程断面位置距离较远时，设计流量一般按流域面积比例，按式（5-56）换算到工程断面：

$$Q_e = Q_f (A_{bc} / A_{bf})^{0.8} \qquad (5-56)$$

式中 Q_e——工程断面的设计流量（m³/s）；

Q_f——形态断面处的流量（m³/s）；

A_{bc}——工程断面控制的流域面积（km²）；

A_{bf}——形态断面控制的流域面积（km²）。

当对一些沟谷未能调查到泥石流痕迹时，可用附近条件相似沟谷的设计流量，按式（5-56）推算设计流量。

2. 配方法

假定泥石流与暴雨洪水同频率并同步发生，计算断面的暴雨洪水流量全部变成泥石流流量，根据这种假定所建立的泥石流流量计算方法称为配方法。这种方法的计算步骤是，首先按水文方法计算断面的不同频率的小流域暴雨洪峰流量，再按下述情况计算泥石流流量。

1）不考虑泥石流土体的天然含水量，其计算式为：

$$Q_c = (1 + \Phi_c)Q_w \qquad (5-57)$$

$$\Phi_c = (\gamma_c - \gamma_w)/(\gamma_s - \gamma_c) \qquad (5-58)$$

式中　Q_w——某一频率的暴雨洪水设计流量（m^3/s）；

Q_c——与 Q_w 同为频率的泥石流流量（m^3/s）；

Φ_c——泥石流流量增加系数；

其他符号同前。

2）考虑泥石流土体的天然含水量，其计算式为：

$$Q_c = (1 + \Phi_c')Q_w \qquad (5-59)$$

$$Q_c' = (\gamma_c - 1)[\gamma_s(1 + P_w) - \gamma_c(1 + \gamma_s P_w)] \qquad (5-60)$$

式中　Φ_c'——考虑泥石流土体天然含水量的流量增加系数；

P_w——泥石流土体的天然含水量（%）；

其他符号同前。

3）考虑堵塞，其流量计算式为：

$$Q_c = (1 + \Phi_c)Q_w D_m \qquad (5-61)$$

$$Q_c = (1 + Q_c')Q_w D_m \qquad (5-62)$$

式中　D_m——泥石流堵塞系数；

其他符号同前。

根据东川地区7年中40个观测资料验证，D_m 值在 1.0~3.0 之间，并与堵塞时间成正比，与泥石流流量成反比，即：$D_m = 0.87t_d^{0.24}$；$D_m = 5.8/Q_c^{0.21}$。在确定堵塞系数时要具体分析，综合考虑。

对于地震灾区泥石流沟的设计流量，堵塞系数应取较大值。强震后，沟道内的崩塌、滑坡，使泥石流松散物质的补给量剧增，沟道内的崩塌、滑坡多级堵塞沟道，使得相同频率条件下实际泥石流的规模可能要远大于雨洪法计算结果。因此，震后计算泥石流流量时，应采用雨洪法、形态调查法相结合综合分析。在地震灾区，当无实际调查条件，只能采用雨洪法时，本文建议最后泥石流堵塞系数 D_m 按表5-11取值，取值主要考虑河道内的堵塞密度、堵塞体高度和堵塞体性质。表5-11中，当3个分级指标所属级别相关两级以上，且最高级别指标只有1个时，将3个分值指标中所属最高级别降低一级，作为堵塞系数取值级别。其余情况时将最高级别作为取值级别[113]。

泥石流堵塞系数取值表　　表5-11

堵塞密度（个/km）	分级指标 堵塞体高度（m）	堵塞体性质	堵塞程度	堵塞系数
>5	>10	以土质为主	严重	4.5~5.5
3~5	5~10	土含大块石	较严重	3.5~4.5
2~3	3~5	大块石含土	中等	2.5~3.5
<2	<3	以大块石为主	一般	<2.5

3. 实测法

在经常暴发泥石流的沟谷，对泥石流流量进行实地观测，同时进行雨量观测，利用流量与降雨的关系，并以降雨的频率作为这次泥石流出现的频率进行统计分析，求得设计泥石流流量。

观测断面一般设在沟道比较顺直，断面和纵坡变化较小的地方，如有条件则最好设在人工沟道上，或设置人工观测断面。泥石流流量观测的主要内容有泥位变化过程、表面最大流速、过流断面尺寸、沟床纵横断面变化等项目，并在不同时间采取泥石流样品，测定其密度、土粒组成、黏度、静切力等，并记述泥石流流动状况。

在泥位观测时，水文观测的直立式水尺容易受泥石流冲击破坏及泥浆掩盖无法读数。泥位观测一般有两种方法，一是直读法，多在岸坡上按一定高度间隔钉立木桩水尺，或沿岸坡修成踏步或梯式水尺，或在沟壁上修混凝土护壁，在护壁上设置框格缝作为水尺，这样除便于直接观测外，还便于用照相机、录像机记录泥位读数；二是间接法，采用超声波测距仪，于观测断面上架设索道，悬挂超声波测距仪，先测出河底距离仪器的高度，在泥石流流动过程中不断测出其流动表面至仪器的高度，两者之差值即为泥深，用此法可以获得泥位过程线。

对泥石流流动过程中的断面变化，目前还没有办法测量。一般只能在流动前后作两次断面测量，计算其有效过流断面。若无流动过程中的断面测定资料，可按其测定泥位所包括的断面计算流量。

流速观测亦有两种方法，一是常用的浮标法，二是雷达测速法。由于泥石流的断面流速分布规律还不清楚，所观测到的表面最大流速（流路中线的表面流速）与断面平均流速的比值不能确定。为了实际需要，可取$U_c/U_{cm} = 0.7 \sim 0.9$，高密度泥石流取较大值，低密度泥石流取较小值。

实测泥石流流量按式（5-62）计算。应当特别注意，在进行泥位观测和流速观测时，应尽可能做到时间上的同步。若实测泥石流流量系列短，则不能作为设计流量的依据，只能作为验证设计流量的资料。

（四）泥石流总量与含砂量

1. 一次泥石流过程总量计算

1）计算法[114]

一是针对连续性泥石流的经验公式法，主要基于固体物质总量和泥石流峰值流量统计关系的经验模型、五边形法和修正五边形法。根据泥石流历时和最大流量，按泥石流暴涨暴落的特点，将其过程线概化为五边形（图5-17），通过计算断面的一次泥石流总量按下式计算：

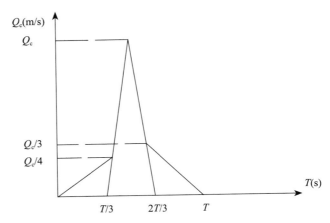

图5-17 概化泥石流流量过程线

$$V_c = 19TQ_c/72 \quad （5-63）$$

式中　V_c——一次泥石流总量（m^3）；

　　　T——泥石流历时（s）；

　　　Q_c——通过计算断面的最大流量（m^3/s）。

一次泥石流冲出固体物质总量按下式计算：

$$V_s = C_y V_c = (\gamma_c - \gamma_w)V_c/(\gamma_s - \gamma_w) \quad （5-64）$$

式中　V_s——通过计算断面的固体物质实体总量（m^3）；

其他符号同前。

2）实测法

一次泥石流冲出的固体物质基本上都堆积在扇形地的情况下，可以采用地形测量的方法实测其堆积体积，并同时采样测定泥石流土体和堆积物土体的颗粒大小分配曲线，按下式估算一次泥石流总量：

$$V_c = (\alpha_s V_s \beta_c/\beta_{cs})(\gamma_s - \gamma_w)/(\gamma_c - \gamma_w) \quad （5-65）$$

式中　α_s——堆积物的松散体积系数，一般可取值0.8；

　　　β_c——堆积物中粗颗粒所占的百分比，从堆积物土体颗粒大小分配曲线查得；

　　　β_{cs}——堆积物粗颗粒在泥石流土体中所占的百分比，由泥石流土体颗粒大小分配曲线查得；

其他符号同前[115]。

2. 年平均泥石流冲出泥沙量计算

从泥石流沟谷中，每年平均可能冲出的泥沙总量是设计拦砂坝、停淤场及预测排导沟口可能淤积高度的主要数据，也是进行危险度划分的主要依据。当前对平均冲出泥沙量一般采用以下几种方法进行估算。

1）按当年的泥石流淤积量估算

在以淤积为主的泥石流沟中，可根据大比例尺地形图量取淤积面积及淤积厚度，计算其当年淤积量，加上已经流入大河的泥沙量，即为当年冲出的泥沙量，再乘以历年平均降雨量与当年降雨量的比值，即为多年平均冲出泥沙量。

2）按流域内固体物质的流失量估算

当泥石流沟的冲出物大部分被大河带走时，可采用调查泥石流形成区补给的泥沙数量，估算其年平均冲出量。当泥沙主要由大型滑坡补给时，则可根据地形图对滑坡体复原的方法，计算泥石流补给量，作为年平均泥石流固体物质冲出量。

3）按支沟下切深度估算

当泥石流土体主要由上游一些不稳定边坡段供给时，由于支沟下切，使谷坡平行后退，流域两侧山坡上土体的总流失量可按下式计算：

$$V_s = H_{sa} A \qquad (5-66)$$

式中　V_s——两侧山坡土体的总流失量（m^3）；

　　　A——直接补给区的面积（m^2）；

　　　H_{sa}——年平均下切深度（m）。

4）按一次降雨径流估算

根据一次典型的泥石流观测资料，推算年平均泥石流冲出泥沙量。

5）按侵蚀模数估算

泥石流年冲出泥沙量可按下式估算：

$$V_s = M_r M_e A_b \qquad (5-67)$$

式中　V_s——年平均泥石流冲出泥沙量（万m^3）；

　　　M_r——降雨系数，按表5-12选取；

　　　M_e——侵蚀模数，按表5-13选取；

　　　A_b——流域面积（km^2）。

降雨系数M_r值表　　　　表5-12

年降水量（mm）	400～800	800～1 400
M_r	1	2

侵蚀模数M_e值表　　　　表5-13

沟谷中泥石流作用强度	轻微	一般	严重	特别严重
M_e（万m^3/km^2）	0.5～1.0	1.0～2.0	2.0～5.0	5.0～10.0

6）用正射影像动态地图计算

利用泥石流沟流域的重复性航空遥感信息影像资料，摄影比例尺一般为1：15 000～1：50 000，制作流域的正射影像地图，比例尺一般为1：5 000，采取统一控制系统，统一量、制作比例尺，统一量测格网的三统一方法，强制不同时期的立体模型，量测流域格网上地表的升降值，按平行剖面法公式计算固体物质变化量（图5-18）：

$$V_s = [A_1 + A_2 + (A_1 \cdot A_2)^{1/2}] l / 3 \qquad (5-68)$$

式中　V_s——两剖面间固体物质变化量（m^3）；

　　　A_1，A_2——剖面A_1和A_2的面积（m^2）；

　　　l——两剖面间距离（m）。

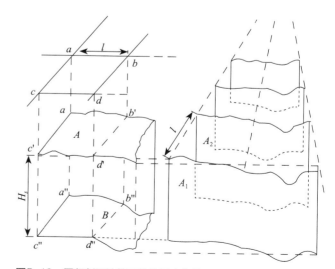

图5-18　平行剖面计算固体物质变化量图

A—原立体模型被量面；B—新模型被量面；a, b, c, d—量测格网交叉点；a', b', c', d', a'', b'', c'', d''—被量面上的定位点；H_s—同位同名点升降值；l—量测格网间距；A_1，A_2—各剖面面积

按图5-18所示方法所量取的升降值H_s与格网间距l分别计算剖面A_1和A_2的面积A_1和A_2，代入式（5-68），计算出泥石流形成区、流通区和堆积区的固体物质减少和增加量，即可算得多年累计冲出泥沙量，再除以间隔年数即得到多年平均冲出泥沙量。

5.3　泥石流风险评价与防治分区

5.3.1　泥石流危险区确定与危险性评估

5.3.1.1　泥石流危险区确定

泥石流危险范围，即泥石流堆积扇的泛滥范围。泥石流扇状地危险范围预测对于确定泥石流灾害的危险区域非常重要，是进行灾害风险分析的必要元素，也是泥石流防灾减灾的一种非常重要的非工程减灾措施。对于泥石流扇状地危险范围的预测主要包括泥石流堆积长度、宽度、厚度和堆积面积的预测。

国内外对于泥石流扇状地危险范围预测的研究有很多，这些研究方法可以归纳成三类：经验统计法、室内实验法、理论推导法和数值模拟法。对于采用室内实验方法，探讨的多是理想条件下的堆积过程，其建立的危险范围预测公式缺乏实际验证；对于建立在理论推导基础上的数值模拟方法，其结果能够反映泥石流在堆积区流速、泥深随时间的变化，最终模拟结果能确定泥石流的危险范围，包括危险范围内各点的淤积厚度，但是数值模拟是建立在泥石流动力学方程基础上的，且需要通过某种软件来具体实施，其操作性较为复杂；经验统计法主要是根据现场观测及野外考察获取的相关数据，采用数理统计的方法，从泥石流流域特征参数、泥石流性质参数和扇状地基本参数进行相关统计分析，得出预测泥石流危险范围的经验公式。经验统计法操作简单，便于应用，但是，需要注意的是，由于此类经验公式极具地域性，不同的水文、地形、地质及堆积物等现场因素都可能对泥石流的危险范围产生不同的影响。此外，这类经验统计的方法考虑的因素较少，往往忽略泥石流体积浓度、流速和堆积区平均坡度等因子，若完全不考虑其背景条件而贸然应用，势必会造成某种程度的误差。下面就目前较为常用的经验预测方法进行介绍。

1. 泥石流冲出量预测

泥石流冲出量是泥石流沟严重程度的综合指标之一。冲出物方量越大，遭到泥石流危害的可能性就越大。武居有恒[116]根据日本泥石流调查资料进行统计回归分析，得出流域面积与泥石流冲出量之间的简单指数关系。弗莱施曼[117]认为泥石流流域面积与泥石流冲出量之间无正比关系。刘希林[118]统计了中国西南和西北地区部分代表性泥石流的有关数据，也得出流域面积与泥石流冲出量之间的简单指数关系；山下佑一[119]等提出了用流域面积和堆积区坡度双因子预测泥石流危险范围的方法，得出了一次有益的结果。Franzi[120]基于200多条泥石流沟的统计资料，研究了泥石流沟流域面积与冲出量之间的关系，在指出传统统计学方法不足的基础上，根据冲出量与流域面积的统计关系，提出并建立了概率分布函数来描述堆积量与流域面积的关系；固体物质储量和泥石流冲出量：芦田和男[121]、唐川[122]、刘希林[124]通过对泥石流资料的相关分析，统计出固体物质储量和泥石流冲出量呈指数关系。

2. 泥石流堆积长度预测

泥石流扇状地堆积长度也即泥石流出山口后在堆积区停止后的运动距离，国内外对于泥石流堆积长度预测的研究有很多。Perla[125]、Cannon[126]、Benda[127]、刘希林[124]、Zimmermann[128]、Whipple[129]、Pierson[130]、Vandine[131]、Bathurst[132]、Iverson[133]、Villar[134]、Fannin and Wise[135]、Lancaster[136]、Crosta[137]等通过对泥石流资料的相关分析，对泥石流堆积长度进行了相关的统计回归分析；Cannon[138]以夏威夷Honolulu地区的泥石流现场调查资料回归分析出泥石流的流域距离为沟床坡度、沟床断面的曲率半径及沟床上植生形态等因子的关系经验式；Toyos[139]通过对意大利南部Sarno火山地区28条火山泥石流沟的泥石流体积与泥石流流出参数（$\Delta H/L$）的统计回归分析，提出预测泥石流流出距离的快速计算公式，他的统计回归公式只适用于火山地区小规模泥石流的预测。

3. 泥石流堆积扇面积预测

流域面积和堆积扇面积没有直接的关系，但二者是有一定的内在联系的。流域面积部分地决定着来水来砂量，水、砂量又直接影响到泥石流冲出量，而冲出量又是决定堆积扇面积的关键。Bull[140]研究了流域集水区特征与泥石流堆积扇之间的关系，他发现了流域面积与堆积扇面积之间的指数关系，以及流域坡降与堆积扇坡降之间也存在这种关系；刘希林[123]对流域面积和堆积扇面积进行了统计回归。Christine[141]通过对美国俄勒冈州海岸山脉地区125条泥石流沟的调查，利用泥石流流域面积、出山口沟道宽度和主沟近30年有无泥石流发生三个参数统计回归计算泥石流扇状地的面积。Berti[142]根据意大利阿尔卑斯山脉40条泥石流沟流域和27个历史资料，统计了泥石流泛滥面积和泥石流流出方量之间的统计关系。

表5-14列举了目前常用的泥石流冲出距离经验预测公式。

5.3.1.2　泥石流危险性评估

泥石流对其活动区（包括形成区、流通区和堆积区）内的水土资源、生态环境、经济建设及人民生命财产等会造成直接破坏和伤害，间接损失更难以计算，具有极大的破坏力。泥石流的破坏力与其危险性有很大关系，危险性的定量表达即危险度，"度"即度量衡，危险度是危险程度的简称[143]。最早涉及泥石流危险度评价的研究可能为日本学者1977年提出的"泥石流发生危险度的判定"。1981年美国地质工程师Hollingsworth和Kovacs采用打分方法，提出了泥石流危险度评价框架，他们建议将岩性、坡度和切割密度3个因子分别划分为0、1、2、3、4共5个等级，再用因子叠加求和进行危险度评价。国内较早开始的与泥石流危险度有关的研究为谭炳炎1986年发表的"泥石流沟严重程度的数量化综合评判"一文。唐晓春教授和唐邦兴研究员认为，我国正式使用泥石流危险度一词的最早研究文献始于1988年，其后这一领域的研究持续至今，研究工作不断深入，新

目前常用的泥石流冲出距离经验预测公式

表5-14

计算公式	来源
$\log(H/L_f) = -0.105\log V - 0.012$	Corominas（1996）
$(H/L_f)_{\min} = 0.20A_c^{-0.26}$	Zimmermann（1996）
$L_f = 30(VH)^{0.25}$ $L_f = 1.9V^{0.16}H^{0.83}$	Rickenmann（1999）
$L_f = 65.3\left(\dfrac{\psi}{V^{2/3}}\right)^{-0.49} \approx 65.3\psi^{-1/2}V^{1/3}$	Rickenmann（2005）
$L_f = 7.13(VH)^{0.271}$	Lorente（2003）
$L_f = 0.36A_c^{0.06} + 0.03(VH)^{0.54} - 0.18$	Tang C（2011）
$L_f = 7.58V^{0.11}H^{0.18}e^{a+}$（坡面泥石流a+=0.58稀性，a+=0.97黏性） $L_f = 2.04V^{0.18}H^{0.1}e^{a*}$（沟谷泥石流a*=1.75稀性，a*=2.90黏性）	ZHANG Shuai（2013）

注：L_f为泥石流冲出距离，V为一次泥石流冲出量，H为流域相对高差，A_c为泥石流流域面积，ψ为泥石流堆积扇扩散角。

的原理和方法不断涌现，如模糊综合评判、层次分析法、GIS技术、灰色系统理论、神经网络、投影寻踪动态聚类方法、可拓学方法、分形理论、最有组合赋权法、突变模型、改进型拉开档次法、主成分分析法、博弈论组合赋权法等等。目前，有关单沟和区域泥石流危险度评价的基本原理和技术方法已初步成型，并在实践应用中逐步得到完善和改进。

（一）单沟泥石流危险性评估

刘希林[144] 1988年建立的单沟泥石流危险性评价模型，经过不断改进后，成为目前应用最为广泛的方法。下面就着重介绍此种方法的计算过程及其应用。

1. 危险性评价因子

刘希林经过泥石流危险性主要因子的确定和次要因子的筛选，得出单沟泥石流危险度评价的7个因子：

1）泥石流规模（m，单位为10^3m^3）：一次泥石流输砂量（一次泥石流冲出物的最大方量），为主要因子。泥石流冲出的固体物质方量越大，遭受泥石流损害的可能性就越大，是影响泥石流危险度最直接的因素之一。

2）泥石流发生频率（f，单位为%）：单位时间内泥石流发生的次数，为主要因子，通常以100年为单位时间。这里的泥石流发生频率不同于通常意义上的水文频率、物理频率或统计频率。泥石流发生频率越高，遭受泥石流损害的可能性就越大，亦是影响泥石流危险度最直接的因素之一。

3）沟谷流域面积（s_1，单位为km^2）：反映沟谷流域产砂和汇流情况，为次要因子。流域面积与流域产砂量成正相关，产砂量多少影响到流域内松散固体物质储量，松散固体物质储量又影响到一次泥石流冲出方量。

4）主沟长度（s_2，单位为km）：决定着泥石流的流程和沿途接纳松散固体物质的多少，为次要因子。泥石流流程越远，接纳的松散固体物质越多，其能量和破坏力越大。

5）流域相对高差（s_3，km）：代表着泥石流潜在的动能，一定程度上反映了沟道纵坡，为次要因子。流域相对高差越大，则泥石流势能就越大。

6）流域切割密度（s_6，单位为km/km^2）：综合反映流域地质地理环境，为次要因子。流域切割密度越大，支沟侵蚀越发育，固体和液体径流越大，泥石流潜在破坏力就越大。

7）不稳定沟床比例（s_9，单位为%）：泥砂沿程补给段长度比，也就是泥砂沿程补给累计长度占主沟长度的百分比，为次要因子。该比例越大，表明流域内泥砂补给条件越好。

进行沟谷泥石流危险度现状评价时，泥石流规模是指已发生过的前一次泥石流冲出沟口后在堆积区堆积的固体物质总量。如果不清楚前一次泥石流堆积物的具体方量，则以目视到的泥石流堆积扇的测量体积作为泥石流规模的替代值。

泥石流发生频率目前主要通过文献资料查证和实地调查访问这两种方式获取。统计调查访问到的历史上泥石流发生的次数，以最早一次泥石流发生时间为起点，以最近一次泥石流发生时间为终点，换算成每100年多少次，即为笔者所定义的泥石流发生频率。

其他5个次要因子均可在1∶50 000地形图上量算，不稳定沟床比例结合野外考察或航片判读确定的准确性更高。

2. 评价模型及计算方法

最新沟谷泥石流危险度计算公式为：

$$H_{单}= 0.29M+ 0.29F+ 0.14S_1+ 0.09S_2+0.06S_3+ 0.11S_6+ 0.03S_9$$

（5-69）

式中　　$H_{单}$——单沟泥石流危险度（0~1）；

M、F、S_1、S_2、S_3、S_6、S_9

　　——分别为m、f、s_1、s_2、s_3、s_6、s_9的转换函数赋值（表5-15），$S_1~S_{14}$为14个候选次要因子的连续编号，式中缺失的编号即为淘汰的次要因子。

单沟泥石流危险度评价因子的权重系数及转换函数 表5-15

转换赋值	权重数	权重系数	转换函数
M	10	0.29	$M=0$　　$m \leqslant 1$ $M=\lg m/3$　$1 < m \leqslant 1\,000$ $M=1$　　$m > 1\,000$
F	10	0.29	$F=0$　　$f \leqslant 1$ $F=\lg f/2$　$1 < f \leqslant 100$ $F=1$　　$f > 100$
S_1	5	0.14	$S_1=0.2458s_1^{0.3495}$　$0 \leqslant s_1 \leqslant 50$ $S_1=1$　　$s_1 > 50$
S_2	3	0.09	$S_2=0.2903s_2^{0.5372}$　$0 \leqslant s_2 \leqslant 10$ $S_2=1$　　$s_2 > 10$
S_3	2	0.06	$S_3=2s_3/3$　$0 \leqslant s_3 \leqslant 1.5$ $S_3=1$　　$s_3 > 1.5$
S_6	4	0.11	$S_6=0.05s_6$　$0 \leqslant s_6 \leqslant 20$ $S_6=1$　　$s_6 > 20$
S_9	1	0.03	$S_9=s_9/60$　$0 \leqslant s_9 \leqslant 60$ $S_9=1$　　$s_9 > 60$

对一条泥石流沟谷进行危险度定量评价时，需要到野外进行现场考察和实地调查，获取泥石流规模、发生频率和沟道内松散固体物质补给情况等的第一手资料，若仅凭室内资料收集和地形图判读，所得出的危险度评价结果可信度不高。现场的宏观把握和直观感受，对准确判定泥石流危险度具有重要的指导作用。

3. 应用实例

某泥石流沟泥石流冲出物方量$m=50$万m^3，泥石流发生频率$f=4.58\%$，沟谷流域面积$s_1=18.75km^2$，主沟长度$s_2=4.50km$，流域相对高差$s_3=2.83km$，流域切割密度$s_6=0.81km/km^2$，不稳定沟床比例$s_9=70\%$。参考表5-15，对上述7个因子值进行转换，转换后$M=0.90$，$F=0.32$，$S_1=0.69$，$S_2=0.65$，$S_3=1.00$，$S_6=0.04$，$S_9=1.00$。根据式（5-69）计算后得到$H_{单}=0.60$，查表5-16得到该泥石流沟危险度为高度危险。

（二）区域泥石流危险性评估

区域泥石流灾害评价，一是要反映区域内泥石流灾害的整体特征；二是要反映区域间泥石流灾害的空间异质性。泥石流作为一种地貌现象，也具有地貌的地带性，同样存在着地域分异规律，所以有必要进行区域泥石流灾害评价。区域通常分为3种类型：网格区域、自然区域和行政区域。

1. 基于网格区域的区域泥石流危险性评价

网格区域在每一个网格单元内对每一个因子给定一个数值，然后将每一个网格单元作为一个样本，进行统计分析和处理。其优点在于计算机处理这种数据矩阵的组合非常方便和简单，也不会出现样本数量不够的问题。通常取100m×100m或1km×1km的区域作为网格单元，以便在大区域内使网格数保持在1 000～10 000之间。其缺点是网格区域单元没有考虑地质、地貌以及其他环境要素的边界，从而导致分区的理想化而脱离实际。从美学的角度来看，这样的分区界线也不是最佳的，因为边界线为折线而不是圆滑的曲线。

采用网格区域作为评价单元，通常采用的方法为基于GIS的多因子叠加法，它采用因子权重乘以因子得分，然后求和的方法进行评价。评价模型如下：

单沟泥石流危险度和泥石流活动特点及其防治对策　　　　表5-16

单沟泥石流危险度	危险度分级	泥石流活动特点	灾情预测	防治原则	防治对策	工程设计标准
0.0~0.2	极低危险	基本上无泥石流活动	基本上没有泥石流灾难	防为主,无需治	维持生态环境的良性循环	无需工程措施
0.2~0.4	低度危险	各因子取值较小,组合欠佳,能够发生小规模低频率的泥石流或山洪	一般不会造成重大灾难和严重危害	防为主,治为辅	加强水土保持,保护生态环境,搞好群策群防;必要时辅以一定的工程治理	10年一遇
0.4~0.6	中度危险	个别因子取值较大,组合尚可。有够间歇性发生中等规模的泥石流。较易由工程治理所控制	较少造成重大灾难和严重危害	治为主,防为辅	实施生物工程和土木工程综合治理即可抑制泥石流的发生发展;必要时可建立预警避难系统,避免一切不必要的灾害损失	20年一遇
0.6~0.8	高度危险	各因子取值较大,个别因子取值甚高,组合亦佳,处境严峻,潜在破坏力大,能够发生大规模和高频率的泥石流	可造成重大灾难和严重危害	防、治并重	加强预测预报和预警避难"软"措施,同时施以生物工程和土木工程综合治理"硬"措施;确保危害对象安全无恙	50年一遇
0.8~1.0	极高危险	各因子取值极大,组合极佳,一触即发,能够发生巨大规模和特高频率的泥石流	可造成重大灾难和严重危害	防为主,治为辅	尽量绕避,不能绕避的建立预警避难系统;必要时采取生物工程和土木工程综合治理,将可能的灾害损失减少到最低程度	100年一遇

$$Y = \sum_{i=1}^{m} a_i x_i \qquad (5-70)$$

式中　a_i——权重因子;

　　　　x_i——选取的评价因子。

权重因子的确定方法有多种,通常有层次分析法、主成分分析法及判别矩阵等方法。

这里以四川省康定县地质灾害区域危险性评价为例,首先根据层次分析法计算的权重因子,建立了康定县地质灾害易发生程度评价模型:

$$Y = 0.4300 x_{1i} + 0.2559 x_{2i} + 0.1571 x_{3i} + 0.1571 x_{4i}$$
$$(5-71)$$

式中　　　下标i——利用ArcGIS进行计算时的栅格号;

　　　　x_1——灾害点密度;

　　　　x_2——地层岩性;

　　　　x_3——断层效应;

　　　　x_4——山坡坡降。

利用ArcGIS平台,首先获得各因子的栅格图像,然后根据每个指标的得分,通过重分类对栅格进行赋值,最后代入模型进行计算,获得评价结果(图5-19)。

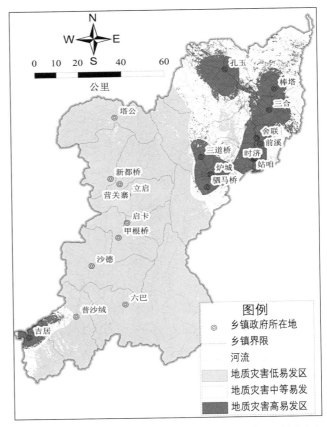

图5-19　康定县地质灾害区域危险性评价结果图(彩图详见文末附图)

2. 基于自然区域的区域泥石流危险性评价

自然区域由于自然环境中各因素的相互作用，形成了能够反映地貌、地质和水文等差异的地貌边界，这种边界可作为各类区划的基础。其缺点是不同的调查者划分出的区域单元可能各不相同，边界线往往因人而异，很难完全统一。下面以甘肃省陇南市武都区白龙江区域泥石流评价为例进行说明。

甘肃省陇南市是我国泥石流最发育的地区之一。灾害性泥石流分布面积广、发生频率高、造成经济损失大等特点在我国居前位。据不完全统计，有史料记载以来灾害性泥石流共计约240次，仅1950～1990年的40年间就发生了79次，死亡643人，直接经济损失约2.2亿元。严重的泥石流灾害制约着该地区经济发展。武都区白龙江流域又是陇南市泥石流分布最密集的区域。

陇南市武都区位于甘肃省东南部，属嘉陵江支流白龙江中游。白龙江在区内流域面积3 244km²，占区面积的69.27%。白龙江泥石流尤其是中游的泥石流分布密度在全国居首。据初步统计，武都区面积约4 683km²，其中泥石流分布面积约占3 000多km²，其所占比例约为64%。根据野外考察，武都区白龙江沿岸共分布有大于0.4km²的泥石流沟104条。下面对这104条按自然流域划分的泥石流的危险性进行评价（图5-20）。

这里采用模糊物元可拓性理论对泥石流的危险性进行评价。模糊物元模型是由中国学者蔡文教授于1983年提出的，就是用形式化的工具，从定性和定量两个角度去研究解决矛盾问题的规律和方法，在许多领域得到了成功应用。模糊物元模型始于研究不相容问题的转化规律和解决方法，通过引进物元，并对其进行变换和运算，从而从定性和定量两个角度去研究和解决不相容问题。可拓集合和关联函数是可拓学定量化工具，可拓方法的理论基础是物元理论和可拓集合理论。可拓学在知识工程、模式识别、优化决策、控制与规划、评价与预测等领域得到了广泛的应用。

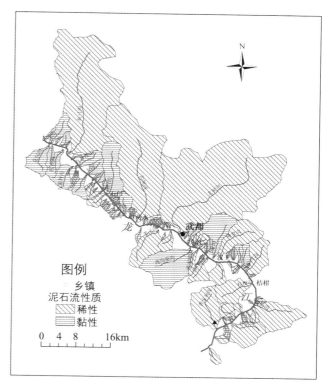

图5-20 陇南市武都区泥石流分布图

1）评价方法

①物元分析

物元分析是用来处理在某些条件下，用通常的方法无法达到预期目标的不相容问题的规律的一种分析方法。在物元分析中，所描述的事物M及其特征C和量值X组成物元R，其表达形式为：

$$R = (M, C, X) \qquad (5-72)$$

②物元矩阵

如果一个事物M需要n个特征c_1，c_2，$\cdots$，c_n及其相应的量值x_1，x_2，$\cdots$，x_n来描述，则称M为n维物元，并可用物元矩阵来表示：

$$R = \begin{bmatrix} M & c_1 & x_1 \\ & c_2 & x_2 \\ & \vdots & \vdots \\ & c_n & x_n \end{bmatrix} \qquad (5-73)$$

③节域对象物元矩阵

节域对象物元矩阵可表示为：

$$R = \begin{bmatrix} M_p & c_1 & [a_{p1}, b_{p1}] \\ & c_2 & [a_{p2}, b_{p2}] \\ & \vdots & \vdots \\ & c_n & [a_{pn}, b_{pn}] \end{bmatrix} \quad (5-74)$$

式中　M_p——标准事物加上可转化为标准的事物组成的节域对象；

$x_{pi}=[a_{pi}b_{pi}]$——节域对象关于特征c_i的量值范围。

经典域对象物元矩阵可表示为：

$$R = \begin{bmatrix} M_B & c_1 & [a_{B1}, b_{B1}] \\ & c_2 & [a_{B2}, b_{B2}] \\ & \vdots & \vdots \\ & c_n & [a_{Bn}, b_{Bn}] \end{bmatrix} \quad (5-75)$$

式中　M_B——标准对象；

$x_{Bi}=[a_{Bi}, b_{Bi}]$——标准对象M_B关于特征c_i的量值范围，显然有$x_{Bi} \subset x_{pi}$（$i=1, 2, \cdots, n$）。

④关联函数

在物元评价中，关联函数表示物元的量值取为实轴上一点时，物元符合要求的取值范围程度，它使得不相容问题之间的联系结果量化。若区间$x_0=[a, b]$，$x_1=[c, d]$，且$x_0 \subset x_1$，则关联函数$k(x)$定义为：

$$k_j(x_i) = \begin{cases} -\dfrac{\rho(x_i, x_{ij})}{|x_{ij}|} & x_i \in x_{ij} \\ \dfrac{\rho(x_i, x_{ij})}{\rho(x_i, x_{pi}) - \rho(x_i, x_{ij})} & x_i \notin x_{ij} \end{cases} \quad (5-76)$$

可用以上介绍的采用模糊物元可拓理论对泥石流的危险性进行评价，采用Matlab7.0平台进行分析和计算。

2）评价指标体系及量化分级

这里在分析研究区泥石流形成的环境背景条件及发育特征的基础上，从泥石流形成的地形、松散固体物质和降水三大条件出发，选取岩性（x_1）、沟床比降（x_2）、山坡坡度（x_3）、完整系数（x_4）、发育程度（x_5）、降水（x_6）、断层密度（x_7）7个因子构建泥石流危险性评价指标体系。有关这些影响因子对泥石流形成的作用，这里参照文献并结合野外考察资料，对影响因子的分级和表征意义进行说明（表5-17）。

由于各个因子在泥石流形成中的作用不同，在对泥石流危险性进行评价之前，需要确定各个因子的权重。这里采用层次分析方法确定各个因子的权重，首先构造判断矩阵如下：

判识指标分级及表征意义　　　　表5-17

危险性	高	中	低	表征意义
岩性x_1	>2.5	1.5~2.5	<1.5	影响松散固体物质的来源，用岩石的软硬程度进行量化（软：3，软硬相间：2，硬：1）
沟床比降x_2（‰）	100~400	>400	<100	泥石流形成所需的势能条件
山坡坡度x_3（%）	>60	60~30	<30	松散固体物质汇集所需的势能条件，以25°~45°面积占流域面积的比例进行量化
流域完整系数x_4	>0.25	0.15~0.25	<0.15	反映流域地表径流的汇流条件（$\delta=F/L^2$，δ：流域完整系数（无量纲）；F：流域面积（km²）；L：主沟长度（km））
流域发育程度x_5	>0.2	0.1~0.2	<0.1	反映流域地貌的演化阶段，用流域的相对切割程度进行判别。（$h'=h_{最大}/L_周$，h'：流域相对切割程度（无量纲）；$h_{最大}$：流域最大相对高度（m）；$L_周$：流域周界长度（m））
降水x_6（mm）	>600	550~600	<550	泥石流形成所需的水源条件，采用年平均降水量表示
断层密度x_7（条）	>3	1~3	<1	反映构造活动的强弱，提供松散固体物质的来源

$$A = b_{ij} = \begin{bmatrix} & 岩性 & 沟床比降 & 山坡坡度 & 完整系数 & 发育程度 & 降水 & 断层密度 \\ 岩性 & 1 & 2 & 2 & 3 & 3 & 5 & 5 \\ 沟床比降 & 1/2 & 1 & 2 & 2 & 3 & 3 & 5 \\ 山坡坡度 & 1/2 & 1/2 & 1 & 2 & 2 & 3 & 3 \\ 完整系数 & 1/3 & 1/2 & 1/2 & 1 & 2 & 2 & 3 \\ 发育程度 & 1/3 & 1/3 & 1/2 & 1/2 & 1 & 2 & 2 \\ 降水 & 1/5 & 1/3 & 1/3 & 1/2 & 1/2 & 1 & 2 \\ 断层密度 & 1/5 & 1/5 & 1/3 & 1/3 & 1/2 & 1/2 & 1 \end{bmatrix}$$

其中，X_{ij}表示元素x_i对x_j的相对重要性的判断值。X_{ij}取值1～9，如x_i比x_j更重要，X_{ij}的取值越小，元素x_i和x_j比较时为X_{ij}，则x_j和x_i比较时为$1/X_{ij}$。通过计算检验，各个判识因子的权重（W）可确定如下：

$W = [0.309, 0.223, 0.160, 0.117, 0.086, 0.062, 0.044]$

通过对判断矩阵的最大特征根进行检验，得到判断矩阵一致性。因此，上述权重的计算结果基本合理。

3）评价结果

以陇南市武都区白龙江沿岸通过野外考察确定的104条泥石流沟为评价单元，建立以小流域单元为对象的模糊物元评价模型。根据选取的7个因子，确定泥石流危险性的标准物源模型，如表5-18所列。

根据上述建立的标准物元判识模型，利用Matlab7.0软件编程进行计算，对研究区的泥石流的

泥石流危险性评价的标准物元模型表　　　　　　　　　　　　　　　　表5-18

危险性	流域单元特征		标准物元模型	各因素节域
高	$x_1>2.5$ $x_3>60\%$ $x_5>0.2$ $x_7>3$	$100<x_2<400$ $x_4>0.25$ $x_6>600$	$R_1 = \begin{bmatrix} 高 & x_1 & >2.5 \\ & x_2 & <100, 400> \\ & x_3 & >60\% \\ & x_4 & >0.25 \\ & x_5 & >0.2 \\ & x_6 & >600 \\ & x_7 & >3 \end{bmatrix}$	$R_1 = \begin{bmatrix} 易发性 & x_1 & <0, 4> \\ & x_2 & <0,1> \\ & x_3 & <0,1> \\ & x_4 & <0,1> \\ & x_5 & <0,1> \\ & x_6 & <500, 700> \\ & x_7 & <0, 6> \end{bmatrix}$
中	$1.5<x_1<2.5$ $30\%<x_3<60\%$ $0.1<x_5<0.2$ $1<x_7<3$	$x_2>400$ $0.15<x_4<0.25$ $550<x_6<600$	$R_1 = \begin{bmatrix} 中 & x_1 & <1.5, 2.5> \\ & x_2 & >400 \\ & x_3 & <30\%, 60\%> \\ & x_4 & <0.15, 0.25> \\ & x_5 & <0.1, 0.2> \\ & x_6 & <550, 600> \\ & x_7 & <1, 3> \end{bmatrix}$	
低	$x_1<1.5$ $x_3<30\%$ $x_5<0.1$ $x_7<1$	$x_2<100$ $x_4<0.15$ $x_6<550$	$R_1 = \begin{bmatrix} 低 & x_1 & <1.5 \\ & x_2 & <100 \\ & x_3 & <30\% \\ & x_4 & <0.15 \\ & x_5 & <0.1 \\ & x_6 & <550 \\ & x_7 & <1 \end{bmatrix}$	

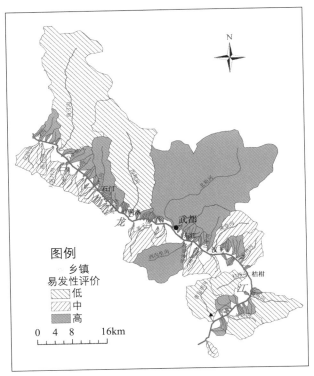

图5-21 研究区泥石流危险性评价图

危险性进行评价（图5-21）。对评价结果进行统计可知，研究区104条泥石流沟中，66条为高危险性，占总数的63.5%；32条为中等危险性，占总数的30.8%；6条为低危险性，占总数的5.7%。

3. 基于行政区域的区域泥石流危险性评价

以行政区域为评价单元，可认为是上述两种区域单元在某种程度上的结合。行政区划的确定既考虑了管理上的便利（社会方面），又考虑了山川、湖海、气候等的差异（自然方面）。我国的行政区域边界许多都以河流、山脉为分界。当地势平坦、气候均一时，则主要考虑人口规模适当、民族相对集中、土地面积均衡等原则，整齐切块划分。以行政区域为基本评价单元的最大优点，就是能够直接为各级政府和不同层次的管理部门防灾减灾决策和抗灾救灾工作提供科学依据和技术支持。以下着重介绍刘希林通过改进建立的区域泥石流危险度评价的方法。

1）区域泥石流危险度评价中的主要因子和次要

因子

①泥石流沟分布密度y为（条/10^3km^2）。区域内泥石流沟的数量和分布情况主要是通过野外面上调查和区域实地填图来获取第一手资料，并以历史文献资料作为补充，以航片判读作为辅助。泥石流沟分布密度是区域泥石流规模和发生频率的替代因子，含有规模和频率的双重信息，它不仅表明了区域泥石流的发育历史，也表明了目前的活动状况，同时预示着将来的发展趋势，是区域泥石流危险度评价的重要依据，属于主要因子。

②岩石风化程度系数x_1取倒数，保留至小数后。精确获取区域岩石风化程度系数比较困难。岩石风化程度系数定义为风化岩石单轴抗压强度除以新鲜岩石单轴抗压强度，通常记为K_y。泥石流的固体物质大多直接来源于风化破碎后的松散岩体。因此，岩石风化程度就能较好地反映一个地区泥石流形成的可能性大小，而K_y值又与岩石出露时代和岩石类型有关。就同类岩石而言，出露时代越久远，岩石越古老，风化越严重，K_y值越小；同一出露时代的岩石，岩性越软弱，风化越严重，K_y值越小。半风化岩石$K_y=0.4 \sim 0.75$。由于同一地区不同岩石以及不同地区同种岩石都有着不同的风化程度系数，这就增加了K_y统一取值的困难。考虑到泥石流发生的地区大多为半风化岩石，根据地质方面的资料和实际工作经验，我们取新生代和中生代（K_z+M_z）岩石的平均值K_y为0.6，古生代和元古代P_z+P_t岩石的平均值K_y为0.5，然后分别量算出区域内两者的岩石面积，以面积百分比为权重，加权平均后求得该区域的平均岩石风化程度系数。为使这一因子能与主要因子呈同步正变，作简单数学变换，取其倒数$1/K_y$作为这一因子的定量值。这一因子与泥石流沟分布密度关系密切，对区域泥石流危险度评价有显著影响。

③断裂带密度x_3（km/10^3km^2）。实际上断裂带都有一定的宽度，但在地质图上大都已将其作为"线"来处理，故在此所指的断裂带密度意为线密度，即单

位面积内断裂带的总长度。根据评价区域的大小，断裂带密度从1∶200 000或1∶500 000地质图上量算获取。一个地区断裂带密度越大，地层岩石越破碎，松散固体物质产出越多，泥石流潜在规模就越大，该地区泥石流危险度就越大。这一因子与泥石流规模关系密切，对区域泥石流危险度评价有显著影响。

④大于等于25°坡地面积百分比x_6（％）。以1∶50 000或1∶100 000地形图为基础图件，采用数字地形模型（DEM）计算机成图，制作区域地形坡度图，采用计算机读图，获取每个区域大于等于25°坡地面积百分比数据。在国土资源普查中往往包含有各行政区的这一数据。因此可以通过国土部门间接地获取这一资料。泥石流形成区山坡坡度大都在25°以上。陡峻的坡度造成坡面上松散固体物质的剪切强度减小，剪切应力增大而最终导致斜坡破坏失稳，为泥石流提供固体物质来源和运动动能。这一因子与区域泥石流规模和发生频率密切相关，对区域泥石流危险度评价有显著影响。

⑤洪灾发生频率x_8（％）。气象部门一般假定在日降雨量大于等于50 mm或连续3日降雨量大于等于年平均日降雨量24～40倍（根据当地实际情况由经验确定）的条件下，该地区洪水灾害这一事件可能发生，那么在一定时期内，洪水灾害实际发生的次数与可能发生洪水灾害的次数之比称为洪灾发生频率。洪灾发生频率可从气象部门、水利部门或通过历史资料整编后获取。山区洪水灾害与泥石流常常相伴发生。这一因子与区域泥石流发生频率密切相关，对区域泥石流危险度评价有显著影响。

⑥月降雨量变差系数x_9，保留至小数。从气象部门获取历年各月降雨资料，按变差系数计算公式计算后获取。这一因子反映一个地区降雨量在年内各月的分配情况。降雨量越集中，降雨强度就越大，泥石流触发条件就越充分，区域内泥石流发生频率就可能越大。这一因子与区域泥石流发生频率密切相关，对区域泥石流危险度评价有显著影响。

⑦年平均大于等于25 mm大雨日数x_{11}（日）。从气象部门获取该项资料。一个地区大雨日数越多，激发泥石流的可能性就越大。这一因子与区域泥石流发生频率密切相关，对区域泥石流危险度评价有显著影响。

⑧大于等于25°坡耕地面积百分比x_{16}（％）。从国土部门土地利用现状和国土资源普查资料中获取。陡坡耕种破坏森林植被，加重水土流失。是造成不稳定斜坡发生重力块体运动、坡面侵蚀和沟谷侵蚀的主要因素之一。这一因子反映了人类活动对泥石流发育的影响，与泥石流内分布密度关系密切，对区城泥石流危险度评价有显著影响。

2）评价因子的权重数和评估模型

一个大的评价区域按行政区划分成若干个基本评价单元，这样每个评价因子在每个评价单元内都有一个数据，若干个评价单元就有若干个数据，从而构成一组数列，于是有主要因子数列1组、次要因子数列7组。主要因子数列的数据标准化处理按下式进行：

$$Y_i = \frac{y_i - y_{最小}}{y_{最大} - y_{最小}} \tag{5-77}$$

式中　Y_i——第i个评价单元泥石流沟分布密度极差变换后的数值；

　　　y_i——第i个评价单元泥石流沟分布密度的数值；

　　　$y_{最小}$——全部评价单元中泥石流沟分布密度的最小值；

　　　$y_{最大}$——全部评价单元中泥石流沟分布密度的最大值；

　　　i——评价单元编号。

次要因子数列的数据标准化处理按下式分别进行：

$$X_{ij} = \frac{x_{ij} - x_{最小j}}{y_{最大j} - y_{最小j}} \tag{5-78}$$

式中　X_{ij}——第i个评价单元第j个次要因子极差变换后的数值；

　　　x_{ij}——第i个评价单元第j个次要因子的数值；

$x_{最小j}$——全部评价单元中第 j 个次要因子的最小值；

$x_{最大j}$——全部评价单元中第 j 个次要因子的最大值；

i——评价单元编号；

j——次要因子编号，$j=1$，3，6，8，9，11，16。

区域泥石流危险度计算公式如下：

$$H_{区1} = 0.33Y_i + 0.14X_{i1} + 0.10X_{i3} + 0.02X_{i6} + 0.17X_{i8} + 0.12X_{i9} + 0.07X_{i11} + 0.05X_{i16} \quad (5-79)$$

区域泥石流危险度的分区等级及实际意义如表 5-19 所列。

区域泥石流危险度 8 项评价因子的分段赋值函数如下：

$$Y = \begin{bmatrix} y/30, & y<30 \\ 1, & y \geqslant 30 \end{bmatrix} \quad (5-80)$$

$$X_1 = \begin{bmatrix} 5x_1/17, & x_1 \leqslant 1.7 \\ 0.625x_1 - 0.5625, & 1.7 < x_1 < 2.5 \\ 1, & x_1 \geqslant 2.5 \end{bmatrix} \quad (5-81)$$

$$X_3 = \begin{bmatrix} x_3/150, & x_3<150 \\ 1, & x_3 \geqslant 150 \end{bmatrix} \quad (5-82)$$

$$X_6 = \begin{bmatrix} 0.01x_6, & x_6 \leqslant 50 \\ 0.025x_6 - 0.75, & 50<x_6<70 \\ 1, & x_6 \geqslant 70 \end{bmatrix} \quad (5-83)$$

$$X_8 = \begin{bmatrix} x_8/60, & x_8<60 \\ 1, & x_8 \geqslant 60 \end{bmatrix} \quad (5-84)$$

$$X_9 = \begin{bmatrix} 0.625x_9, & x_9 \leqslant 0.8 \\ 5x_9 - 3.5, & 0.8<x_9<0.9 \\ 1, & x_9 \geqslant 0.9 \end{bmatrix} \quad (5-85)$$

$$X_{11} = \begin{bmatrix} x_{11}/7, & x_{11}<7 \\ 1, & x_{11} \geqslant 7 \end{bmatrix} \quad (5-86)$$

$$X_{16} = \begin{bmatrix} x_{16}/30, & x_{16}<30 \\ 1, & x_{16} \geqslant 30 \end{bmatrix} \quad (5-87)$$

在实际工作中，当洪灾发生频率 x_8 这一因子难以获取时，可考虑用年平均降雨量代替。当处于多雨地区时，可根据实际情况用年平均降雨量大于等于 50mm 暴雨日数代替年平均大于等于 25mm 大雨日数这一评价因子。年平均降雨量的分段赋值函数为：当 $x_8 \leqslant 800$ 时，$X_8 = x_8/1\,600$；当 $800<x_8<1\,000$ 时，$X_8 = 0.0025x_8 - 1.5$，当 $x_8 \geqslant 1\,000$ 时，$X_8 = 1$。年平均降雨量大于等于 50mm 暴雨日数的分段赋值函数为：当 $x_{11}<4$ 时，$X_{11} = 0.25x_{11}$；当 $x_{11} \geqslant 4$ 时，$X_{11} = 1$。

区域泥石流危险度分区标准及其防治对策 　　表5-19

区域泥石流危险度	危险度分区	防治原则	防治对策	区域开发
0.00~0.20	极低危险区	无需治理	加强水土保持，搞好群策群防，注意防止产生新的泥石流灾害	安全投资区
0.20~0.40	低度危险区	治为主，防为辅	实施生物和土木工程综合治理即可基本上抑制区域内泥石流灾害的发生，同时加强防治工程的检查监督和泥石流发展趋势的监测预报	可投资区，但对受泥石流严重威胁的重点项目和场所，应建有适当的防护工程
0.40~0.60	中度危险区	防、治并重	区域内主要泥石流沟需要综合治理，同时加强监测预报和预警避难措施，确保危害对象安全无恙	工矿企业、公共交通、通信线路和其他公益设施应精选精建，同时配以适当的防护工程
0.60~0.80	高度危险区	防为主，治为辅	区域内部分重点泥石流沟可实施生物工程和土木工程综合治理，其他泥石流沟以生物防治和监测预报措施为宜	不宜投资建设国防工业、能源基地、交通干线和大型工矿企业
0.80~1.00	极高危险区	可考虑放弃工程治理	以保护人身安全为首要任务，尽可能减少灾害损失	不宜投资区

5.3.2　泥石流易损性与风险评估

风险的定量表达即风险度，"度"即度量衡，风险度是风险程度的简称。风险评价可直接服务于国民经济建设，为区域经济发展的中长期规划提供背景资料，为重点工程项目的选点布局提供科学依据，为灾害应急预案提供决策基础，为灾害保险措施提供理论依据。风险评价在防灾减灾实践中具有重要的实际意义[144]。

联合国提出的自然灾害风险表达式为[145]：

$$风险度 = 危险度 \times 易损度 \qquad (5-88)$$

这一表达较为全面地反映了风险的本质特征。危险度反映了灾害的自然属性，是灾害规模和发生频率（概率）的函数；易损度反映了灾害的社会属性，是承灾体人口、财产、经济和环境的函数；风险度是灾害自然属性和社会属性的结合，表达为危险度和易损度的乘积。这一评价模式已得到了国内外越来越多学者的认同。

根据联合国对自然灾害风险的定义及其数学表达式，泥石流风险度的数学计算公式为：

$$R = H \times V \qquad (5-89)$$

式中　　R——泥石流风险度（$0\sim1$ 或 $0\%\sim100\%$）；

H——泥石流危险度（$0\sim1$ 或 $0\%\sim100\%$）；

V——泥石流易损度（$0\sim1$ 或 $0\%\sim100\%$）。

泥石流危险度和易损度有单沟和区域之分，相应地，泥石流风险度也分为单沟和区域两种类型。上面介绍了泥石流危险度评价的方法，下面着重介绍泥石流易损度和风险度评价的方法。

（一）单沟泥石流易损度和风险度评价

1. 评价模型

单沟泥石流易损度 $V_单$ 的计算公式如下[146]：

$$V_单 = [0.5(FV_{1单} + FV_{2单})]^{0.5} \qquad (5-90)$$

$$FV_{1单} = 1/\{1 + \exp[-1.25(\log V_{1单} - 2)]\} \qquad (5-91)$$

$$FV_{2单} = 1 - \exp(-0.0035 V_{2单}) \qquad (5-92)$$

$$V_{1单} = I + E + L_单 \qquad (5-93)$$

$$V_{2单} = (a + b + r)D/3 \qquad (5-94)$$

式中　　$V_单$——单沟泥石流易损度（$0\sim1$ 或 $0\%\sim100\%$）；

$V_{1单}$——财产指标（万元）；

$FV_{1单}$——财产指标的转换函数赋值（$0-1$）；

$V_{2单}$——人口指标（人/km^2）；

$FV_{2单}$——人口指标的转换函数赋值（$0-1$）；

I——物质易损度指标（万元），包括建筑资产 I_1、交通设施资产 I_2、生命线工程资产 I_3；

E——经济易损度指标（万元），包括人均年收入 E_1、人均储蓄存款余额 E_2、人均拥有的固定资产 E_3；

$L_单$——土地资源价值（万元），分五大类土地以基价估值，估算方法参见文献[148]；

a——65岁及以上老人和15岁以下少年儿童的比例；

b——只接受过初等教育（小学）及以下人口的比例；

r——人口自然增长率（‰）；

D——人口密度（人·km^{-2}）。

单沟泥石流危险度评价模型是由7个评价因子构成的多因子综合评价模型。单沟泥石流易损度评价模型是由7个指标构成的非线性复合函数模型。因此，单沟泥石流风险度评价模型实质上是由14个变量构成的组合模型。

泥石流风险等级的实际意义见表5-20所列。

2. 应用实例[148]

据田连权报道（1986），1984年5月27日凌晨4点30分左右，黑山沟发生泥石流，给因民铜矿区和当地农村造成了重大财产损失和人员伤亡。冲毁民房15 000间，卷走大小牲畜360头。毁坏矿区动力供电线路、通信线路、通风管道和排水管道总长26.7km。受灾户数达239户，受灾人数达1 000余人。总经济损失1 100万余元，人员死亡121人。这次泥石流过程历时45分钟，使因民铜矿全矿停产，商业停业，中小学

泥石流风险等级及实际意义 表5-20

风险度	风险分级（分区）	风险指南
0.00 ~ 0.04	极低风险（区）	泥石流危险度很低，易损度也很低，是安全投资区和待开发区
0.04 ~ 0.16	低风险（区）	遭受轻度泥石流危害，易损度较低，与极低风险（区）相比，基础设施和经济水平已有所提高，可能遭遇的风险和承受风险的能力亦随之加大，是最佳投资区和适宜开发区，风险小，收益大
0.16 ~ 0.36	中等风险（区）	适宜投资区，风险和效益并存，开发时应考虑降低风险的措施并加强风险管理
0.36 ~ 0.64	高风险（区）	有较高的泥石流危险度，易损度也较高，表明泥石流规模较大，频率较高，或人口较稠密，经济较发达，一旦泥石流灾害发生，人员和财产损失均较大，是谨慎投资区，风险大，收益亦可能大。开发时必须考虑最大限度地降低投资成本，避免增加易损度，可购买人身保险和财产保险，以转移部分风险
0.64 ~ 1.00	极高风险（区）	有很高的泥石流危险度和易损度，投资风险很大。由于泥石流的严重危害，或区内经济开发已近饱和，故在风险未降低之前，不宜大规模投资开发

停课，严重干扰了当地居民的正常生活，造成了严重灾难。

黑山沟位于云南省东川市（现改为昆明市东川区）因民铜矿矿区内，流域面积21.4km²，流域内最高点海拔3 723m，沟口最低点海拔2 380m，相对高差1 343m，主沟长6.7km，主沟床平均比降0.2。单沟泥石流危险度评价因子数据由田连权文献资料和地形图量算获取，数值见表5-21所列。根据单沟泥石流危险度公式计算，云南东川因民矿区黑山沟泥石流危险度$h_单$=0.61，属于高度危险的泥石流沟。

黑山沟内建筑总面积约60 000m²，按最低造价300元·m⁻²计算，建筑资产I_1=1 800万元；管线总长按50km估计，平均造价按80元·m⁻¹计算，生命线工程资产I_3=400万元；黑山沟泥石流没有危害交通，故交通设施资产I_2=0，由此得到物质易损度指标I=2 200万元。

经济易损度指标因找不到当年的统计资料而无法逐项详细核算。考虑到矿区人口的收入比当地农民的收入略高，估计年收入E_1、储蓄存款余额E_2和固定资产E_3三项合计当年人均3 000元，按沟内常住人口1 500人统计，则有经济易损度指标E=450万元。

已知黑山沟流域面积A=21.4km²，流域内松散固体物质储量W=642万m³，主沟长度D=6.7km，流域相对高差H=1.3km。由泥石流危险范围计算公式得出黑山沟泥石流危险范围S=278 939m²。土地类型以居民点、工矿用地较多，按平均土地基价150元·m⁻²估算，则土地资源价值$L_单$=4 184万元。由此可得，黑山沟财产指标为：

$$V_{1单}=I+E+L_单=2 200+450+4 184=6 834（万元）$$

由于无法找到当年的详细人口统计资料，参考云南统计年鉴，推算当时的65岁及以上老人和15岁以下少年儿童的比例a=0.3，只接受过小学初等教育及以下人口的比例b=0.6，人口自然增长率r=12‰，人口密度D=70人·km⁻²（1 500/21.4（人·km⁻²），可得到黑山沟人口指标为：

$$V_{2单}=(a+b+r)D/3=(0.3+0.6+12)×70/3=301（人·km⁻²）$$

云南东川市因民矿区黑山沟泥石流危险度评价因子及评价结果 表5-21

	泥石流规模m（10³m³）	泥石流发生频率f（%）	流域面积s_1（km²）	注沟长度s_2（km）	流域相对高差s_3（km）	流域切割密度s_6（km⁻¹）	不稳定沟床比例s_9	危险度$h_单$
原始值	118	2	21.4	6.7	1.3	1.3	0.35	
转换值	0.6	0.4	0.8	0.8	0.8	0.6	0.6	0.61

将$V_{1单}$和$V_{2单}$代入单沟泥石流易损度评价模型式（5-90）、式（5-91）和式（5-92），先求出$FV_{1单}$=0.91，$FV_{2单}$=0.65，然后得到云南东川因民矿区黑山沟泥石流易损度为：

$$V_{1单}=[0.5（FV_{1单}+FV_{2单}）]^{0.5}$$
$$=[0.5（0.91+0.65）]^{0.5}=0.88$$

属于极高易损的泥石流沟。

根据单沟泥石流风险度计算公式，最终得到云南东川因民矿区黑山沟泥石流风险度为：

$$R_单=H_单×V_单=0.61×0.88=0.54$$，属于具有高风险的泥石流沟。这一由历史资料反推的风险预测结果与黑山沟当时的泥石流灾害和灾情的实际情况基本相符。

（二）区域泥石流易损度和风险度评价

1. 评价模型[149]

泥石流风险区划即风险度分区，其分区指标就是区域泥石流风险度。区域泥石流风险度由区域泥石流危险度和区域泥石流易损度构成。区域泥石流易损度评价指标共4项。它们是：人口、国内生产总值、固定资产投资、土地资源价值。区域泥石流易损度计算公式为：

$$V=\sqrt{（FV_1+FV_2）/2} \qquad （5-95）$$
$$FV_1=K×fV_1 \qquad （5-96）$$
$$K=(a+b+c)/3 \qquad （5-97）$$
$$V_2=G+P+L \qquad （5-98）$$

式中　V——区域泥石流易损度（0~1或0%~100%）；

FV_1——人的价值赋值（0~1）；

FV_2——财产价值赋值（0~1）。

fV_1——人口密度的定量赋值；

V_1——人口密度（人/km²），$V_1≥800$，$fV_1=1$；$250<V_1<800$，$fV_1=0.27+0.0009V_1$；$V_1≤250$，$fV_1=0.002V_1$；

K——修正系数；

a——老年人和少年儿童人口的比例；

b——文盲、半文盲和只受过初等教育人口的比例；

c——农业人口的比例；

V_2——财产价值（亿元），$V_2≥10\,000$，$FV_2=1$；$1≤V_2<10\,000$，$FV_2=0.25lgV_2$；

G——国内生产总值（亿元）；

P——固定资产投资（亿元）；

L——土地资源价值（亿元）。

泥石流风险等级的实际意义见表5-20所列。

2. 应用实例[150]

昭通地区位于云南省东北部，北纬26°53′~28°27′、东经102°52′~106°6′之间。全区辖昭通市、鲁甸、巧家、盐津、大关、永善、绥江、镇雄、彝良、威信、水富共10县1市。整个地势呈西南高、东北低而向北倾斜，位于四川盆地与云贵高原的过渡地段。境内大体上以关河为分界线，河西南为横断山脉凉山山系，向东延伸部分，包括绥江、水富、永善、巧家和盐津、大关、鲁甸、昭通市西部；河东北为乌蒙山脉，向西延伸部分，包括威信、镇雄、彝良和盐津、大关、鲁甸、昭通市东北部。两大山系重峦叠嶂，山高谷深，区内高差达到3 773m。全区境内大小江河390多条，纵横交错，深度切割，整个地区呈现出典型的山地地貌。

昭通地区各县市人口资料及人的价值赋值见表5-22所列，土地资源价值见表5-23所列。其中居民点、工矿用地、交通用地估价300元/m²；耕地、园地、林地估价200元/m²；牧草地（荒草地）、水域估价100元/m²；未利用土地（难利用土地、荒地）估价50元/m²，取50年平均值。国内生产总值和固定资产投资及财产价值赋值见表5-24所列。昭通地区各县市泥石流危险度、易损度和风险度结果见表5-25所列。

由表5-25可以看出，巧家、永善、昭通和镇雄四县市为泥石流高风险区，占全区总面积的52.8%，其中以巧家最高为0.50，永善次之为0.44，这是由于巧家和永善两县具有较高的泥石流危险度的缘故。鲁甸、大关和水富三县泥石流风险度相对较小，均为0.29。全区以面积加权平均的泥石流风险度为

昭通地区各县市人口资料（1990年） 表5-22

编号	县市名	人口数（人）	人口密度（人/km²）	人口密度赋值	老年人和少年儿童比例	小学及文盲、半文盲人口比例	农业人口比例	人的价值赋值
1	昭通	619521	286	0.53	0.39	0.67	0.86	0.34
2	鲁甸	299455	154	0.31	0.46	0.73	0.97	0.22
3	巧家	463984	145	0.29	0.40	0.36	0.97	0.17
4	盐津	313991	156	0.31	0.43	0.75	0.94	0.22
5	大关	224714	133	0.27	0.44	0.74	0.95	0.19
6	永善	363473	130	0.26	0.40	0.76	0.96	0.18
7	绥江	133007	186	0.37	0.38	0.69	0.90	0.24
8	镇雄	1014838	275	0.52	0.44	0.75	0.97	0.37
9	彝良	437135	156	0.31	0.43	0.75	0.96	0.22
10	威信	302439	216	0.43	0.40	0.72	0.95	0.30
11	水富	82939	195	0.39	0.39	0.66	0.83	0.24

昭通地区各县市土地资源估值 表5-23

编号	土地总面积（km²）	居民点、工矿用地、交通用地（km²）	耕地、园地、林地（km²）	牧草地、水域（km²）	未利用土地（km²）	土地资源价值（亿元）
1	2167	98	1027	1036	6	67.7
2	1487	110	653	707	17	47.0
3	3194	119	1668	1101	306	98.9
4	2017	85	1162	698	72	66.3
5	1692	56	877	694	65	53.0
6	2789	38	1413	1078	260	83.0
7	761	33	545	140	43	27.0
8	3686	101	2741	431	413	128.5
9	2804	97	1312	1187	208	84.1
10	1400	28	902	258	212	45.0
11	426	17	286	82	41	14.5

昭通地区各县市财产资料 表5-24

编号	国内生产总值（亿元）	固定资产投资（亿元）	土地资源价值（亿元）	财产价值（亿元）	财产价值赋值
1	36.7	1.8	67.7	106.2	0.51
2	3.8	0.6	47.0	51.4	0.43
3	5.5	1.3	98.9	105.7	0.51
4	4.6	0.6	66.3	71.5	0.46
5	3.6	0.5	53.0	57.1	0.44
6	4.8	0.9	83.0	88.7	0.49

续表

编号	国内生产总值（亿元）	固定资产投资（亿元）	土地资源价值（亿元）	财产价值（亿元）	财产价值赋值
7	1.7	0.3	27.0	29.0	0.37
8	1.1	1.4	128.5	131.0	0.53
9	5.2	0.7	84.1	90.0	0.49
10	3.8	0.6	45.0	49.4	0.42
11	5.7	0.3	14.5	20.5	0.33

昭通地区各县市泥石流风险度   表5-25

县市名	危险度	易损度	风险度	风险等级
昭通	0.59	0.65	0.38	高风险区
鲁甸	0.51	0.57	0.29	中等风险区
巧家	0.86	0.58	0.50	高风险区
盐津	0.56	0.58	0.32	中等风险区
大关	0.52	0.56	0.29	中等风险区
永善	0.76	0.58	0.44	高风险区
绥江	0.55	0.55	0.30	中等风险区
镇雄	0.56	0.67	0.38	高风险区
彝良	0.52	0.60	0.31	中等风险区
威信	0.52	0.60	0.31	中等风险区
水富	0.55	0.53	0.29	中等风险区

0.37，总体上属较高泥石流风险区。

5.3.3 泥石流分区灾害的处置措施

泥石流分区治理模式能有效地降低深沟泥石流灾害暴发的频率和泥石流暴发带来的灾害程度，降低泥石流对人民生命财产安全构成的威胁。泥石流防治时可以针对清水区、流通区、堆积区三个不同功能分区进行综合治理，形成明显的清水区"治理与预防相结合"、流通区"治理与自然景观资源开发利用相结合"、堆积区"治理与保护城镇、开发利用河滩地相结合"的泥石流分区治理模式。

1. 清水区应主要采用封山育林、退耕还林、森林防火、行政监管、预警预报、雨量监测等软措施及植树种草、挡土墙、拦挡坝、谷坊坝、蓄水池等硬措施进行治理。

2. 流通区通常距离城市较近，治理成为"森林公园"是流通区治理的一大展望，治理与自然景观开发利用成了流通区泥石流治理的主要原则。工程治理方面更注重工程设施布局的合理性，结构造型的可观赏性，生物治理方面有选择的栽植了多种风景、观赏树，为居民提供休息的良好场所。

3. 堆积区上通常分布居民点、交通、学校、医院等重要设施及大量的河滩地，治理与保护城镇、开发利用河滩地成了堆积区泥石流治理的原则。堆积区做的工程措施通常为排导槽、行道树、停淤场等。

5.3.4 不同危险区对城市规划的约束

泥石流危险性分区在山区土地利用规划中具有重要作用。泥石流危险性分区明确给出了泥石流的泛滥范围和具有不同危害程度的分区，根据泥石流危险性分区做出的山区土地利用规划可以避免将泥石流危险区规划成村镇或工矿用地。这样可以从根本上避免村镇和工矿企业等建设在泥石流危险区而留下特大泥石流灾害的隐患，杜绝类似于1999年委内瑞拉特大泥石流灾害悲剧的重演。

对于已经建立在泥石流堆积扇区的山区城镇，应根据泥石流危险性分区对城镇建设进行规划。在山区城镇扩张建设中充分考虑泥石流的危害，禁止在泥石流高危险区内进行建设，特别要杜绝城镇向泥石流极高危险区的泥石流沟道内扩建。在泥石流堆积扇区，要通过规划建设泥石流减灾工程，保证在泥石流高危险区内不建设任何永久性建筑，在泥石流中低危险区内规划建设防护工程，确保200年一遇泥石流灾害对中低危险区内的建筑物不构成严重危害，保障人民的生命和财产安全。

泥石流危险性评估还可以应用到财产保险行业，帮助保险公司进行山区财产的保险评估。对于不同泥石流危险区内的建筑物等财产和相同危险区内不同结构的建筑物，具有不同的遭受泥石流危害的风险。保险公司可以根据泥石流危险性分区分析评估不同泥石流危险区内的财产的保险金额，或者是否可以承担保险。财产的投保人也可以根据保险公司是否愿意承担保险或承担保险金额认识其财产遭受泥石流危害的风险大小，加强防灾减灾意识，从而达到泥石流减灾的目的。

5.4 泥石流监测预警

在城市建设过程中，对危害人口多、规模较大的

泥石流一般都会进行工程治理，但工程治理具有一定的设计标准，当泥石流规模超过设计标准时，还是会对城市产生危害，而且因城市中人口集中，造成的损失甚至会更大。因此，修建泥石流防治工程的泥石流需要开展监测预警工作。同时分布在建城区的一些小型泥石流，规模小，危害范围和危害程度均不大，未进行工程治理，也需要进行监测预警。

5.4.1 城市泥石流监测预警的原则

1. 以人为本的原则

监测预警以保护居民生命安全为主要目的，建设泥石流灾害监测预警系统，及时发布当地泥石流预警信息，采取有效的应对措施，减轻泥石流灾害造成的损失，特别是保障城市居民的生命安全。

2. 因地制宜、突出重点的原则

泥石流预警应通过资料收集和实地考察，掌握泥石流发育、活动及危害特征，包括泥石流形成的背景条件、基本特征、危险性分区及社会经济等内容，根据具体条件和特征有针对性地选择监测预警方法，组建监测预警体系。在规划时要突出重点，兼顾一般，按轻重缓急要求，逐步完善监测预警系统。

3. 经济实用的原则

泥石流监测预警系统应以有效减轻灾害损失，杜绝人员伤亡为目的。根据实际情况，既要利用专业的监测预警技术，同时考虑实际条件，采用人工简易监测预警方法，达到既能有效解决监测预警问题，又能节约投资的目的。泥石流监测预警系统的建设要与相关行业的规划、建设相协调，应充分利用现有的气象、水文等监测站网，如雨量站网建设可与气象发展规划协调，泥石流监测预警可与山洪灾害的监测预警相结合。

4. 稳定可靠、便于操作的原则

需要监测预警的城市泥石流沟一般为低频泥石流，或暴发造成危害规模的泥石流频率低，监测预警

系统可能数几甚至数十年才能发挥一次作用，这就要求监测预警系统能够长期稳定地工作。另外泥石流监测预警系统无论是使用简易人工方法，还是复杂的专业监测预警技术，在设备使用、管理和维护方面都应做到操作简便、易于使用。

5. 遵循相关规范的原则

城市泥石流监测预警系统的设计要符合现行的相关气象监测、水文监测、数据库构建等方面的规范和要求；各种构件优选符合国家标准的型材和通用件，以利于施工的质量控制和系统运行的维护管理。

5.4.2　城市泥石流监测预警的主要技术方法

（一）泥石流简易监测预警技术

1. 泥石流简易监测技术

简易监测技术包括巡查和简易仪器监测，雨季进行降水监测和巡查，掌握流域内降雨量、降雨强度和沟道径流等情况，及时发现泥石流暴发前兆。

巡查应包括以下内容：泥石流流域的降雨情况；泥石流沟道的沟岸滑坡（崩塌）活动情况，沟谷中松散土石堆积物变化情况；沟道内堰塞湖、尾矿库和弃渣场等坝体的安全状况；泥石流暴发的前兆信息，如沟道突然断流，水流突然变得浑浊或上游传来异常声响等情况。

简易仪器监测主要为降雨监测，可安装雨量器或自记雨量计监测降水，或因地制宜地配置简易雨量观测器。雨量观测器的设计与安装应符合《降水量观测规范》规定的要求；为便于观测雨量，盛水器皿可设计为透明的装置，并在盛水器皿外进行划分或标注明显的预警标志。

2. 泥石流的简易预警技术

根据用简易监测技术得到的泥石流暴发前兆、活动特征或降雨强度信息进行判断泥石流暴发与否的技术称为泥石流简易预警技术。

可根据实际降雨量或气象部门预报的降雨量，与当地泥石流临界雨量相比较，进行未来24小时的泥石流预报。当地泥石流临界雨量可由泥石流灾害主管部门通过本流域或相邻区域泥石流活动的历史资料和历史降雨资料分析得到，或用泥石流预报模型计算确定。当测得的降水量达到临界雨量的85%时可发出黄色预警；达到临界雨量时可发出橙色预警。

监测到泥石流暴发的前兆信息，如沟道突然断流，水流突然变得浑浊或上游传来异常声响等情况时，可发出红色预警。

（二）泥石流专业监测预警技术

1. 泥石流专业监测技术

泥石流专业监测主要为降雨监测，泥石流暴发、运动信息监测（如地声、次声等）。为判断泥石流的规模，确定泥石流危害程度，同时为泥石流监测预报技术水平的提高积累基础资料，对泥石流的泥位、流速、重度等的监测也十分重要。泥石流泥位、流速和重度监测断面应选择在泥石流沟道比较顺直的流通区，并距下游保护对象有一定距离的沟道内选定监测断面。在布设监测设施前，可对监测断面进行断面修整、沟床固化等工程处理。

1）降雨监测

对降雨型泥石流开展降雨监测，主要观测与泥石流形成和活动相关的降雨量及降雨过程。监测点应覆盖全流域，并主要布置在流域中上游的清水汇流区和泥石流形成区内，实现监测数据的在线实时传输。仪器的安装与使用应遵循相关降雨量观测规范。

2）泥位监测

泥石流的泥位监测可使用非接触式仪器测距仪法或水尺法：

①非接触式测距仪法。监测数据应包括不同时刻的泥位，并能在线实时传输。事先测得仪器所在位置与沟床之间的垂直距离，泥石流发生时测量仪器所在位置与泥石流表面之间的垂直距离，根据两者高度差计算泥石流的泥位。测量频率一般不低于4Hz（每秒4次），测量精度控制在5%以内。

目前使用的监测仪器主要有超声波泥位计、激光测距仪等。两者都是通过测量所在位置与泥石流表面之间的距离来计算出泥位的，使用方法也相同，相比较而言，激光测距仪测量频率和精度较高；使用时在泥石流沟道上方10 m高度的距离位置悬挂超声波或激光测距传感器（图5-22），数据接收和分析部分则安装在室内。在固定的监测断面，泥石流发生前应测量沟道断面尺寸，从而可通过泥位测量确定泥深值。

②水尺法：在监测断面处设置标尺，直接用仪器或通过目测确定泥位高度。

3）流速监测

流速监测可使用以下非接触式流速仪、上下断面时间差法：

①非接触式流速仪测速。应选用适宜于测量泥石流流速的仪器，仪器应进行标定，测量误差不应超过8%。

②上下断面时间差法测速。将钢索检知器、触网式警报器或非接触式泥位计等设备安装于泥石流沟道已知距离的上下断面处，根据监测到的泥石流信息时间差计算泥石流的流速。也可通过观测泥石流运动过程中的特征物体（如巨石）或部位（如龙头）通过上下监测断面的时间差计算流速。上下2个监测断面之间的距离不宜小于50 m。计算公式为：

$$V = L/t \qquad (5-99)$$

式中 V——泥石流流速（m/s）；

L——上下游监测断面的距离（m）；

t——泥石流从上断面流动到下断面的历时（s）。

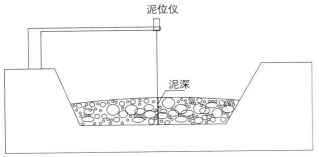

图5-22 泥石流泥位监测仪布置示意图

4）重度监测

重度监测在有人值守的监测点进行，事先准备已知体积的容器，采样后立即称重，计算泥石流重度。采样时要确保人身安全。

5）泥石流监测仪器的选用与管护

①选用的监测仪器、设备应满足监测精度要求，能适应环境条件，长期稳定可靠，便于维护和更换。

②监测仪器宜具有在线实时传输数据的功能，并通过智能化系统自动接收监测数据，实时做出判断。

③自动化监测仪器应有自检、自校功能。无自检、自校功能时，应定期进行人工检查、校正。

④监测设备和数据传输系统每3个月宜进行一次检查和维护，每年雨季来临前和泥石流活动后应进行一次人工检查、校正。

⑤用于接收、分析数据并做出判断的综合控制中心，应选择在安全区，并具有备用仪器设备和应急供电能力。

2. 泥石流的专业预警技术

1）根据降雨监测进行泥石流预警

在利用降水监测或预报数据进行降雨型泥石流的专业预警时，应在分析流域背景条件和泥石流特征的基础上选择预报模型，并确定模型参数。需要通过监测数据确定模型参数时，应在建立预报系统之前布设监测网络进行监测。降雨数据一般由预警系统的监测网络提供，也可由当地气象部门提供。使用大于12h的预报雨量进行泥石流预报时，一般发布红色预报。

采用10min降雨量进行预警时，雨量监测仪器的分辨率应达到0.1mm以上，并可在线实时传输数据。雨量器的布设应符合相关规范的要求。

数据分析中心收到降雨数据后，应采用滚动计算的方式，即时进行分析判断。每次计算时，当次降雨数据为激发雨量，前次数据自动进入前期雨量数据。使用实测10min雨量为激发雨量时，计算频率不应低于5min一次。当使用大于6h的预报雨量分析判断时，计算频率不应低于1h一次；使用1~6h预报雨量时，计算频率不应低于30min一次[152]。

降雨型泥石流的专业预警要选择比较成熟的计算模型,如中国科学院·水利部成都山地灾害与环境研究所模型(简称山地所模型)、中铁西南科学研究院模型(简称西南铁科院模型)、中国地质环境监测院模型(简称地环院模型)。将这些模型用于具体区域或沟谷时,要进行模型的适用性检验和参数确定。也可根据数据资料的丰富程度和流域基础研究的深入程度,建立新的泥石流预报模型,但新的预报模型应经过检验或验证。

①山地所模型[151]

山地所泥石流预报模型是根据云南东川蒋家沟、西藏波密古乡沟和加马其美沟、甘肃武都火烧沟、四川西昌黑沙河和攀枝花三滩沟等流域大量、长系列的观测数据提出的,可用于全国范围内降雨型单沟泥石流的预报,其模型表达式见式(5-100)。

$$R_{10} \geqslant A - \frac{A}{P^*}\left(\sum_{t=1}^{20} R_i K^i + R_t\right) \geqslant C \quad (5-100)$$

式中 R_{10}——激发泥石流所需的10 min雨量;

A——没有前期降水量土壤干燥条件下激发泥石流所需的10 min降雨量(临界雨量);

P^*——补给物质达到饱和时所需的雨量;

C——前期降雨量使补给物质达到饱和时泥石流暴发所需10 min雨量;

R_t——泥石流发生时刻前的当日降雨;

R_i——泥石流发生前i天降雨量;

K^i——递减系数;

$\sum_{t=1}^{20} R_i K^i$——泥石流发生前20天内的有效降雨,i=1,2,…,20。

泥石流发生前20天各天雨量、泥石流发生时刻当日降雨量R_t通过降雨监测获得;土壤干燥条件下激发泥石流所需的10min降雨量A和前期降雨量使补给物质达到饱和时泥石流暴发所需10min雨量C通过历史泥石流活动的实际监测获得;前期降雨量使补给物

质达到饱和时的前期雨量P^*通过实际监测或实验的方法获取;递减系数宜根据实际降雨监测和实验数据取值,一般为0.5~0.9,也可根据当地干燥度参考表5-26确定。

递减系数K值 表5-26

干燥度	区域特征	K值
≤1	湿润区	≥0.9
1~1.5	半湿润区	0.8~0.9
1.5~3.5	半干旱地区	0.7~0.8
>4	干旱地区	<0.7

根据式(5-100)和表5-26确定出所预报流域的泥石流预报参数,当监测到10min降水量达到C时开始进行预报计算,并将计算值与监测到的R_{10}进行比较。根据比较结果得到不同级别的预报信息,具体内容见表5-27所列。

预报阈值 表5-27

预报等级	判断标准	应对措施
蓝色	监测到的10min降雨小于计算阈值的85%	不预报
黄色	监测到的10min降雨大于计算阈值的85%但小于计算阈值	发布黄色预报信息,继续监测降水,并开始警报监测
橙色	监测到的10min降雨大于计算阈值但小于计算阈值的120%	发布橙色预报信息,加强降水监测和报警监测
红色	监测到的10min降雨大于计算阈值的120%	发布红色预报信息,通知下游危险区群众应急逃生

例:根据蒋家沟泥石流形成区雨量监测数据和泥石流暴发监测资料,得到式(5-100)中需要确定的参数的A、P^*和C,确定蒋家沟暴发泥石流的判别式为:

$$R_{10} \geqslant 5.5 - 0.098(P_a + R_t) \geqslant 0.5mm$$

当监测10min雨量大于0.5mm开始滚动计算,不断将监测到的10min雨量计入激发雨量或前期雨量。

当监测10min雨量达到表5-27规定的标准时，发出相应的等级的预报。

②西南铁科院模型[152]

西南铁科院泥石流预报模型可使用于全国范围内降雨型泥石流的单沟或区域预报，模型表达式为：

$$R = K\left(\frac{H_{24}}{H_{24(D)}} + \frac{H_1}{H_{1(D)}} + \frac{H_{1/6}}{H_{1/6(D)}}\right) \quad (5-101)$$

式中　R——降雨强度指标；

　　　K——前期降雨量修正系数，无前期降雨时$K=1$，有前期降雨时$K>1$，但目前尚无可信成果可供使用，现阶段可暂时假定$K=1.1 \sim 1.2$；

　　　H_{24}——24h降雨量（mm）；

　　　$H_{24(D)}$——该地区可能发生泥石流的24h临界雨量（mm）；

　　　H_1——1h降雨量（mm）；

　　　$H_{1(D)}$——该地区可能发生泥石流的1h临界雨量（mm）；

　　　$H_{1/6}$——10min降雨量（mm）；

　　　$H_{1/6(D)}$——该地区可能发生泥石流的10min临界雨量（mm）。

其中，降雨量为监测或预报值，临界雨量可参考表5-28。

根据气象预报或实际监测的H_{24}、H_1和$H_{1/6}$降雨量，用式（5-101）和表5-28计算出R值，做出预报，$R<3.1$为安全雨情，不预报；R为3.1~4.2时，发出黄色预报，R为4.2~10时发出橙色预报，$R>10$且监测10min雨量达到临界雨量时出红色预报。

③地环院模型[153]

地环院泥石流、滑坡预报模型可用于区域泥石流、滑坡的预报，在与滑坡联合预报时可采用。

根据区域相似性原则（地貌、地质和降水条件相似），依据气象因素诱发的历史泥石流、滑坡事件，根据5次以上的历史资料，选定泥石流、滑坡暴发前1日、2日、4日、7日、10日和15日过程降雨量等6个数据，制作泥石流、滑坡与不同时段临界降雨量关系散点图，将其上、下界所在的点挑选出来做回归分析，得出的线性方程就是泥石流、滑坡预警判据（图5-23）。

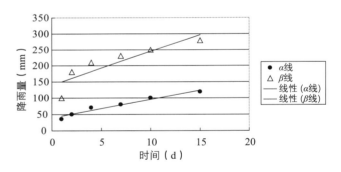

图5-23　某区泥石流、滑坡气象预警判据图

<table>
<tr><th colspan="5">可能发生泥石流的$H_{24(D)}$、$H_{1(D)}$、$H_{1/6(D)}$的限界值表 　　　　　表5-28</th></tr>
<tr><th>年均降雨分区</th><th>$H_{24(D)}$</th><th>$H_{1(D)}$</th><th>$H_{1/6(D)}$</th><th>适用地区</th></tr>
<tr><td>≥1 200</td><td>100</td><td>40</td><td>12</td><td>浙江、福建、广东、广西、江西、湖南、湖北、安徽、京郊、辽东及云南西部等省山区</td></tr>
<tr><td>1 200，800</td><td>60</td><td>20</td><td>10</td><td>四川、贵州、云南东部和中部、陕西、山西、内蒙古、吉林、辽西、冀北等省山区</td></tr>
<tr><td>800，500</td><td>30</td><td>15</td><td>6</td><td>陕西、甘肃、内蒙古、宁夏、山西、四川部分等省山区</td></tr>
<tr><td>≤500</td><td>25</td><td>15</td><td>5</td><td>青海、新疆、西藏，甘肃、宁夏黄河以西地区</td></tr>
</table>

图中横轴是时间（1～15日），纵轴是相应的过程降雨量（mm）。规定α线和β线为2条泥石流、滑坡发生的临界降雨量线。

根据预报时间选择相应的气象预报产品，宜选用未来24h预报数据来预报24h内的泥石流、滑坡。主要通过气象部门的天气预报获取。其他数据使用区域内的降水监测数据。

α线以下的为不预报区，α～β线之间的为泥石流、滑坡黄色预报区，β线以上为可橙色预报区。

2）泥石流直接预警仪器与设备

泥石流直接预警仪器与设备是指用专门的仪器设备来监测沟道内泥石流的暴发或运动情况，并根据所设定的指标进行预警的仪器设备。目前常用的有钢索检知器、触网式泥石流报警器、泥位监测报警器、地声警报器、泥石流次声警报器、视频监视警报设备等。

①钢索检知器

其作用原理是利用泥石流碰触钢线使钢线断裂，造成监测器内部感测轴位移形成通路而传出信号（图5-24）。钢索监测器由于需要冲击力使钢线断裂，故较适用于泥石流流通冲刷段。当泥石流中石块含量少时，对钢索的冲力不够而不能使钢线断裂，所以其对泥流敏感性差。

图5-24　钢索监测器布置示意图

②触网式泥石流报警器[155]

在监测断面制作镶嵌式水位标尺或设置槽钢标尺，根据沟口危险处的过流量，在标尺上设定报警泥位高度和级数，并在相应的位置上安装监测网扇。网扇与泥石流流动方向垂直，当泥石流达到报警泥位时，泥石流将固定在标尺上的监测网扇拉线撞断，监测网扇由原90°角瞬间推移到180°角，被推移网扇产生信号，信号通过电缆线传输到报警器内，报警仪通过音响报警，并有数字显示断面处标尺上的某一级泥（水）位数值。

触网式泥石流报警器制作所需材料有：用直径12mm的圆钢制作5个长50cm、宽25cm的长方形网格扇；用5mm厚的钢板制作2个长50cm、宽25cm的长方形板；用5mm厚的钢板制作5个长12cm、宽10cm、高8cm，既能开启，又能封闭的钢板盒；用正面宽25cm、侧面宽12cm、高8m的槽钢一根，埋深1.5m，用黑、白、红3种漆刷成泥（水）位标尺。地上部分每隔30cm在正面钻孔2个，侧面钻孔1个，用于固定监测网或因沟床变化而移动监测网；用厚10mm的钢板制作5个宽8cm，长20cm的连接板，与5个钢板盒连接；6芯信号电缆1根，长度根据监测断面与监测房的距离而定。

组装方法为：将钢板盒与监测网扇连接，钢板连杆与钢板盒连接；将厚5mm、长50cm、宽25cm的2块长方形板与同样长宽的2块长方形网格扇重合焊接，安装在标尺一、二级泥（水）位上；将其他3个监测网扇分别安装在三、四、五级泥水位上；在5个钢板盒内安装信号发送开关，分别与信号电缆连接；将信号电缆架设到监测房内与泥石流报警器连接。当沟道内发生泥石流时，流量逐渐由小变大，监测网扇拉线从下到上依次被泥石流撞断，撞断拉线的监测网扇瞬间成180°角并依次产生信号，通过信号电缆传输。

③泥位监测报警

依据到泥石流流深能够直观反映泥石流规模大小和可能危害程度的特点，利用激光或声波回波测距的原理，测得传感器断面的泥石流流深推断泥石流是否暴发，并初步确定其规模，可根据事先计算的不同频率洪水位设定警报阈值，从而实现自动分级预警。

根据这一原理研制的DFT-3型遥测超声波泥位警报器于1985～1986年在云南蒋家沟内安装，共测得14次泥石流，并成功报警。

④泥石流地声预警仪

使用地声传感器,监测泥石流运动过程中在岩土体中传播的振动波,采集的信号超过预设的阈值时进行报警。由于振动波在岩土体中传播,其振动还要受岩土体性质影响,一般在破碎和软弱岩体中能量衰减快,振动波强度较小,在建立判断模型时要考虑探头埋设处与泥石流运动处之间的岩土体性质及距离。地声监测传感器应安装在泥石流沟道两侧的基岩内,埋深1~2m,再以土或其他隔声材料覆盖,测试信号经前置放大后用电缆线直接输入计算机。

⑤泥石流次声警报器

根据泥石流次声音频特征,利用次声原理研制了泥石流次声警报系统。该系统主机部分由滤波器、放大镜、声光警报器和数据传输口构成。数据采集器可与计算机相连,采集的数据供数据分析研究使用。在中国科学院东川泥石流观测研究站实测实验,经过4场泥石流的实测证明,该系统运行正常,可提前30min至40min发出泥石流警报,达到了预期的效果。

次声波衰减慢,可传到几公里以外的地方而强度基本不变,所以泥石流次声警报器可远程监测,并且可做到探头与主机一体,安置方便而安全。但由于环境噪声千差万别且千变万化,应根据实际选择或建立适宜的判断模型。

次声监测仪应放置在泥石流流域的中、下游,距泥石流通过地点200~1000m为宜,声音接收装置朝向上游方向。

⑥影像监视预警

为了直观判断泥石流的暴发与规模,可以对泥石流沟道的整体或局部。定点照相或录像通过样板匹配法、影差法等数字图像处理技术,可以实现数码摄像机视频数据中泥石流的自动识别,并判断规模大小,还可进行泥石流的分级预警。因为泥石流具有夜发性,或发生时为雨雾天气,能见度差,用该方法时还应考虑照明条件或设备,为提高可见度差的条件下的影像清晰度,也可选用红外线摄影机。

影像监视可通过无线网络将信号传至监控室,可直观的判断泥石流发生与运动情况(需专人值守)。但由于摄像机常处于开机状态且考虑照明设备,耗电量很大,而且自动识别对图像处理设备要求高。

采用视频对泥石流进行实时监测时,应选用红外摄像机等具有夜视功能、分辨率不低于480P的摄像设备。可通过拍摄水尺监测泥位,拍摄泥石流到达沟道上、下断面的时间差计算流速,也可通过图像解析获得泥石流泥位、流速。

5.4.3 城市泥石流监测预警的组织体系

根据泥石流流域条件、保护对象的特征和价值等来选择监测的仪器设备、数据传输方式及警报发布方法,从而建设相应的预警系统。城市泥石流预警的组织体系可分为采取群测群防、半专业预警和专业预警三种类型。

(一)群测群防

在城市各级政府主管部门的领导下,由主管部门组织、指导,相关专业技术部门支撑,在受泥石流危害的社区(村)选聘若干群测群防人员,通过巡查和简易观测,达到及时发现、快速预警和有效避灾的一种主动减灾组织体系。

泥石流灾害群测群防系统由各级管理部门、群测群防点以及相关的信息传输渠道和必要的管理制度所组成。主要监测方法为人工巡查,或人工巡查与简易仪器监测相结合,预警结论主要根据经验判断得出。

建设的群测群防预警系统必须有专人管理,管理人员在该体系中担着重任,必须经过相关的培训,其工作主要有:安排监测人员;落实避灾场地和撤离路线,规定预警信号,准备预警器具;向受泥石流威胁的群众做好宣传工作;监测资料记录和上报;在危急情况下组织群众避灾自救等。

泥石流群测群防预警体系的工作流程如图5-25所示。

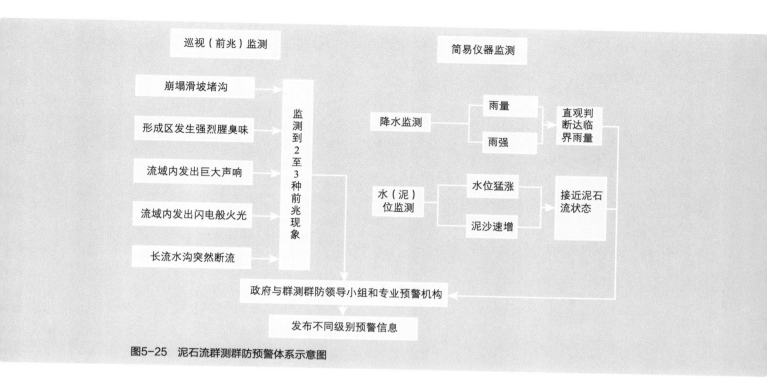

图5-25　泥石流群测群防预警体系示意图

（二）半专业监测预警体系

在政府主管部门的领导下，在专业管理部门的支持下，根据泥石流活动状况和当地减灾防灾需要，在区（县）组建群测群防预警与专业预警相结合的半专业预警体系。专业监测预警和人工简易监测预警相结合，布设监测点1～3个，监测内容一般应包括雨量和泥位。其预警判据一般为专业技术部门根据流域或区域特征通过历史监测数据或计算模型得到的临界值，并根据保护对象和经济条件等实际条件选择1～2种泥石流直接预警仪器设备（图5-26）。警报发布方式一般为手机短信群发、预设的警报信号、敲锣、扩音喇叭等。

（三）专业监测预警体系

在市级政府主管部门的领导下组建，以专业监测预警设备和技术为主，布设监测点3个以上，使用2类以上的专业仪器进行监测，监测内容可包括雨量和泥石流的泥位、流速。监测数据通过网络在线实时传输，建立各监测点的预警判据进行实时计算分析，做出预报和警报。专业预警体系一般采用多数据源、多模型进行预警，各监测数据之间相互检验，预警结果

之间相互比较和印证（图5-27）。

根据监测需要，在流域的泥石流形成区、流通区、堆积区分别选用适宜的监测设备，泥石流形成区可选择遥测雨量筒、土壤含水量测定仪等；在流通区主要监测泥位信息，还可选用钢索监知器、地声预警仪、影像监视预警等泥石流直接预警仪器；堆积区可进行冲淤监测，预警泥石流次生灾害的发生。

各监测设备通过网络与综合管理中心相联系，管理中心可以实时接收到各仪器设备采集的数据。应多种设备配合使用、协同工作，保证系统有一定的冗余信息，提高系统可靠性和准确性。

管理中心收到相关仪器的数据后，首先对各个监测设备数据的有效性进行分析，然后用内置软件进行运算，判断泥石流是否发生、可能的规模大小、是否发布预警、发布何种级别的预警并经相应级别的管理人准许后发布。

警报发布方式可以采用电视、广播、手机消息群发等向危险区群众发布；在情况紧急时可采用防空警报、敲锣、扩音喇叭等发布。

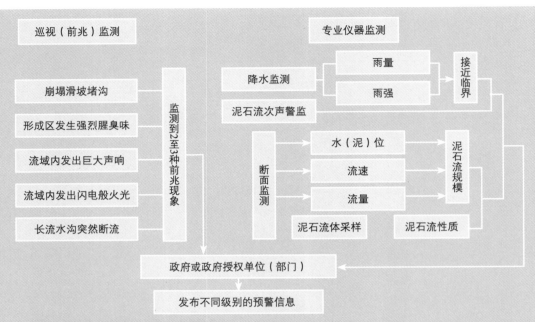

图5-26 泥石流半专业预警体系示意图

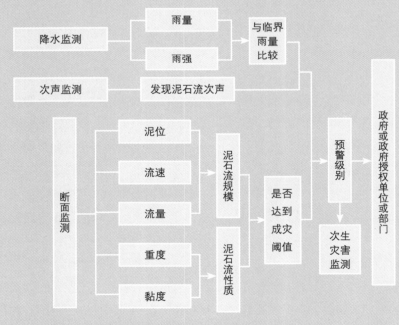

图5-27 泥石流专业预警体系示意图

在专业监测系统中，无论是监测仪器设备、通信线路，还是预警的发布方式都应该选择两种以上，保持一定的冗余度，以保证监测数据采集、信息传输及判断的可靠性，减小误判率。还可对系统中的各种仪器进行实时检查，发现是否有故障仪器。

泥石流专业监测预警体系建设之前，需要编制预警设计书。设计书应通过主管部门的审查、批准和备案，设计书的具体内容和编排体系见表5-29所列。

泥石流预警设计书大纲　　表5-29

1 前言	7.2　模型中参数的确定
1.1　任务来源与目的	7.3　数据来源与分析
1.2　位置与交通	7.3.1　监测项目
1.3　以往工作程度	7.3.2　监测点的选定
2 背景条件	7.3.3　仪器设备的选择与安装
2.1　气象水文	7.3.4　数据传输与分析
2.2　地貌	7.4　直接预警仪器与设备的选择与使用
2.3　地质	8 泥石流预警结果
2.3.1　地层岩性	8.1　可靠性检验
2.3.2　构造	8.2　上报与发布
2.3.3　新构造运动及地震	9 临灾预案
2.4　人类工程活动及其影响	9.1　组织与指挥
2.5　社会经济概况	9.2　安全区和避难所
3 泥石流形成条件与发展趋势	9.3　人员撤离路线的制定
3.1　泥石流的形成条件	9.4　生活物资储备
3.1.1　地貌条件	9.5　应急救援器械
3.1.2　松散固体物质条件	9.6　危险品存储区的处置方案
3.1.3　水源条件	9.7　医疗救护预案
3.2　泥石流的发展趋势	10 组织及保障
4 泥石流基本特征	10.1　人员安排
4.1　频率和规模	10.2　物资安排
4.2　运动特征	10.3　管理组织安排
4.3　流体特征	10.4　责任与奖惩
5 泥石流危险性及危险性分区	11 经费预算
5.1　泥石流的危害方式与危害对象	附图：
5.2　泥石流危险性分析	1.　泥石流流域地形图（比例尺不宜小于1∶50 000）
5.3　泥石流危险性分区	2.　泥石流预警系统平面布置图（比例尺不宜小于1∶50 000）
6 泥石流预警方案	3.　监测断面纵、横剖面图（比例尺不宜小于1∶500）
6.1　泥石流预警等级	4.　危害区地形图（比例尺不宜小于1∶5 000）
6.2　预警方案的整体设计	5.　危险性分区图（比例尺不宜小于1∶25 000）
7 泥石流预警	6.　安全区与撤离路线图（比例尺不宜小于1∶5 000）
7.1　预警模型方法的选择	

5.4.4　城市泥石流监测预警的实施

（一）预警组织体系的选择使用

城市泥石流预警组织体系的选择应根据泥石流险性级别来确定。一般险情级别为4级的泥石流预警任务一般选用群测群防预警体系，险情级别为3级或2级的泥石流预警一般选用半专业预警体系，险情级别1级的泥石流预警一般由专业预警体系承担。

泥石流险情级别一般根据其可能造成的经济损失和泥石流暴发时需要转移的居民人数来确定，分级标准按表5-30规定执行[155]。

泥石流险情级别确定　　表5-30

泥石流险情级别	分级标准	
	可能造成的经济损失（万元）	应转移的人数（人）
4级（小灾）	< 500	< 100
3级（中灾）	500，5 000	100，500
2级（大灾）	5 000，10 000	500，1 000
1级（特大灾）	≥10 000	≥1 000

注：两项阈值中，只要一项达到某级指标，就应将其确定为该级的泥石流险情。

采用两种及两种以上方法进行预警时，若各种方法得出的预警结论不同，应尽快查明判断所采用的数据是否准确，判断方法是否正确，排除错误后再进行比较。若无法判断是否出错时，可采用较高级别的预警结论。

（二）预警等级及发布

预警信号应根据泥石流发生的可能性分为红、橙、黄、蓝4级。各级预警的发布时机、应对措施及发布部门按表5-31执行。

预警结论做出后，应尽快进行校验和分析，确定无误后再上报或发布。

预警信息的发布应通过相关主管部门的审批或授权。红色以下级别的预警信息发出后应继续监测，并根据监测结果调整预警级别。在确认危险消除后应及时解除预警。

判断出泥石流暴发的可能性较大时，可根据降水量或监测到的泥位、流速等数据按第5.2.4节计算泥石流峰值流量和径流量，并根据第5.3节的方法确定相应的危害范围，及时上报或发布预警信息。

当判断泥石流可能暴发时，应立即报告上级主管部门，并继续开展监测，捕捉泥石流暴发的信息。若判断泥石流暴发的可能性很大或已经暴发，也可根据事先取得的权限直接发出红色预警，并根据事先约定通知危险区人员紧急撤离，同时立即上报主管部门。

监测和预警资料应及时整编，监测数据的实时采集、整理、分析和上报宜采用网络技术进行，矢量地图数据宜使用SHP、E00、MIF等通用格式。

每次泥石流的预警结论应与实际发生的情况进行比较，对预警效果做出评价，以便对预警方法进行改进。

5.5　泥石流预防与治理

5.5.1　防治工程等级与设计标准

1. 按工程的重要性分级

分为紧要工程、重要工程、一般工程和次要工程四级。

2. 按工程在建设项目中的作用与地位分等

可分为作用突出、作用明显、作用中等和作用轻微四等。

3. 按工程减灾效益分类

可分为高效益、较高效益、中等效益和微效益四类。它们分别与无工程设施情况下受灾严重损失、重大损失、中度损失和轻微损失相对应。

4. 按工程投资规模和社会效益分型

分为特大型、大型、中型和小型四型，与相应的社会效益高效、较高效、中等效益和微效益相对应。

泥石流预警信号级别及发布和应对措施　　　　　　　　　　　　　　表5-31

预警信号	发布时机	应对措施	发布部门
红色	灾害性泥石流即将发生或正在发生	在组织应急逃生的同时，向主管部门报告	政府或政府授权单位（含群测群防监测员）
橙色	发生泥石流的可能性很大	报告主管部门，继续监测，组织行动不便的老弱病残人员先行撤离，进行重要财产设备的转移，并做好逃生准备工作	
黄色	发生泥石流的可能性较大	报告主管部门，加强监测和巡查，做好防灾准备工作	
蓝色	发生泥石流的可能性不大	注意监测和巡查	不发布

以上所列级、等、类、型的划分参见表5-32[156][157]所列。

根据受害对象的重要性、泥石流活动规模和危害程度，确定泥石流灾害等级为4等16级，见表5-33所列[158]。

5. 按泥石流活动规模划分

统一按百年一遇频率，用配方法计算一次泥石流总量，或按形态调查的历史上最大一次泥石流总量划分：①小规模：小于1万m³；②中等规模：（1～10）万m³；③大规模：（10～80）万m³；④特大规模：大于80万m³。

6. 按危害程度划分

1）轻灾

轻微危害，死亡少于5人，或毁耕地少于10hm²，或毁房少于1 000m²，或损失财产价值少于10万元。

2）一般灾

一般危害，死亡少于30人，或毁耕地少于100hm²，或毁房少于10 000m²，或损失财产价值少于100万元。

3）重灾

严重危害，死亡少于100人，或毁耕地少于1 000hm²，或毁房少于50 000m²，或损失财产价值少于1 000万元。

4）特重灾

特大危害，死亡100人以上，或毁耕地1 000hm²以上，或毁房50 000 m²以上，或损失财产价值1 000万元以上。

在划分危害程度时，上述各种损失中只要有一种达到该程度即划为该等级。

灾害等级划分的目的是分析灾害的严重性，确定防治工程的等级和标准，在划分等级时，应与有关标准（如防洪标准等）结合考虑。

泥石流防治工程等级划分表　　　表5-32

等级　类型＼编序	一	二	三	四
Ⅰ 重要级别	紧要	重要	一般	次要
Ⅱ 作用分等	突出	明显	中等	轻微
Ⅲ 效益类别	高效	较高效	中度	低效
Ⅳ 规模分型	特大型	大型	中型	小型

泥石流灾害等级　　　表5-33

序号	受灾对象　危害程度＼泥石流活动规律	小型　轻灾（轻微灾害）	中型　一般灾（一般灾害）	大型　重灾（严重灾害）	特大型　特重灾（特大灾害）
Ⅰ	大城市，国家重点企业和单位	1	2	3	4
Ⅱ	中小城市，省级重要企业，国道及铁路	1	2	3	4
Ⅲ	小城市，小厂矿，地区公路及铁路支线	1	2	3	4
Ⅳ	农田，村庄，县乡公路	1	2	3	4

5.5.2 泥石流防治的基本原理

（一）防治理论与方法依据

1. 小流域治理

泥石流流域一般都是由若干个独立的泥石流小流域组合或汇聚而成。发育完善而独立的泥石流小流域可分为沟谷型和山坡型两种类型。它们代表了泥石流小流域不同的发育阶段和地貌类型。因此，在进行泥石流流域开展社会生产建设和实施减灾工程，应以小流域为单元进行泥石流防治。

2. 流域分区及重点

泥石流流域从高到低，自上而下都有形成区、流通段和堆积区三个组成部分。这是泥石流这一自然现象的内在规律。当泥石流活动对流域内的自然生态环境和人类社会生产与生活造成危害并带来损失，就构成了泥石流灾害。

通常，流域上游形成区山高、坡陡，自然条件恶劣，很少有人类生产活动，泥石流仅对这里的生态环境造成破坏，它们属于生态环境治理区。因此，这里也是限（抑）制、根治灾害的源地。流域中下游流通段，特别是堆积区，地形突然开阔，水土资源丰富，有利于工农业生产与社会生活，通常社会生产发达，人口与资财集聚，一旦受灾，损失巨大。流域的这一部分属于治理的重点。

（二）防治原则

在泥石流防治规划中，应正确处理以下几层关系。

1. 预防和治理

要未雨绸缪，及早采取预防措施。不要临到灾害发生，甚至遭受重大损失之后才被迫治理。经验表明，实施灾前主动防治，较之临灾应急治理无论时效性和经济性效果都好，比起灾后被动治理，既减免损失，又节约投资。因此，对受严重威胁的重要泥石流危险区，应尽早预防并实施主动治理。

2. 生命与财产

对减轻泥石流灾害损失而言，保护人身安全，减少人员伤亡是减灾的首要目标；其次，应尽量减少国有资产、集体财产和个人财物损失，还要尽量避免灾后引发的间接损失。

3. 灾害与环境

在大力减少眼前和近期泥石流灾害损失的同时，要兼顾流域生态环境保护及恢复生态良性循环的长远目标。

上述防治原则应在泥石流流域规划和治理工程设计中得到具体贯彻与实施。

（三）防治的实用性原理

泥石流防治实用性原理，有以下三个不同的层次。

1. 抑制泥石流发生

采取人工措施限制泥石流形成所必需的松散碎屑物供应、水源供应和动力保证等三基本要素之一，或使其中某一要素缺失（少），使其数量不够或现状达不到临界状态。这样，泥石流便不会发生。

通常，人为工程措施对抑制泥石流发生的作用与效果有限，工程的使用寿命也有限。应着手改变形成区局部地貌，增加流域上游地表植被覆盖率，减弱水动力，从而对泥石流发生可持续地起抑制作用。

2. 减弱泥石流活动

采取人工措施减弱或制止泥石流形成中的土水融合过程，即可削弱泥石流的起动能量、活动强度与规模、数量，若进一步促使土水分离，使泥石流密度降低，可将它变成高含砂洪水。

3. 减轻泥石流灾害

采取人工措施：拦蓄、排导或兼有拦排措施，可调节泥石流的活动规模并控制其破坏力，将其顺势排泄出危险区或停淤在危险区外，即可减轻灾害损失。

根据拟定的防治目标，预测建设项目可能投入的资金数量并结合工程设计标准，选择相应的治理层次。

（四）防治途径

泥石流流域的主沟床纵坡是泥石流形成三个基本

因素中的关键性要素，通过对它的人为调控可对泥石流的形成、活动与危害作用起限制作用。

1. 沟谷泥石流形成分段

泥石流沟的主沟道纵剖面，是一条自上而下逐渐递降的高次凹形曲线。其纵坡上陡下缓，随径流汇集增加，沟床岩土的组成、结构及泥沙输移状况呈规律

性变化。它在一定程度上反映出沿沟产生的崩滑流重力侵蚀活动规律。

如表5-34和图5-28所示，沿主沟床纵剖面对泥石流形成过程、发育状况和特征进行分段：自上而下，分为水源区、形成区、流通段和堆积区。不同沟段其水文特性，运动特性和动力作用都不相同。它们

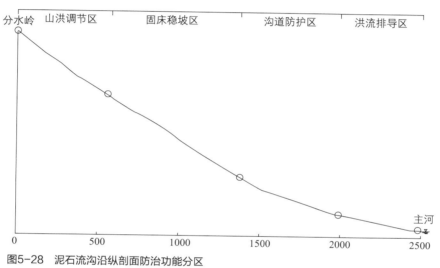

图5-28　泥石流沟沿纵剖面防治功能分区

泥石流沟沟道纵剖面分段　　　　　　　　　　　　　　　　　　　　表5-34

纵剖面分段	堆积区	流通段	形成区	水源区
沟道纵坡	0.03~0.08	0.08~0.10	0.10~0.40	≥0.40
水文特性	沟槽宽浅，岔流发育，沟道迁徙不定，堆积物粒径较小	沟道平面顺直，成槽形，沟床质粒径均匀，糙率较小	沟道平面弯曲，崩滑体发育，局部阻塞严重，沟床质较厚，粒径不匀，沟床切割深，成V形，多跌坎	汇水区的围谷成圈椅状，羽状、树枝状支沟发育，沟网切割较密
运动特性	泥石流运动减速直至停积，泥浆分离，流体密度减小成含砂水流	泥石流呈现均匀流动，冲淤保持平衡，密度不变	水流不断加速，沟道侵蚀发育，土水融合使含砂浓度增加至饱和	由坡面汇流进入沟道时，水流流速加快，流量骤增，形成洪峰
动力作用	流动阻力＞输移力，运动减速	流动阻力＝输移力，流速稳定，泥石流输移力达到饱和	输移力＞流动力，运动加速，流体密度不断增加并形成泥石流	坡面阻力大，沟道阻力小，进入沟道后输移力增加，侵蚀力加大，形成含砂水流
水文特征	含砂浓度降低，水砂分离	高浓度饱和均衡输砂	重力侵蚀使含砂浓度增大而形成泥石流	坡面汇流
灾害分区	人类社会灾害区	灾害较轻区	生态环境灾害区	预测预报区
防治功能分区	洪流排导区	沟道防护区	固床稳坡区	山洪调节区
防治措施	排导停淤工程	治沟固床工程	拦蓄拦稳工程	截流排水工程

在泥石流形成中表现出不同的冲淤变化和输砂特性并影响着泥石流规模。

2. 防治功能分区

根据泥石流沿主沟道的形成运动规律暨成灾过程与灾害危险性分区，按照阻止土水融合，促使水土分离的抑制泥石流原理来预防和减轻泥石流灾，与前述泥石流形成分段相对应，划出自上而下的山洪调节区、固床稳坡区、沟道防护区和洪流排导区，见表5-35所列。

1）分区特性

形成区：水力与重力强侵蚀段，生态环境灾害较重，属治理重点，宜用节流、分流、防冲、稳沟固坡措施以阻止土水融合，实现水土分离。

流通段：是泥石流性质、规模、流态和动力作用达到暂时稳定，向下扩展造成社会灾害并逐渐衰亡的过渡段，宜采用简易防护导流措施保持沟床和岩坡稳定。

堆积区：泥石流运动铺展减速阻力增大，动力不足，产生淤积、掩埋等社会灾害的危险区，宜采用减阻排泄措施将泥石流排出危险区外。

2）防治思路与工程措施

水源区：以生态工程为主，封山育林，增加乔灌草覆被率。

形成区：以拦稳拦蓄为主，修建具有穿透性功能的谷坊、谷坊系和拦砂坝，治理滑坡使沟床和岸坡保持稳定。

流通段：以防护为主，修建简易护坡、护岸、潜槛和肋箍工程，以维护沟槽稳定。

堆积区：以排为主，修建泥石流排导槽、导流堤和停淤场等，将泥石流顺利排走或停积在危险区以外。

（五）防治措施

防治泥石流灾害，最直接、最有效、最彻底的办法就是除掉危害人类社会的灾害源，即采取措施抑制泥石流发生或限制泥石流活动规模，使其无法造成直接灾害。为此须对具有潜在灾害威胁的重点泥石流沟实施积极预防和主动治理，变灾后被动救灾为灾前主动防治。

防治泥石流灾害有各种不同的方法和措施，从总体上讲，可分为软性防治措施和硬性防治措施两类。前者视泥石流为灾害体，从成灾的社会背景出发，按灾害成因中的人地相互关系，采取社会管理措施来达到减灾目的，它不具有约束或抑制泥石流灾害的功能；后者根据泥石流成因，按照规律，采取人为措施，对泥石流的形成与活动加以限制，从而达到减轻泥石流灾害的目的，对泥石流有一定防治功能。两者之间的关系如图5-29所示。

1. 软性防治措施

根据泥石流形成主导因素对灾害发生的直接作用建立相互关系。据主导因素的动态变化掌握灾害发育过程，进行预测预报，并及时采取行政管理措施，将危险区内的人畜和重要财产疏散撤离，使其避开泥石流流路或迁出泥石流危险区，以减少人员伤亡和财产损失。这是一种积极的、以避灾为特点的减灾途径。

泥石流沟防治功能分区 表5-35

纵剖面分段	洪泛区	堆积区	流通段	形成区	水源区
灾害特性	属泥石流、泥砂灾害，危害社会生产、生活的主要危险区			严重水土流失，环境灾害	轻微至中度水土流失
功能分区	洪流排导区		沟道防护区	固床稳坡区	山洪调节区
防治思路	排洪排水	排导为主、适当停淤	顺畅过流，简易防护	以拦稳拦蓄为主，兼顾沟岸防护	抚育与管理并重，治坡为主
防治措施	排洪沟	排导槽、停淤场	护坡、护岸、防护堤	拦砂坝、谷坊、潜槛	生态工程、农田水保小型工程

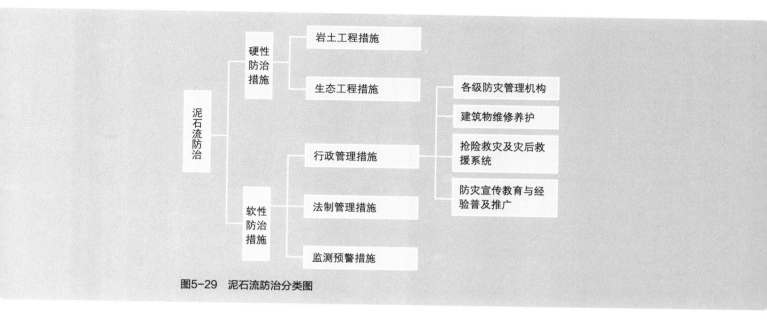

图5-29　泥石流防治分类图

2. 硬性防治措施

采取人为工程措施，包括岩土工程措施和生态工程措施，构成防御泥石流灾害的设施体系，对泥石流形成与活动施加影响和限制，以达到抑制泥石流发生，降低泥石流暴发频率，减小泥石流规模和危害，达到减轻泥石流灾害的目的。这是一种主动的，以抗灾和治灾为特点，对泥石流发生发育过程有防治（或限制）作用的防御措施。

5.5.3　泥石流拦挡工程

泥石流治理岩土工程措施是通过在流域的清水汇流区、泥石流形成区、泥石流流通区和泥石流堆积区修建蓄水、引水工程、拦挡工程、支护工程、排导工程、停淤工程等，控制泥石流发生，调控泥石流运动过程，达到减轻泥石流危害作用。根据泥石流防治的需求，这里主要介绍拦挡工程、排导工程和停淤工程。

泥石流拦挡工程的作用是拦蓄泥石流体的固体物质，通过泥石流回淤减缓局部沟床段的比降，抬高沟段的侵蚀基准，降低泥石流流速，从而减小泥石流的

冲刷作用和冲击力，抑制泥石流的发育和爆发规模。拦挡工程一般修建于泥石流形成区或者形成一流通区。根据坝体材料，其类型有圬工重力式拦砂坝、墩（台）座支承轻型拦砂坝、土石混合坝、钢构格栅坝、柔性网格坝等；根据坝体构型，其类型包括实体式拦砂坝、缝隙式拦砂坝、窗口式拦砂坝、梳齿式拦砂坝等。这里主要介绍圬工重力式拦砂坝和谷坊。

该类坝用浆砌块石、混凝土砌筑，带有整体式基础；沿长轴方向呈棱柱体，基本横断面为直立三角形或梯形；坝体依靠自身重量维持稳定，在设计荷载下使用时能满足强度、变形和过流要求。根据坝的使用特点和功能，结合前期勘查内容，考虑坝基松散层基础的不均匀沉降、渗透变形等因素，进行拦挡工程的设计。同时，在设计使用期内，须维持下游沟床稳定。

（一）坝址选择

1. 自流通段上溯，最好布置在泥石流形成区的下部，或置于泥石流形成一流通区的衔接部位，并结合防治总体目标确定，以拦砂控流为目的的坝宜选择在上游地形开阔、库容较大的部位，以护床稳坡为目的的坝应布置在侵蚀强烈的沟段或者崩滑体的下游。

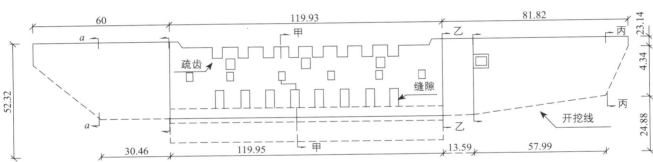

图5-30 云南大理市苍山莫残溪圣佛缝隙坝（彩图详见文末附图）

2. 从地形上讲，拦砂坝应布置在口狭肚阔的地形颈口或上窄下宽的喇叭形入口处。坝址两岸稳定，无崩塌、滑坡、错落、洞穴、构造破碎带和泉水、流砂等隐患。避开不利于建坝的地质构造带。

3. 选择在危害严重泥石流支沟的下游，能对主沟和支沟的泥石流活动均能发挥控制作用。

4. 应避开山洪，崩塌与滑坡等突发性灾害冲击的范围，选在其下游段足够安全处。

5. 利用基岩窄口或跌坎建坝，可以减少施工基础的开挖土石方量，节省工程造价，还有利于泄流和消能。

6. 选在砂石材料集中，运输方便，有开阔施工

场地的沟段上游侧。

（二）坝高拟定

拦砂坝的高度主要受控于坝址的地形地貌条件和地质条件，还与坝下消能、施工条件、拦砂效益、投资效益比等因素有关。

1. 设计使用期累积拦砂库容确定坝高：

$$V_s = \sum_{i=1}^{n} V_{si} = nV_{sy} \qquad （5-102）$$

式中 V_s——多年累计淤积量（m^3）；

n——有效使用期年数；

i——年序；

V_{sy}——多年平均泥沙输移量（m^3），即按使

用期内，可能遭遇的不同几种频率泥石流过程含砂量进行组合、叠加，并按输移比折减后计算出所需拦砂量。

2. 按防御一次或几次典型泥石流灾害，计算泥砂量来确定坝高：

$$V_s = \sum_{i=1}^{n} V_{si} \qquad (5\text{-}103)$$

3. 根据坝高与库容的关系曲线，以最佳库容增长率（单位库容造价最低）确定坝高，与反弯点对应的坝高 H_d 即为最佳库容坝高。

4. 根据拦砂坝固床护坡的要求，按照所需掩埋深度和上游限制淤埋点高程，以回淤纵坡 I_s 推算坝高：

$$H_d = L_s(I_b - I_s) \qquad (5\text{-}104)$$

5. 按一次最终规划和当前分期实施相结合确定坝高（此系为后期加高留有余地的应急坝坝高）。

6. 按坝址处的地形地质条件和安全要求，确定可能建造的最大限度坝高。

单个拦砂坝库拦蓄量的不足部分，应由其他拦蓄拦挡工程来补充。

（三）库容计算

拦砂坝淤满后的库面是向上游逐渐变陡，即上翘倾斜的斜面，总库容可按最终泥位回淤线进行推算。

1. 等高线法

1）确定坝址位置，截取天然沟道的纵断面，点绘坝体相应高程。

2）根据沟道地形与泥石流性质确定泥石流回淤的设计纵坡，画出拦砂坝回淤线（图5-31）。

3）在平面图上找出相应的拦砂坝回淤线（图5-32），用分层累加法求体积：

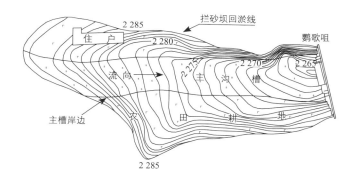

图5-31　用等高线法计算拦砂坝库容平面示意图（彩图详见文末附图）

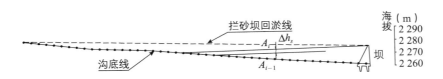

图5-32 用等高线法计算拦砂坝库容纵断面图

$$V_s = \sum_{i=1}^{n} \frac{1}{2} \Delta h_s (A_i + A_{i-1}) \qquad (5-105)$$

式中　　Δh_s——分层高度（m）；

A_i、A_{i-1}——分层上、下层面的面积（m²）。

4）上述累加过程可以用列表法计算，也可以用作图法进行量算。

2. 横断面法

采用纵横断面控制进行现场简易测量和室内计算，较之等高线图算法简单，精度也能满足使用要求。

1）自坝址处测量天然沟道的纵断面，测绘出坝和各计算横断面位置与数目。

2）测量并绘出各计算横断面。

3）在沟道纵断面图上绘出拦砂坝回淤线图（图5-33）。

4）找出各淤积横断面，计算断面积和间距。

5）用逐段累加法求体积：

$$V_s = \sum_{j=1}^{n} \frac{1}{2} \Delta l (A_j + A_{j-1}) \qquad (5-106)$$

式中　　Δl——分段长；

A_j、A_{j-1}——分段两端的横断面面积。

6）同样可以用列表法进行计算。

3. 经验公式法

根据资料收集情况和设计精度要求，某些情况下，若资料缺少，要求计算精度不高（避免大量繁杂的作图和计算），可采用以下经验公式进行粗略计算。

$$V_s = KAl_s \qquad (5-107)$$

式中　　A——坝址处坝库淤满后沟道的横断面面积；

l_s——回淤长度；

K——经验系数，其取值一般为0.3~0.5，视沟道宽深比及坝宽与平均库宽比例而定，比例数相对较小的则取较大的经验系数。

采用经验公式时，也可按不同回淤体形状进行分段计算，最后再进行累加。

（四）坝轴及上下游衔接布置

1. 在同一坝段范围内可进行多条坝轴线布置的方案比较，从中选择最优坝轴位置。

2. 轴线一般布置成直线，特殊情况下（沟床与岸坡形状很不对称，地层和岩性差异较大）可采用折线形、拱形布置，或另设墩座作分段加固处理。

3. 选在狭口上游1/2B（B为坝底宽）处，形成具有空间受力的楔形体稳定增效作用，即瓶塞效应，以增加坝体稳定性（一般作为安全储备）。

4. 在弯道布置坝轴时，宜尽量靠向下游直线段沟床，与下游沟床垂直并注意弯道的凹岸一侧应避开上游山洪、崩塌、滑坡等突发性灾害袭击，留够安全距离。

5. 避开弯道的突（急）变部位，对上游入流导引工程和下游出流消能工程预留其位置。

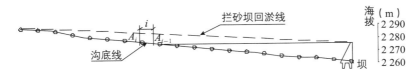

图5-33 用横断面法计算拦砂坝库容示意图

（五）拦砂坝的回淤纵坡

拦砂坝上游回淤纵坡与该段沟道原始纵坡，泥石流流速、流深运动要素和流体性质与组成（粒度成分、密度、黏度、土水比）等要素有关，总的来说，它取决于沟道的平面形态与沿程阻力。目前，确定天然沟道回淤纵坡的方法有：

1. 现场调查法

1）选择一至几个自然条件相似的泥石流流域作为参照流域。

2）对参照流域的泥石流性质、组成、规模及运动要素进行调查。

3）测定其流通段的纵坡及堆积段停淤性质——沟道停积，散（漫）流堆积，相应的沟段最大、最小纵坡。

4）根据相似类比法则进行定性分析并考虑设计要求，确定回淤纵坡的设计选用值。

2. 统计分析法

1）对已建不同规模，不同性质的泥石流拦砂坝进行类比统计。

2）点绘淤积过程纵断面和最终淤积纵断面（其中，淤积末端上翘段是关键部位）。

3）对不同类型的泥石流淤积纵坡进行分析，确定类型指标及相应设计值的取用范围。

3. 模拟试验法

1）根据坝库地形地质及水文条件，按设计需要确定模型试验的类型（整体模型试验和槽内试验）和范围。

2）收集泥石流试验所需基本资料（地形、糙率、泥石流组成、性质及规模数量）。

3）按照设计要求列出试验方案，试验步骤和测量参数。

4）进行多组流动试验并测量相应的淤积纵坡。

5）根据各组试验结果，进行综合分析，提出工程设计的采用值。

（六）拦砂坝受力分析

作用于泥石流拦砂坝上的基本荷载包括坝体自重、泥石流体液体压力及冲击力、堆积体的土压力及扬压力等。

1. 坝体自重：

$$W_a = V_a \cdot \gamma_a \qquad (5-108)$$

式中　W_a——坝体自重（kN）；

V_a——坝身体积（m³）；

γ_a——坝体重度（kN/m³）。

2. 上游坝库内淤积土体重，流体重：

$$W_b = V_b \cdot \gamma_s \qquad (5-109)$$

$$W_d = V_d \cdot \gamma_c \qquad (5-110)$$

式中　W_b、W_d——为淤积土重和流体重（kN）；

γ_s、γ_c——为淤积土重度和流体重度（kN/m³）。

3. 液体侧压力

1）对于稀性泥石流水平侧压力：

$$F_{dL} = \frac{1}{2}\gamma_{gs}h_s^2 \tan\left(45° - \frac{\phi_{gs}}{2}\right) \qquad (5-111)$$

式中　$\gamma_{gs} = \gamma_{ds} - (1-n)\gamma_w$；

γ_{ds}——干砂重度；

γ_w——水重度；

n——孔隙率；

h_s——稀性泥石流堆积厚度；

ϕ_{gs}——泥砂内摩擦角。

2）对于黏性泥石流水平侧压力：

$$F_{VL} = \frac{1}{2}\gamma_c H_c^2 \tan^2\left(45° - \frac{\phi_a}{2}\right) \qquad (5-112)$$

式中　γ_c——黏性泥石流重度；

H_c——泥深；

ϕ_a——内摩擦角（一般取4°～10°）。

3）水的侧压力：

$$F_{wL} = \frac{1}{2}\gamma_w H_w^2 \qquad (5-113)$$

式中　γ_w——水的重度；

H_w——水深。

4. 扬压力

$$F_y = 0.5KL\Delta H \qquad (5-114)$$

式中　L——坝底长；

ΔH——坝上下游水位差；

K——水头折减系数，其值在 $0 \sim 0.7$ 之间，可根据地基渗透性与坝基轮廓，估计渗透压力折减度酌情选用。

5. 泥石流冲击力

泥石流的冲击力包括泥石流体的动压力荷载以及流体中大块石的冲击力荷载两种。

泥石流体动压力荷载：

$$F_{c1} = \frac{k\gamma_c}{g} V_c^2 \qquad (5\text{-}115)$$

式中　　γ_c、V_c——泥石流体的重度及流速；

k——泥石流不均匀系数，取值一般为 $2.5 \sim 4.0$，亦可取泥深代值。

泥石流体中大块石冲击力的计算公式有多种，建议采用以下公式：

$$F_{c2} = \frac{W V_a}{g T} \qquad (5\text{-}116)$$

式中　　W——大块石的重量；

T——大块石与坝体的作用历时；

V_a——大块石的运动速度。

按照简支梁的情况计算：

$$F_{c2} = \sqrt{\frac{48 E J V_a^2 W}{g l^3}} \qquad (5\text{-}117)$$

按照悬臂梁的情况计算：

$$F_{c2} = \sqrt{\frac{3 E J V_a^2 W}{g l^3}} \qquad (5\text{-}118)$$

式中　　E——构件的弹性模量；

J——惯性力矩；

l——构件长度；

W——大块石重量；

V_a——大块石的运动速度。

6. 荷载组合

根据不同的泥石流类型，过流方式以及库内淤积情况，作用于坝体的泥石流荷载组合如图 5-34 所示。

对于黏性、稀性泥石流的荷载组合，均可分为空库过流、半库过流和满库过流等三种情况，共计 10 种组合类型。坝体的荷载组合既和坝库使用情况有关，又与泥石流类型、规模及使用期内坝库与泥石流的遭遇有关，应按具体情况挑选几种可能发生的危险组合进行计算，以其中最危险的作为设计控制条件。

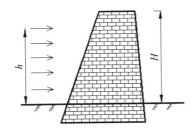
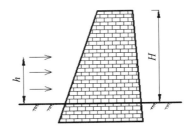
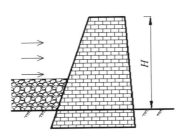
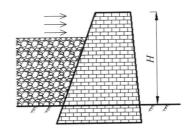

图5-34　作用于坝体的泥石流荷载组合

（七）拦砂坝结构计算

拦砂坝结构计算主要包括抗滑稳定性计算、抗倾覆稳定性计算、坝基础应力计算、坝体强度计算以及下游冲刷稳定计算等。

1. 坝体抗滑稳定性计算

沿基础底（平）面滑动公式：

$$K_c = \frac{f\Sigma W}{\Sigma Q} \geqslant [K_c] \qquad (5-119)$$

式中　ΣW——垂直力总和；

　　　ΣQ——水平力总和；

　　　f——沿基面的摩擦系数；

　　　$[K_c]$——抗滑允许安全系数，一般取值为1.05~1.15。

沿切开坝踵和齿墙的水平断面滑动公式：

$$K_c = \frac{f\Sigma W + CA}{\Sigma Q} \geqslant [K_c] \qquad (5-120)$$

式中　C——单位面积坝踵和齿墙粘结力（kN/m²）；

　　　A——剪切断面面积（m²）；

其余符号同前。

2. 坝体抗倾覆稳定性计算

计算公式为：

$$K_y = \frac{\Sigma M_x}{\Sigma M_0} \geqslant [K_y] \qquad (5-121)$$

式中　M_x——抗倾覆力矩（kN·m）；

M_0——倾覆力矩（kN·m）；

$[K_y]$——抗倾允许安全系数，取值1.30~1.60。

3. 坝体强度计算

坝的上游边缘地基不出现拉应力，下游边缘地基压应力低于地基耐压力，即：

$$\sigma_{上缘} = \frac{\Sigma W}{b}\left(1 - \frac{be}{b}\right) \geqslant [0] \qquad (5-122)$$

$$\sigma_{下缘} = \frac{\Sigma W}{b}\left(1 + \frac{be}{b}\right) \geqslant [\sigma_c] \qquad (5-123)$$

式中　W——垂直分力；

　　　b——顺流向坝底长；

　　　e——偏心距；

　　　$[\sigma_c]$——地基允许压应力。

（八）拦砂坝结构设计

1. 最大横剖面（溢流段剖面）

1）在沟床最深处沿垂直坝轴方向测绘地形剖面，标注沟床及下伏持力层的地层结构及岩性。

2）取坝轴处沟底高程为基准高程，确定泄流建筑物底部纵坡、基础宽度、埋置深度等基础轮廓尺寸。

3）按拦淤库容及相应坝高确定溢流面高程，根据坝高及表5-36选用坝顶宽及相应上下游坝坡比，即可初步拟定最大横剖面轮廓尺寸，如图5-35所示。

4）非溢流段最大横剖面，可参照以上方法与步骤设定，根据沟谷形态与宽高比，地基岩性，沟床冲

坝高与初拟剖面尺寸参用表　　　　　　　　表5-36

坝高	<10m	10~20m	20~30m	>30m	备注
坝顶宽（m）	1.0~2.0	3.0	4.0	>5.0	若有特殊要求不在此例
上游坡比	0.4~0.5	0.5	0.55	0.60	—
下游坡比	0~0.05	0.05	0.1	>0.1	—
坝底宽（m）	$0.7H_d$	$(0.7~0.8)H_d$	$(0.8~0.9)H_d$	$>0.9H_d$	—
基础埋深（m）	1.5~2.5	2.0~4.0	3.0~5.0	>5.0	地基为中密泥石流堆积

注：表中$H<10m$可供谷坊参用。

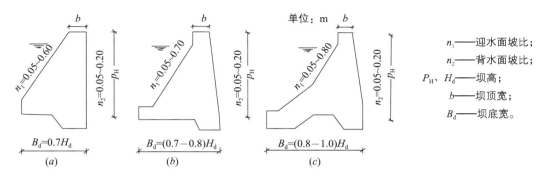

图5-35　重力式拦砂坝横断面型式图

淤变化等影响要素，对坝体上下游坡比，基础宽度和深度作必要调整。坝顶超高则根据过流深与所需安全超高确定。

5）以上初拟最大横剖面，需经结构受力分析后修改尺寸再确认。

2. 总平面布置（图5-36）

1）沿坝轴向上、下游拓展，取2~3倍最大坝底宽为界并采用比例适中的一幅局部地形图，为坝体总平面布置用图。

2）将以上最大横剖面及其他不同高度横剖面的高程、尺寸等数据投影于图上，作出坝体平面布置的轮廓线。

3）做出溢流段~非溢流段之间，坝体起连接作用或具有其他使用功能的结构，如导流翼墙、隔墙和分流墩合、泄洪孔洞等结构。

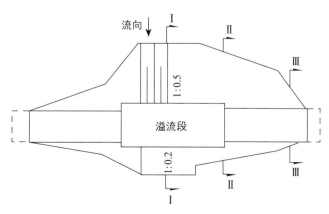

图5-36　坝体总平面布置图

4）做出坝下游消力塘、潜槛或附坝、护岸（坡）等附属工程的平面布置图。

5）按照结构细部设计，作出坝的肩、缝、洞、栅、梁、孔等的平面布置。

3. 轴断面与立视图

1）沿坝的中轴顺河床剖切并作出纵轴断面图。

2）根据沟谷地形变化并考虑结构及图形示意之总体需要，可酌情增加上游立视图或下游立视图，将坝体的空间图像用平面投影组合图更清楚地展现出来。

（九）拦砂坝下游消能工程

在溢流段下游，由于建坝后落差集中且单宽流量增大，过坝泥石流将对下游沟床造成强烈冲刷，不仅引起沟床不稳定变化，还可能溯源侵蚀危及坝体安全，需对过坝泥石流进行消能。主要形式有：

1. 散水坡：在坝的下游建齿墙，埋深为D，齿墙至坝踵为散水坡，护砌长为L，图5-37（a）所示；

2. 潜槛：在坝下游$0.50 \sim 0.80H$（H为坝高）处，一般约$10 \sim 25m$，即在冲刷坑影响范围以外修潜槛固定沟床。潜槛埋深为D，至坝踵的距离为L，冲刷坑深为H_s，如图5-37（b）所示；

3. 副坝或谷坊：按阶梯形坝系方案，在坝下游修建另一处拦砂坝或谷坊，利用上溯的淤积物保护坝脚，如图5-37（c）所示；

4. 其他：在狭窄地形或坚固岩岸修建圬工重力式拱基坝或溢流拱坝，可允许坝基存在适度规模的冲刷坑，坑的平面尺寸及深度以不致危及坝体安全为限

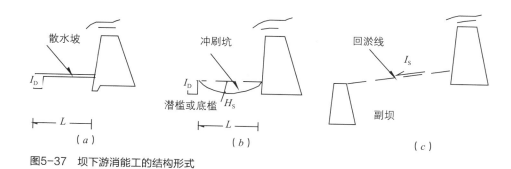

图5-37　坝下游消能工的结构形式

制。该类坝型具有较好的受力特性和自保能力。

5.5.4　泥石流排导工程

泥石流排导工程是利用已有的自然沟道或由人工开挖及填筑形成有一定过流能力和平面形状的开敞式槽型过流建筑物。其主要作用是将泥石流顺畅排泄到下游非危害区，调控泥石流对通过区域或堆积区的危害。排导工程包括排导槽、排导沟、导流防护堤、渡槽等，一般布设于泥石流沟的流通段和堆积区。由于泥石流排导槽是最为常用的排导工程，下面作主要介绍。

（一）排导槽布置

1. 排导槽布置原则

排导槽的总体布置应力求线路顺直，长度较短，纵坡较大，以有利于排泄。在布置时应遵循以下一些原则：

1）排导槽应因地制宜布置，尽可能利用现有的天然沟道，加以整治利用，不宜大改大动，尽量保持原有沟道的水力条件，必要时可采取走堆积扇脊、走扇间凹地、沿扇沿一侧的布置方式。同时排导槽总体布置应与沟道的防治总规划或现有工程相适应。

2）排导槽的纵坡应根据地形、地质、护砌条件、冲淤情况、天然沟道纵坡等情况综合考虑确定，应尽量利用自然地形坡度，力求纵坡大、距离短、以节省工程造价。

3）排导槽进口段应选在地形和地质条件良好地段，并使其与上游沟道有良好衔接，使流动顺畅，有较好的水力条件，出口段也应选在地形良好地段，并设置消能、加固措施。

4）排导槽应尽量布置在城镇、厂区、村庄的一侧，在穿越铁路、公路时，要有相应连接措施；同时排导槽在穿越建筑物时，应尽量避免采用暗沟。

5）槽内严禁设障碍物影响泥石流流动。

自上而下泥石流排导槽由进口段、急流槽、出口段三部分组成，由于各部分的功能和作用不同，它们对平面布置的要求也不同。首先应考虑控制断面和过渡段的布置，以利于流动和衔接。

排导槽的平面布置形态主要有以下四种：直线形、曲线形、收缩喇叭形、扩散喇叭形（图5-38）。

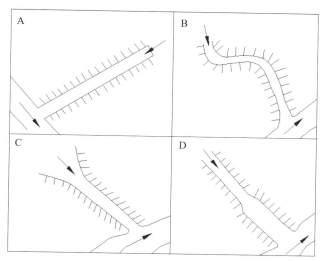

图5-38　排导槽平面布置示意
A—直线形；B—曲线形；C—收缩喇叭形；D—扩散喇叭形

（1）直线形：直线形排导槽一般从山口堆积扇顶处开始直通主河，中间无转折，断面均一不变。在多数地域，因地势、地形及保护对象的要求，很难采用直线形。

（2）曲线形：受地形条件限制，或为保护某一防护对象而将排导槽绕道成弧线或中间有转折的平面形态。例如保护兰州市区的大洪沟泥石流排导槽即为曲线形。

（3）收缩喇叭形：平面形态呈上宽下窄。此种形态在防治工程中使用较为广泛。武都火烧沟泥石流排导槽，金川八步里泥石流排导槽等即属收缩喇叭形。

（4）扩散喇叭形：平面形态呈上窄下宽，此类型多用于受地形条件限制情况。云南东川大桥河泥石流排导槽，上段宽10m，下段宽15m，即属扩散喇叭形。

上述四种平面布置形态单独使用的情况不多，大多是这几种类型的组合，各地域因泥石流性质，地形地质的不同，以及修建目的的不同，排导槽平面布置各具特色。四川黑沙河泥石流排导槽是收缩喇叭形和曲线形的组合，云南东川大桥河为曲线形和扩散喇叭形的组合。

2. 进口段布置

1）利用上游控流设施布置进口段

当上游有拦砂坝、溢流堰、低槛等控流设施，布置进口段时应加以利用，使经过节流、导向、控制含沙量等调节作用后的流体能平稳无阻地进入槽内，应使排导槽进口段的入流方向与经控流设施后泥石流体的出流方向一致，并具有上游宽、下游窄，呈收缩渐变的倒喇叭外形。喇叭口与山沟槽顺平连接。收缩角一般为：黏性泥石流或含大量巨砾的水石流 $\alpha \leqslant 8° \sim 15°$，对高含砂水流和稀性泥石流 $\alpha \leqslant 15° \sim 25°$。同时过渡段长度 $l \geqslant (5 \sim 10)B_{cp}$，$B_{cp}$ 为设计条件下的平均泥面宽，横断面沿纵轴线尽可能对称布置（图5-39）。

2）上游无控流设施进口段布置

如上游无控流设施，进口段应选在地形条件和地质条件良好的地段，应尽可能选择沟道两岸较为稳定，顺直的颈口、狭窄段，或在沟道凹岸一侧，具有稳定主流线的坚土或岩岸沟段布置入口，使入流口具有可靠的依托（图5-40）。否则，可在进口上游修建相应的节流、导向、排砂或防冲等辅助的入流防护措施，如导向潜坝、引流导流堤、低槛、分流墩等。

3. 急流槽布置

急流槽在全长范围内力求采用宽度一致的直线

图5-39 利用上游控流设施布置进口段

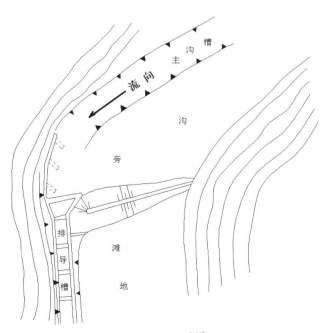

图5-40 上游无控流设施进口段布置[159]

形平面布置，当受地形条件限制必需转折时，以缓弧相接的大钝角相交折线形布置，转折角$\alpha \geq 135°$ ～ $150°$，并采用较大的弯道连接半径，对黏性泥石流$R_s \geq$ （$15 \sim 20$）B_{cp}，对稀性泥石流$R_s \geq$ （$8 \sim 10$）B_{cp}。

当急流槽与道路、堤埂建筑物交叉或槽的纵向底坡变化处，急流槽的宽度不得突然放宽或突然收缩，应采用渐宽或渐窄的连接方式，渐变段长度$l \geq$ （$5 \sim 10$）B_{cp}，扩散角或收缩角$\alpha \geq 5° \sim 10°$。

急流槽沿程有泥石流支沟汇入口，支槽与急流槽宜顺流向以小锐角相交，交角$\alpha \geq 30°$，在汇口下游方按深度不变扩宽过流断面，或维持槽宽不变增加过流深度以加大排泄能力。

4. 出口段布置

为顺畅排泄泥石流，排导槽的出口段宜布置在靠近大河主流或者有较为宽阔的堆积场地之处，且避免在堆积场地产生次生灾害。排导槽出口主要有自由出流和非自由出流两种方式，自由出流不受堆积扇变迁、主河摆动及汇流组合的影响，泥石流可顺畅地被输送到主河排往下游或就地散流停淤。非自由出流因排导槽槽尾出流受阻，被迫改变流向，流速降低，输砂能力减小，部分固体物质在出口处落淤，以致出流不畅，产生回淤、倒灌或局部冲刷等现象，排泄效果大大降低，甚至危及排导槽自身的安全。排导槽出口主流轴线走向应与下游大河主流方向以小锐角斜交，交角$\alpha \leq 45°$，避免垂直或钝角相交。否则泥砂大量落淤，甚至引起大河淤堵。在地形条件允许情况下，可采用渐变收缩形式的出口断面，或适当抬高槽尾出流标高，尽可能保证自由出流，以避免主河回水顶托淹没造成的危害。槽尾标高一般应大于主河二十年一遇的洪水位，以避免主河顶托而致溯源淤积。

出口段的尾部尽可能选在堆积扇被主河冲刷切割地段，即输沙能力较强处，山坡泥石流排导槽的延伸段长度应控制在30m范围内，防止散流漫淤。

排导槽出口段的尾部，特别是自由出流方式，泥石流在尾部会产生强烈的冲刷，由于冲刷导致槽的基础悬空会危及排导槽出口尾部的安全。对冲刷强烈的出口尾部必需设置相应防冲措施，但防冲消能措施不得设置在槽尾出口附近，以免产生顶托回淤，阻碍排泄。

（二）肋槛软基消能排导槽

我国从20世纪60年代中期起，在云南东川泥石流防治工作中，经多年探索，逐步将传统排泄沟向泥石流排导槽过渡，创建并完善了肋槛软基消能排导槽，也称为"东川型泥石流排导槽"。

肋槛软基消能排导槽，通过饱含碎屑物的泥石流与沟床质激烈搅拌，耗掉运动余能，以维持均匀流动。肋槛保持消力塘中碎屑物体积浓度，使冲淤达到平衡，基础不被掏空。通过槛后落差消失，自动调整泥位纵坡和流速，使沿程阻力和局部阻力协调，保持泥石流密度和输移力的恒定。

1. 槽身结构形式与受力分析

肋槛软基消能排导槽为规则的棱柱形槽体，排导槽进口、急流槽、出口部分结构形式基本相同，沿流向槽的几何形状，尺寸及受力无显著变化，可按平面问题处理，其结构形式如图5-41所示。

1）分离式挡土墙—肋槛组合结构

多用于坚硬密实的冲洪积或泥石流堆积层地基，

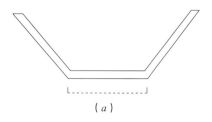

（a）

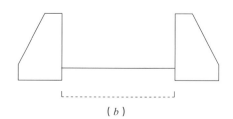

（b）

图5-41　肋槛消能软基排导槽的结构形式

图5-42 "东川"型泥石流排导槽（左：罗家沟；右：大桥河）（彩图详见文末附图）

肋槛应砌筑在挖方段上。侧墙为重力式挡土墙，用垗工制作；沿天然沟床设等距肋槛。

2）分离式护坡—肋槛组合结构

多用于坚硬密实地基暨城镇工矿区排导工程，侧墙为挡土墙式护坡，沿天然沟床设防冲肋槛，以浆砌石、混凝土或钢筋混凝土制作。

肋槛消能软基排导槽运行过程，为使结构安全，总体和组合单元的强度和稳定性、耐久性等均应满足使用要求。

（1）挡土墙

设计荷载下，其抗滑、抗倾和地基耐压力验算均应满足要求。

（2）倾斜护坡

验算厚度和刚度，避免由于不均匀沉陷变形和局部应力而折断、开裂，验算砌体和下卧层之间的抗滑稳定性是否满足要求。要求松散下卧层的安息角大于护坡倾斜角，对堆积层或坚土，其坡度 $m=1:0.5\sim1:1$；同时，不得由护砌拖曳在下卧层中产生剪切破坏。

（3）肋槛

验算最大冲刷深度，槛基不得悬空外露，槽底坝基达冲刷平衡纵坡时，槛基埋深应为槛高的1/2～1/3。槛顶耐磨层的耐久性应符合使用年限的要求。

2. 槽体纵断面设计

沟道纵坡为泥石流运动提供底床和能量条件，若纵断面提供的输移力与流动阻力相等，泥石流进入排导槽后将维持正常流动，槽体纵坡选择适当与否是排导槽成功关键之一。槽体纵坡断面设计通常有经验法、类比法和实验法。

1）经验法

在山前区大型堆积扇上布置的排导槽，或沿流通段以下冲淤过渡段河岸一侧布置的排导槽，其纵比降多随地面坡度而定，通常有按合理纵坡选择和按最大地面纵坡选线两种方法。

（1）按最大地面纵坡选线

排导槽具有规划外形和平整的接触面，就形状阻力和摩擦阻力而言，排导槽都比天然沟道小，同等情况下当排导槽纵坡减小10%～15%时，流动输移力基本不减，多数堆积扇具有修建排导槽的地形条件。沿扇面或沟岸的最大纵坡选线时，短槽可以设计成一坡到底形式，长槽则必须考虑地形、地物和施工条件进行分段，最大地面纵坡为各分段相应的地面最大坡度。在准山前区大型堆积扇上的排导槽，一般都只能以扇面最陡的纵坡为排导槽纵坡，很难再选择更陡的纵坡。对于准山前区小型堆积扇上或山区堆积扇，当山口至扇缘的距离不长时，一般可考虑用上抬（在上游山口筑坝抬高沟槽）或下落（在下游开挖沟槽到基准面）或上抬、下落相结合的方法，加大排导槽纵坡。

（2）按合理纵坡选线

对排泄不同规模、不同性质泥石流的各种不同排导纵坡的组合方案进行比较，选择最利于泥石流输送且造价节省、施工方便的纵坡，即为排导槽合理纵坡。

选择合理纵坡的步骤是：

①对使用期间可能发生的各类不同规模的泥石流进行验算，确保不出现危害排导槽的强烈冲刷，其防冲的限制断面平均流速为不大于3～5m/s。

②验算多年淤积量，不允许出现危害槽身安全的累积性淤积。

③黏性泥石流残留层，或稀性泥石流、水石流推移质造成局部淤积，应在人工清理所允许的范围内，或可被交替出现洪水、常流水自动清淤。

泥石流排导槽合理纵坡，可参照表5-37。

2）类比法

类比法一是选择较为顺直、狭窄，且形状和尺寸比较稳定的流通段，它是某一时段沟道泥石流过程和输砂力达到平衡的客观反映，其横断面规整，纵坡稳定，此时流通段沟床比降可以作为排导槽设计类比依据。另外可对已建肋槛排导槽进行调查归类，统计分析，选择运行效果明显的已建排导槽纵坡作为类比依据。

3. 横断面设计

1）横断面形式、形状

下游堆积区排导槽，由于受纵坡限制，常为淤积问题所困扰，如何减小阻力、提高输砂效率，使排导槽具有最佳水力特性的断面形状和尺寸，是横断面设计的关键。不同形状的过流横断面具有不同的阻力特性，当纵坡和糙率一定时，在各种人工槽横断面中梯形断面、矩形断面、V形或弧形底复式V型断面具有较大的水力半径，输移力较大，应予优先采用。

一般情况，梯形或矩形断面适用一切类型和规模的泥石流、洪水的排泄，宽度不限，对纵坡有限的半填半挖土堤槽身梯形断面更为有利。三角形横断面适用于频繁发生、规模较小的黏性泥石流和水石流的排泄，宽度一般不超过5m。复式断面，用于间歇发生，规模相差悬殊的泥石流、洪水的排泄，其宽度可调范围较大。

横断面形状和尺寸的设计还应与排导槽的纵坡进行综合考虑，选择纵坡与断面的优化组合。一般情况，若排导纵坡较陡，宜选用矩形、U形等宽浅断面或复式断面，利用加糙、减小水力半径来消除运动余能，避免泥石流对槽体的冲刷，如果排导槽设计纵坡与泥石流起动的临界纵坡接近，则槽身横断面应选择梯形或三角形窄深断面，以减小阻力，降低运动消耗，避免槽内固体物质的淤积，顺畅排泄。

2）断面面积计算

按排导槽通过设计流量和允许流速计算横断面面积：

$$A = \frac{Q}{U} \qquad （5-124）$$

式中 A——横断面面积（m²）；

       Q——设计流量（m³/s）；

       U——通过设计流量平均流速（m/s）。

3）横断面尺寸拟定

（1）根据断面形状，初定宽深比的范围：

泥石流排导槽合理纵坡表　　　　　　　　　表5-37

泥石流性质	稀性						黏性		
密度（kN/m³）	13～15		15～16		16～18		18～20		20～22
类型	泥流	泥石流	泥流	泥石流	泥流	泥石流	泥流	泥石流	泥石流
纵坡（%）	3	3～5	3～5	5～7	5～7	7～10	5～15	8～12	10～18

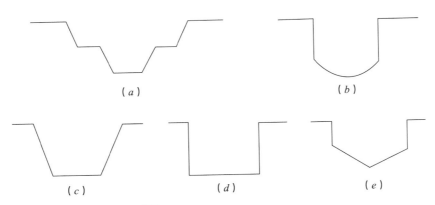

图5-43 排导槽横断面形式图
（a）梯形复式断面；（b）弧形底部复式断面；（c）梯形断面；（d）矩形断面；（e）三角形底部复式断面

梯形或矩形断面，宽深比2～6；复式断面宽深比3～10；三角形断面：1.5～4。

（2）用下式确定排导槽宽度的上限：

$$B_\mathrm{f} \leqslant \left(\frac{I_\mathrm{b}}{I_\mathrm{f}}\right)^2 B_\mathrm{b} \qquad (5\text{-}125)$$

式中　　B_f——排导槽设计宽度（m）；
　　　　　I_f——排导槽设计纵坡（‰）；
　　　　　B_b——流通段沟道宽度（m）；
　　　　　I_b——流通段沟床纵坡（‰）。

（3）确定底宽

充分利用较小规模的洪水冲洗残留层和淤沙，现场调查枯水期沟道的稳定平均底宽作为排导槽底宽依据，且底宽应满足：

$$B \geqslant 2.0 \sim 2.5 D_\mathrm{m} \qquad (5\text{-}126)$$

式中　　D_m——沟床质最大粒径。

（4）拟定槽深

直线段槽深根据最大设计泥深，计入常年淤积高度及安全超高确定：

$$H = H_\mathrm{c} + h_\mathrm{s} + \Delta h \qquad (5\text{-}127)$$

式中　　H——槽深（m）；
　　　　　H_c——设计泥深（m）；
　　　　　h_s——常年淤积高度（m）；
　　　　　Δh——安全超高，由排导槽的规模和重要性而定，一般为0.5～1.0m。

弯道段需加入弯道超高，弯道凹岸泥石流超高按第5.2.4节方法计算。

$$H + H_\mathrm{c} + h_\mathrm{s} + H_\mathrm{t} + \Delta h \qquad (5\text{-}128)$$

式中　　H_t——弯道凹岸超高（m）；
　　　　　其他符号同前。

4. 结构设计

1）直墙和护坡的稳定分析与强度设计

对于直墙，其受力荷载主要有：直墙的自重、泥石流体重、泥石流体静压力、泥石流体整体冲击力、泥石流体中大石块碰撞力、直墙背后土压力以及渗透压力和地震力。直墙的强度设计主要满足抗滑、抗倾覆和地基耐压力的要求。

对于护坡排导槽，其受力荷载与直墙受力荷载基本相同，其强度设计主要验算护坡的厚度和刚度，以避免开裂和折断，同时验算护坡和下卧层之间的抗滑稳定性。

2）肋槛和地基抗冲稳定性验算

排导槽的作用是防淤排泄，然而排导槽本身又须防冲刷破坏。即使局部冲刷也会给排导槽带来严重的后果。影响泥石流冲刷深度的因素很多，通常可用实际观测、调查访问的资料结合冲刷计算结果，综合分析确定冲刷深度，作为设计依据，冲刷深度计算可参考其他部分。为防止冲刷破坏，避免因冲刷而造成排导槽失效，对分离式的排导槽，主要采取加深墙（堤）的基础、泄床不铺砌、墙（堤）作浅基、泄

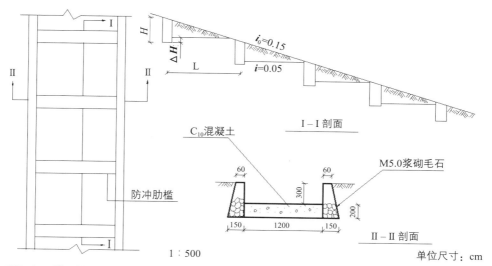

图5-44　排导槽肋槛结构图

床铺砌、泄床加防冲肋槛等措施。对于纵坡陡，流量大，沟道宽，冲刷大，加深基础有困难，或基础埋置太深不经济，泄床护底铺砌造价太高，维修有困难的，在沟床加防冲肋槛是行之有效的方法。

验算最大冲刷深度要求：肋槛不得悬空外露；槽底软基冲刷平衡纵坡时，槛基埋深应为槛高的$1/2 \sim 1/3$，肋板厚度一般为1.0m，防冲肋槛与墙（堤）基砌成整体，肋槛顶一般与沟床底平；边墙基础深度按冲刷计算确定，一般为$1.0 \sim 1.5$m；肋槛沿沟床的间距可按下式计算：

$$L = \frac{H - \Delta H}{I_0 - I'} \quad （5-129）$$

式中　　L——防冲肋槛间距（m）；

　　　　H——防冲肋槛埋深度（m），一般取$H=1.5 \sim 2.0$m；

　　　　ΔH——防冲肋槛安全超高（m），一般取$\Delta H=0.5$m；

　　　　I_0——排导槽设计纵坡（‰）；

　　　　I'——肋板冲刷后的排导槽内沟槽纵坡（‰），一般取$I' = (0.25 \sim 0.5) I_0$。

肋槛是软基消能排导槽的关键部件，除上述方法确定肋槛间距外，也可根据纵坡的大小在$10 \sim 25$m范围按表5-38选用。

图5-45　"V"形泥石流排导槽

排导槽肋槛布置间距　　　　表5-38

纵坡（‰）	> 100	100 ~ 50	50 ~ 30
间距（m）	10	10 ~ 15	15 ~ 25
槛高（m）	> 2.50	2.50 ~ 2.00	2.00 ~ 1.60

肋槛高度一般以$1.50 \sim 2.50$m为宜，并按潜没式布设。

（三）全衬砌V形排导槽

成都铁路局昆明科研所于1980年立项开展全衬砌V形泥石流排导槽（以下简称V形排导槽或V形槽）（图5-45）研究，并在成昆铁路南段泥石流工程治理中进行试验和观测，成果于1988年通过鉴定，此后广泛推广使用，成为目前常用的泥石流排导工程之一。

1. V形排导槽的排导原理

V形排导槽根据束水冲砂的原理，构建了窄、深、尖的V形结构。V形排导槽具有明显的固定输砂中心和良好的固体物质运动条件，可以有效地在堆积区改变泥石流的冲淤环境，有效排泄各种不同量级的泥石流固体物质，V形槽多适用于山前区纵坡较陡的小流域泥石流排导。其集中冲砂机理：

1）V形排导槽在横断面结构上构成一个固定的最低点，也是泥石流的最大水深和最大流速所在点以及固体物质的集中点，从而成为一个固定的动力束流、集中冲砂的中心。

2）V形槽底能架空大石块，使大石块凌空呈梁式点接触状态，以滚动摩擦和线摩擦形式运动，阻力小，易滚动。沟心尖底部位充满泥石流浆体起润湿浮托作用，因而阻力减小，速度加大，这是V形槽排泄泥石流之关键。

3）V形槽底是由纵、横向两个斜面构成，松散固体物质在斜坡上始终处于不稳定状态，泥石流体在斜面上运动时，具有重力沿斜坡合力方向挤向沟心最低点的集流中心，呈立体束流现象，从而形成V形槽的三维空间重力束流作用，使泥石流输移能力更加稳定强劲，流通效应更加显著。

2. V形槽槽身结构与受力分析

V形槽沿流向的几何形状，尺寸和受力无显著变化，取其横断面按平面问题对待，其结构形式如图5-46所示。

V形槽以浆砌石、混凝土、钢筋混凝土进行全断面护砌，构成整体式结构。运行过程中，为了使结构安全，必须满足：

1）应有足够的刚度（整体性），其设计荷载主要有泥石流体重力、槽自身重力、地下水作用力、温度应力、冻胀压力以及其他作用力。在设计荷载作用下，除槽身有足够的刚度外，地基耐压力应满足要求，同时槽身不得产生局部或整体滑移、变形、开裂、折断等破坏形式。过流部分的抗磨耐久性应符合使用年限的要求，其最小厚度应满足施工要求。

2）与流向顶冲的弯道及突出部位受泥石流冲击力的作用，冲击力可按本章的方法计算，并据实际情况分析确定。

3. V形槽体纵断面设计

1）纵断面设计

泥石流沟道的天然纵断面，一般都是上陡下缓，呈凹形坡，由于下游段地形坡度变缓，水力要素下降，泥石流流速衰减，固体物质停淤形成泥石流扇。因此，V形槽纵断面设计，应由上而下设计成上缓下陡或一坡到底的理想坡度，以有利于泥石流固体物质的排泄。若受地形坡度条件限制，需设计成上陡下缓时，必须按输砂平衡原理，从平面上配套设计成槽宽逐渐向下收缩的倒喇叭形，要求随纵坡的变缓而过流断面宽度相应减小，以增大泥深，加大流速，保持缓坡段和陡坡段具有相同的水力输砂能

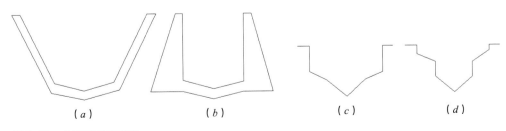

图5-46　V形槽横断面图
(a)斜边墙；(b)直边墙；(c)复式V形；(d)复式V形

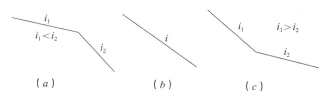

图5-47 V形槽纵坡模式

（a）上缓下陡坡；（b）单一坡；（c）上陡下缓坡

力和流通效应，确保V形槽的排淤效果，图5-47为V形槽纵坡模式。

V形槽纵坡度设计与助槛软基消能排导槽方法相同，通常采用类比法、实验法和经验法三种方法确定。对运行多年的已建V形槽经调查统计分析，可得到V形纵坡，作为设计参考。纵坡一般可略缓于泥石流扇纵坡，V形槽纵坡值通常用30‰～300‰。阈值为10‰～350‰。最佳组合范围是：$I_束 \geq 200‰$，$I_纵=15‰～350‰$，$I_横=100‰～300‰$。

2）坡度联结

自上而下V形槽的纵坡不宜突变，当相邻段纵坡设计的坡度值差大于或等于50‰，纵坡设计在转折处用竖曲线联结，竖曲线半径尽量大，使泥石流体有较好的流势，并减轻泥石流固体物质在变坡点对槽底的局部冲击作用。

3）增坡设计

（1）当纵坡过缓时，可在V形槽前部上游设拦碴坝，提高泥石流位能，增大势能，以增强排导。或用人工开挖增坡，加大天然缓坡段的坡度，以提高排淤效果。

（2）利用V形槽横向坡度加强纵向坡度。因为V形槽的纵、横向坡度与流通效应成正相关关系，在纵坡一定的条件下，加大横坡也有增大排泄效应的作用（纵横向受力符合矢量叠加原理）。设计时应选择有效的横坡设计值。

4. V形槽体横断面设计

1）横断面的类型形状

尖底槽主要用于泥石流堆积区，有改善流态、

引导流向、排泄固体物质，防止泥石流淤积范围的独特功能，尖底槽主要有V底形、圆底形、弓底形、V形槽横断面形式如图5-46所示，有斜槽式（a）、直墙式（b）、复式V形（c）、复式V形（d）四个类型形状。

2）横断面面积计算

V形槽横断面面积主要由设计流量和泥石流流速来确定，横断面面积由下式确定：

$$A = \frac{Q}{U} \tag{5-130}$$

式中　　A——横断面面积（m^2）；

　　　　Q——设计流量（m^3/s）；

　　　　U——泥石流设计流速。

3）V形槽横断面尺寸拟定

（1）初步选定断面形状

根据泥石流性质、规模，地形条件等从上述四种V形断面形状中选定设计断面形状。

（2）根据泥石流沟道地形条件，确定V形槽纵剖面。

V形槽底部呈V形，横坡与泥石流颗粒粗度成正相关，与养护维修、加固范围有关，横坡愈陡，固体物质愈集中，磨蚀、加固、养护范围愈小。V形槽横坡通常用200‰～250‰，限值为100‰～300‰，在纵坡不足时加大横坡输砂效果更显著。

V形槽底部由含纵、横坡度的两个斜面组成重力束流坡，其关系式如下：

$$I_束 = \sqrt{I_纵^2 + I_横^2} \tag{5-131}$$

式中　　$I_束$——重力束流坡度（‰）；

　　　　$I_纵$——V形槽纵坡坡度（‰）；

　　　　$I_横$——V形槽底横向坡度（‰）。

成昆铁路及云南四川等V形槽整治泥石流工程实践资料表明：

①排淤效果好的V形槽，其$I_束 \geq 200‰$，$I_纵$为10‰～350‰，$I_横$为100‰～30‰。

②根据工程试验资料，在$I_纵$值达到344‰时，$I_横$为

零的平底槽边也有良好的排泄效果，这表明是V形槽的$I_{纵}$上限阈值，$I_{纵}$下限阈值目前工程试验资料是10‰。

③铁路和地方使用V形槽的经验和研究成果，I参数一般在下列范围：

$350‰ \geqslant I_{束} \geqslant 200‰$；$350‰ \geqslant I_{纵} \geqslant 10‰$；$350‰ \geqslant I_{横} \geqslant 100‰$

④在$I_{纵}$不变的情况下，改变$I_{横}$（即由平底变为尖底），$I_{束}$增大，排泄防淤效果显著提高。对较平缓的泥石流堆积区上的排导槽，由于$I_{纵}$较小且难以用人工改变增大$I_{纵}$，此时增大V形槽的$I_{横}$，弥补$I_{纵}$值小的不足，对排泄有较大作用。

4）V形槽宽度设计

V形槽宽度设计，要有适度的深度比控制，槽宽度过大，泥深就小，不利于排泄，槽底磨蚀范围大，维修养护工作量大。但是，槽宽亦不能过小，过小将影响泥石流体内的最大石块的并排运行，导致堵塞漫流危害。因此，V形槽出口槽宽设计最小不得小于2.5倍泥石流体的最大石块直径。通常深、宽比以1∶1～1∶3为宜。

5）V形槽槽深设计

（1）V形槽设计泥深H_c计算

根据V形槽流速U_c不小于泥石流流通区流速U_f的选定条件，求算V形槽的最小泥深、拟定槽深。最小泥深由下式计算：

①黏性泥石流V形槽（铺底槽，考虑铺床作用，K值相似）：

$$H_c \geqslant \left(\frac{I_1}{I_c}\right)^{0.3} H_1 \qquad （5-132）$$

②稀性泥石流V形槽（铺底槽）：

$$H_c \geqslant \left(\frac{I_1}{I_c}\right)^{0.75} \left(\frac{n_c}{n_1}\right)^{1.5} H_1 \qquad （5-133）$$

式中　c、l——下角标，分别代表V形槽和流通区；

　　　　H——泥深（m）；

　　　　I——纵坡坡度（‰）；

　　　　n——糙率。

（2）V形槽设计泥深H_c必须大于1.2倍泥石流体中最大石块直径，以防止最大石块在槽内停淤，影响输砂效果。

（3）V形槽设计流速U_c必须大于泥石流体内最大石块的起动流速。

（4）安全超高

由于泥石流流动时的特殊性，流面常呈波状阵流运动，固体物质有漂浮表面现象，波涛汹涌，石块碰撞，泥砂飞溅，危害性大于洪水。因此，安全超高，应按保护物的重要性和V形槽规模大小设置不同的安全值，一般取0.5～1.0m。

5．V型槽水力特征及最佳水力断面

1）水力特征

根据目前通用的泥石流流速公式$V = K_c \cdot H^n \cdot I^m$，影响泥石流最大的因素是阻力系数$K_c$、水力半径$R$（或水深$H$）、水力坡度$I$及其指数。

（1）泥石流流速（或排导槽过流能力）与阻力系数的大小成反比。

对V形槽，首先槽形会影响泥石流固体物质的运动态势和摩阻力，当泥石流中大石块在V形槽内运动时，两端置于槽的两边斜坡底上，呈梁式点状接触，石块架空，摩阻力减小，石块处于不稳定状态，呈滚动或线摩擦运动。

其次，建筑材料及表面粗糙程度，各种材料有不同的摩擦系数，各种粗糙面也有不同的糙率。选择建筑材料和施工质量，对水流固、液相不同等速的泥石流排淤效果有明显作用。

（2）泥石流流速与水力半径（或泥深）成正比。

泥深增大时，水力半径和流速亦随之增加，反之，则流速随之减小。因此增大泥深是加大流速，增强排导的有效方法之一。要增大泥深，只有变换槽形，缩小槽宽，才能达此目的。

（3）水力坡度

泥石流流速与水力坡度成正比，水力坡度增大时，流速随之增大，反之，流速随之减小，增大坡

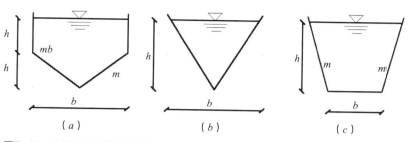

图5-48　水力断面类型示意图
（a）三角形复式断面；（b）三角形断面；（c）梯形断面

														V形槽最佳水力条件													表5-39
m	3.0	3.5	4.0	4.5	5.0	5.5	6.0	6.5	7.0	7.5	8.0	8.5	9.0	9.5	10.0
β	2.16	2.64	3.12	3.61	4.01	4.59	5.08	5.57	6.07	6.57	7.06	7.56	8.06	8.55	9.05
β'	1.90	1.92	1.94	1.95	1.98	1.97	1.97	1.98	1.98	1.98	1.99	1.99	1.99	1.99	1.99

度是加大流速增强排泄的有效方法，但常常由于地形条件的限制，增大坡度难度大，V形槽以增大槽底的横坡来增加水力束流坡度，成为增强排泄防淤的有效措施。

2）最佳水力断面

排导槽的最佳断面是指在纵坡和糙率系数 n 及通过设计流量一定时，过流断面 A 最小的断面或水力半径 R 最大的断面，即以最小的过流断面面积通过设计流量的水力断面。

（1）三角形复式排导槽过流断面和尺寸如图5-48所示，其水力要素为

$$A = 2mh_1h_2 + mh_2^2 \tag{5-134}$$

$$x = 2h_1 + 2h_2\sqrt{1+m^2} \tag{5-135}$$

当 $\beta = h_1/h_2$，解联立方程，得到V形槽最佳水力断面应满足的 β 值：

$$\beta = \sqrt{1+m^2} - 1 \tag{5-136}$$

或　$$\beta' = \frac{b}{h} = \frac{2m}{\sqrt{1+m^2}} \tag{5-137}$$

可见，三角形复式水力最佳断面仅与系数 m 有关。

三角形复式排导槽过流断面最佳水力条件 β 仅与横坡有关，V形排导槽的横坡一般为 $m=3\sim10$，β 值可由 m 值查表5-39获取。

（2）三角形排导槽最佳水力条件为：$b=2h$。

（3）梯形水力最佳断面的 β 仅与边坡系数 m 有关，当 $\beta = m = \sqrt{3}/3$ 时，其排泄能力最佳。

（4）矩形排导槽最佳水力条件为：$b=2h$。

5.6　案例——金川县城泥石流防治规划

金川县城建在泥石流堆积扇上，八步里沟横穿县城而过，该沟有暴发大规模泥石流灾害的历史。1958年后，由于流域内滥伐森林、沟头放牧、毁林开荒、陡坡种植，破坏了原有良好的自然植被；加之在兴修水利、道路等过程中措施不当，引起渠水渗漏、山坡失稳，水土流失加剧，支沟及主沟的泥石流暴发趋于频繁，使县城的安全受到严重威胁。针对八步里沟泥石流危害的严重性，1982年中国科学院青藏高原综合考察队泥石流组在全面考察的基础上编制了泥石流治理规划报告，四川省人民政府立项治理，于1987年完工。

5.6.1 八步里沟流域背景

八步里沟是大渡河上游干流大金川右岸一条支沟，流域面积为44.785km²；主沟长14.2km，沟床平均纵比降122.3‰；主沟源头最高海拔4 446m。流域呈近似东西向的平行四边形，自西向东流经城厢乡，横穿县城汇入大金川。全流域有20条小支沟，其流域面积为0.43～7.50km²。南、北两侧的分水岭海拔3 100～3 400米，岭谷高差达800～1 200米，山坡平均坡度在25°以上，具有山高、谷深、坡陡的地形特点，为泥石流的形成与活动提供了有利地貌条件。

流域内出露的地层为三迭系上统侏倭组灰色砂岩—灰黑色板岩互层和新都桥组黑色板岩夹砂岩、凝灰质砂岩及页岩等。流域东部海拔2 300～2 800m，岩层上部覆盖黄、红褐土，粒度粗、黏性大，这是大寨子沟、蔡家沟等支沟泥石流中细颗粒成分的重要补给区。岩层走向北西310°～325°，倾向北东，倾角较大。岩性软硬相同，节理、裂隙发育，风化程度较深，风化厚度一般在10m以上，以致坡面和沟谷的表土层抗流水侵蚀能力较差，容易被暴雨径流搬运而参与泥石流活动。本沟处在甘孜、康定、石棉和龙门山两深大断裂带之间，受强地震的影响比较频繁；特别是由于流水强烈侵蚀作用，使沟谷两岸坍塌、滑坡、土溜等不良物理地质现象比较发育。其中，主沟上游水干沟的沟岸崩塌和中游大寨子支沟的沟头大滑坡，主沟三家寨水库右岸大滑坡，松散固体物质数量约100万m³，是泥石流的主要源地。

本区属于四川西部川西高原中部半湿润半干旱温带气候区。金川城区附近，多年平均年降水量为642.9mm，降水年内分布不均，干湿季明显，5～10月为雨季，其余为旱季。雨季内月降水量呈双峰型分布，每年雨季开始和邻近结束有两次大的降水过程，属月降水高峰。近年来发生的几次泥石流多在6、9月份内，是泥石流暴发的旺季；7、8月份则往往因伏旱而少雨，但降暴雨时，泥石流仍有可能发生。短历时降水的变

率较大，降水量相对集中，局地性十分显著，在一、两个小时，甚至数十分钟内，降雨量达20～30mm，可激发泥石流。但本区一次暴雨过程的雨量往往有限（据1959～1984年的资料，日雨量达到或超过50mm的暴雨只有3次），故泥石流的规模一般都不大。

流域内原有茂密的原始森林，其自然植被较好。新中国成立后，经1958～1966年以来的乱砍滥伐，森林覆盖度显著降低，1958年为82.86%、1965年为62.00%、1978年为45.60%；1980年后通过封山育林，流域中上游的森林天然更新较好，1982年森林覆盖度为48.55%。现植被覆盖度低于30%的支沟，如大寨子沟、何家沟、嘎崩沟以及城区附近的洪桥沟、蔡家沟和擦脚沟等，水土流失都相当严重，为泥石流的形成提供了丰富的固体物源。

5.6.2 泥石流灾害史

八步里沟历次发生的泥石流都属于暴雨泥石流。1926年7月，一次全流域性的大暴雨使水干沟、大寨子沟等多沟齐发，汇合而成大规模泥石流，龙头高2丈多（约6.7m），席卷沿沟7座水磨，13家住户及耕地数十亩，并使下游老街及今县委一带的住户遭受严重危害；同时，位于城区西北的洪桥沟、蔡家沟等也暴发了泥石流，以居高临下之势毁老县城屯上至大金川沿河一带，历称"水打张家院子"，县城以"水打坝"为名。这是近五六十年间，泥石流规模最大、损失最重的一次灾害。另据历史记载：1927年6月15日、1930年阴历7月初九均暴发过泥石流，并造成灾害。

新中国成立后，水干沟，陈家火地沟、骆皮沟、大寨子沟、红水沟、大水沟、何家沟、嘎崩沟和城区附近的洪桥沟、蔡家沟、擦脚沟等，自20世纪60年代以后，都曾有过泥石流活动。由于人类不合理的经济活动，70年代末期，泥石流活动加剧，其中，水干沟、大寨子沟和蔡家沟更甚。1980～1983年连续4年，泥石流活动达到高潮，主沟的泥石流将库容为3万多立

方米的三家寨水库淤满，后沿沟堆积并有部分砂石被冲入大金川。但由于暴雨量较小，泥石流规模远不如1926年那次大，加之三家寨拦蓄泥砂，新建的排导槽和鹦歌咀坝基及时发挥作用，使泥石流不能长驱直入城区一带造成危害。对泥石流的发展趋势分析表明，今后，仍有可能暴发1926年那种大规模的泥石流。

5.6.3 泥石流综合治理方案

1. 泥石流形成特点

八步里沟内泥石流形成主要有两类：一类是暴雨促进支沟的崩塌、滑坡形成泥石流，或者黄土、红褐土等松散地层受暴雨冲刷，造成坡面和沟床强烈侵蚀而成泥石流。这类泥石流流体黏稠，重度在20kN/m³以上，规模小、历时短，并在进主沟沟床处因纵坡变换发生堆积，淤埋耕地，大寨子沟的泥石流就属于这种类型。另一类是主沟上游水干沟薄伽泥石流与其他支沟洪水汇合，沿程侵蚀主沟沟床底，导致泥石流规模不断增大，沿程稀性泥石流、水石流，或者主沟山洪启动支沟进入主沟堆积的泥石流形成更大规模主沟泥石流。这类泥石流一般黏稠度低，但是规模较大、历时长、流程远，对沿岸危害大，甚至威胁县城安全。1926年泥石流就属于这一类型。

2. 规划防治原则与设防标准

八步里沟流域范围较大，泥石流支沟较多，离县城的距离不等，主支沟的泥石流在暴发频率、规模及危害性等方面存在较大差别。因而，从泥石流防治的角度来看，不允许、也不可能对所有暴发过泥石流的沟道都进行工程治理。为了使有限的投资充分发挥经济效益，对有危害性的泥石流支沟实行流域综合治理；采取"突出重点，兼顾一般，既考虑需要，又结合现实可能"的治理方针，把主沟和危害严重的支沟泥石流当成重点来治理，力求达到"通过治理之后，实现基本控制或免除泥石流对县城的危害"。

鉴于防护的主要对象金川县城属于县级城镇，采用按五十年一遇的标准进行设计，即"以五十年一遇暴雨作为计算泥石流拦蓄与排导数量的主要依据"。保证在发生一般中、小规模的泥石流时县城不受灾，即使发生1926年那样大规模的泥石流，也能使县城不遭受严重灾害。

3. 综合防治原则

1）工程措施与生物措施相结合的原则

主沟与大寨子沟以工程措施为主，其他支沟以生物措施为主；点面结合，重点突出。近期以工程措施为主，力求尽快实施，及早发挥工程减灾效益。生物措施投资省、周期长，宜发动群众及早进行并持之以恒，一旦形成森林生态系统，就能充分发挥保水固土的功效，进而抑制泥石流启动。

2）拦蓄工程与排导工程相结合的原则

分段拦蓄、层层设防，既拦蓄泥石流中的固体物质使水土分离，又用淤沟道改变沟床比降，削减泥石流运动的动能，促进沟岸及边坡稳定，使得泥石流活动得到控制。大寨子沟短水少，但是坡陡土松，宜采取蓄水为主、加强排水的治理方案。主沟鹦歌咀以下人口稠密，城区平坦开阔，因而应加强排导，避免泥石流泛滥成灾。

3）治坡与治沟的生物措施相结合的原则

严格封山育林与护林奖惩相结合，消除泥石流危害与发展林业生产相结合。流域中下游及下游阴山一带，以封山育林为主，辅以人工进行天然林更新；对阳坡及危害性泥石流沟实行人工造林。

4. 综合防治规划方案（图5-49）

为了控制主沟泥石流规模，从中游距沟口8.5km的河上湾开始，分三段修建5座拦砂坝层层设防，既拦蓄泥石流中的固体物质，又由于淤积而减小沟床纵坡，由原来的9%～11%减小到6%～7%，并使两岸几处沟岸滑坡和边坡保持稳定，消除崩塌、滑坡堵沟产生大规模溃决型泥石流的隐患。鹦歌咀以下的堆积扇为县城区，是保护的重点，其纵坡为8%～12%，有利于排导。修建排导沟长810m，将入境的泥石流排入大金川。

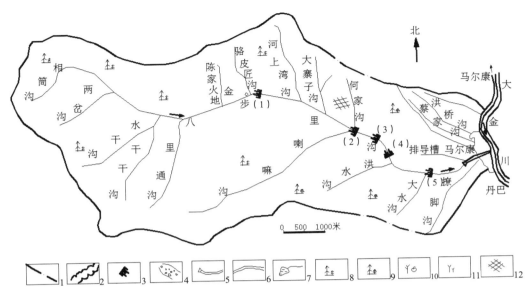

图5-49　八步里沟泥石流综合治理工程规划图
（1）—河上湾拦砂坝；（2）—老官寨拦砂坝；（3）—三家寨拦砂坝；（4）—大坪拦砂坝；（5）—鹦歌咀拦砂坝
1—流域边界；2—滑坡、崩塌；3—拦砂坝及编号；4—泥石流堆积物；5—排导槽；6—排水渠；7—蓄水池；
8—针叶林；9—针阔混交林；10—经济林；11—防护林；12—苗圃

各支沟及山坡主要采用生物水保措施进行坡面治理，植树造林以控制水土流失，逐步恢复良好的生态环境，抑制泥石流发生。

5.6.4　拦蓄工程规划设计

根据确定的泥石流治理工程设计标准，按照近期泥石流频繁发生的现状，兼顾了1926年那场泥石流的规模，推算工程有效试用期内，泥石流中固体物质的可能最大输移量为114.00万m³。此数量是按泥石流现状预测的，治理后将随自然环境逐渐转向良性循环（植被恢复、边坡稳定、水土流失减少）而递减。因此5座拦砂坝的设计总库容只需48.45万m³，相当于上述总输移量的42.5%，或相当于50年一遇，设计最大泥石流总量的2.12倍。可保证县城安全及排导槽的正常运用。

各拦砂坝的主要指标见表5-40所列。

河上湾拦砂坝：坝址距八步里沟汇口处约8.5km，是一处控制性工程。坝址处沟床狭窄，上游地形开阔，因而库容较大；该处沟槽宽约为22m，两岸山坡左缓右陡，山坡风化残、坡积层和沟床堆积层都比较厚。由

八步里沟各级拦砂坝概况表　　　　　　　　表5-40

编号	坝名	坝高（m）	坝顶长（m）	回淤距离（m）	拦砂库容（万m³）	备注
（1）	河上湾拦砂坝	20	95.5	270	21.48	推荐方案
		12	62.5	210	10.15	比较方案
（2）	老官寨拦砂坝	10	79.0	140	5.23	
（3）	三家寨拦砂坝	5	52.0	270	5.47	
（4）	大坪拦砂坝	9	44.8	175	3.62	
（5）	鹦歌咀拦砂坝	15	69.8	255	12.65	

于坝基开挖施工比较困难，基础只能做在软基上。为此，选用浆砌石重力坝坝型，采用钢筋混凝土整体式底板加桩基承载防冲。为了有效地拦截水石流、稀性泥石流中砾石，透砂排水，延长淤满年限，在坝身溢流口下部设三个4m×3m的钢构网格栏石孔。该坝共需开挖土石方4 170 m³，浇筑钢筋混凝土与浆砌石5 691 m³。

老官寨—三家寨—大坪拦砂坝群：位于大寨子沟口下游约1km处，三座坝连成一体构成梯级。其主要为拦蓄大寨沟频繁暴发的泥石流，使之进入主沟后就停积下来，回淤减缓这段沟床的纵坡，有利主沟左岸新、老滑坡的稳定。它们是控制主沟中游泥石流活动的重要工程措施。

三家寨拦砂坝：坝基及两岸的地形和地址情况比较单一，工程简单易行。坝体加高5m后可增加拦蓄量5万m³。

大坪及老官寨拦砂坝：该两处坝址的沟床均较宽，拦蓄库容相对较小，但它们对控制上游主沟与大寨子支沟的泥石流活动，以及稳定沟岸滑坡与边坡均有重要的作用。选用坝型结构时，考虑了充分利用沟床、加宽溢流段以及减小坝下游冲刷的可能性。老官寨拦砂坝采用5孔净跨4m的钢构网格拦砂坝。大坪拦砂坝则采用混凝土缝隙坝。

鹦歌咀拦砂坝（图5-50）：坝址距城区仅1.5km，该处口窄内宽，左岸基岩出露，具有地点适中、拦蓄量大、施工便利、造价节省等优点，是主沟下游控制泥石流的一处比较理想的坝址。为了节省坝体工程量，减少基础开挖量，有利水下施工和排水。根据四川省西昌黑沙河泥石流治理同类工程的实践经验，对坝型做了进一步的革新，采用钢筋混凝土拱形基础和浆砌石重力式坝体的组合坝型，其运用效果较好。该坝共需开挖土石方3 754m³，浇筑钢筋混凝土和浆砌石共5 181m³。

5.6.5　排导工程规划设计

主沟排导槽既要排导泥石流，又要排泄频繁发生

图5-50　鹦歌咀拦砂坝

图5-51　八步里沟泥石流排导槽（彩图详见文末附图）

的洪水，保证运用过程中不出现大的淤积，并做好底部防冲。这是设计要解决的关键问题。

主沟排导槽：经过5座拦砂坝节节拦蓄并调节之后，五十年一遇泥石流的下泄设计流量为80.0m³/秒。从县进修学校至汇入大金川，排导槽长810m，纵比降为84.0‰～124.0‰。对横断面的形式、尺寸与运用状况等进行方案比较后，选用设计槽底宽4.5m、深2.50m，边坡比1∶0.5的梯形过流断面。计算通过设计流量时的泥深为2.00～2.10m，最大横断面平均流速达6.58～7.18m/s。能输送粒径为1.2m的漂粒。通过常年洪水和泥石流时，其流速不超过4.10～4.50m/s，均在结构抗冲流速的范围以内，安全超高为0.50m。泥石流平槽时，最大过流能力达110.0m³/s（表5-41）。

八步里沟泥石流排导槽计算成果 表5-41

至进口距离	纵比降（‰）	槽底宽（m）	槽深（m）	横断面积（m²）	设计		校核	
					Q（m³/s）	V（m/s）	Q（m³/s）	V（m/s）
0+000～0+180	84.0	4.50	2.50	14.40	16.7	6.58	105.4	7.33
0+180～0+810	100°～124°	4.50	2.50	14.40	83.7	7.18	115.1	8.01

排导槽横断面方案比较 表5-42

至进口距离（m）	采用方案					比较方案				
	挖土石（m³）	浆砌石（m³）	混凝土（m³）	水泥（t）	造价（万元）	挖土石（m³）	浆砌石（m³）	混凝土（m³）	水泥（t）	造价（万元）
0+000～0+180	3521	2001	90	261	11.94	3625	2373	90	269	12.23
0+180～0+810	13161	6160	289	714	32.26	12235	7625	315	878	39.73
合计	16682	8161	379	973	44.20	15860	9998	405	1147	51.96
优缺点	适用于挖方段，浆砌石工程量较小，同比较方案相比可节省造价7.76万元，因而，作为挖方段的采用方案					适用于填方段，砌体工程量、水泥量及造价都比较大，但在填方段使用时对保证工程质量有利，供局部填方段采用				

根据以上计算结果，经过方案论证比较（表5-42）之后，决定采用图5-51结构形式的排导槽横断面，即挖方段用浆砌石护坡衬砌，顶厚0.50m，内坡比1：0.5，护坡底部下接1.50m深的防冲直墙，墙底厚1.00m；填方段用浆砌石挡土边墙，顶厚0.5m，内坡比1：0.5，墙基埋入槽底以下1.50m，墙基厚1.75m。排导槽底部不砌，沿水流方向每10m作一道横向防冲肋板，板厚1.00m，埋入基础以下2.00m，C15混凝土浇筑，充分利用肋板之间充填的砂石与流体相互作用抗冲消能。实践证明，这是一种工程省、造价低、效果好的结构形式，有推广采用之价值。排导槽共需开挖土石方1.76万m³，浇筑混凝土与浆砌石9 683m³，总造价62.93万元，每米槽长的平均造价为650元。

5.6.6 防治效益及金川县城八步里沟泥石流综合治理主要经验

自1987年八步里沟泥石流治理工程完工以来，流域内多次降暴雨激发泥石流，泥石流通过拦砂坝拦挡，均顺利通过排导槽排泄进入主河，未危害金川县城安全。

1. 八步里沟近期泥石流灾害加剧是由人为活动不当引起的。流域的地形地质条件和气象水文条件对泥石流形成有利，由于人类活动破坏了自然环境，自20世纪60年代以后，泥石流活动有加剧之势。

2. 鉴于八步里沟流域范围广、支沟多、泥石流成因与类型复杂。暴发频繁，但规模一般较小等特点，采取生物措施与工程措施相结合的治理方案，以便最终形成排、拦、稳、导相结合的防治工程体系，力求达到控制泥石流发生，减小其规模与消除泥石流灾害的目的。

3. 采用防冲肋板和侧墙在软基上建排导槽可调整沟道纵坡，防止泥石流对沟床的冲刷，这种"东川型"泥石流排导槽新结构已在全国泥石流防治工作中得到广泛推广应用。

第六章　城市滑坡与崩塌防治规划

6.1　滑坡与崩塌防治规划内容与实施途径

6.1.1　规划内容

城市滑坡具有突发性强、成灾快、季节性强和受人类影响大等的特点，其分布范围广，成灾后果严重，因而有必要对城市滑坡防治进行规划，以期降低其对居民生命财产安全的风险。城市滑坡防治规划内容主要包括滑坡的勘察、滑坡参数和分析方法的确定与选取、滑坡危险范围的确定、滑坡的监测预警和滑坡的预防与治理等方面的内容。

崩塌滚石灾害是世界范围内高山峡谷地区一种常见的地质灾害，它是在陡峻斜坡上发生的一种突然而又剧烈的动力地质现象。斜坡上的不稳定岩土体在重力、地震、降雨或其他外力作用下，突然向下崩落，在运动过程中翻滚、跳跃、相互撞击、崩解，最后堆积于斜坡坡脚，并通过冲击、掩埋等方式对斜坡下方的公路、铁路、防护建筑等构造物构成严重威胁。崩塌形成的滚石粒径大小从几厘米到几米，甚至十几米，有的滚石质量高达几百吨，冲击速度高达几十米每秒，具有非常强大的冲击破坏能力。崩塌滚石灾害在我国还具有分布范围极广，发生突然，频率高，防不胜防的特点，已成为继滑坡、泥石流灾害之后的又

一重大山地地质灾害。城市崩塌滚石的规划内容主要包括对崩塌滚石灾害形成条件分析以及城市高陡斜坡危岩体的调查。

6.1.2　实施途径

滑坡防治的实施途径应坚持预防与治早和治小相结合、综合防治、根治与分期治理相结合、治理工程与土地资源开发利用相结合和工程治理与景观相结合的原则上，以滑坡勘察为基础，结合野外试验和室内试验合理确定滑坡边界范围和岩土力学等参数；采用极限平衡、数值分析、工程类比和滑坡监测等方法综合评价边坡的稳定性；根据滑坡的危险范围和安全等级等制定相应的防灾减灾策略；采用工程和生物工程等措施进行城市滑坡工程的治理；建立滑坡监测网络以期动态对滑坡进行预警预报。规划的主要成果包括滑坡勘察成果报告、城市滑坡危险性和分区治理各类图表和报告、城市滑坡监测方案和应急预案等内容。

城市建设中，应重点抓好滚石灾害多发地区的调查和规划工作，优先安排重大滚石灾害的治理工作，做到近期效益和长期效益相结合，局部防治与区域地质环境整治相结合，力求达到全面规划，分期实施，近期突出可操作性，远期突出指导性。

6.2 滑坡与崩塌防治规划信息获取

6.2.1 城市滑坡勘察

城市滑坡勘察必须依据一定的规范和条件才能开展工作，其中，规范应是当时有效的相关规范和行业标准，条件则包括前期工作成果、批复文件及委托合同或意向书等。滑坡勘察因勘察对象的不同而不同，所以在勘察之前首先应明确滑坡等级，并根据不同的滑坡等级来确定勘察的标准。

滑坡勘察一般分为前期勘察、初步勘察和详细勘察，特殊情况下适当增减其他勘察环节，如复杂时不仅对前期勘察进一步划分，而且在详细勘察后还要增设补充勘察，而简单时只作初步勘察和详细勘察甚至仅仅作一些简单的勘察。就滑坡勘察阶段而言，分别为可行性论证阶段勘察、设计阶段勘察和施工阶段勘察。勘察阶段因行业不同其划分和称呼略有不同，如在铁路勘察中称为轮廓勘察、定性勘察、定量勘察和补充勘察，又分别简称草测、初测、定测和补测。提交的报告分别称为可行性研究勘察报告、初步勘察报告和详细勘察报告。相对应的防治工程设计分别为方案设计、初步设计和施工图设计，但就设计阶段而言，通常最多只有两个阶段设计，即：一阶段施工图设计和两阶段初步设计及两阶段施工图设计的划分。方案设计、初步设计和施工图设计相应的投资分别为估算、概算和预算。不同阶段设计的目的分别为申报立项、概算报批以及滑坡治理工程施工。

对于大型复杂滑坡及危害对象比较重要的勘察阶段，还要在以上各阶段前后分别增加规前勘阶段（踏勘、滑坡调查）和补详勘阶段，中间增加技术勘察阶段；而可行性研究阶段又可细分为预可研和可研阶段。

滑坡勘察根据滑坡等级，通过不同的勘察手段和勘察工作量来实现勘察的目的。滑坡勘察手段主要有以下9种：①内业收集资料，外业开展滑坡区自然地理、环境条件调查；②地形测量；③工程地质测绘；④航拍及遥感技术；⑤物探；⑥坑、槽、井、硐探；⑦钻探；⑧室内外试验；⑨监测。

通过上述部分或综合勘察手段获得勘察成果，并在此基础上对滑坡进行稳定性分析与评价，进一步开展滑坡治理设计和治理工作。

滑坡勘察工作开展前期要做好以下准备工作：

1. 法律性工作依据

接受勘查委托，制定勘查规划。

2. 技术性工作依据

主要参考技术规范和标准：

1)《岩土工程勘察规范（2009年版）》GB 50021—2001及局部修订条文；

2)《建筑地基基础设计规范》GB 50007—2011；

3)《建筑抗震设计规范》GB 50011—2010；

4)《建筑工程抗震设防分类标准》GB 50223—2008；

5)《静力触探技术标准》SY/T 0058—92；

6)《建筑工程地质勘探与取样技术规程》JGJ/T 87—2012；

7)《土工试验方法标准（2007年版）》GB/T 50123—1999；

8)《岩土工程勘察文件编制标准》DB K14—S3—2002；

9)《滑坡防治工程勘查规范》DZ/T—0218—2006；

10)《滑坡防治工程设计与施工技术规范》DZ/T 0219—2006；

11)其他有关规范和标准。

前期资料的收集主要接收前期已完成的技术资料并自主收集必要的资料，了解勘测区域相关信息，包括滑坡历史、现状及其成因分析等，明确任务目标，为下一步滑坡勘察工作的开展准备原始依据和初步信息。

上述规范和标准必须是最新有效的规范和标准，技术资料应尽可能是可靠准确地资料。

3. 滑坡危害程度分级

在正式滑坡勘察前，应根据前期对滑坡的调查认识及协议要求，按《滑坡防治工程勘查规范》DZ/T 0218—2006，确定该滑坡的危害等级，见表6-1所列。对特殊行业可结合行业对滑坡勘察技术的要求进行适当调整。

地质灾害防治工程等级　　　表6-1

危害等级	一级	二级	三级
危害人数（人）	> 1 000	1 000～500	< 500
经济损失（万元）	> 10 000	5 000～10 000	< 5 000

4. 滑坡勘察阶段的确定

根据滑坡的性质，依据一定的规范，结合建设方的要求，确定滑坡勘察的阶段。如通常的可行性论证阶段、初步勘察阶段及详细勘察阶段。

1）可行性研究阶段勘察

在规划前勘察的基础上，进行方案论证比选的勘察，论证对滑坡灾害体进行工程治理的必要性和可行性，为方案比选提供必要的地质资料。主要勘察滑坡区地质和水文地质条件，滑坡规模、边界、结构特征，进行滑坡稳定性分析，综合评价成灾可能性、成灾条件，论证防治的必要性和可行性，提出防治方案建议。

2）初步勘察

在可行性论证勘察成果的基础上，根据比选方案设计的工程布置及尚需研究的地质问题，对设计的防治工程轴线、场地、重点部位进行针对性的勘察与测试，进一步查明滑坡边界条件，复核相关物理力学指标与计算参数，为治理工程初步设计提供工程地质资料，对治理工程措施和工程施工等提出合理要求与建议。

3）详细勘察

对初步勘察审批中要求补充论证的重大工程地质问题进行专门性、复核性勘察。

进一步讲，施工期间对开挖揭露的地质现象进行地质素描、编录与检验，验证已有勘察成果，必要时补充更正勘察结论，并将新的地质信息反馈设计和施工；当勘察成果与实际明显不符、不能满足设计施工需要或设计有特殊需要时，须进行施工勘察。

5. 滑坡的识别与分类

滑坡勘察前务必要掌握滑坡的野外识别技能，否则就不可能对滑坡勘查工作进行考虑和布局，甚至无从开展工作。

1）滑坡识别

（1）新滑坡的识别

新滑坡是指那些正在孕育活动并将可能发生或已经发生的滑坡。由于这些在孕育之中或已经发生的滑坡的显著特征是活动时间与当时比较接近，所以无论是前者显现的行迹还是后者滑坡特有的滑坡要素外貌特征均较为明显，只要认真追踪滑坡的各种变形迹象，掌握滑坡的各种特征要素，识别这些新滑坡通常是比较容易的。如图6-1所示。

（2）老滑坡的识别

老滑坡属于之前已经历过的滑坡，所以尽管有些年代久远，大多滑坡要素已经消失，但还是依稀可见

滑坡周界　　　滑坡前缘土体突然强烈上隆鼓胀　　　滑坡后缘弧形下错裂缝　　　滑坡后缘的裂缝

图6-1　滑坡典型形态特征（彩图详见文末附图）

滑坡的外貌特征。一旦平衡条件改变，如人工切坡、人工加载、开垦种植等，其极易复活。老滑坡的常见标志有：

圈椅状斜坡地貌：表现为周围岩土外露，坡度较陡，中部有一核心台地或洼地，台地凹凸不平，台地后缘可见滑坡壁痕迹。

双沟同源现象：老滑坡两侧形成冲沟，两冲沟在滑坡后缘汇合，产生双沟同源现象。

反坡台阶状斜坡地形、封闭洼地、鼻状凸丘地貌：分别标志滑坡台阶、滑坡洼地、滑坡鼓丘等滑坡要素。

植被标志：醉汉林、马刀树，根据马刀树年轮可大致推断滑坡的形成时间。

（3）古滑坡的识别

古滑坡发生年代更加久远，它是自以前发生滑动后，在相当长的时间内没有再次发生复活的滑坡。之所以没有复活，唯一一个科学的解释就是主要诱发条件的强度减弱甚至消失，所以它伴随的势必是气候或致滑条件的改变，如一级阶地侵蚀初期或者以前出现的滑坡即是如此。主要表现为河流冲刷岸出现不正常突出、岸边局部有漂石集中、河岸有大块孤石分布、河流阶地的连续性突遭破坏（阶地突然消失或阶地明显降低）、河岸或沟岸不长、距离内岩层产状变化较大且结构松散等。

2）滑坡分类

滑坡按不同的标准可分成不同的类型，具体见表6-2所示。

滑坡分类　　　表6-2

分类指标	类型	
按滑体物质组成	覆盖层滑坡	黏性土滑坡
		黄土滑坡
		碎石土滑坡
		残积层滑坡
	岩质滑坡	顺层碎岩石滑坡
		岩石滑坡

续表

分类指标	类型
按滑体发生年代	新滑坡（现在活动以往不曾活动）
	老滑坡（全新世以来发生，现未活动）
	古滑坡（一级阶地侵蚀以前或全新世以前）
按主滑面与层面的关系	顺层滑坡
	切层滑坡
按滑坡的规模（$10^4 m^3$）	小型滑坡（<10）
	中型滑坡（10~100）
	大型滑坡（100~1000）
	特大型滑坡（>1000）
按滑体含水状态	一般滑坡
	塑性滑坡
	塑流性滑坡
按滑体的厚度（m）	浅层滑坡（厚度$H<10m$）
	中层滑坡（$10m<H<30m$）
	深层滑坡（$30m<H<50m$）
	超深层滑坡（$H>50m$）
按运动形式	推动式滑坡
	牵引式滑坡
按滑坡滑动速度	缓慢滑坡
	间歇性滑坡
	崩塌性滑坡
	高速滑坡

6. 勘察工作计划设计

为避免重复工作，减少工作量，在开展野外勘察工作之前应编制滑坡勘察工作计划设计，明确如下几方面内容：

1）勘察目的、任务、前人研究程度、依据、执行技术标准、勘察范围、防治工程等级；

2）勘察区自然地理条件和地质环境概况；

3）滑坡灾害体的基本特征；

4）勘察工作的内容、方法、工作部署、工作量、勘察进度计划；

5）技术要求；

6）保障措施；

7）经费预算；

8）预期成果。

7. 滑坡勘察方法

滑坡勘察是对之前初步判定的滑坡的一种认识手段，也是为后期滑坡是否处治的决策以及滑坡设计、进行滑坡治理的技术支持。它根据滑坡的规模和危害性分不同的勘察阶段，而且与不同的设计阶段相匹配，深入程度逐渐提高，重要的滑坡要通过一套综合的复杂的勘察过程来完成，而勘察立项之前，是由于初步发现了滑坡，所以滑坡的勘察也将从滑坡的野外识别与认识开始。

1）滑坡自然地理条件调查

（1）滑坡所处地理位置、行政区划、交通状况、气象水文、区域经济状况；

（2）滑坡的发生发展历史；

（3）河流冲刷、人类活动等成因条件调查；

（4）滑坡体、建筑物变形，地表水、地下水变化等变形形迹调查，以及已有变形资料分析。

2）滑坡区地貌调查

（1）滑坡区地形、坡形、相对高度及植被发育情况；

（2）滑坡区及其周边沟谷的分布和形态特征，河岸及谷坡受冲刷、淤积及河道变迁情况；

（3）滑坡周界，滑坡壁的走向、高度及擦痕指向和倾角，平台宽度、阶坎高度、反坡及洼地等；

（4）滑坡前缘形态、临空面高度、坡度和形态，滑动面（带）的剪出口数量和位置；

（5）滑坡裂缝的分布位置、性质、形状、宽度、深度、错台、延伸长度、充填情况、发生时间及变化情况等。

3）地层岩性和地质构造

（1）土的成因、分布位置、颗粒组成、潮湿程度、密实程度、软弱夹层及不同土层接触面情况；

（2）滑坡区及其邻近地区的岩层层序、岩性、岩体结构、软弱结构面、软弱夹层及层间错动、不整合面的特征和性质，岩石的风化破碎程度、含水情况等；

（3）褶皱、断层、节理、劈理等的分布、性质产状、组合关系、发育程度，及其与滑坡周界及滑动面

的关系。

4）水文地质条件

（1）滑坡区沟系分布和发育特征、径流条件和降雨情况；

（2）井泉、湿地、水塘的位置、类型、流量及其随季节的变化情况；

（3）生产、生活及灌溉水的水量及渗透情况；

（4）地下含水层位置、层数、流向、流量及补给和排泄条件等。

5）滑坡基本特征调查

我国典型的滑坡类型为堆积土滑坡和岩石滑坡，因此在此仅针对这两类滑坡基本特征调查。

（1）滑坡调查重点

①堆积土滑坡的调查重点：a.不同成分的堆积土的成因、分布，不同堆积土层的顶底面软弱夹层，下伏基岩顶面的形态、岩土风化及其富水情况；b.土的分类、性质与结构；c.地表水和地下水的分布和活动情况及补给和排泄条件。

②岩石滑坡的调查重点：a.岩体结构特征、性质，各层的岩性，软岩与硬岩的接触面、层间错动带、软弱夹层、顺坡断层，以及其他结构面的分布、产状及其在斜坡上的出露位置；b.构造节理裂隙的组数、产状、力学性质、延伸长度、宽度、充填情况；c.地下水的分布及出露情况。

（2）滑坡的形态特征和边界条件

主要考察滑坡体外观形状，前缘、后缘高程，长、宽、厚、面积、体积、主滑方向；各滑坡体地貌和拉裂缝部位及边界条件等，以期对滑坡体的大致范围和影响作出初步判断。

6）工程地质测绘

工程地质测绘与调查范围应包括剪出口以下的稳定地段，两侧应到达滑坡体以外一定距离或邻近沟谷，一般控制在滑坡体边界外50～100m。测绘中，图上宽度大于2mm的地质现象必须描绘到地质图上，对于评价滑坡体形成过程及稳定性有重要意义的地质

现象，在图上宽度不足2mm时，应扩大比例尺表示，并标注实际数据。

7）地形测量

（1）测区采用的坐标系统及成图规格

平面坐标：采用1954年北京坐标系，按统一的高斯正形投影3°分带；

高程系统：1956年黄海高程系；

基本等高距为0.50m。当首曲线不能完全表达出地貌特征时，应加绘计曲线。

（2）地形图精度要求

地形图上地物点对邻近图根点的平面位置中误差应不大于图上0.5mm；图幅等高线高程中误差应为1/2～2/3等高距。

（3）平面测量

平面测量一般比例尺1∶500，特别大的滑坡可用1∶1 000。

（4）剖面测量

①剖面比例尺一般1∶200，滑坡较大时取1∶500；

②剖面测量的计算取位，平距取0.1m，高程取0.01m；

③作剖面图时，剖面方向一般按左西右东原则，为南北向时按左北右南；

④剖面图应注明名称、编号、剖面比例尺、剖面实测方位等。

（5）地形测量

①除执行现行地形测量规定外，注意将水沟、水坑、水塘、泉、裂缝、塌陷坑、沟谷等重要地物测上，不可遗漏；

②采用正版测图外业版软件测图，或采用薄膜测图后进行数字化，薄膜测图的刺点精度应达到要求。

8）探槽

滑坡挖探主要用于确定滑坡周界、后缘及剪出口位置，或追踪裂缝的延伸情况和产状。一般采用坑探和槽探，对特别重要的滑坡才采用井探和洞探。其位置由地面调查确定，对深的井、洞挖探应注意安全，加强支撑，并应随挖深进行而做地层和地下水描述，

最后提供坑壁展示图。

挖探包括坑、槽、井、洞探测，是钻探的重要补充。坑、槽探一般布置在滑坡的前缘滑面剪出口处及后缘和两侧裂缝处，以揭示滑坡剪出口滑面及滑坡周界。

槽探是在地表开挖的长槽形工程，深度一般不超过3m，多半不加支护。探槽用于剥除浮土揭示露头，多垂直于岩层走向布设，以期在较短距离内揭示更多的地层。探槽常用于追索构造线、断层、滑体边界，岸坡地层岩性揭示地层露头，了解堆积层厚度等。

井探是采用浅井或竖井查明地质情况的一种勘探手段，井探工程应布置在主勘探线上，一般宜布设于滑体底部，深度应进入不动体基岩3m，亦可在滑体不同高程上布设。

垂直向地下开掘的小断面的探井，深度小于15m者称为浅井，大于15m者为竖井。浅井、竖井均需进行严格的支护。适用于厚度为浅层、中层的滑坡，用于自上而下全断面探查，达到连续观察研究滑体、滑带、滑床岩土组成与结构特征的目的，同时满足进行不扰动样采样、现场原位试验及变形监测的需要。

9）钻探

钻探是滑坡勘探中最主要的方法，是滑坡勘察的主要手段，通过钻探揭露地面地质调查不能查清的地下地质情况。

（1）主要任务：①确切查明滑体和滑床的地层结构；②查找滑动面（带）和其他软弱层的位置、物质组成和形状；③确定地下水含水层的层数、位置、埋深、水位变化和涌水量等；④采集岩样、土样和水样进行试验。

（2）钻探线、点的布置：①在地面调查测绘确定的每一滑坡条块的主滑线断面上布设控制断面，在大型滑坡主轴断面两侧应布置与其平行的辅助断面，以及与主滑方向大致垂直的横断面，纵断面间距30～50m，横断面视需要而定；②断面上钻孔间距30～50m，复杂滑坡和多级滑坡应适当加密钻孔以控制滑面形态的变化和剪出口位置，在滑坡范围以外应

有钻孔以便与滑坡地层对比，若同时考虑滑坡治理，在重要工程位置应有钻孔以便决定治理方案；③钻孔布置应兼顾深孔位移和地下水位监测的需要，一孔多用；④钻探点、线的数量依据勘探阶段不同而有所区别，踏勘阶段以物探和挖探为主，初测阶段以控制主轴断面为主，施工图阶段则应详细勘探，掌握滑坡的空间形态，为设计提供足够资料。

（3）钻探深度：钻探深度应穿过最深一层滑动面进入稳定地层3～5m。在滑坡的中前部应有1～2孔钻至当地最低侵蚀基准面或开挖面以下5～10m以避免漏掉最深层滑动面。若为堆积土滑坡，钻孔深入基岩的深度不小于当地所见大孤石直径的1.5倍。

（4）施钻方法：①施钻方法以容易发现滑带（软弱层）和含水层、尽可能保持地层原状结构和提取足够的原状岩芯为原则，采用无泵反循环钻进或双管岩芯管钻进。采取率不低于85%；②钻进中应记录孔内异常情况，如缩径、掉块、卡钻、漏水、套管变形、钻进快慢等，并标明其位置，因为这些可能就是滑动面位置；③钻进中应分层封水，查明各层水的初见和稳定水位、含水层的位置和厚度，对出水量较大的含水层，特别是作用于滑动带的含水层应进行抽（提）水试验，测定其涌水量，并配合物探测定其流向和流速，必要时作水力联系试验；④钻探过程中应分层采取土样、岩样、水样，重点是与滑动带有关地层的采样。

（5）岩芯鉴定：①钻探岩芯取出后应摆放整齐，不得颠倒或混乱，按上下顺序编号，应边钻进边鉴定、边分析，及时整理岩芯记录，以便随时掌握地层和含水状态变化，不可全孔钻完才鉴定，鉴定中不能随意破坏岩芯；②鉴定中应特别注意各种裂面上有无擦痕，注意构造擦痕与滑坡擦痕的区分，应保留滑动面岩芯；③应在现场逐孔测定岩土的天然密度和含水量，绘制γ-h曲线；④妥善保护岩芯，避免降雨及人为破坏，在统一鉴定和滑面连接后方可废弃；⑤钻探结束时应将各孔岩芯进行对比，统一描述用语，消除可能的误差；⑥柱状图的绘制。

（6）钻孔设计书的编制：①钻孔目的：充分说明该钻孔的目的，使钻探人员了解该孔的重要性及钻进中应注意的问题，保证钻进、观测和编录工作的质量；②钻孔的类型：直孔；③钻孔深度：应根据不同勘测阶段对勘探深度的具体要求，进行具体的设计，以达到地质要求为准。标明设计深度并说明何种情况下可以适当减少或加深孔深；④钻孔结构：标明钻孔理想柱状图，包括孔径（开孔、终孔孔径）、换径位置及深度、固壁方法，做出推测地质柱状图，标识层位深度、岩性、可钻性分级、地质构造、断层、裂隙、裂缝、破碎带、岩溶、滑带、溃屈带、软夹层、可能的地下水位、含水层、隔水层和可能的漏水情况以及钻进过程中针对上述情况应采取的准备和措施；⑤钻孔工艺：钻进方法、固壁办法、冲洗液、孔斜及测斜、岩芯采取率、取样及试验要求、水文地质观测、钻孔止水办法、封孔要求、终孔后钻孔处理意见（长观、监测或封孔等）；⑥孔深误差及分层精度的要求，下列情况均需校正孔深：①主要裂缝、软夹层、滑带、溶洞、断层、涌水处、漏浆处、换径处、下管前和终孔时；②终孔后按班报表测量孔深，孔深最大允许误差不得大于1‰。在允许误差范围内可不修正，超过误差范围要重新丈量孔深并及时修正报表；③钻进深度和岩土分层深度的量测精度，不应低于±5cm；④应严格控制非连续取芯钻进的回次进尺，使分层精度符合要求。

（7）孔斜误差要求：下列情况均需测量孔斜：每钻进50m、换径后3～5m、出现孔径斜征兆时、终孔后。顶角最大允许弯曲度，每百米孔深内不得超过2°。

（8）取芯要求：①不允许超管钻进，重点取芯地段（如破碎带、滑带、软夹层、断层等）应限制回次进尺，每次进尺不允许超过0.3m，并提出专门的取芯和取样要求，地质员应跟班取芯、取样；②松散地层潜水位以上孔段，应尽量采用干钻；在砂层、卵砾石层、硬脆碎地层和松散地层中以及滑带、重要层位和破碎带等应采用提高岩芯采取率的钻进及取样工艺；③长度超过35cm残留岩芯，应进行打捞，残留岩芯取出后，可并入上一回次进尺的岩芯中进行计算；④岩芯采取率要求滑体大于75%，滑床大于85%，滑带大于90%，同时应满足钻孔设计书指定部位取样的要求。

10）岩土现场试验

岩土现场试验应根据滑坡特点选择代表性部位，考虑关键影响因素，采取合理的试验方案，揭示其成因和力学特点。譬如，现场试验时，探井揭露明显滑带后，应及时进行现场大型剪切试验，大体积密度试验则应在开挖过程中完成。

11）岩、土、水样采集及试验

为测定岩土体的物理力学指标，为下一步可行性研究提供可靠的岩土力学参数，在钻孔、探槽、探井采取岩样、水样，并及时密封送检，运输过程中避免强烈震动，实验室必须按相关规范执行。

土样物理力学试验项目：土样常规、三轴峰值抗剪、三轴残余抗剪、压缩模量。

岩石物理力学试验项目：天然、饱和密度，三轴抗剪，抗拉强度，抗剪断强度，天然及饱和抗压强度，变形模量，弹性模量，泊松比。

水质分析：简分析，侵蚀性CO_2，不同水质观测方法如下：

（1）泉水观测：在调查泉水出露位置、高程、地形地质条件的基础上，观测泉水流量和水温的变化。

（2）井水观测：滑坡区及其附近有水井，应调查井的位置、高程、开挖时穿透的地层和厚度，测定水位、水温及其变化。

（3）钻孔中地下水观测：应测定初见水位和稳定水位，分析地下水与当地构造线和含水断裂带的关系，并与降水观测相结合分析其补给来源。

（4）水文地质试验：应进行抽（提）水试验确定涌水量、彼此间的水力联系及含水层的渗透系数，为滑坡分析及排水工程设计提供依据。

8. 提交勘察成果报告

熟悉勘察报告结构，并在此基础上提交各种报告（包括勘察报告、监测报告、监理报告、野外工作

验收报告）及相关附件（各种附图附表），实物标本、影集、成果数字化光盘等。

6.2.2 滑坡的参数确定

（一）平面范围及主轴断面的确定

滑坡的平面范围一般按实际调查所得的周界和位移观测图划定的周界确定。

对牵引式滑坡，后缘牵引缝的条数较多时，以其中较贯通的一条作为计算后界。主轴断面常以滑后地形上后壁最高点和前缘滑体推出最远点的连线切成的断面作为主轴断面。

对纵长式滑坡，由于其宽度不大，一般用一个主轴断面进行检算即可；对横展式滑坡，因其宽度较大，还需平行于主轴在两侧选择适当数量的检算断面。各断面的滑动位置通过勘探和监测确定，断面的间距和断面数由规范确定，滑坡稳定性计算和推力计算中应对每个断面都进行计算。

（二）计算参数的选择

滑坡计算参数有很多，如计算断面上任一分段i对应重量W_i、滑面长L_i、滑面倾角α_i、黏聚力C_i和滑面摩擦系数φ_i、地震影响系数、密度、动、静水压力等，其中尤以C_i和φ_i最为敏感，其对安全系数的计算结果起着至关重要的作用。

典型的滑坡可以分为牵引、主滑、抗滑三段（图6-2）：主滑段先沿既有软弱面产生蠕动变形，逐渐

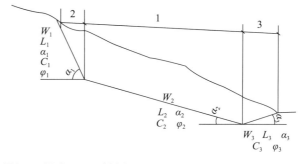

图6-2 滑动面三段式划分
1—主滑段；2—牵引段；3—抗滑段

扩大，牵动牵引段沿新生的拉张剪切面滑动，然后牵引段与主滑段共同作用，推挤抗滑段沿新生的挤压剪切面向临空面最薄弱处挤出，形成整体滑动。牵引段产生主动性破坏，抗滑段产生被动性破坏。由于隔断的破坏条件及滑面通过的物质不尽相同，滑面的强度指标应各异。这样，用上述方法反求的抗剪强度值，只能视作主滑面土在极限平衡条件下强度上限值。实际整体滑面未贯通前，牵引段和抗滑段的强度值常高于主滑段。因此，我们对强度指标的选择不是单一采用一种方法求得，而是根据不同部位滑带土在室内外模拟滑动过程的试验数据；相同地质条件下类似滑带土的经验及统计数据和针对具体情况给定牵引段、抗滑段强度值反算主滑带强度参数，再结合滑坡可能出现的最不利组合条件（水文地质和人为恶化等），以反算值为主，综合分析对比，选定可能恶化条件下的强度指标作为计算推力和稳定性系数。这一方法的应用经验性较强，经多年的实践证明是最常用和理想的一种计算方式。

在综合选定指标时尚需考虑：一般滑坡变形多系滑体沿滑动带的顶或底面滑动；滑动中的粗颗粒常被黏性土包裹；变形次数和受力性质等因素，对比选用峰值或残值、内或外摩擦值。在不同滑段选值时还需

注意不致使主滑段本身的下滑力小于抗滑力，否则不产生滑动；同时也注意勿使顺坡抗滑段本身的下滑力小于抗滑力，否则不起抗滑作用。各种参数的获取和各参数加权取值并最终确定出参数的思路如下：

1. 计算参数的确定思路

滑坡的物质组成分为三部分：滑动岩土体、滑床岩土体、滑动面（滑动带）—软弱结构面。

滑坡计算参数包括滑坡岩土和滑动面（滑带）的物理力学性质参数，在以上研究的基础上滑坡计算参数确定的基本思路如图6-3所示。

2. 试验法

滑坡试验的主要目的是测定滑坡体内各地层的物理、力学性质。为滑坡推力计算分析和滑坡防治工程设计提供必要的参数。在滑坡勘察中通过钻孔成探井，采取滑坡体各代表性地层的未扰动原状试件，以供室内进行试验。现场大面积直剪试验，可以直接在滑动面上沿滑动方向剪切，克服了室内试验的一些缺陷，能较真实地反映现场实际情况。滑坡的水文地质条件一般较为复杂，为保证排水效果，必须进行水文地质试验，测定地下水流向、流速、水量、渗透系数等。

试验一般分为两种，即室内试验和原位试验。试

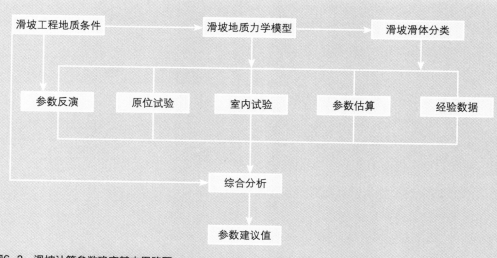

图6-3 滑坡计算参数确定基本思路图

验法最大的不足是由于滑带土的不均匀性导致试验结果离散性太大。尽管目前对取样部位及取样方法进行了规定，且试验尽可能模拟各部位滑坡的受力特征，但仍然难以达到满意的效果。根据工程实际，试验法按防治工程的需要酌情选择。

3. 参数反演法

反演或称反分析是通过恢复已破坏斜坡的原始状态或滑动后滑坡状态，在分析其破坏机理的基础上，建立极限平衡方程，然后反求滑动面的 C、φ 值，计算过程中应遵循以下原则：

（1）明确反映变形破坏机制；

（2）计算步骤尽可能简化，抓住主要问题；

（3）易于校核；

（4）不刻意追求新颖。

在进行反演分析时应特别注意以下几点：

（1）应尽可能地模拟滑坡蠕滑时的边界条件，尤其是地下水位，如果难以做到，则可取勘探时雨季最高地下水位；

（2）选择分析剖面与主滑剖面一致；

（3）用作反演分析的理论方法，应与设计用的稳定性及推力计算方法一致。

《岩土工程勘察规范》GB—50021—2001、《公路工程地质勘察规范》JTG C20—2011、《铁路工程不良地质勘察规程》TB 10027—2012、《滑坡防治工程勘查规范》DZ/T 0218—2006等规范规程中对反演法均作了相应的规定。但在具体计算过程中需注意以下几个方面：

（1）无论是采用恢复已破坏斜坡的原始状态或滑动后滑坡状态，首先必须明确滑坡的稳定状态，并取相应的稳定系数。各种规范规程中按滑坡的赋存活动状态（正在滑动、暂时稳定、稳定）给出了一个相应的区间值，但在取值过程中需考虑滑坡的危害程度，危害程度大取小值，危害程度小取大值。

（2）除主滑剖面外需取与主滑剖面平行的不少于一条的计算剖面。

（3）假定 C 值计算 φ 值或假定 φ 值计算 C 值，须注意两值的对应性，计算中相邻假定值不能过大。

在反演分析中，滑坡几何参数确定后，稳定性系数可根据滑坡稳定状态，给定一个值，那么公式中的变量只有 C、φ。我们可以用两个或两个以上的剖面建立二元一次或高阶方程组，联立求解方程式可以较为精确地反算出滑带土的抗剪强度参数。

4. 经验法（类比法）

各类规范、规程、手册都给出了较多的经验数据，在应用过程中要注意滑带土的相似性和差异性。其中结构面和滑带土抗剪强度是滑坡防治工程中较为突出的考虑因素。

硬性结构面：主要由结构面的几何形态、胶结情况及充填厚度所决定。

滑带土的抗剪强度还与土的矿物成分及粒径有关。如组成土的矿物成分中高岭土、伊利石、蒙脱石含量越高，则土的内聚力越大。土颗粒粒径越大，内聚力越小。

《建筑边坡工程技术规范》GB 50330—2013、《工程岩体分级标准》GB/T 50218—2014、《岩土工程手册》等都给出了一些经验公式和数据。其中《岩土工程手册》中给出了抗剪强度指标与斜坡坡度之间的一个统计资料，见表6-3所列。

滑坡抗剪强度指标与坡度间的相关统计资料

表6-3

滑坡斜面坡度 θ（°）	实例数	φ（°）	C（KPa）	相关系数
$0 \leqslant \theta < 10$	46	9.0	5.80	0.944
$10 \leqslant \theta < 15$	132	14.8	3.40	0.951
$15 \leqslant \theta < 20$	127	20.7	0.40	0.935
$20 \leqslant \theta < 25$	95	23.6	4.40	0.941
$25 \leqslant \theta < 30$	40	27.9	4.00	0.930
$30 \leqslant \theta$	27	30.0	7.30	0.944

铁路工程设计技术手册《路基》以及公路设计手册《路基》等技术书籍中都给出了大量不同岩土条件的 C、φ 值，可供计算选取。

通过各种途径获得不同的C、φ值后即可进行加权取值，实践表明，由于实验取得的滑面强度指标受重塑、人为干扰、实验水平的高低等条件的影响，导致试验结果参数与真实参数的大小存在一定差异，而经验参数关联的其他条件很难接近，所以，反算法相对而言更接近实际一些，所以确定权值时一般反算的一组更大一些，如三峡滑坡及国内其他设计计算中，多选取下列权值：反算组为0.6，实验组为0.3，经验组为0.1。

6.2.3　滑坡稳定性分析

随着边坡稳定性分析方法的长足发展，边坡稳定性的分析方法也越来越多，归结起来主要有以下三种方法：极限平衡法、数值模拟方法和极限分析法。

（一）滑坡稳定性分析的极限平衡法

极限平衡法是目前工程界用于边坡稳定性计算中应用最为广泛的计算方法。该法假设边坡破坏时处于极限平衡的状态，然后将滑动土体划分为若干垂直土条，不考虑土条的变形，将垂直土条视为刚体，进而建立任意土条的静力平衡方程并求解，从而得到边坡的安全系数。然而在大多数情况下，极限平衡法需要引入一些简化的假设来使得研究静不定不可解的问题变为静定可解的问题。在求解时要求所采用的计算方法符合极限平衡法的一般要求：在静力学方面要求土

条和滑动土体的力和力矩满足平衡条件；在运动学方面要求运动模式是直观意义上可接受的，不能有嵌入和裂缝；在物理学方面要求滑动土体整体上不违背破坏条件。因此，不同的研究者做出了不同的假设，因而形成了不同的极限平衡法。目前比较常见的有：Bishop，Janbu，Spencer，Morgenstern-Prince等方法。

边坡稳定性分析方法中，Bishop，Janbu，Spencer，Morgenstern-Prince等方法各有所长，考虑到降雨是诱发滑坡的主要因素，且降雨的入渗过程是一个饱和—非饱和的渗流过程。由于传统的极限平衡方法在研究滑坡稳定性研究中，往往没有考虑降雨入渗过程中的饱和—非饱和渗流过程，忽略了负孔隙水压力对滑坡稳定性的影响，不能够真实的反映降雨过程中滑坡稳定性变化过程。因此，本节提出基于极限平衡方法的Bishop法，结合非饱和土的抗剪强度理论，研究降雨作用下的滑坡稳定性。

1. 极限平衡方法

1955年，Bishop定义了边坡安全系数：

$$F_s = \frac{\tau_f}{\tau} \qquad (6-1)$$

其中，τ_f为滑动面上土体的抗剪强度，τ为滑动面上土体的实际剪应力。这使安全系数具有了更加明确的物理意义，同时使用范围更广。

如图6-4（a）所示，当土坡处于稳定状态时（$F_s>1$），任意土条底部滑弧上的抗剪强度只发挥了一

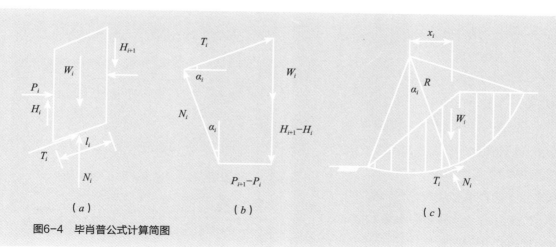

图6-4　毕肖普公式计算简图

部分，与切向力 T_i 相平衡，即：

$$T_i = \frac{\tau_f}{F_s} = \frac{c_i l_i + N_i \tan \varphi}{F_s} \quad (6-2)$$

将所有的力投影到弧面的法线方向上，如图6-4（b）所示，可得：

$$N_i = [\overline{W}_i + (H_{i+1} - H_i)] \cos \alpha_i - (P_{i+1} - P_i) \sin \alpha_i \quad (6-3)$$

当整个滑动土体处于平衡时，图6-4（c）所示每个土条对圆心的矩之和为零，此时条件作用力为内力，相互抵消。因此，得：

$$\sum \overline{W}_i X_i - \sum T_i R = 0 \quad (6-4)$$

将式（6-2）和式（6-3）代入式（6-4），同时 $X_i = R \sin \alpha_i$，最后可得边坡的安全系数为：

$$F_s = \frac{\sum \{c_i l_i + [\overline{W}_i + (H_{i+1} - H_i)] \cos \alpha_i - (P_{i+1} - P_i) \sin \alpha_i] \tan \varphi_i\}}{\sum \overline{W}_i \sin \alpha_i} \quad (6-5)$$

实际上，毕肖普建议不计土条间的切向力，即，$H_{i+1} - H_i = 0$，结合左右作用力在铅直向和水平向总和都为零，以及结合式（6-2）可得：

$$F_s = \frac{\sum (c_i l_i \cos \alpha_i + \overline{W}_i \tan \varphi_i) \cdot \dfrac{1}{\tan \varphi_i \cdot \sin \alpha_i / F_s + \cos \alpha_i}}{\sum \overline{W}_i \sin \alpha_i} \quad (6-6)$$

式中 c ——土体的有效黏聚力；

         φ ——内摩擦角；

         $\overline{W}_i$ ——条分土体的重量；

         l_i ——条分土体的底边长度；

         α_i ——条分土体底边与水平面夹角。

式（6—6）即简化的毕肖普公式。

2. 非饱和抗剪强度理论

在非饱和土的抗剪强度理论的研究中，毕肖普（Bishop）抗剪强度理论和弗雷德朗德（Fredlund）抗剪强度理论是具有明显代表性的两个理论。这里选取

弗雷德朗德的抗剪强度理论。

Fredlund等人提出的有效应力为基础的抗剪强度准则，即：

$$\tau_f = c' + [(\sigma - u_a) + \chi(u_a - u_w)] \tan \varphi' \quad (6-7)$$

式中 c'，φ' ——有效黏聚力和有效内摩擦角；

         X ——与饱和度、应力路径以及土的类型相关的经验系数；

         u_a，u_w，σ ——孔隙水压力、孔隙气压力、总应力。

3. 考虑非饱和抗剪强度理论的极限平衡方法

根据前面的饱和—非饱和土的抗剪强度理论，对于负孔隙水压力对边坡稳定性的影响中，我们就可以将非饱和土的抗剪强度公式代入边坡稳定性分析的极限平衡方法中，从而得到适合计算考虑非饱和土的边坡稳定性计算公式。

以饱和土体下的Fredlund计算公式，用饱和—非饱和土强度理论替代饱和土强度理论，即：将式（6-7）带入式（6-2）可得：

$$T_i = \frac{\tau_f l_i}{F_s} = \frac{c_i l_i + (N_i - u_a l_i) \tan \varphi' + (u_a - u_w) l_i \tan \varphi^b}{F_s} \quad (6-8)$$

如果不考虑孔隙气压力的影响，即 $u_a = 0$，上式变为：

$$T_i = \frac{c_i l_i + \left(N_i - u_w l_i \dfrac{\tan \varphi^b}{\tan \varphi}\right) \tan \varphi}{F_s} \quad (6-9)$$

基于前面的分析，法向应力为：

$$N_i = \overline{W}_i \cos \alpha_i - \frac{\dfrac{c_i l_i}{F_s} + \dfrac{\overline{W}_i}{F_s} \cos \alpha_i \tan \varphi - \overline{W}_i \sin \alpha_i - \dfrac{u_w l_i \tan \varphi^b}{F_s}}{\cos \alpha + \dfrac{\sin \alpha_i \tan \varphi}{F_s}} \sin \alpha_i \quad (6-10)$$

将式（6-10）带入Fredlund公式可得：

$$F_s = \frac{\sum c_i b_i + (\overline{W}_i \tan \varphi - u_w b_i \tan \varphi^b) \cdot \dfrac{1}{\cos \alpha + \dfrac{\sin \alpha_i \tan \varphi}{F_s}}}{\sum \overline{W}_i \sin \alpha_i} \quad (6-11)$$

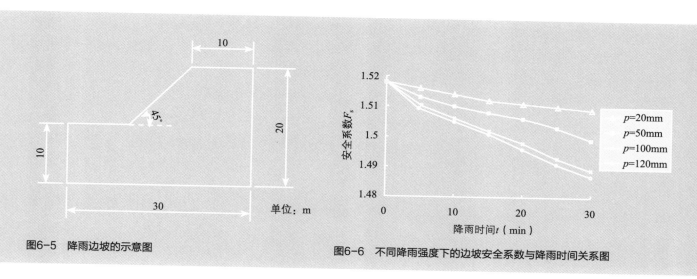

图6-5 降雨边坡的示意图

图6-6 不同降雨强度下的边坡安全系数与降雨时间关系图

式中 c ——土体的有效黏聚力;

φ ——内摩擦角;

$\overline{W_i}$ ——条分土体的重量;

b_i ——条分土体的底边长度;

α_i ——条分土体底边与水平面夹角。

由此就得到了考虑土体非饱和抗剪强度理论的毕肖普公式。

4. 算例与结果分析

选取土体重度为 $\gamma=19.5\,\mathrm{kN/m^3}$，黏聚力为 $c'=20\mathrm{kPa}$，摩擦角为 $\varphi'=20°$，随基质吸力变化的内摩擦角 $\varphi_b=16°$。选取了边坡土体的渗透系数 $k_{sat}=2\times10^{-5}$ cm/s，降雨强度 $p=20$，50，100，120mm/h的四种降雨；相同降雨量 $Q=50\mathrm{mm}$，降雨历时分别为0.5h，1h，5h，10h降雨；研究降雨强度、降雨历时对边坡安全系数的影响。

由于假设地表以下20m范围内孔隙水压力为常数，取-25kPa，考虑负孔隙水压力的作用，算得边坡初始状态（开始降雨之前）的安全系数为1.518。

进行降雨滑坡稳定性研究，首先进行降雨作用下的边坡饱和—非饱和渗流场模拟研究，这里我们采用GeoStudio软件中的SEEP/W模块为研究工具，获得降雨作用下边坡饱和—非饱和瞬态渗流场分布，降雨入渗过程中孔隙水压力，土体含水量的变化。本节旨在利用

考虑非饱和抗剪强度理论的极限平衡方法进行降雨作用下的边坡稳定性分析，所以对这一过程不做介绍。

1) 考虑降雨强度影响的边坡稳定性分析

根据本方法，得到了图6-6所示的四种不同降雨强度下的边坡安全系数随时间的变化曲线。我们可以看出：在降雨历时相同的情况下，边坡的安全系数随着降雨时间的增加而减小；在降雨强度越大，边坡安全系数下降的越快，同时降雨结束时边坡的安全系数越小；当降雨强度大于土体饱和渗透系数时，增加降雨强度边坡安全系数的影响较小，而当降雨强度小于土体饱和渗透系数时，增加降雨强度对边坡安全系数影响较大。

2) 考虑降雨历时影响的边坡稳定性分析

根据本方法得到了图6-7所示的降雨量相同时，不同降雨历时与边坡安全系数的关系曲线。我们可以

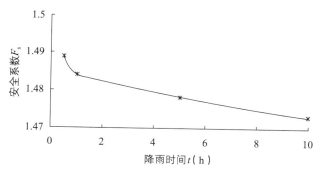

图6-7 不同降雨历时下边坡安全系数图

看出：在降雨总量一定的情况下，边坡的安全系数随着降雨历时的增加而减小，可见降雨历时对边坡稳定性的影响是明显的。这是由于在相同的降雨量下，降雨历时越长，降雨强度在数值上相对饱和渗透系数越小，降雨全部入渗，渗透系数越大，雨水下渗速度越快，雨水的入渗深度越大，孔隙水压力越小。

（二）滑坡稳定性分析的极限分析法

边坡的极限稳定性分析是基于确定的滑裂面基础上的，因此如何确定边坡合理的滑裂面对边坡稳定性的分析具有控制性作用。传统的计算方法经常假定边坡的滑裂面为直线形、圆弧形和对数螺旋形等。例如，对于竖直边坡和其重力式挡墙填土的滑裂面经常假设为直线形；在Bishop法和瑞典圆弧法等条分法中，常常假设边坡滑裂面为圆弧形；在边坡的极限分析理论中，则又常采用对数螺旋滑裂面。由于这些滑裂面往往是通过大量的破坏试验和破坏工程观察或为简化计算而进行人为的假设得到的，因此具有一定的主观性。随着边坡稳定性分析方法的长足发展，边坡稳定性的分析方法也越来越多，但归结起来主要有以下三种方法：极限平衡法、数值模拟方法和极限分析法。前两种方法具有很大的局限性，如极限平衡理论不考虑岩土体的运动条件，平衡条件也是在一定的条件下才能满足；数值模拟方法计算较为繁琐并对参数

的依赖性较大，精确度难以保证且不利于简单的估算。而极限分析理论中的上、下限定理给出的解答是精确解且计算较为简便，所以近些年来极限分析理论在边坡稳定分析中得到了广泛的应用。

以极限分析上限理论为基础，引进一种确定边坡破裂面的理论方法比并在分析过程中做如下假设：①计算模型为平面应变问题；②岩土体为理想塑性并服从相关流动法则；③岩土体服从摩尔—库伦（M—C）破坏准则；④滑裂面通过边坡坡趾。具体方法为：根据条分法的思想，将边坡垂直条分为若干个多条块；应用极限分析上限定理计算各条块的外力功率与内能耗散，建立关于边坡稳定系数与各块体破裂面参数的多元函数，并通过最优化理论确定边坡潜在滑裂面形状及其稳定系数。

1. 边坡潜在破裂面与稳定性计算

考察如图6-8所示的典型边坡模型，假设边坡高度为H，边坡土体重度为r，内摩擦角为φ，内聚力为c，并遵循M—C破坏准则。边坡在自重荷载作用下，其潜在的破裂面形状是未知的。在此，我们将该边坡均匀垂直条分成n段，其中坡顶部划分为m段，坡面部分划分为$n—m$段，任意条段对应的破裂面为直线并与水平面成a夹角，边坡潜在破裂面是由n段直线组合而成，如果条分的段数足够多，得到光滑连续的边

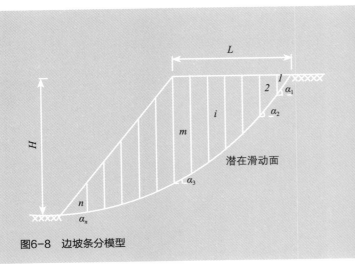

图6-8　边坡条分模型

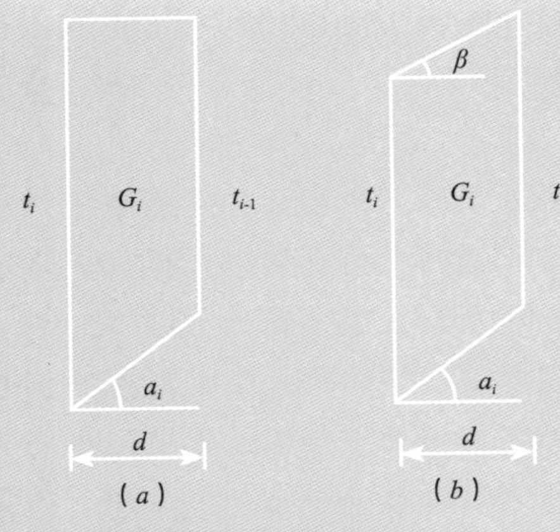

图6-9　多块体重力计算模型
（a）坡顶条分块体；（b）坡面条分块体

坡破裂面。显然边坡潜在破裂面是由 n 个未知参数 a_i（$i=1，2，\cdots，n$）所确定的。

1）多块体重力计算

如图6-8所示，将潜在破裂面内的竖直边坡均匀垂直条分 n 段，根据几何关系，则每段条块的宽度可按下式计算：

$$d = \frac{H}{\sum\limits_{i=1}^{n-m} \tan \alpha_i} \qquad （6-12）$$

式中　d——条块的宽度；

　　　H——边坡高度；

　　　α_i——任意条块对应破裂面与水平面的夹角。

任意条块的重力可表达为（图6-9）：

坡顶条分块体：

$$G_i = \frac{1}{2}\gamma d^2 \tan \alpha_i + \gamma d^2 \sum\limits_{j=1}^{i-1} \tan \alpha_j \, (m \geq i)$$

$$（6-13）$$

坡面条分块体：

$$G_i = \frac{1}{2}\gamma d^2 \tan \alpha_i + \gamma d^2 \sum\limits_{j=1}^{i-1} \tan \alpha_j - \left(i-m-\frac{1}{2}\right)\gamma d^2 \tan \beta \, (m \leq i)$$

$$（6-14）$$

式中　γ——边坡土体的重度。

2）多块体速度计算

由图6-10所示任意多块体速度场，多块体破裂

面的速度为 V_i，每个直线形滑裂面与多块体速度的夹角为 φ。故可以得到任意多块体的速度表达式：

$$V_i = V_1 \frac{\sin(\alpha_1-\varphi)\tan\varphi + \cos(\alpha_1-\varphi)}{\cos(\alpha_i-\varphi)+\sin(\alpha_i-\varphi)\tan\varphi} \qquad （6-15）$$

垂直条分间断面上的速度为：

$$\bar{V}_i = \frac{V_i \sin(\alpha_i-\varphi)\tan\varphi - V_{i+1}\sin(\alpha_{i+1}-\varphi)}{\cos\varphi}$$

$$（6-16）$$

3）外力功率计算

为计算简便起见，作用在边坡上的外荷载只有重力，则外力功率由边坡重力提供，对应的外力功率可表达为：

$$\dot{W}_{\text{soil}} = \sum\limits_{i=1}^{n} G_i V_i \sin(\alpha_i-\varphi) \qquad （6-17）$$

4）内能耗散

内能耗散由各块体速度间断面提供，包括两个方面：破裂面上的能量耗散和垂直条分间断面上的能量耗散。

边坡破裂面上的内能耗散：

（1）首先计算各块体破裂面的长度：

$$l_i = \frac{d}{\cos\alpha_i} \qquad （6-18）$$

（2）对应的破裂面上的能量耗散可表达为：

$$D_{\text{int}1} = c\sum\limits_{i=1}^{n} V_i \cos\varphi \frac{d}{\cos\alpha_i} \qquad （6-19）$$

式中　$D_{\text{int}1}$——滑裂面上的能量耗散；

　　　c——土体的内聚力；

其他符号意义同前。

垂直条分间断面上的能量耗散：

（1）首先计算各块体垂直间断面的高度：

$$t_i = d\sum\limits_{j=1}^{i} \tan\alpha_j \qquad （6-20）$$

（2）垂直条分间断面上的能量耗散按下式计算：

$$D_{\text{int}2} = c\sum\limits_{i=1}^{n-1} \bar{V}_i t_i \cos\varphi \qquad （6-21）$$

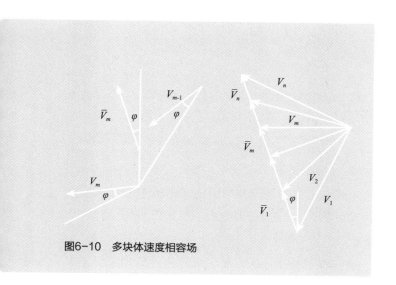

图6-10　多块体速度相容场

式中　D_{int_2}——垂直间断面上的能量耗散。

可知当外功率与内能耗散相等时，得：

$$H = \frac{c}{\gamma} f(\alpha_1, \alpha_2, \cdots, \alpha_n) \qquad (6-22)$$

式中　$f(a_1, a_2, \cdots, a_n)$ 定义为：

$$f = \frac{(n-m)\cos\varphi\tan\beta(f_3 + f_5 + f_6 - f_7 - f_8)}{\frac{1}{2}f_1 + f_2 - f_4\tan\beta} \qquad (6-23a)$$

$f_1 \sim f_8$的具体表达式如下：

$$f_1 = \sum_{i=1}^{n}\left[\frac{\tan\alpha_i\sin(\alpha_i - \varphi)}{\cos(\alpha_i - \varphi) + \sin(\alpha_i - \varphi)\tan\varphi}\right] \qquad (6-23b)$$

$$f_2 = \sum_{i=1}^{n}\left[\frac{\sin(\alpha_i - \varphi)\sum_{j=1}^{i-1}\tan\alpha_j}{\cos(\alpha_i - \varphi) + \sin(\alpha_i - \varphi)\tan\varphi}\right] \qquad (6-23c)$$

$$f_3 = \sum_{i=1}^{n}\left[\frac{1}{\cos(\alpha_i - \varphi) + \sin(\alpha_i - \varphi)\tan\varphi}\frac{1}{\cos\alpha_i}\right] \qquad (6-23d)$$

$$f_4 = \sum_{i=m+1}^{n}\left[\frac{\left(i - m - \frac{1}{2}\right)\sin(\alpha_i - \varphi)}{\cos(\alpha_i - \varphi) + \sin(\alpha_i - \varphi)\tan\varphi}\right] \qquad (6-23e)$$

$$f_5 = \sum_{i=1}^{m}\left[\frac{\sin(\alpha_i - \varphi)\sum_{j=1}^{i}\tan\alpha_j}{\cos(\alpha_i - \varphi) + \sin(\alpha_i - \varphi)\tan\varphi}\right] \qquad (6-23f)$$

$$f_6 = \sum_{i=m+1}^{n-1}\left[\frac{\sin(\alpha_i - \varphi)\left[\sum_{j=1}^{i}\tan\alpha_j - (i-m)\tan\beta\right]}{\cos(\alpha_i - \varphi) + \sin(\alpha_i - \varphi)\tan\varphi}\right] \qquad (6-23g)$$

$$f_7 = \sum_{i=1}^{n-1}\left[\frac{\sin(\alpha_{i+1} - \varphi)\sum_{j=1}^{i}\tan\alpha_j}{\cos(\alpha_{i+1} - \varphi) + \sin(\alpha_{i+1} - \varphi)\tan\varphi}\right] \qquad (6-23h)$$

$$f_8 = \sum_{i=m+1}^{n-1}\left[\frac{\sin(\alpha_i - \varphi)\left[\sum_{j=1}^{i}\tan\alpha_j - (i-m)\tan\beta\right]}{\cos(\alpha_{i+1} - \varphi) + \sin(\alpha_i + 1 - \varphi)\tan\varphi}\right] \qquad (6-23i)$$

根据极限分析上限定理：在一个假设的，且满足速度边界条件及应变与速度相容条件的变形模式中，由外功率等于所消耗的内功率得到的荷载不小于实际的破坏荷载。式（6-22）给出了临界高度H_c的一个上限，当（$\alpha_1, \alpha_2, \cdots, \alpha_n$）满足条件

$$\left.\begin{array}{l}\dfrac{\partial f}{\partial \alpha_1} = 0 \\[2mm] \dfrac{\partial f}{\partial \alpha_2} = 0 \\[2mm] \vdots \\[2mm] \dfrac{\partial f}{\partial \alpha_n} = 0\end{array}\right\} \qquad (6-24)$$

时，函数$f(\alpha_1, \alpha_2, \cdots, \alpha_n)$有一个最小值。

因此，解方程，并把所得的（$\alpha_1, \alpha_2, \cdots, \alpha_n$）带入到式（6-24）后，即得到边坡的临界高度$H_c$的一个最小上限解。记$N_s = \min f$，得：

$$H_c \leqslant \frac{c}{\gamma} N_s \qquad (6-25)$$

式中　N_s——无量纲参数边坡稳定系数；

　　　H_c——边坡的临界高度值。

2. 算例

采用上述的理论方法研究坡高$H=10\text{m}$，重度为$\gamma=20\text{kN/m}^3$，黏聚力$c=20\text{kPa}$，边坡坡角β分别为90°和60°，土体内摩擦角φ分别为0°、10°、20°、30°时边坡潜在破裂面形状，其中边坡条分数均为15，需

要指出的是，从理论上看，根据式（6-24）可以获得最优解，但实际计算却很困难。因此，我们采用数学优化方法，利用Mathematics优化工具箱进行优化计算。

从图6-11可以知道，对于坡高为10m的竖直边坡，当内摩擦角$\varphi=0°$时，对应的边坡潜在破裂面为直线形，随着内摩擦角φ的增大，其潜在破裂面不断向边坡左侧移动。

图6-12给出了边坡角为60°的普通边坡破裂面计

算结果，从图中可以看出：边坡潜在破裂面形状为曲线型破裂面，且随内摩擦角φ的增大，破裂面不断向边坡外侧移动。

图6-13给出了直线型边坡破裂面、对数螺旋线型边坡破裂面与预测的边坡潜在破裂面的比较，从图中可以看出，上述理论方法预测的边坡潜在破裂面介于直线型破裂面与对数螺旋形破裂面之间，这说明理论方法是可行的。

根据上述理论方法的计算成果与文献的计算成果进行了比较（表6-4），可以看出：当边坡条分数为1时，预测结果与文献成果非常接近，如果再增加条分数，可以得到更为准确的解答。由此可见，此种边坡潜在破裂面确定与稳定系数计算方法是可行的。

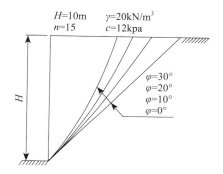

图6-11　竖直边坡在不同内摩擦角时对应的潜在破裂面形状

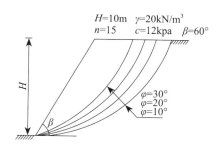

图6-12　普通边坡$\beta=60°$在不同内摩擦角时对应的破裂面形状

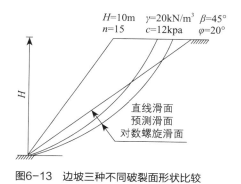

图6-13　边坡三种不同破裂面形状比较

两种理论方法预测的边坡稳定系数计算成果表

表6-4

φ	β				
	90°	75°	60°	45°	30°
引进的理论方法给出结果					
0°	4.00	4.35	4.63	4.91	5.22
5°	4.36	5.00	5.68	6.48	8.03
10°	4.75	5.62	6.70	8.43	12.82
15°	5.18	6.41	8.05	11.08	20.17
20°	5.67	7.26	9.76	15.03	38.92
25°	6.22	8.35	12.00	21.48	116.7
30°	6.85	9.63	15.44	33.59	—
Chen H F给出的计算结果					
0°	3.83	4.57	5.25	5.85	6.51
5°	4.19	5.14	6.17	7.33	9.17
10°	4.59	5.80	7.26	9.32	13.53
15°	5.02	6.57	8.64	12.05	21.71
20°	5.51	7.48	10.39	16.18	41.27
25°	6.06	8.59	12.75	22.92	120.0
30°	6.69	9.96	16.11	35.63	—

（三）滑坡稳定性分析的数值分析方法

随着计算机软硬件和数值计算软件的发展，采用数值模拟技术对滑坡进行稳定性分析计算成为滑坡分析的新方向。一般的数值分析软件不能直接计算出滑坡或边坡的"安全系数"。通常的方法是取滑坡岩土体强度参数的不同的值进行试算，取破坏时的参数值与实际值的比值作为安全系数。强度折减法即是对岩土体的抗剪强度进行折减使滑坡或边坡系统发生破坏，从而得出破坏面位置和安全系数大小的方法。采用有限元或有限差分等数值分析软件计算边坡安全系数的一个关键问题是对边坡破坏的判断。采用有限元法计算边坡时，主要采用计算的收敛、塑性区贯通及塑性应变和位移的突变作为边坡破坏的判据。常用的数值分析方法包括有限元法、有限差分法以及离散元法等。本章针对采用数值方法进行滑坡稳定性分析时遇到的两个关键问题，即强度折减技术和临界破坏状态的判别为主要内容，介绍滑坡/边坡稳定性数值分析的基本方法。常用的数值分析方法包括有限元法、有限差分法以及离散元法等。以下所用算例具体计算均采用基于限差分法的数值分析软件FLAC3D。

1. 强度折减法

强度折减法的原理基于大量试验的结果，这些试验表明剪切应变破坏区和边坡失稳的破裂面是一致的。强度折减法的提出基于以下基本假定：

1）边坡破坏与剪切应变的发展直接相关；

2）应变与抗剪强度相关性的存在。

在边坡稳定分析中，对安全系数F的传统上的定义为：土体实际抗剪强度与使边坡保持稳定所要求的最小抗剪强度的比值。Duncan[160]指出，F是使边坡达到临界破坏状态土体强度必须进行折减的一个系数。因此，在用有限元或有限差分程序计算F时，一个显然的途径就是降低土的抗剪强度使边坡发生破坏。安全系数的计算结果就是土体实际剪切强度与折减后刚好使边坡发生破坏的剪切强度的比值。这种强度折减的思想早在1975年就被Zienkiewicz等人所采用，并且

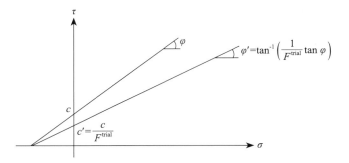

图6-14 土体实际强度和折减后强度的关系

随着计算机的普及和数值分析方法的完善得到了更广泛的应用。基于强度折减技术的数值分析方法相对于传统的条分法的优势主要有：①在进行分析计算前不需要人为的假定临界破坏面的形状和位置；②可以对支护结构（如抗滑桩）进行整体分析。

为计算安全系数，需要对进行强度折减后的边坡进行多次的稳定性计算，折减后土体的抗剪强度参数c'、φ'可定义为（图6-14）：

$$c' = \frac{c}{F^{\text{trial}}} \qquad （6-26）$$

$$\varphi' = \arctan\left(\frac{\tan\varphi}{F^{\text{trial}}}\right) \qquad （6-27）$$

其中　　c、φ——实际的抗剪强度参数；

　　　　F^{trial}——折减系数。

通常，F^{trial}的初始值设为较小的值以确保边坡的稳定，然后逐渐增大F^{trial}值直到边坡发生破坏。为节约计算时间，可以先采用较大的增量确定安全系数的大致范围，然后在某一较小的范围内采用较小的增量来搜索边坡的安全系数。图6-15为采用数值方法计算边坡或滑坡安全系数的流程图。

2. 边坡破坏的判别标准

采用有限元或有限差分等数值模拟程序进行边坡稳定性分析的一个关键性问题就是边坡破坏的判据。FLAC是采用动力松弛法求解所有动力运动方程的一种直接的、时间推进式的计算程序。它通过逐渐

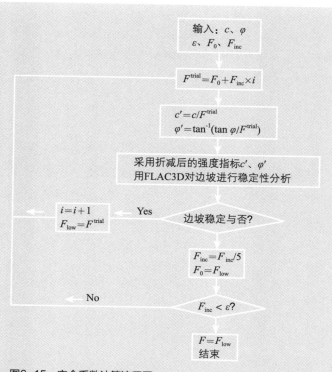

图6-15 安全系数计算流程图

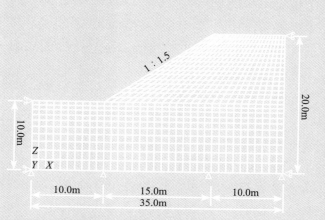

图6-16 模型有限元网格划分及边界条件

消除系统中各阻尼项的动能可以得到系统的静态解。FLAC对平衡状态的定义为：当相邻单元作用在任一节点上的合力都等于零，即所有节点的净节点力向量为零时，系统达到平衡状态。FLAC程序中把模型中的节点最大不平衡力大小与施加在所有节点上的平均外力大小的比值作为计算收敛与否的判断标准。如果模型达到平衡状态，这一比值应该等于零。在实际计算中，当这一比值为一个相当小的值时，我们就认为系统达到了平衡状态。对于边坡稳定性问题，如果通过一定步数的计算，系统可以达到平衡状态，则边坡可以保持稳定，反之如果边坡发生破坏，则系统通过计算不能达到平衡状态。

1）节点不平衡力判据

在用强度折减进行边坡稳定性分析计算时，在边坡发生初始破坏的一个"临域"内不平衡力会发生明显的改变。因此通过观察采用不同的折减系数对边坡进行计算时节点不平衡力大小，建立二者之间的相关关系，就可以通过不平衡力的显著变化来确定边坡的安全系数F。

某土质边坡，坡高10m，坡度为1：1.5，坡底土层厚度10m。图6-16为此土质边坡的数值模型。土体材料参数见表6-5所列。

土体特性参数 表6-5

重度（kN/m^3）	黏聚力（kPa）	内摩擦角（°）	剪胀角（°）	弹性模量（kPa）	泊松比
20.0	10.0	20.0	0	2.0×10^5	0.25

图6-17所示为计算步数为5 000步时不同折减系数的不平衡力曲线，通过分析图6-17可以确定边坡的安全系数应为1.14。对同一边坡，Cai等[161]采用有限元法计算得到的安全系数为1.15；采用边坡计算软件Slope/W和简化Bishop法计算的安全系数为1.13。由

此可见，FLAC3D的计算结果与其他方法的计算结果非常接近。图6-17中不平衡力所表现出的突变的特性反映了所采用的线性弹性-理想塑性Mohr-Coulomb本构模型的特征。当土体强度逐渐折减时，土体由弹性状态突变为塑性状态，FLAC程序计算中表现为不平衡力的突变。这种特性有助于我们在计算中较容易的确定边坡的安全系数。然而，如果采用的是双曲线形式的本构模型（如：Duncan-Chung模型），由于弹性和塑性状态之间是光滑的渐变关系，安全系数的确定将较为困难。

2）关键点位移判据

在FLAC计算中，每次折减计算都可以对特定点的位移进行记录并保存，以方便进行下一步的分析。对本例，对边坡坡顶角点的水平位移进行了记录，图6-18为两次折减计算得出的位移—计算步数相关曲线。从图中的曲线可以看出，当折减系数为1.14时，位移收敛为定值，边坡保持稳定，而当折减系数为1.15时，位移不收敛，边坡发生破坏。由此可以确定，此边坡的安全系数为1.14。

3）节点最大速度判据

边坡发生破坏的直观表现就是滑体由静止状态变为运动状态。在FLAC计算中，当节点的最大位移大于某一限值时，系统进入运动状态。因此可以根据记录的最大节点速度来判断边坡是否发生破坏，当运动发生时边坡失稳，否则边坡稳定。从图6-19所示的节点最大速度与折减系数的相关曲线可以得到，边坡的安全系数为1.14，这与观察不平衡力和节点位移变化情况得到的安全系数是相同的。

4）滑面位置的确定

采用数值方法进行边坡稳定性分析与传统的极限平衡法不同点之一就是，在计算之前不用人为地假定边坡破坏的临界滑面位置和形状，而是通过分析计算结果得到滑面的位置和形状。图6-20和图6-21比较

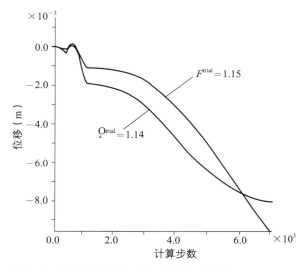

图6-18　坡顶水平位移与计算步数的相关曲线

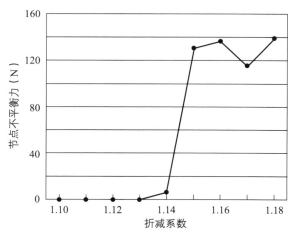

图6-17　折减系数与不平衡力的关系曲线

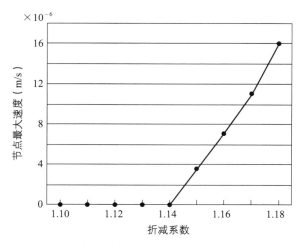

图6-19　节点最大速度与折减系数的相关曲线

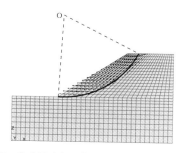

图6-20　节点速度矢量与简化Bishop法的滑面圆弧

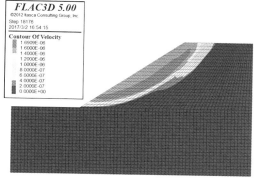

图6-21　速度等值线图与简化Bishop法的临界滑面比较（彩图详见文末附图）

了FLAC3D和简化Bishop法的计算结果。从图中可以看出，虽然数值分析方法不能给出像极限平衡法那样的确切的滑面线，但FLAC计算得到的速度矢量图、速度大小等值线图都可以有效的指示滑面的形状和位置。

如前所述，强度折减法的原理是基于剪应变破坏区和边坡失稳破裂面的一致性。强度折减产生的剪

应变增量导致位移的增加，直至边坡发生破坏。图6-22为边坡在折减系数为1.13和1.15时的剪应变增量等值线图。从图中可以看出，当折减系数为1.15时，贯通的剪应变轮廓表示边坡已经失稳，同时也显示出了破坏面的大致位置和形状。

3. 输入参数对计算结果的影响分析

FLAC3D计算要求输入的材料特性参数可分为两类：弹性变形特性参数和强度参数，另外当考虑重力作用时，需要输入材料密度。一般来说，弹性状态按各向同性弹性模型考虑，由体积模量（K）和剪切模量（G）来描述其性质。对于土体来说，一般提供的弹性参数为弹性模量（E）和泊松比（v），其转换方程为：

$$K = \frac{E}{3(1-2v)} \qquad (6-28)$$

$$G = \frac{E}{2(1+v)} \qquad (6-29)$$

如果采用Mohr-Coulomb模型，则可选的强度输入参数有黏聚力（c）、内摩擦角（φ）、剪胀角（ψ）和抗拉强度（σ_t）。由于一般忽略土体的抗拉强度，因此抗拉强度参数取零。对本例分别取不同的弹性模量（$1.0 \times 10^5 \sim 3.0 \times 10^5$kPa）和泊松比（$0.2 \sim 0.45$）进行了计算，发现它们对安全系数计算结果的影响很小。

剪胀是材料发生剪切变形的同时会发生体积膨

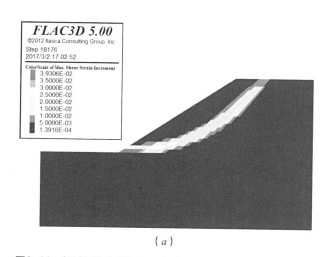

（a）

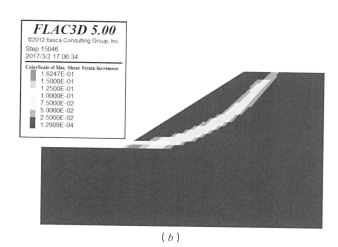

（b）

图6-22　折减系数分别为1.13（a）和1.15（b）时的剪应变增量等值线图（彩图详见文末附图）

胀的现象，用体积应变与剪切应变的比值来表示。Vermeer和de Borst研究发现，无论是土、岩石或混凝土材料，剪胀角一般在0°～20°之间。在土的其他弹性及强度参数相同的情况下，对剪胀角从0°逐渐增加到20°时的边坡的安全系数进行了分析计算。由于剪胀会增大土体的强度，因此计算时对剪胀角采用和强度相同的折减系数进行折减。分析结果表明，剪胀对安全系数的计算结果没有明显的影响，因此采用强度折减法计算边坡的安全系数的结果不受土体膨胀特性的影响。

采用数值分析方法和强度折减技术计算边坡的安全系数的结果与传统的简化Bishop法的计算结果非常接近，因此是一种有效的边坡稳定性计算方法。边坡发生破坏可以通过节点最大不平衡力的突变、特定点的位移是否收敛、节点最大速度突变和剪应变增量等值线图等特征进行判断。边坡临界滑面的位置和形状可以通过破坏后的速度等值线图和剪应变增量等值线图表示。数值分析可以方便地得出位移、应变、应力等数据，并可以用图示直观地表现，是滑坡稳定性分析的一个有力工具。

6.3　滑坡风险评价与防治分区

6.3.1　滑坡危险度区划

滑坡危险度区划是通过建立评价指标系统，选择可靠的评价模型，对区域空间内滑坡灾害环境因素组成的本底条件进行量化处理，评价和分析其可能对滑坡灾害发育做出的贡献，并描述各区间滑坡的易发性和危害性。

进行滑坡危险度区划，应该具备以下基本条件：

（1）拥有可靠的、较完整的滑坡灾害和环境本底数据系统，包括滑坡数据库、地质图、地形图、地质构造图等；

（2）将环境本底因素进行数字定量化处理；

（3）建立可靠性高的危险性评价模型；

（4）提出明确的滑坡危险度区划等级划分标准，并进行说明。

滑坡危险度区划指标是根据滑坡形成条件中的因素和因子组合而成的一种系统形式。按照滑坡危险度区划的定义和原则，将诸多因素分为三大类型，即主控因素、诱导因素、危害因素，并建立三级评价指标体系（图6-23）。

这种指标体系的建立适用于大区域、小比例尺区划，精度要求较低，宏观性更强，所以区划结果比较粗略。

目前滑坡危险度区划模型发展相对成熟，它们大致可以分为两大类，即基于场地特性的综合评价法和基于无限边坡稳定性判别的确定性模型。下面着重介绍几种目前应用最多的数学模型。

（1）信息量模型

Shannon把信息定义为"随机事件不确定性的减

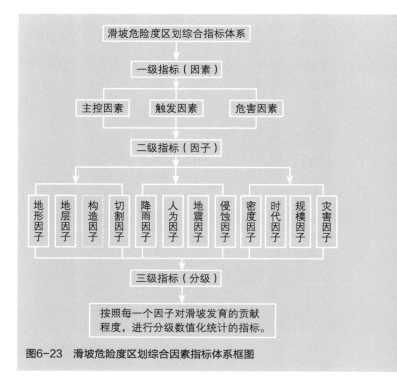

图6-23　滑坡危险度区划综合因素指标体系框图

少"，并提出了信息量的概念及信息熵的数学公式。信息量的概念已被广泛应用于滑坡灾害的空间预测和危险性评价等研究。滑坡灾害与地形地质等环境因素密切相关，信息量法的原理是利用滑坡的易滑度影响因素进行类比，即具有类似边坡的地形、地质因素的斜坡具有类似的易滑度。对于滑坡而言，在不同的地质环境中存在一种最佳因素组合。因此，对于区域滑坡预报要综合研究最佳因素组合，而不是停留在单个因素上。每一种因素对边坡失稳所起作用的大小，可用信息量来表示，即

$$I_{A_j \to B} = \ln \frac{P(B/A_j)}{P(B)} (j=1,\cdots,n) \quad (6-30)$$

式中　$I_{A_j \to B}$——因素A在j状态显示事件B发生的信息量；

　　　$P(B/A_j)$——因素A在j状态下实现事件B的概率，$P(B)$为事件B发生的概率。

在具体计算中，通常将总体概率改用样本频率进行估算，于是式（6-30）可转化为：

$$I_{A_j \to B} = \ln \frac{N_j/N}{S_j/S} = \ln\left(\frac{S}{N}\frac{N_j}{S_j}\right)(j=1,\cdots,n)$$

$$(6-31)$$

式中　N_j——具有因素A_j出现滑坡的单元数；

　　　N——研究区内已知滑坡所分布的总数；

　　　S_j——因素A_j的单元数；

　　　S——研究区单元总数。其值越大表明越有利于滑坡的发生。

（2）Logistic回归模型

Logistic回归模型是二分类变量进行回归分析时经常使用的统计分析方法，对分类因变量和分类自变量（或连续自变量，或混合变量）进行回归建模，有对回归模型和回归参数进行检验的标准，以事件发生概率的形式提供结果。

Logistic回归是一种非线性模型，普遍采用的参数估计方法是极大似然估计法，必须通过迭代计算完成，不借助计算机几乎无法完成求解。

Logistic回归模型中，假设用P表示出现滑坡的概率，X_1，$\cdots$，X_n表示对结果影响的n个因素，用Logistic回归公式表示滑坡发生的概率分别为：

$$P = \frac{e^{\beta_0+\beta_1 X_1+\cdots+\beta_n X_n}}{1+e^{\beta_0+\beta_1 X_1+\cdots+\beta_n X_n}} \quad (6-32)$$

上式中，β_1，β_2，$\cdots$，β_n为常数，也称为Logistic回归系数。根据P值，可以划分灾害发生可能性等级。

（3）神经网络回归模型

人工神经网络发展最为完善、应用最广的是BP网络，由输入层、隐含层及输出层3部分组成。输入层用来接受外界信息，输出层对输入层信息进行判别和决策，中间的隐含层用来表示和存贮信息。网络同一层神经元之间不存在相互联系，各层神经元之间为全连接，连接程度用权值表示，其值通过学习不断调整。

BP网络按照有教师的方式进行学习。当一对学习模式提供给网络后，神经元的值从输入层经各中间层向输出层传播，在输出层的各神经元获得网络的输入响应后，按希望减少输出与实际输出的误差方向，从输出层经各中间层，逐层修正各连接权，最后回到输入层，从而构成误差逆传播算法。它的学习过程可归结为模式顺传播→误差逆传播→记忆训练→学习收敛4个过程。

根据上述人工神经网络理论，解决实际问题应包括：①根据具体问题建立合适的网络结构；②建立学习样本集和期望输出；③训练网络直至其收敛；④用收敛的网络进行预测。

具体的程序包括以下步骤：

①确定滑坡风险性评价的因子，选择评价函数；

②确定学习评价的神经网络结构参数（输入层、隐含层和输出层的神经元个数）；

③为网络的连接权系数和神经元阀值赋初值；

④输入样本的评价矩阵和期望输出；

⑤对各样本计算隐含层和输出层各单元的实际输

出值,并计算方差;

⑥若方差小于给定的收敛值,则结束学习,否则作进一步计算;

⑦修改权值;

⑧转到第⑤步;

⑨用训练好的网络,输入要识别的样本的评价因子,即可得到滑坡风险性评价的结果输出。

（4）层次分析法模型

AHP是一种多指标分析评价方法,具有精度高,使用方便的特点。AHP方法通过专家估计两两影响因子之间的关系构造矩阵,因而,这种方法带有一定的主观性。不过构造关系矩阵是通过所有影响因子两两比较来确定,所有关系的两两比较综合决定了各个影响因子的权重,这样避免了个别比较不合理而造成的结果偏差过大,评价因子比较的结果也可以用一致性比率来衡量,它代表矩阵一致性指标与随机性指标,范围是0~1。具体的步骤如下:①建立层次结构模型:把问题层次化,即根据问题的性质和需要达到的总目标,将问题分解为不同的基本组成因素,并按照因素间的相互关联影响以及隶属关系将因素按不同层次聚集组合,形成一个多层次的分析结构模型,由高层次到低层次分别包括目标层、准则层、指标层和方案层等;②构建判断矩阵:分析每一层的因素相对于上一层次某因素的单排序情况。对一系列成对因素进行量化判断比较,并写成矩阵形式,即构成判断矩阵;③计算权向量和最大特征值;④一致性检验。

（5）贡献权重区划模型

贡献权重模型是由中科院成都山地所乔建平研究员首先提出的[163]。该方法是对滑坡易发性评价因子在滑坡发育中的贡献率进行统计后,通过贡献率均值化、归一化处理,利用权重转换模型计算出每一个因子内部的权重——自权重w,以及因子相互之间的权重——互权重w'。然后将滑坡因子贡献率、自权重、互权重分别相乘叠加计算从而确定区域滑坡灾害的不同

易发程度。该方法可以反映因子内部以及各因子之间对滑坡发育贡献的不同作用大小,揭示滑坡区域分布规律,还避免了主观因素的干扰。

①贡献率

设采样本底指标因子为一个数集:

$$U_i = f(U_1, U_2, \cdots, U_n) \qquad (6-33)$$

式中 U_i——因子数集;

f——关系式;

U_n——本底因子(U_1为地层,U_2为高差,$\cdots$,U_n)。

在危险度评估中,每一个本底因子又可以细化为k种子类,它们分别都对滑坡发育做出不同程度的贡献,检验贡献程度的大小需要建立基本量化标准。贡献率是评价作用程度的一种指标,环境本底因子子类对滑坡的作用大小可以采取贡献率进行评价,取值范围为[0,1]。在可靠的滑坡数据基础上,一般选用量密度、面密度、体密度三项量化检验指标对本底因子子类进行贡献程度评价。即:

$$U'_{0i}(\%) = U_{0i}(Y_i) / \sum U_{0i}(Y_j) \times 100\% (i = 1, \cdots, k, \ j = 1, 2, 3)$$

$$(6-34)$$

式中 U'_{0i}——因子子类贡献率;

i——因子子类;

Y_j——检验指标;

j——三种不同的密度。

其中,量密度:$Y_1 = q / \sum q$(q为单项因子中滑坡数量、$\sum q$为评估区滑坡总数),面密度:$Y_2 = s / \sum s$(s为单项因子中滑坡面积、$\sum s$为评估区滑坡总面积),体密度:$Y_3 = v / \sum v$(v为单项因子中滑坡体积、$\sum v$为评估区滑坡总体积)。

②自权重计算

自权重的获取是采用等距法将本底因子子类的贡献率划分为高、中、低三级贡献程度后计算各等级区间因子的权值。如在地层岩性单项因子中,不同时代地层岩性对滑坡发育的贡献作用是不同的,因此分配

的权值也不相同。

贡献率等级区间范围为：

$$高贡献率区：x_1 = (a_1 \sim a_2)$$
$$中贡献率区：x_2 = (a_2 \sim a_3) \quad （6-35）$$
$$低贡献率区：x_3 = (a_3 \sim a_4)$$

式中，$a_1 = U_{0i\max}$、$a_2 = U_{0i\max} - d$、$a_3 = U_{0i\min} + d$、$a_4 = U_{0i\min}$、$d = (U_{0i\max} - U_{0i\min})/3$。

根据式（6-35）分区标准，将每一个本底因子图层划分出不同等级的贡献率区，建立贡献率分级数列式，即：

$$U_{0if} = \begin{bmatrix} U_{0ih} \\ U_{0im} \\ U_{0il} \end{bmatrix} \quad (i = 1, \cdots, k) \quad （6-36）$$

式中　U_{0if}——贡献率数列（$f = h, m, l$）；

　　　U_{0ih}——高贡献率；

　　　U_{0im}——中贡献率；

　　　U_{0il}——低贡献率。

由于式（6-36）数列中的每一等级区间的贡献率允许由多个因子数组成，需要对每个因子中每一等级的因子数逐一进行均值化处理，即：

$$\overline{U}_{0if} = U_{0if} / N \quad （6-37）$$

式中　$\overline{U}_{0if}$——均值化数列；

　　　N——每级因子组中的个数。

再对式（6-38）进行归一化处理，并获得分级贡献自权重，即：

$$w_{if} = \overline{U}_{0if} / \sum \overline{U}_{0if} \quad (f = h, m, l) \quad （6-38）$$

式中　w_{if}——各等级本底因子自权重数列（$w < 1$）。

③互权重计算

互权重指不同本底因子相互之间的权值，代表每种因子对滑坡发育的贡献程度差异。如地层岩性、坡度、高差等多项因子中，各项因子对滑坡发育的贡献作用不同，相互之间的权重值也不同。

采用贡献率计算互权重。首先对式（6-36）中不同等级贡献率的行求和，即：

$$R_{if} = \sum U_{0if} \quad (i = 1, \cdots, n, f = h, m, l)$$
$$（6-39）$$

式中　R_{if}——第 i 个本底因子贡献率分级求和数列。

然后进行同级别贡献率归一化处理，得到各因子在不同级别贡献率中所占的比重：

$$R_{if}' = \frac{R_{if}}{\sum R_{if}} \quad (i = 1, \cdots, n, f = h, m, l)$$
$$（6-40）$$

式中　R_{if}'——不同级别贡献率归一化数列。

再对式（6-40）中的每一项单因子 R_{if} 的行求和，即：

$$D_i = \sum R_{if}' \quad （6-41）$$

最后对式（6-41）进行归一化处理得到贡献互权重，即：

$$w_i' = D_i / \sum D_i \quad (i = 1, \cdots, n) \quad （6-42）$$

式中　w_i'——贡献互权重（$w_i' < 1$）。

④贡献权重模型

贡献权重模型即将滑坡环境本底因子的自权重和互权重与贡献率相乘叠加：

$$Y = \sum U_{oi}' \cdot w_{if} \cdot w_i' \quad (i = 1, \cdots, n, f = h, m, l)$$
$$（6-43）$$

式中　Y——滑坡易发度；

　　　U_{oi}'——评价样本贡献率；

　　　w_{if}——本底因子自权重；

　　　w_i'——本底因子互权重。

此模型的优点是评价因子对滑坡发育的作用得到充分解析评价，得到区划因子的多重指标权重，没有人为因素影响，定量化程度高。不足之处是该方法对基础资料数据的可靠性和精度要求较高，而实际的采样数据往往受到基础资料精度（如滑坡原始数据、地质图、地形图等资料的精度和比例的匹配）的限制，将影响采样效果。

（6）基于无限边坡稳定性判断的确定性模型

无限边坡模型适用于坡体长度远大于坡体宽度的

浅层滑坡体，通常会做以下假设：

①不透水面和初始地下水位分别在地面，且都平行于坡面；

②拟滑土体均匀且各向同性，为弹性理想塑性材料，屈服服从Mohr-Coulomb准则，并遵循相适应的流动法则；

③地下水的补给仅由降雨补给，不考虑蒸发等损失，且地下水位以上的土体也完全饱和，即整个拟滑土体具有相同的重度。

在同时考虑地震力、静水压力和动水压力（渗透压力）时，稳定性系数可以表示为：

$$F_s = \frac{C_r + C_s + \cos^2\theta[\rho_s g(Z - Z_w) + (\rho_s g - \rho_w g)Z_w - F_e\sin\theta]\tan\varphi}{\rho_s gZ\sin\theta\cos\theta + F_e\cos\theta + D_w}$$

（6-44）

$$D_w = \rho_w g\sin\theta Z_w\cos\theta \qquad （6-45）$$

式中　　C_r——植被根的强度（N/m²）；

C_s——土黏聚力（N/m²）；

θ——斜坡坡度；

ρ_s——土的密度（kg/m³）；

ρ_w——水的密度（kg/m³）；

g——重力加速度（m/s²）；

Z——竖直土层厚度（m）；

Z_w——潜水层的竖直厚度（m）；

φ——土的内摩擦角；

F_e——水平地震力（N）；

D_w——动水压力。

如若水平地震力不容易确定，也可以利用简化公式计算临界加速度：

$$F_s = \frac{c'}{\gamma t\sin\alpha} + \left(1 - m\frac{\gamma_w}{\gamma}\right)\frac{\tan\varphi'}{\tan\alpha} \qquad （6-46）$$

式中　　c'——黏聚力（kPa）；

φ——摩擦角；

α——坡角；

m——滑动条块被水浸润的厚度比例；

t——滑动面深度（m）；

γ、γ_w——岩土和水的重度（kN/m³）。

临界加速度则表示为：

$$a_c = (F_s - 1)g\sin\alpha' \qquad （6-47）$$

式中　　g——重力加速度（m/s²）；

α'——滑块推力角。

如果针对浅层滑坡来讲，α'可以用坡角α代替。

对于地震滑坡的研究在1965年，Newmark[163]提出了用有限滑动位移代替安全系数法的思路，并据此提出了计算滑动位移的方法，称为Newmark法。Newmark提出的是一种简便方法预测地震作用下滑坡位移量，在该模型中滑坡的稳定通过临界加速度来判断。而临界加速度与岩土的特性、孔隙压力、边坡的地貌特征等有关。Newmark法认为，滑坡位移量达到某个值后边坡可能会失稳，定义D为临界值。

Ambrasys和Menu[164]提出了把临界加速度比作回归方程的变量来估算地震边坡的永久位移。他们使用加速度时程中的最大峰值作为表征地震动特性的变量。把坡体的临界加速度和地面峰值加速度的比值定义为临界加速度比。Jibson[165]建议使用阿里亚斯强度来描述强震特性。从随机过程观点看，加速度时程中的最大峰值是一个随机量，不宜作为地震动特性的标志，而阿里亚斯强度则包含了整个时程中的地震动信息。为了进一步说明地震动的易变性和复杂性，可以同时考虑阿里亚斯强度和地面峰值速度。在一般情况下，都把临界加速度与地面峰值加速度之比作为回归方程的一个变量来考虑。Jibson[166]基于这一考虑提出了以下方程：

$$\log D_N = 0.561\log I_a - 3.833\log\left(\frac{a_c}{a_{max}}\right) - 1.474 \pm 0.616$$

（6-48）

这里D_N的单位为cm，I_a的单位是m·s⁻¹，a_c的单位与重力加速度的单位一致。最后一个值表示方程的标准误差。这一模型已经被用来预测不同背景条件下地域性的滑坡灾害。

由于岩土体的几何形状及性质对地震动也具有影响，Romeo[167]根据意大利17个地震事件中的190个地震加速度记录，计算出意大利地震滑坡Newmark位移的预测量，并给出以震级、震中距、岩土特性等参数为变量的位移量计算公式：

$$\log_{10}D_N = -1.144 + 0.591M_s - 0.852\log_{10}\left(\sqrt{RF^2 + 2.6^2}\right)$$
$$-3.703\left(\frac{a_c}{a_{max}}\right) + 0.246S \pm 0.403 \quad (6-49)$$

式中　　RF——坡体到震中的距离（km）；

S——滑动坡体的岩土体特性，当岩土体为岩体或者刚性土体时，S=1；当岩土体为软土（剪切波速小于400m·s^{-1}）时，S=0。

滑坡危险区划结果必须进行相应的等级划分，形成具有等级的度量区间，并说明每一级别的危险性，才能成为真正区划成果，便于用户了解和使用。由于滑坡灾害危险度等级是非标级别，目前采用划分法各异，通常可以采用三级至五级划分法（表6-6～表6-8）：

滑坡灾害危险度区划三级划分标准　　　　　　　　　　　　　　　　　表6-6

危险度分类	危险区等级	滑坡灾害危险性			
		环境条件	灾害类型	灾害分布	危害
Ⅰ	高危险度区	区内具备了产生特大型、大型滑坡灾害的地貌、地层岩性、构造等环境内部的必要条件，以及外部多种因素同时触发的充分条件，发生灾害的概率很高	以产生特大型、大型滑坡灾害为主（体积$V \geqslant 10^7$m³），以暴雨、地震、河水冲刷等型地质灾害为主，人为地质灾害较少	滑坡灾害分布密度很高，最大密度$\rho \geqslant 10$处/100km²	对县级城镇的建筑、1 000人以上的生命财产安全，以及国家级重要基础设施等造成严重威胁，直接经济损失将超过1 000万元
Ⅱ	中危险度区	区内具备了产生较大型、中型滑坡灾害的地貌、地层岩性、构造等环境内部的必要条件，以及外部单因素触发的充分条件，发生灾害的概率较高	以产生中型滑坡灾害为主（体积10^5m³$\leqslant V < 10^7$m³），暴雨、地震、河水冲刷、重力卸荷、人为活动为主要触发因素	滑坡灾害分布密度较高，最大分布密度10处/1 000km²$\leqslant \rho < 10$处/100km²	对乡、镇级城镇局部的建筑和100～1 000人的生命财产安全，以及省级基础设施造成威胁，直接经济损失将超过100万元
Ⅲ	低危险度区	区内仅具备了产生小型滑坡灾害的地貌、地层岩性、构造等环境内部的一般条件，以及外部单因素触发的一般条件，发生灾害的概率极低	以产生小型滑坡灾害为主（体积$V < 10^5$m³），人为因素占主导，暴雨、地震、河水冲刷、重力卸荷型地质灾害较少	滑坡灾害分布密度较低，最大分布密度$\rho < 10$处/1 000km²	一般不造成人员伤亡，对交通、房屋建筑等有一定影响

滑坡灾害危险度区划四级划分标准　　　　　　　　　　　　　　　　　表6-7

危险度分类	危险区等级	滑坡灾害危险性			
		环境条件	灾害类型	灾害分布	危害
Ⅰ	极高危险度区	区内具备了产生特大型、大型滑坡灾害的地貌、地层岩性、构造等环境内部的必要条件，以及外部多种因素同时触发的充分条件，发生灾害的概率很高	以产生特大型、大型滑坡为主（体积$V > 10^7$m³），以暴雨、地震、河水冲刷等型滑坡为主，人为滑坡较少	滑坡灾害分布密度极高，最大密度$\rho \geqslant 10$处/10km²，通常以群灾害性出现	存在县级城镇的建筑、1 000人以上的生命财产安全，以及国家级重要基础设施等造成严重威胁，直接经济损失将超过1 000万元。

危险度分类	危险区等级	滑坡灾害危险性			
		环境条件	灾害类型	灾害分布	危害
II	高危险度区	区内具备了产生较大型、中型滑坡的地貌、地层岩性、构造等环境内部的必要条件，以及外部单因素触发的充分条件，发生灾害的概率较高	以产生中型滑坡为主（体积 $10^5 \text{m}^3 \leqslant V < 10^7 \text{m}^3$），暴雨、地震、河水冲刷、重力卸荷、人为活动为主要触发因素	滑坡灾害分布密度较高，最大密度10处/$100\text{km}^2 \leqslant \rho < 10$处/$10\text{km}^2$，可能产生群发性灾害	存在乡、镇级城镇局部的建筑和 $100 \sim 1\,000$ 人的生命财产安全，以及省级基础设施造成威胁，直接经济损失将超过100万元
III	中危险度区	区内仅具备了产生小型滑坡的地貌、地层岩性、构造等环境内部的一般条件，以及外部单因素触发的一般条件，发生灾害的概率极低	以产生小型滑坡为主（体积为 $V < 10^5 \text{m}^3$），人为因素占主导，暴雨、地震、河水冲刷、重力卸荷型滑坡较少	滑坡灾害分布密度较高，最大密度10处/$1000\text{km}^2 \leqslant \rho < 10$处/$100\text{km}^2$，可能产生群发性灾害	一般不造成人员伤亡，对交通、房屋建筑等有一定影响，危险度相对较小
IV	低危险度区	区内不具备产生滑坡的地貌、地层岩性、构造等环境内部的一般条件，以及外部单因素触发的一般条件	无论历史上，还是现今，均无滑坡灾害发生	地质灾害分布密度较低，最大密度10处/$10\,000\text{km}^2 \leqslant \rho < 10$处/$1\,000\text{km}^2$，以单一地质灾害事件为主	不会造成人员伤亡和财产损失

滑坡灾害危险度区划五级划分标准　　　　　　　　　　　表6-8

危险度分类	危险区等级	地质灾害危险性			
		环境条件	灾害类型	灾害分布	危害
I	极高危险度区	区内具备了产生特大型地质灾害的地貌、地层岩性、构造等环境内部的必要条件，以及外部多种因素同时触发的充分条件，发生灾害的概率极高	以产生特大型地质灾害为主（体积为 $V \geqslant 10^8 \text{m}^3$），以暴雨、地震、河水冲刷型等地质灾害为主，人为地质灾害极少	地质灾害分布密度极高，最大密度 $\rho \geqslant 10$处/10km^2，通常以群灾害性出现，一次大外动力过程（大地震）可触发上万处灾害发生，并伴有严重的滞后效应	对县级规模的城镇建筑、上万人的生命财产安全，以及国家大型水利设施、其他国家级重要基础设施等造成极大威胁，直接经济损失将超过亿元
II	高危险度区	区内具备了产生大型地质灾害的地貌、地层岩性、构造等环境内部的必要条件，以及外部多种因素同时触发的较充分条件，发生灾害的概率高	以产生大型地质灾害为主（体积为 $10^7 \text{m}^3 \leqslant V < 10^8 \text{m}^3$），以暴雨、地震、河水冲刷型地质灾害为主，人为地质灾害较少	地质灾害分布密度较高，最大密度 $\rho \geqslant 10$处/100km^2，可能产生群发性灾害，一次大外动力过程（大地震）可触发上百处灾害发生，并伴有较严重的滞后效应	对县级以下规模的城镇建筑、数千人的生命财产安全，以及大中型水利设施、其他省级重要基础设施等造成严重威胁，直接经济损失将超过数千万元
III	中危险度区	区内具备了产生中型地质灾害的地貌、地层岩性、构造等环境内部的必要条件，以及外部单种因素触发的充分条件，发生灾害的概率较高	以产生中型地质灾害为主（体积为 $10^6 \text{m}^3 \leqslant V < 10^7 \text{m}^3$），以暴雨、地震、河水冲刷、重力卸荷型等地质灾害为主，人为地质灾害较多	地质灾害分布密度较高，最大密度 $\rho \geqslant 10$处/1000km^2，偶然产生群发性灾害，一次大外动力过程（大地震）可能触发数十处至上百处灾害发生，并伴有一定的滞后效应	对乡、镇级规模的城镇建筑、数百至千余人的生命财产安全，以及土地资源、中小型水利设施、其他市（县）级基础设施等造成较严重威胁，直接经济损失将达到数百万至数千万元。

续表

危险度分类	危险区等级	地质灾害危险性			
		环境条件	灾害类型	灾害分布	危害
IV	低危险度区	区内基本具备了产生中小型地质灾害的地貌、地层岩性、构造等环境内部的必要条件,以及外部单种因素触发的较充分条件,发生灾害的概率较低	以产生中小型地质灾害为主(体积为 $10^5\mathrm{m}^3 \leqslant V < 10^6\mathrm{m}^3$),以暴雨、地震、河水冲刷、重力卸荷型等地质灾害为主,人为地质灾害较少	地质灾害分布密度较高,最大密度$\rho \geqslant 10$处/10 000km²,以单一地质灾害事件为主,一次大外动力过程(大地震)可能触发几处至数十处灾害发生	对村级建筑、数人至数十人的生命财产安全,以及土地资源、小型水利设施等造成一定威胁,直接经济损失将达到数百万至数千万元
V	相对安全区	区内基本具备了产生小型地质灾害的地貌、地层岩性、构造等环境内部的必要条件,以及外部单种因素触发的一定条件,偶然发生灾害	以产生小型地质灾害为主(体积为 $V < 10^5\mathrm{m}^3$),以暴雨、地震、河水冲刷型等地质灾害为主	偶然出现单一地质灾害,不以分布密度为计算单位	一般不造成人身伤亡。直接经济损失较轻,可能对建筑物有一定破坏作用,威胁财产安全的程度低

6.3.2 滑坡易损度区划

易损性是指区域范围内承灾体受滑坡威胁可能遭受损失的性质。滑坡易损性区划是通过分析统计区域内滑坡和承灾体分布特征,选择合理的指标综合统计分析,定量评价区域内受滑坡威胁承灾体的易损程度,并划分为不同等级区域的过程。其目的是为制定趋于建设规划、维护区域生态环境安全并合理利用资源,达到防灾减灾与社会经济建设并举的目的提供科学依据,同时从时空角度上对滑坡灾害管理提供信息。

一般说来,从承灾体的类型来分,将易损性分为社会易损性、经济易损性、生态环境易损性和制度易损性。

社会易损性是指对区域易损性变化具有重要影响的社会结构、功能变化。从这个角度来说,社会易损性包括人口变化、人类组织、风俗习惯、贫富状况甚至观念和价值。在区划中,人口密度是最重要的衡量指标。另外,建筑、道路、基础设施以及社会救助能力都可以被看作是构成社会易损性的因素。

经济易损性是指经济的潜在损毁,它代表了生产、分配和消费的过程处于风险当中。在一定时空范围内,若暴露性保持不变,则易损性随人类经济行为规模与方向的变化而变化。从理论上来说,不合理的经济活动会破坏生态平衡,增加灾害的强度,扩大灾害的影响范围,降低经济系统的承灾能力,增加易损性,而这反过来又制约经济增长,形成恶性循环。但是经济规模与易损性并非完全的成比例,经济的发达还可能增加社会的抗灾能力,从而降低易损性,因此不同区域仍然需要具体分析。

生态环境易损性是指生态或者环境对灾害的敏感性,或者应对灾害以及从灾害中恢复的能力。它包括土地资源、水资源、空气资源甚至旅游资源的易损性。对于滑坡灾害而言,土地资源是最容易受损的制度易损性主要是由于缺乏一定的法律框架、缺乏处理风险的制度,缺少减小风险研究的资金等。虽然制度是造成易损性的间接原因,但是这又是不容忽视的因素。社会制度的不合理或者相关措施的缺乏是难以定量表达的，但是在定性分析时这也是一个重要的指标。

目前常用的区域易损性评价模型主要有两种，一种是转换函数赋值方法，该方法在泥石流易损性评价方面运用较为成熟。该方法的优点在于解决了财产指标和人口指标相加的问题，但是需要逐一统计指标的经济损失，需要的工作量较大，并且在实现数字化方面有一定难度，评价精度较低。另外一种方法是多因素综合评判法，大部分的区域易损性评价均属于此类方法。该方法是通过对指标的统计计算和权重计算进行叠加。因此该方法的运用中，指标的选择和权重的计算是基础。

根据易损性的定义，区域易损性是暴露性和社会应对力以及恢复力的函数，即：

$$V（区域易损性）= f（暴露性，社会应对力，$$
$$社会恢复力） \qquad （6-50）$$

在这个方程中，所有右边独立因子可通过一定方法进行定量计算。通过指标的选择和提取，各种因子在统一的空间框架中，借助于GIS空间叠加分析功能，综合各影响因子，从而可得到易损性区划图。

6.3.3　滑坡风险度区划

滑坡风险度区划是以滑坡危险度区划为基础，以滑坡易损度区划为标准，综合划分区域滑坡风险程度为目标的技术方法，减灾防灾为结果的过程管理。不同于单体滑坡的风险评价，具有区域宏观意义。

根据滑坡风险区划的定义，在区域空间范围内已经完成滑坡危险度区划和易损度区划条件的情况下，可以采用国际通行的将两项区划结果进行相乘的方法，得到所需的滑坡风险评价结果。滑坡风险区划原则是：

（1）需要进行滑坡风险区划的范围具有区域空间的意义，而不是单体滑坡点；

（2）评价的区域范围内滑坡较发育，并已对承灾体的安全构成威胁；

（3）滑坡风险性将受到滑坡发生概率的影响；

（4）被评价区内具备滑坡风险处理的条件和能力。

滑坡风险的可能性取决于滑坡发生的概率，分析滑坡形成条件，建立概率关系，是滑坡风险预测的关键。所以，在滑坡风险区划基本原则前提下，同时应该提出滑坡风险区划应该具备的基本条件：

（1）已经完成区内的滑坡危险度区划和滑坡易损度区划；

（2）在国际通用的滑坡风险评价原则基础上，建立危险度和易损度两者相乘的关系模型；

（3）需要对区内滑坡发生的主要诱发因素进行分析，并建立相关概率模型；

（4）提出明确的滑坡风险区划等级划分标准，给出每一级别区发生滑坡风险的概率，并赋予通俗易懂的文字说明；

（5）选择有经验的滑坡专家进行技术指导。

满足这些基本条件的滑坡风险区划结果，才可能符合实际情况。

因为滑坡风险区划建立在滑坡危险度区划和滑坡易损度区划基础之上，所以没有特殊的区划指标。滑坡风险区划指标即是由两类因素指标构成，即：

$$滑坡风险区划指标＝滑坡因素指标＋承灾体因素指标$$
$$（6-51）$$

（1）滑坡因素指标：指产生滑坡的基本环境因子（此处不考虑滑坡的触发因素），如斜坡的地层岩性、坡度、高差、坡向、坡形等，是决定是否发生的基本内部条件。这些本底因子能够通过地表调查和GIS技术直接获取。缺少这些本底因子提供的内部条件，外界因素是难以触发滑坡发生的。

（2）承灾体因素指标：指区域范围内，可能遭受

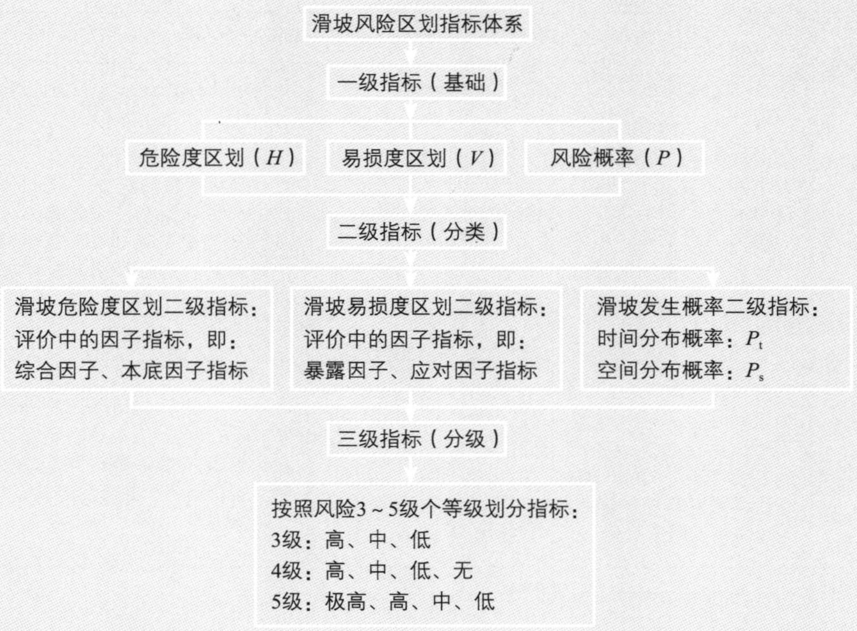

图6-24 滑坡风险区划指标体系图

滑坡破坏的人和物体，以及对人类生存造成直接影响、短时间内难以恢复的生产资料等组成的本底因子。这些本底因子需要经过经济学的评价方法量化统计后，才能参加区划评价。

（3）滑坡风险指标体系指标是由滑坡危险度区划和滑坡易损度区划的指标组成。进行风险区划时应考虑滑坡发生的概率问题，所以增加了一项概率指标。

采用危险度区划和易损度区划的指标建立滑坡风险指标体系（图6-24）。

参考国际通用的风险评价模型式，滑坡风险区划采用贡献权重法的评价模型，即：

滑坡风险度＝危险度×易损度∈滑坡概率

$$R = H \times V \in P \qquad (6-52)$$

或

$$R = \left(\sum w_1 w_1' S_{ij} \right) \times \left(\sum w_2 w_2' S_{ij}' \right) \qquad (6-53)$$

增加概率后，式（6-53）改写为：

$$R = \left(\sum w_1 w_1' S_{ij} \right) \times \left(\sum w_2 w_2' S_{ij}' \right) \in (P_i) \qquad (6-54)$$

式中
w_1——滑坡本底因子自权重；
w_1'——滑坡本底因子互权重；
w_2——承灾体因子自权重；
w_2'——承灾体因子互权重；
S——滑坡因子贡献指数；
S'——承灾体因子贡献指数；
P——滑坡发生概率。

滑坡区域空间的风险区划等级划分在国内外都没有统一标准，通常采用的有三类划分法：

（1）三级划分法：滑坡风险高、中、低；

（2）四级划分法：滑坡风险高、中、低、无；

（3）五级划分法：滑坡风险极高、高、中、低、无；

在广义的山区（无山间盆地或平坝与山区过渡带）宜采用三级分区法划分滑坡风险等级。而在狭义的山区（有山间盆地或平坝与山区过渡带）宜采用四—五级分区法划分滑坡风险等级。

滑坡风险区划三级划分标准 表6-9

风险度分类	风险区等级	滑坡灾害风险性			
		环境条件	滑坡类型	损失风险	风险概率
I	高风险区	区内具备了产生特大型、大型地质灾害的地貌、地层岩性、构造等环境内部的必要条件，以及外部多种因素同时触发的充分条件，发生灾害的概率很高	以产生特大型、大型滑坡为主（体积为$V \geqslant 10^7 m^3$），以暴雨、地震、河水冲刷型等滑坡为主，人为滑坡较少	存在县级城镇的建筑、1 000人以上的生命财产安全隐患，以及国家级重要基础设施等造成严重威胁，直接经济损失将超过1 000万元的风险	在大雨、暴雨和大地震作用下，发生滑坡风险的概率超过80%
II	中风险区	区内具备了产生较大型、中型滑坡的地貌、地层岩性、构造等环境内部的必要条件，以及外部单因素触发的充分条件，发生灾害的概率较高	以产生中型滑坡为主（体积为$10^5 m^3 \leqslant V < 10^7 m^3$），暴雨、地震、河水冲刷、重力卸荷、人为活动为主要触发因素	存在乡、镇级城镇局部的建筑和100~1 000人的生命财产安全，以及省级基础设施造成威胁，直接经济损失将超过100万元的风险	在大雨、暴雨和大地震作用下，发生滑坡风险的概率达50%~80%
III	低风险区	区内仅具备了产生小型滑坡的地貌、地层岩性、构造等环境内部的一般条件，以及外部单因素触发的一般条件，发生灾害的概率极低	以产生小型滑坡为主（体积为$V < 10^5 m^3$），人为因素占主导，暴雨、地震、河水冲刷、重力卸荷型滑坡较少	一般不造成人员伤亡，对交通、房屋建筑等有一定影响，风险相对较小	在大雨、暴雨和大地震作用下，发生滑坡风险的概率小于50%

滑坡风险区划四级划分标准 表6-10

风险度分类	风险区等级	滑坡灾害风险性			
		环境条件	滑坡类型	损失风险	风险概率
I	高风险区	区内具备了产生特大型、大型地质灾害的地貌、地层岩性、构造等环境内部的必要条件，以及外部多种因素同时触发的充分条件，发生灾害的概率很高	以产生特大型、大型滑坡为主（体积为$V \geqslant 10^7 m^3$），以暴雨、地震、河水冲刷型等滑坡为主，人为滑坡较少	存在县级城镇的建筑、1 000人以上的生命财产安全，以及国家级重要基础设施等造成严重威胁，直接经济损失将超过1 000万元的风险	在大雨、暴雨和大地震作用下，发生滑坡风险的概率超过80%
II	中风险区	区内具备了产生较大型、中型滑坡的地貌、地层岩性、构造等环境内部的必要条件，以及外部单因素触发的充分条件，发生灾害的概率较高	以产生中型滑坡为主（体积为$10^5 m^3 \leqslant V < 10^7 m^3$），暴雨、地震、河水冲刷、重力卸荷、人为活动为主要触发因素	存在乡、镇级城镇局部的建筑和100~1 000人的生命财产安全，以及省级基础设施造成威胁，直接经济损失将超过100万元的风险	在大雨、暴雨和大地震作用下，发生滑坡风险的概率达50%~80%
III	低风险区	区内仅具备了产生小型滑坡的地貌、地层岩性、构造等环境内部的一般条件，以及外部单因素触发的一般条件，发生灾害的概率极低	以产生小型滑坡为主（体积为$V < 10^5 m^3$），人为因素占主导，暴雨、地震、河水冲刷、重力卸荷型滑坡较少	一般不造成人员伤亡，对交通、房屋建筑等有一定影响，风险相对较小	在大雨、暴雨和大地震作用下，发生滑坡风险的概率小于50%

续表

风险度分类	风险区等级	滑坡灾害风险性			
		环境条件	滑坡类型	损失风险	风险概率
IV	无风险区	区内不具备产生滑坡的地貌、地层岩性、构造等环境内部的一般条件，以及外部单因素触发的一般条件，属于相对安全区	无论历史上，还是现今，均无滑坡灾害发生	不会造成人员伤亡和财产损失	滑坡风险的概率小于1%

滑坡风险区划五级划分标准　　　　　　　　　　　　　　　　表6-11

风险度分类	风险区等级	滑坡灾害风险性			
		环境条件	滑坡类型	损失风险	风险概率
I	极高风险区	区内具备了产生特大型、大型地质灾害的地貌、地层岩性、构造等环境内部的必要条件，以及外部多种因素同时触发的充分条件，发生灾害的概率很高	以产生特大型、大型滑坡为主（体积为 $V \geqslant 10^7 m^3$），以暴雨、地震、河水冲刷型等滑坡为主，人为滑坡较少	存在县级城镇的建筑、1 000人以上的生命财产安全，以及国家级重要基础设施等造成严重威胁，直接经济损失将超过1 000万元的风险	在大雨、暴雨和大地震作用下，发生滑坡风险的概率超过80%
II	高风险区	区内具备了产生较大型、中型滑坡的地貌、地层岩性、构造等环境内部的必要条件，以及外部单因素触发的充分条件，发生灾害的概率较高	以产生中型滑坡为主（体积为 $10^5 m^3 \leqslant V < 10^7 m^3$），暴雨、地震、河水冲刷、重力卸荷、人为活动为主要触发因素	存在乡、镇级城镇局部的建筑和100~1000人的生命财产安全，以及省级基础设施造成威胁，直接经济损失将超过500万元的风险	在大雨、暴雨和大地震作用下，发生滑坡风险的概率达50%~80%
III	中风险区	区内仅具备了产生小型滑坡的地貌、地层岩性、构造等环境内部的一般条件，以及外部单因素触发的一般条件，发生灾害的概率低	以产生小型滑坡为主（体积为 $V < 10^5 m^3$），人为因素占主导，暴雨、地震、河水冲刷、重力卸荷型滑坡较少	存在乡、镇级城镇局部的建筑和50~100人的生命财产安全，以及省级基础设施造成威胁，直接经济损失将超过100万元的风险	在大雨、暴雨和大地震作用下，发生滑坡风险的概率小于10%~50%
IV	低风险区	区内仅具备了偶然产生小型滑坡的地貌、地层岩性、构造等环境内部的一般条件，以及外部单因素触发的一般条件，发生灾害的概率极低	无论历史上，还是现今，偶尔有小型滑坡灾害发生	存在村级民房建筑和1~10人的生命财产安全，以及乡、村级基础设施造成威胁，直接经济损失将超过10万元的风险	滑坡风险的概率小于10%
V	无风险区	区内不具备产生滑坡的地貌、地层岩性、构造等环境内部的一般条件，以及外部单因素触发的一般条件，属于相对安全区	无论历史上，还是现今，均无滑坡灾害发生	不会造成人员伤亡和财产损失	滑坡风险的概率小于1%

6.3.4 分区灾害的处置措施

针对不同类型和水平的滑坡分区研究成果，所实施的开发控制措施主要包括下列内容[168]：

（1）对于滑坡高易发区，通常要求对滑坡易发区的建设开发项目进行滑坡危险性和风险的岩土工程评估。对于县域内滑坡灾害发育、危害严重、严重制约经济社会发展和社会稳定的滑坡灾害进行重点防治，制定出具有操作性的滑坡灾害防治规划。而对于滑坡易发性极低或不易发的区域要求很低，如保障山地工程活动的规范性即可。同时采用风险规避途径，一是风险防范，尽量避免在滑坡灾害高危险区进行工程活动，包括房屋、厂房的建设等方面，减少处于高风险下的承灾体数量和密度，起到风险防范的作用；二是搬迁避让，当滑坡灾害不可避免或不可进行有效控制时，需要进行搬迁避让，达到规避风险的目的。在滑坡高易发区，建造抗滑桩、挡墙、喷锚网等工程措施以减少下滑力，从而增加斜坡稳定性。

（2）对于中—高水平滑坡危险性分区成果，应该体现不同危险程度的土地利用分区，包括危险性很低以至无须进行控制措施的分区，有必要提出一些指令性控制措施（如对切坡和填方高度的限制）的分区，在开发项目获准之前需要进行详细的滑坡危险性和风险岩土工程评估的分区，以及危险性很高以至不适宜开发的分区。

（3）对于中—高水平的人员伤亡风险分区成果，应该体现出不同风险程度的土地利用分区，包括人员死亡风险很低以至无须进行开发控制的分区，在开发项目获准之前需要进行场地专门风险评估的分区，以及风险性很高以至不适宜开发的分区。

6.3.5 不同风险区对城市规划的约束

对于城市规划及灾害管理，减缓灾害风险可以选择以下措施[169]：

（1）少滑坡发生的频次，如通过防滑桩、挡墙、喷锚网等措施以增加抗滑力，通过削坡、卸载等措施以减少下滑力，从而增加斜坡稳定性，减少滑坡发生频次；或通过生物措施，排水措施，直接清除危岩体等措施减少滑坡发生频次。

（2）减少滑坡到达承灾体的概率，如对于岩崩使用柔性防护网；在重要建筑物后修建拦截坝等。

（3）减小承灾体的时空概率，如安装监测预警系统、公共广播系统以疏散人群；在滑坡危险地段设置警示牌，以减少人员逗留时间；在特别危险地段和临滑时段实行交通管制等。区域性的监测预警作为风险减缓的一种有效手段，在现实中被经常使用，但是由于预警靶区的针对性较差，使得实际的预防工作有一定的局限性

（4）避免风险。土地使用的合理规划与管理，通过结合整体防灾规划及避险场所与避险路径的规划，完整构建土地减灾的利用及管理制度。为有效降低地质灾害的危害，在土地使用的空间调配及管理方面，必须协助当地居民进行有关土地及林地的妥当运用，达到既解决当地居民的生计问题同时兼顾土地的合理开发利用以及地质灾害防灾的目标。这包括放弃居住地选择另外的住址；或在制定地利用规划时，将重要的建筑物放在风险普遍可接受区，将公园绿化等单位面积人员使用率较低的项目放在风险相对要高的区域；或者在进行建筑设计时尽量避免风险，如在学校规划布局中，可以将操场等部位预留给泥石流可能的下泄区，而将教学楼和宿舍规划在相对安全的区域等等。

（5）修建避难场所。在滑坡防护区根据人口密度修建一到两个简单应急避难场所。避难场所的选址应与滑坡可能的滑动方向大致垂直，并且尽量选择较平坦容易进入的区域，以便灾害发生时人们能够迅速到达避难场所；为降低修建费用，避难场所可只作简单修建，主要用于灾害发生时人们能够到场所进行短期紧急避难；从村舍到避难场所的途中以及避难场所内部

都要有明确的路标指示，引导人们在灾害发生时顺利避难。

（6）转移风险。如通过保险的方式来补偿风险。需要说明的是该措施是为了转移风险，但本质上风险并未减小。当前，我国的突发性地质灾害保险属于财产保险的范畴，基本做法是将塌陷、崩塌、泥石流等保险责任列入财产险中的综合险和一切险之内承保。

（7）加强公众教育。该措施由于增强了公众的减灾防灾意识而提高了承灾体抗御风险的能力，即降低了承灾体的易损性。进行广泛的灾害知识教育，包括灾害前兆、灾害过程、灾害机理、灾害预防、减灾防灾措施、灾害后果等知识的普及，可使居民在面对灾害时不会束手无策，同时增加公众减灾抗灾的责任感和自觉行为。可以采取不同的方式和手段进行公众教育，如利用模型、影视展示灾害发生过程，通过各种图片表现灾害带来的危害，借助于报纸电台等宣传科普知识等。

（8）如果有太多的不确定因素，就推迟做决定的时间，等待进一步的调查结果、已有减缓措施的实施效果以及监控结果等。

6.4 滑坡监测预警

城市作为滑坡灾害的承载体，山区城市安全、经济发展和社会和谐受崩塌、滑坡等地质灾害的严重威胁。因此，城市滑坡崩塌监测预警是减灾环节中的重要一环。当前，我国防减灾经验不足，技术较为落后，相关科学研究和高新技术应用已严重制约城市的可持续发展，当务之急是强化滑坡崩塌灾前监测预警规划，加强城市应急管理能力，将被动避灾向主动防灾转化，最大限度地减少地质灾害造成的损失。

滑坡监测通信及预警系统的建立将为提前预测滑坡灾害的发生、有效减少或避免滑坡灾害导致的人员伤亡和财产损失提供重要支撑。在充分利用现有资源的前提下，专业监测与群测群防相结合，微观监测与宏观监测相结合，突出重点、合理布局，为预报、预警提供基础资料。通信系统将为各类监测站与各级专业部门之间、各级专业部门与各级指挥部门之间的信息传输、信息交换、指挥调度指令的下达、灾情信息的上传、灾情会商、滑坡警报传输和信息反馈提供通信保障。规划建立与滑坡灾害防治相适应的通信网络，需建立监测站（点）通信系统，在有滑坡灾害防治任务的各县级行政区建立数据汇集及信息共享平台，实现各类监测信息的实时接收、处理、转发及共享，加强相互配合，协调、制作发布预报警报。

6.4.1 滑坡监测体系

1. 滑坡监测信息源与途径

斜坡岩（土）体在重力及其他因素作用下，坡体应力状态改变，岩土强度降低，部分岩（土）体内部破裂面孕育、贯通，表现出一种宏观变形失稳过程，滑坡是这一过程的最终结果。斜坡变形失稳的影响因素大致可分为固有因素和外部诱发因素。其中，固有因素包括坡体结构、地形地貌、水文地质条件、滑动面形状等在一定时期内相对稳定、不会发生急剧变化的基础地质条件；外部诱发因素包括降雨、地震、河流冲刷、水位升降、开挖、堆载、灌溉和振动爆破等非滑坡体固有的、可能会发生急剧变化的自然和人为因素。这些因素能反应滑坡崩塌发生之前的变化规律、特征等信息，可作为监测预警的信息源，为大型滑坡崩塌监测预警服务，见表6-12所列。

2. 滑坡监测内容与方法

1）滑坡的监测内容

滑坡崩塌的监测内容包括变形监测、诱发因素监测和前兆异常监测（表6-13），应针对具体的滑坡灾害类型，选择具有代表性的监测内容与指标。

常规滑坡监测布置应遵循以整体稳定性监测为

滑坡监测的信息源及途径一览表 表6-12

信息源	类型	监测途径
崩滑体内部信息源	变形场	地面位移、深部位移、裂缝张开位移、钻孔倾斜变形、工程结构变形等监测
	应力场	地应力、土压力、工程结构应力等监测
	渗流场	地下水水位、水压力、水化学成分、泉流量、排水量等监测
	温度场	地热监测
	声波场	岩土体破裂的声波、次声波、电磁信号等监测
崩滑体外部信息源	自然或人为诱发因素	降雨量、库水位、坡面侵蚀、人类活动（开挖、加载、灌溉等）
	动物行为信息	敏感动物（家禽、老鼠、蛇等）的异常行为

滑坡监测内容一览表 表6-13

监测内容		监测指标	
		一级指标	二级指标
变形监测	地表变形监测	变形形迹	裂缝、鼓胀、沉降、坍塌
		位移	位移量、位移方向、位移速率
		倾斜	地面倾斜
	地下变形监测	位移	位移量、位移方向、位移速率
		倾斜	钻孔倾斜
	受力监测	应力	滑坡推力、结构受力
诱发因素监测		降雨	降雨量
前兆异常监测		地表水	沟、河、湖、水库等的水位
		地下水	钻孔、井、泉等的水量、水位和孔隙水压力
		地震	
		人类活动	爆破、开挖、加载、灌溉等
		地声	
		地气	
		地温	
		地下水	泉水清浊变化
		动物异常	

主，兼顾局部稳定性的原则。监测内容主要为滑坡地表变形监测、地下变形监测和诱发因素监测，对已治理的滑坡还应进行支护结构受力监测（如土压力、锚索受力），典型滑坡监测布置如图6-25所示。

对于一些由特殊因素诱发的滑坡还应有针对性的适当增补监测内容，见表6-14所列。

特殊因素诱发滑坡监测须增补内容一览表 表6-14

滑坡类型		增补监测内容
降雨滑坡	土质滑坡	土壤含水量和孔隙水压力监测
	岩质滑坡	地表水、裂隙充水情况监测，声波、微震等反应坡体内部破裂信息的监测
地震滑坡		斜坡动力响应、次声、微震等观测
库岸滑坡		库水位变化监测
工程滑坡		工程活动情况（如开挖和堆载规模、进度、地形变化等）、关键部位（如坡脚、边墙等）变形情况、土压力、坡体应力和孔隙水压力等监测

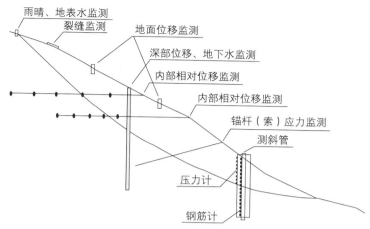

图6-25　滑坡监测布置典型剖面

2）滑坡的具体监测方法

（1）位移监测

位移监测包括地表位移和深部位移监测，主要进行水平位移和垂直位移监测。

①地表水平位移监测

地表水平位移监测点应设置混凝土观测桩，观测桩一般为直径0.3m、埋深1m左右（深入当地冰冻线以下）的圆柱桩，对中误差应小于0.1mm。监测方法包括边角网法、交汇法、视准线法、GPS法和直接测距法等。

边角网法适用于监测场地较大或需重点监测的滑坡，可采用测角网、测边网或边角网监测水平位移，并保证至少与2个水平位移监测基准网点联测，内业计算采用严密平差法。

交会法应在3个及以上水平位移监测基准网点进行交会，交会方法可分为角度交会法、边长交会法、边角交会法，水平角介于30°～120°之间，内业计算采用严密平差法。

视准线法利用精密光学经纬仪和固定觇牌测定监测点相对于基准线的偏离值，将基准线的两个端点布设于滑坡区外，采用交会法测量两端点坐标，核准在一定的时间段内其是否变化。

GPS法使用双频或单频接收机，采用静态测量方

式，同步观测接收机的个数不得少于3个，GPS固定点坐标尽量与国家GPS网点联测。

直接测距法适用于测量仪器精度较高，系统误差较小，能够满足测量要求的情况，采用的仪器主要是全站仪或手持式激光测距仪，如图6-26和图6-27所示。

②地下水平位移监测

地下水平位移监测仪器主要有钻孔倾斜仪和多点位移计两种。

钻孔倾斜仪主要布设于滑坡的主滑断面上，一般布设2～3个监测断面，不少于三个监测孔，有条件可在滑坡体外再增设一个监测孔。监测孔应布设于变形大、可能发生破坏的部位，新裂缝和塌方部位适当增补钻孔数量，钻孔深度应大于潜在滑面埋深3m以上，

图6-26　苏州一光RTS238全站仪　　图6-27　德国喜利得手持激光测距仪

尽量利用地质钻孔。钻孔倾斜仪的分辨率不宜低于0.04mm/m，目前大都是0.01mm/m，观测采用正反向相差180°多轮回观测方法。

多点位移计一般布设于断层、裂缝和夹层地段，钻孔深度应穿过软弱结构面。

③垂直位移监测

垂直位移监测点可与水平位移监测点共用，监测方法主要有水准测量法、GPS法、精密三角高程测量法等。

水准测量法可使用DS05型、DS1型或高于此精度的光学水准仪，或相应精度的电子水准仪。垂直位移监测应布设成闭合形式，闭合布设困难的地方可布设成支水准路线，进行往返观测。每次监测尽量使用相同的仪器和监测人员，并采取同一监测基准网点和观测路线。

GPS法垂直位移监测相关技术要求同水平位移监测，并在每一时段观测前后测量天线高度，测量差值应小于2mm。

精密三角高程测量法适用于地形复杂，采用水准测量法有困难的地段，以消除地球曲率和减少大气折光误差的影响。距离测量应使用测距仪进行对向观测，每站测量不应少于4个测回，对向观测应形成闭合环或附合到垂直位移监测基准网点上。

（2）裂缝监测

裂缝监测仪器主要有多点位移计、测缝计、游标卡尺和钢尺等，根据现场条件具体选择。监测内容包括裂缝水平向张合错动，垂向上相对升降，裂缝长度、宽度、深度、走向及其变化情况。测量精度应满足，裂缝水平向张合错动和垂向上相对升降精确到0.1mm，裂缝长度和深度精确到1cm，裂缝走向精确到0.5°。裂缝观测标志布设应形成垂直于裂缝走向、具有可供测量的剖面线。长期观测可埋设跨缝式观测标墩、简易测桩、金属标杆和专业仪器设备等永久性观测标志，短期观测可采用油漆线、木质测桩等简易观测标志，需连续监测裂缝变化的可采用测缝计或传感器自动测记。每组裂缝至少应布设两组观测标志，一组布设于裂缝最宽处，另一组布设于裂缝末端；每组还应使用两个对应标志，分别设于裂缝两侧。

（3）环境因素监测

环境因素监测包括地表水动态监测、地下水动态监测、气温监测、降雨监测、水质监测和地震监测等（表6-15），监测周期与变形监测周期相同。

环境因素监测方法与技术要求 表6-15

监测内容	监测仪器	监测内容	技术要求
地表水动态监测	水尺、水位计等	与滑坡相关的地表水体的水位、流速、流量等	监测点布设于滑坡附近水面较平稳、无回流且便于安装观测设备和观测的地方，选择水位监测点附近一稳定且远离校核洪水位的地方设置永久高程点，便于校核水尺零点和水位计高程；测读高程应高于校核洪水位
地下水动态监测	测盅、水位自动记录仪、测流仪、水温计、测流堰、压力计、渗压计等	滑坡内及周边地下水水位、水量、水温、孔隙水压力等	监测点一般布设于滑坡前缘、中部和后缘，泉出露处，校核洪水位附近，水位监测孔应打到含水层顶板以下；可同时进行地下水温监测
降雨监测	雨量器	降雨量	监测区内应布设一个降雨量监测点
水质监测	取水样及其相关设备	滑坡内及周边地表水、地下水化学成分	一般监测总固形物、总硬度、暂时硬度、pH值、侵蚀性CO_2、Ca^{2+}、Mg^{2+}、Na^+、K^+、HCO_3^-、SO_4^{2-}、Cl^-、耗氧量等，可根据地质环境条件增减监测内容
地震监测	地震仪	滑坡内及外围地震强度、发震时间、震中位置、震源深度、地震烈度等	基于我国专门地震台网收集资料

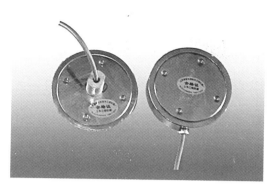

图6-28　智能弦式数码压力盒

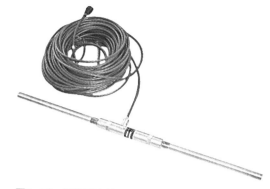

图6-29　钢筋应力计

图6-30　智能型锚索测力计

（4）防治工程监测

为保障滑坡防治工程施工期间的人身安全和滑坡防治工程的状态和效果评价，可进行防治工程结构监测。

①抗滑桩桩顶和桩身位移监测，在桩顶设置位移监测点或圆盘式倾斜仪、在桩身浇筑预埋测斜孔进行倾斜位移监测。

②结构受力监测，在桩背处埋设土压力计（图6-28）、在桩身钢筋上设钢筋应力计（图6-29）、在锚索外锚头安装锚索测力计（图6-30），进行土压力、桩受力和锚索受力监测，进一步了解滑坡推力的大小。

3. 监测网布设

滑坡崩塌监测网点应根据其成因机制、变形破坏模式和范围大小、形状、地形地貌特征、通视条件和施测要求有针对性的布设。监测网是由监测线（监测剖面）和监测点组成三维立体监测体系，监测网的布设应达到获取系统监测滑坡崩塌的变形量、变形位移矢量、受力状态变化和其他诱发因素等的时空动态情况，满足监测预警精度要求。

1）监测点布设

监测点应根据测线建立的变形地段及其特征，在测线上或测线两侧5m范围内布设为宜，以绝对位移监测点为主，沿测线裂缝、滑带、软弱带布设相对位移监测点，利用钻孔、平硐、竖井等勘探工程布设深部位移监测点，监测点不要求平均布设，但在变形速率较大或不稳定滑块部位、变形最明显或易产生变形部位、关键块体、初始变形滑块和控制变形部位等应增加测点和监测项目。

2）监测线布设

监测线应穿过滑坡崩塌体的不同变形地段，尽可能照顾群体性和次生复活特征，兼顾外围小型滑坡崩塌和次生复活滑坡崩塌。测线两端应进入滑坡崩塌外围稳定岩土体。纵向测线与滑坡崩塌的主要变形方向相一致；当存在两个或两个以上的变形方向时，应布设相应测线；当滑坡呈旋转变形时，纵向测线可呈扇形或放射状布置；横向测线一般与纵向测线相垂直。在以上原则下，测线还应充分利用勘探剖面、稳定性计算剖面和钻孔、平硐、竖井等勘探工程。

3）监测网布设

滑坡崩塌变形监测网的布设形式可分为十字形、方格形、放射形、任意形、对标形、多层形几种。其中，纵向和横向测线构成十字形，根据实际情况可以布设成"丰"、"艹"、"卅"字形，适用于范围不大、平面狭窄、主要活动方向明显的滑坡；两条或两条以上纵向和横向测线近直交布设组成方格网，这种网型测点分布的规律性强，监测精度高，适用于滑坡地质结构复杂或群发性滑坡；各测点的连线和延长线交会后呈放射型，这种网型测点的分布规律性差，不均匀，距测站近的测点的监测精度较高；任意型监测网在滑坡范围内根据需要设置若干测点，在滑坡外围设置测站点，用三角交会法、GPS法等监测测点的位移情况，适用于自然条件、地形条件复杂的滑坡的变形监测；对标型则是在裂缝、滑带等两侧布设对标或安设专门仪器，监测对标的位移情况，标与标之间可不相互联系，后缘缝的对标中的一个尽可能布设在稳定的岩土体上，在其他网形布设困难时，可用此网形监测滑坡崩塌重点部位的绝对位移和相对位移；多层型除在地表布设测线、测点外，利用钻孔、平硐、竖井等地下工程布设测点，监测不同高程，不同层位滑坡的变形情况。

4．监测数据采集与整理

1）数据采集

按照预报需要以一定的监测频率及时采集与监测滑坡和影响因素有关的所有数据，并确保记录准确无误，如发现明显错误应及时进行重测，并尽可能消除误差。

为保证现场监测尽可能真实、可靠，需注意以下几点：

（1）安排专人进行观测；

（2）观测前检查读数仪表的工作状态，保证观测精度；

（3）观测时要一唱一和，保证监测数据的正确性，并将数据记录在专用的记录表内，其中表上的基本信息，如监测时间等应在开始监测之前写明；

（4）观测读数时应与前次观测记录进行比较，发现异常信息，应复测并分析原因；

（5）若正在施工期间，要记录相应的施工情况，便于观测成果综合分析；

（6）在雨季期间或发生地震、洪水、暴雨时应加强观测。

2）数据整理

（1）建立各类监测资料的监测数据库，包括地质条件数据库、滑坡特征数据库和监测数据库等；

（2）每次观测记录应在24h内进行整理分析；

（3）建立数据分析处理系统，进行误差消除、统计分析、曲线绘制等；

（4）根据预警预报的需要编制各类图件，详见表6-16。

依据监测数据编制图件类型一览表 　　表6-16

监测资料类别		编制图件类型
位移监测资料	绝对位移监测资料	水平位移、垂向位移矢量图，累计水平位移、垂向位移矢量图，合位移综合分析图，位移（水平位移、垂向位移等）历时曲线图等
	相对位移监测资料	相对位移分布图、相对位移历时曲线图等
倾斜监测资料	地面倾斜监测资料	地面倾斜分布图、倾斜历时曲线图等
	地下倾斜监测资料	钻孔等地下位移与深度关系曲线图、变化值与深度关系曲线图及位移历时曲线图等
声发射等物理量监测资料		地声总量与地应力、地温等历时曲线图和分布图等

续表

监测资料类别	编制图件类型
地表水、地下水、库水等监测资料	地表水位、流量历时曲线图，地下水位历时曲线图，库水位历时曲线图、土体含水量历时曲线图、孔隙水压力历时曲线图、泉水流量历时曲线图等
气象监测资料	降雨历时曲线图、气温历时曲线图、蒸发量历时曲线图以及不同降雨强度等值线图等
综合监测资料	滑坡变形位移量（包括绝对和相对）与降雨量变化关系曲线图，变形位移量与库水（或地下水位）变化关系曲线；倾斜位移量（包括地表和地下）与降雨量变化关系曲线图，倾斜位移量与库水（或地下水位）变化关系曲线图；滑坡区地下水位、土体含水量、降雨量变化关系曲线图，泉水流量与降雨量变化关系曲线图，地表水位、流量与降雨量变化关系曲线图等

6.4.2　滑坡预警预报体系

地质灾害预警是指通过一定的技术手段确定某灾害体在未来可能发生的地点与时间，在尚未发生之前预先向受到威胁的地区发出警报。地质灾害预警预报流程如图6-31所示，地质灾害专业监测数据是进行地质灾害稳定性快速评价与动态预警的基础，如利用地表位移监测建立数学模型进行滑坡灾害稳定状况与发

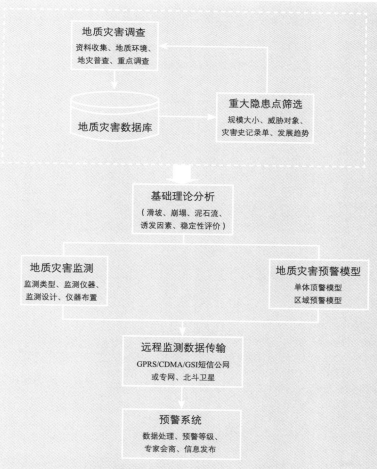

图6-31　地质灾害监测预警内容与操作步骤框图

展趋势预测，并在此基础上建立一套具备及时产生与传输重要警告信息的能力，能使受灾害威胁的个人、社区和组织有充足的时间准备，并做出恰当的行动，尽量减少可能损失的预警系统（图6-32、图6-33）。

斜坡与自然界其他事物一样，是一个动态演化的过程，有其产生、发展及消亡的演化规律。从时间上来讲，要经历初始变形、等速变形、加速变形三大阶段；从空间上来讲，伴随着潜在滑动面的孕育、形成和贯通，以及配套的后缘拉张裂缝、侧翼剪裂缝、前缘隆胀裂缝等变形体系。正确把握斜坡的时空演化规律是滑坡预警预报的基础。因此，滑坡灾害预警预报一般又可分为时间预警预报和空间预警预报，两者相互独立又相互补充。

1. 滑坡发生的时间预测预报

1）滑坡变形阶段的判定

正确把握滑坡的演化阶段，尤其是从等速变形过渡到加速变形阶段的具体时间，对进行滑坡预测预报非常重要。当前滑坡演化阶段的判定方法主要可分为定性判定、定量判定和综合判定三种。

（1）定性判定

①宏观信息判定

滑坡失稳前一般会出现多种宏观征兆，如滑坡区的宏观变形迹象（地表裂缝、结构物倾斜），在滑坡发育的不同阶段具有不同的幅度与强度；地下水位异常，往往会出现陡升陡降等突然变化情况；地声异常现象，岩土体蠕变、破裂时往往会发出声响，在剧滑阶段甚至会出现轰鸣声；动物行为异常，家禽烦躁不安，蛇鼠频繁外出等。这些现象往往非常直观，易于捕捉。

②监测曲线宏观分析

滑坡变形从等速变形阶段过渡到加速变形阶段时，其位移—时间曲线的斜率会发生显著变化。在等速变形阶段，变形曲线受外界因素影响波动较小，总体上呈近似直线；一旦进入加速变形阶段，曲线斜率会不断增加，总体上呈一条倾斜度不断增大的曲线。在实际中，可将同一监测点的变形速率—时间曲线与累计位移—时间曲线进行对比分析，并与同一个滑坡中的多个监测点的变形监测曲线进行综合分析、共同

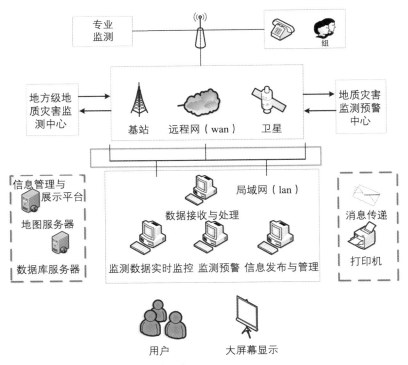

图6-32 滑坡监测预警系统设计思路

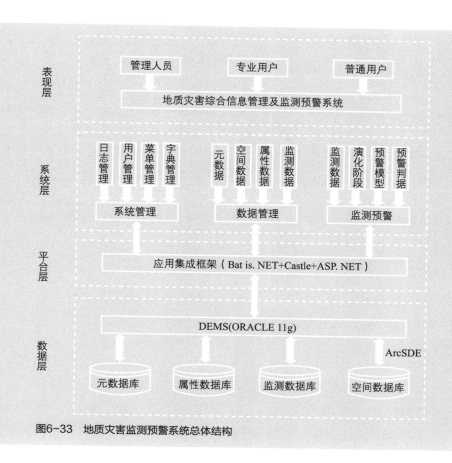

图6-33 地质灾害监测预警系统总体结构

判断，以提高滑坡变形阶段判断的准确度。

（2）定量判定

针对斜坡变形—时间曲线中各阶段的斜率变化特点，可采用切线角法来进行定量判断斜坡的变形阶段，计算公式如下[170]：

$$A = \sum_{i=1}^{n} (\alpha_i - \bar{\alpha})\left(i - \frac{n+1}{2}\right) \bigg/ \sum_{i=1}^{n}\left(i - \frac{n+1}{2}\right)^2 \quad (6\text{-}55)$$

其中：

$$\alpha_i = \arctan \frac{X(i) - X(i-1)}{B(t_i - t_{i-1})} \quad (6\text{-}56)$$

$$B = \frac{X(n) - X(1)}{(t_n - t_1)} \quad (6\text{-}57)$$

式中 A——切线角线性拟合方程的斜率值，$A < 0$ 时边坡处于初始变形阶段，$A = 0$ 时边坡处于等速变形阶段，$A > 0$ 时边坡处于加速变形阶段；

i——时间序数，$i = 1$，2，3，…，n；

α_i——累计位移 $X(i)$ 的切线角；

$\bar{\alpha}$——切线角 α_i 的平均值；

B——比例尺度。

对于振荡型和阶跃型的变形—时间曲线，若利用变形速率—时间曲线，其斜率变化较大，在实际操作时，一般应先对此类曲线进行平滑滤波处理，或直接利用累计位移—时间曲线来定量判定。

（3）综合判定

滑坡不同发展阶段的外部变形破坏迹象和内部结构特征往往不同，这些特征可作为判别滑坡发展演化阶段的时间和空间分析的重要地质依据，具体见表6-17所列。

滑坡演化阶段的变形破坏特征 表6-17

演化阶段	变形破坏特征
初始变形阶段	坡体表层一般首先表现为变形区的建（构）筑（如房屋、地坪等）的开裂、错动变形；当变形量达到一定程度后，斜坡体地表尤其是后缘出现拉张裂缝，此阶段裂缝的张开度小、长度短，分布散乱，方向性不明显。但是如果滑坡初始变形是由强烈的外界因素（如库水位变动、强降雨、人类工程活动等）诱发，则可能一次性产生较大的初始变形，如地表、房屋出现明显的开裂、错动等，但变形随后就进入相对稳定期
等速变形阶段	在初始变形的基础上地表裂缝逐渐增多、长度逐渐增大，尤其是后缘拉张裂缝逐渐贯通，形成后缘弧形裂缝；并在拉张的过程中坡体形成多级下沉台坎。随着斜坡变形的逐渐增大，侧翼剪张裂缝开始产生并逐渐从后缘向前缘扩展、贯通；前缘出现鼓胀、隆起，并产生隆胀裂缝，如果前缘临空，还可见到从滑坡前缘剪出口逐渐剪出、错动迹象，但此阶段上述裂缝并未完全贯通而形成圈闭的滑坡周界
临滑阶段	如果滑坡整体滑移条件较好（如滑面较平直、滑面倾角较大、前缘临空条件好等），临滑阶段斜坡变形（表部拉裂、后缘下沉、前缘隆起等）速率会陡然增加；如果滑坡整体滑移受阻（如滑面后陡前缓甚至反翘、前缘临空条件差等），滑坡在真正整体滑动之前可能会出现一些反常现象，如后缘裂缝逐渐闭合，此现象实际为临滑前兆，应引起高度重视

2）滑坡时间预测预报模型与方法

滑坡时间预测预报一般均是围绕滑坡变形破坏阶段，分不同的时间尺度进行预报，通常分为长期预报、中期预报、短期预报及临滑预报四个时间尺度。不同的预报时间尺度，滑坡预报的对象、目的、任务等均有所不同（表6-18）。

滑坡发生时间预警预报分类表 表6-18

预警尺度	预报尺度	时间界限	变形阶段	预警对象	目的与任务
预警	长期预报	1~10年以上	初始变形	主要预测区域性灾害，兼顾重点个体灾害点	分析灾害成灾机理及演化规律，侧重单体灾害点稳定性评价与危险性预测
预报	中期预报	1月~1年以上	等速变形	单体灾害点预报为主，兼顾重点灾害群预报，特别是出现变形增长现象的单体灾害点	灾害发生的险情预报及可能的危害预报，对地质灾害发展趋势进行预报，可作为地质灾害防灾预案设计依据等
临报	短期预报	数日~1月	初、中加速变形	具有明显变形增长现象的单体地质灾害点	灾害体短期变形趋势做出判断，可作为灾害治理工程设计依据
警报	临灾预报	数小时~1日	临滑阶段	具有陡然增加特征和较明显灾害发生前兆现象的单体灾害点	单体灾害隐患点临灾预警

滑坡体变形的形式主要有突变型、渐变型、稳定蠕变型和非稳定蠕变型四种，如图6-34所示。

（1）滑坡变形形式主要取决作用于滑带上下滑力与由滑带土摩擦产生的抗滑力两者之间的相对量值。当 $F_下$（作用在滑带上的下滑力，下同）$> F_抗（\sigma_c）$（由滑带土流变下限所能提供的抗滑力，下类似）时，滑坡具备发生蠕滑变形的条件；坡体出现变形后，若 $F_下 < F_抗（\sigma_\infty）$，滑坡变形速率会逐渐衰减并趋于稳定；当 $F_下 > F_抗$ 时，斜坡变形会逐渐增大，并最终进入加速变形，整体失稳破坏。滑坡在正常发展演化过

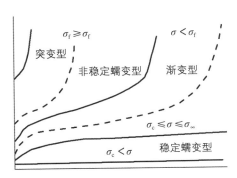

图6-34 岩土体蠕变曲线簇及其形成条件
σ_c—流变岩土体的下限；σ_∞—岩土体的长期强度；
σ_f—岩土体的峰值强度

程中，如果遭受较强的外界作用（地震、人工开挖切角、强降雨等），使坡体下滑力突然增大，并大于滑带土峰值强度（σ_f）提供的抗滑力时，滑坡将突然失稳发生突发型滑坡。

（2）可从分析滑坡的受力状态，测试滑带土的流变参数入手，解决滑坡预警预报问题。不同的滑带土强度参数和受力条件，将会产生不同的滑坡变形—时间曲线。滑带土所受切应力σ与滑带土长期强度σ_∞之间的比值大小是控制滑坡发生以及变形过程历时长短的关键指标。若$\sigma/\sigma_\infty < 1$，滑坡即使发生，也不会出现失稳破坏；一旦$\sigma/\sigma_\infty \geq 1$，滑坡变形将逐渐进入加速变形阶段，并最终失稳破坏。σ/σ_∞越大，斜坡的

变形速率将越大，滑坡发生变形到最终失稳的历时就越短。

（3）对于渐变型滑坡，其变形进入加速变形阶段是滑坡发生的前提，因此可根据滑坡加速变形阶段的监测数据建立预报模型进行拟合外推预报。但是，当滑坡还未进入加速变形阶段之前，传统的拟合外推预报思路和方法就很难实施，不能预测出滑坡发生时间。

基于拟合外推预测预报思想，国内外学者已提出了近40种滑坡预测预报模型和方法[171]。这些滑坡预测预报模型主要是随着数学的发展阶段而提出的相应的模型，具体包括确定性预报模型、统计预报模型、非线性预报模型三类，见表6-19所列。其中，确定

滑坡时间预报模型和方法总结

表6-19

	滑坡预测模型与方法	适用阶段	优缺点
确定性预报模型	斋藤迪孝方法	临滑预报	以蠕变理论为基础，建立了加速蠕变经验方程，精度受到一定限制
	HOCK法		
	蠕变试样预报模型		
	福囿斜坡时间预报法		
	蠕变样条联合模型	临滑预报	以蠕变理论为基础考虑外动力因素
	滑体变形功率法	临滑预报	以滑体变形功率作为时间预报参数
	滑体形变分析预报法	中短期预报	适用于黄土滑坡
	极限平衡法	中长期预报	基于极限平衡理论计算斜坡稳定性，判断斜坡所处发展演化阶段
统计预报模型	GM（1，1）模型系列	短临预报	精度取决于参数取值
	生物生长模型	临滑预报	加速变形阶段精度较高
统计预报模型	曲线回归分析模型	中短期预报	多属趋势预报和加速预报，当滑坡处于加速变形阶段时，可较准确地预报剧滑时间
	多元非线性相关分析法		
	指数平滑法		
	卡尔曼滤波法		
	时间序列预报模型		
	马尔科夫连预测		
	模糊数学方法		
	动态跟踪法		
	正交多项式最佳逼近模型		
	梯度—正弦模型		
	斜坡蠕滑预报模型		
	灰色位移矢量角	短期、临滑预报	主要适用于堆积层滑坡
	黄金分割法	中长期预报	利用经验判据粗略预报发生时间

续表

	滑坡预测模型与方法	适用阶段	优缺点
非线性预报模型	BP神经网络模型	中短期预报	通过已有监测数据学习外推今后发展演化趋势，较适合短期预报
	协同预测模型	临滑预报	
	BP-GA混合算法	中短期预报	联合模型预报精度较单个模型高
	协同一分岔模型	临滑预报	
	突变理论预报	中短期预报	可跟踪斜坡最短安全期
	动态分维跟踪预报	中长期预报	
	非线性动力学模型		
	位移动力学分析法	长期预报	

性模型是把有关滑坡及其环境的各类参数用测定的量予以数值化，用数学、力学推理或试验方法对滑坡稳定性做出明确的判断；统计预报模型主要是运用现代数理统计方法和理论模型，着重于获得现有滑坡及其影响因素关系的宏观调查统计规律，建立滑坡时间预报模型进行外推预报；非线性预报模型是引用非线性科学理论而提出的滑坡预报模型。

2. 滑坡发生的空间预测预报

滑坡灾害空间预测能从整体上、区域上把握研究区坡体稳定程度的总体规律，为建筑场地选址、国土规划和经济建设提供依据，保障生命财产尽可能免遭滑坡灾害袭击。不同场地用途不同，其滑坡防治目的也不同，如国土规划希望在宏观上把滑坡灾害控制到最低程度，而工程场地及建筑物选址则需从安全方面考虑，完全避免滑坡灾害发生。因此，研究范围的大小决定了滑坡预测的方法及其结果的可靠程度，滑坡灾害空间预测按研究范围可划分成区域性预测、地段性预测和场地性预测。

区域性预测主要是为国土开发利用、重大工程合理布局、地质环境保护等提供科学依据，涉及范围大至省区甚至全国。滑坡区域性预测主要依据宏观地质构造、岩组建造和地貌类型等因素，从总体上圈定滑坡灾害多发、易发地区。决定易滑滑坡的主要地质环境因素及组合见表6-20所列。

易滑滑坡的主要地质环境因素　　表6-20

地质构造	岩组类型	地貌
强烈褶皱带	含软弱夹层的碳酸盐岩组、泥岩岩组、软岩地层、浅变质片岩、千枚岩组、黄土、各种斜坡堆积	山区与平原过渡地貌
活动断裂带		强烈切割的河谷地貌
片理或结构面发育带		构造上升的基岩山地地貌
岩层层理面倾向临空面的单斜构造		黄土台塬梁峁地貌

下面简单介绍几种区域性滑坡空间的预测方法：

1）滑坡危险性分区

这是一种定性分析的方法，李沛等人曾首先依据地形切割程度、地层岩性、地质构造、新构造运动及地震活动程度的差异，把四川省分为西部高山高原危险区和东部丘陵山地准危险区，而后再以直接影响滑坡发生的主控因素为基础，以调查所得的滑坡发生的实际密度为依据进一步的划分为危险地带、准危险地带和稳定地带。

2）因子叠加制图

这也是一种定性分析的方法。首先选择一些影响因素，并把每一种因素分成若干个等级。每一个因素的每一等级都用不同的色彩、不同的线条和不同的符号表示（可以把越有利于滑坡发生的等级标以更深的色彩、更粗的线条和更醒目的符号），而后分别按照各个因素编图，最后把各单因素的图转绘到一张图上，编绘成多因素叠加，即可依据重叠程度的差异，经综合分析进行分区。

可以看出，正是由于这些定性方法的粗略和不便，人为因素、等级较多，图中色彩、线条、符号相互重叠，可能会难以分辨而不便于工作。

3）信息量统计预测

这是一种定量预测方法，1948年，Shannon提出了信息量的概念和信息熵的计算模型，定量地描述信息的传输和提取。后来，一些学者将这种信息论方法用于矿床预测，到20世纪80年代中后期，我国的一些研究人员开始把这种方法引入工程地质领域用于进行区域性滑坡的空间预测。其大体按如下步骤：

（1）确定预测因素并将其划分为不同的状态；

（2）划分信息量计算单元：

需要把工作区划分成若干个小计算单元，分别计算每一因素各种状态对每单元提供的信息量，最后按各单元所获得的总信息量进行区分。

传统的划分单元的办法是把工作区划分成一定面积的正方形网格，这种做法虽然简单和规则，但往往会破坏许多地形单元和地质单元的完整性，所以，划分单元是完全不必拘泥于单元的形状与规则，而应充分考虑地形单元和地质单元的完整性；

（3）计算每一标志各种状态的信息量；

（4）各单元信息总计算量。

此外，区域性滑坡的定量预测还有模糊聚类分析等方法。

相对区域性预测而言，滑坡灾害空间地段性预测侧重于对易滑滑坡作用条件和影响因素的分析。采用统计或信息原理分析并筛选重要条件和因素，按类比原则对自然斜坡和滑坡的稳定性作预测评价。预测目的是确定研究范围内稳定性优良的位置，以满足建筑物安全布置的需要。同时提出存在滑坡问题的场地以及要进一步开展的研究和防治措施等。由于地段性预测受勘探工程量和人力、财力所限，很难对区内所有斜坡进行确定性模型计算。因而，地段性预测的原理应以滑坡条件和因素的作用类比为主。对重要建筑物场地或高危险性场地补以确定性模型的稳定性计算和预测。

由于研究范围和采用的方法、手段不同，区域和地段预测均无法确切论证场地或滑坡区稳定性的准确程度。对具体建筑物的布置、设计和施工而言，均需要详细资料和预测结果。因此，场地性预测须以详细的工程地质勘察为基础，确定滑坡发生的地质结构类型，调查和预测其滑动面的位置及侧向边界，分析可能影响滑坡稳定性的主要因素，并对滑动面和滑坡体进行取样与强度参数测试。通过稳定性计算模型计算滑坡在可能的自然和人工因素作用下的稳定性系数，或采用可靠性分析模型预测分析滑坡破坏概率，为滑坡整治工程提供定量的依据。首先要确定场址内斜坡稳定性现状及建筑物完工后是否存在滑坡或潜在滑坡危险，如果存在，尚需预测可能失稳的规模、类型、滑移距离等，并在此基础上进一步确定防治滑坡灾害的措施，以确保建筑物的安全。

工程场地滑坡空间预测一般遵循以下工作步骤和方法：

（1）广泛搜集工作区的地形、地质、气象、水文、遥感及可能有的勘探资料，搜集到这些资料后，应进行分析研究，分辨出哪些问题已经清楚，哪些问题基本清楚但需要验证，哪些问题不清楚需要查明。

（2）对遥感图像进行室内判释，应搜索最新的比例尺尽可能大的航片，通过航片判译可查明已发生的滑坡的确切位置、范围、工作区第四纪物质的覆盖状况和植被的分布概况，还可判断河岸冲刷等因素对滑坡发生发展的影响。通过不同时期航片的判译了解工作区在此期间环境条件的演化趋势。

至于卫片，通常大型和巨型地质构造有十分清晰的显示，与滑坡关系更直接的中、小型构造显示较差，利用卫片来分析地质构造与某一具体滑坡的关系比较困难。

（3）地面调查，其始终是工程地质工作中最重要的环节，许多重要的细微的地质现象只有通过地面调查才能获得，通过地面调查应查明和初步查明：遥感图像所提供的各种信息的可靠性；工作区有无断层、褶皱等地质构造及其对斜坡的影响；工作区有没有地下水出露及其对斜坡稳定性的影响；工作区地层出露情况及其产状变化，节理裂隙量测，可能形成滑带的地层分布位置和性状；工作区有没有滑坡，并依据地貌特征及地表和有关建筑物变形破坏特点判明滑坡的范围、滑动方向及所处阶段等，对滑坡的形成条件及诱发因素做出分析判断。

总之，地面调查应包括通常工程地质调查的各项内容，还应根据调查结果编绘出工程地质平面图。

（4）物探，遥感判译和地面调查只能发现地面的诸多现象，地面以下的情况则必须靠勘探揭示。物探是通过勘探对象介质的物性差异来显示其结果的，所以，只有坡体中存在物性差异较大的地层，才会取得较好的勘探结果。通过物探应查明不同地层的分布状况，尤其是破碎带和过湿带的分布状况，从而为确定断裂位置，确定含水层和隔水层提供线索。

滑坡物探中，应用较广的是直流电法，尤以电测深法较为普遍。如有可能，应尽量采用综合物探。

（5）钻探，物探具有许多优越性，但是其所能做到的仅仅是物性分层，且具有多译性，所以物探不能提供确切的各种地层的厚度，尤其是不能准确确定滑面的位置，必须通过钻探来验证和校正物探资料的分析结果。

钻探的目的除应查明确切的地层分层外，还应着重查明过湿带、含水层、破碎带和软弱带等，尤其应注意岩芯中可能有的滑动面。

（6）挖探，通常挖探点多布置在滑坡的后缘和出口位置，通过不深的挖探便可准确确定后缘位置并进行后缘裂缝追踪，也可准确确定出口位置并可依据滑面擦痕准确确定滑动方向。

（7）试验，试验分为水、土两个方面。水质分析主要目的在于确定地下水的补给、排泄关系及其对斜坡稳定性的影响，同时也要确定水对混凝土的侵蚀性。土的试验除常规项目外，重点是做有关滑带土强度方面的试验。

3．滑坡灾害的临滑预警预报

1）预警方法

长期以来，学者对滑坡灾害的时间预报，特别是中长期预报研究较多，构建了众多的模型与方法。而对滑坡临滑阶段的预警预报相对较少，主要是通过给定阈值进行判断，如临界降雨强度、位移矢量角、变形速率、位移加速度、蠕变曲线切线角等。但是由于这些阈值的确定又常是基于对某区域范围内已发生地质灾害的统计结果，因此其在推广应用上受到了较大的限制。随着监测技术的飞速发展，自动化、智能化的监测设备被广泛应用于地质灾害监测预警研究中，从而逐渐推进了滑坡临滑预报的发展应用。

根据滑坡实时跟踪监测预警具体要求，将滑坡综合监测自动预警主要分成4个工作阶段，分别为监测数据监控、监测数据预处理、监测预警综合分析以及预警信息发布阶段：

（1）监测数据监控阶段

监测数据接收端从仪器部署好后便一直处于工作状态，此时滑坡并不一定处于加速变形阶段，因此不需要立即启动预警程序。只有当其变形超过了设定的阈值时，再自动启动以增强系统运行效率。因此，监测数据监控阶段的主要任务是观察滑坡各个监测点的数据变化情况，及时发现存在的数据异常信息以便快速对现场监测设备进行检查。

（2）监测数据预处理阶段

启动监测预警程序后，为了判定滑坡当前变形阶段，实现自动监测预警模型与方法的计算分析，首先需要对所获取的监测数据进行常规的预处理。

（3）监测预警综合分析阶段

在监测数据预处理的基础上，根据该滑坡实际所布设的监测类型自动匹配对应的预警方法，主要包括基于变形预警判据条件（临界累积位移、临界速率以及累积加速度），辅助判据条件（雨量、土体含水率及地下水水位），此外还考虑了群测群防，在此基础上再进行综合计算分析，得到滑坡当前实时状态的预警结果。

（4）预警信息发布阶段

获取滑坡实时预警结果后，系统会自动通过短信或邮件的方式发送至接收方。一类是主要专家用户，通过再次的监测信息确认、会商讨论后，给出是否发布地质灾害警报信息的最终决定。如果专家判定不需要发布，则可以将滑坡预警等级信息重新设置；如果最终决定发布预警，则应将事先做好的应急方案或行动建议发送至相应的接收人。这里专家系统的作用主要是为了避免系统自动发布错误的警报信息，造成社会恐慌等不良影响。第二类主要是系统管理人员、监测责任人以及威胁对象等相关用户，预警系统可以根据预先设定的不同预警级别所对应的指定接收人，以通知的方式传达预警信息，该类用户不能对系统设定的阈值等参数进行编辑操作，但可以查看。

崩塌综合监测自动预警方法的建立同滑坡相似，主要都是基于临界速率、累积位移进行判断，操作步骤也分为四步，这里不再赘述。主要差别在于启动预警系统的阈值可能不同，但是都需要针对具体灾害点进行详细的综合分析后才能确定。此外，在预警等级综合分析过程中，除了上述的两个判据外，针对崩塌还用到地表倾斜度进行预警。

2）预警结果的解释与表达

地质灾害预警结果主要是根据灾害事件发生的紧急程度、发展趋势及可能造成的危害大小等因素来考虑并给出相应的分级。分级依据参考《中华人民共和国突发事件应对法》的相关规定，将地质灾害监测预警等级按灾害体所处变形阶段与可能发生的概率大小划分为一级、二级、三级和四级，分别用红色、橙色、黄色和蓝色进行显示，一级表示为最高级别，可将其理解为：警报级、警戒级、警示级和注意级，按照从低到高分别说明如下：

（1）注意级（蓝色）：地质灾害发生的可能性不大，预警等级为四级，即蓝色预警。主要表现为出现了一定的地表宏观变形迹象，进入匀速变形阶段。

（2）警示级（黄色）：地质灾害发生的概率较大，预警等级为三级，即黄色预警。主要表现为出现明显的宏观变形特征，进入加速变形阶段的初期。

（3）警戒级（橙色）：地质灾害发生的概率大，预警等级为二级，即橙色预警。主要表现为已经出现宏观的前兆特征，进入加速变形阶段的中后期。

（4）警报级（红色）：地质灾害发生的概率很大，预警等级为一级，即红色预警。主要表现为已出现各种显著的前兆特征，进入临滑阶段。

当发布预警信息进入预警阶段时，各级政府及部门都应启动预定的应对措施。结合到我国地质灾害气象预警所给出的应对措施及建议，见表6-21所列。

地质灾害预警等级与应对措施

表6-21

预警等级	级别标志	措施与建议
四级	注意级（蓝色）	地质灾害点群测群防巡查，重要地质灾害点24小时监测
三级	警示级（黄色）	启动地质灾害隐患点群测群防，并24小时监测；采取防御措施，提醒灾害易发点附近的居民、厂矿、学校、企事业单位密切关注天气预报
二级	警戒级（橙色）	启动受地质灾害隐患点威胁区居民临时避让方案；暂停灾害易发点附近户外作业，各有关单位值班指挥人员到岗准备应急措施。组织抢险队伍，转移危害地带附近居民，密切关注天气变化
一级	警报级（红色）	启动受地质灾害隐患点威胁区居民临时避让方案；紧急疏散灾害点附近居民、学生、厂矿、企事业单位人员；关闭有关道路，组织人员准备抢险

4. 滑坡预警预报应注意的问题

1）加强地质工作，注重宏观变形破坏迹象调查和机理分析。

在查明滑坡地形地貌、地层岩性、坡体结构以及水文地质条件等的基础上，分析滑坡变形破坏模式和成因机制；在进行滑坡监测时，除采用监测仪器进行专业监测外，应加强滑坡体宏观变形破坏迹象调查，掌握滑坡体的空间变形破坏规律、判断演化阶段及其发展趋势。

2）注意滑坡变形分区。

受地形地貌、地质结构、外界因素等影响，同一滑坡不同部位、不同区段其变形量的大小、变形规律可能会有所差别。根据监测资料和宏观变形破坏迹象及成因机制，进行变形分区。各个区段选取1~2个关键监测点作为预测预报的依据。一般而言，位于滑坡后缘弧形拉裂缝附近的监测点是滑坡预测预警的关键监测点，基本可以代表整个滑坡的变形特征；推移式滑坡前缘隆起部位的监测点也是非常具有代表性的关键监测点。

3）注重滑坡变形破坏时间和空间演化规律。

滑坡变形时间演化规律指变形曲线的三阶段演化规律。滑坡变形进入加速变形阶段是滑坡失稳的前提条件。一旦进入加速变形阶段，就应引起高度重视，加强监测预警。滑坡变形空间演化规律指裂缝体系的分期配套特性，形成圈闭的裂缝配套体系是整体下滑的基本条件。

4）注意外界因素对斜坡变形的影响。

外界因素（强降雨、库水位变动、人类工程活动等）对滑坡的变形演化会产生重要的影响，其不仅使变形监测曲线出现振荡，周期性的外界因素还可能使变形曲线呈现出"阶跃型"的特点。对于阶跃型变形曲线，有时判断其发展演化阶段仍很困难，尤其是阶跃出现后又还未恢复到平稳期时，很难确定究竟是斜坡演化的一个"阶跃"，还是斜坡已经进入加速变形阶段。可从以下角度考虑和分析此类问题：①进行外界影响因素与滑坡变形监测结果的相关性分析，找出变形曲线产生阶跃的直接原因。如果通过相关性分析，认为坡体变形的急剧变化是由降雨、库水位变动等原因造成，则只需加强监测，待相关因素的影响消除后看其进一步的发展趋势；反之，如果没有明显的外界因素导致坡体变形急剧增加，而是由自身演化导致的，则可能说明其已真正进入加速变形阶段，应提高警惕，加强监测预警。②加强变形监测曲线与斜坡宏观变形迹象的对比分析，尤其应加强对裂缝体系分期配套特征的分析，斜坡进入加速变形阶段在时间上的表现因素为变形速率持续增加，在空间上的表现应该是形成圈闭的裂缝体系，两者应同时满足。

5）注重定量预报与定性分析的结合，进行滑坡综合预报。

滑坡发展演化具有非常强的个性特征，而当前提出的滑坡定量预报模型基本上都是依赖于监测结果的数学推演，缺乏与滑坡体的直接关联和对滑坡体个性特征的把握。目前，滑坡定量预报模型存在适宜性差、预报准确度不高、预报不具针对性等缺点。因此，滑坡的预测预报应将定量预报、定性预报、数值模型预报三者有机结合，进行总体分析，宏观把握，实现滑坡的综合预测预报。

6）注意滑坡的实时动态跟踪预测预报。

滑坡发展变化是一个复杂的动态演化过程。滑坡监测预警应随时根据坡体的动态变化特点，进行动态的监测预警。越到斜坡演化后期，尤其是进入加速变形阶段和临滑阶段，应加密观测，实时掌握坡体变形动态，并根据新的时空演化规律，及时做出综合预测预警。

6.4.3　滑坡警示系统

与滑坡预警预报体系不同，直接用于现场的滑坡警示系统近年来发展迅速，成果斐然。它是与当地人民群众安全息息相关的一套实用性措施，是对传统"滑坡"提示牌的升级与换代，更是一套精准真实的活性警示设施。可以说，滑坡崩塌警示系统是预警预报系统的最终体现。滑坡预警预报系统抽象、复杂，是一套远离群众的间接分析处理系统，而滑坡警示系统是立足现场，当地居民和过往车辆、行人可以直观了解滑坡情况；此外，滑坡警示系统采集用于分析判断预测的信息和真正发生的信息融为一体，其指令可来源于复杂的预测预报结论，也可通过灾害点的活动行迹进行判别，因此滑坡警示系统以更具现实意义而深受欢迎。

滑坡警示系统采用两种方式、双色警示系统，两种方式即灯光和声音两个方式，双色警示即红色、黄色显示标志，如图6-35所示。

6.5　滑坡预防与治理

滑坡防治是一个系统工程，包括预防滑坡发生和治理已经发生的滑坡两大领域。其中，预防滑坡发生

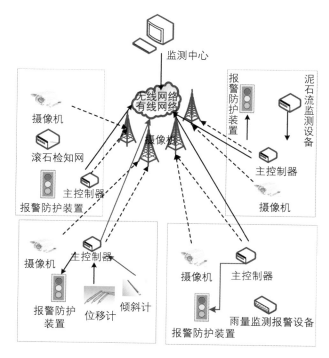

图6-35　滑坡崩塌灾害的警示系统

针对的是尚未产生严重变形与破坏的斜坡，或有可能发生滑坡的斜坡；治理滑坡针对的是已经严重变形与破坏、有可能发生滑坡的斜坡，或者已经发生滑坡的斜坡。因此，在滑坡防治研究领域，一方面要加强地质环境的保护和治理，预防滑坡发生；另一方面要加强前期勘察工作，妥善治理已经发生的滑坡，使其不再发生。滑坡的预防与治理应两者并重，采取工程措施、生物措施、经济措施、交流合作、普及宣传等多种措施综合防治，以取得最佳防治效果。

6.5.1　城镇滑坡灾害的主要特征与防灾现状

1. 主要特征与影响因素

1）主要特征

（1）水平条带状特征

灾害主要集中分布在大江大河干流及支流处，地质构造线，交通线路两侧等区域。

（2）垂直分带特征

在相对高差较大且上陡下缓的斜坡地带，斜坡上部时常发生危岩崩塌，中下部为崩积物堆积常常发生滑坡或泥石流，呈现出"上崩下滑"的特点，部分地段存在着上滑坡下泥石流。

（3）相对集中性

随着城市工程建设的发展，城镇人口较密集区、人类工程行为活跃区，易引发地质灾害。

（4）季节性强

山地灾害多发生在雨季。

2）影响因素

地质灾害的形成是由多种因素决定的，归纳起来主要有两个方面：①内因：包括地形地貌、地层岩性、地质构造、坡体结构、地下水等；②外因：包括大气降水、地表水的侵蚀、冲刷及人类工程活动等。

2. 当前城镇防灾现状及存在的问题

1）城镇选址

城镇建设用地的选择，不仅影响到城镇未来的发

展、功能组织与布局形态，而且对建设的工程经济与建设的速度等都有着深远的影响。

城镇选址涉及诸多方面的问题，就地质灾害而言，当前一些城镇选址过程当中受地质灾害和经济社会发展水平的制约，工程地质专业人才缺乏，对区域范围内的地质条件论证不足，对地质灾害的认识不足，导致选址失败（图6-36）。

2）用地评定

（1）当前许多地质勘查评估报告对城镇规划区的用地评定没有十分明确的表述，其时效性、适应性评价过于简单；

（2）针对地质灾害的防避措施还尚不完善，多局限于灾害点的防治，有待从整体上的治理提高；

（3）地质灾害危险性评估标准不够科学，缺乏量化概念；

（4）防治建议不明确，并且缺乏时效性，地质灾害危险性评估工作滞后于工程可行性研究。

图6-36 山区城镇选址不当案例

3）规划布局

（1）规划人口和用地规模偏大

不少地质环境较差、灾害隐患多的城镇的用地指标普遍偏高，这无疑会激化人地矛盾，增加生态环境以及地质环境的压力，产生地质灾害隐患。

（2）河岸边坡盲目扩建

一些城镇在沿河流侵蚀、切割的不稳定河岸边坡附近盲目发展，不合理分配沿岸空间，造成地质灾害隐患，甚至直接导致斜坡地质灾害发生，给城镇未来的生态环境、生产和生活组织带来困难。

（3）用地分散，功能混乱

一些城镇在规划与建设中，未能充分考虑周边生态环境等的制约，在可建设用地紧张的情况下，盲目追求宽阔和气派，侵占生态环境保护带、敏感带和薄弱带，造成城镇与自然衔接不适宜，灾害隐患丛生。

（4）基础设施范围过大，出现不必要的道路交通

一些城镇建设在用地本来就紧张的情况下，基础设施规划过密，大面积开挖改变原来的地表形态，易诱发地质灾害。

6.5.2 城镇滑坡灾害综合防治基本理念

1. 防灾目标

1）保障城市安全

深入分析地质情况及人为因素，在充分考虑城市开发建设过程中可能引起的各种地质灾害隐患，并充分估计到其带来的严重后果的基础上，合理规划城镇布局，建立起城镇与自然环境的和谐平衡关系。

2）维护生态环境，实现可持续发展

在调查规划区域内的地质灾害，科学合理圈定危险分区的基础上进行城镇规划设计，对城市建设中可能带来的各类地质灾害问题实施有效的避让与治理相结合的综合手段，保护生态环境，实现可持续发展。

2. 防灾原则

为了保证斜坡具有足够的稳定性，避免因斜坡稳

定性降低导致的斜坡变形、破坏造成的危害，在进行滑坡防治时应坚持以下原则：

1）生态优先

坚持生态优先的原则，科学规划，合理开发，把对生态环境与自然资源保护放在优先的位置加以考虑，严格禁止以牺牲环境利益为代价，换取经济的发展。滑坡防治在保证其稳定性的同时，应使治理工程与周围环境相协调。

2）科学防治

地质灾害的防治应坚持"预防为主、防治结合"的原则，针对不同地区的地质灾害从实际情况出发，采取工程治理、搬迁避让、监测预警等综合防治措施。

（1）在进行选线时，应经过充分的地质工作和灾害评估，尽量避开大型古滑坡和地质不良地段，避免施工诱发古滑坡复活和产生新的滑坡。

（2）对于避不开的滑坡或者是采取绕避措施在经济上、技术上不合理时，必须在对滑坡性质、危害有充分认识的基础上采取预防措施，如可以在局部调整线路位置和纵坡，不在滑坡抗滑段挖方，不在主滑段和牵引段填方；部分地段可以采取架桥通过以减少对滑坡的扰动，但是前提是必须正确评价滑坡稳定性。

（3）对于高边坡，设计应适合地质条件的坡形、坡率，加强排水，边开挖边加固，并重视生态环境美化。

（4）对于已经开裂的滑坡，应立即停止施工，消除不利因素的作用，并加强动态监测，制定应急方案。

（5）对治理难度过大、治理效果不理想的地质灾害高发区域，改道避让是上策。

（6）滑坡的发生受多种因素的影响，而每个滑坡其主要影响因素又各不相同。因此，滑坡治理应针对主要影响因素采取主要工程措施消除或控制其影响，并辅以其他措施进行综合治理，以限制其他因素的作用。

3）一次根治，不留后患

一次根治，不留后患是在几十年滑坡防治的工程实践中总结出来的，对性质清楚、危害严重的滑坡要一次处治，稳定滑坡，消除隐患，达到根治的目的。

4）分期分批治理

对那些规模大、性质复杂、短期内不易查清滑坡性质且治理投资巨大的滑坡，应加强监测，做出规划，边勘察边治理，先实施应急工程，再勘察深入，分期分批进行永久治理，达到根治的目的。

5）治早、治小

滑坡的发生发展是由小到大逐渐变化的，特别是对于牵引式滑坡和顺层滑坡，及时治理，将之消灭在初始阶段，治理工程量也小，否则等到滑坡扩大后，治理难度和工程量都会增大。

6）技术可行、经济合理

在保证滑坡防治效果的前提下，应尽量节省投资。技术上可行是结合滑坡具体地形地质条件、变形状态、危害程度及保护对象的重要性，提出多个防治方案进行比选，选择技术先进、耐久可靠、方便施工、经济有效的方案。

7）动态设计、科学施工

滑坡作为一种较为复杂的地质现象，受多种条件和因素的限制，仅通过勘察难以查清和掌握滑坡各部分真实情况，应利用施工开挖揭露的地质情况及时调整和变更设计。另外，在施工方面，施工季节、程序、方法都应讲究科学，以保证滑坡稳定性和安全性为原则。

8）加强防滑工程的维护

工程竣工后，必须加强检查、保养和维修，使其处于良好的工作状态。

9）合理利用

利用先进工程技术措施维护土地资源，提高环境利用率，充分发挥出土地的最大效益。

6.5.3　城镇滑坡灾害防治方法

1. 总体原则

1）结合地形、地貌和地质条件选址，对地质灾害采取避让原则。

城镇建设尽量减少场地改造，顺坡而行

（图6-37），避开和缓解过于复杂的地形地貌。

人类对地质环境的利用应当是有限度的，凡事必须符合自然规律，必须在地质乃至整个城市环境容量允许的限度内从事活动，合理控制自然地质现象转化为地质灾害对城市产生的影响。因此，城镇选择应对区域范围内的地质灾害做出明确的估计与论证，圈定灾害风险区，避免城市新址直接建设在滑坡的堆积体和泥石流的辐射范围内，并进行多处比选，将城镇选择在各种地质灾害较少，地质环境相对较稳定和平衡的区域。

2）结合地形、地貌，控制基础设施与建设规模，减少人为引发地质灾害

根据区域地质、地形分布特点科学合理分配土地资源，建设具有经济性和工程系的道路网格，抑制城镇建筑无序蔓延。对于城镇一些复杂地质条件的区域可采取桥梁、涵洞、隧道等进行跨越，如图6-38所示。

3）城镇规划应用发展的眼光，提出合理的前瞻

性设计，利用新技术、新方法科学创新。

要实现人口、资源、环境的可持续发展，必须在进行城镇规划时，充分考虑地质灾害的危害，进行地域空间结构特征与差异及可持续性评价，人口与环境的互动关系，从政策、制度、技术等各个层面上对人—地系统进行改革和创新，协调人—地关系，从而推动经济和社会的可持续发展。

2. 滑坡防治技术

合理、可行、科学的防治措施必须建立在对滑坡成因正确分析的基础之上，而滑坡的成因必须从当地的自然环境、滑坡本身特征和人类工程活动等情况出发，即从孕灾环境、致灾体和人类活动三方面入手对滑坡灾害的主要致灾因子进行分析研究，结合灾害危险性和破坏损失评价，采取安全、经济的防治措施，达到灾害整治和防灾减灾的目的。

1）滑坡灾害的主要防治措施

滑坡防治措施主要有：绕避、地表及地下水排水工程、削方减载与填土反压工程、支挡工程、坡体内部加固工程、滑带土改良工程等几个方面，这些措施单独或组合使用，都需要具体情况具体分析，有针对性地进行设计。

根据防治目的的不同主要采用的方法有：

（1）清除或减少滑坡形成的因素

对小型浅层滑坡可全部或部分挖除；修建导滑工程，改变滑坡滑动方向；修建截水沟、排水沟，疏通自然沟以排出地表水；修建盲沟、盲硐、渗沟、垂

图6-37　重庆山地城镇建设位于岸边二、三级阶地上

图6-38　重庆山地城镇建设中的城区内桥梁跨越

直钻孔群、水平钻孔群等以排除地下水；修建防冲挡水墙、砌石护坡、抛石护坡等工程防止水的冲刷（图6-39）；削坡、护坡、整平、修梯级台阶、填实裂缝等进行边坡面的整理。

（2）改变坡体内部力学平衡

清方减重和坡脚反压是最简单有效的一种方法。当坡体后缘周界为稳定岩体时，在滑坡顶部清方减压，不会破坏斜坡上部及左右的平衡，还能利用清方土体反压滑坡前缘，特别适用于推动式滑坡或由错落转化的滑坡。对于滑体垂直高差小的牵引式滑坡，不适于采用刷方的办法来处理。

（3）直接阻止滑坡的发育

设置各种抗滑工程，如抗滑片石垛、抗滑挡墙、抗滑墩、预应力锚固、预应力锚固抗滑挡墙、抗滑桩、预应力锚固抗滑桩、钢架抗滑桩、抗滑明硐、拦砂坝工程等。

（4）改变滑带土的性质

可采用灌浆处理（灌注石灰浆、石灰砂浆、水

图6-39　护坦式防冲挡水墙

泥浆、黏土浆等）、焙烧处理（在滑坡前部利用导洞焙烧滑带土）、电渗排水（利用电极作用排除滑带土的水）、化学处理（利用化学反应增加滑带土的强度）。

（5）绕避

改移线路和建筑物，用隧道或明硐避开，架桥跨越滑坡等。

2）常用的滑坡防治工程

（1）滑坡减载与反压工程

滑坡减载工程是移除滑坡体后部的一部分重量，以减小滑体的下滑力，保持滑体的稳定。尤其对于推移式滑坡，削坡减载往往成为根治措施。削坡减载一般包括滑坡后缘减载、表层滑体或变形体的清除、削坡降低坡度等。滑坡反压工程是在滑坡体前部的抗滑段部位或在滑坡体之外的前侧位置，以路堤、堆石坝的工程形式增加滑坡体前侧的重量，增大滑坡的抗滑力，从而稳定滑坡。

减载与反压工程都是常用的治理滑坡措施。它技术上简单易行而且有比较好的加固效果，特别适宜于滑面深埋的滑坡。其整治效果则主要取决于消减和堆填的位置是否得当。如果滑坡后部减载工程能够与滑坡前缘反压工程相结合，形成后减前压的综合工程方案，以挖作填，事半功倍，效果更好。

（2）挡土墙

挡土墙（图6-40）是广泛采用的防治滑坡的支挡建筑物，其优点是稳定滑坡收效快，就地取材，施工方便，特别适用于整治中、浅层滑坡，对由开挖边坡而引起的牵引式滑坡，可以很好地提供支撑力。抗滑挡土墙的平面布置根据滑坡范围、推力大小，滑面位置和形状以及地基条件等因素确定。对于中小型滑坡，一般将挡土墙设在滑坡前缘；当滑坡中下部有稳定岩层锁口时，可将挡土墙设置在锁口处；当滑坡剪出口出现在被保护对象附近，且与被保护对象有一定距离时，挡土墙可尽量靠近被保护对象；对于多级滑

坡可以多级支挡。

就类型而言，重力式抗滑挡墙可分为俯斜式挡墙、仰斜式挡墙、直立式挡墙和横重式挡墙及其他形式（图6-41），挡墙类型应根据使用要求、地形和施工条件综合考虑。另外需注意在高烈度地震区应避免

使用高挡墙和浆砌片石挡墙，宜将挡墙做成片石混凝土挡墙，高挡墙最好加横向约束，避免地震造成倾倒变形。

（3）抗滑桩

抗滑桩是穿过滑坡体深入滑床的桩体，其具有抗滑能力强、支挡效果好、对滑体的稳定性扰动小、施工安全、桩位设置灵活等特点，在滑坡的防治工程中被广泛应用，是抗滑处理的主要措施之一（图6-42、图6-43）。抗滑桩主要适用于浅层和中厚层的滑坡。需要注意的是，对于正在活动的滑坡，打桩阻止其滑动时应当十分慎重，以免因震动反而加速了坡体的滑动。抗滑桩对滑坡体的作用，是借助滑动面以下的稳定地层对桩的抗力来平衡滑动体的推力，增加其稳定性。抗滑桩应尽量设置在滑坡前缘抗滑段滑体较薄

图6-40　挡土墙工程图

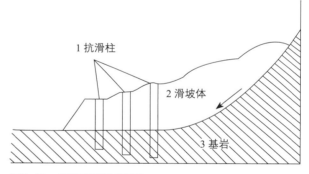

图6-42　抗滑桩设置示意图

俯斜式　　仰斜式　　直立式　　衡重式

图6-41　重力式挡墙示意图图

图6-43　抗滑桩工程图

处，以便充分利用抗滑力，减小桩的截面和埋深，降低工程造价。只有在特殊的情况下，才将桩体设置在主滑段或牵引段。

对于桩体材料的选择，一般是根据滑体的厚薄、推力大小、防水要求及施工条件等选用木桩、钢桩、混凝土或钢筋混凝土桩。抗滑桩的布置常有以下形式：相互连接的桩排，互相间隔的桩排，下部间隔、顶部连接的桩排，互相间隔的锚固桩等。桩柱间距一般取桩径的3～5倍，以保证滑动土体不在桩间滑出为原则。

（4）锚索、锚杆

岩土锚固是通过埋设在岩层中的锚杆，将结构物与地层紧紧地连锁在一起，依赖锚杆和周围岩层的抗剪强度传递结构物的拉力或使岩层自身得到加固，以保持结构物和岩土体的稳定（图6-44）。当锚杆提供的锚固力达不到要求时，可以采用锚索甚至锚梁结构，同时可以施加一定的预应力以提供锚固力，是滑坡治理中的一种常用措施（图6-45）。

（5）预应力锚索抗滑桩

预应力锚索抗滑桩由锚索与抗滑桩组合而成（图6-46，图6-47）。锚索在抗滑桩的顶端增加拉力，改变了普通抗滑桩仅依靠锚固段提供土反力这种不良的悬臂梁受力状态，使桩的受力更为合理。在大型或者

特大型滑坡的防治中，普通的抗滑桩很难达到工程要求，一般选用预应力锚索抗滑桩。

（6）护坡工程

边坡浅表层的破坏可以采用护坡的方式进行综合治理。护坡可以防止边坡表面的垮塌和岩体风化，主

图6-45　锚索支护

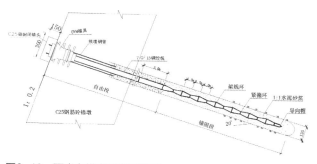

图6-46　预应力锚索结构示意图

图6-44　锚杆支护图

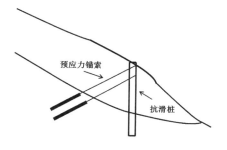

图6-47　锚索抗滑桩支护示意图

要有土木工程措施和生物工程措施两大类。用于边坡防护的土木工程措施主要有喷射混凝土封闭边坡表面和挂网支护等方法（图6-48），生物工程措施主要采用植被恢复的方法（图6-49），两者可以相结合使用。

图6-48 边坡挂网喷浆施工

图6-49 防治工程中的生态边坡

（7）排水工程

在滑坡防治工程中"治坡先治水"的理念十分重要，避免或者减小水的危害包括两个方面，即地表排水和地下排水。常见地表排水方法有：在滑坡边缘修建截水沟以防止外围的地表水进入滑坡区；在坡面上修筑排水沟；在覆盖层上设置人工或者植被铺盖，防止降雨和地表水下渗等（图6-50，图6-51）。通过这些方法能有效地将地表水引出滑动区。排除地下水，降低地下水位，能大大减小孔隙水压力，增加有效正应力，从而提高抗滑力。深部大规模排水往往是整治大型滑坡的首选措施。地下排水常用的有泄水通道、盲沟、仰斜排水孔等方法，在大型滑坡的防治中，常常将地表排水系统与地下排水系统结合使用，形成立体排水网络，从而使滑坡治水效果更加明显。

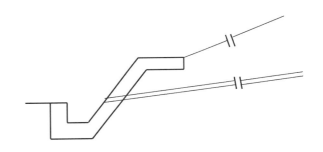

图6-50 仰斜排水孔和排水沟结构示意图

图6-51 纵向排水沟

6.5.4 崩塌滚石防治技术

近年来,我国崩塌滚石灾害频发,造成重大人员伤亡和财产损失,已逐渐引起人们的高度重视。国内外对于崩塌滚石灾害的防治方法可分为两大类:主动防护和被动防护。主动防护可分为加固法、清除法和绕避法。其中加固法包括危岩锚固、坡面固网、锚喷、支撑、嵌补、排水等;清除法包括清除个别危岩、削坡等;绕避法包括线路改道、修建隧道、搬迁建筑等。被动防护可分为拦截法、疏导法、警示与监测法。拦截法包括落石平台、落石槽、拦石网、挡石墙、拦石堤、拦石栅栏、明洞或防滚石棚等;疏导法包括疏导沟、疏导槽等;警示与监测法包括巡视、警告牌、滚石运动监测、电栅栏、雷达和激光监测等。

相关工作者研发了一系列新型滚石防护新技术,包括:耗能减震钢筋混凝土棚洞、柔性轻钢结构棚洞、复合耗能垫层结构、复合滚石桥墩防护结构、新型复合拦石墙结构等,在本节中,我们重点介绍耗能减震钢筋混凝土棚洞、复合耗能垫层结构两种新技术。

6.5.4.1 滚石灾害常用防治技术及其适用条件分析

崩塌、落石是山区常见的地质灾害之一。为了防治滚石灾害,通过长期的工程实践,建立了以看(预警报装置,设点看守)、清(清除危石)、支(支挡加固,护坡护墙)、接(墙接同拦)、固(锚固,喷锚封闭)为主的主动防护措施,以及遮拦(明洞、棚洞)、防护(SNS 软网防护)、绕避(改线绕行)为主的被动工程防治措施。滚石灾害防治方法可分为主动防护和被动防护(图6-52),下面将对其具体防治方法进行论述。

1. 滚石灾害主动防护技术

主动防护对策有加固法、清除法和绕避法等。

1)加固法

利用一种或多种手段将危岩体或个别危石变得稳定,从而避免滚石的发生。加固法的具体措施主要包括危岩锚固、坡面固网、锚喷、嵌补、危岩拴系等。排水可以增加坡体的稳定性,减少裂隙的生成,从而减缓滚石的孕育。

(1)危岩锚固

在高陡斜坡上,容易产生拉裂、松动变形并随时

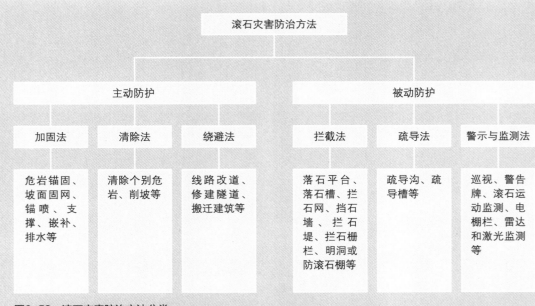

图6-52 滚石灾害防治方法分类

可能发生破坏，向坡下运动的岩体，称为危岩（图6-53）。危岩一般可以采用一定方法防治，其中最为常见的就是危岩锚固。在陡坡危岩之下，如果有较完整的岩体，可用锚杆把危岩和完整岩体串联起来，以加固危岩，防治崩塌落石的发生。当危岩受倾向线路的节理裂缝控制时，如果危岩失稳，将发生滑移式崩塌。在这种情况下，设计锚杆的长度、根数、间距以及截面尺寸等，应根据危岩的大小及下滑力通过计算确定。在一般情况下，可考虑锚杆承受危岩所给予的剪力。当高陡的岩质边坡上有巨大的危岩和裂缝时，为了防止产生崩塌落石，也可采用锚索进行加固。

（2）坡面固网

坡面固网就是将护网铺设在需要防护的坡面上，并通过锚杆和支撑绳加以固定。它利用坡面与护网之间的摩擦力以及锚杆提供的锚固力对坡面上潜在滚石进行加固，从而达到滚石防护的目的（图6-54）。对于坡面破碎、潜在滚石尺寸较小且物源较为集中的边坡来说，坡面固网是一种比较有效的滚石防护方法。该方法是以钢丝绳网为主的各类柔性网覆盖包裹在所需防护斜坡或岩石上，以限制坡面岩石土体的风化剥落或破坏以及危岩崩塌（加固作用），或将落石控制于一定范围内运动（围护作用）。坡面固网防护系统具有开放性的特点，地下水可以自由排泄，避免了由于地下水压力的升高而引起的崩塌现象；此外，还能抑制边坡遭受进一步的风化剥蚀，不破坏和改变坡面原有地貌形态和植被生长条件，植物根系的固土作用与坡面防护系统结为一体，从而抑制坡面破坏和水土流失。尽管近几年出现了较多的实际应用，但也不乏失败的例子。究其原因，主要是对滚石发生机理及滚石的破坏力认识不足。

（3）锚喷

当坡体在多组结构面和临空面的切割下形成块体时，具有运动可能性的块体也许会因降雨、风化、震动等触发因素的作用而失稳。此时，对具有潜在滚石灾害的边坡可以采用锚喷方法进行加固。所谓锚喷，是指喷射混凝土、锚杆或锚索、钢筋网以及它们之间联合使用的统称。喷、锚、网与岩土体共同作用形成主动支护体系，可以最大限度地利用边坡岩土体的自支能力，如图6-55所示。锚喷方法不仅技术上成熟、效果好，而且还具有适应性强、施工速度快等优点。

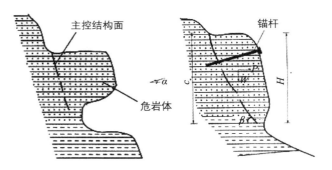

图6-53 典型公路边坡危岩灾害（左）和锚固计算模型（右）

图6-54 公路边坡滚石灾害坡面固网防护结构

图6-55　公路边坡滚石灾害锚喷防护结构

图6-56 公路边坡危岩支撑与嵌补防护

（4）支撑或嵌补

岩性不同的岩体抗风化能力和抗侵蚀能力不同，致使软硬岩层相间的岩石边坡往往形成深浅不同的凹进。在一定条件下，凹进上方悬出的较硬岩体可能会因抗拉强度、抗剪强度的不足而失稳。如果危岩的悬空面积较大，可以在危岩下面设置支撑柱或支撑墙，必要时用锚杆或锚索将支撑物与稳定岩体连接起来。当凹进程度或危岩的悬空面积较小，则可以采用浆砌片石或用混凝土对凹进的空间进行嵌补（图5-56）。

路堑边坡上的成层岩体因岩性不同，抵抗风化的能力也不同，往往在边坡上形成深浅不同的凹陷。随着时间的推移，凹陷较深处的岩体就形成上部突出的危岩。此类情况可采用浆砌片石或混凝土嵌补，以便对危岩进行加固处理。

（5）排水

大量的调查和研究都已表明滚石事件多发生在5月至9月的雨季。对于滚石的孕育和发生来说，水是重要的影响因素。主要表现在以下几个方面：①地下水不仅会对潜在滚石产生动、静水压力，还会产生不利于岩体稳定的浮托力并能削弱岩体强度，有利于滚石的发生；②当气温降到冰点以下后，岩石孔隙或裂隙中的水在冻结成冰时以冻胀压力作用于危岩；③降水冲刷坡面可能改变坡面的几何形态，利于块石失稳。因此，为抑制滚石的发生，设置有效的排水系统（包括修筑排水沟、设置排水孔等）是必要的。

2）清除法

清除法是指通过清除滚石源以避免滚石发生的方法，其具体措施主要包括清除个别危石和削坡（图6-57）。清除个别危岩就是采用钻孔、剥离、小型爆破等方法清除可能产生滚石的危岩体。当岩石风化严重时，可以在清除危岩后喷射混凝土。清理危岩时要仔细检查，确定是危岩时才能清理，以免愈治愈多。

图6-57 典型公路边坡清除危石

当滚石物源区的坡体表层不够稳定时，可以考虑采用削坡的方式。削坡就是对边坡进行修整和刷帮，改善其几何形状，提高其稳定性，从而避免滚石的发生。削坡的治理效果与削坡部位及地质环境密切相关，选用之前最好进行充分的地质论证。

若岩体松动带为强风化岩层，岩体破碎，没有较大滚石，可采用人工削方。从上向下清除，清完后的斜坡面最好呈台阶状，以利稳定。若危岩、滚石前无房屋和其他地面易损建筑，岩体坚硬，块体大，可采用爆破碎裂清除。若危岩、滚石前有房屋和其他地面易损建筑，可采用膨胀碎裂清除。在一定条件下，危石清除方法是最为经济的措施，但应注意普通爆破可能是危石周围原来并不危险的块体形成新的危石。并且随着风化或侵蚀过程的继续，必然产生新的危石。清除作业风险程度高，除了必须确保作业人员的人身安全外，还必须保证坡脚建筑物避免遭受破坏。为此，设置临时的滚石防护设施是必要的，如设置滚石缓冲地带或设置拦石网、拦石栅栏等防护设施。此外，在公路沿线清除还会导致交通暂时中断。

3）绕避法

对于滚石发生频繁的恶劣地段，采取绕避的方式也许是必要的。在非常危险的情况下，也可以隧道的形式将工程移进山里。对于线路工程而言，绕避即指改线。对于其他工程而言，绕避则指搬迁建筑物，使其移至滚石影响范围之外。对于未建工程，为避免滚石灾害，绕避法不失为一种经济合理的方法，但在工程应用中也有限制。例如，随着高等级公路的大力发展，对线路平直度的高要求有时限制绕避法的应用。对于在建或正在运营的工程，如果为避免滚石灾害而采取绕避法，则不可避免要造成浪费。所以在工程选址或选线时，一定要进行系统分析并具有长远眼光。对河谷线来说，绕避有两种情况：绕到对岸，远离滚石灾害区。将线路向山侧移、移至稳定的山体内；以隧道形式通过。在采用隧道方案绕避时，要注意使隧道有足够的长度，使隧道进出口避免受滚石危害，以免隧道运营以后，由于长度不够，受滚石灾害的威胁，因而在洞口又接长明洞，造成浪费和增大投资。

2. 滚石灾害被动防护技术

被动防护措施有拦截法、疏导法和警示与监测法等。

1）拦截法

如果滚石的物源区范围较大，潜在滚石数量较多或者斜坡条件复杂甚至无法接近时，在中途对滚石进行拦截也许是一种有效的防护措施。但前提是要对滚石的运动路径、弹跳高度、运移距离、速度、散落范围等运动特征有足够的认识，因为这些参数及数据是滚石防护设施的选址和结构设计的依据。滚石的拦截措施主要包括截石沟、拦石网、挡石墙、拦石栅栏、明洞或防滚石棚等。当山坡上的岩体节理裂隙发育，风化破碎，崩塌落石物质来源丰富，崩塌规模虽不大，但可能频繁发生者，则宜根据具体情况采用从侧面防护线路的拦截建筑物。具体采用何种被动防护结构，可参照滚石冲击能量按图6-58选取。

（1）落石平台

落石平台式最简单经济的拦截建筑物之一（图6-58左）。落石平台宜于设在不太高的山坡或路堑边坡的坡脚。当坡脚有足够的宽度，或者对于运营可以将线路向外移动一定距离时，在不影响路堑边坡稳

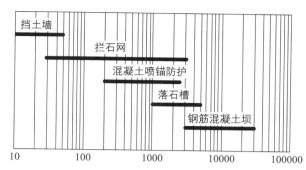

图6-58　滚石冲击能量（kJ）选取防护结构依据

定，不增加大量土石方的条件下，也可以扩大开挖半路堑以修筑落石平台。当落石平台标高与路基标高大致相同或略高时，宜于在路基侧沟外修拦石墙和落石平台联合起拦截崩塌落石的作用。

（2）落石槽

当滚石的物源区与防护区域之间的坡面上有平台或缓坡时，可以在平台或缓坡的合适位置开挖落石槽（图6-58右）来拦截滚石。坡面或坡脚处沿边坡走向方向的自然沟稍加修改也可用于滚石的拦截。为防止高速运动的滚石从截石沟内弹跳至防护区域而造成滚石灾害，可在落石槽内设置一些缓冲材料，如碎石、碎屑、土等。另外，还可以在截石沟的外侧增设挡石墙、拦网、栅栏等，以增加其拦截能力。需要注意的是，开挖落石槽有时会对坡体的稳定性带来不利影响。当场地条件受限，需要通过增加开挖来提供满足宽度要求的滚石槽区域时，则会增大开挖量，由此会增大投资，且会带来较大的环境破坏。当路堤距离崩塌落石山坡坡脚有一定距离，且路堤标高高出坡脚

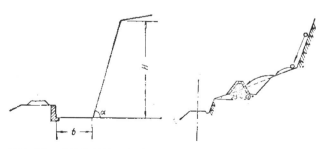

图6-58　公路边坡滚石灾害落石平台（左）防护结构和落石槽（右）防护结构

地面标高较多（大于2.5m）时，宜于在坡脚修筑落石槽。或者，当落石地段堑顶以上的山坡较平缓，则在路基和有崩落物的山坡之间，宜于修建带有落石槽的拦石墙，或带落石槽的拦石堤。

（3）拦石网

拦石网能够通过自身的位移、变形、振动等方式有效的消散滚石冲击该系统时所携带的能量。目前应用较为广泛的拦石网主要由金属网片、支撑网片用的钢绳和钢柱、将钢柱和坡体连接在一起的铰支、连接钢柱上端和上方坡体的拉锚绳、必要时在拉锚绳上设置的缓冲器件等组成，根据支撑方式的不同，可将拦石网分为立柱式拦网和支杆式拦网（图6-59）。对于坡角不大的边坡，可以将拦石网设置为立柱式。当陡坡近乎直立且防护区域较狭窄时（比如呈线状延伸的

图6-59　公路滚石灾害拦石网防护结构（左为立柱式拦网、右为支杆式拦网）

道路），可以支杆式方式在陡崖上设置拦石网。对于滚石运动路径较为明确的沟谷地段，可以将拦石网的钢丝网片悬挂于水平钢绳上，同时将钢绳两端锚固在沟谷两侧的稳定基岩上以拦截滚石。其优点是整体柔性，良好的地形适应性，美观与环保，施工快速方便，施工干扰小，易于防腐与维护。

（4）挡石墙（堤）

挡石墙具有拦截滚石和堆存滚石的作用（图6-60）。挡石墙可以截获直径达1.5~2m以滑动或滚动方式运动的滚石，同时还可以存储一定数量的滚石，减少其清理次数。为了最大限度地发挥挡石墙拦截滚石的作用以及便于施工和运输，挡石墙一般修建于坡脚靠近防护区域处。可用于拦截滚石的挡石墙有多种，如钢筋混凝土挡墙、石笼挡墙、浆砌石挡墙等。石笼挡墙价格便宜且具有一定的柔性，在山区的

图6-60　典型边坡滚石灾害拦石墙（堤）防护结构

困难地带有较广泛的应用。挡石墙防护结构的缺陷是以刚性结构去抵抗动力冲击，从原理上就存在事倍功半的弊端，其结果是必须在有滚石发生的陡峻山坡上建造庞大的拦石结构。结构庞大且自重较大，故需要稳定而庞大的基础，通常需要进行较大的开挖，一方面带来基坑的稳定性问题，另一方面对场地要求条件较高，特别在坡陡时难以实现。施工速度慢，工期长，且一旦发生破坏将导致灾难性后果。

当陡峻山坡下部有小于30°的缓坡地带，而且有较厚的松散堆积层，当落石高程不超过60~70m时，在高出路基不超过20~30m处，修筑带有落石槽的拦石堤是适宜的。拦石堤通常使用当地土筑成，一般采用梯形断面，其顶宽2~3m，其外侧可根据土的性质，采用不加固的较缓的稳定边坡，也可以采用较陡的边坡，而给予加固。其内侧迎石坡可用1∶0.75的坡度，并进行加固。若山坡坡度大于30°，落石高度超过60~70m时，则以修筑带落石槽的拦石墙为适宜。拦石墙墙身多为浆砌片石，墙的截面尺寸及其背面缓冲填土层的厚度，应根据其强度和稳定性计算来决定。在坡度较缓的路堑边坡地段，如有崩塌落石现象，在条件允许时，可以在坡脚修建拦石墙，也会取得良好效果。

（5）拦石栅栏

拦石栅栏因具有设计简单、施工方便等优点而成为防护滚石的主要手段之一。拦石栅栏一般由浆砌片石或混凝土作基础，用木材或钢材（如废旧钢轨、型钢等）作立柱和横杆（图6-61）。按其材料不同，拦石栅栏可分为金属栅栏（如钢轨栅栏）和木栅栏。钢轨栅栏克服了挡石墙圬工量大、工程费用高的缺点。由于钢轨栅栏是一种刚性结构，冲击能量较大的滚石有时能将栅栏击穿。由于取材方便等原因，原木栅栏在山区应用较多。然而原木栅栏的强度较低且容易腐烂，致使其很难达到长期有效的防护要求。另外，大量使用原木也与环保法规相悖，不提倡使用。

（6）防滚石棚

在滚石经常出现的地段，有效的遮挡建筑物之一就是明洞（图6-62左）。按照结构形式的不同，明洞可分为拱形明洞、板式棚洞和悬壁式棚洞等三种常见形式。三种形式的明洞都利用了坡体或山体作为靠山墙或以之为支撑。拱形明洞的两边墙共同承受分别由拱顶和坡体方向传来的垂直压力和水平推力，而板式棚洞主要由内边墙承受上述荷载。悬壁式棚洞由于场地的限制而只有内侧边墙。当无法借助于坡体作为承重墙时，可以构筑独立于坡体的防滚石棚，这也是将防滚石棚区别于明洞的原因之一。在很多困难的山区地段，经常会见到一些利用原木搭建而成的防滚石棚，但大量使用原木与环保法规不符。传统滚石棚洞主要是通过结构顶部的沙砾石垫层来耗能抗冲击的，然而实践表明，沙砾石垫层材料不仅缓冲吸能效果有限，且自重荷载较大，建设成本偏高，不利于大面积推广。为此，一种新型的耗能减震棚洞（图6-62右）被提出来，该防护结构通过在棚洞支座处增设耗能减震器，在最大限度降低棚洞自重的情况下增大防护结构的系统柔度，达到耗能减震的目的。

2）疏导法

对于滚石物源集中且滚石发生频率较高的边坡，在适当条件下可以采用疏导法。疏导法主要采取特定的工程措施（如疏导槽、疏导沟等）来限制滚石的运动范围或运行轨迹，将滚石疏导至安全区域。其中，落石渡槽一般设在山坡有自然沟槽时，且山势陡峻，两侧山坡上危岩和孤石较多，可顺着自然沟槽修建混凝土渡槽，由于渡槽表面光滑，落石不能在渡槽中停留，排落石效果良好。

3）警示与监测法

对于边坡岩体比较破碎、地形地貌条件复杂以及

图6-61　典型边坡滚石灾害拦石栅栏防护结构

（ a ）

（ b ）

图6-62　传统棚洞防护结构（ a ）和新型耗能减震棚洞（ b ）

气候条件比较恶劣的线路工程来说，必要时可以利用警示法与监测法防治滚石灾害。所谓警示法，是指当滚石到达线路附近时利用警示或声音信号的方式警告车辆和有关人员，以避免滚石灾害的发生。滚石防护的警示法主要包括巡视、警告牌警示、电栅栏、滚石运动监测计、TV监视、雷达和激光监测系统等。对于体积较大且难以清除或加固的危岩体，还可以使用一些经济简便的仪器进行位移或应力量测。利用各个阶段的监测结果对危岩体失稳或破坏的可能性进行判断，并给管理部门足够的时间采取措施。在很多情况下，很难将警示与监测完全分开来讲，这也是本文将相应的滚石防护对策称为警示与监测法的主要原因。根据监测工作的能动性，可将滚石监测方法主要分为滚石发生后的被动式监测及对潜在滚石进行的主动式监测。被动式滚石监测有报警监测和记录监测，而主动式滚石监测主要包括变形监测和应力监测。由于潜在滚石区所处的气候、水文、地震活动、人类活动等环境对滚石事件的规模、强度、发生频率等都有一定的影响，所以可将对滚石事件成灾环境的监测作为滚石监测的辅助方式。

3. 常用滚石防护措施适用范围

目前，针对滚石灾害防治，较为常用的防护工程措施主要有柔性防护网、棚洞、柔性拦石墙等，以下分别介绍着三种防护结构作用原理及适用范围。

1）柔性防护网

柔性防护网又分为主动防护系统与被动防护系统，其中，主动防护系统是以钢丝绳网为主的各类柔性网覆盖包裹在所需防护斜坡或岩石上，以限制坡面岩石土体的风化剥落或破坏以及危岩崩塌（加固作用），或将落石控制于一定范围内运动（围护作用）。如图6-63所示。

作用原理上类似于喷锚和土钉墙等面层护坡体系，但因其柔性特征能使系统将局部集中荷载向四周均材质：钢丝绳网、普通钢丝格栅（常称铁丝格栅）和TECCO高强度钢丝格栅均匀传递以充分发挥

整个系统的防护能力，即局部受载，整体作用，从而使系统能承受较大的荷载并降低单根锚杆的锚固力要求。

系统具有开放性，地下水可以自由排泄，避免了由于地下水压力的升高而引起的边坡失稳问题；该系统除对稳定边坡有一定贡献外，同时还能抑制边坡遭受进一步的风化剥蚀，且对坡面形态特征无特殊要求，不破坏和改变坡面原有地貌形态和植被生长条件，其开放特征给随后或今后有条件并需要时实施人工坡面绿化保留了必要的条件，绿色植物能够在其开放的空间上自由生长，植物根系的固土作用与坡面防护系统结为一体，从而抑制坡面破坏和水土流失，反过来又保护了地貌和坡面植被，实现最佳的边坡防护和环境保护目的。

被动防护是由钢丝绳网、环形网（需拦截小块落石时附加一层铁丝格栅）、固定系统（锚杆、拉锚绳、基座和支撑绳）减压环和钢柱四个主要部分构成。钢柱和钢丝绳网连接组合构成一个整体，对所防护的区域形成面防护，从而阻止崩塌岩石土体的下坠，起到边坡防护作用。

产品特性：系统的柔性和拦截强度足以吸收和分散传递预计的落石冲击动能，消能环的设计和采用使系统的抗冲击能力得到进一步提高。与刚性拦截和砌浆挡墙相比较，改变了原有施工工艺，使工期和资金得到减少。

图6-63　被动柔性防护网

产品适用于建筑设施旁有缓冲地带的高山峻岭，把岩崩、飞石、雪崩、泥石流拦截在建筑设施之外，避开灾害对建筑设施的毁坏，防滚石冲击能量可达1 000kJ。

2）棚洞

棚洞是指明挖路堑后，构筑简支的顶棚架，并回填而成的洞身，属于明洞范畴的隧道。它也是最为有效的防治滚石冲击的防护措施，采用棚洞的条件与明洞大致相似，其结构整体性比明洞差，但由于顶棚与内外墙简支，因此对地基的要求相对较低。其使用条件为：

（1）开挖时有塌方的危险和趋势，开挖难以一次开挖到位，难以形成整体施工场地的路段。

（2）内外墙底基础软硬差别较大，不适宜修建明洞的地段。

（3）基岩埋深大，有条件进行桩基础实施的路段。

棚洞随地形和地质条件的不同有多种类型，但其基本构造有内墙、外侧支撑结构和顶板支撑结构。地基条件较弱的情况下，还需设置底部支撑结构，相当于涵洞的支撑梁。内墙可做成钢筋混凝土板墙和外部支撑共同构成桩板式支挡墙。外墙支撑结构可根据地形和地质情况的不同做成刚架式、柱式和墙式。外板可采用T形梁、I型梁或空心板梁截面预制安装构件。为防止棚洞做成后，仍可能有滑坡、坍塌、崩塌体进入棚洞内，桩板式墙体可高于顶部横向支撑结构。

为防止山体形成的泥石流进入棚洞，边坡上须进行绿色柔性防护，同时在高边坡上每隔一个台阶同时设置截水沟。分阶使边坡雨水或渗水流进预设的急流槽内，最后一道截水沟设在桩板式挡土墙外侧，防止水流越过桩板体，影响墙体外观。

桩板式墙体上预设渗水孔，在分层回填棚洞体两侧填土时，及时设置渗水管，渗水管位置和桩墙体预留渗水孔衔接，渗出水按预设管道流入棚洞预设边沟内。

普通棚洞承受滚石冲击能量可达到1 000kN。

3）柔性拦石墙

网箱砌垒成的柔性拦石墙内的填充料为松散体，存在较多的孔隙，利于砌体后填土和护坡下土层中孔隙水的排出，地表水一旦入渗土体中，则可用过砌体较快的排出，有效降低地下水位，从而减少墙体后和坡下的地下水压力。在滑坡治理以及泥石流的防治工程中，水及时排出降低了墙破坏的概率，同时墙体良好的变形能力能够有效地缓冲突发的滚石冲击。石笼网被广泛应用，可以承受不同的压力，可以根据地表装置来安装、扭转。同时它们必须具有足够的能力承受石料的重量和其他置于它们之上的石笼网重量。它们要经得起雨水的冲蚀，仍保持结构的完整性。石笼网挡墙作为一种新型的挡土结构，以其造价低、生态性好、适用范围广、柔性变形等特点得到了越来越多的应用。石笼网挡土墙是将符合粒径要求的石料填入具有柔性的铁丝笼中达到一定的孔隙率、逐层砌筑的一种新型的柔性挡土构筑物。石笼防护适用于受水流冲刷和风浪侵袭，且防护工程基础不易处理或沿河挡土墙、坡脚基础局部冲刷深度过大的沿河路堤坡脚或护岸。

它在国外的道路工程中已广泛应用。例如，美国加利福尼亚州1号公路蒙特利的挡土墙，意大利Arezzo省SS556公路，加拿大安大略省用来支撑路侧切坡的挡墙，以及法国、德国、挪威、瑞士、英国等都将这种结构应用于河道护坡、土体支挡、桥台修筑等。近年来，这种新型结构在国内也有所应用，主要用于河道岸坡防护。例如，作为护坡成功用于长江干堤，桂林至阳朔的漓江护岸工程，重庆奉节宝塔坪滑坡处治工程的涉河路段也采用了部分石笼挡墙结构形式，并取得了良好的使用效果。

柔性拦石墙靠其自身的变形能够很大程度上吸收滚石冲击力，抗滚石冲击能力可达3 000kN。

具体采用何种被动防护结构，可参照滚石冲击能量按表6-22选取。

常用滚石防护结构选取的依据　　　　　　　　　表6-22

主动防治			被动防治			
清除危岩 （m³）	混凝土喷锚 （m²）	主动柔性防护网 （m²）	被动柔性防护网（kJ）	棚洞 （kJ）	落石槽 （kJ）	柔性拦石墙 （kJ）
0~500	300~1500	100~1000	200~1000	1000~3000	100~500	1000~5000

6.5.4.2　滚石灾害防治新技术

（一）基于金属耗能器的新型棚洞技术

在实际工程中，对滚石灾害的防护多采用被动防护措施对滚石灾害进行防护，其中棚洞结构是最为有效的防护工程之一。如图6-64（a），在棚洞结构上覆盖一定厚度的砂砾石垫层能有效吸收滚石冲击能量，起到吸能缓冲作用，减轻滚石冲击荷载对防护结构的冲击。然而，此类研究虽然定性地描述了垫层的减震作用，但并未解决诸如作用在棚洞结构上的滚石冲击力大小，垫层厚度等关键问题。使得目前棚洞设计主要基于保守的经验公式，垫层过厚（常大于1.5~2.5m），建设成本过高，制约其推广应用。

为此，提出一种基于耗能减震技术的新型滚石棚洞结构，如图7-30（b），通过在棚洞支座处增设耗能减震器（SDR）替代砂石垫层吸收滚石的冲击能量，改变棚洞结构体系的刚度，以便最大程度地达到耗能减震、降低结构自重的目的。同时，构建非线性质量弹簧体系模型来模拟滚石冲击荷载下棚洞结构动力响应，利用能量法分析了新型耗能减震棚洞的防滚石抗冲击机理，为新型耗能减震滚石棚洞结构设计提供理论基础。

1.　金属耗能器（SDR）的动塑性特性

常用的金属耗能器为圆柱型软钢材料，并通过压缩过程中的叠缩破坏来强烈吸收外加冲击能量。Andrews等人研究发现不同直径壁厚比的耗能减震器的叠缩模式不同，在直径壁厚比较大时发生非轴对称破坏，反之发生如图6-65（a）的轴对称破坏，且后者耗能效果更好，破坏模式也相对稳定，这也是现有相关研究的重点。

研究发现，金属耗能减震 存在一个进入叠缩破坏状态的初始荷载P_y，当外荷载小于P_y时，耗能减震器不发生叠缩，其承载力与压缩变形间服从线弹性变化关系。反之荷载大于P_y时，耗能减震器便通过不断叠缩来强烈吸收外荷载能量，达到减震效果。

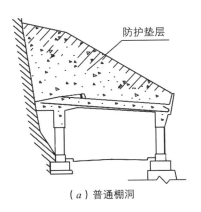

（a）普通棚洞

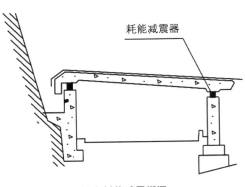

（b）耗能减震棚洞

图6-64　两种棚洞结构问题

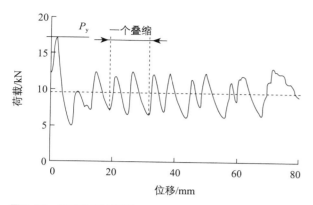

图6-65 轴对称叠缩问题

1）平均压垮荷载

耗能减震器在通过不断叠缩耗能的过程中，其承载力出现周期变化特征，并存在一个相对稳定的平均值，这里称平均压垮荷载。Alexander 通过假设材料为理想弹塑性，最早给出了以图6-66的轴对称模式屈曲的圆柱管在大变形下的平均承载能力，即平均压垮荷载：

$$P_\mathrm{m} = 6\sigma_\mathrm{m} t\sqrt{Dt} \qquad (6-58)$$

式中，D 为管的直径；t 是管壁厚；σ_m 为材料的屈服应力。

2）金属耗能减震器的简化本构模型

由上述分析可知，如图6-67，软钢圆柱管的压力变形模型可简化为：

$$P_\mathrm{D} = \begin{cases} k\delta_\mathrm{D} & \delta_\mathrm{D} < \delta_\mathrm{y} \\ P_\mathrm{m} & \delta_\mathrm{D} < \delta_\mathrm{y} \end{cases} \qquad (6-59)$$

式中，P_D 为作用在耗能减震器上的外加荷载；P_y、δ_y 为壳体首次叠缩破坏时的极限承载力和临界变形量；$k=P_\mathrm{y}/\delta_\mathrm{y}$ 为弹性系数；

显然若 $P_\mathrm{D}<P_\mathrm{y}$ 则对冲击能量的耗散主要由褶曲形成前弹性变形完成，此时耗能为：

$$W_\mathrm{D} = \int_0^{\delta_\mathrm{D}} P_\mathrm{D} \mathrm{d}\delta_\mathrm{D} = \frac{1}{2} k\delta_\mathrm{D}^2 \qquad (6-60)$$

若 $P_\mathrm{D} \geq P_\mathrm{y}$，则对冲击能量的耗散主要由褶曲变形能完成，此时耗能为：

$$W_\mathrm{D} = \frac{1}{2} k\delta_\mathrm{y}^2 + P_\mathrm{m}(\delta_\mathrm{D} - \delta_\mathrm{y}) = \frac{1}{2} k\delta_\mathrm{y}^2 + P_\mathrm{m}\delta_\mathrm{m} \qquad (6-61)$$

式中符号意义同前。

2. 滚石冲击特性与棚洞板弯曲变形

滚石对防护结构的冲击是直接作用在棚洞顶部框架梁上，梁与滚石的冲击接触变形和梁自身弯曲变形都决定了传递到耗能减震器上冲击能量的大小，并最终影响系统的防护效果。

1）基本假设

如图6-68，进行滚石对防护结构冲击力计算之前，先作如下假设：①滚石简化为球形，质量均匀分布；②混凝土棚洞板和滚石均视为刚度大、模量高的弹性刚体。

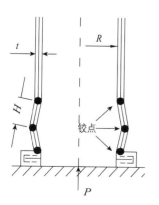

图6-66 理想轴对称叠缩模型

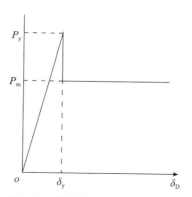

图6-67 软钢管减震器能量耗散计算模型

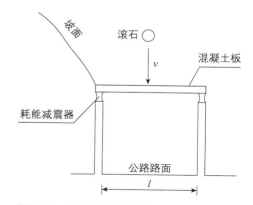

图6-68 滚石冲击计算模型

2）滚石对棚洞板的弹性冲击

若将棚洞视为半径无限大的刚性球体，则滚石对棚洞的冲击问题可转化为两弹性球体的接触问题，如图6-69，根据Hertz理论有接触变形δ_e与接触压力P_e的关系：

$$P_e = \frac{4}{3}ER^{\frac{1}{2}}\delta_e^{\frac{3}{2}} \tag{6-62}$$

式中，E为等效弹性模量；$\frac{1}{E} = \frac{1-v_1^2}{E_1} + \frac{1-v_2^2}{E_2}$；$E_1$、$v_1$、$E_2$、$v_2$分别为滚石和棚洞板的弹性模量和泊松比。$R$为等效半径，这里等于滚石半径。

则在冲击过程中，滚石与棚洞板接触面产生的弹性变形而吸收的能量表达为：

$$W_e = \int_0^{\delta_e} P_e d\delta_e = \frac{8}{15}ER^{\frac{1}{2}}\delta_e^{\frac{5}{2}} \tag{6-63}$$

式中，W_e为滚石与棚洞板弹性接触变形能。

3）棚洞板弯曲弹性变形

将棚洞板简化成简支梁，假设滚石冲击点位于棚洞板的跨中，则在给定冲击荷载P_f作用下，棚洞板将发生弯曲变形，对应的挠度为：

$$\delta_f = \frac{P_f l^3}{48EI} \tag{6-64}$$

式中，δ_f为棚洞板跨中挠度；l为棚洞板跨度；EI为棚洞板抗弯刚度；P_f为在作用在棚洞板跨中的集中荷载。

棚洞板弯曲变形对应的弹性应变能可表达为：

$$W_f = \frac{P_f^2 l^3}{96EI} \tag{6-65}$$

式中，W_f为棚洞板对应的弯曲变形能。

3. 耗能减震滚石棚洞结构动力响应

如图6-70，新型耗能减震滚石棚洞防护体系主要由棚洞板、耗能减震器和刚性支撑柱组成，滚石对棚洞的冲击能量主要转化为接触面上弹性接触变形能，棚洞板的弯曲变形能和耗能减震器本身的压缩变形能。

由于滚石对防护结构的冲击本质上是一种低速冲击问题，故对棚洞结构中组件的受力与变形问题的分析可用拟静法处理，即滚石对棚洞板的冲击接触压力与导致棚洞板弯曲和耗能减震器变形上的荷载是一致的：速度较小的冲击时，耗能减震器未发生叠缩，作用在结构上的冲击力是滚石－棚洞板间的接触变形δ_e的函数；而在冲击速度较大时，软钢管减震器已进入叠缩屈服工作状态，则在冲击结束前作用在结构上冲击荷载恒定为P_m，如式（6-58）。

1）耗能减震器未发生褶皱屈服时的冲击耗能特性

为方便研究滚石冲击过程中的能量转换关系，揭示滚石冲击时新型棚洞结构的动力响应，特将棚洞结构简化为一个非线性质量弹簧体系（图6-71）。

假设滚石以速度v对棚洞系统的冲击时，耗能减震器没有进入叠缩屈服的工作状态，则此时棚洞系统各部件所受的冲击力大小相等并满足式（6-62），结合式（6-63）和式（6-62）有棚洞板得弯曲变形δ_f和减震器的压缩变形δ_D分别为：

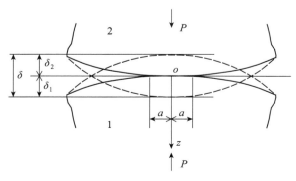

图6-69 Hertz接触问题

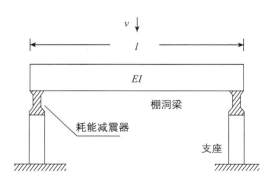

图6-70 耗能减震滚石棚洞结构模型

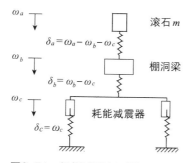

图6-71 耗能减震滚石棚洞质量
弹簧体系模型

$$\begin{cases} \delta_f = \dfrac{R^{\frac{1}{2}}\delta_e^{\frac{3}{2}}l^3}{36I} \\ \delta_D = \dfrac{4ER^{\frac{1}{2}}\delta_e^{\frac{3}{2}}}{3k} \end{cases} \quad (6-66)$$

结合式（6-60）、式（6-63）和式（6-65）有此时棚洞系统通过耗能减震器变形W_D、滚石冲击接触变形W_e和棚洞板弯曲变形的耗能W_f分别为：

$$\begin{cases} W_D = \dfrac{8E^2R\delta_e^3}{9k} \\ W_e = \dfrac{8}{15}ER^{\frac{1}{2}}\delta_e^{\frac{5}{2}} \\ W_f = \dfrac{ER\delta_e^3l^3}{54I} \end{cases} \quad (6-67)$$

由于滚石的冲击能量被滚石棚与洞梁的接触变形、棚洞板的弯曲变形和（一对）减震器的压缩变形耗散了，故根据能量守恒有：

$$\frac{1}{2}mv^2 = \frac{8}{15}ER^{\frac{1}{2}}\delta_e^{\frac{5}{2}} + \frac{ER\delta_e^3l^3}{54I} + \frac{16E^2R\delta_e^3}{9k} \quad (6-68)$$

解此式便可得到耗能减震器未进入叠缩耗能工作状态前各系统的变形及耗能状况。

特别的，当$\delta_D=\delta_y$时，即$\delta_e = \left(\dfrac{3k\delta_y}{4ER^{\frac{1}{2}}}\right)^{\frac{3}{2}}$时有圆柱减震器进入褶皱屈服工作状态的临界滚石冲击速度：

$$v_y = \sqrt{\frac{2}{m}\left(\frac{8(3k\delta_y)^{\frac{5}{3}}}{15E^{\frac{2}{3}}R^{\frac{1}{3}}} + \frac{k^2\delta_y^2l^3}{96EI} + k\delta_y^2\right)} \quad (6-69)$$

式中符号意义同前。

2）耗能减震器进入褶皱屈服后的冲击耗能特性

当滚石冲击速度$v>v_y$后，圆柱壳发生褶皱屈服。此时，作用在系统各部件上冲击荷载降低为平均压垮荷载P_m，这使得滚石与棚洞板间的接触变形δ_e及棚洞板的弯曲变形δ_f相应减小为：

$$\begin{cases} \delta_e = \left(\dfrac{3P_m}{4ER^{\frac{1}{2}}}\right)^{\frac{2}{3}} \\ \delta_f = \dfrac{P_ml^3}{48EI} \end{cases} \quad (6-70)$$

对应滚石接触变形和棚洞板的弯曲变形所耗能也降低为：

$$\begin{cases} W_e = \dfrac{(3P_m)^{\frac{2}{3}}}{15(2E^2R)^{\frac{1}{3}}} \\ W_f = \dfrac{P_m^2l^3}{96EI} \end{cases} \quad (6-71)$$

也就是说，在耗能减震器开始叠缩工作时，因系统柔度增加，棚洞板的弯曲及滚石冲击接触变性开始反弹，此时滚石多余冲击能量主要通过耗能减震器的褶皱屈服变形来完成的，结合式（6-60）和能量守恒有：

$$\frac{1}{2}mv^2 = 2\left(\frac{1}{2}k\delta_y^2 + P_m\delta_m\right) + \frac{(3P_m)^{\frac{5}{3}}}{15(2E^2R)^{\frac{1}{3}}} + \frac{P_m^2l^3}{96EI} \quad (6-72)$$

利用此式关系，便可计算出耗能减震器在发生叠缩破坏的情况下滚石对棚洞的最大冲击力、棚洞板的最大挠度、耗能减震器吸收的能量等等，以指导棚洞结构设计。

（二）基于EPS耗能垫层结构的新型棚洞技术

在棚洞结构上覆盖一定厚度的砂砾石垫层能有效吸收滚石冲击能量，起到耗能缓冲作用，减轻滚石冲击荷载对防护结构的冲击。然而，垫层过厚，建设成本过高，且抗震性能不佳等因素，直接制约其推广应用。为此，本节对棚洞垫层结构进行了优化，通过在棚洞顶部混凝土板与土层之间铺设一层EPS垫层材料，改变棚洞结构体系的刚度，以便最大限度地达到耗能减震、降低结构自重的目的。

目前，棚洞设计主要基于保守的经验公式，国家还没有相关方面的技术规范和技术标准，广大工程技术人员对棚洞结构的设计无据可依，存在很大的盲目性。棚洞设计的关键在于确定滚石冲击力大小，但由于滚石冲击能量大，冲击时间短暂，涉及结构大变形和复杂的能量转换关系，故在工程实践中很难获得。为得到最真实的接触力与压痕的关系，本节提出一种基于数值压痕试验来求解滚石冲击棚洞动力响应问题的理论方法，通过引入压痕试验，拟合出接触力与压痕在加载与卸载时真实关系曲线，反演接触力与压痕所满足的关系式，将其结果带入到Olsson动力冲击控制方程中，从而得到棚洞顶板受到滚石冲击时的动力响应的理论解，进一步研究了EPS垫层材料在滚石冲击棚洞过程中的耗能减震作用。

下面介绍冲击荷载下棚洞顶板动力控制方程。

近年来，人们推出来了多种板受冲击后的动力控制方程，其中应用最为广泛的是Olsson于1992年基于Kirchhoff平板理论所提出的。

针对棚洞受滚石冲击下Olsson动力控制方程可进行如下描述：考虑质量为m_i，半径为R的滚石以速度V_0冲击棚洞顶板，其棚洞顶板由钢筋混凝土板、EPS层、土层共同组成，分析模型见图6-72。

图6-72中，将由棚洞钢筋混凝土板及其上的EPS垫层、土垫层共同组成的抗滚石冲击结构，统称为棚洞顶板结构，棚洞顶板钢筋混凝土层由于其X、Y方向弯曲刚度不同可看作为正交各向异性板，而土层及EPS层由于弯曲刚度很小，可忽略其弯曲刚度的影响，仅考虑重力作用。

由Olsson动力冲击理论可知，图6-72中顶板中点处挠度控制方程描述为：

$$w_p(0,0,t) = \frac{1}{8\sqrt{m_p D^*}} \int_0^t F(\tau)\mathrm{d}\tau \quad （6-73）$$

式中，w_p为棚洞顶板结构中心点处的挠度，D^*为棚洞顶板的有效弯曲刚度，可通过正交各向异性弹性理论求得。

进一步，忽略滚石自身振动对板产生的影响，滚石在接触到棚洞顶板之后产生的位移以及初始条件可由下式得到：

$$w_i(t) = V_0 t - \frac{1}{m_i} \int_0^t \int_0^t F(\xi)\mathrm{d}\xi\mathrm{d}\tau \quad （6-74）$$
$$w_i(0) = 0, \quad \dot{w}_i(0) = V_0$$

结合式（6-72），得到棚洞顶板产生的永久压痕为：

$$\alpha = w_i - w_p \quad （6-75）$$

将公式（6-74）对时间进行两次微分，得到冲击力与压痕的控制方程及初始条件：

$$\frac{\mathrm{d}^2\alpha}{\mathrm{d}t^2} + \frac{1}{8\sqrt{m_p D^*}}\frac{\mathrm{d}F}{\mathrm{d}t} + \frac{F}{m_i} = 0 \quad （6-76）$$
$$\alpha(0) = 0, \quad \dot{\alpha}(0) = V_0$$

为求解微分方程（6-75），还需引入力与压痕的关系，为此，众多学者利用Herzt接触准则或弹塑性接触准则对其进行了研究，然而，无论是基于弹性假设的Herzt接触准则还是考虑损伤效应的弹塑性接触准则都是事先假定接触力与压痕满足固定的关系式，这种假定往往与实际不符，为解决这个问题，采用静力压痕实验得到真实接触力与压痕之间关系是一种非常有效的手段，并可以通过两种途径实现，其一是现场试验，其二是数值仿真的手段，伴随着有限元的发展，采用数值仿真进行静力压痕试验得到了越来越多的重视。

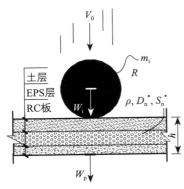

图6-72　滚石冲击棚洞顶板模型

6.6　案例——樟木镇滑坡防治规划

6.6.1　樟木镇滑坡概况

樟木滑坡由不同年代，不同条块、分级和不同层深的滑坡组成，这些滑坡大小不一，分属于不同的平面和立体空间，但其母体同属于三沟一河圈定的更大的古崩滑体，即南侧的邦村东沟，北侧的樟木沟，西面的波曲河及东边的强玛沟。整个古崩滑体横向平均宽907m，纵向平均长1 906m，坡体面积约为123万m²，平均厚度32.44m，前缘高程2 059.4m，后缘高程2 873m，体积3 990万m³（图6-73）。

目前在古崩滑体之上主要发育福利院滑坡、邦村东滑坡、中心小学强变形体，其中福利院滑坡中不仅包含浅、中、深层滑坡，还包括正在治理中的原消防队滑坡和林管站—电视台滑坡（图6-74）。

福利院现代滑坡整体形态为长条形滑坡，滑坡周界较明显，滑坡体纵轴长约639m，横轴宽约278m，面积约0.13km²，规模为224万m³，主滑方向234°，前缘高程分布于2 260～2 270m范围，高出波曲河床120～130m，后缘分布高程为2 630～2 660m，滑坡前后缘高差360～400m，滑坡地面坡度为25°～35°。

邦村东现代滑坡位于樟木崩滑堆积体东南侧，滑坡体纵轴长度约253m，横轴长约206m，面积约0.043 km²，规模为85万m³，主滑方向185°，滑向邦村东沟，前缘剪出口高程2 450～2 460m，后缘分布高程为2 560～2 570m，前后缘高差为110～120m。

中心小学变形体位于樟木镇西南部镇中心地带，该变形体斜坡平面特征为上部窄下部宽，整体形态呈扇形展布，纵轴向长度为230m，横轴向长度为240m，面积约0.036km²，规模为82万m³。变形体移动方向为219°。变形体斜坡前缘分布高程位于2 217～2 225m，后缘分布高程为2 357～2 358m，前后缘高差约141m，根据该变形体斜坡的地形纵向剖面，变形体斜坡地表坡度变化不大，整体平均坡度为29°。

6.6.2　防治目标与原则

1. 防治目标

樟木滑坡灾害是目前樟木最为严重的地质灾害，灾害覆盖面积大、数量多，伴随生态环境的改变和人类活动的加剧，新复活的滑坡活动加剧，不仅会造成现有承灾体的破坏，而且会造成连锁效应，诱发更多、更大的滑坡复活，为确保樟木镇人民生命财产安全，必须对其进行有效治理。治理工程近期目标将集中在灾害点的防治上，即以防止福利院滑坡进一步恶化、遏制樟木镇中心小学变形体的进一步发展，通过

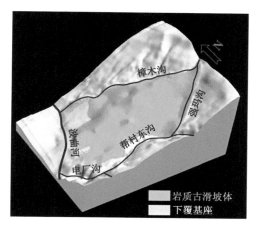

图6-73　樟木镇古崩滑体三维几何模型

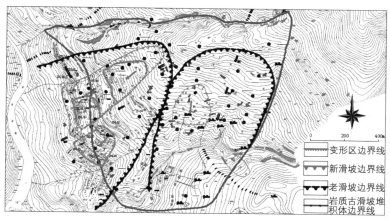

图6-74　樟木滑坡体周界示意图

滑坡治理工程的实施及市政排水工程的完善，使滑坡体向稳定的方向发展；治理工程远期目标是滑坡整体治理工程与城镇安全加固，尤其是城镇建设规划相结合，最终实现全面治理滑坡、减轻城镇灾害，保障在多种灾害作用下的城镇安全，促进樟木镇快速发展的目标。

2. 防治原则

（1）整体兼顾、局部集中治理

樟木镇滑坡数量多，威胁面积大，滑坡复活有可能发生连锁效应，所以防治工程应采取整体兼顾、局部集中治理的原则，对整个樟木镇滑坡进行整体稳定性强化处置方案，并对樟木镇滑坡范围内出现的一些重大、新生滑坡进行局部应急处置方案，保证滑坡区影响范围的安全。

（2）分区、分期、分类治理的原则

樟木镇滑坡作为一个特殊、复杂的大型变形体，随着局部条件的改变，会孕育出不同规模、不同性质和不同方向的滑坡体。因此，在进行治理时应根据滑坡地质环境条件、稳定状态以及危害对象，进行分区、分期、分类治理。

（3）多部门、跨专业、不同手段综合治理的原则

受地形条件的限制，樟木镇滑坡灾害的深层根源是樟木镇快速发展的结果，仅靠滑坡治理很难彻底消除灾害，所以滑坡治理要以工程治理、道路建设、城镇规划结合完成。

（4）安全可靠、经济节约的原则

根据樟木镇滑坡的地质、环境条件和滑坡的稳定性，在进行滑坡整治时应选取技术先进可靠、经济合理、施工可行的治理方案进行有效治理。

（5）环境友好、地域协调的原则

樟木镇处于喜马拉雅山南坡生态保护区，樟木镇滑坡治理在安全经济的前提下，要注重环保，防止进一步水土流失，遵循环境友好、地域协调的原则。

6.6.3 等级划分与设计荷载组合

1. 等级划分

樟木口岸为国家一类陆路通商口岸，人口密度大，根据《滑坡防治工程设计与施工技术规范》DZ/T0219—2006的有关规定，考虑滑坡稳定的重要性及其可能造成的危害，将樟木滑坡等级定为Ⅰ级。

2. 设计荷载组合

据樟木镇滑坡的受力特征和可能出现的各种荷载组合情况，计算中主要考虑天然、降雨、地震等因素影响，本次选定如下三种工况计算主要剖面和工程位各滑块的剩余下滑力：

荷载组合Ⅰ：自重荷载；

荷载组合Ⅱ：自重+暴雨荷载；

荷载组合Ⅲ：自重+暴雨+地震荷载。

6.6.4 综合防治工程总体方案

樟木滑坡作为一个地域特殊、条件复杂，规模巨大的滑坡，其防治工程能否成功，治理效果是否更理想并经得起时间的考验，关键在于是否有一个全面的防治工程整体方案。根据樟木滑坡的特殊环境条件，其防治工程总体方案如下：

首先，将樟木滑坡作为一个多位一体的系统建设工程来完成，该系统工程主要包括滑坡本身的处治工程和周围灾害防治辅助工程、滑坡区内市政设施的安全强化辅助工程、适应城镇快速发展又能减负避灾的新区开辟辅助工程、滑坡活动和工程效果监测辅助工程等4项辅助工程。前者直接解决滑坡活动问题，4项辅助工程分别解决周围灾害的影响问题，因快速发展尚未顾得上解决的遗留隐患问题，发展与灾害间的矛盾问题，判断滑坡是否继续活动问题；其次，樟木滑坡防治总体方案中超越目前有限的滑坡平面范围来考虑，考虑了在樟木城镇区的任一地方都可能发生新的滑坡，否则，势必又出现治愈不尽的老问题；再次，樟木滑坡采取

主动治理的方式，这样的方式有利于发挥工程的整体作用，更会无形中降低对市民的扰动和资金的投入。

最后，樟木滑坡的各项处置工程，采用多部门多专业跨领域相互协调的方式来共同实施完成。

1. 针对滑坡本身的防治工程

樟木滑坡防治工程可从整体到局部，从主城危险区到一般区，分期分区进行治理（图6-75）。其滑坡治理工程可分两期考虑。

一期工程建议：

1）排水工程

（1）在滑坡的侧后缘樟木沟的上游设置一排截水工程，以便尽力阻止或减少沟道流水，特别是雨期异常洪水进入滑坡体；

（2）在滑坡后部，滑体的深部设置一道深部排水工程，如渗水隧洞工程及通透式截水墙桩工程；

（3）在滑坡后部地面上设置一排地下水排泄工程（如仰斜排水工程）；

（4）樟木镇居民生活用水排泄工程及市政排水系统完善工程（与国土部门协商并着重由国土部门考虑）。

2）抗滑支挡工程

（1）在福利院现代滑坡区内滑坡的中前部、318国道附近可分别考虑布设两排抗滑锚固工程，以抗滑

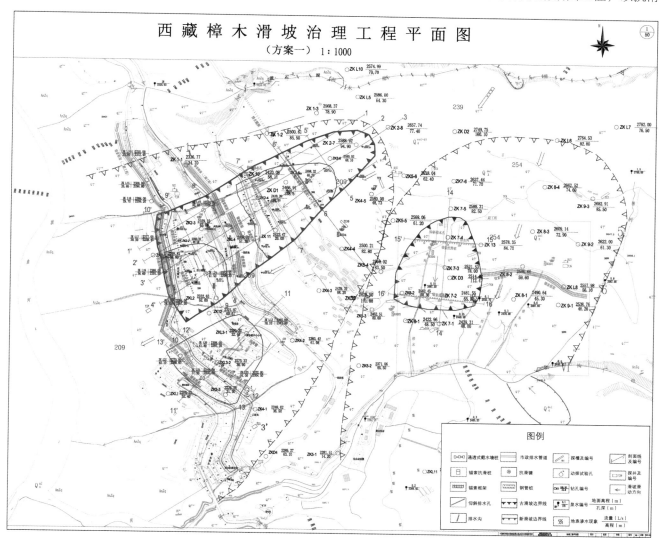

图6-75 樟木滑坡防治工程平面图

桩为主，以锚固工程为辅；

（2）樟木镇中心小学变形体中部设置一排抗滑桩，在前缘不易设置大型工程的居民密集区，设置一些锚固工程；

（3）在福利院新滑坡、樟木镇中心小学变形体在内的活动区前缘主体部位设置一排线型锁固工程，主要包括反压廊道挡墙桩基工程以及外边坡锚固工程。

3）滑坡专业监测工程

鉴于邦村东滑坡目前的活动现状，可对邦村东滑坡暂且开展专业监测工作，及时掌握滑坡的发展状态，必要时再实施抗滑支挡工程。同时对其他滑坡，尤其是滑坡前部相对活跃区展开专业监测工程。

二期工程建议：

（1）在福利院新滑坡范围外的古滑坡区及之外、樟木镇中心小学变形体在内的活动区前缘其他部位完善线型锁固工程，主要包括反压廊道挡墙桩基工程及内侧锚固工程、护坡绿化工程等。

（2）一期工程的补充完善工程。

（3）随着樟木镇发展的需要，如连接公路，允许条件下的城镇必要扩建等，将使邦村东滑坡危害对象出现并受到威胁时，可考虑邦村东滑坡治理工程的实施。

除以上两期工程外，可能还会存在其他必要的局部安全处置工程，但这些工程相对规模较小，且总会和相应的基础建设相联系，所以该部分工程由提出者所考虑。

2. 周围灾害防治工程设计——扎美拉山崩塌防治设计

扎美拉崩塌危岩带位于樟木镇北侧扎美拉山陡峭岩壁上，出露前震旦系达莱玛桥组（AnZd）黑云斜长片麻岩、黑云石英片岩和花岗片麻岩，岩层产状26°∠30°，危岩带由北西向南东沿114°方向呈近似三角形状展布，危岩带高差北西侧大南东侧小，全长约944m，平均高度625m，总面积约1.54km²。危岩带顶部海拔高程3 430～3 450m，底部海拔高程

2 700～2 950m，相对高差500～750m。崩塌源区距318国道高差约1 000m。危岩带临空面陡峻，所处位置距地面高差大，势能高。

根据扎美拉山崩塌危岩体的成因机制、发育特征及演化趋势和危害范围，崩塌灾害治理方案设计本着安全性和经济性兼顾，主动清除与被动拦截、遮挡工程相结合的整治原则，确定了扎美拉山岩崩治理措施以"爆破清除"＋"形成区拦截工程"＋"危害区遮挡工程"为主的总体防治方案。其中：危岩采用"爆破清除"；拦截工程采用两级拦截系统；对重大交通干线318国道则采用"轻钢结构柔性滚石防护棚洞"进行遮挡防护（图6-76）。

综合采用上述工程措施后，首先通过两级拦截工程能将扎美拉崩塌体的主要松散物质就近拦截在3 130m高程以上，避免沿陡岩崩落形成更大能量和更大危害范围的岩崩体；对于未完全拦截的小规模滚石，则采用遮挡工程重点保护318国道的行车安全。

3. 市政已有建筑的安全强化辅助工程

主要包括市政排水系统工程的完善，房屋的基础加固和抗震加固工程（图6-77），相对工程量不大，易于实施。

4. 贸易新区的开辟辅助工程

这类工程的核心是贸易新区的通达工程（图

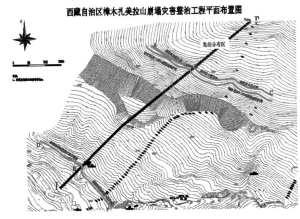

图6-76 樟木扎美拉崩塌危岩防治工程平面图

6-78），实质上是"三线"。

"一线"是贸易新区和樟木口岸的连接线，主要工程包括两隧+一桥工程；

"二线"是贸易新区和樟木镇的连接线，主要工程包括一段路基+一桥工程；

"三线"是贸易新区和318国道连接线，主要工程包括一隧+两桥工程。

前两线可作为近期工程，"三线"工程可作为远期工程，可与公路和铁路的发展规划相匹配。

5. 监测工程

根据樟木滑坡的地质环境条件，诱发因素、活动规律以及将要采取的治理工程情况，樟木滑坡监测主要包括：地表位移监测、深部位移监测、水压力监测、降水量监测、防治工程效果监测。

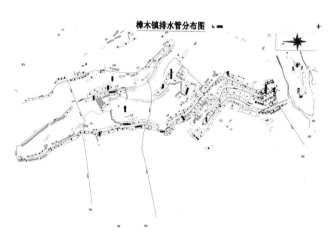

图6-77　樟木市政排水工程平面图

图6-78　樟木新区"三线"平面图

1）地表变形监测

地表变形监测点由监测点和基准点组成，为获得测量区域的绝对位移量，基准点应布设在远离测区且地质条件稳定的区域，如此能够有效反应地面变形。而监测点的合理布置对于整个监测工作至关重要，监测点布置的过于稀疏将增大监测数据的误差，而监测点布置的过密将增加监测工作的成本和工作量，因此可将监测范围划分为重点监测区和一般监测区，合理控制监测网的布置密度及日后观测的频率。

设计采用全站仪地表位移监测时间为每15天1次，每年雨季（6～9月）监测时间间隔加密为每15天2次，以对比降雨对变形的影响。GPS监测周期固定为每月1次。

本次地表变形监测共布设监测点74个（J01～J74），其分布如图6-79所示。

2）深部位移监测

深部监测点布置首先应重视前期工作成果，尽量减少工程花费，对前期的深部测斜孔进行修复，更换坏损设备，继续进行监测，修复已有地表裂缝监测设备，争取二次利用。而对于本次的新勘探孔，应选取合适孔位，安装测斜管，进行深部位移监测，以减少

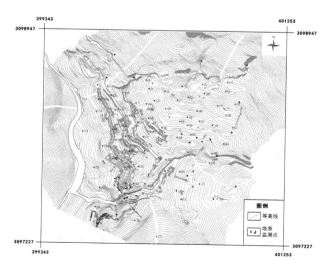

图6-79　地表变形监测点

设备安装带来的花费。深部变形监测时间为每15天1次，每年雨季（6～9月）监测时间间隔加密为每15天2次。

本次深部变形监测共布设深部变形监测点39个，其分布如图6-80所示。

3）水压力监测

水压力监测点布置要符合以下几个原则：

（1）充分利用地下水位明确的勘探钻孔；

（2）对于渗水区域进行水压力监测；

（3）全面覆盖监测区域；

（4）对滑坡危险区进行重点监测。

水压力监测时间为每15天1次，雨季（6～9月）监测时间间隔加密为每15天2次。

本次对原有地下水位明确的34个钻孔点进行水压力监测，同时对渗水区域及人类工程活动密集区布设水压力监测点13个，共计监测点47个，其分布如图6-81所示。

4）降水量监测

降雨监测：

本次雨量监测点布置应对前期损坏雨量监测站进行维修更换坏损设备，进行二次利用，由于前期观测多布置于福利院滑坡及其西部地区，对邦村滑坡及海关以南区域缺乏观测，因此本次观测增加对以上区域的观测，扩大观测覆盖范围。

降雨量监测为实时监测，本次降雨观测点共布设监测点7个，其分布如图6-82所示。

5）防治工程效果监测

防护工程效果监测点包括针对抗滑桩身应力应变监测、挡土墙迎坡面和背坡面布设土压力监测以及锚杆、锚索应力监测，以观察防治工程效果并做出评价。

防治工程效果监测时间为每15天1次，每年雨季（6～9月）监测时间间隔加密为每15天2次。

本次防护工程效果监测共布设变形监测点14个，

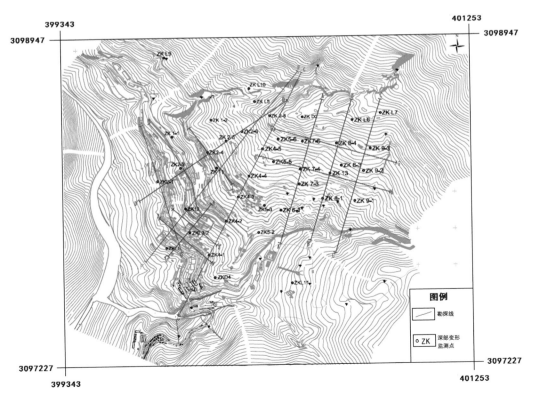

图6-80 深部变形监测点

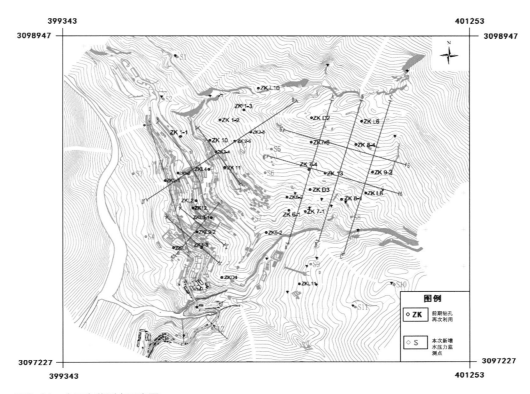

图6-81　水压力监测点示意图

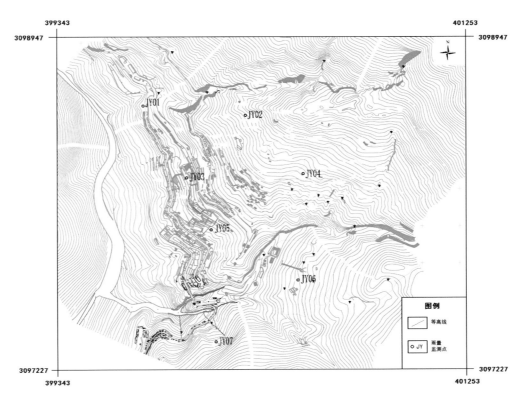

图6-82　降雨观测点示意图

其分布如图6-83所示。

6. 樟木镇其他滑坡灾害防治工程

樟木镇区域内地质灾害分布广泛，除上述城区分布的福利院滑坡、樟木镇中心小学变形体、樟木扎美拉崩塌危岩等滑坡灾害外，还主要分布在中尼公路曲乡—樟木镇段、中尼公路樟木镇—友谊桥段、立新村和雪布岗区，主要发育有707桥滑坡、友谊桥滑坡群、雪布岗滑坡群、立新村滑坡群、查验楼滑坡和温州商贸城滑坡的滑坡灾害。针对樟木镇其他防治工程，依据各滑坡的特点和形成条件来考虑，采用抗滑、支挡、锚固、遮护、排水等方案分批进行综合治理。

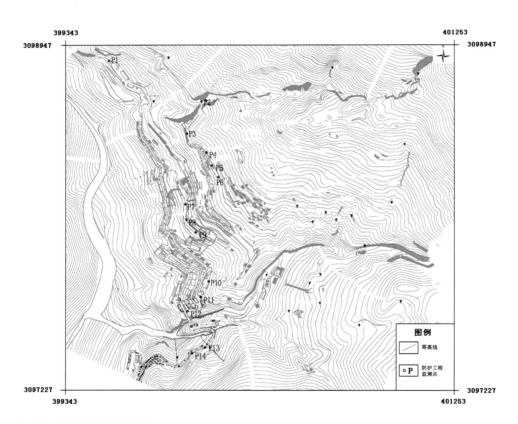

图6-83 防护工程效果监测点

第七章 城市地裂缝防治规划

地裂缝是地面变形灾害的一种，它直接或间接地恶化环境、降低环境质量、危害人类和生物圈发展，已成为一个新的、独立的自然灾害灾种，引起了国际地学界的关注。地裂缝不仅直接破坏各类工程建筑，如城市建筑、生命线工程、交通、农田和水利设施等，造成较大的经济损失，也影响和威胁当地群众的生产和生活，成为一个社会问题。

7.1 城市地裂缝防治规划内容与实施途径

7.1.1 城市地裂缝防治规划的特点

城市地裂缝防治规划是指时段较长的、分阶段或分步骤实施的城市地裂缝防治计划。地裂缝防治规划在规划体系中属于专门性规划，一定要适应或符合一个地区总体规划和地质灾害防治规划的要求，而且要与相关的其他规划协调配合。地裂缝防治规划要保障充分的科学性，既要适度超前，又要符合实际，切实可行。

7.1.2 城市地裂缝防治规划的原则

1. 坚持近期规划与长期规划相结合的原则。

2. 对地裂缝防治体系全面规划，综合规划的原则。

3. 坚持非工程治理（预防、避让）与工程治理相结合的原则。

4. 综合治理、统筹兼顾、突出重点、量力而行，分阶段实施的原则。

5. 从实际出发，因地制宜，讲究实效。

7.1.3 城市地裂缝防治规划的内容

地裂缝防治规划是在查明其地理位置、规模、活动性、影响因素和危害性的基础上，逐步开展动态监测、预警预报工作，控制其发展态势，加强对地裂缝所在地附近建设用地地质灾害危险性评估。具体包括以下几个方面：

1. 地裂缝防治目标。

2. 地裂缝防治原则。

3. 地裂缝现状。

4. 地裂缝监测预警。

5. 地裂缝易发区和危险区的划定。

6. 地裂缝防治总体部署和主要任务。

7. 地裂缝防治预期效果。

7.1.4 城市地裂缝防治规划的编制

国务院国土资源行政主管部门组织编制全国地裂缝防治规划，县级以上地方人民政府国土资源行政主管部门根据上一级地裂缝防治规划，组织编制本行政区域内的地裂缝防治规划（目前开展较多的主要是以省市区为单位和以市为单位进行编制）；跨行政区域的地裂缝防治规划，由其共同的上一级人民政府的国土资源行政主管部门组织编制。

7.2 地裂缝防治规划信息获取

7.2.1 勘察工作应遵循的一般原则

1. 地裂缝的调查和勘查必须在已有地质环境资料基础上进行。地裂缝的勘查，应特别重视资料收集工作，力求全面地在深层次上认识地裂缝的成因，为布置实物工作量打好基础。

2. 在地裂缝勘查工作中，应把现场调查访问置于特别重要的地位。

3. 地裂缝勘查工作的重点是目前已经造成直接经济损失或将要造成较大危害的地段。

4. 地裂缝勘查工作的布置，应考虑相应地区经济建设和社会发展的要求。

5. 地裂缝勘查与防治是一项逐步深入的工作：

一是调查访问；二是开展地裂缝的地质测绘；三是槽探、钻探；四是地球物理化学勘探；五是进行必要的岩、土、水样品测试；六是根据需要设置地裂缝监测；最后进行综合分析，分阶段提出防治对策。

7.2.2 勘察工作程度要求

1. 勘察内容要求

1）区域自然地理—地质环境条件。

2）单个地裂缝及群体地裂缝的规模、性质、类型及特点。

3）地裂缝的形成原因及影响因素。

4）地裂缝的发展规律。

5）地裂缝的危害性、未来的危险评价。

6）地裂缝灾害的防治或避让工程方案。

2. 调查范围和工作精度确定

根据地裂缝分布的范围、规模和危害性大小确定调查范围和工作精度。不同地区产生的地裂缝，应采用不同的精度进行勘查。对重要城市及重大工程场址进行1∶5 000地质测绘，典型地点采用1∶1 000～1∶5 000；对县级等一般城市采用1∶10 000～1∶50 000精度布置地质测绘工作；对乡镇及农村可采用1∶50 000～1∶100 000或更小比例尺开展工作。勘探工程量要与地质调查测绘精度相适应。

7.2.3 勘察技术要求

1. 地裂缝形成背景资料的收集

地裂缝的形成、发展和演化是地质环境变化或人为活动作用的结果，在研究地裂缝时，要分析其成因及成灾机理，必须全面掌握包括区域范围内与地裂缝形成有关的资料。但所有内容，不可能进行全面调查研究，一般是通过资料的收集获得，在地裂缝研究中，需重点获取如下资料：

1）区域新构造活动规律和特点，包括大地构造单元、控制性活动断裂、活动构造体系、发震断裂、地震分布以及区域应力场、重力、磁力、地温等资料。

2）地貌及第四纪地质资料。包括地貌单元划分、地貌特点、一些特殊的地貌现象的形成和演化（如西安市盆岭构造地貌）、第四纪地层划分、地层分布和变化，特别是地裂缝场地中岩性的差异，人工填土的分布等。

3）人类活动的有关资料，如地下水补、径、排关系，地下水储量及开采现状、历年地下水位动态变化资料、地裂缝场地周围井孔分布及用水量、用水时间，地面沉降资料，城市中给水、排水管道的分布和结构、地下工程的分布和类型等。

4）与之有关的气象、水文资料。

根据已掌握的地裂缝的初步资料，全面分析工作区的地质环境条件、人类社会活动的方式、历史和规模及其对地质环境的影响程度。初步研究地裂缝与区域地质作用及人为作用的关系。

2.　遥感图像解释

InSAR，即合成孔径雷达干涉测量，是指利用SAR数据中的相位信息进行干涉测量处理，结合雷达参数和卫星位置信息反演地表三维及其变化信息的遥感手段。D-InSAR即差分合成孔径雷达干涉测量，是指对干涉相位进行差分处理提取变化信息的干涉测量手段，是InSAR技术的延伸。InSAR技术已被广泛用于大区域地形测图和地表信息提取。由于地表形变监测是测量一定时间间隔内的地表形变量，因而重复轨是目前应用的主要方式，具体是指利用同一地区不同时刻获取的SAR数据进行差分干涉处理以提取地表形变信息。解译技术要求如下：

1）根据搜集的不同波段、不同时相的航、卫片资料，进行必要的图像处理、合成和解译。解译内容包括地裂缝发育区的地形地貌、第四纪沉积物分布、地质构造特征、地表水文特征和地裂缝特征等，分析地裂缝与上述各因素的关系。用不同时段的图像对比分析地裂缝的发育过程。

2）由于地裂缝是线状的，以选用大比例尺的航片为宜，并注意应用立体放大镜观测。单片解译的重要内容和界线，应采用转绘仪转绘到相应比例尺地形图上，一般内容采用徒手转绘。

3）应提交与测绘比例尺相应的地裂缝地质解译图件、解译卡片和文字说明及典型图片资料。应该注意的是，遥感解译结果应进行野外验证。其他未及事项，参照《区域地质调查中遥感技术规定1：50 000》

DZ/T　0151—1995。

3.　现场调查

1）要耐心细致地调查地裂缝对地面建筑的破坏形式、破坏程度和破坏过程；地裂缝对市政工程如自来水管道、地下水管道、天然气管道、煤气管道、地下电缆和人防工程等的破坏情况；地裂缝发育区域有无伴生的其他地质灾害如地面沉降等。

2）向当地居民或相关工程的管理部门访问地裂缝的发育过程，特别要注重向老年人的访问。调查地裂缝活动特征：地裂缝发生时间、裂开过程（有无张开后又闭合）；裂缝面特征；调查地裂缝裂开时有无地震、地声、人感地动、地气、地热显示，有无地面沉降相伴和地裂缝两侧地面高程差异。要注意记录被采访人的姓名、性别、年龄、地址和访问时间等。

3）注意调查访问地裂缝发生发展过程中相关因素的变化，如温度、湿度、降雨量、农田灌溉、集中抽取地下水和区域地震活动历史等。

4）调查地裂缝发生地层的时代、成因类型、岩性岩相、岩土体结构与工程地质、水文地质特征；调查地裂缝分布与地貌及微地貌单元、区域地质构造格架、区域地震的分布、历史、强度及发生时间、气象水文因素的关系。

5）调查地裂缝发育范围内地面沉降发育情况。

6）调查地裂缝单缝特征和群缝特征及其分布范围：地裂缝群体的总体分布范围、平面组合形态、展布方向、剖面组合形态特征和主要地裂缝单体的分布位置、产状、长度、宽度、可测深度与推断深度。

7）确定地裂缝成因类型和诱发因素，如长时期大范围过量抽取地下水、地下开挖（硐室、矿坑等）、矿坑疏排水、水库蓄水周期性变化和地表水浸泡（涝渍、农田漫灌等）、构造活动等。

8）调查过程中对调查时间、地点、调查人、地裂缝形态、破坏程度等关键信息加以详细地记录，对现场进行拍照，及时以表格汇总各地的调查内容，并配以地裂缝平面分布图，调查表见表7-1所列。

地裂缝野外调查表　　　　　　　　　　　　　　　　表7-1

图　幅		地理位置			
野外编号		地理坐标	X:	Y:	
室内编号		GPS 坐标	N:	E:	
地裂缝类型		地裂缝区面积	km²	地面高程	m
主裂缝长度	主裂缝宽度	主裂缝可测深度		主裂缝产状	
m	m	m			

地裂缝区特征	地形地貌：
	地层岩性：
	地质构造、新构造运动与地震：
	水文地质特征：
	气象水文：
	人类工程经济活动：

变形特征	裂缝特征	
	地面变形特征	

变形历史	

调查人：＿＿＿＿＿　审查人：＿＿＿＿＿　组长：＿＿＿＿＿　日期：＿＿＿＿年＿＿＿＿月＿＿＿＿日

4．地质测绘

1）地质测绘内容

（1）第四纪地层时代划分，第四纪沉积物成分、结构及成因类型划分，下伏基岩的岩性、结构和成因时代，地貌及微地貌单元划分及边界特点，新构造运动特征，断裂构造分布和区域地表水、地下水特征等。

（2）地裂缝地表形态、展布、产状、性质、活动量，配合填图填好专门的卡片。

（3）建筑物（包括地下构筑物)的调查及测绘，包括建筑物类型、结构、基础类型、破坏方式、破坏程度、与地裂缝配置关系、建筑年代、破坏时间等，同时注意访问调查地下工程、管道的破坏情况及类型，并做详细记录。

（4）地裂缝发育区人类社会工程经济活动（如抽取地下水、农田灌溉和地下采矿等)的方式、规模、强度和持续时间。

2）调查方法

（1）根据勘查精度要求，进行定点填绘，特别重要或复杂的地点应适当加密。可以划分为地貌点、构造点、水文点、工程点和地裂缝点等若干类，分别在图上标示。每一个点的内容都应用地质卡片详细描述，必要时配以草图，为室内分析、数据化和调查等准备资料。

（2）尽可能定量或半定量地测量出每个调查点的数据，可用卷尺、罗盘或经纬仪等，配合测量得到比较准确的资料。

（3）对典型剖面要做出素描图、照相，有条件时进行录像。

（4）在地质调查过程中，反复对比研究，确定出物理化学勘探、山地工程（如探槽或浅井)和钻探的最佳剖面线或典型地点，如测绘物探剖面位置、钻探剖面位置，槽探剖面位置，测绘监测点、监测台站及监测剖面位置等。

5．工程地质勘探

在地表测绘的基础上，进行必要的工程地质勘探

工作，勘探以探槽工程为主，探槽一般垂直于地裂缝布置，长度最好超过20m，深度控制在3m以下，这是全面掌握地裂缝剖面特征的必要工作，同时可利用地下工程和一些人工剖面。探槽开挖后要在壁面上打上网格，作大比例尺的素描、记录，同时拍照，特别要注意开挖时人为的破坏和掩盖，在探槽中可做一些试验、测试和取样，并准确反映在探槽剖面图上或展示图上。

在经费允许的情况下，可进行钻探工作，它是了解地裂缝下部是否存在断层、断层产状以及层位错动的最直接手段，如在大同机车工厂地裂缝研究中，在地裂缝强烈活动段上、下盘共布置3个近300m的钻孔，通过地层对比，发现房子村断层下部断距随深度增加逐渐增大，在Q_2顶部断距2～4m，Q_1底部（第三纪地层顶部）地层断距达19m，且上部位置直接与地裂缝相对应，很好地解决了地裂缝成因问题。

1）槽探

揭示地裂缝空间展布特征、地裂缝与下部断层的关系及地裂缝所处的第四纪地层特征。槽探剖面应垂直于地裂缝，即横跨地裂缝带。槽探是地裂缝研究的主要手段，应有一定的密度，可考虑沿主要地裂缝100m间距内布置一个。

测量探槽两壁，要求布设1m×1m的纵横网格线（图7-1）。测量每条地裂缝在不同深度的产状及三维位移量，做出1∶100或更大比例尺的素描图。将各种数据详细列表记录，并进行照相或录像。描述周围地貌、第四纪地层特征，描述周围的环境特征。

取年龄测试样及土工测试样，分析形成时代。注意槽探剖面与物探剖面相结合，尽量使两者位置一致，以便对比分析。

2）钻探

（1）在地裂缝研究中，钻探主要用于第四纪地质条件，水文地质条件及工程地质条件的研究。第四纪松散沉积物是地裂缝发育的物质基础，而钻探是揭示松散沉积物特征的有效方法，也是揭示沉积物透水

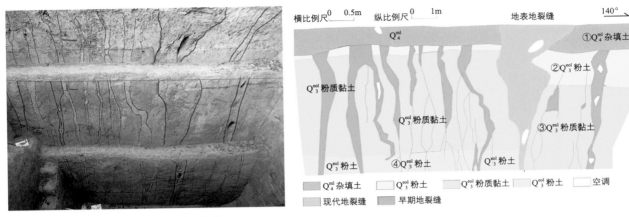

图7-1 探槽揭露的主裂缝带及地层错断情况

性、含水性及流变性等控制地裂缝发育因素的有效途径；其次是揭示断裂活动性状，弄清断裂两盘的位移，断裂带的宽度及构造破碎岩特征。

（2）钻探剖面线的布置也尽量做到与槽探、物探剖面线相一致，以便相互印证。由于钻探消耗的人力物力较大，在布孔和确定钻探深度时应细致论证。

（3）施工中做好岩芯编录，特别注意观察沉积物的孔隙发育情况。

（4）采集必要的第四纪测龄、气候分析样品，采集测试岩土粒度、压缩性、透水性、含水性、孔隙比、液限、塑限等工程地质指标的样品，采集测试弹性模量、剪切模量、泊松比等力学性质指标的样品。

（5）室内整理资料，编制1∶100比例尺的钻孔柱状剖面图并附地质描述。若有多个钻孔，则应编制钻孔联合剖面图（图7-2）。施工与编录技术要求也可参照《水文水井地质钻探规程》DZ/T 0148—2014。

3）浅井或竖井

对于问题复杂且典型的地点，应布置浅井或竖井，其深度应达下部断层，即裂缝消失而断层产生，位移稳定的地方。

其他未及要求应参照《地质勘察坑探规程》DZ 0141—1994。

6. 地球物理化学勘探

对于隐伏地裂缝，可通过物化探仪器测试确定，最常用的测试方法是浅震和甚低频电磁法，浅震勘探要注意使用小道间距（0.5～1m），因为地裂缝的发育仅在地表以下一定深度，仪器分辨率要高，数据处理软件要先进，才能取得较好效果。甚低频电磁仪的特点是操作简单、速度快，因此，可垂直一条地裂缝带作大量测试，分析对比才能取得较满意的效果。

构造地裂缝与下伏断层活动有关，因此在地裂缝带土体中会出现一些放射性气体异常，这主要反映了下部断层活动特性。对于放射性气体测试，常用的方法有"α"卡和测氡仪测试，二者均可测试放射性氡的含量，其中"α"卡方法测试准确性较高。

物化探仪器测试除能确定隐伏地裂缝的位置外，还能间接地确定地裂缝带土体的破坏宽度，因为受到破坏的土体，是放射性气体逸出的通道，和背景值对比，可以发现，其地裂缝主缝峰值外还存在一些相对较高值的范围。这些范围内的土体是次级裂缝或微破裂的发育地带。

物化探技术一般作为一种辅助手段使用。针对地裂缝的点多、面广且具有较大的隐蔽性的特点，地裂缝勘查应充分重视物化探方法的应用。

物化探技术用于研究地裂缝深部特征，第四纪沉

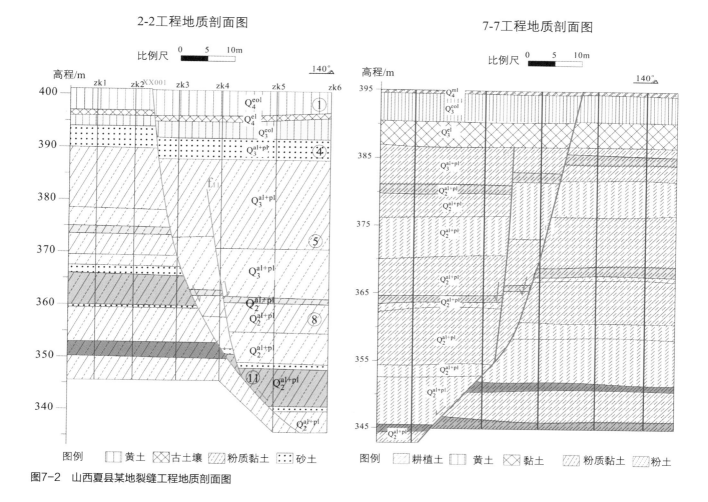

图7-2 山西夏县某地裂缝工程地质剖面图

积物成分、结构特征、基底构造特征及区域水文地质特征等。

物化探应与地质测绘、槽探、钻探密切配合，以保证工作精度，节约工作量。应根据工作目标、工作区的地质、地形地貌条件和干扰因素等因素，因地制宜地选择确定物化探方法。

1）地球物理勘探

（1）深层地震勘探

根据基底深度确定地震勘探深度，一般5 000m左右，可以查明探区内基底的埋深、基底起伏情况、断层特征，查明第三纪或前第三纪地层主要界面的埋深和各层厚度、地层的褶皱和断层性状，查明第四系松

散层中断裂的展布、产状、规模，圈定第四系等厚度线。

深层地震勘探是利用人工地震的地震波在各界面上产生的反射波或折射波图像，反演地震波的传播路径，揭示地质界面及地层的状况。工作步骤是先布勘探线，布线原则一般为勘探线垂直于构造线，平行布置，也可布成"井"字形，第二步是现场爆破及接收，第三步是计算机数据处理及成图，最后是地质解译判别。

这种方法对于弄清区域地质构造是非常必要的。在特别重要的地区，应考虑布置一些，至少应有一条剖面控制全区。但这种方法耗资大，费人力物力，在

人员稠密的城区易产生"地震"的社会效应，因此应予注意。

（2）浅层地震勘探

查明第四系中断层的产状、性质、剖面形态、活动性质、活动速率等主要特征；查明地裂缝的发育特征，地裂缝与下部断层的关系，圈定出隐伏地裂缝的地面投影位置；尽可能查明第四系内部的分层界限，各地层的内部分层和结构特征，弥补深层地震勘探在地表附近的"盲区"。

勘探线一般垂直于地裂缝。勘探线的长度视勘探深度而定，一般是深度的三倍。由于勘探深度不大，因此可利用的震源发生手段较多，如人工爆破、地震枪、人工锤击等。应尽量做到在100m长的范围内有一条勘探线。这种方法容易受到其他振动的干扰，因此，在繁华的地方施工，最好在夜间进行。对图像的解译，应与深层地震勘探结果和地表槽探结果相结合。

（3）地震层析成像（CT）法

地震层析成像（CT）法是地震勘探方法的一种，与深层、浅层地震勘探有着相似的原理。一般应在钻孔中不同深度发射及接收地震波，然后进行走时成像技术处理。

CT技术的理论和方法是目前国内外地球物理界的前沿课题，它着眼于地球物理的精细成像。

CT具有独立的源和排列系统，能使地震射线多次从不同方向密集覆盖成像区域，而且只考虑初至走时。因此，在速度成像方面发展最早也最成熟，并取得了很好的成像结果，成果如图7-3所示。

CT技术的施工和图像处理难度均较大，而且需有钻孔支持，因此价格昂贵。

（4）地面甚低频电磁法

地面甚低频电磁法（简称VLF法）是用频率为10～30kHZ的电台发射的电磁波作为场源，在地表、空中或地下测量其电磁场的空间分布，从而获得电性局部差异或地下构造信息的一种电磁法。

VLF法测定的参数通常为：VLF磁场分量，其中包括水平分量振幅，垂直分量振幅，垂直同向分量

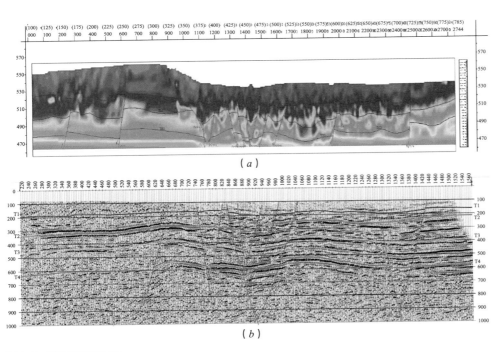

图7-3 地震层析成像法

（a）某测线初至折射波速度层析解释剖面；（b）某测线叠加时间剖面对比解释结果

（或极化椭圆倾角），垂直异向分量（或极化椭圆偏心率）；VLF电场分量，其中包括水平分量振幅，水平同相分量，水平异相分量，水平分量相对于水平磁场分量的相位角（或经计算求得）；VLF视电阻率（或经计算求得）。

利用上述参数沿地裂缝带的变化，圈定地裂缝或隐伏地裂缝带的位置。

此方法对地表浅层地质变异体的测量较有效，因此是测定地裂缝影响带宽度的有效手段。施工难度较小，成本低。与人工地震勘探相比，分辨率较低，测量深度较浅。使用时注意避开电场的干扰。

按照原地质矿产部1993年发布的《地面甚低频电磁法技术规程》DZ/T　0084—1993的有关规定开展工作。

（5）地质雷达

地质雷达具有分辨能力强、观测效率高、信息量大等优点。目前广泛用于探测地裂缝、裂隙等工作。地质雷达探测是应用电磁波的反射原理，通过发射天线向地下介质发射毫微秒级的脉冲电磁波，电磁波在介质中传播时，其路径、速度和波形将随介质的介电性质及几何形态改变而变化，因此，可根据受到反射波旅行时间、强弱、波形特征及天线位置来确定地裂缝的位置和规模。

检测方法拟采用剖面法，即发射天线和接收天线以固定间距沿探测剖面同步移动，连续记录。根据在已知地质断面上的试验结果设定相关参数，获取雷达数据，然后对获取的雷达资料进行数据处理。

地质雷达工作技术要求：

①工作环境尽力避开空中和地面的干扰，如空中电力线和高大的建筑物以及地下旧金属构件等，如果避不开，要记录干扰体的走向距离等参数，以便在记录中将其去掉。环境温度、湿度的变化不应超过雷达设备允许的工作范围。

②雷达探测点根据设计要求进行布置，原则上探测体上不少于20个探测点。

③探测点间距尽可能小一些。

④探测深度要满足要求，当目标体埋藏深度超过探测深度50%时，雷达探测法不应该采纳。

⑤天线中心频率的选择以满足探测目的为准。

2）地球化学勘探

一般采用以下两种方法：

（1）α卡法

地球深部放射性物质裂变产生α粒子溢出地表，α粒子在地表的溢出浓度，在有深大断裂或地裂缝通过的地方较大。因此，用仪器测量α粒子的浓度，根据剖面浓度曲线变化，便可确定地裂缝及下部断裂位置，特别是地裂缝带的宽度。

此法测试方便，省力省时，处理资料容易。对地裂缝及下部断层特征可以作出定性的反映。

（2）氡气测量法

氡气为来自地球深部的惰性气体，不断地由地球深部向地表面溢出，但其溢出量是不均匀的，在有深大断裂或盖层活动断裂发育处溢出量大。利用测氡仪探测地面氡气的含量，直接从仪器上读数。根据读数绘制氡气异常剖面图，辅助确定地裂缝的位置及宽度。

氡气测量技术要求：

①仪器选择严格按照规范要求进行配置。

②工作布置：根据地质推测断裂方向，进行测线布置和测点距确定。

③土壤氡测量潜孔取样一般为0.8m，深孔取样一般为2m，浅井测氡取样孔深一般从几米到十几米，主要根据覆土层厚度和结构选择测量方法。

④采样：氡气取样，每个点抽取次数一般为5～6次，抽完气静置10～20s，进行读数，然后立即排气，进行下一个点，如果发现异常，可加密测点，逐点计算氡浓度。

⑤绘图：用氡浓度直接制作剖面图。

⑥野外质量检查：技术负责人应经常对采样结果进行抽查，一旦发现结果异常，应该进行复测，确保结果正确。

⑦资料整理：真实无误完整的原始资料是测量工作的关键，是可靠推断解释的基础，从野外定点、采样、记录以及测量数据的提交，不能有一处疏漏。

此法操作简单快速，数据易处理。可以定性地对地裂缝特点给予评价，但对地裂缝带深部断裂特征反映不够。

（3）预期成果

通过地形测量，布置物化探剖面线，布线的详细要求根据《物化探工程测量规范》。物探解译成果应有必要的验证。物化探工作结束后，应提交的成果有：

①物化探实际材料图。

②各种地球物理化学参数测量数据表。

③各种物化探方法的柱状图、剖面图、平面图。

④地质推断解译成果图。

⑤物化探测试工作文字报告。

7.2.4 参数确定

1. 样品种类

包括第四纪测龄样品、古气候分析样品、土体物理力学性质参数和土体动力学参数样品。

第四纪测龄样品包括碳14测龄（^{14}C）、热释光测龄（TL）样品。

古气候样品包括孢粉样品，微体古动物样晶。

1）土工试验

土工试验的目的用于土层定名、土层划分、土层的物理力学性质评价，为砂土液化计算、地层岩性、土层压缩研究等提供必要的土物理力学指标。

对所取原状土样进行物理性质试验。试验测得天然含水量、重度、比重、孔隙比、液塑限、液性指数、塑性指数等参数。

对所取扰动的砂样、圆砾土、卵石土样进行颗粒分析。绘制颗粒级配曲线、计算曲率系数、不均匀系数。

2）水质分析

水质简分析试验，分析项目为：游离CO_2、侵蚀性CO_2、CO_3^{2-}、HCO_3^-、Cl^-、SO_4^{2-}、Ca^{2+}、Mg^{2+}、K^+、Na^+、pH值、总硬度、暂时硬度、永久硬度、负硬度、总碱度、总矿化度。

3）年龄测试

（1）^{14}C测试

①测年方法是利用样品中放射性同位素^{14}C的衰变期作为实践尺度测定含碳物质年龄的方法。用于炭化木、泥炭、含碳冲积层、黑色淤泥、动物遗骸等。

②^{14}C测年法技术要求

a. 根据设计要求，在地裂缝两侧布置取样。

b. 取样要求50～2 000g。

c. 样品的采集及包装要防止混入烟灰、纸屑、食物等物质。

d. 样品的采集要密封，注意好编号。

（2）天然热释光法

①天然热释光法是利用自然界中的物质经历最后一次受热事件（温、压、离子交换等）会重新积累天然热发光量的原理。

②热释光技术要求

a. 根据设计要求，在活动断裂两侧布置取样。

b. 样品应富含石英、长石、方解石类，样品量20g以上。

c. 以细砂—粉砂为最佳。

d. 采样应避光，掏洞，用黑色暗盒取样，样品要密封保存，注意好编号。

（3）古地磁试验

古地磁测试是利用地层沉积磁性随地磁极性倒转而倒转的现象进行地层断代的技术，对于一个完好的沉积地层剖面，可以系统地测出每一层的沉积磁性，对照地磁极性倒转年表，就可以确定各个层位的地质年代。目前研究第四纪地质，古地磁法是最有效的手段之一。

2. 岩、土体物理力学指标

土体物理力学性质样品用于测试天然密度、比重、含水量、孔隙比、塑性指数、液性指数、液限、塑限、压缩系数和压缩模量、剪切模量等。

土动力学参数样品用于测试泊松比、动弹性模量、动剪切模量、动体积模量，拉梅常数，纵波波速等。

3. 采样要求

一般取原状样品，大小不超过15cm×15cm×15cm。

采样层位要包括不同岩性的所有代表性层位。

采样位置要求准确标在1：100测量图上。

采测年样品时要求去掉表层30cm左右受过阳光照射的部分，取新鲜的部分，并避免阳光照射，用塑料袋、黑布袋双层封装。

7.3 地裂缝风险评价与防治分区

7.3.1 地裂缝灾害风险评价的内容

地裂缝灾害风险评价的内容包括风险识别、风险估算和风险评价三个方面，即：首先是认识灾情和灾害风险，取得基本要素，总结以往的灾害事件；其次是统计分析，建立模型，分析推算可能产生新的地裂缝灾害的性质、规模及危害范围和程度；最后结合防灾减灾规划及相关工程及非工程措施，进行风险损失估算及减灾效益评价，为决策者提供决策建议。

7.3.2 地裂缝灾害风险评价的步骤

1. 调查收集统计评价要素信息

通过资料收集和实地调查，并开展必要的野外勘察工作和室内实验，获取灾害风险评价所需的各类信息资料，进行分类分析整理，统计建立便于使用的专项或综合信息卡、统计表及数据库。

2. 确定评价范围和评价方法

在对地裂缝可能造成的危害范围有一个基本判断之后，研究确定适当的评价方法，依据其要求，圈定灾害风险评价范围，并进行更详细的单元划分和采集单元信息。本次评价采用基于AHP—模糊数学综合评判法、信息量模型评判法及指数加权模型评判法进行风险评价，并基于MAPGIS二次开发功能，建立西安地裂缝风险管理系统。

3. 确定危险性指标

地裂缝危险性指标的确定是地裂缝灾害风险评价的基础工作，因为有地裂缝灾害危险性存在，才谈得上灾害和灾情。对于地裂缝危险性指标的确定，要结合地裂缝灾害所处的地质环境、构造背景、成因机制及影响因素等进行综合分析，合理选取指标，使指标能够代表西安地裂缝灾害发生的自身特征。

4. 确定易损性指标

易损性是指直接受地裂缝灾害危害或影响区域内的社会经济构成、分布及其承受灾害破坏的能力，包括人口、社会、经济和环境等因素，在进行易损性评价时，主要选取人口数量及密度在不同破坏程度下的伤害程度及资产和资源的价值在不同破坏程度下的残存价值来量化指标。只有当在地裂缝灾害发生区内有人类活动或资产价值的存在，才称得上灾害，灾害评价才有意义。

5. 地裂缝灾害风险评价

根据确定的地裂缝灾害危险性与易损性指标，将危险性与易损性作为一个整体进行风险性评价，采用层次分析法（AHP）确定各指标，然后模糊层次综合分析模型、信息量模型及指数加权模型确定待评区域的风险程度，并据此划定地裂缝灾害风险等级及其分布，基于MapGIS平台进行二次开发，最终实现智能化编制风险分区图，确定地裂缝灾害的成灾范围、规模、强度和相应风险水平，实现灾害的风险管理，为城市建设及规划决策提供参考。

7.3.3 地裂缝风险评价指标的选取原则

指标体系是在参考原有各项指标基础上，进一步系统、深化、扩展、延伸，形成以地裂缝灾害为特色的指标系列，再进行实际的调查分析后确定的。在建立地裂缝灾害评价指标体系时，应遵循如下基本原则：

代表性原则：在选取地裂缝危险性指标时，所选指标应该尽量表征地裂缝形成的内在、外在因素；在选取易损性指标时，所选指标应该强调地裂缝灾害对人类生命财产直接破坏及土地资源的破坏。

可行性原则：地裂缝灾害评价体系所用的指标，要能为实际工作部门所接受，每项指标都应有据可查，同时应与现行统计部门的指标相互衔接，并尽可能保持一致，便于工作测量与计算。

综合性原则：地裂缝灾害评价体系应能综合反映地裂缝灾害的多方面属性和特征。同时，必须突出重点，以反映灾害对社会经济的影响的主要方面——人员伤亡和社会经济损失。构成整个评价指标体系的主线。

完备性原则：地裂缝灾害评价指标体系中，每个指标必须科学、简明、分度明确。指标体系的逻辑结构必须具有最大的兼容性，能够包容地裂缝灾害的各个方面和全部内容。

系统性原则：地裂缝灾害评价指标体系的各个部分以及各部分之间，应形成一个有机的整体，具有一定的层次结构。各部分之间即使存在一定关联，也应更多地考虑相对独立的成分。

可比性原则：地裂缝灾害评价体系中的指标，应按一定的方式量化，按灾情属性所规定的逻辑关系组合，确保在不同地区、不同空间所发生的地裂缝灾害进行横向或纵向的量值比较。

地裂缝灾害评价指标要具有客观性、代表性和简明性。其选取不仅服从灾情评价指标体系总的原则，而且还应满足如下要求：

独立性：是指在制定评价指标体系时，评价项目要具有相对的独立性，同级评价的指标不能出现包含关系，也不能相关性太大而可以相互替代，应该相对独立。贯彻独立性原则，可避免指标体系的冗长繁琐，也便于由相对独立的指标，构成整体优化体系。

相对稳定性：选取的指标及其定义不应轻易改变，要保持其相对的稳定性。应该选择相对稳定的因子作为评价指标，具有一定的普遍性和特殊性。

科学性：各项指标具有比较规范的科学解释，既能反映地裂缝灾害的自然属性，又能反映其社会经济属性。

可操作性：指标含义明确，多寡适中，不能选取实际值无法获取的指标，应凭借一些可以直接观察、测量的指标去推断不可观察、测量的指标，并且便于分析和模型评价。

在地裂缝灾害评价指标选取时，对上述要求要统筹考虑、综合运用，方可选出合理可行的指标，进而开展地裂缝灾害评价工作。

7.3.4 地裂缝危险性指标体系

1. 危险性评价指标体系

根据地裂缝的发育特点、分布规律、成因机制及活动性影响因素的分析认为，影响地裂缝形成及活动性的主要因素包括：构造运动、地下水超采、地面沉降、地形地貌、湿陷性黄土、降雨入渗以及人类活动影响等，其中前面四种是最主要的因素，这些影响因素与地裂缝之间既表现有空间分布上的对应性，又表现出相对的时序特点，且各因素之间有相互作用关系。西安地区相关科研机构对上述四类因素进行过详细研究，积累了大量有实用价值的成果，完成了丰富的分区图件，因此也为利用GIS系统所具有的多维结构及空间数据的时序特征对地裂缝灾害危险性进行分析评价提供了方便。基于上述原则，确定从单条地裂缝风险评价到全区范围内地裂缝风险评价的两个层面所需的指标体系。选取地裂缝发育程度（V_{11}）、断裂构造影响（V_{12}）、地层岩性（V_{13}）、地震效应（V_{14}）、地面沉降量（V_{15}）、地下水超采程度（V_{16}）、地貌类型（V_{17}）（图7-4）等7个指标建立单条地裂缝危险性评价指标体系。对于区域范围的风险性评价，选取地裂缝发育程度（构造因素）（U_{11}）、地面沉降量（U_{12}）、地下水超采程度（U_{13}）、地貌类型（U_{14}）等4个指标（图7-5）。

2. 建立危险性评价指标体的分级标准

按标度分值标准，确定评价指标的标度分值（表7-2）。

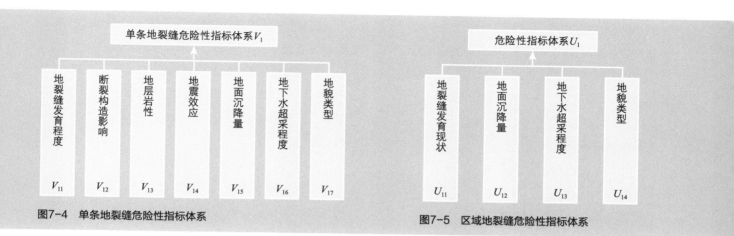

图7-4　单条地裂缝危险性指标体系

图7-5　区域地裂缝危险性指标体系

地裂缝危险性指标划分标准　　　　　　　　　　表7-2

地裂缝危险性评价指标	危险度分级标准			
	低度危险（Ⅰ）	中度危险（Ⅱ）	较高危险（Ⅲ）	高度危险（Ⅳ）
地裂缝年活动率（mm/a）	<5	5~20	20~30	>30
距断裂构造的距离（m）	>1 000	500~1 000	200~500	<200
地层岩性分类	填土	砂土夹黏性土、黏性土夹砂层	坚硬黏土层	碎石卵砾石
地震（优势周期）	<0.2	0.2~0.3	0.3~0.4	>0.4
地面沉降量（mm/a）	—	<50	50~100	>100
地下水超采分区	未超采区	轻度超采区	中度超采区	严重超采区
地貌类型	三级洪积阶地、一级黄土台塬、近代洪积扇、一级阶地	河漫滩、二级阶地	一级洪积阶地、二级洪积阶地、三级阶地	黄土梁洼

7.3.5　易损性评价指标体系

地裂缝灾害破坏损失后果是由灾害体、孕灾环境和承灾体的易损性决定的。承灾体易损性是根据区域的经济、社会指标反映灾害一旦发生时区域可能造成的损失，是描述区域对于灾害造成损失敏感程度的社会属性指标。

1. 易损性指标内容

易损性指标内容主要包括以下三方面：

1）社会易损性指标

主要是致灾地质作用造成的人员伤亡。人对突发性地裂缝灾害的易损性主要集中于一些特殊的脆弱团体、处在危险中的生活方式、风险观念、地方现有的风俗习惯、贫困程度等方面。灾害发生的频次高、风险大。社会易损性指标应包括人口密度、人口构成、贫困程度、风险观念、保险发展水平等。

2）经济易损性指标

突发性地裂缝灾害可能对国民经济的影响，对减产、就业、重要的服务及生产活动的影响，预测突发性地裂缝灾害对社会经济破坏损失期望值。

3）物质易损性指标

主要包括建筑物、基础工程、农业、工业、生命线工程等的易损性指标，研究不同类型建筑物等承受不同突发性地裂缝灾害不同强度侵袭时的破坏率，通过工程分析和实际破坏调查进行。

2. 易损性评价指标体系

易损性是反映灾前的区域经济—社会对于一旦发生灾害的敏感程度。与区域的社会经济发展有关，直接关系到灾害可能造成的后果。结合西安市区社会经济发展情况，构建单条地裂缝灾害易损性指标体系（图7-6）及区域地裂缝易损性评价指标体系（图7-7）。单条及区域地裂缝易损性评价指标体系所包括的评价指标因子一致，均为地铁的分布密度、铁路的分布密度、公路的分布密度、居民点的分布密度、土地类型分区、城市管网的分布密度。

1）地铁的分布密度（m/km²）

指单位面积内地铁的建成规模。此参数反映社会基础设施建设能力和现有交通运输财产的易损性。

2）铁路的分布密度（m/km²）

指单位面积内铁路的分布规模。此参数反映社会基础设施建设能力和现有交通运输财产的易损性。

3）公路的分布密度（m/km²）

指单位面积内已建成的城市道路的分布密度。此参数反映社会基础设施建设能力和现有交通运输财产的易损性。

4）居民点的分布密度（km²/km²）

指单位面积内房屋建成规模，人口居住的密度。此参数反映社会经济建设及现有人民财产的易损性。

5）土地类型分区

该指标反映受地裂缝灾害威胁的不同类型土地的易损性。

6）城市管网的分布密度（m/km²）

指单位面积内已建成的城市各种地下管线的分布密度。

3. 建立各参评指标易损性程度分级标准

渐变性地裂缝灾害按标度分值标准（表7-3）确定易损性参评因子的标度分值。

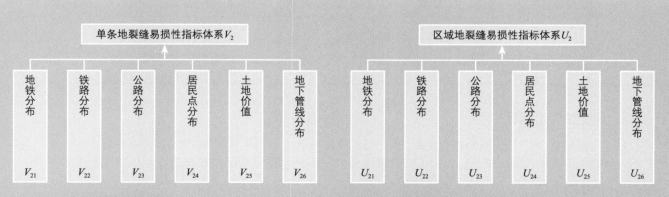

图7-6 单条地裂缝易损性指标体系　　　　　图7-7 区域地裂缝易损性指标体系

地裂缝易损性指标划分标准　　　　　　　　　　表7-3

地裂缝灾害易损性指标	地裂缝灾害易损性指标分级			
	低度易损（Ⅰ）	中度易损（Ⅱ）	较高易损（Ⅲ）	高度易损（Ⅳ）
地铁密度（m/km²）	<5	5~30	30~50	>50
铁路密度（m/km²）	<15	15~50	50~100	>100
公路密度（m/km²）	<100	100~200	200~300	>300
居民点密度（km²/km²）	<0.4	0.4~0.6	0.6~0.8	>0.8
土地类型分区	市远郊区	市近区	市中心外围	市中心
地下管线密度（km/km²）	<50	50~100	100~200	>200

7.3.6　风险评价指标体系

地裂缝风险评价是一项复杂的系统工程，前边已经建立了反映区域性地裂缝灾害风险的灾害危险性评价指标体系和易损性评价指标体系，共涉及10项指标，显然各个指标对地裂缝发生的作用程度是不相同的。同样各个指标之间相互影响、互相制约而又相互牵连，同时它们对风险性分析与评价的分区标准也是外延不清晰的模糊概念。采用模糊数学的理论则是解决这类模糊问题的有效手段。此外，由于各指标对风险性的重要程度难以直接比较出来并加以量化，故可采用层次分析法（AHP法）通过两两指标的对比来确定两指标间的重要性，并逐层比较多种关联因素，最后确定各指标权重分配并加以量化。为此，对地裂缝风险评价选用了AHP-Fuzzy综合评价方法，其评价过程如图7-8所示。

1. 层次分析法基本原理

层次分析法就是通过两两因素对比，逐层比较多种关联因素，最后确定其整体特征的方法。它的主要特点是定性与定量分析相结合，将人的主观判断用数量形式表达出来并进行科学处理，因此，更能适合复杂的社会科学领域的情况，较准确地反映社会科学领域的问题。

运用AHP，可按下面四个步骤进行：

1）建立层次结构模型

应用AHP分析决策问题时，首先要把问题条理化，层次化，构造出一个有层次的结构模型。在这个模型下，复杂问题被分解为元素的组成部分，这些元素又按其属性及关系形成若干层次，上一层次的元素作为准则对下一层次的有关元素起支配作用。这些层次可以分为三类：①最高层（目标层）：只有一个元素，一般是分析问题的预定目标或理想结果；②中间层（准则层）：包括了为实现目标所涉及的中间环节，它可以由若干个层次组成，包括所需要考虑的准则、子准则；③最底层（指标层）：包括了为实现目标可供选择的各种措施、决策方案等。

层次结构的层次数与问题的复杂程度及需要分析的详尽程度有关，一般地，层次数不受限制，但每一层次中各元素所支配的元素一般不要超过9个。层次结构是NET中最简单也是最实用的层次结构形式。当一个复杂问题用层次结构难以表示时，可以采用更复杂的扩展形式，如内部依存的层次结构、反馈层次结构等。

地裂缝风险评价采用AHP确定权重，应先建立图7-9的层次结构模型，模型共分三层。最上层是地裂缝风险评价——目标层；中间层——研究内容，即准

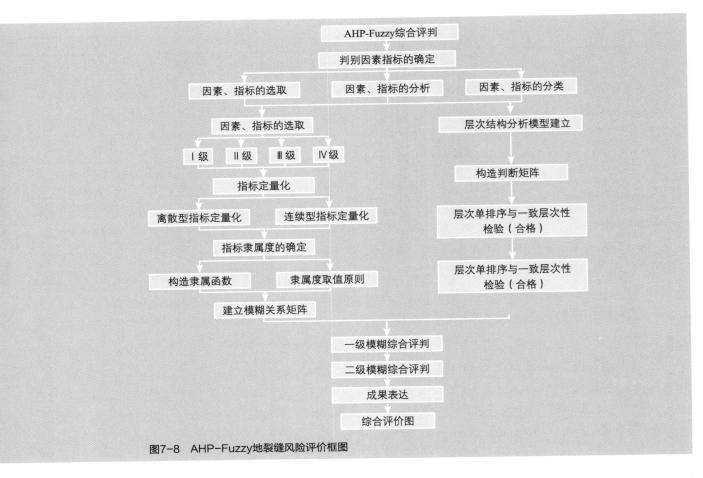

图7-8　AHP-Fuzzy地裂缝风险评价框图

则层；最下层——影响因素，为指标层。基于图7-9框架，建立图7-10所示的地裂缝灾害风险评价层次框图。

2）构造两两比较的判断矩阵

在建立层次结构以后，上下层元素间的隶属关系就被确定了。下一步是要确定各层次元素的权重。对于大多数社会经济问题，特别是比较复杂的问题，元素的权重不容易直接获得，这时就需要通过适当的方法导出它们的权重，层次分析法利用决策者给出判断矩阵的方法导出权重。

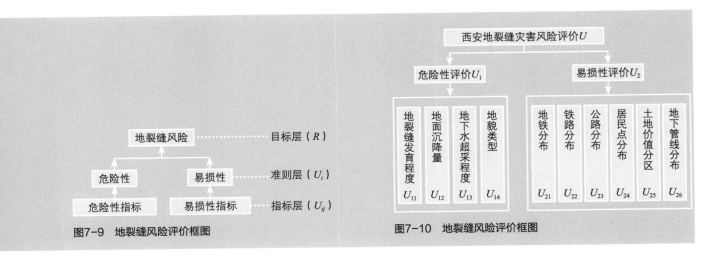

图7-9　地裂缝风险评价框图

图7-10　地裂缝风险评价框图

1~9标度的含义

表7-4

比例标度	含 义
1	表示两个因素相比，具有相同的重要性
3	表示两个因素相比，一个因素比另一个因素稍微重要
5	表示两个因素相比，一个因素比一个因素明显重要
7	表示两个因素相比，一个因素比另一个因素强烈重要
9	表示两个因素相比，一个因素比另一个因素极端重要
倒数	因素i与因素j相比得b_{ij}，且j与i比判断为$1/b_{ij}$
2，4，6，8	分别为上述相邻判断的中值

3）权重向量和一致性指标

通过两两比较得到的判断矩阵A不一定满足判断矩阵的互反性条件，AHP采用一个数量标准来衡量A的不一致程度。为使各因素相对重要性量化，我们采用T.L.Saaty标度方法（表7-4）。

对每一层次中各因素相对重要性给出判断可以用这些标度值表示出来，写成判断矩阵，但是，通过计算与分析比较，判断矩阵一致性检验并不理想。因此，又通过2n/2标度法进行调整，使判断矩阵具有很好的一致性。经过多次比较调整和检验，得出合理的判断矩阵及权重系数结果。

根据表7-4得到判断矩阵T：

$$T = \begin{pmatrix} u_{11} & u_{12} & \cdots & u_{1m} \\ u_{21} & u_{22} & \cdots & u_{2m} \\ \cdots & \cdots & \cdots & \cdots \\ u_{41} & u_{42} & \cdots & u_{mm} \end{pmatrix} \qquad (7-1)$$

层次分析法中层次单排序就是计算判断矩阵的最大特征根及对应的特征向量。采用线性代数理论及计算机处理技术，可得到精度较高的矩阵最大特征根及

对应的特征向量。

$$CR = \frac{\sum_{i=1}^{n} U_i CI_i}{\sum_{i=1}^{n} U_i RI_i} < 1 \qquad (7-2)$$

为保证其可信度，需要对判断矩阵一致性进行检验，亦即要计算一致性指标：

$$CI = \frac{\lambda_{\max}}{n-1} \qquad (7-3)$$

式中，$\lambda_{\max}$为判断矩阵的最大特征根，n是判断矩阵的元素个数。查平均随机一致性指标RI的值（表7-5），只要当随机一致性比率：$CR = CI/RI < 0.1$时，单排序才认为合理，否则需要判断矩阵元素的取值。

对层次总排序也需作一致性检验，检验仍像层次总排序那样由高层到低层逐层进行。这是因为虽然各层次均已经过层次单排序的一致性检验，各层对比较判断矩阵都已具有较为满意的一致性。但当综合考察时，各层次的非一致性仍有可能积累起来，引起最终分析结果较严重的非一致性。

判断矩阵的平均随机一致性指标RI

表7-5

1	2	3	4	5	6	7	8	9
0.00	0.00	0.58	0.90	1.12	1.24	1.32	1.41	1.45

4）计算总排序权重

所谓层次总排序即要求指标层中各单因素在塌陷危险程度评价中的相对重要性的排序权重。为确保精度，我们对总排序按式（7-4）、式（7-5）、式（7-6）进行了一致性检验。其要求CI和CR两项值均小于0.1，方符合要求。

$$CI = \sum_{i=1}^{n} U_i CI_i < 1 \qquad (7-4)$$

$$RI = \sum_{i=1}^{n} U_i RI_i \qquad (7-5)$$

$$CR = \frac{\sum_{i=1}^{n} U_i CI_i}{\sum_{i=1}^{n} U_i RI_i} < 0.1 \qquad (7-6)$$

2. 权重确定

通过上述计算，确定各级指标的权重系数，见表7-6所列。

3. 模糊综合评判

模糊综合评判就是根据已经给出的评判标准以及评价因素数值，首先进行单因素评价，形成单因素评价矩阵A，再确定每个因素对评价目标贡献大小，即权重集合（采用AHP法确定权重），经模糊合成，得到对系统总体作出评价的评级，即：

$$R \times A = B \qquad (7-7)$$

其中：$B = (B_1, B_2, \cdots, B_n)$；$B_i$为评价对象第$i$条评语的隶属度。

关于评判矩阵A与权集R的合成方法，已建立了多种数学模型。鉴于地裂缝灾害是10种因素共同作用的结果，故选用能反映10个因素对评判对象综合影响的"加权平均型"模型；这种模型可以对所有因素依其权重大小均衡兼顾。经采用"加权平均型"进行模糊合成。权重集R由层次分析法求得。

1）建立模糊综合评判模型

根据模糊综合评判原理，将地裂缝风险评判问题定义为有限论域U，把影响地裂缝危险性程度的n个因素作为U中的各元素，则可表示为：

$$U = [u_1, u_2, \cdots, u_n] \quad (i = 1, 2, \cdots, n) \qquad (7-8)$$

并定义地裂缝风险性分级为评价集V，共分m个危险性级别，则可表示为：

$$V = [v_1, v_2, \cdots, v_m] \quad (j = 1, 2, \cdots, m) \qquad (7-9)$$

论域中每个影响因素隶属于V函数，定义为U的模糊集$\tilde{A}$，则表示为：

$$\tilde{A} = [\mu_{\tilde{A}}(u_1), \mu_{\tilde{A}}(u_2), \cdots \mu_{\tilde{A}}(u_i), \cdots \mu_{\tilde{A}}(u_n)] \qquad (7-10)$$

其中，每个$\mu_{\tilde{A}}(u_i)$应该满足$0 \leqslant \mu_{\tilde{A}}(u_i) \leqslant 1$，$u_i \in U$。它表示第$i$个影响因素对不同级别的隶属程度。当$\mu_{\tilde{A}}(u_i) = 1$时，$u_i$全部属于$\tilde{A}$，当$\mu_{\tilde{A}}(u_i) = 0$时，$u_i$完全不属于$\tilde{A}$。

地裂缝风险性分级可用V的模糊子集$\tilde{B}$来评定，$\tilde{B}$为分级模糊向量，表示为：

$$\tilde{B} = [b_1, b_2, \cdots, b_j, \cdots, b_n] \qquad (7-11)$$

模糊关系矩阵（各单因素指标评判矩阵）为：

风险评价权重表   表7-6

风险评价指标			
指标	危险性指数		易损性指数	
权重	0.48		0.52	
危险性评价指标体系			
指标	地裂缝现状	地面沉降量	地下水超采分区	地貌类型
权重	0.4001	0.2259	0.2118	0.1622
易损性评价指标体系			
指标	地铁密度 （m/km²）	铁路密度 （m/km²）	公路密度 （m/km²）	居民点密度 （km²/km²）	土地使用类型
权重	0.3056	0.2605	0.1968	0.1416	0.0955

$$\widetilde{R} = \begin{pmatrix} \alpha_{11}, \alpha_{12}, \cdots, \alpha_{1j}, \cdots, \alpha_{1m} \\ \alpha_{21}, \alpha_{22}, \cdots, \alpha_{2j}, \cdots, \alpha_{2m} \\ \vdots \quad \vdots \quad \vdots \quad \vdots \quad \vdots \quad \vdots \\ \alpha_{i1}, \alpha_{i2}, \cdots, \alpha_{ij}, \cdots, \alpha_{im} \\ \vdots \quad \vdots \quad \vdots \quad \vdots \quad \vdots \quad \vdots \\ \alpha_{n1}, \alpha_{n2}, \cdots, \alpha_{ni}, \cdots, \alpha_{nm} \end{pmatrix} \quad （7-12）$$

目的是用 n 个因素，通过 U 与 V 之间的模糊关系 $\widetilde{R}$，求出模糊向量 $\widetilde{B}$，即：

$$\widetilde{B} = \widetilde{A} \cdot \widetilde{R} \quad （7-13）$$

由 $\widetilde{B}$ 向量，按最大隶属度原则可得到分级评判，即为地裂缝危险性分级模糊综合评判结果。

一级评判选用影响因素指标9个（由于缺少资料，地下管线分布未参加评价），即 $n=9$；评判分级为4级，即 $m=4$。二级评判选用因素指标2个，即 $n=2$；评判分级亦为4级，即 $m=4$。

模糊综合评判的关键是建立 U 和 V 之间的模糊关系矩阵 $\widetilde{R}$ 和 U 的模糊集 $\widetilde{A}$，即影响因素与各危险性分级间的关系，亦即隶属度及权重。

2）隶属度的确定

模糊关系运算中的隶属度是指分类指标从属于某种类别的程度大小，一般是以隶属函数来刻画。隶属函数的确定是一项十分困难的工作，目前尚无一套完整而具有普遍意义的确定方法。人们往往是根据具体研究对象采取一定的统计推断得到，多数情况下是以正态函数替代隶属函数，使用起来很不方便，而且物理意义也不够明显。在总结和分析前人确定隶属度成功经验和失败教训的基础上，结合工作的实际情况，可采用剖分面积元的方法来确定因素的隶属度。则有：

$$\alpha_{ik} = \begin{cases} 0 \\ S_k / S \\ 1 \end{cases} \quad （7-14）$$

其中　　0——第 i 个单因素在单元中第 k 项评语所占面积为零；

S_k/S——第 i 个单因素在单元中第 k 项评语所占面积比；

α_{ik}——第 i 个单因素在第 n_{ij} 个单元对第 k 项评语的隶属度；

$k=1$，2，3，4；$i=1$，2，$\cdots$，9。

这种方法确定的隶属度，非常直观，易于计算，而且也很符合实际情况，是一种可行方法。

7.3.7　不同危险区地裂缝处置措施

1. 对于地裂缝高危险区，通常要求对地裂缝影响区的建设开发项目进行危险性和风险性的岩土工程评估。对于城市内的地裂缝灾害发育、危害严重、严重制约经济社会发展和社会稳定的地裂缝进行重点防治，制定出具操作性的地裂缝灾害防治规划。

在制定城市发展规划和进行重大工程设施设计时，应考虑对地裂缝敏感区进行合理避让或采取必要的工程对策，以预防或减缓地裂缝的灾害。为了保证新建筑物在有效使用周期内的安全，必须避开主地裂缝一定距离，该避让带的宽度应根据具体情况确定。城市生命线工程是一种连续体，不能像建筑物那样可以采用避让的办法，为此，对穿过地裂缝的管线应适当增大其强度，并在接头处采用橡胶等柔性连接，使管线能在较长时间内吸收其形变量，增强管线自身的安全。要合理控制现有水源地开采强度，同时，考虑开辟新的水源地，以减缓地面沉降形变梯度，对降低地裂缝的活动性具有重要作用。构建重大工程区地裂缝监测、预警和应急处置体系。

2. 对于中—高水平地裂缝危险性区，应该体现不同危险程度的土地利用分区，在开发项目获准之前需要进行详细的地裂缝危险性和风险岩土工程评估的分区，然后采取相应的措施，如避让、合理安排建筑物布置、加强上部结构和基础措施等。

3. 对于中—低水平地裂缝危险性区，在开发项目获准之前需要进行场地地裂缝勘察、评估，查清地裂缝的分布规律、活动强弱以及风险性。应该体现不同危险程度的土地利用分区，包括危险性很低以至无须实行控制措施的分区。

7.3.8　不同风险区的城市规划

Ⅰ类区——危险性和易损性都较小的地区，即地质事件发生可能性小的地区，也是承灾体较少的地区。这里发生灾害的可能性最小，危险性也最小，可作为城市整体发展规划的后备区域。

Ⅱ类区——危险性小而易损性大的地区。这是发生地质事件可能性小而承灾体密集的地区，适宜人类生存，没有灾害的威胁，并具有一定的经济基础，是今后发展的重点。

Ⅲ类区——危险性大而易损性小的地区。地质事件发生的可能性较高，而承灾体少，不易造成损失，需要加强监测，在城市规划时，避开这些地区。

Ⅳ类区——危险性与易损性都较大的地区，即地裂缝发生可能性高的地区，也是承灾体密集的地区。这里是危险性最大的地区，也就是地裂缝发生可能性最大的地区，要对灾害进行严密的监控，针对灾害特征，加强防治工程的建设，同时在城市规划时，尽量避免增加这些地区的承灾体。

7.4　地裂缝监测预警

7.4.1　地裂缝监测

1. 水准测量

水准测量技术是传统的沉降监测技术，具有测量精度高、成果可靠、操作简便、仪器设备普通便宜等特点，但该方法的作业效率低、劳动强度大、难以实现自动化观测。另外，由于布设的沉降监测点数量有限，且只能测量垂直沉降差异，地裂缝的三维变形难以精确掌握。随着电子水准仪的普及应用，水准测量的劳动强度得到较大的降低，数据处理也更为方便快捷，特别是该仪器对操作技能的要求大大降低，有效地提高了成果的精度和可靠性。地裂缝水准测量的任务，是在发生、发现的地裂缝两侧的一定范围内，布设统一的水准网，以确定地裂缝的影响范围。通过定期的重复观测，为研究与控制地裂缝的差异沉降提供准确、可靠的资料。

1）水准观测方法和要求

跨地裂缝带短水准剖面、水准对点的观测使用DS05级水准仪配合线条式钢瓦合金水准尺。基准点、沉降观测点一起组成闭合环线观测，其中环线中的每段路线都进行往返观测。

对各条地裂缝带短水准剖面，水准对点的往返观测的异常数据及时复测校核，做到测量数据准确无误、质量可靠。

每次作业使用的水准仪和水准尺都应经过鉴定，每期观测前还需认真检查仪器的 i 角，合格后方可使用。

每站观测要求如下（表7-7）：

2）水准精度指标

根据现场情况及精度要求，选择《工程测量规范》GB 50026—2007中垂直位移监测网二等要求施测。规范中二等技术要求如下（表7-8）：

每站观测要求

表7-7

视线长度（m）	前后视距差（m）	前后视距累计差（m）	视线高度（m）	基、辅分划读数之差（mm）	基、辅分划所测高差之差（mm）
≤35	≤1	≤3	≥0.4	≤0.5	≤0.7

垂直位移监测网二等要求 表7-8

相邻点高差中误差 （mm）	每站高差中误差 （mm）	检测已测高差较差 （mm）	往返较差、附合或环线闭合差 （mm）	高程中误差 （mm）
0.5	0.13	$0.5\sqrt{n}$	$0.3\sqrt{n}$	0.5

注：n 为测段的测站数。

3）精密水准数据处理

精密水准监测数据用武汉大学科傻软件进行严密平差。平差后各点相对于基准点的点位中误差应不大于0.5mm，每期列出沉降量和累计沉降量表，并计算沉降速度，绘出典型区间的沉降趋势图，定期绘出沉降曲线图，为研究沉降情况及地裂缝发育提供基础数据。

2. 三角高程测量

水准测量因受观测环境影响小，观测精度高，仍然是沉降监测的主要方法，但如果水准路线条件差，水准测量实施将很困难。高精度全站仪的发展，使得电磁波测距三角高程测量在工程测量中的应用更加广泛，若能用短程电磁波测距三角高程测量代替水准测量进行沉降监测，将极大地降低劳动强度，提高工作效率。

三角高程测量的基本思想是根据测站点向照准点所观测的竖直角或天顶距和它们之间的水平距离，应用三角函数的计算公式，计算测站点与照准点之间的高差。它观测方法简单，不受地形条件限制，施测速度快，是测定大地控制点高程的基本方法。李继东等提出一种新的三角高程测量法，相对于传统方法，其精度更高，施测速度更快。

1）地球曲率及大气折光的影响

当两点相距较远时，必须顾及地球曲率和大气折光对所测高差的影响，两者对高程测量的影响称为球气差。

光线通过密度不均匀的介质时会发生折射，从而使光线成为一条既有曲率又有挠率的复杂空间曲线，使得所测高差存在误差。在测量工作中，由于温度随时间和空间的变化，使大气的密度也发生相应的变化，从而对光波的光速、振幅、相位和传播方向都产生随机影响。大气密度的不均匀性主要分布在垂直方

向上，同一种波长的光波的大气折射，归根到底就是由于大气密度的状况决定的。一般对于野外测量工作来说，影响大气折射改正的因素主要有测定气象元素的误差、大气层的非均匀性和大气湍流的干扰。引起气象代表性误差的原因是在光路中存在以下几种因素的影响：大气动力的不稳定性，如湍流和抖动现象；大气组成的密度梯度；大气的温度梯度；大气气压场、风场分布梯度；大气湿度场分布梯度等。

在水准测量中地球曲率的影响可以在观测中使用前后视距相等来抵消。三角高程测量在一般情况下也可以将仪器设在两点等距离处进行观测，或在两点上分别安置仪器进行对向观测并计算各自所测得的高差取其平均值，也可以消除地球曲率的影响。但在有些情况下应用三角高程测量测定地面点高程则不然。未知点到各已知点的距离长短不一，并且是单向观测，因此必须考虑地球曲率对高差的影响。

2）单向观测及其精度

单向观测法即将仪器安置在一个已知高程点（一般为工作基点）上，观测工作基点到沉降监测点的水平距离为 D、垂直角为 α、仪器高为 i、目标高为 v，计算两点之间的高差。顾及大气折光系数 K 和垂线偏差的影响，单向观测计算高差的公式为：

$$h = D \cdot \tan\alpha + \frac{1-K}{2R}D^2 + i - v + (u_1 - u_m)D$$

（7-15）

式中　u_1——测站在观测方向上的垂线偏差；

u_m——观测方向上各点的平均垂线偏差。

因垂线偏差对高差的影响虽随距离的增大而增大，但在平原地区边长较短时，垂线偏差的影响极

小，且在各期沉降量的相对变化量中得到抵消，通常可忽略不计。因此式（7-15）又为：

$$h = D \cdot \tan\alpha + \frac{1-K}{2R}D^2 + i - v \qquad (7-16)$$

高差中误差为：

$$m_{\mathrm{h}}^2 = \tan^2\alpha \cdot m_{\mathrm{D}}^2 + D^2 \sec^4\alpha \frac{m_{\mathrm{a}}^2}{\rho^2} + m_{\mathrm{i}}^2 + m_{\mathrm{v}}^2 + \frac{D^4}{4R^2}m_{\mathrm{k}}^2 \qquad (7-17)$$

由式（7-17）可以看出，影响三角高程测量精度的因素有测距误差m_{D}、垂直角观测误差%、仪器高量测误差m_{a}、目标高量测误差m_{v}、大气折光误差m_{K}。采用高精度的测距仪器和短距离测量，可大大减弱测距误差的影响；垂直角观测误差对高程中误差的影响较大，且与距离成正比，观测时应采用高精度的测角仪器并采取有关措施以提高观测精度；监测基准点一般采用强制对中设备，仪器高的量测误差相对较小，对非强制对中点位，可采用适当的方法提高量取精度；监测项目不同，监测点的标志有多种，应根据具体情况采用适当的方法减小目标高的量测误差；大气折光误差随地区、气候、季节、地面覆盖物、视线超出地面的高度等不同而发生变化，其影响与距离的平方成正比，其取值误差是影响三角高程精度的主要部分，但对小区域短边三角高程测量影响程度较小。

3）中间法及其精度

中间法是将仪器安置于已知高程点1和测点2之间，通过观测测站点到1、2两点的距离D_1和D_2、垂直角α_1和α_2、目标1、2的高度v_1和v_2，计算1、2两点之间的高差。中间法距离较短，若不考虑垂线偏差的影响，其计算公式为：

$$h = (D_2\tan\alpha_2 - D_1\tan\alpha_1) + \left(\frac{D_2^2 - D_1^2}{2R}\right) - \left(\frac{D_2^2}{2R}K_2 - \frac{D_1^2}{2R}K_1\right) - (v_2 - v_1) \qquad (7-18)$$

若设 $D_1 \approx D_2 \approx D_0$，$\Delta K = K_2 - K_1$，$m_{\mathrm{D}_1} \approx m_{\mathrm{D}_2} \approx m_{\mathrm{D}_0}$，$m_{\mathrm{v}_1} \approx m_{\mathrm{v}_2} \approx m_{\mathrm{v}_0}$，则有：

$$h = (D_0\tan\alpha_2 - D_1\tan\alpha_1) + \frac{D_0^2}{2R}\Delta K - v_2 + v_1 \qquad (7-19)$$

$$m_{\mathrm{h}}^2 = (\tan\alpha_2 - \tan\alpha_1)^2 m_{\mathrm{D}_0}^2 + D_0^2(\sec^4\alpha_2 + \sec^4\alpha_1)\frac{m_{\mathrm{a}}^2}{\rho^2} + \frac{D_0^4}{4R^2}m_{\Delta\mathrm{K}}^2 + 2m_{\mathrm{v}}^2 t \qquad (7-20)$$

由式（7-20）可以看出，大气折光对高差的影响不是K值取值误差的本身，而是体现在K值的差值ΔK上，虽然ΔK对三角高程精度的影响仍与距离的平方成正比，但由于视线大大缩短，在小区域选择良好的观测条件和观测时段可以极大地减小ΔK，ΔK对高差的影响甚至可忽略不计。这种方法对测站点的位置选择有较高的要求。

4）对向观测及其精度

若采用对向观测，根据式（7-16），计算高差的公式为：

$$h = \frac{1}{2}D(\tan\alpha_{12} - \tan\alpha_{21}) + \frac{\Delta K}{4R}D^2 + \frac{1}{2}(i_1 - i_2) + \frac{1}{2}(v_1 - v_2) \qquad (7-21)$$

若设 $m_{\mathrm{i}_1} \approx m_{\mathrm{i}_2} \approx m_{\mathrm{i}}$，对向观测高差中误差可写为：

$$m_{\mathrm{h}}^2 = \frac{1}{2}\tan^2\alpha \cdot m_{\mathrm{D}}^2 + \frac{D^2}{2}D_0^2\sec^4\alpha\frac{m_{\mathrm{a}}^2}{\rho^2} + \frac{m_{\mathrm{i}}^2 + m_{\mathrm{v}}^2}{2} + \frac{D^4}{16R^2}m_{\Delta\mathrm{K}}^2 \qquad (7-22)$$

采用对向观测时，K_1与K_2严格意义上虽不完全相同，但对高差的影响也不是K值取值误差的本身，而是体现在K值的差值ΔK上，在较短的时间内进行对向观测可以更好地减小ΔK值，视线较短时ΔK值对高差的影响甚至可忽略不计。这种方法对监测点标志的选埋有较高的要求，作业难度也较大，一般的监测工程较少采用。

3. GPS测量

1）GPS监测网的技术设计

将GPS技术用于高精度地面沉降地裂缝监测时，应对相应的GPS监测网进行技术设计，合理地布设

GPS基准点和GPS监测点，以便得到最优的布测方案。

（1）技术设计的准备

根据需要收集监测范围内已有的国家三角网、导线点、水准点和已有GPS站点的资料。同时，为了在地裂缝附近合理地布设监测点，还应搜集有关该区域的地质构造、工程勘察、空间形态和自然环境等资料。搜集监测范围内有关地形图、交通图及测区总体建设规划和近期发展方面的资料。若任务需要，还应搜集有关的地震、气象和水文资料等。在技术设计前，还应对上述资料进行充分的分析研究，必要时进行实地勘察，然后进行图上设计。

GPS观测墩埋设前需与被占地单位充分协商，以保证将来观测的顺利进行，避免观测墩被人为破坏。观测墩埋设位置除要考虑布设于地裂缝两侧，远离遮掩物和放射源外，还要考虑与周围环境相一致，美观而不突兀。

（2）技术设计的原则

在设计图上应标出设计好的GPS监测站的位置、点名和点号，还应标出交通路线、裂缝及勘探剖面等。布设GPS监测网的主要目的是监测地裂缝的变形情况，因此要根据精度要求、卫星状况、GPS接收机的类型和数量、测区地形和交通状况以及作业效率综合考虑，按照优化设计的原则进行。

由于地裂缝GPS监测网对高程方向的精度要求较高，因此，在技术设计应保证相邻同步环之间至少应有两条公共基线（即3个公共点），必要时甚至可以有三条公共基线。另外，地裂缝对点应保证在一时段内同时观测。对于前期观测解算发现精度不好的点位，应尽量避免其在公共点连接上出现。无法避免时，观测网中应至少有两个其他公共监测点。

2）GPS监测点的选择与观测墩的布设

GPS监测的效果，取决于正确合理的GPS观测墩布设，GPS观测墩的布设包括GPS点位的选择和观测墩的设计与埋设。GPS点位的选择除了应满足GPS监测网络规划中的要求外，具体各点的确定，还应考虑

点的位置对GPS观测精度的影响，选择利于获取高精度观测成果的点位。

（1）GPS监测点的选择

由于GPS观测是通过接收天空卫星信号实现定位测量，一般不要求观测站之间相互通视，且观测精度与构网的几何状况无关。但是由于GPS观测精度主要受到所观测卫星在天空的几何状况的影响，且电磁场及电磁波反射物体等均会对接收信号产生影响。因此GPS点应选设在视野开阔的地点，视场内周围障碍物的高度角一般应小于15°，并远离大功率无线电发射源，而且点位附近不应有对信号产生强反射的物体（大面积水域、镜面建筑物等），减弱路径效应的影响。

（2）GPS观测墩的布设

GPS观测墩应建在地面基础坚固、易于保存的位置，墩的位置还考虑交通方便，便于到达。GPS观测墩的建造要满足《全球定位系统（GPS）测量规范》GB/T 18314—2009的要求，同时还要考虑城市环境对监测的特殊影响，GPS观测墩的墩高一般为1.5～1.7m，尽量避免多路径反射和建筑物遮蔽的影响。观测墩标石中心安装不锈钢螺旋，构成标石的强制对中中心。为了与精密水准比较，所有地面GPS观测墩底部均同时建立水准标志点。另外，在城市市区建造的GPS观测墩，其表面都贴了和城市的街景相匹配的瓷砖。

根据现场条件，GPS监测点观测墩可按图7-11所示的规格埋设。观测墩全部采用特制的模具和钢筋混凝土现场浇灌，以保证成品满足设计要求，底盘位置应呈正南正北或正东正西方向，观测墩外部及底座均采用磁片包装。强制对中标志应埋设在柱石顶面的正中央，并通过连接杆与观测墩内部钢筋网焊接。观测墩正面（易于观看的一侧）粘贴铜制标记牌。

（3）GPS观测墩的材料规格

观测墩钢筋网：竖筋采用直径为14mm的螺纹钢、横筋为直径6mm的圆钢；

钢筋网的捆绑方式及尺寸参照技术设计执行；

水泥的强度等级为32.5、石子一般采用直径为

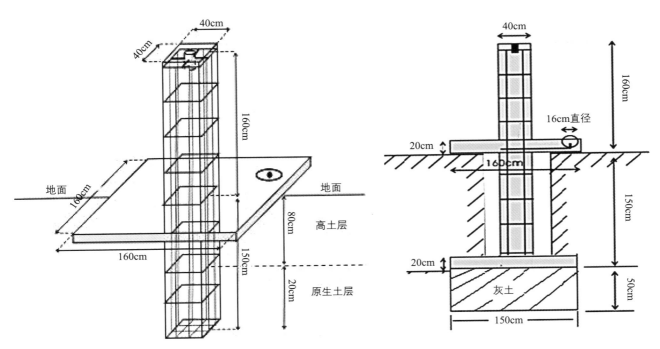

图7-11 GPS观测墩示意图

5~40mm的鹅卵石或同规格碎石，沙子采用不含泥土的中沙。

3）GPS接收设备的选用

高精度地裂缝监测的GPS接收机和天线，一般须选用双频GPS接收机和大地测量型的GPS扼流圈天线。GPS接收设备的检验、维护和保养参照国家规范执行。

4）地裂缝GPS监测的外业观测技术要求

作业调度者按照技术设计书中提出的作业方案及测区实际的地形和交通状况编制观测作业计划表，并按该表对作业组下达相应阶段的作业调度命令。同时，依照实际作业的进展情况，及时做出必要的调整或变动。GPS观测作业技术指标应严格按照设计要求进行。

监测作业时，应采用不少于3台的双频GPS接收机进行同步观测，在迁站时至少保证有2台GPS接收机保持不动，并保证每个GPS点上的重复设站次数大于2，即保证监测网中所有GPS点上有2~3个时段的12小时以上的连续观测时间。观测时，接收天线采用带有扼流圈和抑径圈的高精度天线，因为此种天线的

相位中心足够稳定（零相位迁移），且所有接收机和天线均须进行全面检验。

同时，为了保证获得高精度的高程分量，每次观测前，对GPS接收机各天线进行定向，使天线均指向北，再从三个互为120°的方向测量天线高度，当各方向天线高度差均小于1mm时，取三次测量的平均值作为最终的天线高度，每两小时进行一次气压、温度测量，并做好野外观测记录。

5）GPS监测网的数据处理

GPS监测网的数据处理主要包括GPS基线向量解算和GPS网平差。

（1）GPS基线向量解算

基线解的精度是保证监测成果可靠性的基础。因此，项目组采用国际著名的高精度GPS数据处理软件包GAMIT/GLOBK进行GPS基线向量解算。解算时，以GPS监测网的基准点为起算点进行基线解算，并对其坐标给以10mm约束，其余监测点根据给定的概略坐标给以约束，基线向量解算采用IGS提供的精密星历。

基线向量解算完毕后，应进行残差分析与质量检验，以便发现、修正、删除不合格成果，基线质量检验主要包括：

① 同步环多边形闭合差检验

各条基线边同步环闭合差应满足：

$$W_X = \sum_{i=1}^{n} \Delta X_i \leqslant \frac{1}{5} \sqrt{n} \sigma$$

$$W_Y = \sum_{i=1}^{n} \Delta Y_i \leqslant \frac{1}{5} \sqrt{n} \sigma$$

$$W_Z = \sum_{i=1}^{n} \Delta Z_i \leqslant \frac{1}{5} \sqrt{n} \sigma \qquad (7-23)$$

$$W = \sqrt{W_X^2 + W_Y^2 + W_Z^2} \leqslant \frac{\sqrt{3n}}{5} \sigma$$

式中，n 为闭合环多边形的边数，σ 为GPS网相应级别规定的观测精度。其中：

$$\sigma \leqslant \sqrt{5^2 + \left(0.1 \times 10^{-6} \cdot d\right)^2} \qquad (7-24)$$

式中，d 为基线弦长，以km为单位。

② 异步环多边形闭合差检验

由若干条不同时间段测得的独立基线构成的最小闭合环，称为最简独立环，其闭合差应符合下式规定：

$$W_X \leqslant 3\sqrt{n}\sigma$$

$$W_Y \leqslant 3\sqrt{n}\sigma \qquad (7-25)$$

$$W_Z \leqslant 3\sqrt{n}\sigma$$

最简独立环闭合差的大小，是基线向量质量检核的主要指标。式中 n 为最简独立环边数，否则就应按要求重测。

③ 重复基线边较差检验

同一条GPS基线边若重复观测了多个时段，则同一条基线边任意两个时段结果的互差不超过下式的规定：

$$d_s \leqslant 2\sqrt{2}\sigma \qquad (7-26)$$

（2）GPS网平差

GPS网平差采用GLOBK软件和HPGPSADJ软件分别进行，以便进行相互检核。

平差时首先以（10.0m，10.0m，10.0m）的松弛度对各测站进行无约束平差；然后以多个基准点

的坐标为约束进行约束平差，使平差最后结果纳入ITRF2005国际地球参考框架中。

三维无约束平差可以检验GPS基线向量网本身的内符合精度以及基线向量之间有无明显的系统误差和粗差。而三维约束平差结果，将获得各GPS网网点在ITRF2005参考框架下的三维地心坐标。

GPS网平差结果中，GPS基线边的精度应优于 10^{-7}，点位水平方向精度应优于 ±5mm，垂直方向精度应优于 ±10mm。

6）GPS监测网基准的稳定性分析

对于周期性重复观测GPS变形监测网来说，其变形分析是建立在多期重复观测相比较的基础之上。因此，各期观测数据处理时就需要有一个统一的基准。基准给出了监测网的位置、尺度和方位的定义，实际上是给出了监测网的参考系，GPS监测网的基准有位置基准（三个）、方位基准（三个）和尺度基准（一个），数据处理时，采用的基准不同，计算出变形点的位移量也就不同。因此，GPS监测网基准的稳定性对准确获取监测点的变形量至关重要。

7）GPS测量的优点

既要保持良好的通视条件，又要保障测量控制网的良好结构，这一直是经典测量技术难题。GPS测量中观测站无须通视，不用建造觇标，可大大减少测量工作的经费和时间，同时也使点位的选择比较灵活；GPS测量定位精度高，在小于50km的基线上，相对定位精度可达 $1 \times 10^{-6} \sim 2 \times 10^{-6}$；观测时间短，静态定位方法完成一条基线的时间一般为1～2h，快速相对定位仅需几分钟；提供三维坐标；全天候作业GPS测量可以在适宜地点、任何时间连续工作。

利用GPS对地裂缝进行监测应以解决问题为基准。不能因GPS存在误差而限制其应用。目前GPS测量虽然难以达到等级水准测量精度，但是可以对沉降时间较长、活动强烈的地裂缝进行监测。随着GPS应用领域的不断拓展，软、硬件技术的提高，GPS在绝对定位、相对定位、测速等方面的精度会进一步提高，

必将推动GPS技术在地质环境监测方面的广泛应用。

4. InSAR监测技术

20世纪60年代末出现的新兴交叉学科合成孔径雷达干涉技术InSAR，是合成孔径雷达SAR与射电天文学干涉测量技术的完美结合，该技术在大面积滑坡、塌陷、泥石流以及地裂缝、地面沉降等地质灾害的监测中得到成功应用，且其精度高，通常可以达到毫米级，是一项快速、经济的空间探测新技术。

干涉合成孔径雷达（InSAR）测量技术是利用一条短基线（从几米到大约1千米），通过相邻航线上观测的同一地区的两幅SAR影像的相位差来获取高程数据。现在的星载SAR系统以一定的时间间隔和轻微的轨道偏离（相邻两次轨道间隔为几十米至1千米）重复成像，借助覆盖同一地区的两个SAR图像的干涉处理和雷达平台的姿态数据重建地表三维模型，其精度在20m左右。

合成孔径雷达差分干涉测量（D-InSAR）是InSAR技术应用的一个扩展，它是利用复雷达图像的相位差信息来提取地面变形信息的技术。1989年，Grabriel等首次论证了D-InSAR技术可用于探测厘米级的地表形变，并用Seasat L波段SAR测量美国加利福尼亚州东南部的英佩瑞尔河谷（Imperial Valley）灌溉区的地表形变。但他们的工作并没有得到足够的重视，直到1993年Massonnet等人利用ERS-1 SAR数据采集了1992年的Landers地震（M-7.2）的形变场，并将D-InSAR的测量结果与其他类型的测量数据以及弹性形变模型进行比较，结果相当吻合，其研究成果发表在Nature上，引起了国际地震界震惊，D-InSAR技术在探测地表形变方面的能力才被大家所认识。此后，D-InSAR在地球表面的形变场探测方面的研究在世界各国普遍开展。早期主要是开展形变比较明显的地震、火山活动的监测研究，随着技术的不断成熟和研究的深入，研究重点逐渐转移至地面沉降、山体滑坡及地裂缝等细微持续的地表位移。

近几年来，雷达干涉测量技术作为一项新型的对地观测技术得到了迅速发展，它可以克服水准测量费时费力和GPS"离散信号"的缺陷，并且提供了获取地面三维信息的方法，是雷达遥感的最新领域，为城市地面沉降的研究提供了全新的方法。据www.atlsci.com网上媒体报道，加拿大大部分城市利用SAR技术进行城市地面沉降研究已经取得了良好的效果。

用D-InSAR来监测地面形变的优点是不言而喻的，但要实际用来取代水准测量监测微小的地面形变，还需要克服一些技术缺点：

①源数据的获取与选择。要获得高质量的干涉图并进行差分处理，必须处理相干性的问题，包括时间相干性和空间相干性，即复影像对必须在空间上满足临界基线距的要求，在时间间隔内保证观测目标的一致性，避免失相干现象。

②数据处理方法。影像精配准和相位解缠是数据处理过程中的关键技术。

③气象因素和季节性植被变化对雷达干涉效果的影响，在数据处理中应给予消除。大气影响是SAR的主要误差源之一，能对雷达信号造成不同程度的延迟。

5. GPS与InSAR联合监测技术

InSAR作为地表形变探测新技术，也作为遥感和摄影测量的前沿学科，已有越来越多的国家和地区应用其来监测各种因素引起的地面沉降现象。InSAR可以全天候、高空间分辨率地获取大面积的地面高程信息，其不但具有亚厘米级的高探测精度，而且具有低成本、近连续性和遥感探测的能力，无疑将成为今后地面沉降探测的主要技术领域和发展方向。但InSAR技术对大气误差、遥感卫星轨道误差、地表状况以及时态不相关因素非常敏感，很容易导致InSAR图像的错误解释，成为制约InSAR技术广泛应用的瓶颈。另外，近十来年，GPS技术的发展已日臻成熟并完善，其测量精度已达亚毫米级，同时，由于GPS测量可以选择测量频率，其在时间域上的分辨率可达到分钟级甚至几十秒级，并且可以精确地确定电离层、对流层参数，但GPS在空间域上的分辨率尚无法做到很高。

目前，这两种技术是当今进行大范围地表沉降监测的主要手段，技术上互有优势和不足。利用InSAR技术，可以全天候、高空间分辨率的获取大面积地面的高程信息，空间分辨率高，而且具有很高的形变观测精度、高采样密度（100m之内），且无需建立地面接收站。InSAR早期主要用于三维地形图的生成，后来Gabriel等首先应用差分干涉测量技术D-InSAR获取了厘米级精度的地表高程变化信息，显示了D-InSAR在高程形变监测中的优越性，从而引起了人们的广泛关注。GPS单点静态定位具有很高的平面精度、观测时间短、测站间不需要通视、很高的时间分辨率和全天候作业等特点，它是监测各种工程变形极为有效的手段。因此，通过对InSAR和GPS两种技术的对比，发现两者具有很好的互补性：

①GPS是一种点定位系统，采用相对定位工作方式时的定位精度达$10^{-8} \sim 10^{-9}$，但是GPS的空间分辨率较低，用于监测地表变形的GPS网基线长度至少有几十公里至几百公里，不足以满足高空间分辨率形变监测的需求。而InSAR提供的是整个区域面上的连续信息，其空间分辨率甚至可以达到20m×20m。

②由于入射角的关系，InSAR对高程信息特别敏感，尤其是利用D-InSAR进行形变监测，高程精度可达亚厘米级，而这恰恰是GPS最薄弱的一环。

③GPS获得的是高精度的绝对坐标，而InSAR提供的仅仅是相对坐标。

④GPS测量可以选择测量频率（对卫星信号的采样时间间隔），GPS在时间域的分辨率可以达到数分钟级甚至几十秒级，从而提供时间分辨率很高的观测数据，而InSAR可被看成瞬时观测，而且容易受时间失相干的影响，两幅图像获取时间间隔不能太长；而SAR卫星的重复周期通常为35天左右，很难提供足够的时间分辨率。

通过以上分析可知，对一定区域进行大范围的地裂缝监测采用某种单一的手段和方法是不足的，而把这两种技术相结合才是解决问题的有效手段。国内外大量研究成果尤其是张勤教授的研究表明，GPS与

InSAR的数据融合不仅会改正InSAR数据本身难以消除的大气延迟误差以及卫星轨道误差，而且会更好地把GPS的高时间分辨率和高平面位置精度与InSAR技术的高空间分辨率和较好的高程变形精度完美地统一起来，更好地应用于大范围的城市地裂缝监测。

7.4.2　地裂缝预测

构造地裂缝是环境工程地质问题之一。特别是西安、大同、邯郸等城市的断层蠕滑型地裂缝的发生和发展，在很大程度上是人类工程和经济活动诱发出来的，与人类生存息息相关。因此，对它们活动的预测是地裂缝工程地质工作中非常关键的一项工作。研究地裂缝发生的时间、空间的预测预报是十分重要的，不仅可为城乡规划、设计和地裂缝灾害减灾和防治提供决策依据，同时也可作为其他地区地裂缝研究的借鉴。

1. 地裂缝活动预测的依据

耿大玉等[172]在对地裂缝几何学、运动学特征以及地裂缝成因研究的基础上，对西安地裂缝活动提出如下预测依据：

1）地裂缝活动受构造的控制。由地震活动反映出的区域构造活动水平，可为地裂缝的长期（时间单位为10年）活动趋势提供参考。

2）西安的地面差异沉降直接影响着地裂缝的运动速率，而地面沉降的主要原因是过量抽取承压层地下水。故抽水量的时、空变化及其不均匀性，可为地裂缝的短期预报（时间单位为年）提供依据。

3）十几年来，西安地裂缝的地面断裂图像已较清晰，隐伏地裂的继续出露有一定的规则性（沿地裂缝带纵向活动，而横向较稳定），且其勘测技术也进一步完善，这对地裂缝出现位置的预测保证了必要的精度。

4）西安地区几乎不存在沿海地区的软土层，压缩层的工程地质性质与上海的硬土层类似，故其加载变形的过程较短，不会发生长期的延续流变。这将有利于分析地下水位变化对地裂缝活动的影响，提高预

测的时间精度。

张栓厚[173]等人提出按西安地裂缝成因的灾害地质条件的直接、间接标志，诸如盆地地貌、地面沉降槽，用人工浅地震、静电α卡测量、甚低频电磁测量、地温测量等方法所测定的地裂缝先存破裂带（或隐伏地裂缝）进行预测。

2.　地裂缝活动的时间预测

渭河地震带和河北平原地震带发现历史地裂缝活动与地震活动一样，有700～800年和300年左右的活动长周期，最近一个周期还存在次一级的20年左右的开合期和4～5年一次的脉动波动。此外，地裂缝活动又有短期的跳动、衰减、休止和反向现象。上述几种地裂缝活动周期中均存在活跃期与隐伏期相间的现象。据此可开展长、中、短期地裂缝活动预测探索工作。

1）地裂缝活动的长期预测

基于对地裂缝活动周期的认识，可预报渭河地震带未来的地裂缝活动。由于目前进入地裂缝活动短周期的活跃期已有85年，按活跃期长93～135年计，则未来8～50年后，近代地裂缝活动将进入长达300年的隐伏期，不再危害人民生活及城市建设。

晏同珍[174]引用泊松旋回模型，对西安市地裂缝作了长周期的宏观预测。结果表明，地裂缝从1976年开始加速发展，1990～1996年将出现峰值，在2056年左右趋于稳定，整个周期约110年。徐光黎等[175]据此预计2055年之后，西安地裂缝活动将进入长达300年的稳定期。

钱瑞华等[176]从地裂缝三维应力—位移分析看大同地裂缝发展趋势，得出控制大同铁路分局地裂缝的白马城断裂的位移是左旋剪切错动兼有北南两侧差异的升降运动。在今后10年内断层水平运动平均每年为0.64mm，垂直运动平均每年为2.7mm；在今后50年内断层水平运动每年为0.7mm，垂直运动平均每年为0.3mm。

2）地裂缝活动的中期预测

徐光黎等[177]用灰色Verhulst模型对西安地裂缝中等周期的活动规律进行预测。该模型是比利时数学家弗哈尔斯特根据人口繁殖规律提出的，邓聚龙[178]用其进行灰色非线性建模，使之更有广泛性和实用性。该模型适用于不确定物理模型系统，因此，将其用于地裂缝活动规律的预测是合适的。预测方程为：

$$x^{(1)}(t) = \frac{a/b}{1 + \left(\dfrac{a}{b}\dfrac{1}{x^{(1)}(0)} - 1\right)\exp(-at)} \quad （7\text{-}27）$$

根据监测资料作了30点的预测模型，经计算统计得出：地裂缝活跃期最短为9年，最长为17年，平均为11.5年。此结果与华北地震高潮幕和太阳黑子活动周期相近。

西安地区已查明的较大断裂有数十条，均为倾滑断层，主要断裂有秦岭北缘断裂、渭河断裂和临潼—长安断裂。据陕西省地震局资料，自1970年起渭河断裂活动速率平均为3.37mm/a，临潼—长安断裂为3.98mm/a。形变测量资料显示出，在1976年前后这两条断裂活动速率最高，之后呈波浪式下降，1985年后又加速活动，显示了中等周期的活动规律。

综上所述，西安地裂缝活动是区域构造应力场增强的结果，其总的活动趋势是：1976～1977年为活动高峰期，按10～13年间隔计，则1987～1990年亦为活动高峰期[179]。

长安大学等单位[179-183]通过对大同机车工厂地裂缝活动与地震活动周期的对应性规律分析，认为在其后20～30年内，地裂缝仍将处于活动阶段，活动方式仍以垂直形变为主，兼有横向拉张和走向扭动。其强烈受影响范围主要为地裂缝带上盘和现存地裂缝两端点。若按1983年以来所获形变速率和实际调查资料分析，地裂缝带两盘垂直沉降差，在未来20～30年活动时段内可达15～20cm，沿走向两端扩张，在3～5年内即将西抵大同十里河、东至御河，但因受到两条NW～NNW向河谷断裂限制而终止。因而，随着地裂缝持续活动，应变能不断释放，大同机车工厂地裂缝带横向破裂带增宽，地面变形也将增加。其影响范围预计最终宽度：上盘最大宽度20～25m，下盘10～15m。

3）地裂缝活动的短期预测

以西安地裂缝为例，它是断层蠕滑型的构造地裂缝，与地震活动密切相关，但也明显地受到非构造因素的影响，如抽汲地下水、温度、湿度等。对于非构造因素的影响，应认为是一种随机成分，可以用时间序列分析法提取。在实际问题中，对于非平稳随机过程，其数学模型[174]为：

$$y(t) = f(t) + p(t) + \eta(t) + \varepsilon \qquad (7-28)$$

式中　$f(t)$——趋势项；

　　　$p(t)$——周期项；

　　　$\eta(t)$——平稳项；

　　　ε——白噪声。

计算表明，西安地裂缝活动存在显著的1年优势周期。在1年的活动周期中，每年的第3季度活动速率最大，3~4月份最小。

钱瑞华[176]对大同铁路分局地裂缝进行了短周期分析，认为：①地裂缝活动可能因地下水超采改变地层压力平衡，引起土体呈现突跳式的跃变变形和位错，其中有54~56天的周期；②地裂缝活动规律主要受地下水开采量的影响接近于地壳形变的短周期，时间为16~21天，这种短周期需用更多的资料验证充实。

3. 地裂缝活动的空间预测

就西安地裂缝而言，它们在空间展布上具有方向性强、等间距分布的特点。但各条地裂缝及其上各点的活动强度和规模不尽相同，因此，应进行空间上的分级、分段的定量预测。

1）地裂缝空间分布预测

信息量的大小可以用来评价地质因素与研究对象之间关系的密切程度，由条件概率计算。

在实际应用中，总体概率用样本频率估算，即：

$$I = \sum_j \lg \frac{S_j / N_j}{S / N} \qquad (7-29)$$

式中　N——单元总数目；

　　　S——产生地裂缝的单元数目；

　　　N_j——因素j所占的单元数目；

　　　S_j——因素j单元中已产生地裂缝的单元数目。

徐光黎等[177]根据西安地裂缝的成因机制及所掌握的全部资料，选取如下3个因素，共12个变量：

（1）隐伏断层：隐伏断层是地裂缝形成和发展的基本前提。

（2）地形地貌：10条黄土梁和洼地相间排列，每一条地裂缝与黄土梁相伴随[184]。黄土梁与洼地的高差反映了地裂缝活动强度的差异。

（3）承压水位：抽汲深层承压水对地裂缝活动有激发促进作用，是非构造因素中的最主要影响因素。

预测精度按下式评价：

$$A = \frac{M_i}{N_i} \left(\frac{(N - N_i)(M - M_i)}{N - N_i} \right)^{1/3} \qquad (7-30)$$

式中　N——研究区单元数目；

　　　N_i——已知地裂缝单元数目；

　　　M——临界点之上的单元数目；

　　　M_i——临界点之上单元与已知地裂缝单元相重合的单元数目。

经分析，预测模型精度为81.6%，说明该模型精度高，方法可行。

2）地裂缝活动强度空间预测

刘娟[183]用同样的方法，分别计算出各变量的信息量值，并根据信息的可叠加性原理，得出西安地裂缝活动强度的信息量模型为

$$\begin{aligned} I = \Sigma I_j =\ & 0.434x_1 + 0.844x_2 + 0.7935x_3 + 0.3391x_4 + \\ & 1.0434x_5 + 0.8499x_6 + 0.8215x_7 + 0.7343x_8 + \\ & 0.4720x_9 + 0.9838x_{10} + 0.9001x_{11} + 0.7019x_{12} + \\ & 0.4478x_{13} + 0.3901x_{14} + 1.0263x_{15} + 0.9963x_{16} + \\ & 0.8721x_{17} + 0.6766x_{18} + 0.1835x_{19} \end{aligned}$$

$$(7-31)$$

根据信息量模型式（7-31）计算2 965个单元的信息量值，对照地裂缝的实际出露统计$I_c = 1.6$为临界点。对于隐伏断裂带上所有单元，按信息量值作直方图，根据直方图突变点划分地裂缝活动级别如下：

$I \geqslant 3.6$为A级地裂缝单元，活动剧烈；

$I \in [2.9, 3.6)$为B级地裂缝单元，活动强烈；

$I \in [2.4, 2.9)$为C级地裂缝单元，活动中等；

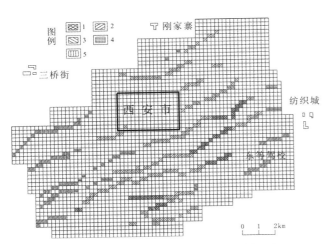

图7-12 2000年西安地裂缝活动强一度空间预测分区图
1—A级地裂缝；2—B级地裂缝；3—C级地裂缝；4—D级地裂缝；
5—D级稳定单元
注：图中地裂缝编号从北向南分别为D_1、D_2、D_3、…D_{10}。

$I \in [1.6，2.4)$为D级地裂缝单元，活动微弱；
$I \in <1.6$为稳定单元。

据各单元活动级别编制了西安地裂缝活动空间分区图（图7-12）。

4. 地裂缝活动的变形量预测

现以大同地裂缝为例述之。地裂缝形变的预测是建立在观测资料基础上的，观测时间越长、观测点越多，其预测效果越好。大同市地裂缝带上仅有两个观测站，机车工厂监测站观测时间较长，数据完整，具有较好的统计效果。刘玉海等[185]人根据大同机车工厂地裂缝沉降量和引张量年均值将其活动量表示为：

$$y = a + bx \qquad (7-32)$$

其中，y为预测总变量；x为时间（年）；a、b为相关系数。

经线性回归，沉降变形量：$a=58.0$，$b=9.2388$；
引张变形量：$a=35.0$，$b=3.5426$。
沉降变形量预测用：

$$y = 58.0 + 9.2388x \qquad (7-33)$$

引张变形量预测用：

$$y = 35.0 + 3.5426x \qquad (7-34)$$

随着地理信息系统GIS技术的兴起，其在地质灾害和风险评估中的应用也不断升温。董东林等[186]初步应用GIS软件对山西临汾市区地裂缝的发展进行了较合理的预测。该软件通过对影响山西省临汾市区地裂缝的七种物理因子（地貌条件、地质地形数据及其图件、构造地质条件、地震条件、气候条件、地表水条件和地下水开发条件）的分析，分别给予不同的权重，建立起空间数据库，形成了临汾市区的地裂缝灾害分区框架，为临汾市的城市规划及土地利用提供了较为可靠的依据。

姜振泉[187]和武强等[188]采用地理信息系统方法将构造、地层、地貌、地下水开采诸因素进行量化，然后建立地裂缝灾害敏感性分区评价模型，研究了多因素复合作用下地裂缝活动规律及各因素之间相互作用特点，同时还通过地裂缝灾害敏感性分区，对临汾地裂缝活动的变化趋势进行了预测。

7.5 地裂缝预防与治理

地裂缝的致灾过程包括行为、现象和灾害三个环节：行为是地壳运动和过量超采地下水，现象是出现地裂缝，灾害是场地与建筑物的破坏。相应的防治地裂缝灾害的方针是控制其行为，稳定其现象，防止其灾害。

7.5.1 防治原则

地裂缝灾害的防治原则应符合地质灾害减缓与防御的两条原则：

系统性原则：由于作为地质灾害的地裂缝孕育于内外力地质作用的过程中，受着自然和人为因素的制约，灾害种类、成因、性质、特点、环境保护、灾害预测预报及整治，彼此间存在着直接或间接的联系，体现了灾害系统的复杂性，地裂缝灾害发育的时、空、场特征同样具有系统内容；因此地裂缝灾害的研究，特别是灾害的减缓与防御对策，应该建立在系统性原则和方法的基础上，从而增强防灾的有效性。

社会性原则：由于人为因素作为地质营力的组成部分，在一定条件下，它对地裂缝灾害的产生具有决定性意义或诱发作用，有时甚至成为导致灾害发生的直接原因；其次，地裂缝灾害属于环境内容不可分割的一部分。无论在区域或局部范围，它们不可避免地与人类社会紧密地联系在一起。所以，地裂缝灾害的减缓与防御不可能离开社会孤立地进行。城市和农田地下水开采缺乏科学管理，过量开采造成补采失调，引起地面沉降等，无疑都具有社会性质。因此科学防灾不仅包括自然的，而且也体现出社会性内容。

地裂缝灾害防治，特别是以区域性断裂系统活动为基础的断层蠕滑型地裂缝灾害的减灾和防灾对策，应充分体现出上述原则的针对性。对于具有强烈自然属性的地裂缝灾害，主要解决构造力作用下的地基与基础抗断问题（包括拉断和剪断），任何试图通过结构和地基加固的措施来实现防治地裂缝灾害都是难以做到的。在较大程度上，只能通过调整建筑物与地裂缝配置关系，以及采取隔离的途径或转嫁构造力作用的办法，达到减轻和防治地裂缝灾害的目的。

7.5.2　减缓与防治灾害措施

大量调查证实，地裂缝灾害作用主要集中于主、次裂缝组成的地裂缝带范围内，且所有横跨主裂缝的建筑或工程无一免受损坏。在剖面上自地表向下地裂缝灾害作用逐渐减弱，目前所揭露的受损坏深度约10m。推测主裂缝的灾害作用在深部与断层活动联合在一起，其作用深度可能超过平面上横跨地裂缝带的影响宽度。因此，对具构造性质地裂缝，尽管不具发震作用，但从位错活动特点和其下部活断层直接相关的事实出发，地裂缝灾害防治对策与活断层防灾对策颇具有相似性。刘玉海等[185]据此提出以下防治措施：

1.　建筑避让措施

对主裂缝实行避让是保证工程安全的普遍性原

则，特别是那些永久性建筑更须严格限制横跨主地裂缝建设。一般避让宽度上盘6m，下盘4m。

2.　工程设防措施

对避让带外侧的次级地裂缝和微破裂影响带划定设防宽度。凡在此范围修建的工业与民用建筑，均需对地基和基础作特殊加固，或采取提高建筑设计标准的措施解决地裂缝灾害的防治问题。对某些非重要的建筑物进行适宜性评价和论证，同样也是必须采取的步骤。

3.　减灾工程措施

对于一些线性地下管道工程（廊道或管道）跨越地裂缝时，避让措施不再可行。所以，通常以工程减灾措施为主，经济和技术可行，效果较佳。具体工程措施建议如下：

①外廊道隔离、内悬支座（避免直埋式）工程措施。

②外廊道隔离、内支座式管道活动软接头联结工程措施。

③地裂缝带受损建筑拆、留措施。

当跨主裂缝的楼房建筑受到破损时，为了限制相邻楼体结构灾害扩展，减少更大损失，采取局部拆除，保留两侧尚未受损楼体措施。其被拆除宽度，依具体情况确定为主裂缝强破坏宽度1.2～1.5倍为宜，上下盘拆除宽度比保持在3：2或2：1为宜。

7.5.3　防治对策

城市断层蠕滑型地裂缝作为一种严重的地质灾害，已引起受害单位和市政机关的高度重视，一些单位和部门采取了一系列的措施，如进行楼房加固、地基处理等，但往往由于没有搞清楚地裂缝的成因和破坏规律，或没有找到地裂缝主缝的确切位置，盲目地仓促施工，自然无法取得满意的防治效果。所以，通过对地裂缝的系统研究，提出以下一些减灾和防灾对策，对城市的建设具有一定的现实意义。

1.　建筑物防灾减灾对策

1）对房屋等单体建筑严格遵守避让为主的原则

鉴于地裂缝对建筑物具有不可抗拒的破坏作用，因此采取避让的措施是防止地裂缝灾害的最有效措施，特别是对于高层建筑和大型工程尤为重要。

关于房屋等单体建筑物的安全避让距离一直是地裂缝防治中的重要课题。而安全避让距离的确定又是非常复杂的地质环境问题，它涉及地裂缝的地质特征、地质构造背景、成因机理、灾害效应、地层、地形变和应力场，以及城市规划、建筑物类型和社会经济效益等一系列问题。在确定建筑物的安全距离时，既要考虑地裂缝的灾害现状和发育现状，又要根据构造应力场以及抽取地下水等情况进行综合分析，充分考虑到今后一段时间内的地裂缝发展趋势。

根据多年来对西安地裂缝两侧既有建筑物大量的裂缝调查和变形观测结果，结合工程经验，规定了西安地裂缝场地建筑物规划设计时基础外延至地裂缝的最小避让距离（表7-9）。

地裂缝场地建筑物最小避让距离（m）

表7-9

结构类别	构造位置	建筑物重要性类别		
		一	二	三
砌体结构	上盘	/	/	6
	下盘	/	/	4
钢筋混凝土结构、钢结构	上盘	40	20	6
	下盘	24	12	4

注：1. 底部框架砖砌体结构、框支剪力墙结构建筑物的避让距离应按表中数值的1.2倍采用。

2. Δk大于2m时，实际避让距离等于最小距离加上Δk。

3. 桩基础计算避让距离时，地裂缝倾角统一采用80°。

对于地裂缝的影响区范围及其建筑物的允许布置类别，在《西安地裂缝场地勘察与工程设计规程》DBJ 61—6—2006，J1 0821—2006中做了如下规定：

地裂缝影响区范围：上盘0～20m，其中主变形区0～6m，微变形区6～20m；下盘0～12m，其中主变形区0～4m，微变形区4～12m。

建筑物基础地面外沿（桩基时为桩端外沿）至地裂缝的最小避让距离，应符合表7-9的规定。

一类建筑应进行专门研究或按表7-9采用。二类、三类建筑应满足表7-9的规定，且基础的任何部分都不得进入主变形区内。四类建筑允许布置在主变形区内。

实践证明，严格遵守这一规程，完全能够防止地裂缝对各类单体建筑物的影响。

2）采用适当的基础和上部结构措施

鉴于城市用地越来越紧张，以及地裂缝的复杂性，在地裂缝带附近进行工程建设的情况已经很难避免，如近年来，在西安市新建的住宅区中，就有多个楼盘位于地裂缝带上，或紧邻地裂缝而建。在这种情况下，采取切实可行的基础加固措施和上部结构加强方案，对于减轻地裂缝对建筑物的危害，就显得非常重要。主要包括：

（1）加强地基的整体性。地裂缝对建筑物的破坏有其特殊性，即三维破坏，但对于修建于裂缝两侧的建筑，其破坏主要为差异沉降，这与一般地基不均匀沉降破坏有相似之处，故要求建筑物不但要在竖向上有足够的强度，以抵抗差异沉降的破坏，同时要使地基和上部结构构成一个足够强的抗拉整体，以免地基开裂导致上部建筑物的破坏。因此，对位于地裂缝及影响带上的建筑，严禁采用砖石等脆性材料做基础，而应采用能够抵抗弯曲和剪切变形的钢筋混凝土基础。

在设防带内的框架结构，其基础可做成井字形或交叉基础梁，构成封闭的框架结构，这样一来，即使靠近地裂缝带近侧的土体发生沉降，该基础和上部框架也可以形成一个整体式悬臂结构，共同抵御上部结构的变形，阻止结构的开裂。如果兼顾处理湿陷性黄土而使用灰土地基，则考虑做成带肋的筏板式地基，只要地基不被拉断，其上部结构也不会出现破坏。对于高层建筑，采用刚度更大的箱型基础，会收到更好的效果。对于低于3层的普通民用建筑，设置钢筋混凝土圈梁和构造柱，同样可以起到抵御地裂缝，减轻破坏程度的作用。实践证明，采取合理的基础形式和

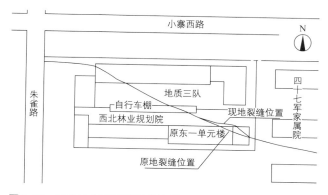

图7-13　西北林业规划院附近地裂缝分布图

上部加固措施，对于防止地裂缝的危害具有重要的作用。如西北林业规划院（图7-13）原四层住宅楼建于1964年，条形基础，砖混结构，无构造柱，在地裂缝的作用下遭到了严重破坏。1984年，在拆除该四层楼原东单元的基础上，向东增加了11.75m，建成了2个单元的六层住宅楼，地裂缝从新楼东北角通过，伸入北墙体6.5m，东墙体2.7m。该六层住宅楼建成时，地裂缝仍在继续活动，但活动强度已大幅度减小。由于设计时在住宅楼上部增设了构造柱，增强了上部结构的整体性，地基采用筏板基础，基础的刚度大大增加，该六层楼建成之后，地裂缝虽绕楼角而过，但整体结构完好无损。

（2）建筑物上部结构设计应加强刚度和强度，以抵抗差异沉降而产生的拉裂。另外对于建筑面积大、长度较长的建筑物，可垂直地裂缝一侧布置，同时对设防区内的单元进行分离，减小其沉降差，使其应力不向相邻单元传递，即使该单元在今后若干年内遭到破坏，仍可保持大部分建筑物完好。在多层砖混结构楼房的层间处，均应设置现浇的钢筋混凝土圈梁或采用现浇楼板，使单元具有足够的强度。对于跨度较大的单层厂房，因为多为排架结构体系，空间大，整体刚度小，应避免建在次不安全带和次安全带内，特别是有桥式吊车的单层工业厂房更是如此。对受条件限制必须修建在次安全带内的厂房，应考虑采取能适应差异沉降的结构型式，如采用铰接排架，同时在设计

时应确定现今和工程使用期内的沉降差，在立柱上设置可调节装置，当立柱发生不允许的沉降时，可通过调节装置使其复位，以避免造成严重破坏。在地裂缝影响带不能准确确定的情况下，可通过增设沉降缝来减轻结构的变形及破坏。

如果一些厂房内有振动机器或给水排水管道密集的建筑，它们会因振动使地裂缝场地土体压密下沉或湿陷，应尽量修筑在安全带内或设计时采取防振措施。

对于位于地裂缝下盘的建筑物，在查明主裂缝的前提下，可以考虑使用桩基础，以适当缩小设防区的距离。以10m桩长为例，如果在距地裂缝4m处施工，地裂缝产状为70°，则桩基下部距主裂缝的距离为$L = 4 + \tan70° = 6.75m$，从而增大了距地裂缝的垂直距离。

对于处于隐伏地裂缝地带的工程建筑，应根据隐伏地裂缝的埋深及岩性等条件，分别考虑。如果该地裂缝隐伏较深，上面的覆盖层较厚，不存在引起地表断裂的情况，就可以不去处理，但如果埋藏较浅，在地裂缝活动时，有引起地表破裂的可能性，就必须进行必要的处理，以确保建筑物的安全。

3）合理安排建筑物的展布方向及其规模

与地裂缝展布具方向性和成带性一样，受其破坏的建筑物也有方向性和成带性。就此可定出以下防灾对策[176]。

（1）须跨地裂缝或与其成大角度相交的建筑物，应采用小单元，单元之间采用松散连接，使其在某一单元遭受地裂缝作用时，其应力不至于传播给其他单元。这些建筑物的长边尽量与地裂缝走向垂直，利于其破坏作用局限于一个或少数单元内。

（2）必须在设防区内建多层民用建筑时，除控制其规模外，尚应使其长边平行于地裂缝走向，且尽量缩短其横向尺寸，如此利于基础和上部结构设防加固。

（3）设防区内建筑物应尽量避开地裂缝拐点和错列点，该处应力应变量较高，且应力作用方向也较复杂。

4）地裂缝带上已有建筑物的减灾对策

减灾是针对地裂缝带已有建筑物来说的，基本办

法是加固或者拆除，对此同样应有区别地对待[176]。

（1）对直接跨越地裂缝的建筑，无论是横跨还是斜跨，最有效的办法是局部拆除，即对破坏部分进行拆除，切断应力应变传递介质。否则，越加固破坏带越宽。在部分拆除时，要拆除到安全距离内。其次是分离加固，以地裂缝为分离界线，分成两个以上加固个体。对于那些已经跨越地裂缝又不得不保留的"特殊建筑"，应特殊处理。

（2）对于虽未跨地裂缝带，但处于地裂缝不安全带内，已经有开裂显示或还没有明显开裂显示的建筑，原则上是局部拆除或不再加固。因为如果开裂，说明地裂缝对其产生的影响已经较大，即使加固也难以抵御地裂缝的进一步破坏。目前还未明显开裂的建筑物但又处于不安全带内，原则上不再加固，除非考虑短期内使用，可作适当加固。加固时应以强度加固为主，比如加铁箍、钢筋拉索，而作刚度上的加固往往是徒劳的。

（3）对于位于地裂缝两侧设防区以外、影响带以内，建筑物尚未有开裂显示的应该进行加固。因为建筑物尚未开裂，标志着其整体结构未遭破坏，局部场地条件较好，或者与地裂缝处于某种较为安全的空间关系，建筑物结构本身具有某种优点等。因此把减灾的重点投入到这部分建筑物上。

20世纪70、80年代西安市跨地裂缝的楼房中绝大部分是3～6层的住宅楼和办公楼，这种类型的楼房一般都设有地梁和圈梁，并与后期加固的抗震柱相连，楼体结构的整体性较强。当地裂缝通过楼房的一部分时，引起这一局部楼体的变形，这种变形通过地梁和圈梁的传递而影响到整栋楼房。在跨地裂缝建筑物损坏程度的调查中发现，绝大部分跨地裂缝的楼房砖墙破裂分布的宽度远大于地裂缝破裂带的宽度。如西北光学仪器厂30号住宅楼，因地裂缝南侧楼体的下沉，使地裂缝北侧约30m长的楼体砖墙全部破裂。

对上述情况，可采取拆除局部保留整体的原则，切断局部变形向外传递的媒介，达到保护大部分楼体

的目的。对图7-14所列的3种类型，可以采用拆除地裂缝通过的一个单元，保留其他三个单元的方案。西安市许多建筑物按这种原则处理后，都能达到预期的目的[189]。

在实施上述方案时，应考虑以下几点：第一，选择好拆除局部损坏建筑物的时机。地裂缝对建筑物的破坏是一个长期缓慢的过程，从建筑物开始变形出现裂缝，直到需要拆除一般需十年以上的时间。过早地拆除局部受损的建筑，势必影响建筑物的使用价值。但是，过晚地拆除，将使保留下来的建筑物产生太大的损坏，增加加固费用。为此，要对上述两方面的状态进行准确的评价和估算，以确定合适时机；第二，拆除受损坏的局部建筑后，保留下来的部分不能跨主地裂缝。一幢跨地裂缝的受损建筑物，应该拆除多少，取决于地裂缝的破裂宽度、垂直地形变量以及建筑物的结构等因素，在时间允许的条件下，进行一年的短水准观测，将能取得较准确的资料。但是，通常遇到的是在需要拆除建筑物时，才临时提出这个问题。在这种条件下，首先要开挖探槽，详细查明主地裂缝和分支地裂缝的分布位置及每条裂缝的垂直位移量，尤其重要的是地基或建筑填土所反映的、最新的垂直位移量，再以楼房的破裂特征分析确定严重受损的位置和宽度。综合这两方面的资料，可以得到受损建筑物拆除的宽度和位置。同时还要与建筑物结构强

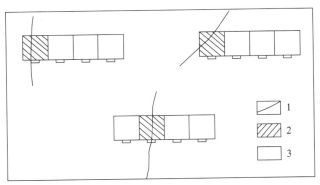

图7-14　地裂缝垂直或近垂直穿楼体时的处理方案示意图
1—地裂缝；2—应拆除的楼体；3—保留的楼体

度有关的资料进行核对，这样才能得出合理的结论。从建筑物结构考虑，整单元地拆除对保留部分的建筑物强度和事后的加固工作来说，都是最合适的。

当地裂缝在楼房的分隔缝附近通过时，可以采取以缝为界分离成两个整体，再整体加固的方案。对位于城市主要街道的临街建筑物来说，局部拆除影响市容，采取整体加固方案较为合理，西安煤矿设计研究院的办公大楼的处理方案是其中较成功的实例。若地裂缝斜穿大部分楼体时，一般不宜采用整体加固的方案。当楼房损坏到影响安全使用时，应立即整体拆除。对于需要长期保留的重要建筑物，只能耗费巨资进行整体加固。对于跨地裂缝的各类平房，一般没有必要耗资加固，可以使用到建筑物严重损坏时拆迁搬走。西安市绝大多数农村的平房，遭到地裂缝损坏后，都采用这种方案。在搬迁以前的使用阶段，可以做些小修小补，以延长居住期限[189]。

5）对于已跨地裂缝或建在地裂缝不安全带、次不安全带内的古建筑物和不宜拆除的重要建筑物，可采用基础灌浆换托法、基础压密灌浆法等强化基础的措施改善其环境，延长其寿命[190]。考虑到扩展土体在扩展破裂过程中遇到强度和刚度较高的介质体，扩展破裂绕行而改变原方向的可能，这种措施还是有一定效果的。

6）对地基土的特殊处理方法

耿大玉等[191]根据西安地裂缝灾害特征，提出局部浸水法和断裂置换法作为地基土的特殊处理方法。

（1）局部浸水法。楼房位于主变形区内，离地裂缝很近，除可能会发生破裂外，还会发生整体倾斜。西安地区是湿陷性的黄土地区，利用黄土的湿陷性及其建筑物下沉稳定较快的特点，可以进行有控制的局部浸水（必要时还可以加压），使下沉量较小的一边得到一个人工补偿下沉量，整个基础达到均匀下沉的目的。因而，用此方法来纠正地裂缝带旁建筑物的倾斜是有效的。应首先摸清地裂缝的活动速率及其变形阶段。对于地裂缝活动速率较快者，应适当地"矫枉

过正"，以保证浸水处理后在比较长的时间内建筑物的倾斜变形保持在允许值内。对于被地裂缝破坏尚不严重的建筑物，用此法可以收到保护建筑物不被裂毁的效果。在实施浸水前，应针对具体建筑物的情况及地裂缝的位置进行周密的设计和实验；实施中要严格控制渗流速度，宁慢勿快；实施后要定期测量，检验效果，防止水渗入地裂缝中加速破裂。

（2）断裂置换法。这是一种以裂治裂的特殊方法。与许多物理过程一样，断裂的传播必然遵循费马原理（能量最小原理）。为了挽救坐落在地裂缝上的建筑，可以在其近旁设置一条人工地裂缝，只要原建筑进行一般性的加固，就可能使原来的地裂缝段成为不活动的死地裂缝，而人工地裂缝成为活地裂缝，可起到断裂置换的作用。

2．生命线工程防灾对策

生命线工程有其特殊性，特别是在城市和工矿区附近，地铁、道路、桥梁、煤气管道和上下水管纵横交错。由于这些系统是"线性"的，在一些地段无法避让，而且许多管线工程强度低、刚度大，对于地裂缝活动的抵抗力极低，因此，减小刚度、增加强度是生命线管线工程防灾的基础原则。对跨地裂缝的生命线工程必须采取必要的对策。

1）对地下管线加强抗断设计

地下管线工程有其特殊性，在城市和工业区由于生产和生活的需要，燃气管道和排水管道纵横交错，道路、桥梁成网状分布，在规划设计地下管线工程时，应尽量避开或绕开已知的地裂缝带，但对于像西安市这样的城市，由于地裂缝数量多、分布广、长度较长，在排水、燃气等管道的规划设计中无法完全避让开地裂缝，就必须采取切实可行的防灾措施。

由于地裂缝所产生的形变应力非一般管材所能抗拒，形变量一般也远大于常用管材的允许变形值。一般管材的排水管道在地裂缝的作用下都会破裂，所以对于穿越地裂缝地段的排水管道，应采用柔性管材，如PVC管、钢管等，使管道能较好地适应地裂缝的变

形。一般情况下，管线的接头处都是管线的薄弱部位，在地裂缝作用下，容易发生错断或开裂，因此在管道的设计和施工中，应加强对这些部位的设计，并确保施工质量。

西安市市政工程管理处在通过地裂缝带的旧排水管道的改造方案中，提出采用柔性管材和柔性管道接头，并配合以加强的砂基础。对于在不小于地裂缝上盘15m，下盘10m范围内的排水管道，选用聚乙烯双臂波纹管（PE）或玻璃钢夹砂管（PVC），双波纹塑料螺旋管等可变形较大的管材。这些管材接口采用双密封圈，由于管材的密封圈接口允许变形量大，所以为了保证有充分的变形预留，每根管的管长尽可能短一些。这些新型可变形柔性管材是目前经验证明最适宜用于地裂缝处的管材。它们不仅可允许变形量大，而且采用双密封圈接口还可有一定的伸缩量，这样不但能适应垂直变形，还可适应地裂缝的水平张拉和扭动。为了避免柔性管道受到刚性挤压，减小变形量，将管道安放于充满中、粗沙的沟槽中，并在沟两边砌墙，在沟顶加盖板，这样就使柔性管材的自由变形受外界影响较小，而且一旦沟底由于地裂缝的作用发生开裂，沟内的砂还可灌入裂缝，避免发生空洞。实践证明，这些措施对于减轻地裂缝灾害发挥了有效的作用。

在满足冻深及车辆通行所需的最小覆土厚度的前提下，管道尽量浅埋，以减小作用于管道上的土压力，提高管道适应变形的能力。在条件允许的情况下，可将直埋式管道改为悬空式，使其直接跨越地裂缝带。

对于天然气、煤气管道系统，应尽量避让地裂缝。门站和蓄配站工艺区的避让距离可按一类建筑物的避让距离确定，高中压调压站工艺区的避让距离可按二类建筑物的避让距离确定，附属建筑物可根据建筑分类确定避让距离。如果必须跨地裂缝时，应采取可靠的防灾措施。如果所经过地段的地裂缝出现新的活动，随着地裂缝变形量的积累，燃气管道被损坏的情况可能出现。特别是近年来，进入各单位的分支管

道逐年增多，这些分支管道穿越地裂缝的数量更多，对其采取一些具有针对性的预防措施，尤其是加强接头的可靠性设计，对降低其危害性是非常必要的。当管道位置与地裂缝走向平行时，应适当调整管线的位置，宜将其设置于相对稳定的下盘。

对于穿越地裂缝带的地铁隧道必须采取"防"与"放"相结合，基本指导原则是"分段处理、柔性接头、预留净空、局部加强、先结构后防水"，以结构适应地裂缝变形为主。"防"就是扩大断面和局部衬砌加强，而"放"就是分段设缝加柔性接头，跨地裂缝地段采用分段结构进行设计，采用柔性接头进行处理。

在管线穿越地裂缝的部位可安装简易的监测装置，经常测量其形变量，在形变量接近管线的允许形变量时，及时调整管线的位置和释放应力，如开挖后重新安装等。对于天然气及煤气管道，在适当部位安装检漏及预警装置，发现异常立即进行维修，可预防地裂缝造成的损失。

2）合理规划和设计道路及桥梁等跨地裂缝的线性工程

对于铁路、公路、市政工程跨越地裂缝时，应着重从场地勘察、桥墩基础合理避让和采取稳妥的上部结构形式三方面采取措施。

对于道路、桥梁及地下管线等线性结构物无法避开地裂缝且必须相交时，应尽量使其与地裂缝大角度相交，以尽量缩小受损及破坏的范围。

地裂缝的走向与工程建（构）筑物的交角不同，对其破坏程度也有差别，总的来看，其夹角越小，破坏程度和范围愈大；夹角越大，破坏程度和范围愈小，即建筑物的受损害程度和面积随建筑物轴线与地裂缝走向夹角变小而显著增大。

对于道路、桥梁及地下管线等线性构筑物，由于可能会跨越多个地貌单元，沿线地质条件变化大，因此，在选线时应充分搜集所经地区的地裂缝资料，为地裂缝地区的道路及桥梁等建筑物的合理设计提供可靠的依据。对跨地裂缝带的路基可采用加筋材料，以

提高路基对变形的适应能力；跨地裂缝带的路面材料宜采用沥青等柔性路面材料，以增强适应不均匀沉降的能力，也便于开裂后修补，不宜采用混凝土等刚性路面；及时修补受损路基和调整线路坡度，也是防止造成更大破坏的措施之一。

对于必须通过地裂缝发育地区的桥梁，如果不能进行绕避，则应尽量避免跨地裂缝而建，最好能将全部墩台布置在下盘位置。若必须跨地裂缝时，桥的上部结构应选用简支等静定结构，如对于梁桥，可采用简支梁结构，不宜采用超静定结构，但在设计时要采取必要的措施，以防止在变形较大时出现落梁事故。对于一些对变形敏感的桥型，如拱桥、刚架桥、连续刚构及斜拉桥等，则在地裂缝带应慎重采用。为保证桥跨结构在地裂缝活动时的正常使用，建议在支座处增设调节装置，在变形影响到桥面的使用或桥跨结构的附加应力接近容许应力值时，通过调节结构使其恢复到正常位置，消除不均匀变形对桥梁的危害。此外，加强地基的调整和处理，减小地裂缝活动时的地基变形，防止桥基失效引起的桥梁变形及破坏，也是地裂缝地段桥梁灾害防治的重要措施。

3. 限制地下水开采与做好地表排水相结合

由于地裂缝活动对建筑物破坏的难以抵御性，地裂缝灾害防治主要以避让为主。为此，在有地裂缝的场地进行建设时，必须进行详细的地裂缝场地勘察，确定主、次裂缝准确位置，确定合适的避让距离和选择必要的建筑结构。在工程建设初期，查明场地地裂缝的基本状况，是采取合理的防治措施的前提。

对地裂缝灾害，除应针对不同结构采取相应的防治对策外，还应与控制地面沉降和地裂缝活动相结合，通过综合防治，收到明显效果。

由于西安地裂缝活动量的70%～90%是由抽取承压水引起的，因此合理控制承压水开采，是控制地面沉降和地裂缝活动的主要措施。

对现有地裂缝，应从以下几点入手，防止地裂缝的继续发展：

1）采取强有力的措施控制地下水的过量开采，保持地下水储量动态平衡，使水位不再下降，减缓地裂缝活动。实践表明对由于开采地下水而导致活动加剧的地裂缝，通过限制地下水开采能够大幅度减小地裂缝的活动。

2）合理进行排水设计，包括地面排水、地下排水，尤其对于地裂缝附近的雨水、污水排水系统进行妥善处理，严禁将场地排水排入地裂缝中。值得一提的是，在一些文献中建议在地裂缝带上建设绿化区，但必须注意由于在绿化带内浇地而引起地裂缝的重新活动。

3）各种管道应避免跨越主地裂缝和次生地裂缝，必须跨越时，应采取可靠的设防措施，防止由于排水系统设置不合理或失效，水灌入地裂缝带诱发或加剧地裂缝的活动。

4）及时封填夯实地表裂缝，防止地表水进入裂缝中诱发地裂缝的活动。

4. 建立完善的监测预警系统

鉴于地裂缝的复杂性，建立完善的地裂缝监测预警系统和数据库是十分必要的。只有通过对监测数据的分析才能较好地掌握地裂缝的发展变化、各因素对地裂缝活动的影响以及预测未来的发展趋势。同时，对于位于地裂缝带附近的各类建筑结构，应定期进行检查，必要时可安装一些简易的监测预警设备，当发现地基有不均匀变形时，及时对地基进行注浆加固或采取其他加固措施，防止变形的进一步扩大。定期对管沟内的管道以及地裂缝附近的管道进行巡检，特别是对各管道的接头处进行重点检查，将会取得事半功倍的效果。

7.5.4　地裂缝灾害治理工程实例

1. 工程概况

西安地铁3号线从东北至西南穿越8条地裂缝共15处，其中f_6、f_7地裂缝历史活动强烈，目前仍处于活动当中，地质条件复杂，本节将以地铁3号线穿越

f_6、f_7地裂缝为例。地铁3号线区间隧道顶部埋深一般为10m左右，该区间段根据设计部门提供的图纸，隧道断面形式为马蹄形断面。该区间隧道穿过地层岩性较为复杂，围岩为第四系新黄土、老黄土、饱和软黄土、古土壤、粉质黏土及砂层等，岩性变化大，地层的均一性较差，受地下水的影响较大。各土层多为可塑状态，局部为软塑状态，饱和软黄土为软塑至流塑状态。具体为西安地铁3号线与西安地裂缝f_7相交的吉祥村—小寨之间位置，地层为：全新统人工素填土（Q_4^{ml}）、上更新统风积（Q_3^{eol}）新黄土及残积（Q_3^{el}）古土壤、中更新统冲积（Q_2^{al}）粉质黏土、粉细砂、中砂、粗砂、砾砂等。该段左线典型地层分布如图7-15所示，区间隧道拱顶埋深约为17m。3号线区间隧道断面采用马蹄型，施工方法为浅埋暗挖法，断面如图7-16所示。

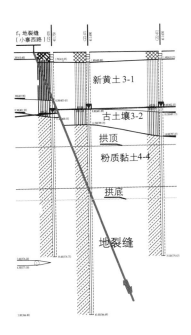

图7-15 3号线地质剖面

2. 地铁隧道小角度穿越地裂缝带结构防治措施

通过大型模型试验和数值计算结果表明，地铁隧道小角度穿越地裂缝带必将破坏。因此，必须采取有效的防治措施才能避免隧道衬砌结构的开裂破坏。防治的基本指导原则是"防"与"放"相结合，"分段设缝加柔性接头、预留净空与局部加强"，以分段结构适应地裂缝变形为主。"防"就是扩大断面（预留净空）和局部衬砌加强，而"放"就是分段设缝加柔性接头，跨地裂缝地段采用分段结构进行设计，采用柔性接头连接处理。

1）穿越地裂缝带的隧道衬砌结构分缝原则

根据已取得的研究成果，斜交条件下地铁分段隧道与地裂缝的平面投影关系，变形缝设置模式和分段长度优化计算模式大致归纳为以下两种模式：

模式一：对缝设置模式，即分段隧道中有两段隧道骑跨于地裂缝上（图7-17*a*）；

模式二：骑缝（或悬臂）设置模式，即分段隧道中仅一段隧道骑跨于地裂缝上（图7-17*b*）。

分段计算模式如图7-17所示，从地裂缝位置处开始，上盘分段隧道编号为L1-*i*，下盘分段隧道编号

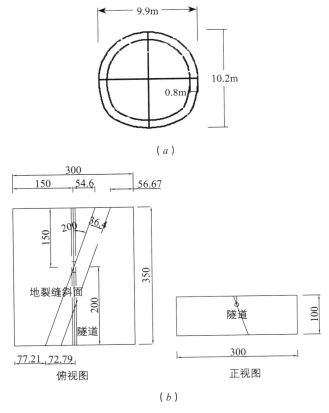

图7-16 隧道模型示意图
（*a*）隧道断面；（*b*）空间关系

为L2-i；分段隧道轴线与地裂缝斜交夹角为θ。

根据前面的数值模拟计算和大型模型试验成果，认为斜交穿越地裂缝带的隧道衬砌结构分缝原则为：

（1）斜交角度θ＞45°时，采用骑缝式或悬臂式设缝模式，跨地裂缝地段隧道段长度取20m，即图7-17（b）中L2-1取20m；

（2）斜交角度θ≤45°时，采用对缝式设缝模式，跨地裂缝地段隧道段长度取15m，即图7-17（a）中L1-1和L2-1均取15m；

其他位于主变形区的分段隧道长度取10m，微变形区分段隧道长度取15～20m均可。

2）扩大断面预留净空和局部衬砌加强

考虑到西安地裂缝在地铁设计使用期（100年）内设计值为500mm，为了防止隧道建筑限界入侵，保证隧道净空和行车安全，隧道穿越地裂缝变形区必须局部扩大断面预留净空。同时，采用双层衬砌或复合式衬砌局部（主要为接头部位）加强以确保结构强度（图7-18），在地裂缝地段隧道必须预留足够的净空，地裂缝错动后仍能通过线路调坡来保证行车。

当地铁隧道与地裂缝正交时，其断面预留净空量根据地裂缝垂直位错量确定；当地铁隧道与地裂缝斜交时，其断面预留净空根据前面三维空间抗裂预留位

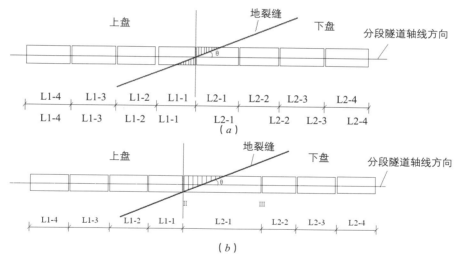

图7-17　分段隧道与地裂缝平面展布示意图
（a）对缝设置模式；（b）骑缝（或悬臂）设置模式

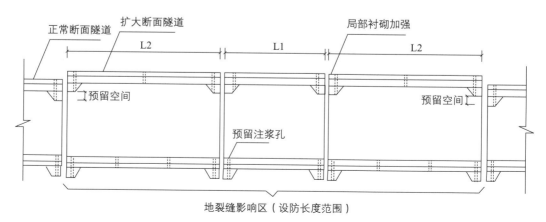

图7-18　地铁隧道穿越地裂缝影响区纵剖面示意图

移量确定。

3）分段设缝加柔性接头

隧道分段设缝后，结构应力释放，受力明显减小，但防水压力相应增加，因此接头构造包括结构形式及防水构造。根据前期研究成果及广泛调研，分段设缝接头大致可采用以下三种构造形式或设置方案。

（1）可卸式拼装柔性接头设置方案

由于地裂缝活动会导致结构位错进而引起防水失效，因此考虑的重点应放在可维修可更换、易于操作的构造形式上。鉴于此，在之前提出变形缝的可卸式管片拼装双层结构法的基础上进一步改进，提出可卸式拼装柔性接头。其具体构造形式及方案如图7-19所示。

该接头形式或设置方案具有维修方便经济、操作性强的特点，对不同活动级别的地裂缝地段均可采用。其初衬为第一道刚性防水层，二衬可安装中埋式止水带组成第二道防水，二衬预留注浆孔，当初衬与二衬间出现脱空时即可注浆堵漏，内层拼装结构的防水构成第三道防水。管片的拼装形成的纵缝采用与盾构管片一样的防水处理方法，即刻槽安装两道遇水膨胀橡胶止水带；环缝即变形缝也可刻槽安装两道遇水膨胀橡胶止水带或GINA止水带。为防止地下水沿管片与外部复合衬砌之间的接缝审漏，内外层结构之间再铺设一层防水毯，其上固定两道高弹性橡胶防水

圈，因内层拼装管片本身不受力，与外部复合衬砌之间也没有位移发生，因此可保证防水效果。考虑到西安地铁未来规划线路多达15条之多，规模十分庞大，且大多数线路均不得不穿越地裂缝带，该接头构造内部的可卸式管片可通过加工一套特制管片模具来统一制作，既降低了成本，又提高了效率。地裂缝地段分段隧道衬砌之间推荐采取该接头设置方案。

（2）且形止水带+中空弹性止水带+Ω止水带多道柔性防护柔性接头设置方案

该柔性接头设置方案在《西安地裂缝对地铁工程的危害及其防治措施研究》（2009年）报告中提到，由中铁第一勘察设计研究院和西北橡胶塑料设计研究院在长安大学所提双层衬砌结构柔性接头的基础上提出来的，接头呈下凸梯形形式，变形缝采用"且"形止水带、中空弹性止水带和"Ω"止水带以及钻孔注浆相结合进行多道防水，能起到较好的防水效果（图7-20），不失为一种可推荐的接头设置方案。

（3）橡胶板+U型薄钢板+Ω止水带综合防护柔性接头设置方案

该种接头构造形式如图7-21所示。该种方案较为简单，操作性较强，但抵抗变形的能力相对小一些，对于地裂缝活动不是十分强烈，设计垂直位错量为300mm的地裂缝带，分段隧道结构接头可采用该种

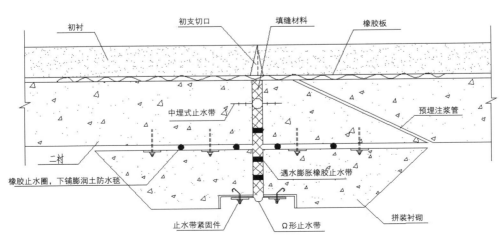

图7-19　可卸式拼装管片柔性接头方案

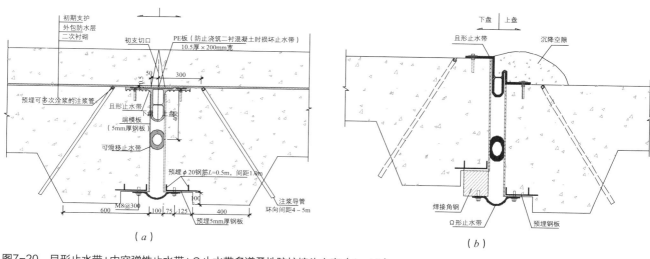

图7-20　且形止水带+中空弹性止水带+Ω止水带多道柔性防护接头方案（1∶10）
（a）接头变形前；（b）接头变形后

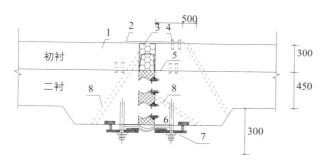

图7-21　橡胶板+U型薄钢板+Ω止水带综合防护柔性接头设置方案
1—结构；2—橡胶板；3—聚苯乙烯硬质塑料泡沫；4—铆钉确保橡胶与衬砌可靠固定；5—2～3mmU型薄钢板；6—高密度PE板；7—Ω型止水带及配套装置；8—预设注浆孔

接头构造方案。

　　鉴于地裂缝活动的复杂性，上述三种变形缝隧道衬砌接头方案要与注浆加固等其他措施综合运用，才能起到较好的适应地裂缝大变形和防水的效果。

7.6　案例——西安市地裂缝防治规划

　　西安地裂缝是一种特殊的城市地质灾害，包括已出露地表的地裂缝和未在地表出露的隐伏地裂缝。"西安地裂缝"一词具有其特定的意义，它专指在过量开采承压水，产生不均匀地裂缝条件下，临潼—长安断裂带（F_N）西北侧（上盘）的一组北北东走向的隐伏破裂带出现的活动，在地表形成的裂缝。自20世纪50年代西安市出现地裂缝活动以来，随着时间的推移，地裂缝灾害日趋严重，已成为危害西安城市建设的主要地质灾害之一。目前已发展成14条，分布面积约250km²，延伸总长度约160km，地表出露长度70余千米，均呈NEE向横穿西安市区和郊区。地裂缝所到之处楼房被撕裂，马路被错开，管道被切断，农田被毁坏，给西安市的工程建设、工农业生产和人民生活带来极大的危害，直接经济损失超过50亿元；同时它又严重地制约着西安城市规划、土地有效利用、地下水开采利用和城市地下空间开发利用，如正在建设的西安地下铁道因要多处横穿或斜穿地裂缝带，因而面临着世界地铁建设史上从未遇到过的地裂缝防治难题。

　　近年来，随着多水源城市供水的不断推进，西安市地下水开采量逐年减少，地裂缝发展趋势有所减缓。但局部地区地裂缝活动仍很强烈，如交警总队的地裂缝是目前西安地区活动最为强烈的地裂缝之一，地裂缝防治形势非常严峻。

　　为加快推进地裂缝防治，维护人民群众生命财产安全，促进经济社会可持续发展，根据相关规划及其实施方案要求，编制了《西安市地裂缝防治规划（2011-2020年）》（以下简称《规划》）。

《规划》对象主要是指由地下水、地下热水等地下流体资源开采和工程建设等人类工程活动所引发的地裂缝。西安市地裂缝主要发育于城区，本《规划》范围即为西安城区。

《规划》资料依据截至2011年。

《规划》以2010年为基准期，2011～2015年为近期规划期，2016～2020年为远期规划期。

《规划》资料依据截至2011年。

7.6.1 现状与形势

1. 地裂缝概况及危害

西安市地裂缝主要发育于城区。在城区内，共有14条地裂缝（自北向南编号依次为 $f_1 \sim f_{14}$）和4条次生地裂缝（ f_5'、f_6'、f_9'和f_{11}'），呈NNE向展布，分布面积约250km²。现场调查及建筑场地勘察发现的地裂

缝总长度约160km，其中地表出露70余km，单条地裂缝地表出露最长约13km。地裂缝向东西两侧延伸扩展，东过灞河，西过皂河（图7-22）。各条地裂缝的平面展布情况见表7-10。

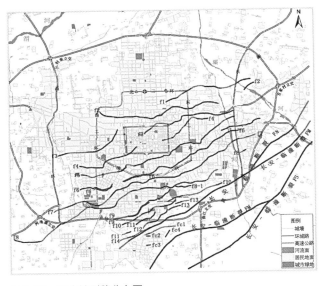

图7-22 西安地裂缝分布图

西安地裂缝分布特征表　　　　　表7-10

编号	名称	长度（km）	总体走向	走向变化	发育带宽度（m）	出露状态	总体形态
f_1	辛家庙地裂缝	9.7	NE75°	NE60°～NW285°	15	西段出露，东段隐伏	波状
f_2	红庙破—米家岩地裂缝	15.0	NE70°～NE85°	NE40°～NW300°	40～60	两端隐伏，中间出露	波状
f_3	北石桥—劳动公园—官亭西地裂缝	8.6	NE65°～NE75°	NE35°～NW295°	15～45	西段出露，东段部分隐伏	折线状
f_4	丈八路—幸福北路地裂缝	13.6	NE70°	NE40°～NW310°	22～55	西段隐伏，中段出露，东段隐伏	波状
f_5	丈八路—和平门—灞桥热电厂	15.8	NE70°	NE40°～NW295°	55～110	西段隐伏，其余出露	波状
f_6	丈八路—草场坡—纺渭路地裂缝	17.3	NE65°～NE75°	NE60°～NW295°	35～70	西端隐伏，其余出露	波状
f_7	北岭—小寨—国棉四厂地裂缝	22.8	NE65°～NE75°	NE30°～NW290°	55	两端隐伏，中间出露	波状
f_8	石羊村—大雁塔—新兴南路地裂缝	25.4	NE75°～NE85°	NE40°～NW285°	30	两端隐伏，中间出露	折线状

续表

编号	名称	长度（km）	总体走向	走向变化	发育带宽度（m）	出露状态	总体形态
f_9	齐王村—陕师大—大唐芙蓉园地裂缝	7.2	NE75°	NE45°~NE80°	30~140	西段隐伏，东段出露	波状
f_{10}	西姜村—射击场—长鸣路地裂缝	11.8	NE70°	NE45°~NE80°	10~20	断续出露	波状
f_{11}	南寨子—交警总队—南窑村西地裂缝	2.5	NE55°	NE20°~NE60°	10	西段隐伏，东段断续出露	波状
f_{12}	三森家居—东三爻—雁南四路地裂缝	3.2	NE55°	NE50°~NE60°	10~20	断续出露	波状
f_{13}	雁鸣小区—新开门地裂缝	3	NE65°	NE60°~NE80°	10~20	断续出露	波状
f_{14}	下塔坡村–长安路地裂缝	2	NE40°	NE40°	20	断续出露	波状

20世纪20年代和50年代，西安地区地裂缝活动开始显露，但活动较微弱，八九十年代各条地裂缝活动开始加强，可将西安地裂缝的现今活动划分为如下五个阶段：

（1）20年代至1976年，地裂缝萌生阶段。该阶段地裂缝活动微弱，只在局部地点产生破裂现象。最早是在1959年西安城南小寨西路3号院和城西南西北大学校园等地先后出现地裂缝，即后来命名的f_7和f_4地裂缝。因其稀少，规模小，位移量甚微，又未造成损失，故未引起人们关注。

（2）1976年至1988年，地裂缝全面扩展阶段。该阶段地裂缝活动加剧，多处出现破裂，并连续成带，西安地裂缝格局初具雏形。尤其是在1976年唐山大地震后，西安地裂缝活动加剧发展，它们成带发育，线性特征明显，其中南郊小寨地裂缝（f_7）最先发育形成，辛家庙（f_1）、红庙坡（f_2）、西北大学（f_3）、和平门外（f_5）均有强烈活动。地裂缝通过的地方地表破碎、建筑物开裂、道路变形、地下管道错断、地面各类设施均遭破坏，引起了中外学者的广泛关注。

（3）1988年至1995年，地裂缝发育成形阶段。该阶段地裂缝活动强烈，平面分布格局基本形成，11条地裂缝的破裂形迹已基本连通。该阶段秦川厂地裂缝

扩展最快，由东向西发展，直至朱雀大街附近，均已形成连续的地表破裂带，给沿线的建筑造成严重损害。南部三条历史地裂缝重新活动迹象明显，其中陕西师范大学地裂缝（f_9）活动强烈，造成严重损失；大雁塔地裂缝（f_8）活动使大雁塔大雄宝殿和围墙破裂。地裂缝f_5和f_9西端出现了与主裂缝相伴平行的北倾北降的次生裂缝。

（4）1996年至2000年，随着西安市主管部门采取黑河供水、禁采地下承压水措施的持续实施，地裂缝活动速率大大减小。该阶段是地裂缝活动相对稳定的时期，地裂缝处于缓慢蠕变活动状态。

（5）2001年至今，该阶段南郊处于禁采地下承压水区域之外或边缘地带，尤其是城中村外来人口大幅增加，致使用水量增加，地下承压水的开采量也大幅增加，导致位于西安市南部的地裂缝f_{10}和f_{11}活动性明显加剧，并新出现了f_{12}、f_{13}、f_{14}和f_{14}'地裂缝。西郊北石桥污水处理厂、南郊游泳馆和欧亚学院等地也相继出现地裂缝加速活动的现象。

地裂缝对楼房、公路、管道、农田造成了极大的破坏，给西安市的工程建设、工农业生产和人民生活带来极大的危害；同时它又严重地制约着西安城市规划、土地有效利用、地下水开采利用和城市地下空间

开发利用，如正在建设的西安地下铁道因要多处横穿或斜穿地裂缝带，因而面临着世界地铁建设史上从未遇到过的地裂缝防治难题。另外由于建筑物的严重破坏和供气、供水、排污管道破坏而产生的停气、停水等造成的间接经济损失及社会影响更是难以估量。

2. 地裂缝防治工作现状

近几年来，西安市在地裂缝防治法规和管理制度建设，地下水禁限采措施的制定与实施，监测网络建设和基础研究等方面力度不断加大，防范意识不断增强，地裂缝防治工作成效显著。

地裂缝防治管理制度不断健全。近几年来，省委、省政府十分重视地裂缝的防治工作。全面落实《地质灾害防治条例》，抓紧修订《陕西省地质环境管理办法》，严格执行并完善地质灾害危险性评估等制度，在地裂缝地区重要建设项目，城镇、村庄和集镇规划实行地质灾害危险性评估。

地下水禁限采力度进一步加大。截至2010年12月底，西安市共封停企事业单位、城中村集中供水井2 000余眼，年减少地下水开采量2.1亿m³。同时调整城市供水水源结构，建设地表水源工程，增加地表水供水量，以保障工农业生产、社会经济正常发展及人们正常生活需要。西安市地下水超采区的水位持续下降的局面得到初步控制。

初步建立了地裂缝监测网络。截至2011年底，西安市已初步建立了包括水准监测、地下水动态监测、分层标监测、仪器站监测、GPS监测、InSAR监测等不同监测手段的地裂缝立体监测网络。西安市目前有地下水动态监测点126个，分层标监测站1座，GPS监测站29座，地裂缝水准对点16组、短水准剖面7条，地裂缝仪器站监测1座。

地裂缝基础研究进一步加强。20世纪60年代以来，国家有关部门、省市地方政府和各勘察设计院、高等院校、科研院所等单位先后投入了大量人力和财力，开展过西安地裂缝的勘察、监测、评价、形成机理及防治对策的研究工作。

3. 存在问题

尽管西安地裂缝防治方面做了一些工作，但仍存在不少问题。一是地裂缝监测网络不够完善，控制面积与精度不足，监测信息共享机制尚未建立；二是监测技术和监测装备落后，自动监测和数据实时传输设施少；三是超采区地下水保护工作进展迟缓，定标量界、监控系统建设等工作尚未开展；四是基础研究不够深入，地裂缝预警预报系统和以控制地裂缝活动为前提的安全地下水资源开采管理模型尚未建立；五是防治工作投入不足，尚不能满足地裂缝防治要求。

7.6.2　指导思想、基本原则和防治目标

1. 指导思想

以科学发展观为指导，按照相关要求，以控制地裂缝发展和防治地裂缝灾害为重点，以减缓地裂缝活动为防治目标，以地下水禁采、限采为主要防治措施，并实行全面监控、预测预警，将"以人为本"的理念贯穿于地裂缝防治工作的各个环节，以建立健全政府主导、部门协同、区域联动的地裂缝防治工作体系为核心，坚持以防为主、防治结合的方针，统筹规划、突出重点、综合治理、整体部署，全面推进城市重点地区地裂缝防治工作，使地裂缝活动得到有效控制，最大限度地减少地裂缝灾害对经济社会造成的损失。

2. 基本原则

1）统筹规划、因地制宜。依据地层岩性结构和压缩性能、地裂缝防治现状、替代水源保障能力以及经济社会发展需求，近期和远期相结合，因地制宜，合理确定控沉目标和防治任务，统筹推进地裂缝防治工作。

2）突出重点、注重实效。以控制地裂缝活动速率（即年地面位错量）为主要约束指标，重点控制地裂缝剧烈活动区的地下水开采，加强基础地质调查与地裂缝监测监控，加大替代水源建设和工程治理力度，减轻地裂缝对社会经济发展的影响。

3）依靠科技、综合防治。加强地裂缝成灾机理和防治技术方法研究，推广应用新技术、新方法，依靠科技进步，提高地裂缝防治能力和水平。建立综合防治地裂缝的长效机制，完善地面地裂缝评估制度，建立地裂缝防治监测预警系统，采取压采与扩源、自然修复、工程治理等多种措施，综合防治地裂缝。

4）分级负责、协调推进。各级地方人民政府应把地裂缝防治工作任务纳入地方经济社会发展计划统筹安排，分解目标，分级负责，落实责任，有效推进。加强部门和地区间的协调联动，建立政府主导、部门协同、区域联动的工作体系，形成部门间分工负责、齐抓共管，地区间协作推进的工作局面。

3. 防治目标

1）总体目标

总体目标：查明西安城区地裂缝灾害现状、发展趋势、形成原因及分布规律，建立重点地区、重大工程区地裂缝监测网络；建立健全政府主导、部门协同、区域联动的地裂缝防治工作体系；形成适合西安市情的地裂缝防治与地下水控采技术方法体系。地裂缝防治管理制度进一步健全完善，地裂缝监测、地下水控采、地裂缝综合防治能力明显提高，地裂缝恶化趋势得到有效遏制，防治地裂缝灾害的长效机制进一步健全，防灾减灾体系基本建立。

近期目标（2011～2015年）：完成西安市大比例尺地裂缝调查，开展西安市已建、在建地铁工程区高精度地裂缝调查；建立完善主要城区地裂缝监测网络，基本实现对主要地裂缝有效监控；完成西安市的地下水超采复核，划定地下水禁采区和限采区，控制并逐渐压缩地下水超采规模，初步遏制地裂缝继续恶化的趋势。

远期目标（2016～2020年）：开展重大工程区高精度地裂缝调查，进一步完善地裂缝监测网络，实现对区域及重点城区、重大工程区的有效监控；建立主要城区地裂缝动态预测预警系统；地裂缝监测与防治技术体系、管理体系进一步完善，通过实施重点区域

水资源配置与地下水禁采限采、含水层恢复修复工程，地裂缝恶化趋势得到有效控制。

2）重点地区目标

西安市不同地裂缝变形情况不同，位于交警总队的f_{11}地裂缝是目前西安地区活动最为强烈的地裂缝之一，位于该地裂缝南、北两侧的XJ02、XJ03点的平均沉降速率分别为63mm/a和32mm/a，地裂缝两侧的沉降差异可达31mm/a；而在平面上分别以17.0mm/a和8.4mm/a的年平均速率向西南、西北方向移动。在2007年至2008年，两点的位移速度还有逐渐增大的趋势。位于污水处理厂的f_3地裂缝的活动不显著，位于该地裂缝南、北两侧的XJ07、XJ08点的平均沉降速率分别为4.2mm/a和11.2mm/a，地裂缝两侧的沉降差异约为7.0mm/a；而平面上的变形速率则分别为9.9mm/a和7.3mm/a，与垂直位移速率基本处于同一量级。另外，在90年代初变形非常剧烈的南二环长安立交的f_6地裂缝，从GPS观测数据看，目前处于平静期，其垂直变形速率在4～9mm/a之间。西安市地裂缝防治工作起步较早，已初步建立区域性地裂缝监测网络，但依然存在地裂缝监测体系不完善、防治技术体系薄弱、地裂缝成因机理复杂等问题，特别是在重大工程建设区，地裂缝的发育程度、对构筑物的危害性尚需深入研究；因此，根据区域地质环境条件，地裂缝状况、发展趋势和防治效果，结合经济社会发展水平以及替代水源条件，综合确定各重点区地裂缝防治目标。

3）重大工程建设区

根据《西安市国民经济和社会发展第十二个五年规划发展纲要》、《西安市城市快速轨道交通近期规划（2006-2018）》，到2015年，地铁1号线、2号线、3号线全部运营，做好4、5、6号等线路的前期准备工作，力争尽快开工建设。

地裂缝对地铁轨道的影响主要在于地裂缝错动造成的地面波状起伏，影响轨道的平顺性。对穿越地裂缝的轨道工程可以采取扣件调整、调坡调整、拟合竖

曲线调整以及几种方法相结合的调整方式。西安市地铁设计可调整最大差异沉降为500mm，按地铁100年使用寿命计算，地铁工程建设区控沉指标如下：

到2015年，地铁1号线、2号线、3号线沿线地裂缝两侧500m范围内，严禁地下水开采，差异沉降量不超过每年5mm。

到2020年，地铁4号线、5号线、6号线沿线地裂缝两侧500m范围内，严禁地下水开采，差异沉降量不超过每年5mm。

7.6.3　主要任务

1. 加强城区地裂缝调查

在以地下水为供水水源并产生地裂缝的城区，开展包括基底构造、第四系结构、含水层结构在内的地裂缝调查，全面查明地裂缝分布、成因、发展趋势和灾害损失。开展地裂缝易发区划分及地裂缝灾害风险评估，研究制定地裂缝分区控制目标和防治措施，为地裂缝防治工作提供决策依据。

2. 建立健全地裂缝监测网络

结合地下水动态监测网建设，构建以水准网、分层标、地下水动态自动化监测系统以及GPS监测网、InSAR空间观测系统组成的地裂缝立体监测网，实现地裂缝三维监测和实时监控；整合国土资源、测绘、水利、规划、建设等部门布设的水准测量、地下水监测等监测网点资源，实现数据共享、相互补充；加强地裂缝监测站点设施建设，建立永久性保护装置，确保监测设施不遭受破坏和正常、安全使用。

3. 严格地下水资源管理

科学实施地下水控采和超采治理工程是控制地裂缝的主要手段。

地下水超采是产生地裂缝的主要原因，实现对地下水的合理开发是防治地裂缝的根本途径。统筹配置地表水、地下水和其他水源，合理开发地下水，实现区域水资源的合理开发和生态环境有效保护。应依据地下水可利用量，抓紧划定地下水开发利用红线，制定各市地下水开发利用总量控制指标，严格地下水开发利用总量控制和水位控制。对于达到或超过地下水取水总量控制指标的地区，严格禁止新建、改建和扩建建设项目开发利用地下水，对接近地下水取水总量控制指标的地区，严格限制地下水开发利用。对于容易引发地裂缝的承压水原则上只用于生活用水，作为应急和战略储备水源限制开发。

复核和划定地下水超采区，公布地下水超采区名录，划定地下水禁采和限采范围。地下水超采区内的地表水调水工程，要优先用于替代地下水源，凡有水源替代条件的，禁止开采地下水。严格新建、改建和扩建建设项目的地下水取水管理。加强地下水监测站网建设，及时准确掌握地下水位动态变化，为地下水用水总量控制和水位控制提供决策依据。

4. 实施地裂缝灾害治理

实施含水层保护工程，在地裂缝严重地区，采取拦蓄雨洪水、水土保持等工程措施，加大降水渗入量；采取地下水人工回灌措施，增加地下水补给。实施地下水直接替代工程，增加替代水源，保障压采地下水后的生产和生活用水需求，达到控采和防治地裂缝的目的。

5. 健全完善地裂缝防治管理体系

建立政府主导、部门协同、区域联动的工作管理体系，形成部门间分工负责、齐抓共管，地区间协作推进的工作局面。各级地方人民政府应把地裂缝防治工作任务纳入地方经济社会发展计划统筹安排，分解目标，落实责任，分级负责，有效推进。

建立地裂缝防治成效评估考核与监督机制。地方各级人民政府将本行政区内的地裂缝防治目标执行与落实情况列入各级政府的任期目标和年度工作目标。市地裂缝防治领导小组对地裂缝防治成效进行定期和不定期评估与考核，严格监督地裂缝防治工作的管理。

建立地裂缝防治经费联合投入机制。将地裂缝防治工作纳入政府的国民经济和社会发展规划，建立健全中央与地方财政的地裂缝防治经费联合投入机制，加大区域地裂缝基础调查、监测和防治的力度。

加强重大工程建设项目管理。严格地裂缝区工程建设项目地裂缝灾害危险性评估制度。构建重大工程区地裂缝监测、预警和应急处置体系。对于地裂缝区内已建和拟建高速铁路、高速公路、输水管线、油气管线等重大工程，遵循"谁建设、谁负责"的原则，由主管部门建立地裂缝监测、预警和应急处置体系，有效防范工程建设及运营期间的地裂缝灾害。

6. 构建地裂缝防治技术支撑体系

制定地裂缝防治相关技术标准。全面总结地裂缝监测与防治技术方法工作经验，进一步研究制定和完善地裂缝测量、地裂缝监测与防治等技术标准，规范地裂缝监测与防治工作。

加强地裂缝防治技术研究。不断总结、探索地裂缝监测与防治技术，深化地裂缝调查与监测技术应用研究，开展地裂缝的成因机理研究和预测预报研究，加强地裂缝灾害的防治关键技术研究，提高地裂缝预测与防治能力。

建设地裂缝防治信息化工程。建设和完善地裂缝监测网络数据库体系。进一步完善地裂缝灾害综合减灾网络平台，开展信息共享机制研究，完善已有信息基础设施，形成部门联动、信息共享、综合减灾的信息资源体系，向政府相关部门提供及时准确的地裂缝信息，提高应急反应能力。

7.6.4 地裂缝防治工程

1. 地裂缝调查工程

通过实施地裂缝调查工程，查明西安市主要地裂缝的地质背景和地裂缝灾害状况，研究提出防治对策，为地裂缝防治提供科学依据。调查内容主要包括：基底地质构造、第四系结构、含水层结构等产生地裂缝的地质背景，地下水年开采量、井数、开采层位以及地下水动态特征，地裂缝成因、分布、发展趋势及其对城市基础设施和重大工程的影响，开展地裂缝灾害损失评估和风险管理评价等。

1）城区

近期（2011～2015年）开展1∶100 000比例尺区域地裂缝调查，完成调查面积4 700km²，开展1∶50 000主要地区调查，完成调查面积650km²。

2）重大工程建设区

对于西安市地铁工程，地裂缝调查采用1∶10 000比例尺，调查阶段安排以工程建设部署为依据，近期（2011～2015年）开展1∶10 000比例尺地裂缝调查面积39km²；远期（2016～2020年）开展1∶10 000调查面积40km²。

2. 地裂缝监测工程

在地裂缝调查的基础上，结合国土、水利部门监测网站及国家监测工程，健全完善以地裂缝分层标、GPS、水准点等为主要监测设施，辅以InSAR监测技术手段，构建城区地裂缝区域控制立体监测网，实现对我市主要地裂缝区的有效监控。在市地铁工程区，根据地裂缝实际情况，结合工程的特点和对地裂缝防治的需求，及时建立包括地下水监测、水准测量及GPS监测等监测手段组成的地裂缝专项监测网络，为重大工程地裂缝防治提供依据。

1）地裂缝监测网建设

近期（2011-2015年）：结合国土、水利部门监测网站及国家监测工程，完善地下水动态监测网络，修缮遭到破坏的地下水监测设施，实现对城区地下水动态的区域性监控。提高西安市地裂缝区地下水监测网密度及监测频率，使地裂缝变形区监测点密度达到1～2个/km²，监测频率达到1次/日；建设完善主要城市及经济开发区水准监测，开展GPS、InSAR监测。

（1）城区

补充完善西安市地裂缝水准测量网络，使14条地裂缝均得到有效监控，地裂缝短水准对点增至40组，短水准剖面增至16条。补充完善西安市GPS监测网，使GPS监测站点增至29个。继续完善地裂缝分层标监测点建设，在西安市主要沉降区修复增加地裂缝分层标2座。地下水动态监测点增加至130个。

（2）重大工程建设区

根据《西安市城市快速轨道交通近期建设规划（2006～2018）》，至2015年，实现地铁1、2、3号线的通车运营，实现地铁运营里程95km。在地铁1、2、3号线沿线增设水准监测桩，水准控制网布置原则上沿地铁线路每间隔1km埋设1个水准点，在地裂缝重点地区，适当加密水准点，在差异变形量强烈区，本规划建议100m间隔埋设1个水准点。共埋设水准点120个。

远期（2016～2020年）：继续优化完善地下水动态监测网，地下水动态监测点增加至390个，城区地下水监测实现自动化监测与传输；优化完善水准监测网。

（3）城区

增加GPS监测站7座，在城区形成GPS监测点36座；新建分层标4组，地裂缝仪器站4座；增加地下水动态监测点120个。

（4）重大工程建设区

在地铁4、5、6号线沿线增设水准监测桩，水准控制网布置原则上沿地铁线路每间隔1km埋设1个水准点，在地裂缝重点地区，适当加密水准点，在差异变形量强烈区，本规划建议100m间隔埋设1个水准点。共新增埋设水准点120个。地铁沿线增设GPS监测站10座。

2）地裂缝监测数据库及预测预警系统建设

在完善地裂缝监测网的基础上，进一步完善地下水、地裂缝监测数据库，按照统一标准、安全可靠、动态开放的原则，建立全市地裂缝数据库并与全国地裂缝信息管理系统挂接，实现对地裂缝基础地质、监测数据、机理研究与防治措施信息的综合管理。实现数据的自动采集、传输、存储、查询、统计、分析等多层次的应用与共享服务。建立城区地裂缝动态预测预警系统。

3. 地下水控采工程与超采区治理措施

1）地下水控采工程

按照总量控制、调整布局的原则，继续加大地下水压采限采力度。城区地下水超采区实施地下水限采、压采措施，积极开发新的替代水源；农村井灌区加大地表水利用力度，逐步减少地下水开采量；在采补平衡区，维持地下水现状开采量，对于井渠结合的灌区，加强地表水、地下水统灌和优化调度，合理配置水资源；在地下水上升区适当开采地下水，达到采补平衡。加快实施引汉济渭、西安李家河水库等重点水源工程建设，构建水资源调控体系，缓解地下水供水压力。骨干水源工程如下：

（1）引汉济渭工程

引汉济渭工程是由陕南汉江流域调水至渭河流域关中地区的省内跨流域调水工程。近期（2011～2015年）完成引汉湾渭秦岭隧洞出口至西安的输水工程建设，向西安市供水量46 000万m³。

（2）西安李家河水库

李家河水库地处西安市蓝田县境内灞河支流辋川河，该水库任务是以西安市产河以东地区城镇供水为主，兼有防洪、发电效益。供水对象为西安市浐河以东地区、阎良区等。规划近期（2011～2015年）供水量7 093万m³。

2）超采区治理措施

从法律约束、行政管理、技术措施等方面加强地下水管理。依据国家现行法律法规，制定相关法规制度，强化地下水管理。严格取水许可审批，严格禁止新建、改建、扩建的建设项目取用地下水，已建地下水取水工程应结合地表水等替代水源工程建设，按照治理目标限期封闭。对限采区内新建、改建、扩建的建设项目，要按照《建设项目水资源论证管理办法》，进行严格的水资源论证，避免高耗水、污染重的建设项目取用地下水。在地下水超采区以外的区域，除干旱等应急情况外，公共供水管网覆盖范围内且供水能力能够满足需要的，可以利用地表水供水的，对于无防止地下水资源污染措施和设施的，不得批准新增地下水取水指标或者新建地下水取水工程。同时应进一步优化供水结构，开发替代水源，调整城市供水水源结构，加快建设地表水源工程以及污水处理设施，大力推广节水技术和生产工艺。通过各种媒体加大节约用水宣传力度，提高人民节水意识。

4. 地裂缝防治技术创新工程

依靠科技进步，着力提高地裂缝防治技术水平和支撑保障能力，重点加强如下几方面的关键技术研究。

1）地裂缝形成机理综合研究。开展关中盆地区域第四系结构、水文地质和工程地质结构及模型研究；开展地下水开采作用下土层释水压缩变形诱发地裂缝的机理研究；开展地下水开采、水位动态与地裂缝变形耦合关系数值模型研究；开展地裂缝与下伏基岩起伏、断裂构造等相关关系实验研究。为防治城市地裂缝提供理论依据和技术指导。

2）地裂缝的防治对策及防治技术研究。加强重点地裂缝区的含水层自然修复、地下水人工回灌等地裂缝防治关键技术方法研究；开展房屋、道路、桥梁、地下管线、隧道等工程地裂缝成灾机理与防治工程措施研究；开展地裂缝对重大工程安全运营的影响及防治措施；开展城市高密度工程建设与工程性地裂缝防控实验研究。在西安市探索开展地裂缝风险管理示范研究，进行地裂缝控制管理分区，研究制定各地裂缝管理区地裂缝风险控制目标和预防措施。

3）地裂缝监测新技术研究。开展光纤、高精度GPS后处理、InSAR空中监测、GPS与InSAR融合监测技术以及其他监测新技术在地裂缝监测防治中的应用研究，探索隐伏地裂缝的精细探测技术研究与应用，为地裂缝监测提供技术支撑。

4）开展地下水人工回灌技术研究。地下水人工回灌是修复含水层、遏制地下水超采的有效措施。开展地下水人工回灌中关键技术研究，为促进地下水人工回灌效果提供技术支持。

5）开展城区地下水超采区调控治理技术研究。结合超采区水位、面积变化情况，分析研究超采原因

及近期变化因素，建立地下水超采管理模型，制定城区不同替代能力的地下水调控方案，预测实施地下水治理的效果。

6）地裂缝信息管理及预警预报系统。按照统一标准、安全可靠、动态开放的原则，建立各地裂缝区和全国地裂缝信息管理系统，实现对地裂缝基础地质、监测数据、机理研究与防治措施信息的综合管理。研究开发地裂缝信息分析应用模型与共享服务平台，实现数据的自动采集、传输、存储、查询、统计、分析等多层次的应用与共享服务。

7.6.5 保障措施

1. 加强组织领导，明确职责分工

合理确定地裂缝防治目标，并对地裂缝防治成效进行评估考核与监督，统筹研究地裂缝防治工作中的重大问题，确定政府各部门职能分工，明确职责，密切配合，做好相应管理工作。国土和水利等部门应各自承担起监测与监督地下水过量开采与污染，以及保护水资源、保障水资源的合理开发利用等职能，通过部门之间的协调联动，合理开发地下水，严格控制地下水的过量开采，确保地裂缝防治工作目标的顺利实现。

各级地方人民政府应把地裂缝防治作为一项重要任务，纳入议事日程，列入各级政府的任期目标和年度工作目标，研究落实地下水控采、地裂缝控沉等各项防治措施。将实施地裂缝防治目标与政府主要领导的政绩考核挂钩，做好与相关规划的衔接协调，分工协作、共同推进地裂缝防治规划的实施。

2. 加强资金筹措，保障经费投入

市人民政府设立地裂缝防治专项资金，加大资金投入，确保地裂缝防治规划的实施。区域地裂缝调查、地裂缝区监测网建设及基础研究主要由中央财政投入；其他防治工程经费主要由省、市财政投入；因工程建设引发的地裂缝防治，按照"谁引发、谁治

理"的原则，由责任单位负责。地方各级人民政府要把地裂缝防治经费纳入各级财政预算，采取多种融资渠道，加快地裂缝防治工程的建设进度。

3. 健全法规标准体系，严格执法监督。

加快研究制定地裂缝防治、地下水管理专门法规，完善制度，严格地裂缝防治、地下水开发利用管理，依法做好地裂缝防治的各项工作。进一步完善地裂缝调查、监测与防治的各项技术标准和规范。严格执行地裂缝灾害危险性评估、地下水取水许可制度，强化执法监督。

4. 建立考核制度，保障实施效果。

加强规划的统一协调和管理。落实《规划》的目标任务和要求。落实和完善规划实施的行政首长负责制，明确各级政府对本行政区内地裂缝防治的目标责任，并列入各级政府任期目标和年度工作目标。

完善规划实施的评估和考核。建立和完善规划实施评估和考核机制，对规划实施情况进行定期和不定期评估，作为规划调整和修编的重要依据。依法对规划实施责任人进行考核，视规划目标完成情况对相关单位和责任人业绩挂钩。

严格规划实施的监督管理。将规划执行情况作为地质灾害防治执法监察的重要内容，按照权责明确、行为规范、监督有力、高效运转的要求，明确执法责任和程序，提高执法效率，强化执法监督。

5. 加强宣传教育，促进公众参与。

各级人民政府和有关部门应加强《规划》的学习宣传和贯彻落实，增强地裂缝灾害的防范意识，采取切实措施，把地裂缝灾害防治任务落实到位。加强地裂缝灾害防治和地下水资源保护的政策、法规和科普知识的宣传教育，进一步提高公众地裂缝灾害防治和地下水资源保护意识，引导广大公众积极参与地裂缝灾害防治和地质环境保护。加快地裂缝防治和地质环境保护公众参与制度建设，建立公众参与地质环境监督和决策机制。

第八章 城市地面沉降防治规划

地面沉降的广泛含义系指地表在自然营力作用下或人类工程—经济活动影响下，大面积甚至区域性的连续缓慢的总体下降运动。其特点是以向下垂直运动为主体，只有少量或基本上没有水平位移。其速度和沉降量以及持续时间与范围，均因地质环境或诱发因素的不同而异。其工程含义主要指由大规模抽汲地下流体（以地下水为主，也包括石油和气）所引起的区域性地面沉降，《岩土工程勘查规范》GB 50021—2001的规定为较大面积内（100 km²以上）由抽汲地下水引起水位下降，或水压下降而造成的地面沉降。目前，国内外所研究的地面沉降主要着重于因抽汲地下流体引起的区域性地面沉降问题。其特点是波及范围广、下沉速率缓慢、以垂直运动为主，往往不易察觉，但它对于建筑物、城市建设和农田水利危害极大[192，193]。

8.1 城市地面沉降防治规划内容与实施途径

8.1.1 城市地面沉降防治规划的概念及特点

城市地面沉降防治规划是指时段较长的、分阶段或分步骤实施的城市地面沉降防治计划。地面沉降防治规划在规划体系中属于专门性规划，一定要适应或符合一个地区总体规划和地质灾害防治规划的要求，而且要与相关的其他规划协调配合。地面沉降防治规划要保障充分的科学性，既要适度超前，又要符合实际，切实可行。

8.1.2 城市地面沉降防治规划的主要任务和目的

城市地面沉降防治规划的主要任务和目的是根据地面沉降防治需要和实际能力，对地面沉降防治工作进行统筹安排，指导地面沉降地质灾害防治工作的顺利进行。

8.1.3 城市地面沉降防治规划的内容

地面沉降防治规划的基本内容包括：
1. 地面沉降现状。
2. 地面沉降防治目标。
3. 地面沉降防治原则。
4. 地面沉降易发区和危险区的划定。
5. 地面沉降防治总体部署和主要任务。
6. 地面沉降防治预期效果。

8.1.4　城市地面沉降防治规划的编制与实施

国务院国土资源行政主管部门组织编制全国地面沉降防治规划，县级以上地方人民政府国土资源行政主管部门根据上一级地面沉降防治规划，组织编制本行政区域内的地面沉降防治规划（目前开展较多的主要是以省市区为单位和以市为单位进行编制）；跨行政区域的地面沉降防治规划，由其共同的上一级人民政府国土资源行政主管部门组织编制。

一般情况下，各级国土资源主管部门可以自己负责编制管辖范围内的地面沉降防治规划，亦可以委托专业机构编制。规划编制必须根据前期调查、勘察、监测成果，查清地面沉降防治现状及面临形势，划定地面沉降危险区域。根据危险程度差异，划分不同的地面沉降防治分区和防治分期。确定在每个分区内、每个分期时限内需要完成的工作目标，已经完成这些目标需要采取的方法和措施，使得防治规划可行，便于操作。

地面沉降防治规划编制完成后，经专家评审通过后，由各级人民政府颁布实施。

8.2　地面沉降防治规划信息获取

对地面沉降灾害而言，其防治规划必须是在查明灾害区地质环境条件，地面沉降的形成条件，地面沉降的形成机理，地面沉降的发展过程和趋势预测的基础上才能完成，因此前期需要有相应的资料数据，同时在规划中做好地面沉降的调查、勘察和监测工作布置，为下一期防治规划提供数据支撑。

灾害区地质环境条件，地面沉降的形成条件需要通过地面沉降调查与勘察来完成。地面沉降的形成机理需要在地面沉降调查与勘察和前期有关监测数据的基础上，通过综合分析得出。地面沉降的发展过程和趋势预测必须在查明地面沉降的形成机理和前期有关监测数据的基础上进行综合研究才能得出。

下面介绍地面沉降的调查、勘察的主要技术方法，为地面沉降防治规划编制中选择经济合理的技术方法提供依据。

8.2.1　地面沉降调查与勘察的基本要求

由于地面沉降是由大规模抽汲地下流体所引起的，具有分布范围广、沉降速率慢的特点，因此，地面沉降调查和勘查应满足以下要求：

1. 必须查明场地沉积环境和年代，划分出地貌单元，特别应注意划分第四纪沉积、湖积或浅海相沉积的平原或盆地，以及古河道、洼地、河间地块等微地貌情况。

2. 必须查明第四纪松散堆积物的岩性、厚度和埋藏条件，特别要查明硬土层和软弱压缩层的分布。

3. 需要测定在最大取水深度范围内的主要可压缩层和含水层的变形特征。

4. 必须查明第四纪含水层的水文地质特征，包括含水量、岩性、颗粒组成、孔隙水、渗透性、井的单位出水量、水温等。

5. 必须查明地下水埋藏深度和承压性，以及各含水层之间或与地表水之间的水力联系。

6. 查明地下水在天然条件下的补给、径流、排泄条件及有关参数[194]。

8.2.2　地面沉降的调查内容

1. 第四系结构调查

详细调查第四系结构分布及其工程地质力学特征，以确定地面沉降的沉降规律，压缩层位和最大沉降量；充分搜集沉降区已有的第四纪地质资料及其物理力学参数；开展第四系沉积相调查、合理划分第四系结构；在重点地段，与钻探手段相结合，开展高分辨率地震勘察。

2. 含水层结构及地下水环境问题调查

开展第四系含水层结构的系统调查，将地下水作为地质环境的要素加以研究。搜集在最大取水深度范围内的主要可压缩层和含水层的厚度、变形特征资料；查明第四纪松散堆积物的岩性、厚度和埋藏条件，搜集不同地区地下水埋藏深度和承压性，各含水层之间及其与地表水之间的水力联系资料；调查水井的数量、开采量，并选取具有代表性的水井，详细调查其位置、井深、取水层位、井的结构、水泵类型、水位埋深、取水量、水深、水位的动态变化规律等。

3. 基底地形与断块构造调查

在地面沉降区，下伏基底构造条件往往复杂。区域性构造沉降背景值一般可达数毫米，同时，存在明显的差异升降。对于基底地质构造条件变化较大的地区，在调查中，应充分搜集已有的地质资料，了解基底起伏和构造条件。采用综合物探和钻探等手段详查清深部基岩面起伏状况。

4. 地面沉降灾害专题调查

调查地面沉降灾害及对环境的影响，采用现场踏勘和访问的方法。对建筑设施的变形、倾斜、裂缝的发生时间和发展过程及规模程度等做详细记录，并了解被破坏建筑设施附近水源井的分布、抽水量及地面沉降的情况；调查因地面沉降引起的污水、雨水的积散情况，测量积水深度，估算积水面积，同时调查排水管道及其他地下建筑设施的使用变化情况；利用遥感技术，对沉降区的地形地貌、表层岩性进行解译；搜集水准高程变化资料、地形变资料[195]。

8.2.3　地面沉降的勘察与参数确定

地面沉降勘察可以采用的勘察手段主要有钻探和地球物理勘探两种。

1. 地面沉降的钻探、取样和室内试验

地面沉降的钻探工作的目的除了查清地面沉降区域的上述工程地质条件以外，还要在钻进过程中，获取不同层位地层，尤其是高压缩性土层的原状样，测试土的压缩性参数，为地面沉降量计算提供基本参数和依据。同时，通过钻探设置分层沉降标和基岩标，进行长期观测，得到各个含水层的压缩沉降量及对于总沉降量的贡献比例。结合地下水位观测数据、开采量统计数据，建立地面沉降、地下水位、开采量之间的相关关系。在充分分析第四纪地质结构、构造、地下水特征和土层工程地质特征的基础上，建立拟三维水流与一维沉降耦合模型，对地面沉降进行更深入的量化研究。

在不同含水岩组钻探取样，进行室内土工试验，分析岩土层的物理力学性状，进行地面沉降的工程地质分层和分区。运用岩土力学、土质学理论分析其在不同固结程度下沉降机理，为进行物理模拟，建立数学模型积累资料，为地面沉降预测提供理论依据。

2. 地面沉降的地球物理勘探

利用地球物理勘探方法，可以探测第四纪地层的空间分布、厚度、硬土层与软弱土层的分布；探测第四纪地下水的埋藏深度、层位、含水层的岩性特征及颗粒组成；探明古河道、洼地及河间地块等微地貌情况，弥补工程地质钻探的缺陷。

针对地面沉降勘查中需解决的主要地质问题，根据各种地球物理方法的适应性、应用条件及经济、技术特点，可选择相应方法进行勘查[196]（表8-1）。

地面沉降勘查的地球物理方法选择表

表8-1

方法名称		解决问题	应用条件	技术特点
直流电法	电阻率测深法	探测第四系厚度、岩性结构及含水层（组）特征	地形无剧烈变化；电性变化大且地层倾角较陡地区不宜	方法简单、成熟，较普及；资料直观，定性定量解释方法均较成熟；成本较低

续表

方法名称		解决问题	应用条件	技术特点
直流电法	电磁测深法	探测第四系厚度、岩性结构及含水层（组）特征	适于地表岩性较均匀地区；电网密集，游散电流干扰地区不宜工作	工作简便，效率高，勘探分辨率较高，受地形限制小，但在山区受静态影响严重；成本适中
电磁法	瞬变电磁法	探测第四系厚度、岩性结构及含水层（组）特征	受地形、接地电阻影响小；电网密集、游散电流区不宜工作	静态影响和地形影响较小，对低阻体反应灵敏，工作方式灵活多样；成本适中
弹性波法	浅层地震法	探测第四系厚度、岩性结构及含水层（组）特征	人工噪声大的地区施工难度大；要求一定范围的施工场地	对地层结构、空间位置反映清晰，分辨率高，精度高；成本高
测井	电阻率测井	确定第四系岩性及厚度	在充水（液）孔中测试	电极组合方式较多，资料解译简单、成熟；成本低
	放射性测井	确定第四系岩性、厚度；确定软弱层及含水层的岩性特征	干、充水（液）孔中测试；孔内无套管	方法简单、资料直观；成本低
	参数测井	确定软弱层及含水层的岩性特征	干、充水（液）孔中测试；孔内无套管	对地层微观结构灵敏，可解决一些特殊问题，如渗漏率、持水性等；成本高
放射性及其他方法	氡气法	圈定地面沉降的范围、边界	受地形、场地、环境的限制小；测点尽可能避开近期的人工扰动地段	方法简便，限制少，适于普查工作；成本低
	汞气测量法	圈定地面沉降的范围、边界	受地形、场地、环境的限制小；取样点避免近期的人工扰动	方法简便，资料直观，效率高，适于普查工作；成本低
	微重力测量法	监测地面沉降的变化速率	要求精确的测地工作；不受场地、环境限制，在坑道、平硐中可开展工作	测量条件简单，资料分析难度较大，适合于在某些特殊环境下的工作；成本高

8.3 地面沉降风险评价与防治分区

地面沉降属于缓变型面状地质灾害，其危害方式以地表变形，尤其是不均匀变形为主要表现形式。而要直接划出危险区，则必须考虑其危害对象，进而进行地面沉降的风险评价。

8.3.1 地面沉降的风险评价理论

1. 地面沉降风险的内涵及特征

地面沉降风险是指一定空间尺度内的地面沉降灾害对社会经济所造成危害的大小及其可能性。地面沉降作为一种缓变性、持久性的灾害，其影响范围和程度随着时间的推移会越发明显。同时，伴随着以地下水开发为主要影响因素的成灾模式，使地面沉降区域性特征非常突出。而从中国的防治实践来看，地面沉降防治工作是卓有成效的，地面沉降可控可防。

1）长期性。地面沉降是地层经过长期、缓慢的压缩变形导致，总体上具有不可逆性，地面沉降致使高程资源严重损失。上海市地面沉降发生至今已有80多年，苏锡常地区也有50多年的沉降史，并且沉降还在持续发展。

2）区域性。承压含水层分布区域通常逐渐发展为地面沉降区域。如长江三角洲地区地面沉降影响范围达30 000km²，华北平原地面沉降区包括京津冀大部分地区。这些地区多为人口集中、经济发达的城市或沿海地区，因此受灾风险大。

3）可控性。地下水开采是地面沉降的主要诱发因素，科学的地下水管理可以有效控制地面沉降的发生和发展。上海市于20世纪60年代在地下水开采总量控制前提下，开始了地下水开采层位调整、地下水回灌等措施，使地面沉降得到了有效控制。可见，地面沉降风险是可以调控的。

2. 地面沉降风险评价要素

地面沉降风险程度主要取决于两方面条件：一是地面沉降发生条件主要包括地质条件（含水层分布、软土层厚度与结构等）、地貌条件（地貌类型、地势高程等）、人为地质动力活动（工程建设、地下水开采等）。通常情况下，地面沉降地质灾害活动的动力条件越充分，地面沉降灾害活动越强烈，所造成的破坏损失越严重，地面沉降危险性越高，地面沉降灾害风险越大。二是人类社会经济易损性，即承灾区生命财产和各项经济活动对地面沉降的抵御能力与可恢复能力，主要包括人口密度及人居环境、土地使用类型、防灾减灾投入等。通常情况下，承灾区（地质灾害影响区）的人口密度与工程、财产密度越高，所造成的损失越大，地质灾害的风险越高。上述两方面条件分别称为危险性和易损性，它们共同决定了地面沉降的风险程度。基于此，地面沉降的风险要素亦由危险性和易损性这两个要素系列组成（图8-1）。

地面沉降危险性是指一定地区时段内地面沉降发生危险程度，是通过一定的评价方法对地面沉降进行定性和定量的分析评定，用危险度H定量。危险性要素系列包括地质条件、地貌条件、人为地质动力活动以及地质灾害规模、发生概率（或发展速率）等要素。

地面沉降危险性评价一般遵循以下步骤：建立评价指标体系，选取适合评价区的评价模型，依据模型查找和设定相关参数，对研究区地面沉降进行危险性评价，形成危险性综合评价图。

依据地面沉降发育机理、孕育条件、监测成果等因素，可以选取地面沉降易发程度、历时灾害强度、预测沉降速率、地势高程作为地面沉降危险性评价的指标，先对各个单项指标进行评价，在各类单要素评价基础上，建立相关的模型，进行综合评价。目前常用的方法有层次分析法、模糊综合评判法、灰色聚类法等。其评价成果作为基础图件应用于地面沉降危险性的综合评价之中。

地面沉降易损性是指承灾区遭受地面沉降破坏机会的多少与发生损毁的难易程度，这一概念也代表了人类社会和经济技术发展水平应对正在发生地面沉降灾害的能力。地面沉降对受威胁对象或承灾区的人口、财产、基础设施、经济、资源环境等造成的可能损失程度就是地面沉降易损性评价，其定量表达为易损度V。易损性要素系列包括人口易损性、工程设施与社会财产易损性、经济活动与社会易损性等要素。

地面沉降易损性由承灾体自身条件和社会经济条件所决定，前者主要包括承灾体类型、数量和分布情况等；后者包括人口分布、城镇布局、厂矿企业分布、交通通信设施等。地面沉降易损性评价目的是分

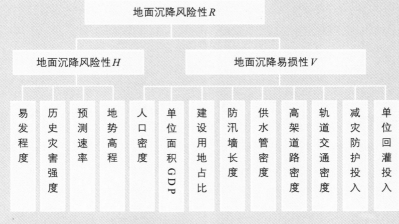

图8-1 地面沉降风险评价体系[197]

析现有经济技术条件下人类社会对地面沉降的抗御能力，确定不同社会经济要素的易损性参数，为地面沉降风险评价提供基础。主要评价内容包括划分承灾体类型、调查统计各类承灾体数量及其分布情况等。

不同承灾体对地面沉降的承受能力不一样，可能的损毁程度及灾后的可恢复性也存在着差异。地面沉降易损性评价就包括了地面沉降敏感度分析和地面沉降承灾能力分析两个方面。地面沉降敏感度是指在一定社会经济条件下，评价区内人类及其财产和所处的环境对地面沉降的敏感水平和可能遭受危害的程度。通常情况下，人口和财产密度越高，对地面沉降的反应越灵敏，受危害程度越高。地面沉降敏感度分析的基本要素包括人口密度、建筑物密度和价值、工程价值、资源价值、环境价值、产值密度等。分析方法主要有模糊综合评价、灰色聚类综合评价等。承灾能力是指人类社会对地面沉降的预防、治理程度及地面沉降发生后的恢复能力，若防治和恢复重建的能力强，则其承灾能力强。

由于区域评价中承灾体具体数据获取难，基于行政单元（市辖区、县）的区域易损性评价较好，并通过社会经济统计指标来表征区域易损性，如人口密度、地均GDP、经济发展水平、城市建设用地占比等[198-200]。

8.3.2 地面沉降的风险评估模型

1. 地面沉降危险性评价模型

依据地面沉降发育机理、孕育条件、监测成果等因素，可以选取地面沉降易发程度、历时灾害强度、预测沉降速率、地势高程作为地面沉降危险性评价的指标，可先对各个单项指标进行评价。上述各类因素与地面沉降风险性评价密切相关，但又并非简单的线性相关，因此在各类单要素评价基础上，需要建立相关的模型，进行综合评价。目前常用的方法有层次分析法、模糊综合评判法、灰色聚类法等。下边以改进的层次分析法为例，介绍地面沉降危险性评价模型的建立和评价方法。

在评价过程中确定各类影响因素的权重非常重要，它直接关系到评价结果的合理性和真实性。一般使用的层次分析法检验判断矩阵是否具有一致性非常困难，当判断矩阵不具有一致性时，不排除要经过若干次调整、检验、再调整、再检验的过程才能使判断矩阵具有一致性的可能；检验判断矩阵是否具有一致性的判断标准CR<0.1缺乏科学依据；判断矩阵的一致性与人类思维判断的一致性有着明显的差异。而改进后的模糊层次分析法既解决了判断矩阵的一致性问题，又解决了解的收敛速度及精度问题，以此求得与实际相符的排序向量，可用于确定地面沉降危险性评价指标权重。

改进的模糊层次分析法的原理及应用步骤是将互反型判断矩阵改为模糊一致性判断矩阵，并把和行归一法或方根法与特征向量法结合使用，提出改进的模糊层次分析法。其步骤如下：

（1）建立优先关系矩阵

$$f_{ij} = \begin{cases} 0.5, & s(i) = s(j) \\ 1.0, & s(i) > s(j) \\ 0, & s(i) < s(j) \end{cases} \quad （8-1）$$

式中，$s(i)$ 和 $s(j)$ 分别表示因素 a_i 和 a_j 的相对重要性程度，$F=\{f_{ij}\}$ 为模糊互补矩阵。

根据地面沉降产生的机理、实测数据及影响因素的分析，得到模糊互补矩阵 F 为：

$$F = \begin{bmatrix} 0.5 & 1.0 & 1.0 & 1.0 \\ 0.5 & 0.5 & 0 & 0 \\ 0 & 1.0 & 0.5 & 1.0 \\ 0 & 1.0 & 1 & 0.5 \end{bmatrix} \quad （8-2）$$

（2）对矩阵 F 按行求和，得 $r_j = \sum_{i=0}^{n} f_{ij}$，并实施如下数学变换：

$$r_{ij} = \frac{(r_i + r_j)}{2(n-1)} + 0.5 \quad （8-3）$$

得到模糊一致性判断矩阵：

$$R = \begin{bmatrix} 0.5 & 1.0 & 2/3 & 5/6 \\ 0 & 0.5 & 1/6 & 1/3 \\ 1/3 & 5/6 & 0.5 & 2/3 \\ 1/6 & 2/3 & 1/3 & 0.5 \end{bmatrix} \quad （8-4）$$

（3）利用和行归一法

$$w^{(0)} = (w^1, w^2, \cdots w^n)^T = \left(\frac{\sum\limits_{j=1}^{n} e_{1j}}{\sum\limits_{i=1}^{n}\sum\limits_{j=1}^{n} e_{ij}}, \frac{\sum\limits_{j=1}^{n} e_{2j}}{\sum\limits_{i=1}^{n}\sum\limits_{j=1}^{n} e_{ij}}, \cdots \frac{\sum\limits_{j=1}^{n} e_{nj}}{\sum\limits_{i=1}^{n}\sum\limits_{j=1}^{n} e_{ij}} \right)^T$$

（8-5）

求得排序向量：

$$w^{(0)} = (0.3750, 1.1250, 0.2917, 0.2083)^T \quad （8-6）$$

（4）利用转化公式：$e_{ij} = \dfrac{r_{ij}}{r_{ji}}$，将互补型判断矩阵 $R_{ij} = (r_{ij})_{n \times n}$ 变为互反型矩阵：

$$E = (e_{ij})_{n \times n} \quad （8-7）$$

（5）以排序向量 $w^{(0)}$ 作为特征值法的迭代初值 V^0，进一步求解精度较高的排序向量 V^k。输入特征向量初值 $V^{(0)} = (V_{01}, V_{02}, \cdots, V_{0n})^T$，利用迭代公式 $V^{k+1} = EV^k$，求特征向量 V^{k+1}，并求 V^{k+1} 的无穷范数 $\|V^{k+1}\|_\infty$；若 $\|V^{k+1}\|_\infty - \|V^k\|_\infty < \varepsilon$，则 $\|V^{k+1}\|_\infty$ 即为最大特征值 $\lambda_{\max}$，将 V^{k+1} 归一化处理，$V^{k+1} = \left(\dfrac{V_{k+1,1}}{\sum\limits_{i=1}^{n} V_{k+1,i}}, \dfrac{V_{k+1,2}}{\sum\limits_{i=1}^{n} V_{k+1,i}}, \cdots, \dfrac{V_{k+1,n}}{\sum\limits_{i=1}^{n} V_{k+1,i}} \right)$，所得向量 $W^{(k)} = V^{K+1}$，即为排序向量，迭代结束。否则，以 $V^k = \dfrac{V^{k+1}}{\|V^{k+1}\|_\infty}$ 作为新的初值，再次迭代，最后求得 $W^{(k)}$。

依据上述方法最后迭代求得 $w^{(k)} = (0.4167, 0.0833, 0.3056, 0.1944)^T$，最后危险性评价结果为：

$$H_{危险性} = \sum_{i=1}^{4} W_i N_j \quad (i=1,2,\cdots,n) \quad （8-8）$$

式中：$H_{危险性}$——地质灾害危险性评价指数；

W_i——权重；

N_j——各因素指数。

2. 地面沉降易损性评价模型

本次采用模糊综合评判法判别分区，具体应用步骤：

（1）确定评价因子。依据本区的实际情况选取评价因子组成评价因子集。

（2）确定因子权重矩阵 A。权重矩阵 $A_{1 \times n} = (a_1, a_2, \cdots, a_n)$ 是按评价因子分级标准确定。归一化的权数 $a_i(i=1, 2, \cdots, n)$，计算公式为：

$$a_i = \frac{c_i / s_i}{\sum\limits_{i=1}^{n} c_i / s_i} \quad （8-9）$$

式中 c_i——第 i 种评价因子实测值；s_i——第 i 种评价因子标准值。

（3）计算隶属度。由于评价因子分级标准都是模糊的，所以用隶属度来刻画分级界限较合理。

（4）建立模糊关系矩阵 R。在获得各评价因子对各级标准的隶属函数基础上，建立单因素评价的模糊关系矩阵 R：

$$R = \begin{bmatrix} r_{11} & 1.0 & 2/3 & 5/6 \\ 0 & 0.5 & 1/6 & 1/3 \\ 1/3 & 5/6 & 0.5 & 2/3 \\ 1/6 & 2/3 & 1/3 & 0.5 \end{bmatrix} \quad （8-10）$$

（5）确定模糊综合评价矩阵 B。根据模糊变换原理，利用加权平均（取小相加法）模糊合成算子将 A 与 R 合成得到模糊综合评价结果向量 B：

$$B_j = \sum_{i=1}^{n} (a_i \wedge r_{ij}) = \min(1, \sum_{i=1}^{n} a_i r_{ij}) \quad j=1,2,\cdots,m$$

（8-11）

危险性评价结果为：

$$H_{危险性} = \sum_{i=1}^{4} W_i N_j \quad (i = 1,2,\cdots,n) \quad (8-12)$$

式中：$H_{危险性}$——地质灾害危险性评价指数；

W_i——权重；

N_j——各因素指数。

3. 地面沉降风险性评价模型

地面沉降风险评价具体方法和过程为：全面调查分析处理各项数据，根据危险性评价结果得到定量值——危险度与危险等级（危险性等级量化）；再在易损性评价基础上，得到易损性评价结果——易损度与易损等级（易损性等级量化）；利用公式计算风险度，即：

风险度（R）=危险等级（H）×易损等级（V）

$$(8-13)$$

定量评价过程中，等级的取值范围在[0，1]之间，具体划分则是很低、较低、中等、较高、很高五个等级，其中危险等级与易损等级对应的量值范围为[0，0.2]（或为≤0.2）、(0.2，0.4]、(0.4，0.6]、(0.6，0.8]、(0.8，1.0]（或为≥0.8）五个级别，风险等级对应的量值范围为[0，0.04]（或为≤0.04）、(0.04，0.16]、(0.16，0.36]、(0.36，0.64]、(0.64，1.0]（或为≥0.64）五个级别。然后进行风险等级划分，形成风险区划图，从而为区域地面沉降防治提供决策依据。

8.3.3 分区灾害的处置措施

结合地面沉降风险的大小和性质，确定控制风险的途径并付诸实施，这就是地面沉降风险管理的内容。毫无疑问，地面沉降风险管理是一项复杂工作，它不是一个纯技术决策问题，而是集技术决策、政府管理、社会参与、法律制约及成本核算、效益分析等为一体的综合决策行为，是地面沉降管理的高级阶段。把风险降低到使公众可接受的水平是风险评估与管理的最终目的。显然，要想对地面沉降风险进行控制，需要了解风险控制的基本途径，通常风险控制的

基本措施有以下几种：

1. 工程措施

对于降低地面沉降风险而言，工程措施是一种最直接的方法，但通常也是最昂贵的方法。因此必须在严格进行成本/效益分析的基础上，经过充分论证之后方可付诸实施。依据工程措施控制的因素，可以将之分为两类：一类是降低地面沉降发展速率，另一类是防止地面沉降造成的危害。前者主要指调整开采层次及开采方案、地下水人工回灌的方法，后者主要是一些防护性减灾防护措施。当这种风险在人们认为不可接受的情况下才动用人力物力对其进行控制，反之当人们因为经济或其他限制原因不能控制或降低风险时，人们将会忍受不超过可接受水平的风险。

2. 规划控制

规划控制是一种事前预防方法，常常是有效而经济的。规划控制通过废除原有的土地利用项目或者转而发展其他项目，同时在存在现实风险或潜在风险的区域限制或调控新的建设项目。就经济性而言，后者更为经济一些。依据风险的大小和性质的不同，规划控制采取的具体做法可以不同。比如，如果该区存在的风险极高，不适合从事任何人类活动，则禁止任何项目建设，并需要考虑搬迁现有居民和财产。如果风险高而不适合任何工程建设，则还可以考虑将之辟为城市绿地、公园或林地。如果存在一定风险，可以通过一定的措施较容易地控制，可根据风险的性质对在此区域进行工程建设和其他活动需要遵循的一些特殊原则提出建议并监控执行，比如地下空间开发容量、地面建筑容积率等。

3. 监测预报预警

地面沉降本身存在着诸多不确定性和复杂性，目前技术水平下常常无法彻底认识清楚其本质，对其未来的变形破坏特征所做的判断只能随着信息的逐步输入而日臻完善，所以对于存在着地面沉降潜在风险，但是对于风险的大小和性质尚不确知的情况，只能采用监测预报预警措施，以求不断跟踪反馈该地区地面

沉降状态，针对出现的新变化及时采取相应的措施。

4. 规避

如果地面沉降风险过高，远远超出了可接受水平，并且无法通过其他控制措施来降低风险，或者采取其他控制措施的效益远远低于成本，则只能采取规避措施，将风险范围内的人员和财产永久转移到其他地区。虽然规避是非常直接的措施，特别是在政府和社会越来越强调防灾减灾工作中贯彻以人为本的理念的大背景下，但是实际管理中也万不能逢灾便规避，一则规避本身是有成本的，二来人类生存空间日趋紧张，如果不加遏制地破坏一处换个地方，最终将会无处可规避。

5. 接受

前面提及，地面沉降风险对于上海市整体而言都是客观存在的，但只有当这种风险在人们认为不可接受的情况下才动用人力物力对其进行控制，反之当人们因为经济或其他限制原因不能控制或降低风险时，人们将会忍受不超过可接受水平的风险。

6. 防灾减灾教育

教育是防灾减灾体系中极为重要的一环。通过宣传教育提高全民的防灾减灾意识，对于增强防灾减灾设施的保护、最大限度地降低地面沉降造成的损失具有非常重要的意义。

8.3.4　不同危险区对城市规划的约束

通过对各类基础设施变形控制标准的对比分析，将其对地面沉降的敏感性及其重要性，综合考虑划分为3大类。第一类为对地面沉降变化很敏感的重要基础设施，在地面沉降影响下容易发生损坏且后果严重，如地铁、高速铁路、输气管线、输油管线等；第二类为对地面沉降变化较为敏感的重要基础设施，一旦损坏后果较为严重，如一般铁路、高速公路、输水管线、供热管线等；第三类为对地面沉降敏感性一般的设施，在地面沉降影响下一般不会丧失功能，如单

体建筑、一级以下等级公路、电力管线、通信管线等。基于上述基础设施类型的分类和不同等级的风险，在进行城市规划时必须对规划目标做出必要的调整，将地面沉降风险降到最低。

8.3.5　危险区对城市规划的指导意义

为使地面沉降控制与城市建设发展协调统一，应保障城市活跃的经济活动引发对地下水资源的开发利用与工程建设的地面沉降影响得到有效控制。地面沉降控制作为城市防灾、抗灾、减灾的重要内容，是一项长期的艰巨性的工作，地面沉降的发生发展与城市发展及经济建设密切相关。

城市规划作为全局性、前瞻性、指导性的宏观系统决策，是城市建设发展的龙头，将城市地面沉降控制纳入总体规划与地区发展的实施方案之中，是协调资源与环境关系，解决两者间的矛盾与问题，促进经济可持续发展的重要途径。

因此，依据风险评价结果开展城市规划，有利于规划人员合理规划城市布局。地面沉降严重地区，在满足城市基本功能的前提下，规划中增加地面沉降要素分析。将较为敏感的重要工程进行调整，这将大大降低地面沉降的风险。同时，在已经完成城市规划的区域，根据风险评价结果，城市建设中也可以指导工程建设，选择能够规避地面沉降影响的建筑结构类型，或者指导政府进行规划区的地面沉降防治工作。

8.4　地面沉降监测与预测

地面沉降监测与预测不仅是地面沉降防治规划编制的重要依据，又是地面沉降防治规划的重要内容。本周期地面沉降防治规划中监测与预测的实施结果又是下一个周期地面沉降防治规划的编制依据。因此，

在地面沉降防治规划编制中，必须在已有监测工作基础上，合理布设地面沉降监测工作。并根据地区的城市建设和经济布局（主要考虑对地下水的抽取，近年来逐渐有学者开始考虑成片地表建筑物的荷载效应），做好地面沉降预测研究工作。

8.4.1 地面沉降监测技术

1. 水准测量技术

水准测量技术是传统的沉降监测技术，具有测量精度高、成果可靠、操作简便、仪器设备普通便宜等特点，但该方法的作业效率低、劳动强度大、难以实现自动化观测。另外，由于布设的沉降监测点数量有限，只能从宏观上掌握地面沉降的特征，沉降的整体分布特征难以精确掌握。随着电子水准仪的普及应用，水准测量的劳动强度得到较大的降低，数据处理也更为方便快捷，特别是该仪器对操作技能的要求大大降低，有效地提高了成果的精度和可靠性。

1）地面沉降水准监测网的布设

一般规定当发现某地区出现地面沉降时，应建立地面沉降水准监测网。通过定期地重复观测，为研究和控制地面沉降提供准确、可靠的系统资料。各类标点测量的具体操作、仪器使用及仪器检验应符合《国家一、二等水准测量规范》GB/T 12897—2006及《地面沉降水准测量规范》DZ/T 0154—1995等规定。

水准网（点）布设原采用从整体至局部，逐级水准测量的高程控制方法。一等水准网（环线）布设在沉降漏斗外围区；二等水准网在一等水准网环线内布设。在地面沉降明显的漏斗区可选取剖面施测线，加密观测点。根据监测区的水文地质、工程地质特征和年均沉降量的大小，将整个监测区划分成若干个不同的地面沉降结构单元，并按其不同单元设置高程基准标、地面沉降标和分层沉降标（组）。地面沉降水准监测网的网形结构，可以是单个起算点的自由网，也可以是多个控制网的复合网。起算点应是基岩标，其高程一般从国家一等水准网点引测。水准网建成后应与已有的国家一、二等水准网接测，并绘制水准网结点接测图。地面沉降标点的选布，采用测区平均布点与沉降漏斗区加密布点相结合的方法，由沉降漏斗外围区向中心区，布点密度逐渐加大。在监测区内水准点布设密度应当满足监测工作的需要。普通沉降水准点布设密度和复测周期见表8-2所列。

普通沉降水准点布设密度和复测周期

表8-2

年均沉降量（mm/a）	沉降点间距（m）	复测周期
10～30	2 000～1 000	3～5年
30～50		1～3年
50～100	700～500	0.5～1年
100～150	500～250	3～6月
>150	<250	1～3月

地面沉降水准测量测线（在条件具备的情况下）可因标点（基岩标、分层标）的布设而确定长短。但原则上测线不宜过长，一般平均线长8～12km。地面沉降监测的精度，可根据需要和年均沉降量的大小、沉降区域的面积、复测周期长短，按《地面沉降水准测量规范》DZ/T 0154—1995的不同要求确定。另外，为消除或削弱地面沉降观测过程中水准点间的不均匀下沉产生的影响，保证观测精度，可采取以下措施：

（1）尽量缩短水准环线或路线的长度；也可用两架同级仪器代替往返测量，以缩短观测时间。

（2）测量路线、测量季节及所使用的测量仪器应保持固定。

（3）测量作业应从沉降量大的地区开始，依次向沉降量小的地区推进。当高等水准路线和低等水准路线在同一年施测时，宜同期进行。

（4）在沉降量较大的地区，应在短时间内完成一个闭合环的测量，沉降水准网中的结点由几个小组协同作业时，应同时接测。

（5）最佳测量时段应选择沉降量相对最小的时段，一次测完。

监测网络布设时，应尽量利用或靠近已有的国家水准点、城市高程网点、地下水动态监测点，以利于利用已有的资料或便于进行水准测量的联测。各等水准测量路线应选设在坡度较小、土质坚实、施测方便的道路附近。尽量避免通过大河、沙滩、草地等地段。地面水准测量点位应选在坚实稳固之处，基岩水准点不得位于活动断裂带上。水准测量点不得选在下列地点：

（1）即将进行建筑施工的位置或准备拆修的建筑物上。

（2）地势低洼，易于积水淹没之处。

（3）地质条件不良（如崩塌、滑坡、泥石流等）之处或地下管线之上。

（4）附近有剧烈振动的地点。

（5）位置隐蔽，通视条件不良不便于观测之处。

各等水准点均应埋设永久性标石或标志。标石或标志埋设应满足下列要求：

（1）水准标石应埋设于表层土中，并选在便于长久保存和使用处。

（2）稳固耐久，防腐蚀，抗侵蚀，并能保持垂直方向的稳定。

（3）标石的底部应埋设于冻土层以下，并浇筑混凝土基础。

孔、标等使用的管材必须能满足保证稳定施测的要求：

（1）标杆、孔管及各种保护套管必须采用防腐蚀、防弯曲、倾斜的材料。

（2）密封装置、防渗过滤材料均需检验合格后方可使用。

（3）各类标必须建立标房，且易于观测。

各等水准观测，必须等埋设的水准标石稳定后，方可进行施测。沉降监测点失效后，应及时重新设

置；在监测过程中，应对监测网点现状进行定期调查，并注意人类工程—经济活动对其产生的影响。各种水准测量标石的选点和埋设，在符合上述条件下，按照《地面沉降水准测量规范》DZ/T　0154—1995要求埋设有关水准标石。水准标石埋设后，一般需经过一个雨季，冻土地区还需经过一个冻解期，岩层上埋设的标石需经过1个月，方可进行观测。

地面沉降水准测量必须由专业测量单位或经过严格培训的人员实施，水准测量仪器的使用和检测见《国家一、二等水准测量规范》GB/T　12897—2006、《国家三、四等水准测量规范》GB/T　12898—2009和《地面沉降水准测量规范》DZ/T　0154—1995。

基岩标是研究地面垂直运动的主要依据，是地面沉降水准测量的基础。地面沉降严重区域的基岩标的数量不得少于两座，有条件时应增设。其布设可选择在测区内或靠近测区的基岩露头上；对松散沉积物厚度较大的地区，其标底也可设置在主要地下水开采层之下的稳定地层中。基岩标的位置选择要兼顾地质条件和水准网网形的结构，应会同地质人员尽可能地选在基岩露头，必要时进行地质钻探。基岩标应根据地质条件设计成单层或多层保护管式的标志，必须由地质单位撰写地质设计和钻探工程单位撰写钻探施工设计，两者协调统一批准后实施布设。基岩标的主标杆顶部中央应嵌入一个铜质或不锈钢的金属水准标志，标志必须放正直、镶嵌牢固，以保证标杆的垂直度。

分层标是研究地下不同深度土层和含水砂层沉降量变化的依据，分层标的组数与每组分层标的个数应根据地质条件和被抽取地下水的含水层深度来确定。分层标组位置的选择，主要根据地质勘查的需要，分层标埋设的层次与个数也依据地质结构与监测需要而定。确定分层标组各标位置时，为了确保观测质量应布成扇形，各标等距分布在圆弧上，圆心为测站位置，半径R可在4～10m之间因地制宜地选择。基岩标和分层标埋设后，其外部必须建造一定规模的坚固房

屋。埋设后一般经过联测稳定后，方可进行观测。

2）地面沉降水准监测内容及要求

水准测量和应用GPS测量监测地面沉降量的大小，分层监测含水系统各主要层位的沉降量和孔隙水压力变化量。

监测网的高程采用正常高系统。按照国家1985国家高程基准起算，青岛原点高程为72.260m。在监测区内可以选定一个稳定的国家水准点，作为监测网的起算基点。当监测网与国家水准网联测精度达不到要求，或监测区尚不能与国家高程网直接联测时，必须建立基岩水准点，采用局部的独立高程，作为监测网相对高程起算基点、各土层变形监测相对测量基准点和地下水位高程起算基点，以减少传递误差。选用基岩水准点作为起算基点时，必须对基岩水准点进行稳定性评价，经验收合格后，方可选定使用。

地面沉降水准测量前必须进行水准测量技术设计，在技术设计前收集有关水准测量的资料，水准测量的技术设计注意事项见《地面沉降水准测量规范》DZ/T 0154—1995。在技术设计过程中设计地面沉降水准测量路线图和有关图件，确定水准网，水准路线和剖面线，选定经过的基岩标和分层标，并在图上标

明，编写技术说明书。技术说明书的注意事项见《地面沉降水准测量规范》DZ/T 0154—1995。技术设计完成后，必须经审定批准方可实施。

以各等级水准测量所算得的已测段往返测高差不符值计算每公里水准测量高差中数的偶然中误差M_Δ不得超过表8-3规定的数值，以及按环闭合差计算每公里水准测量高差中数的全中误差M_ω，不得超过表8-3规定的数值。计算公式：

$$M_\Delta = \pm\sqrt{\frac{1}{4n}\left[\frac{\Delta\Delta}{S}\right]} \qquad (8-14)$$

$$M_\omega = \pm\sqrt{\frac{1}{N}\left[\frac{\omega\omega}{F}\right]} \qquad (8-15)$$

式中　n——测段数；

Δ——测段往返闭合差（特等为二次往返高差中数之差）（mm）；

S——测段长度（km）；

ω——水准环线闭合差（mm）；

F——水准环线长度（km）；

N——水准环数。

各级水准测量M_Δ与M_ω的限定值　　　　　　　　表8-3

测量等级	特等	一等	二等
M_Δ（mm）	≤0.3	≤0.45	1.0
M_ω（mm）	≤0.7	≤1.0	≤2.0

地面沉降量与水准测量误差（相对于基岩标）应满足下列公式

$$S \geq 6M_\omega\sqrt{L} \qquad (8-16)$$

式中　S——某沉降年度内的沉降量（mm）；

M_ω——某等级水准测量每千米全中误差（mm）；

L——基岩标至最远水准点的距离（km）。

如果S小于不等式右边，则可根据需要，适当延长地面沉降量的复测时间或提高测量等级。

往返测高差不符值、环线闭合差的限差见表8-4所列。

当因地面沉降原因引起测段往返闭合差超限时，可按式（8-12）~式（8-13）对闭合差进行改正，以满足限差要求。

静点—动点：$\omega = \omega_测 + \Delta H_地$　（8-17）

动点—静点：$\omega = \omega_测 - \Delta H_地$　（8-18）

$\Delta H_地 = h_{返（基-地）} - h_{往（基-地）}$　（8-19）

往返测高差不符值与环线闭合差的限差　　　　　　　　　　　　　　表8-4

测量等级	测段、路线、往返测高差不符值	环闭合差	检测已测测段高差之差
特等①	$1.8\sqrt{K}$；$1.2\sqrt{K}^{①}$	$1.8\sqrt{K}$	
一等	$1.8\sqrt{K}$	$2\sqrt{K}$	$3\sqrt{K}$
二等	$4\sqrt{K}$	$4\sqrt{K}$	$6\sqrt{K}$

注：①二次往返高差中数之差，双转点经过高差之差。
　　K为测段、路线长度（km）；F为环线长度（km）；R为检测测段长度（km）。

式中，ω为改正后的测段往返闭合差；$\omega_{测}$为t测段往返测闭合差（观测值）；$\Delta H_{地}$为水准路线往返测期间的地面沉降变量；$h_{返（基-地）}$为水准路线返测时所测的基岩标（或深式分层标组之最深标）与地面标之差值；$h_{往（基-地）}$为水准路线往测时所测的基岩标（或深式分层标组之最深标）与地面标之差值。

静点一般是指基岩标（或深式分层标组之最深标）；动点一般是指普通水准点。

若按本条的计算公式改正后的往返闭合差符合限差，则原观测往返高差值可采用；若仍超过限差，则本测段需重测。

地面沉降水准网外业成果记录可采用手工记录或电子记录，优先采用电子记录。有稳定的控制点。控制点的个数可以是一个（自由网），也可以是几个（复合网）。根据正确、迅速、及时处理野外采样数据，求得最后结果的原则，按最小二乘法原理，采用条件观测平差或间接观测平差。平差计算必须在概算的基础上进行。在地面沉降水准测量的初期，控制点的分布和稳定性尚不够理想时，可以采用拟稳平差进行数据处理。沉降量计算参照《地面沉降水准测量规范》DZ/T 0154—1995中的有关规定执行。

2. 三角高程测量技术

水准测量因受观测环境影响小，观测精度高，仍然是沉降监测的主要方法，但如果水准路线条件差，水准测量实施将很困难。高精度全站仪的发展，使得电磁波测距三角高程测量在工程测量中的应用更加广泛，若能用短程电磁波测距三角高程测量代替水准测量进行沉降监测，将极大地降低劳动强度，提高工作效率。

具体的原理与方法参见本书第七章城市地裂缝防治规划。

3. GPS测量技术

近年来，GPS技术在地表沉降、大坝自动化监测、陆海垂直运动监测、滑坡监测等方面已得到应用，获得了令人满意的结果和精度。采用GPS监测具有快捷方便、误差积累相对较小及实时监控的优势。全球卫星定位（GPS）技术在灾害监测上，不但具有全天候、高时间分辨率、作业方便的特点，而且在灾害监测的定位与定量上也具有很高的三维绝对精度，因而可以在很大的空间区域上建立变形体间的关联性[201]。但是，GPS监测网测高的精度与可靠性，能够发现多大的沉降量，网形结构、基准点的选择等因素对监测成果的影响等问题都尚无明确结论，有待进一步研究。随着GPS定位精度的不断提高，尤其是高程分量精度的不断提高，可以在城市里建立基准网和监测网，从中获得沉降监测点的高程分量信息，进而通过多期观测，获得需要的垂直沉降信息，为城市的建设和管理提供高效快捷的监测服务，也使人们从繁重的水准测量中解脱出来，提高城市地面沉降监测的效率[202-208]。

采用GPS和GIS技术进行地面沉降变形监测，不仅可以监测地面沉降的现状，还可以在图上实现成果可视化，是沉降监测的重要发展方向之一。GPS测量主要以相对定位为主，它可以提供高精度的三维点位坐标，使测量精度控制在较高的范围内，是沉降变形监测的理想方法，其缺点在于监测成本较高。

1）地面沉降GPS网的布设及要求

（1）GPS网布设原则与要求

利用GPS技术测量地面沉降必须建立测量控制网。通过定期地重复观测，为研究和控制地面沉降提供准确、可靠的资料。GPS网布设原则及GPS测量应符合上述规定。采用的各类参数、仪器及操作程度应符合《全球定位系统（GPS）测量规范》GB/T 18314—2009。GPS网的布设应视目的、要求精度、卫星状况、接收机类型和数量、测区已有的资料、测区地形和交通状况以及作业效率综合考虑，按照优化设计原则进行。B级GPS网应布设成连续网，除边缘点外，每点的连接点数应不少于三点，且应尽量与周围的GPS地壳形变监测网、基本验潮站联测。B级GPS网点宜与参加过全国天文大地网整体平差的三角点、导线点和一、二等水准点并置或重合，而且要与GPS永久性跟踪站联测。其联测的站数不得少于2站。优于B级GPS网的布设可为多边形或复合路线。在各级GPS网中，最简独立闭合环或复合路线的边数应小于等于6。新布设的GPS网应与附近已有的国家高等级GPS点进行联测。联测点数不得少于2点。为确定GPS点在某一参考坐标系中的坐标，应与该参考坐标系中的原有控制点联测。联测的总点数不得少于3个。为求得GPS网点的正常高程，应根据需要适当进行高程联测。B级网至少每隔2～3点，优于B级网的测量可依具体情况适当增加联测高程的点数，一般每隔3～6点联测一个高程点。GPS快速静态定位网的布设，除满足上述规定外，还应满足下列要求：

相邻点的距离大于20km时，应采用GPS静态定位法施测。

当网中相邻点间距离小于该级别所要求的相邻点间最小距离时，两相邻点必须直接进行同步观测。

对于双参考站作业方式，不同观测单元的基准基线宜相互联结，以构成整个网的骨架。

（2）选点原则

由于GPS观测站之间不要求通视，网形选择比较灵活，选点工作较经典测量容易，但由于选点对整体工作影响较大，因此，要充分收集有关资料，到实地踏勘，选择适宜点位或采取方法进行处理。

观测站应远离大功率的微波站和高压输电线，以避免磁场对GPS卫星信号的干扰；为避免或减少多路径效应的发生，测站应远离对电磁波信号反射强烈的地形、地物；观测站应选在交通方便、便于其他测量手段联测和扩展的地点，但应避免选在大桥、公路及机器厂房附近等处，以避免车辆通过、机器运转时影响监测，降低测量精度。

观测站应设在视野开阔、易于安置设备的地方，周围障碍物的高度角小于10°～15°。我国现行的控制测量网中，许多三角点上具有觇标，它屏蔽了部分电磁波，如将GPS接收机放于其中进行测量，会直接影响卫星信号接收，容易产生失锁，极难定位，因此，在遇到具有觇标的GPS点时，需将觇标放倒，或更换点位，或在附近建立辅助点。

当监测点周围环境不利于测量，一般在附近埋设固定标石作为GPS观测点，观测点与监测点之间采用高等级水准联测高程。

GPS接收机在开始观测前，应进行预热和静置。具体要求按"接收机操作手册"进行；GPS定位测量时，观察数据文件名中应包含：测站名和测站号、观测单元、测站类型（是参考站，还是流动站）、日期、时段号等信息，具体命名方法根据GPS定位软件而定。各级GPS测量的基本技术规定和测量要求见《全球定位系统（GPS）测量规范》GB/T 18314—2009。

2）地面沉降GPS网的数据处理

优于B级GPS网基线解算及B级GPS网基线预处理，可采用随接收机配备的商用软件。B级GPS网基线精处理，必须采用专门的软件，计算结果中应包括相对定位坐标和协方差阵等平差所需的元素。解算方案如下：

（1）据外业施测的精度要求和实际情况、软件的功能和精度，可采用多基线解和单基线解。

（2）多个同步观测图形只能选定一个起算点。

（3）快速静态定位测量。以观测单元为单位，制定解算方案。

①基线解算

作业组观测任务结束后，应及时进行观测数据质量分析，基线解算时的数据剔除率小于10%。基线解算后，要对整个外业数据质量进行检验，主要项目有闭合差检核和复测基线较差。

基线解算质量控制指标主要有数据剔除率、RATIO、RDOP、RMS、同步环闭合差、异步环闭合差、重复基线较差等。其中RATIO、RDOP、RMS质量指标只具有某种相对意义，其数值高低不能绝对说明基线质量的高低，若RMS偏大，则说明观测值质量较差，若RDOP较大，则说明观测条件较差。进行基线处理时，选取最优解计算闭合差。如果闭合差较大，超出误差范围，这可能是由于计算出的周跳有误，在此种情况下，应以使闭合差取最小值的解为准。

②GPS网平差

GPS网平差时，含有相对观测量（基线向量）和绝对观测量（点的坐标值），网的方向基准、尺度基准由基线向量唯一确定，网的位置基准取决于网点坐标的近似值系统和平差方法。平差方法依固定条件分为最小约束平差及约束平差。最小约束平差是不固定或固定网中一点加以平差，用以检测GPS网的质量，平差后网的方向和尺度准确；位置、点位精度不准。约束平差法是选取适当的点位加以固定并给予适当的权后予以平差。此种方法会对GPS网的方向、尺度产生影响，因此需选取适当的平面坐标点及水准点作为约束点。在选取约束点时应控制住整个网的位置和方向，且在网中均匀分布。在控制住方向和位置的情况下，应选取最少的固定点位，以减少固定点位误差所带来的负面影响。

3）GPS测量的优点

既要保持良好的通视条件，又要保障测量控制网的良好结构，这一直是经典测量技术难题。GPS测量

中观测站无须通视，不用建造觇标，可大大减少测量工作的经费和时间，同时也使点位的选择比较灵活；GPS测量定位精度高，在小于50km的基线上，相对定位精度可达$1 \times 10^{-6} \sim 2 \times 10^{-6}$；观测时间短，静态定位方法完成一条基线的时间一般为1~2h，快速相对定位仅需几分钟；提供三维坐标；全天候作业GPS测量可以在适宜地点、任何时间连续工作。

利用GPS对地面沉降进行监测应以解决问题为基准。不能因GPS存在误差而限制其应用。目前GPS测量虽然难以达到等级水准测量精度，但是可以对沉降时间较长、沉降严重区域进行监测。随着GPS应用领域的不断拓展，软、硬件技术的提高，GPS在绝对定位、相对定位、测速等方面的精度会进一步提高，必将推动GPS技术在地质环境监测方面的广泛应用。

4. 分层沉降监测技术

1）分层沉降监测系统

分层沉降监测是针对不同深度、不同层位的土体进行沉降监测，整个系统由钢尺沉降仪、沉降管、沉降环及其他配套设备构成，来测量土体的分层沉降或隆起。

（1）分层沉降点的布设和分层原则

在平面高程监测网中选择合适的点同步进行软土层分层沉降监测。分层沉降磁环的埋置深度根据钻孔地质资料决定，第1个磁环的标高大致和地面埋设的普通沉降标相同。淤泥质粉质黏土层和淤泥粉质黏土与粉土互层视地层厚度由项目负责人根据所设计的钻孔柱状沉降磁环分布图现场确定，原则上间隔不超过3m。粉土粉细砂层埋设1个分层沉降磁环。

（2）沉降仪的工作原理

采用CJY-80型钢尺沉降仪、CJY-80型PVC沉降管、CJY-80型沉降磁环及底盖测量土体的分层沉降或隆起。可以测出指定深度地层的垂直位移，测量精度达±2mm。沉降测量由两大部分组成：一是地下材料埋入部分，由沉降管、底盖、沉降磁环组成；二是地面接收仪器即钢尺沉降仪（包括测头、测量电缆、接收系统等组成）。测头部分由不锈钢制成，内

部安装了磁场感应器,当遇到磁场作用时,便会接通接收系统;测量电缆部分由钢尺和导线组成;接收系统由音响器和电流峰值表组成。

其测量原理是:测头进入沉降管到达沉降磁环上部时切割磁力线,接收机接通产生音响,测量磁环上部深度J,测头进入沉降管到达沉降磁环下部时切割磁力线,接收机接通产生音响,测量磁环下部深度H,磁环深度$S=(J+H)/2$。为了提高读数精度,上述过程必须重复3遍,计算出平均深度。

2)分层标的埋设

(1)利用ϕ108钻头钻孔,为了使管子顺利放到孔底,一般都需要比安装深度深一些,孔深每10m深0.5m。

(2)清孔,钻头钻到预定位置后,不要立即提孔,需把泵接到清水里向下灌清水,直至泥浆水变清后方可提钻。

(3)安装管子的连接采用外接头,一边下管子一边注入清水。

(4)磁环的安装。在设计深度的套管上安装磁环,用螺丝将定位片固紧在磁环上,用棉纱线(或纸质线)捆扎住磁性环上的定位片。这样边接边放,一直放到设计深度为止,定位后用铁丝扯断捆扎棉线,定位片自动张开嵌入土层中。

(5)沿测管外壁回填稀泥浆,回填速度不能太快。

(6)测试时,沉降仪所带磁探头,从测试管中测出磁环的位置,测尺读出垂直距离。

3)分层标钻探要求

(1)钻孔孔径小于等于140mm。

(2)采用全芯取土,保持孔壁稳定,便于埋设测试管。回次进尺不大于3m。

(3)为测求软土的前期固结压力,选取3个钻孔,用薄壁取土器,静压法取原状土样30筒,进行室内实验。

取样间距:①深度0~10m,间距3m;②深度10~20m,间距5m;③深度大于20m,间距8m。

具体取土位置由现场编录员自定。

4)分层标测试要求

(1)孔口高程需与地面水准监测点联测1次。

(2)孔口起算点必须固定位置,做好记号。

(3)每个磁环上下各测3次深度(最大值与最小值差应小于等于3mm),记录至mm,求3次平均值得到磁环上下读数,磁环上下读数取平均数为磁环深度,取小数位到0.1mm。

5. 地下水位监测技术

抽取地下水所引起的地面沉降是由于抽水过程中,土中的孔隙水压力降低,而相应的有效应力增大所导致的地面下沉。地下水的开采量与补给量存在相关性,当含水层的开采量大于补给量时,地下水位会持续下降,随着地下水位的下降,含水层不断被压缩,进而土体固结引起地面的沉降。开采量小于或等于补给量时,地下水位会逐步回升,地面也会有一定量的反弹。根据长期的监测和研究发现,当开采量等于补给量时,地下水位基本稳定,此时含水层随着时间的延长会产生延迟固结。因此,地下水位的监测对预测某一地区地面沉降的发展趋势,指导该地区工程建设具有重要意义。

1)地下水位监测系统

(1)地下水位监测原理

采用地下水位计、PVC滤水管测出各层地下水位变化情况。监测系统由两大部分组成:一是地下材料埋入部分,由PVC、滤水管组成,地下水通过滤网进入PVC滤水管;二是地面接收仪器即水位计(包括测头、测量电缆、接收系统等组成)。测头在遇到水时,便会接通接收系统,峰值发生变化产生音响。地下水位计对每一处水位监测点进行测量,每次测量3次,精度测至毫米,最终计算出平均水位深度及水位高程。孔口起算点固定位置,做好记号。

(2)地下水位监测平面布设

地面沉降一般是深厚软土层受荷载压缩固结的结果,软土的压缩固结和地下水的变化有直接的关系。淤泥质粉质黏土含水量大,透水性弱,固结过程漫长；淤泥粉质黏土与粉土互层和粉土粉细砂层含水量大，透水性强，和地表水体有很强的水力联系。水位监测孔设计位置应分布在监测地区的分层沉降标附近。其中，对于淤泥质粉质黏土土质来说，水位监测孔应根据区域的大小布设10个左右，用于全面监测该地区地下水位的变化；淤泥粉质黏土与粉土互层土质和粉土粉细砂层土质各布设3～5个，用于监测各层水位变化及各土层间的水力联系。在监测地下水位变化的同时，应全力收集监测区的水文地质资料，包括往年地下水水位的变化、补排关系、地层的渗透性、工程建设抽取地下水的测量、对地下渗流场的影响程度等。

2）地下水位监测孔的埋设

（1）使用 ϕ 127钻头成孔，为了使管子顺利地放到底，一般都需要比安装深度深一些，每10m多0.5m。

（2）清孔，钻头钻到预定位置后，不要立即提孔，需把泵接到清水里向下灌清水，直至泥浆水变清后方可提钻。

（3）安装管子的连接采用外接头，在所要测水位的地层处，接滤水管（在PVC管上打花眼，外包细铜丝布，在底部留1～2m不打滤水孔，用于沉淀泥沙）。

（4）在所要测水位的地层在PVC管外壁回填砂石，回填速度不能太快，其他位置用黏土球封孔。

（5）测试时，水位计探头进入测试管中，测出地层的水位深度。

3）地下水位监测孔的测试要求

（1）孔口高程首次需与水准点间以四等水准的方法联测。孔口测试点必须固定位置，做好记号。

（2）测量水位井水位深度必须由两个作业小组同时进行，取平均数。若遇到强降雨（第2天测量水位深度）或强干旱需根据具体情况增加观测次数。

（3）每个水位井用本工程固定水位计读数3次取平均值，最大值与最小值差应小于等于10mm，求3次平均值的水位高，取小数位到1mm。

6. 孔隙水压力监测技术

地面上某一点的沉降过程，其实质是土体内孔隙水逐渐排出，孔隙体积逐渐减小，孔压逐渐消散和转移所致。饱和土体内某平面上受到的总应力可以分为有效应力和孔隙水压力两部分，分别由土骨架和孔隙水承担。按照有效应力原理，土体强度的增长和变形的产生都取决于有效应力的增加。对饱和软土来说，有效应力的变化是受超静孔隙水压力增消制约的，因而，量测孔隙水压力的变化对研究处理效果具有十分重要的意义。

1）孔隙水压力监测原理及平面布设

土是由固体相的颗粒、空隙中的液体和气体三相组成的。当各地层水位发生变化或土体空隙间距发生变化时，水就会在水头差作用下孔隙水压力发生变化。利用KYJ振弦式孔隙水压力计地面测量仪器测出埋入地下的孔隙水压力计的频率值，每次测量三次，最终计算出平均值，从而计算出孔隙水压力。

在监测孔隙水压力之前应首先根据区域情况布设孔隙水压力监测点，每点埋设1～2个孔隙水压力监测计，每个不同土质的土层各1～2个，孔隙水压力监测点设计位置分布在分层沉降标附近。孔口起算点固定位置，做好记号，并与附近的二等水准点以四等水准的方法联测一次。计算公式为：

$$P = K(f_0^2 - f_i^2) + B \qquad (8-20)$$

式中　　P——孔隙水压力（kPa）；

　　　　K——率定系数（MPa）；

　　　　f_0——初始频率（Hz）；

　　　　f_i——测量频率（Hz）；

　　　　B——修正值（MPa）。

2）孔隙水压力计的埋设

孔隙水压力计的埋设利用预钻孔将KYJ振弦式孔隙水压力计埋入待测深度，每个预钻孔中原则上埋入3个孔隙水压力计，在每个埋设孔隙水压力计处填入1m左右的中细砂，在位于不同标高处的孔隙水压力计之间用黏土球封孔。孔隙水压力计的测试通过导线将孔隙水压力计连接到地面的测试仪器上，在地表砌井加以保护。其各项要求如下：

（1）预钻孔孔径 $\phi \geq 108mm$，预钻孔经清水钻进钢套管护壁，不得使用泥浆护壁。

（2）在同一预钻孔中埋入3个孔隙水压力计时，其间一定要用黏土球封严，严格相互隔离。

（3）在孔隙水压力计处填入1m左右的中细砂，必须确保孔隙水压力计周围垫砂渗水流畅。

（4）选用的孔隙水压力计应严格在额定测量范围内工作，在埋设前应根据深度确定仪器型号。地面测量仪器在未使用放置12个月以上，应重新标定仪器测程。

（5）为确保孔隙水压力计的引出电缆不被破坏，在埋设过程中及时用地面测量仪器测量确保引出电缆完好。

3）孔隙水压力计的测试

孔隙水压力计监测点井位高程首次需与水准点间以四等水准的方法联测。读数允许范围根据孔隙水压力计待定，记录表格也可根据实际情况调整。

7. InSAR监测技术

合成孔径雷达干涉测量技术（InSAR，简称：干涉雷达测量）是近几十年迅速发展起来的一种微波遥感新技术，它以同一地区的两张SAR图像为基本处理数据，通过求取两幅SAR图像的相位差，获取干涉图像，后经相位解缠，从干涉条纹中获取地形高程数据的空间对地观测新技术，若取同一地区的两幅干涉图像，其中一幅是通过形变事件前的两幅SAR获取的干涉图像，另一幅是通过形变，事件后的两幅SAR图像获取的干涉图像，然后通过两幅干涉图差分处理（除去地球曲面地形起伏影响）则可获取毫米级的地表形变。由于InSAR技术具有高空间分辨率、高精度、不受时间空间限制的特点，是目前大家公认的一种极具潜力的新型空间大地测量方法，已成功应用于地震形变、火山运动、冰川漂移、地面沉降、矿区沉陷、山体滑坡以及森林调查与制图、海洋测绘、土地利用与分类等领域[208~216]。

具体技术方法与第七章城市地裂缝防治规划的相关章节类似。

8. GPS与InSAR

近年来发展起来的InSAR监测技术以及GPS与InSAR联合监测技术，都是利用一条短基线（从几米到大约1km），通过相邻航线上观测的同一地区的两幅SAR影像的相位差来获取高程数据。GPS技术在地面沉降领域的应用已日臻成熟并完善，InSAR技术在地面沉降领域的应用已经开始但还未成熟，目前是研究热点。GPS—InSAR合成方法是将GPS高时间分辨率和InSAR高空间分辨率进行有效的统一，使两种技术达到互补，从而发挥各自的优势。这对于地面沉降的监测来说是一种精度高、快速、经济的检测技术[217~220]。

具体的技术方法与第七章城市地裂缝防治规划监测技术方法的相关章节类似。

8.4.2 地面沉降预测

1. 地面沉降预测方法

在国内城市地面沉降计算研究中，预测计算方法繁多，按方法类型可分为数理统计、解析解和数值解3类计算方法，各种方法都有比较成熟且又付之于应用的实例。选用地面沉降计算方法时，应注意每一种计算方法的特点、适用条件和限制，根据计算区域的水文地质工程地质条件、地面沉降研究工作阶段和预测计算的目的等实际情况，挑选合适的计算方法。地面沉降计算一般需经过模型概化、模型识别和预测计算3个步骤。模型概化指在分析计算区域水文地质、工程地质条件后，结合考虑地面沉降研究工作阶段和预测计算的目的，对地质结构进行概化，并建立概化的物理模型和数学模型。模型识别指用概化的物理模型和数学模型对实测数据进行模拟运算、分析和调整，以确定计算模型及计算参数。预测计算指最后根据确定的计算模型和计算参数对地面沉降趋势进行预测预报。

1）数理统计和解析解计算方法

（1）原理与方法

在国内控制城市地面沉降研究过程中，数理统计和解析解方法是早期城市地面沉降预测的主要计算方法，曾成功地应用于上海、天津等城市的地面沉降预测计算，并在这些城市的控制地面沉降研究中取得过可喜的效果。数理统计和解析解方法一般均有如下特点：计算所需的水文地质工程地质资料较少，计算公式简单，操作方便，计算速度快，并具有一定的预测精度。

地面沉降计算由水位预测和土层变形预测两部分组成。已付之于实际应用的计算方法有，地下水水位预测主要有水量—水位相关分析（数理统计）和非稳定流（解析解）方法，土层变形预测主要有单位变形量法（数理统计）、经典的弹性理论公式（解析解，计算砂性土层变形）和一维固结理论总应力法（解析解，计算黏性土层变形）。

数理统计和解析解方法选取计算参数，一般由实测数据反求获取。根据地下水水量、水位和土层变形量的实测数据，按最小二乘法原理（线性最小二乘法或非线性最小二乘法）进行反求计算，即可快捷方便地得到所需的计算参数。由于计算参数获取方便快

捷，因此可充分利用实测数据，随着动态监测资料的不断增加，随时修正计算参数，以提高地面沉降预测预报的精度。

使用数理统计和解析解方法在操作上虽有诸多便利之处，但在具体选用计算方法时须注意应满足其适用范围和条件。在考虑计算方法时，首先须分析水文地质工程地质条件、地下水和土层变形动态是否满足模型概化时的要求。由于是通过实测数据直接确定计算参数，因此确定的参数与地下水和土层变形动态以及水文地质工程地质条件间有密切的关系。当水文地质工程地质条件变化较大时，或者地下水和土层变形动态有较大改变时，相应的计算参数也会有较大变动，此时须注意计算参数的适用范围。同时计算时须注意预测外推时段不宜过长，一般以不超过求参时段长度为宜。

用数理统计和解析解方法预测地面沉降，一般计算流程如图8-2所示：

① 地下水水量—水位相关分析计算方法

地下水水量—水位相关分析计算方法属于数理统

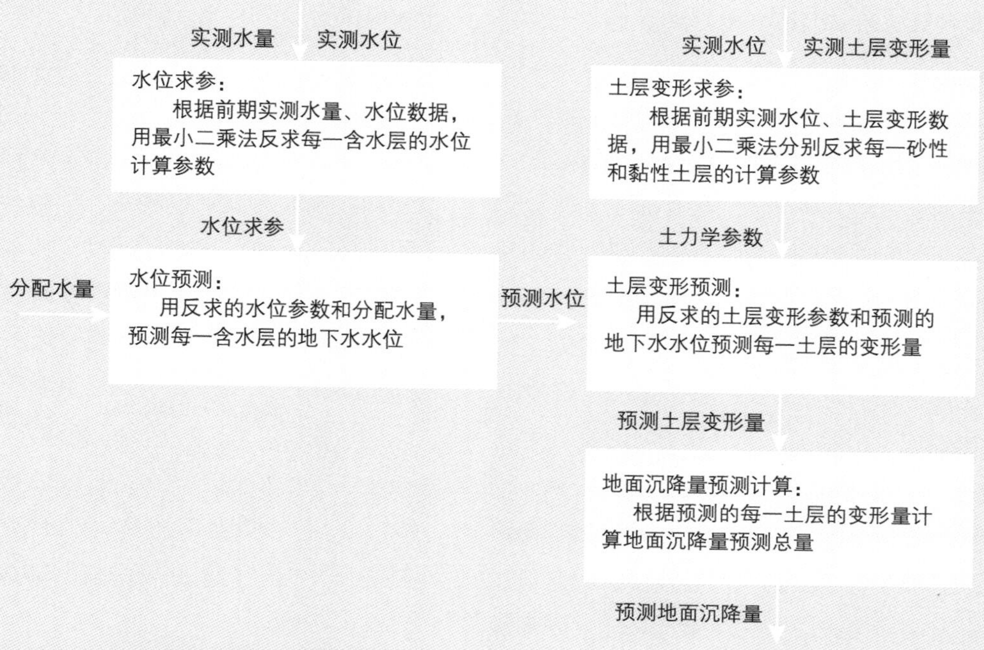

图8-2　数理统计和解析解方法计算流程图

计范畴，比较适合于地面沉降研究工作的初期，以及短期（如半年度和年度）的水位预测预报计算。根据地下水水位漏斗均衡原理，漏斗区域内水位和水量间存在着一定的统计关联。可通过数理统计原理（逐步回归方法）对所有影响水位变化的因素进行筛选，归纳出一个相关计算表达式，并用此表达式预测地下水水位的变化趋势。为简化计算步骤，除首次计算外，一般并不需要每年都进行逐步回归筛选工作。

使用相关法预测地下水水位一般须注意满足下列条件：计算区内地下水开采（回灌）布局在时空分布上基本定型；地下水开采造成的水位漏斗较为明显，漏斗在时空分布上也较为稳定；影响地下水水位变化的因素较少，水量与水位间存在明显的统计关系。地下水水量、水位相关计算公式为：

$$H_t = a_0 + a_1 Q_t + a_2 H_{t'} \qquad (8\text{-}21)$$

式中，H_t、$H_{t'}$ 为 t、t' 时刻漏斗中心区观测孔（或若干孔平均）水位标高（m）；Q_t 为 t' 到 t 时段计算区内的净开采水量（m³）；a_0、a_1、a_2 为待定系数。

注：上述计算公式是根据上海和天津市对地下水水位、水量的统计分析，筛选得到的回归表达式。

②地下水水量—水位非稳定流计算方法

地下水水量—水位非稳定流计算方法属于解析解范畴，适合于作中短期的水位预测预报。非稳定流计算方法是在泰斯公式群井叠加形式的基础上，引入了年周期力学量，包含截断误差项和余干扰项而建立的一种地下水水位预测计算方法。与相关法相比，非稳定流方法的水文地质力学参数有一定的物理意义，参数较为稳定。由于非稳定流计算模型考虑了水位漏斗区域间的水力联系（相关法只考虑漏斗区域内水位和水量间的关联），因而提高了水位预测的精度。

由于计算方法以泰斯公式为基础，所以在应用上受到具体水文地质条件的限制。一般需注意：地下水渗流场需近似满足泰斯公式的非稳定流场条件；计算区域虽为有限区域，但在力学处理上可视为平面无限渗流场；回灌用生产井可视为完整井处理；各计算点处水文地质计算参数仅保持其物理含义，为点平均参数，一般不宜直接用实验室参数。非稳定流计算公式为：

$$H_n = H_e - \frac{1}{4\pi T} \sum_{i=1}^{n} \sum_{j=1}^{m} Q_{i,j} \left[W\left(\frac{S \cdot r_j^2}{4T(t_n - t_{i-1})} \right) \right]$$
$$- \left[W\left(\frac{S \cdot r_j^2}{4T(t_n - t_i)} \right) \right] + \varepsilon_n \qquad (8\text{-}22)$$

式中　　H_n——观测井 t_n 时刻的水位标高（m）；

H_e——观测井原始水位标高（m），可通过两时刻观测井水位标高相减来消除；

$Q_{i,j}$——第 j 个采灌井 $t_{i-1} \sim t_i$ 时段的流量（m³/d）；

T——导水系统（m²/d）；

S——储水系数；

$W(u)$——井函数；

r_j——第 j 个采灌井到观测井的距离（m）；

m——采灌井数；

ε_n——断误差项（m）。

③土层单位变形量计算方法

土层单位变形量计算方法属于数理统计范畴。用土的单位变形量（土层在单位水位变化下所产生的变形值）、比单位变形量（单位厚度土层在单位水位变化下所产生的变形值）和胀缩比（土层压缩和回弹期单位变形量的比值）来表征土的力学特性。土层单位变形量计算所需的资料很少，计算公式极为简单，用手工即可完成全部的计算工作，但其计算结果的精度相对较为粗糙。一般可应用于地面沉降研究的初期，用于分析土层的变形特性和初步估算土层的变形量。单位变形量计算式为：

$$\begin{cases} I_s = \dfrac{\Delta S_s}{\Delta h_s}; \ I_c = \dfrac{\Delta S_c}{\Delta h_c} \\[2mm] I_s' = \dfrac{I_s}{H}; \ I_c' = \dfrac{I_c}{H} \\[2mm] C_p = \dfrac{|I_s|}{|I_c|} \end{cases} \qquad (8\text{-}23)$$

式中　　I_s, I_c——上升、下降期的单位变形量（mm/m）；

I'_s, I'_c——上升、下降期的比单位变形量
（mm/m²）；

ΔS_s，ΔS_c——上升、下降期的土层变形量（mm）；

Δh_s，Δh_c——上升、下降期的水位变幅（m）；

H——土层厚度（m）；

C_p——土的胀缩比。

④砂性土层弹性理论公式方法

弹性理论公式方法一般用于含水砂层的变形量计算，属于解析解范畴。根据含水砂层具有良好透水性，土层变形是瞬时完成的特点，可用经典的弹性理论来刻画砂性土层的变形过程。应用弹性理论公式预测计算土层变形量时，须注意满足方法的适用条件，土层变形与对应水位的动态变化应基本保持一致，不存在滞后现象。砂性土弹性理论计算公式为：

$$S = \frac{\Delta P}{E} \cdot H \qquad (8-24)$$

式中　　S——土层变形量（cm）；

ΔP——水位变化施加于土层的荷载（kPa）；

E——土层的压缩模量（kPa）；

H——计算土层的厚度（cm）。

⑤黏性土一维固结理论总应力法

一维固结理论总应力法可用于黏性土层变形量计算，属于解析解范畴。黏性土层具有弱透水性，土层变形相对于边界（含水层）水位存在着明显的滞后现象。当土层的二次固结现象不明显时，可认为黏性土层的变形主要为渗透固结作用的结果，用一维固结理论来描述黏性土层的变形。一般抽水面积远大于可压缩土层厚度时，可忽略土层水平方向的变形，按垂向一维渗透固结处理。应用一维固结理论总应力法计算土层变形量时，需注意方法的适用条件，土层变形应该主要受渗透固结的影响，且土层的二次固结现象基本不存在或可忽略其影响。黏性土一维固结理论总应力法计算公式为：

$$S_t = \frac{a_v \cdot H}{1+e} \cdot \Delta P \left[1 - \left(\frac{8}{\pi^2} e^{-N} + \frac{1}{9} e^{-9N} + \frac{1}{25} e^{-25N} + A \right) \right]$$

$$(8-25)$$

式中　　N——时间因素，$N = \frac{\pi^2 \cdot C_v}{4 \cdot h^2} \cdot t$；

S_t——时刻t土层的变形量（cm）；

ΔP——水位变化施加于土层的荷载（kPa）；

H——计算土层厚度（cm）；

a_v——压缩系数（kPa⁻¹）；

e——初始孔隙化；

t——时间（s）；

h——两面排水时为土层厚度之半，单面排水时为土层全厚度（cm）；

C_v——固结系数（cm²/s）。

忽略上式中的小量后，可得到近似计算公式：

$$S_t \approx \frac{a_v \cdot H}{1+e} \cdot \Delta P \cdot \left(1 - \frac{8}{\pi^2} e^{-N} \right) \qquad (8-26)$$

（2）数理统计和解析解计算实例

①相关法及一维固结理论总应力法计算实例

相关法及一维固结理论总应力法为早期地面沉降年度预测计算方法。在20世纪60～70年代，上海市区地下水采灌集中于轻、纺工业，应用于高温期间的空调降温与冷却，地下水采灌布局受制于工业布局和气温变化。当时上海轻、纺工业的布局已定型，集中分布于沪东（杨浦）和沪西（普陀、长宁、静安），同时上海地区四季分明，年内气温冷暖变化有一定的规律，因此区内地下水采灌在时空分布上已基本定型。通过对上海地区地下水水量、水位动态观测资料的分析表明，地下水采灌造成的水位和地面沉降漏斗明显，漏斗在时空分布上较为稳定。地下水水位和土层变形明显地受制于地下水开采水量的影响，因此可采用相关法及一维固结理论总应力法来预测计算上海市的地面沉降。计算时采用实测水量、水位和土层变形资料求参，然后用所得的参数预测下一年的地下水水位和土层变形量。上海市区东区水位和土层变形计算结果见表8-5和表8-6所列。

从表可见，水位求参复相关系数较高，均在0.95以上，水位隔年校核偏差较小，绝大多数均在0.5m以下。以水位校算相应的土层变形量与实测情况基本相

水量水位相关计算精度汇总表（mm）　　　　　　　　表8-5

层位 / 项目			第二含水层			第三含水层			第四含水层		
			复相关系数 R	隔年校核平均误差		复相关系数 R	隔年校核平均误差		复相关系数 R	隔年校核平均误差	
				绝对值	算术平均		绝对值	算术平均		绝对值	算术平均
下降期	3月中旬至8月中旬	69年	0.97	0.410	0.356	0.98	0.247	−0.004	0.99	0.300	−0.295
		70年	0.98	0.280	0.048	0.98	0.286	−0.032	0.99	0.385	−0.181
		71年	0.98	0.219	0.154	0.98	0.220	0.167	0.99	0.266	−0.162
		72年	0.98	0.167	0.027	0.98	0.414	0.216	0.99	0.384	−0.282
		73年	0.99	0.236	−0.033	0.98	0.198	0.067	0.99	0.485	−0.150
		74年	0.95	0.286	0.085	0.97	0.236	−0.016	0.99	0.387	−0.015
		75年	0.97	0.169	−0.082	0.98	0.216	−0.050	0.99	0.314	0.059
		76年	0.98	0.196	−0.038	0.96	0.275	0.195	0.99	0.376	−0.200
上升期	8月下旬至3月上旬	69年	0.99	0.309	−0.046	0.99	0.396	0.147	0.99	0.269	−0.133
		70年	0.99	0.444	0.432	0.98	0.214	−0.007	0.99	0.299	−0.064
		71年	0.99	0.146	0.047	0.99	0.290	0.266	0.99	0.322	−0.114
		72年	0.99	0.168	−0.044	0.99	0.209	0.126	0.99	0.323	−0.240
		73年	0.98	0.108	0.032	0.98	0.161	0.115	0.99	0.435	−0.178
		74年	0.99	0.147	−0.041	0.99	0.180	−0.056	0.99	0.460	−0.149
		75年	0.99	0.134	−0.095	0.99	0.155	−0.035	0.99	0.421	0.265

实测水量计算土层变形量与实测变形量对比表（mm）　　　　　　　　表8-6

标名	深度（m）	类型	1972～1973年	1973～1974年	1974～1975年	1975～1976年
劳动公园	42.30至72.85	实测	−0.02	−0.29	−1.12	−0.04
		计算	−1.45	−0.86	−1.26	+0.63
		偏差	+1.43	+0.57	+0.14	−0.67
	72.85至149.49	实测	−0.17	−0.25	−1.29	+0.77
		计算	−0.41	+0.06	−0.65	+0.97
		偏差	+0.24	−0.31	−0.64	−0.20
	149.49至178.75	实测	−0.73	−0.16	−0.36	+0.30
		计算	+0.08	+0.02	−0.60	+0.55
		偏差	−0.81	−0.18	+0.24	−0.25
第一棉纺厂	40.74至64.00	实测	+0.48	+0.88	−2.08	+1.59
		计算	−1.06	+0.64	−0.44	−0.25
		偏差	+1.54	+0.24	−1.64	+1.84
	64.00至145.90	实测	+0.33	−2.09	−3.91	+1.37
		计算	−1.94	−1.57	−4.98	−0.66
		偏差	−2.29	−0.52	+1.07	+2.03

注：本表摘录于《上海市地面沉降勘察研究报告（1962～1976年）》，上海市地质处。

符，一般都比较接近，绝大多数偏差小于1mm。计算结果表明，当相邻两年地下水采灌量和采灌方式变化不大的情况下，用水量—水位相关法及一维固结理论总应力法预测计算地面沉降，其计算精度基本满足了上海地面沉降计算工作的要求。

②非稳定流及一维固结理论总应力法计算实例：

非稳定流计算及一维固结理论总应力法为地面沉降年度预测计算方法，曾取代相关法及一维固结理论总应力法，应用于上海市地下水年度采灌方案的编制工作。此方法与相关法及一维固结理论总应力法主要区别于地下水水位预测计算方法的改变，用非稳定流计算方法代替相关法来预测地下水水位，而在土层变形预测上，两者使用的计算公式相同。

进入20世纪80年代后，上海市经过多年对地面沉降的治理，特别是多项综合控制措施的实施，地面沉降速率明显减小，处于微量地面沉降阶段，因而对地面沉降预测计算精度也提出了更高的要求。同时地下水水位降落漏斗发生改变，漏斗间逐步产生明显的水力联系影响。因而相关法已不再满足地面沉降预测计算的要求。1987年，上海市环境地质站与中国地质科学院水文地质工程地质研究所合作，采用非稳定流计算模型（解析解）对上海市地下水位进行了预测。1985～1988年预测计算结果见表8-7、表8-8所列。

非稳定流计算水位隔年校核精度统计表（m）

表8-7

层位	误差小于0.5m占总数%（四层小于1m）	误差绝对值均值（m）	误差绝对值均值占水位年变幅（%）
第二含水层	90.5	0.24	5.6
第三含水层（东区）	90.5	0.21	6.2
第三含水层（西区）	53.0	0.62	9.0
第四含水层	90.1	0.48	5.2

注：本表摘录于《上海市地面沉降勘察研究报告（1986～1990年）》，上海市地质处。

土层变形量隔年校核误差绝对值均值表（mm）

表8-8

标名	深度（m）	1985	1986	1987	1988
劳动公园	42.35～72.85	0.64	0.93	1.40	0.27
	72.85～149.49	0.29	0.58	0.62	1.15
	149.49～178.75	0.63	0.49	0.34	0.65
	178.75～242.62	0.73	0.59	1.31	0.51
双阳中学	47.95～88.39	0.52	0.91	0.33	0.29
	88.39～153.01	0.23	0.26	0.29	0.24
	153.01～239.10	1.26	0.58	1.13	1.30
十七棉	47.56～68.41	0.98	0.66	0.92	0.99
一医	46.67～68.63	0.19	0.45	0.67	0.16
	68.63～145.62	0.25	0.61	0.54	0.58
一棉	40.34～64.00	0.27	0.63	0.49	0.32
	64.00～145.90	0.55	2.52	0.94	1.29
汽车二场	41.60～145.06			0.66	1.08
外滩	45.00～71.50	0.14	0.41	0.57	
	71.50～144.59	0.55	0.82	1.26	

续表

标名	深度（m）	1985	1986	1987	1988
高化	45.60～78.50	0.50	1.52	1.66	0.17
	78.50～136.76	0.46	0.81	0.46	0.35
	136.76～171.55	0.23	0.45	0.41	0.32
	171.55～240.97	0.85	0.56	0.30	0.72
上钢五厂	30.12～71.10	0.80	0.83	0.44	0.55
	71.10～141.20	0.26	0.57	0.65	0.19
	141.20～174.19	0.24	0.73	0.60	0.55
华漕	51.35～69.50	0.22	0.20	0.38	0.41
卫校	41.20～63.00	0.37	0.81	0.43	0.66
	63.00～151.56	0.97	1.09	1.25	0.75
桃浦	29.51～69.27	0.27	0.19	0.29	0.24
	69.27～152.00	0.31	0.40	1.66	1.32
面粉厂	44.31～78.85	0.44	0.51	0.67	0.41
塘桥	30.00～145.30	0.73	1.02	0.97	0.90
	145.30～286.33	0.96	0.49	0.43	0.94

注：本表摘录于《上海市地面沉降勘察研究报告（1986～1990年）》，上海市地质处。

2）地面沉降预测的数值解方法

（1）原理与方法

数值解方法是地面沉降预测中的重要计算方法。在国内其研究和使用开始于20世纪80年代中期，曾应用于上海和天津等地的水资源评价。在实际运用中，目前一般取拟三维渗流和一维沉降耦合模型，即含水层为平面二维渗流模型，隔水黏性土层为垂向一维渗流固结模型，二者间通过边界流量进行耦合。

地面沉降数值解方法是根据地下水动力学和土力学原理，将地面沉降归结为地下水渗流场和土层变形的微分方程组，借助于求解微分方程的数值方法，把微分方程离散成便于计算的线性代数方程组，最后通过求解线性代数方程组预测计算地面沉降量。

计算时，须先分析区域水文地质和工程地质条件、地下水和土层变形动态特征，在分析的基础上进行水文地质和工程地质结构模型概化、地质分区和区域的网格化处理。选择好适当的数值计算方法后，进行模型识别分析（包括调参和边界条件的最后确定）

和地面沉降预测。由于数值解方法可以对水文地质、工程地质及计算区域边界条件进行灵活处理，因此能较为精细地刻画和模拟地下水渗流和土层变形过程，适合于解决如水资源评价等较为大型复杂项目的中长期预测问题。但相对于数理统计和解析解方法，数值解方法所需的地质资料较多，计算方法较为复杂，计算工作量大，计算工作必须依靠计算机来完成。特别是数值解确定计算参数无统一要求和确定的方法，只能用人工方法调参。人工调参工作量大，且参数的随意性较大。模型的微分方程由如下4部分组成：

①含水层平面二维渗流方程：

$$T_x \frac{\partial^2 h}{\partial x^2} + T_y \frac{\partial^2 h}{\partial y^2} + q = S \frac{\partial h}{\partial t} \qquad （8-27）$$

式中　　h——含水层水头（m）；

T_x, T_y——含水层沿x、y方向的导水系数（m²/d）；

q——源汇项（m/d）；

S——含水层储水系数。

②黏性土一维渗流固结方程：

$$C_\mathrm{v} \frac{\partial^2 u}{\partial z^2} = \frac{\partial u}{\partial t} \qquad (8-28)$$

式中　　u——深度处孔隙压力（MPa）；

　　　　C_v——土的固结系数（cm²/sec）。

③含水层变形方程：

$$\frac{\partial \varepsilon}{\partial t} = m_\mathrm{v} \frac{\partial P_\mathrm{w}}{\partial t} \qquad (8-29)$$

式中　　ε——含水层应变；

　　　　P_w——地下水压力（MPa）；

　　　　m_v——体积压缩系数（MPa^{-1}）。

④黏性土层变形方程

$$\frac{\partial \varepsilon_\mathrm{z}}{\partial t} = m_\mathrm{v} \frac{\partial u}{\partial t} \qquad (8-30)$$

式中　　ε_z——z方向的应变；

　　　　u——z深度处孔隙水压力（MPa）。

（2）数值解计算实例

1992～1995年，岩溶地质研究所和上海环境地质站协作，在《上海地区含水层系统开发管理研究》项目中运用拟三维渗流及一维沉降耦合计算模型，对上海地区的水资源进行了计算评价。计算区域涉及上海地区陆域和水域共8 000km²内，深达350余米的第四系全部含水层和工程地质层。根据区域内的水文地质、工程地质条件，划分了6个含水层、9个工程地质计算区。计算时采用不规则网格有限差分法，对6个含水层作相同剖分，共5 154个结点，9 726个单元。

含水层和隔水层间的耦合方式为，隔水层以相邻的含水层水位作为边界条件，并根据土层压缩1mm释放1mm水柱的原理，与含水层进行水量交换。对每一个计算时段，耦合计算过程如图8-3所示。通过对1981～1990年共9年的实测资料的模拟，获得了上海地区地下水渗流与地面沉降耦合模型。模拟计算结果见表8-9所列。

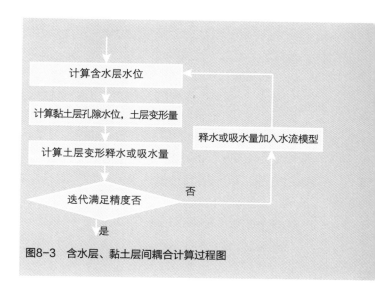

图8-3　含水层、黏土层间耦合计算过程图

沉降标1982～1990年累计沉降统计表（mm）　　　　表8-9

分层标号	地点	项目	第一、二软土层	第二硬土第二砂层	第三软土层	第三砂层第三硬土	第四砂层第四硬土	第五砂层第五硬土	第六砂层第六硬土	地面标
F$_{09}$	汽车二场	实测	20.10		6.01					26.11
		计算	19.02		6.00					
F$_{07}$	第一人民医院	实测	20.11		5.41	3.97				29.49
		计算	11.80		5.21	6.87				
F$_{11}$	外滩公园	实测	15.35		5.09	9.08				29.52
		计算	13.25		5.43	11.29				
F$_{15}$	桃浦	实测	0.27	0.10	4.36	1.93	6.24		1.38	14.28
		计算	0.93	0.40	3.78	2.52	1.77		0.22	

续表

分层标号	地点	项目	第一、二软土层	第二硬土第二砂层	第三软土层	第三砂层第三硬土	第四砂层第四硬土	第五砂层第五硬土	第六砂层第六硬土	地面标
F_01	北新泾	实测	3.45		11.32		15.97			30.74
		计算	6.34		12.67		16.62			
F_08	国棉一厂	实测	3.27	1.66	19.95					24.88
		计算	3.31	1.31	18.54					
F_10	面粉厂	实测	10.87	2.25	9.66	4.99	8.91	5.29		41.97
		计算	8.74	1.17	9.85	6.23	6.78	4.88		
F_12	政法学院	实测	28.85	1.39	2.85	12.43				45.52
		计算		1.01	2.85	12.69				
F_04	双阳中学	实测	18.34	1.38	10.33	3.86	9.56			43.47
		计算		1.29	10.65	5.39	12.90			

注：本表摘录于《上海地区含水层系统开发管理研究》，岩溶地质研究所，上海环境地质站。

以地下流体开采为主因的地面沉降的模拟和预测，始终是地面沉降研究的热点。地面沉降过程包含了影响其变化的各种确定性因素和随机因素的信息，因此，可将模型分为确定性机理模型和随机统计模型两类。

2. 地面沉降预测模型

1）确定性模型

地面沉降是土层中孔隙水承担的孔隙水压力和土骨架承担的有效应力发生变化的结果。处于平衡状态的含水系统，当地下水被抽出后，孔隙水压力减小，原先的土、水平衡状态被破坏，有效应力发生变化，土体产生变形。由于土体的非线弹性及其多孔性，土体的力学性质、贮水性和透水性都将随之变化。地面沉降是土和水相互作用、内部应力发生变化的外在表现。它与土的变形特性和水的渗流情况密切相关。因此地面沉降的确定性机理模型应包括渗流模型和土体变形模型两大部分。

（1）渗流模型

渗流模型大体上可分为以下三类，即：二维渗流模型、准三维模型、三维模型。

目前普遍采用的渗流模型都是准三维模型。

$$\frac{\partial}{\partial x}\left(T\frac{\partial H_i}{\partial x}\right) + \frac{\partial}{\partial y}\left(T\frac{\partial H_i}{\partial y}\right) = S\frac{\partial H_i}{\partial t} + Q_{i越} + Q_{i沉} + Q_{i抽} + Q_{i灌}$$

（8-31）

式中　H_i——各个含水组的水头（m）；

$Q_{i越}$——越流量（m^3/d）；

$Q_{i沉}$——土层变形失水量或回弹吸水量（m^3/d）；

$Q_{i抽}$——抽水量（m^3/d）；

$Q_{i灌}$——灌水量（m^3/d）；

S——贮（释）水系数；

T——导水系数（m^3/d）。

（2）土体变形模型

土体是松散的多孔介质，其组成特点和结构形式决定了它具有不同于一般固体材料的特性。其变形具有显著的非线性、非弹性及各向异性特征。同时其变形量的大小不仅取决于土体最终所处的应力状态，而且取决于土体所经历的应力路径和应力历史。但目前在土体的变形模型中对土体的变形特性反映不够全面。根据土体的应力应变关系，地面沉降计算中土体变形模型主要有以下三种：

线弹性模型，即在考虑土体的三维变形时，不论是含水组还是黏土、粉质黏土层，几乎都作为线弹性体看待，以减小计算工作量。

非线性线弹性模型，考虑到土体变形的非弹性特性。当地下水压力恢复时，土体要产生回弹，但不可能完全恢复。同时回弹的程度与土质条件、土体所处的应力状态有关。另外土体的变形与土体经历的应力历史有关。因此在计算土体变形时按土体的前期固结应力的大小，进行分段处理。

流变模型，认为在抽、灌水作用下土层的应力应变应具有线性黏弹性的本构关系，若视饱和黏性土为理想的黏性材料，其应符合一维的非线性黏性流动方程。流变模型进一步研究和探讨了计算弹性地面沉降的可行途径。不同的渗流模型和土体变形模型的结合就形成了不同的地面沉降模型，按照结合方式的不同又可以分为两步计算模型、部分耦合模型和完全耦合模型。

①两步计算模型

即先由渗流模型计算出水位（水压），作为边界条件，带入土体变形模型中，进行变形量的计算。其中，天津市环境地质研究所与英国地质调查所于1993年共同开发研制的用以模拟细颗粒黏土夹层缓慢排水的程序包IDP（Interbed Drainage Package），是以太沙基一维固结理论为基础，在Modflow程序的基础上增加了考虑黏土层中沉降滞后于抽水的作用，将地下水流作拟三维处理，弱透水层的释水通过沉降计算后再代入含水组中。这就是一个典型的两步计算模型。

②部分耦合模型

该模型是在两步计算模型的基础上考虑当相邻含水组水位下降时，弱透水层中的地下水将产生渗流。由于渗透系数与孔隙率之间存在如下经验公式：

$$k' = k_0' \left(\frac{n(1-n_0)}{n_0(1-n)} \right)^m \qquad （8-32）$$

式中　　k'——孔隙率为 n_0 时的垂向渗透系数；

　　　　m——与土体有关的常数；

　　　　n——孔隙率。

该式通过渗流模型中的渗透系数与土体变形模型中的孔隙率之间的上述关系实现了二者的耦合。部分耦合模型的一个典型实例是冉启全、顾小芸建立的三维渗流模型和一维次固结流变模型相结合的地面沉降计算模型，就是利用渗透系数与孔隙率之间的关系，实现了渗流模型与土体变形模型的部分耦合。

③完全耦合模型

其理论基础是Biot的固结理论。它考虑土体的变形和地下水运动的相互作用，即孔隙水压力的变化对土体变形的影响以及土体变形对孔隙水压力的影响，将土体的变形模型和地下水流动模型统一于相同的物理空间。1978年R·W·Lewis等在假设土体的应力应变关系满足广义虎克定律的基础上提出了完全耦合模型，并将其运用于威尼斯的地面沉降计算中，结果表明水头下降和地面沉降比两步计算较易趋于稳定。

2）随机统计模型

地面沉降受到一系列复杂的自然和人为因素影响，这就决定了地面沉降的动态过程具有周期性、趋势性和随机性的特点。随机统计模型主要包括：回归模型、时间序列模型和灰色模型。

（1）回归模型

回归分析法也被称为解释性预测，它假设一个系统的输入变量和输出变量之间存在着某种因果关系，认为输入变量的变化会引起系统输出的变化。通过研究输入变量与输出变量的关系，用拟合数学关系式表示模型。通常，回归模型预测的准确度与样本的含量有关。多元回归和逐步回归方法常见于开采条件下的长期和中短期地下水系统预测，能反映实际的地下水水位变化规律。

（2）时间序列模型

时间序列分析法是概率统计学的一个重要分支，将某一现象所发生的数量变化依时间的先后顺序排列，以揭示这一现象随时间变化的发展规律，从而用以预测现象发展的方向和数量。它简便易行，不必考虑影响因素对预测对象的影响，单纯从被预测量的历史数据来推求其变化趋势，基本上是一种历史数据引申的方法。

（3）灰色模型

灰色理论建模根据各类系统的行为特征数据，找出因素之间或因素本身的数学关系。相对于其他数理统计方法，灰色模型只需要较少样本量，从一个时间序列自身出发，采用依次累加的方法实现由非线性到线性的转化，从而弱化序列的随机性，揭示原始数据内在规律，适合进行趋势预测。

3）人工神经网络

随着系统论和计算方法的不断发展，在20世纪80年代，统计—动力建模技术应运而生。统计—动力模型较传统随机模型的最大改进是使模型具备了动力学特征，即记忆和反演能力。由于发展历史很短，统计—动力建模仍处于发展阶段，人工神经网络（Artificial Neural Networks，ANNs）是其中较为成熟的技术。人工神经网络模型由网络拓扑、节点关系和学习规则来表示。相对于传统的数学模型，神经网络具有高度的并行结构和并行实现能力，具有近似任意非线性映射和通过研究系统过去的数据记录进行训练和学习的能力。

图8-4为一个多输入人工神经元模型，P_i（$i=1$，2，$\cdots$，R）为输入端（突触）上的输入信号；$w_{1,i}$（1，2，$\cdots$，R）为相应的突触连接权系数，它是模拟突触传递强度的一个比例系数，可以是正，也可以是负；

$\sum$表示突触后信号的空间累加；b为偏置值（Bias）；f表示神经元的激励函数；a为该神经元的输出。该模型的数学表达式为：

$$a = f\left(\sum_{i=1}^{R} w_{1,i} p_i + b\right) \qquad (8-33)$$

简写成：

$$a = f(W_p + b) \qquad (8-34)$$

常见的激励函数有以下几种：

①线性函数：

$$f(x) = x \qquad (8-35)$$

②Sigmoid函数：

$$f(x) = \frac{1}{1+e^{-x}} \qquad (8-36)$$

③阶跃函数：

$$f(x) = \begin{cases} 1, x \geqslant 0 \\ 0, x < 0 \end{cases} \qquad (8-37)$$

作为一个广义函数逼近器，人工神经网络具有强大的非线性逼近能力，同时其良好的自适应性、自组织性以及较强的学习、联想、容错和抗干扰能力使它在电力、自动化、机械、交通、金融等各个领域得到广泛使用，能适应那些涉及多变量、强耦合、非线性等的数值拟合预测问题。人工神经网络模型应用于地下水系统及地面沉降的模拟和预测，至今已经有许多较为成功的实例。

人工神经网络主要有前向型（Feedforward Network）、反馈型（Feedback Network）和自组织竞争型（Self-organizing Network）三种类型。不同的模型形式从不同的角度对神经系统进行不同层次的描述和模拟。目前常用的人工神经网络模型有十余种，比较典型的有反向传播神经网络（Back Propagation NNs）、Hopfield网络、反馈神经网络（Counter Propagation NNs）和径向基函数网络（Radial Basis Function NNs）等。

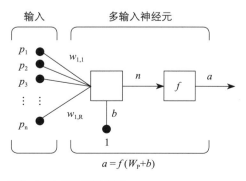

图8-4 人工神经元模型

8.5　地面沉降预防与治理

地面沉降防治规划的根本在于根据地面沉降风险评价结果、划定不同的地面沉降防治分区，分不同时间段，采取合理有效的防治技术，编制行之有效的实施方案。通过防治规划的实施，达到防治地面沉降灾害、服务城市建设的目的。由于地面沉降属于区域性缓变性地质灾害，目前还没有行之有效的治理方法，目前所采用的主要是以防为主的防治思想。

另外，地面沉降灾害防治涉及地下水资源管理、法律、防汛规划与建设等技术、社会、经济、法律等多方两的因素。地面沉降防治过程本身并不直接产生经济效益，政府做出地面沉降防治的决策只是将资源（收益）在社会各部门（水资源管理部门、地下水用户、土地规划部门、受沉降影响部门等）之间重新分配，并追求社会风险—成本最小化。在此过程中，不仅涉及技术性的措施，更重要的是每一项地面沉降防治措施所引出的一系列相关的社会经济问题。它必须在政府强有力的支持下，在法律、行政措施、经济保证的前提下，才能使社会各部门、各方面从共同的利益（更重要的是社会效益）出发，取得地面沉降防治的成效。上海、天津及江苏省等（市）在通过法律手段，规范地下水资源开发与环境保护方面进行了有益的探索，取得了显著的成效。

1. 制定地面沉降防治及有关的法规，保障地面沉降防治措施的有效实施。

地下水资源管理有关的地方法规使地面沉降防治纳入到法制轨道，对上海地面沉降防治起到了至关重要的作用。为整治当时上海市地下水开采的无序状态，1963年6月上海市人民委员会发布实施了《上海市深井管理办法》，1964年就取得压缩2 100多万立方米地下水开采量效果，到1968年地下水开采量压缩到6 000万m³，1965年开始在中心城区进行地下水人工回灌。《上海市深井管理办法》于1979、1982、1997年多次进行修改、补充，并重新颁布。1996年8月21日上海市人民政府第

32号令发布《上海市地面沉降监测设施管理办法》，使地面沉降监测设施管理与保护有法可依。

2002年11月，浙江省政府出台了《关于加强杭嘉湖地区地下水管理的通知》（浙政办发[2002]58号），通过划定地下水限采区和禁采区，严格控制开采总量；加强水资源保护，推进城乡一体化供水设施建设；运用经济措施，限制地下水开采。

1993年12月4日，建设部为加强城市地下水的开发、利用和保护以及管理，保证城市供水，控制地面下沉，保障城市经济和社会发展，制定《城市地下水开发利用保护管理规定》，规范了城市地下水开发利用行为。

为加强地质灾害防治，避免地质灾害对建设项目的危害，国土资源部发布了建设用地地质灾害危险性评估办法。2003年11月24日国务院发布了《地质灾害防治条例》，将地面沉降列为我国重点加以防治的6种地质灾害之一。《地质灾害防治条例》的实施，对我国地面沉降防治工作起到了极大的促进作用。

2. 加强地下水资源管理，优化地下水开采布局，控制地下水开采量与开采层次，科学合理地开发利用地下水资源。

限制地下水开采在地面沉降控制的初期效果最为显著。上海市地下水开采量1963～1968年期间大幅减少，地下水位迅速上升，地面沉降速率也相应迅速减少。甚至出现微量地面回弹。天津市为调整不合理开采地下水的层位和超量开采地下水，根据分期实施的地面沉降控制计划，天津市区停井637眼、塘沽停井175眼。与此同时，上述两个地区调整供水管网156km，保证了水源转换工程的顺利实施。1985年天津市区地下水开采强度为25.21万m³/（a·km²），至1996年降低到7.9万m³/（a·km²），各含水层组的地下水位普遍回升，其中第二、三含水层组的地下水位上升幅度最大，分别为23.9m、35.7m。

为进一步科学合理地利用地下水资源，上海市自1966年开始根据地面沉降与地下水动态规律。在每年

末制订"下年度的地下水开采与人工回灌方案",由上海市建设与管理委员会同意后实施。根据地面沉降控制的目标,确定全市地下水年度采灌总量,进行平面上和层次上的合理分配。通过计划开发地下水资源,1966~1995年30年间上海市中心城区累计沉降量只有115.6mm,是前45年总沉降量66%,其中1966~1971年部分地区地面回弹了18.1mm。年度地下水采灌方案,使地下水的开发利用和地面沉降达到控制管理。

3. 开展地下水人工回灌补给含水层,有效恢复和保持地下水位稳定。

地下水人工回灌能迅速恢复地下水位,在短期内可以取得显著的地面沉降控制效果。在区域供水能力发展不均衡、城市远郊区以地下水为主要供水水源情况下,可以通过地下水人工网灌使城区地下水位保持较高状态,控制城市地区的地面沉降发展。上海市地下水回灌是从1966年开始的,主要回灌层次是第二、三含水层。1966年回灌量在上海市区仅回灌337.5万m³情况下,在冬灌期市区地下水位就得到了大幅回升,地面有明显回弹,年回弹量达6.3mm。1967年后市区随回灌量增加,水位由1966年的-10m持续上升,1970年维持在-1.50m左右,并形成以市区为中心的冬灌期地下水位反漏斗,市区平均沉降速率基本稳定在0~5mm/a。1990年以后,由于郊区、郊县开采量大幅度增加,在市区回灌量没有明显增加的情况下,地下水位出现下降趋势。

4. 加强流域水资源统一管理,推广节水技术。

加强流域水资源统一管理,充分利用地表水资源,推广节约用水技术,压缩地下水开采,是控制地面沉降的基本办法。天津市为增加地表蓄水能力,减少农业对地下水的依赖,1976~1998年的12年间共修建了39处小型蓄水工程,对46条河道进行了清淤,整修干、支渠工程,增加蓄水能力2 027亿m³。通过实施引滦入津工程,减小了对地下水资源的依赖。西安市为减少对地下水的开发,实施了黑河引水工程,引水量将大于2.92亿m³,加上西安市原有水源地供水量,可满足现阶段西安市的用水需求。

目前,我国正在实施的"南水北调工程"对于缓解北方严峻的缺水形势,保障社会经济的可持续发展,具有重要的意义。

5. 做好地面沉降监测和研究工作,采取以预防为主的原则,合理规划利用地下水资源。

为及时掌握地面沉降的现状、动态、机理,给地面沉降预测和防治提供决策依据,必须建立并完善地面沉降监测系统。对地面沉降的治理应以防为主,防治结合,一般控沉与重点区治理相结合,在不破坏资源环境承载力的前提下,科学开采地下水资源,保证社会经济稳步发展。

1) 限制和压缩地下水开采量

地面沉降可通过调整取水工程布局和削减开采量来控制地下水位的下降。在进行开采设计时应根据允许降深值来确定开采量。已经发生地面沉降的地区,应不超过造成沉降的允许水位降来计算降深值,根据所能取得的实际最大开采量来规划工农业的发展。上海市为治理地面沉降,限制和压缩地下水开采,采取了许多可行的措施——以地表水代替地下水;以人工制冷设备代替地下水冷源,即在夏季增加人工制冷设备,作为工业空调辅助冷源,减少夏季地下水开采量;综合利用,采用深井联络网实行地下水重复利用,调整地下水开采层次,合理分配各含水层的供水量。

2) 人工补给地下水

这是用于防止地面沉降和增加地下水开采量的最积极的措施。选择适宜的地点和部位向被开采的含水层、含油层施行人工注水,使含水(油、气)层中孔隙液压保持初始平衡状态,最大限度地减小因抽液而产生的有效应力增量。把地表水的蓄积储存与地下水回灌结合起来,建立地面及地下联合调节水库,一方面利用地面蓄水体有效补给地下含水层,扩大人工补给来源;另一方面利用地层孔隙空间储存地表水,形成地下水库,以增加地下水储存资源。

3) 地面沉降区治理措施

对已产生地面沉降的地区，根据其灾害规模和严重程度采取地面整治措施，主要方法有：在沿海低平原地带修筑或加高挡潮堤、防洪堤，防止海水倒灌、淹没低洼地区；改造低洼地形，人工填土加高地面；改建城市给水、排水系统和输油、气管线，整修因沉降而被破坏的交通线路等线性工程，使之适应地面沉降后的情况；修改城市建设规划，调整城市功能分区及总体布局，规划中的重要建筑物要避开沉降区[221]。

8.6　案例——上海市地面沉降防治规划①

地面沉降防治规划是开展地面沉降防治工作纲领性的文件，编制好地面沉降防治规划，对于指导地面沉降防治具有重要的指导作用。下边以上海市地面沉降防治规划为例，介绍地面沉降防治规划的主要内容。

地面沉降防治是关系上海城市发展和安全的战略性、基础性工作。上海市委市政府高度重视地面沉降防治工作，"十一五"期间，进一步完善了地面沉降防治管理体制，有关部门形成合力，加强了地面沉降监测、防治及预警机制建设，通过实施集约化供水有效压缩了地下水开采规模，稳定增强地下水人工回灌能力，地面沉降防治取得了显著成绩。根据上海市国民经济和社会发展"十二五"规划编制的总体要求，在总结地面沉降规律和影响因素基础上，编制了《上海市地面沉降"十二五"防治规划》。

8.6.1　地面沉降防治现状及面临形势

1. 地面沉降现状

地面沉降是指由于自然因素或者人为活动引发地壳表层松散土层压缩并导致地面标高降低的地质现象。"十一五"期间，通过进一步完善地面沉降防治

① 上海市地质调查研究院. 上海市地面沉降监测与风险管理报告〔Z〕. 2011.

共同责任机制，特别是地下水开采和人工回灌管理得到持续加强，地面沉降监测与防治能力不断提高。全市年平均地面沉降量由2005年的8.4mm减少至2007年的7mm以下，并保持了逐年减少趋势，至2010年继续保持小于7mm的态势，较好地完成了"十一五"地面沉降防治规划所确定的各项目标任务。同时，据监测反映，中心城区地面沉降影响范围仍较大，"十一五"期间累计地面沉降量大于50mm的范围达162km²。由于地下水开采与人工回灌格局发生变化，尤其是叠加了深基坑降排水影响，使地面沉降格局更加复杂，中心城及近郊区形成了若干个地面沉降次中心，使地面沉降在空间上的差异性更加明显，增加了地面沉降防治难度。

2. 地面沉降防治工作进展

1）建立了较完善的地面沉降防治管理体系

进一步明确了相关部门地面沉降防治职责，建立了定期工作会商机制。通过各郊区（县）政府地面沉降防治行政主管部门，建立并完善了市、区（县）两

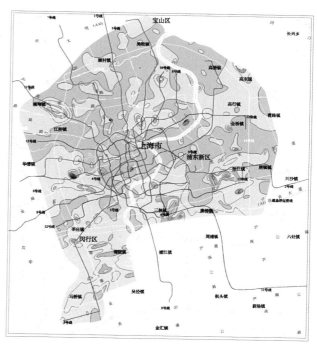

图8-5　中心城累计地面沉降量等值线图（2006-2010年）

级政府的管理体系；建立了长江三角洲地区地面沉降监测联动机制，定期召开长江三角洲地区地面沉降监测区域协作联席会议，通报相关信息，协调区域地面沉降防治措施实施。

2）进一步健全了地面沉降防治法规和制度体系

根据国务院《地质灾害防治条例》，出台了《上海市地面沉降防治管理办法》；颁布了工程建设标准《地面沉降监测与防治技术规程》D/TJ 08—2051—2008、《建设项目地质灾害危险性评估技术规程》DGJ 08—2007—2006等；持续实施地下水开采与人工回灌年度计划管理制度；全面推行建设项目地质灾害危险性评估制度；建立轨道交通等生命线工程地面沉降监测资料共享制度。

3）推进落实了各项地面沉降防治措施

进一步加大了地下水资源管理力度，大幅压缩了地下水开采量，稳步提高地下水回灌能力；提高地面沉降监测预警与控制能力，并使轨道交通等生命线工程沿线地面沉降监测纳入到全市统一的地面沉降监测平台；深化了地面沉降控制措施研究，初步开展了深基坑降排水引起的地面沉降调查和防治措施试验研究。

4）增加了地面沉降防治投入。

增加了地面沉降日常监测与研究工作财政投入；加大了城市供水集约化工程投入力度，为大幅压缩地下水开采量和增加人工回灌量提供了保障。

5）取得了显著的地面沉降防治成效

"十一五"期间，全市地下水年开采量由7 452万m³压缩到1 970万m³，地下水年回灌量由1 561万m³增加到1 892万m³，基本实现了全市地下水开采与人工回灌的年度总量平衡。全市地下水位普遍抬升，其中第四、五承压含水层地下水位漏斗中心由−34.77m、−46.93m，分别抬升至−20.47m、−34.64m，促使全市地面沉降普遍减缓，轨道交通等线性工程沿线的地面沉降趋势得到有效控制，城市安全保障能力得到进一步提升。

3. 当前地面沉降防治工作面临的形势

地面沉降防治工作必须紧紧围绕经济社会发展规划总体目标，根据城乡发展和产业布局，充分考虑日趋复杂的地面沉降影响因素，充分关注地面沉降对城市安全的长期严重影响。目前，市地面沉降防治工作面临以下形势：

1）地面沉降对城市安全影响将长期存在

地面沉降是缓变性、不可逆转的地质灾害。虽然目前全市年平均地面沉降已控制在7mm以内，但由于近一个世纪的地面沉降长期影响，中心城区形成了平均累计沉降量普遍大于0.6m、最大累计沉降量近3m的洼地，部分地区地面高程低于黄浦江外滩平均高潮位，地面沉降对城市防汛防洪的影响将长期存在。

2）地面沉降不均匀现象更为突出

从近年来地面沉降发展趋势来看，虽然总体上地面沉降速率有所减缓，但不均匀沉降现象更为突出。虹桥、三林、张江等地区年均地面沉降量超过10mm的范围已形成一定规模，并出现局部年均沉降量超过30mm的沉降中心。随着大规模、高强度市政工程的建设，特别是地下空间开发利用进一步向深层发展，差异沉降现象将更为明显，对轨道交通、磁悬浮、高架桥梁等工程的安全运营必将造成持久影响。

3）区域地下水开采和工程建设活动成为地面沉降两大突出因素

虽然目前全市年地下水开采与回灌在总量上基本实现了动态平衡，但长期超采的深部第四、五承压含水层仍处于开采大于回灌的失衡状况，地下水位漏斗仍然存在。近年来由于大规模的深基坑降排水活动，中心城区形成了明显的浅部第一承压含水层地下水位漏斗，浅部软土层呈现持续的压缩状况。针对区域地下水开采和局部工程活动这两大突出因素，"十二五"期间，对地面沉降监测与防治工作提出了更高要求。

4. 地面沉降防治管理制度需要进一步完善

面对不断变化的地面沉降防治形势，需要不断完善地面沉降防治共同责任制度，尤其是要针对性地增加深基坑降排水管理，按照《上海市地面沉降防治管理办法》要求，结合已有深基坑建设管理流程，加强深基坑降排水管理，建立符合地面沉降控制要求的深基坑降排水方案和施工措施。协助国土资源部促进长江三角洲地面沉降防治联动机制建设。

8.6.2　指导方针与防治目标

1. 指导方针

结合"十二五"经济社会发展规划和重大工程建设，以科学发展观为指导，以服务城市发展和保障城市安全为主线，以确保上海地面沉降整体受控和重大生命线工程运营安全为核心，以"预防为主、防治结合"为原则，进一步强化地面沉降防治的共同责任制度，提高地面沉降防治决策能力，为上海经济社会可持续发展提供地质保障。

2. 防治目标

"十二五"期间，我市地面沉降防治的总体目标是，推进地面沉降防治共同责任制度建设，实现地面沉降防治的分区管控目标；确保全市年平均地面沉降量控制在6mm以下，重点减少差异地面沉降，缩小年均沉降量超过10mm的地面沉降区面积；进一步健全生命线工程（轨道交通、防汛设施、磁悬浮线、高速铁路、越江隧桥、天然气管网、城市高架等）地面沉降监测与预警机制，着力提高生命线工程安全运营的地质保障能力。

8.6.3　主要任务和工作部署

1. 主要任务

1）在不断强化地面沉降防治效果基础上，控制并减缓不均匀地面沉降发展及其影响，尤其是加强对重要地区、敏感地区的地面沉降防治，基本实现地面沉降防治分区管理。

2）进一步提高地面沉降监测能力，按照地面沉降防治分区管理要求，完善地面沉降监测网络，健全生命线工程地面沉降监测与预警机制，开展地面沉降预警工程建设，提升地面沉降防治决策能力。

3）继续加大地下水开采和人工回灌管理力度，形成按区域、分层次地下水开采与回灌的动态平衡。至"十二五"期末，全市地下水开采量控制在2 000万m³/a以内，人工回灌量确保2 300万m³/a以上，力争达到2 500万m³/a，使地下水开采与人工回灌格局进一步优化。开展长江口及海域地下水资源调查与潜力评价，积极探索地下水资源开发新途径。

4）加强工程活动地面沉降危险性评估，进一步提高地面沉降防治能力。完善地质灾害危险性评估制度，开展地质灾害危险性分类评估和年度更新工作；开展深基坑降排水对地面沉降影响规律和防治措施研究，推进相关控制措施和管理制度的落实。

2. 工作部署

1）开展地面沉降防治分区管理

综合各区（县）社会经济发展和地面沉降发育现状，以地面沉降风险评价为基础，结合地面沉降市、区二级防治工作体系，开展地面沉降防治分区管理，针对地面沉降现状和影响因素，采取分类管理措施和分类管理办法，进一步提高地面沉降防治管理水平。

（1）地面沉降重点防治区（Ⅰ区）

地面沉降重点防治I_1区：指外环线以内的中心城地区。已发生了较严重的地面沉降灾害，使中心城防汛防洪形势严峻；不均匀地面沉降现象明显，对轨道交通等重大工程安全运营产生极大的影响。

控制目标：至2015年末，该区年均地面沉降量控制在7mm以内，第四承压含水层地下水位恢复至−12m以上，进一步降低差异地面沉降影响。

主要措施：进一步严格地下水采灌管理，开展工程性地面沉降防治试验研究，实施浅层第一承压含水层地下水专门回灌；推进轨道交通、黄浦江防汛墙等生命线工程地面沉降监测与预警机制建设。

地面沉降重点防治I_2区：指外环线以外的浦东新区和规划大虹桥地区，是除中心城外目前较严重的东西两翼地面沉降区。随着城市总体规划的调整实施，近期地面沉降发展呈现加重的趋势，已形成了虹桥、三林等地面沉降中心，对轨道交通、磁浮列车等基础设施安全运营影响较为严重。

控制目标：至2015年末，该区年均地面沉降量控制在10mm以内，稳步抬升地下水位，减少地下水开发对区域地面沉降影响，努力缓解差异地面沉降影响。

主要措施：着力加强区域地面沉降防治，压缩地下水开采量，进一步增加人工回灌规模；加强深基坑等工程建设活动引发的地面沉降监测与管理；完善大虹桥地区及浦东周浦、航头地区地面沉降监测网络；加强区内地铁、磁悬浮、海塘等生命线工程地面沉降监测。

（2）地面沉降次重点防治区（Ⅱ区）：包括宝山、嘉定、闵行区范围。目前该区域主要地下水开采层次水位较低，地面沉降属中等区。

控制目标：至2015年末，该区年均地面沉降量控制在6mm以内，基本消除生命线工程沿线地下水位漏斗。

主要措施：进一步优化区域地下水采灌格局，加强高速铁路等工程沿线地下水开发管理；加强重点区域地面沉降监测网络建设。

（3）地面沉降一般防治区（Ⅲ区）：包括奉贤、松江、金山、青浦区及崇明县范围。区内除新城外，总体开发强度较低，地面沉降属一般区，但部分地区受邻省地下水开采引起的区域地面沉降仍较为突出，杭州湾北岸海塘受地面沉降影响敏感。

控制目标：至2015年末，该区年均地面沉降量控制在5mm以内，积极消除由区内地下水开采形成的地下水位漏斗。

主要措施：进一步优化区域地下水采灌格局，加强长江三角洲区域地面沉降防治联动机制建设；完善区内以轨道交通、海塘为主的生命线工程监测网络建设。

2）进一步加强地下水开采与人工回灌管理

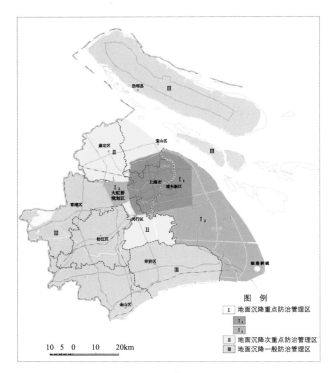

图8-6 上海市地面沉降"十二五"防治规划布局图

围绕"十二五"地面沉降控制目标，继续推进集约化供水，合理开发利用陆域地下水资源，积极开展长江口及海域地下水资源调查，探索海域地下水资源开发利用前景。

（1）继续推进集约化供水

结合本市郊区集约化供水规划的实施，在各郊区区域总量平衡前提下，按照城乡统筹、确保安全、提高水质、保障安全的原则，优化配置水资源，以地表水水源水厂替代地下深井水厂，压缩地下水开采量。

（2）合理开发利用地下水资源

逐步压缩地下水开采规模，优化地下水开采与人工回灌格局，尤其是继续巩固"十一五"期间规划形成的第四承压含水层人工回灌能力，稳步开展浅层第一承压含水层地下水人工回灌工作。至"十二五"期末，全市地下水开采量控制在2 000万m³/a以内，人工回灌量确保2 300万m³/a以上，力争达到2 500万m³/a，使地下水开采与人工回灌格局进一步优化。严格控制人工回灌水质，防止对地下水环境造成不良影响。

地面沉降重点防治I区：至"十二五"期末，地下水开采量压缩至530万m³/a以下，其中地面沉降防治I₁区和I₂区地下水开采量分别控制在100万、430万m³/a以内；地下水回灌总量达到1 600万m³/a以上，其中I₁区地下水人工回灌量不低1 350万m³/a。地面沉降防治I₁区地下水开采，主要用于区内矿泉水开采、应急供水等特殊用水。针对深基坑降排水活动对不均匀地面沉降的影响，开展浅部第一承压含水层地下水人工回灌。针对深部第四、五承压含水层长期超采地下水造成地下水位漏斗，进一步加强深部含水层地下水专门回灌井建设，同时保持第二、三承压含水层回灌量。I₂区应进一步优化地下水开采布局，尤其是应进一步压缩浦东新区地下水开采量，开展深部第四、五承压含水层地下水专门回灌井建设。

地面沉降次重点防治区（II区）：至"十二五"期末，地下水开采量压缩至500万m³/a以下，支持区内应急供水等特殊用水和重大工程必要用水的需求；开展深部第四、五承压含水层地下水专门回灌井建设，回灌量达到220万m³/a以上。地面沉降一般防治区（III区）："十二五"期末，考虑区内自来水管网建设及应急供水等特殊用水和重大工程必要用水的需求，地下水开采量压缩至970万m³/a以下；开展深部第四、五承压含水层地下水专门回灌井建设，回灌量达到480万m³/a以上。

（3）调查评价潜在的地下水资源

开展长江口及海域地下水资源调查，投入必要的勘探工作量，分析评价长江口及海域地下水资源潜力，积极探索地下水资源开发新途径，为建立科学安全的应急水资源开发利用提供技术储备。

3）加强工程建设活动引起的地面沉降防治

加强工程活动地面沉降危险性评估，进一步提高地面沉降防治能力。完善地质灾害危险性评估制度，开展深基坑降排水对地面沉降影响规律和防治措施研

究，推进相关控制措施和管理制度的落实。

（1）完善地质灾害危险性评估制度

实行建设项目地质灾害危险性分类管理制度。在进一步加强轨道交通、越江隧桥等重大工程建设项目地质灾害危险性评估基础上，根据城乡规划和地质灾害发育情况，划定面积适宜的评估单元，开展地质灾害危险性分区评估，并建立评估成果年度更新机制，相关建设项目根据评估成果进一步落实相应地质灾害防治措施。

（2）实施深基坑降排水地面沉降防治管理措施

依据《上海市地面沉降防治管理办法》，结合已有深基坑建设管理流程，建立深基坑地下水开采管理和监督机制，进一步规范浅部工程建设地下水开采活动。进一步加强深基坑降排水方案优化研究，完善深基坑降排水地面沉降监测，深化浅部土层地面沉降机理研究，为建设工程地面沉降防治措施的制定提供依据。在开展浅层地下水人工回灌试验基础上，推进浅部第一承压含水层人工回灌工作，防止深基坑排水活动进一步加重对地面沉降的影响。

4）开展地面沉降监测与防治工程建设

结合城市及重大工程规划布局，以确保区内生命线工程安全运营和整体地面沉降受控为目标，开展地面沉降监测和防治工程建设。

（1）区域地面沉降监测网络完善工程

结合城乡规划同步完善地面沉降监测网络布局，重点在浦东新区航头地面沉降漏斗区补充建设地面沉降监测站1座；在浦东新区航头镇、松江区车墩镇补充建设GPS永久观测站2座；在大虹桥规划区、闵行区、宝山及嘉定郊环线以内区域、浦东周浦、航头等区内建设完善地面沉降加密水准监测网络；补充建设浅部含水层（特别是厚填土地区）地下水动态监测井30口，深部含水层地下水动态监测井10口。

（2）生命线工程地面沉降骨干监测网完善工程

结合轨道交通、城际和高速铁路、磁悬浮、防汛墙、海塘等生命线工程，进一步完善生命线工程

地面沉降监测基准网，补充建设18座基岩标，统一高程控制基准，并开展定期复测工作，满足区域地面沉降监测和生命线工程安全运营监测精度要求。在"十一五"生命线工程地面沉降骨干监测网建设工作基础上，结合"十二五"期间生命线工程建设规划，在生命线工程沿线新建16组浅式分层沉降监测标组和水准监测网；在全市海塘沿线补充建设地面沉降水准监测网。

（3）地下水专门回灌井建设工程

进一步采取有效措施，继续加大地下水人工回灌管理力度，至"十二五"期末，全市地下水人工回灌量确保达到2 300万m³/a以上，力争达到2 500万m³/a。开展以第一承压含水层为重点的浅部含水层地下水专门回灌井建设。"十二五"期末，在第一承压含水层水位漏斗区完成10口专门回灌井建设，使中心城第一承压含水层地下水人工回灌量达100万m³/a左右。在巩固"十一五"期间规划形成的回灌能力基础上，确保

"十二五"期末以深部第四承压含水层为主的2 200万m³/a的地下水回灌量。

（4）地面沉降防治试验工程

选择重点地区或结合重大工程建设，建设大型地面沉降综合防治试验基地，包括地面沉降物理模型试验场、基坑降排水地面沉降防治试验场以及浅层地下水人工回灌试验场，开展建设工程地面沉降机理、过程控制、防治措施等研究工作，为建设工程地面沉降防治提供依据。

5）进一步加强地面沉降防治基础工作

（1）开展地面沉降防治管理区地质灾害调查

以地面沉降防治管理分区为单元，加强地面沉降和地下水动态监测，进一步查明各分区内地面沉降等地质灾害发生的地质背景、分布规律及影响因素，为地面沉降防治分区管理奠定基础。

（2）加强生命线工程沿线地面沉降监测与预警

依托生命线工程地面沉降骨干监测网和工程沉降

图8-7　上海市区域及生命线工程地面沉降监测基准网建设工程规划部署图

图8-8　上海市区域地面沉降动态监测网建设工程规划部署图

监测网，进一步加强生命线工程沿线地面沉降监测与防治工作，针对具体工程特点研究设立地面沉降监测预警标准。与工程设施管理单位建立定期会商制度，共同建立生命线工程沉降监测与安全预警机制，进一步提高生命线工程安全运营保障能力。

（3）加强地面沉降综合研究，构建防治技术标准体系

在"十一五"工作基础上，继续加强地面沉降政策法规、管理制度、经济及技术等方面的工作研究，充分总结地面沉降监测与防治成果，参照国内外工作经验，进一步完善地面沉降监测与防治技术标准体系，重点补充深基坑降排水地面沉降控制、重大市政工程地面沉降监测、地下水人工回灌、城市开发强度规划控制等方面内容。

（4）加强地面沉降基础研究平台建设

虽然上海地面沉降监测和防治技术保持了国内外领先水平，但缺少地面沉降机理试验和模拟的实验条件。"十二五"期间，将着力加强地面沉降基础研究的平台建设，建成国土资源部地面沉降监测与测试实验室，力争在软土流变、基坑降排水沉降等理论和控制技术方面有较大突破。

6）开展地面沉降防治决策指挥系统建设

建设与规划和国土资源指挥系统相对接的地面沉降防治决策指挥系统。完善建立地面沉降监测数据的共享与发布机制，依托系统平台，将信息及时应用到重大工程沿线地面沉降监测与预警中来，不断提高地面沉降监测预警水平，全面提升地面沉降防治决策能力。

8.6.4　保障措施

1. 加强领导、协调管理

在市委、市政府统一领导下，全面贯彻落实《上海市地面沉降防治管理办法》，市规划和国土资源局加强统筹管理和综合协调，市建设和交通委、水务局等相关职能部门和区（县）政府齐抓共管、分工协作、相互配合，共同积极推进地面沉降防治。

2. 完善制度、健全机制

通过工作磨合、措施配套，逐步建立和完善为城市安全服务的地面沉降监测防治机制。结合相关法律法规和实际，出台深基坑降排水活动地面沉降管理等相关配套制度，将地面沉降防治工作纳入政府管理工作主流程。

3. 规范操作、确保落地

根据地面沉降防治需要，编制地下水人工回灌井、地面沉降监测设施布局专项规划，加强规划选址与综合协调，确保用地落实。

4. 创新技术、突出应用

密切跟踪和掌握高新技术在地面沉降防治工作中应用的最新动态，加强新技术和新方法应用研究；进一步贯彻落实已有技术标准，不断提高灾害防治的技术和研究水平。

5. 结合实际、保障投入

区域性及中心城地面沉降基础调查与评价、监测与防治工程建设、日常监测与设施维护管理等，列入市政府年度财政预算；因工程建设活动引发的地面沉降防治经费，按照"谁引发，谁治理"的原则，由责任单位负责。

6. 加强宣传、增强意识

通过宣传媒介，采用多种形式，系统深入地宣传地面沉降防治的重要性和必要性，宣传、普及地面沉降防治知识，进一步增强全社会防御地面沉降地质灾害的能力。

第九章 城市地面塌陷防治规划

9.1 城市地面塌陷防治规划内容与实施途径

城市地面塌陷是指城市中天然洞穴或人工洞室、巷道上覆岩土体失稳突然陷落，导致地面快速下沉、开裂的现象和过程。地面塌陷造成的地面变形量大，变形速度快，且具有突然性，事前往往很难准确判断发生的时间，加之其发生过程可导致地面建筑物开裂、倒塌，甚至整体陷落，公路、桥梁扭曲错断，农田被肢解以及大量的人员伤亡，所以，城市地面塌陷是人类面临的一种地质灾害。

我国目前面临的地面塌陷主要包括岩溶塌陷和采空区塌陷。矿山采空区地面塌陷是人为诱发地面塌陷的最主要类型，主要指井下开采的矿山，在开采过程中，因将原生矿体和伴生的废石采出后，形成大小规模不等的地下空间，在重力作用和地应力不均衡等因素的影响下，首先在采空区域产生地裂缝，逐渐发展为采空区的地面塌陷（图9-1）。岩溶地面塌陷是指在岩溶发育地区，上覆土层或隐伏岩溶顶板在人类活动或天然因素作用下特别是水动力条件改变引起的环境效应作用下，发生突然坍塌的现象（图9-2）。岩溶地质环境的平衡条件是岩溶地面塌陷形成的基本条件，主要有一定发育程度的岩溶、岩溶上方一定厚度

（a）

（b）

图9-1 矿山采空区地面塌陷
（a）黑龙江鹤岗煤矿采空塌陷；（b）黑龙江鸡西市煤矿采空塌陷

图9-2　岩溶塌陷
（*a*）广西桂林榕城岩溶塌陷；（*b*）广西阳朔岩溶塌陷

的岩土体和岩溶地下水系统三个方面。这是岩溶地面塌陷的最基本和必备的条件。

9.1.1　城市地面塌陷防治规划特点

　　城市是一个综合区域，反应地质环境各个要素构成的综合特征，不同的地质环境下对应着不同的地质灾害，城市地质灾害集中反映地质灾害优势灾种的特征。城市地面塌陷防治规划的特点与城市地面塌陷的特点是一致的，即：区域性、主灾性、影响性等。

9.1.2　城市地面塌陷防治规划的内容

　　1. 编制组织规划

　　为使规划编制更好地结合实际，同时使规划很好地实施，规划编制时应由地方政府行政主管部门与有规划编制经验的专业队伍共同编制，做到行政与技术的有机结合、相互协调支撑。

　　2. 指导思想与原则规划

　　坚持以人为本，以科学技术为依托，以群测群防为主要手段，以突发性地质灾害防治为重点，切实提高城市地质灾害监测预警能力和防治水平，确保人民群众生命财产安全和社会稳定，加快推进城市经济社会的可持续发展和全面建设小康社会进程。坚持的原则有：

　　1）以人为本；

　　2）属地管理，分级负责；

　　3）预防为主，避让与治理相结合；

　　4）统筹规划、突出重点、分步实施、全面推进；

　　5）地质灾害防治与土地开发利用及环境保护相结合；

　　6）依靠科技进步与创新；

　　7）专业队伍与群测群防相结合。

　　3. 目标规划

　　1）总体目标规划；

　　2）近期目标规划；

　　3）中期目标规划；

　　4）远期目标规划。

　　4. 任务规划。编制城市地面塌陷防治规划任务书。

　　5. 范围与对象规划。凡是城市地面塌陷灾害覆盖的地区和人员都要纳入基本的防治规划范围和对象。

　　6. 城市地面塌陷防治措施规划

　　城市地面塌陷灾害防治要按照"以人为本，预防为主，避让与治理相结合"的原则进行，对灾害隐患点的防治措施主要包括监测预警、工程治理及搬迁避让三类，同时还要做好塌陷灾害应急调查、处置与宣传培训工作，完成城市地面塌陷防治措施规划。

7. 经费估算。依据国家有关法律法规进行城市地面塌陷防治规划的经费估算。

9.1.3 城市地面塌陷防治规划的实施途径

1. 城市地面塌陷灾害发育现状调查

通过调查城市自然地理环境以及不断增加的人类工程活动，进行城市地面塌陷灾害发生现状调查，包含塌陷分布规律、塌陷特征等。

2. 城市地面塌陷灾害易发程度分区

依据现有地质灾害调查资料，结合地形地貌、岩土类型、地质构造、水文地质及人类经济活动等因素，对城市地面塌陷灾害易发程度进行等级划分：不易发区、低易发区、中易发区和高易发区。

9.1.4 城市地面塌陷防治规划的意义

开展城市地面塌陷防治规划工作，加大对保护城市地质环境，对防治城市地质灾害，保护人民群众的生命财产安全，保障经济和社会的可持续发展有着重要的社会意义和经济意义。

9.2 地面塌陷防治规划信息获取

9.2.1 岩溶塌陷

1. 目前常用的塌陷调查与勘查方法或手段

1）工程地质调查与测绘：包括岩溶地形地貌调查、地层岩性、水文地质调查、测量及试验等内容的野外调查，能够从宏观上把握岩溶发育的分布和特点，并据此可进一步进行工程地质勘探工作。该方法简单，方便实用，能获得直观的野外工程地质资料。

主要用于大型工程场地选择以及公路、边坡等工程。

2）地球物理勘探：适用于对岩体中复杂的岩溶洞穴进行探测，除了电阻率（电剖面和电测深）法、高密度电法、无线电波透射法、地面地震反射波法、声波透射法、微重力法、射气测量等以外，20世纪80年代以后发展起来的探地雷达GPR（地质雷达）、层析成像（CT）技术等在岩溶工程地质勘查中得到了广泛的应用，尤其是在确定岩溶溶洞、土洞及塌陷等的分布、形态和充填情况时，发挥了很大的作用。在查明大范围的区域岩溶发育和深部岩溶的分布规律方面，地球物理勘探是最理想的方法之一，但探测的准确程度受场地的干扰、技术人员的解译水平等因素影响[222]。

3）工程地质钻探：是岩溶区岩土工程勘察中最直接最可靠的方法手段，是用得最广泛的勘察方法，在查明岩溶场地岩土工程条件，具有不可替代的地位。

4）工程地质原位测试技术：主要采用原位标准贯入试验、动力触探试验等测定溶洞和土洞中充填物、岩溶地面塌陷堆积物的工程地质性质和地基土承载力。该技术在各岩溶地区有较成熟的应用经验，施工简单，成本较低，应用广泛。

5）插钎（钎探）：用一定长度钢钎（筋）按一定的间距插入上覆土层，用来查明土层中是否发育有岩溶土洞。

2. 工程地质测绘与调查

1）概述

工程地质测绘，是为了查明潜在塌陷区的工程地质条件而进行的一项调查研究工作。其本质就是运用地质、工程地质理论和技术方法，对与地面塌陷有关的各种地表地质现象进行详细的观察和描述，并将其中的地貌、地层岩性、构造、不良地质作用等界线以及井、泉、不良地质作用等的位置按一定的比例填绘在地形底图上，然后绘制成工程地质图件。通过这些图件来分析各种地表地质现象的性质与规律，推测地下地质情况，进而进行潜在塌陷区的稳定性评价[223, 224]。

工程地质测绘与调查的特点是可在较短时间内查明广大地区的主要工程地质条件，不需复杂的设备、大量资金和材料[225]。

2）测绘的方法与内容

测绘的方法往往采用路线穿越法、界线追索法和布点控制法等点、线、面相结合的方法综合进行，地质观察点主要布置在地质构造线，不同时代、不同成因的地层接触线，不同岩性分界线，不同地貌单元或微地貌单元的分界线及各种不良地质现象分布地段。地质观察点在图上的定点标示主要采用地形、地物目测法和借助罗盘的半仪器法确定点位[226]。

工程地质测绘与调查的内容一般应包括地层岩性、地形地貌、地质构造、水文地质条件、不良地质现象等。各方面的具体内容分述如下[225]：

（1）对地层岩性的研究

由于测绘时的填图单元主要是根据地层岩性及其工程地质性质的不同来划分的，因此，任何工程地质测绘都必须研究地层岩性，其内容主要包括：综合分层以确定填图单元；确定各地层的厚度、产状、分布范围、正常层序、接触关系及其变化规律；各地层的工程地质特征；描述各地层的岩性。根据其主要工程地质性质的显著差异性，地层又可分为基岩地层和第四纪地层两大类。

（2）对地形、地貌的研究

地形地貌是地面塌陷稳定性评价中不可缺少的重要条件，它对地面塌陷的稳定性有直接影响。因此，在工程地质测绘中必须加以研究，其内容主要包括：查明地形、地貌的分布和形态特征，划分地貌单元，测量或调查微地貌形态，描述其特征，调查其分布情况，查明地貌与岩性，地层，构造，不良地质作用与第四纪堆积物的关系以及与地表水、地下水的关系，分析、确定地貌的成因类型。

由于地貌与第四纪地质关系密切，所以在平原区、山麓地带、山间盆地以及有松散堆积物覆盖的丘陵地区进行工程地质测绘时，对地形、地貌条件的研究尤为重要，并常以地形、地貌条件作为编图时工程地质分区的基础。

（3）对地质构造的研究

除特大型区域性工程地质测绘外，一般地质测绘均着重于对小范围地质构造的研究，即所谓"小构造"问题，包括小褶皱变形、断裂构造和节理裂隙等，因为这些"小构造"直接控制着岩体的完整性、强度和透水性，是评价地面塌陷稳定性的重要依据。

（4）对水文地质条件的研究

工程地质测绘中对水文地质条件进行研究，目的是为了研究地下水活动或研究与地下水活动有关的物理地质现象。主要包括：测区内含水层和隔水层的分布；地下水的类型、补给来源、径流和排泄条件；含水层的岩性特征、埋藏深度、水位变化、污染情况；含水层的构造、富水性及其与地表水体的关系；测区井泉位置、井水和泉水的水质、水量、水位及其动态变化等。此外，还应搜集测区所在区域范围内的气象、水文、植被、土的标准冻结深度等资料；调查最高洪水位及其发生时间、淹没范围。

（5）对不良地质作用的研究

不良地质作用主要指由各种外动力地质作用所引起的物理地质现象，如滑坡、崩塌、泥石流、岩溶、塌陷、土洞、地面沉降、岩石风化、岸边冲刷以及由内动力地质作用所引起的断裂、地裂缝、地震震害等。

3）城市地面塌陷工程地质编图

城市工程地质编图与一般岩土工程勘察中以工程地质测绘为基础的工程地质编图并无本质区别，但两者的编图目的及其工作方法、程序等有较大差异。城市工程地质编图的主要目的是为了保护城市地质环境，它是为城市的规划、建设服务的，涉及范围广，工程地质问题的类型多而复杂，且不同的城市具有不同的特点。因此，城市工程地质编图工作应结合城市的特点及城市规划要求来进行，要有明确的针对性、实用性、科学性和艺术性。所编系列图件必须能反映城市的工程地质环境质量，突出城市的特殊工程地质条件，有针对性地解决编图城市在今后建设和发展时需要解决的工程地质问题。由于一方面城市所在地区，尤其是市区几乎已全部被道路和建筑物等所覆盖，因此，它不能像一般工程地质编图那样，主要通过地表工程地质测绘来进行。同时，由于绝大多数城市均位于第四纪松散沉积物之上，第四纪土层多呈水平产出，兼之人类工程活动对地形地貌的巨大破坏，由地表工程地质测绘所提供的二维平面图件无法满足编图对工程地质问题评价的需要。另一方面，由于大量建筑物的兴建，城市地区已积累有大量的勘察和试验资料，有时甚至还有一些完整的长期监测资料，因此城市工程地质编图的工作方法和程序也与一般工程地质编图有所不同，概括起来，城市工程地质编图大致具有以下特点：

（1）城市地面塌陷工程地质编图资料主要通过收集得来。

由于城市已兴建有大量的建筑物且种类较齐全，因此，在编图区范围内一般积累有大量各类建筑物场地的工程地质和岩土工程勘察资料，只要通过收集整理便可满足某种比例尺工程地质编图的需要。当然，对于城市边缘区或新建的各种开发区等，若已有建筑物稀少，通过收集得到的资料不能满足编图精度要求时，仍需进行地表测绘调查和少量的补充勘察试验工作。

（2）城市地面塌陷工程地质编图涉及面广，所提交的图件多，由系列图系组成。

城市地面塌陷工程地质编图所提交的图件比一般工程地质测绘（或岩土工程勘察）所提交的工程地质图件要多，它除了提交前述的一般综合性工程地质图件和附图外，还需提交能反映城市地质环境基本特征和规律的基础图件，如地貌图、地质图、水文地质图等，以及专门为反映某一问题或专门为满足某一部门使用要求而编制的专门性图件，如基岩埋深等高线图，地下水位等值线图，某土层埋深等值线图，基础

类型适宜性区划图，塌陷分布图等。因此，城市工程地质编图是由系列图件，即基础图件、专门性图件、综合图或称应用图件以及辅助性图件组成的图系所组成。图系结构应与编图目的一致，图件种类应服从于编图目的。

（3）城市地面塌陷工程地质编图的系列图件一般能反映三维空间的地质情况，因此，其对编图精度的要求也不完全相同。

城市地面塌陷工程地质编图除二维平面应满足精度要求外，在深度方向也应满足一定精度要求。两维平面的精度主要就是指平面上的各种地质界线在图上表示的准确程度，其要求与一般工程地质编图相同，即各种实际地质界线在图上表示的误差不能超过3mm。深度方向的精度是指各地层（或地质现象）厚度在图上表示的准确程度。有不同的表示方法，如立体图示法、等高线表示法、文字表述法等，因此目前尚无统一精度要求。

3. 地球物理勘探

塌陷区物探的任务主要是在覆盖型岩溶区，普查物探测线控制区段隐伏溶（土）洞、岩溶发育带、断层破碎带等地质体的空间分布及规模，以及土层厚度或基岩面的起伏情况，为岩溶地面塌陷的预测和防治提供地球物理依据。

在地面塌陷勘察中可在下列方面考虑采用物探：

1）作为钻探的先行手段，了解隐蔽的地震界线、界面或异常点。

2）在钻孔之间增加物探点，为钻探成果的内插、外推提供依据。

3）作为原位测试手段，测定岩土体的波速、动弹性模量、动剪切模量、卓越周期、电阻率、放射性辐射参数、土对金属的腐蚀性等。

应用地球物理勘探方法时，应具备下列条件：被探测对象与周围介质之间有明显的物理性质差异；被探测对象具有一定的埋藏深度和规模，且地球物理异常有足够的强度；能抑制干扰，区分有用信号和干扰

信号；在有代表性地段进行方法的有效性试验。

物探的具体方法很多，各种方法的基本原理、适用范围、成果整理与应用等详细内容，可参看工程物探教材等资料，在此不再赘述。

4. 工程地质钻探

钻探就是利用专门的钻探机具钻入岩土层中，以揭露地下岩土体的岩性特征、空间分布与变化的一种勘探方法。它是岩溶勘察中所采用的一种极为重要的技术方法和手段，其成果是进行岩溶地面塌陷评价的依据。

地面塌陷地质钻探应符合下列要求：能为钻进的地层鉴别岩性，确定其埋藏深度与厚度；能采取符合质量要求的岩土试样、地下水试样和进行原位测试；能查明钻进深度范围内地下水的储存与埋藏分布特征[226, 227]。

1）地面塌陷地质钻探的特点

与以找矿为目的地质钻探相比较，地面塌陷地质钻探具有以下主要特点：

（1）勘探线网的布置不仅要考虑自然地质条件，还要结合工程的类型、规模与特点；

（2）钻探的深度一般较小，多在数米到数十米范围内；

（3）钻孔孔径变化较大，小者数十毫米，大者数千毫米。常用钻头直径为91～150mm；

（4）钻孔多具综合目的，除了查明地层、岩性、水文地质等条件外，还要进行各种力学试验和采取试样等；

（5）对岩芯采取率要求较高，软弱夹层、岩石破碎带等也应取出岩芯；

（6）在拟做试验的孔段，要求孔壁光滑平整，以便进行测试工作；

（7）为了了解岩土天然状态下的物理力学性质，要求采取原状岩土试样，以便进行物理力学性质试验。

2）地面塌陷中常采用的钻探方法及其适用条件

地面塌陷勘察中采用的钻探方法很多，根据其破碎岩土方法的不同，大致可分为回转钻探、冲击钻探、振动钻探与冲洗钻探等四大类[226]。

回转钻探就是利用钻具回转使钻头的切削刃或研磨材料削磨岩土使之破碎而钻进。又可进一步分为孔底全面钻进和孔底环状钻进（岩芯钻进）两种，岩溶勘察多采用岩芯钻进。

冲击钻探就是利用钻具的重力和下冲击力使钻头冲击孔底以破碎岩土而钻进。又可进一步分为钻杆锤击钻进和钢丝绳冲击钻进两种，地面塌陷勘察中均有使用。

振动钻探就是将机械动力所产生的振动力通过连接杆及钻具传到圆筒形钻头周围的土中，使土的抗剪力急剧降低，圆筒形钻头依靠自身及振动器的重量切削土层而钻进。

冲洗钻探就是利用上述各种方法破碎岩土，然后利用冲洗液将破碎后的岩土携带冲出而钻进，冲洗液同时还起到护壁和润滑等作用。

上述钻探方法各具特色，各有自己的使用范围。实际工程中应根据钻进地层的岩土类别和勘察要求加以选用。各种钻探方法的使用范围见表9-1所列。

在选用钻探方法时，应符合下列要求：

（1）对要求鉴别地层岩性和取样的钻孔，均应采用回转方式钻进，遇到碎石土可以用振动回转方式钻进；

（2）地下水位以上的地层应进行干钻，不得使用冲洗液，也不得向孔内注水，但可以用能隔离冲洗液的二重管或三重管钻进取样；

（3）钻进岩层宜采用金刚石钻头，对软质及风化破碎岩石应采用双层岩芯管钻头钻进。需要测定岩石质量指标时，应采用外径为75mm的双层岩芯管钻头；

（4）在湿陷性黄土中，应采用螺旋钻头钻进，或采用薄壁钻头锤击钻进，操作时应符合"分段钻进，逐次缩减，坚持清孔"的原则；

（5）钻探口径和钻具规格应符合现行国家标准的规定。成孔口径应满足取样、测试和钻进工艺的要求。

钻探方法的适用范围　　　　　　　　　　　　表9-1

钻探方法		钻进地层					勘察要求	
		黏性土	粉土	砂土	碎石土	岩石	直观鉴别、采取不扰动试样	直观鉴别、采取扰动试样
回转	螺旋钻探	++	+	+	—	—	++	++
	无岩芯钻探	++	++	++	+	++	—	—
	岩芯钻探	++	++	++	+	++	++	++
冲击	冲击钻探	—	+	++	++	—	—	—
	锤击钻探	++	++	++	+	—	++	++
振动钻探		++	++	++	+	—	+	++
冲洗钻探		+	++	++	—	—	—	—

注：++ 表示适用；+ 表示部分适用；— 表示不适用。

3）地面塌陷勘察对钻探的要求

在地面塌陷勘察工作中，钻探应符合下列要求：

（1）钻进深度和岩、土分层深度的量测精度，不应低于±5cm；

（2）应严格控制非连续取芯钻进的回次进尺，使分层精度符合要求；

（3）对鉴别地层天然湿度的钻孔，在地下水位以上应进行干钻；当必须加水或使用循环液时，应采用双层岩芯管钻进；

（4）岩芯钻探的岩芯采取率，对完整和较完整岩体不应低于80%，较破碎和破碎岩体不应低于65%；对需重点查明的部位（滑动带、软弱夹层等）应采用双层岩芯管连续取芯；

（5）当需确定岩石质量指标RQD时，应采用75mm口径（N型）双层岩芯管和金刚石钻头。

4）钻探编录

在地面塌陷勘察的钻探过程中，必须做好现场的钻探编录工作，把观察到的各种地质现象正确而系统地用文字和图表表示出来。这既是工程技术人员的现场工作职责，也是保证达到钻探目的的重要环节和正确评价岩溶地面塌陷问题的主要依据。

地面塌陷勘察中的钻探多具综合目的，钻进过程中所进行的各种试验工作均有细则和规范要求，应认真执行。从岩溶地面塌陷勘察角度出发，需要强调的是：钻进过程的观察、分析和记录，水文地质观测，岩芯鉴定及钻孔资料整理等。

（1）钻进过程中的观察和记录，即填写钻探日志。对以下情况必须认真记录：

①钻进方法、钻头类型及规格、更换钻头情况及原因等；

②钻具突然陷落或进尺变快处的起止深度，以判断洞穴、软弱夹层与破碎带的位置及规模；

③钻进砂层遇有涌砂现象时，应注明涌砂深度、涌升高度及所采取的措施；

④使用冲洗液钻进时，应注意记录其消耗量，回水颜色和冲出的混合物成分，以及在不同深度的变化情况等；

⑤发现地下水后，应量测初见水位与稳定水位、量测的日期与经历时间等；

⑥孔壁坍塌掉块、钻具振动情况、钻孔歪斜、下钻难易、钻孔止水方法及钻进中所发生的事故等；

⑦每次取出的岩芯应按顺序排列，并按有关规定进行编号、整理、装箱及保管；

⑧注明所取原状土样、岩样的数量及深度，并按

有关规定包装运输；

⑨钻进中所做的各种测试与试验，应按有关规定认真填写记录。

（2）岩芯鉴定，即对所钻进的各岩土层的岩性特征进行观察、描述和记录。观察描述的内容应满足有关规程、规范的要求。现简述如下：

①碎石类土：应鉴定、描述土的名称、颜色、湿度、颗粒级配、颗粒形状、颗粒排列、母岩成分、风化程度，充填物的性质和充填程度，密实度及层理特征等；

②砂性土：应鉴定、描述土的名称、颜色、矿物组成、颗粒级配、颗粒形状、黏粒含量、湿度、密实度及层理特征等；

③粉土：应鉴定、描述土的名称、颜色、包含物、湿度、密实度及层理、摇震反应、光泽反应、干强度、韧性等；

④黏性土：应鉴定、描述土的名称、颜色、稠度状态、包含物、光泽反应、摇震反应、干强度、韧性、土层结构、土的均匀性与土质特征等；

⑤岩石（基岩）：应鉴定、描述岩石名称、颜色、矿物成分、结构、构造，节理裂隙发育特征，岩石的风化程度以及岩心采取率、RQD值等。

对于特殊性岩土，除鉴定、描述上述相应岩土内容外，尚应描述反映其特殊成分、状态和结构等内容。

（3）钻孔资料整理。主要是绘制钻孔柱状图。

钻孔编录工作应由经过专业训练的人员承担。记录应真实及时，按钻进回次逐段填写，严禁事后追记。

5. 工程地质原位测试

根据岩土条件，在地面塌陷区地面塌陷勘察中，目前所采用的原位测试方法见表9-2[227]所列。

地面塌陷勘察中常用的原位测试方法

表9-2

项目	试验简介	应用情况
圆锥动力触探试验	按锥重可分轻型（10kg）、重型（63.5kg）和超重型（120kg）三种。一般多采用前两种，根据贯入读数N_{10}、$N_{63.5}$可以用来进行力学分层；评定土层的均匀性和物理性质；确定地基承载力、变形参数；查明土洞、滑动面软硬土层界面；检测地基处理结果	主要应用冲洪积砂类土、砾石、卵石等地基土密实度和承载力的检测，碎石桩复合地基检测
标准贯入试验	用63.5kg的落锤、在钻孔中将标准贯入器打入土中，测记30cm贯入深度的锤击数N值，对砂土、粉土、黏性土的物理状态、土的强度、变形参数、地基承载力、砂土和粉土的液化等做出评价	地面塌陷区砂土、粉土、黏性土地基承载力检测
载荷试验	测定地面塌陷区浅层或深层岩土的承载力和变形特性，可以确定地基承载力特征值、变形模量、基准基床系数	主要应用在红黏土复合地基、含卵石黏性土、地基处理后地基承载力检测
十字板剪切试验	测定饱和软土的不排水抗剪强度和灵敏度，从而确定地基承载力等	软土，当地用得较少
旁压试验	根据旁压曲线上的初始压力、临塑压力、确定地基承载力和变形参数，还可以求得原位水平应力，静止侧压力系数，不排水抗剪强度	各类土层，当地用得较少
波速测试	测定各类岩土体的压缩波、剪切波或瑞利波的波速	各类岩、土

6. 插钎（钎探）

插钎（钎探）用一定长度钢钎（筋）按一定的间距插入上覆土层，用来查明土层中是否发育有岩溶土洞。例如广西桂林岩溶地区，在地基基坑开挖后，一般采用插钎来进一步查明土层中是否存在土洞或塌陷软弱层，实践证明该法效果显著。该方法还具有施工简单，经济实用的特点。

9.2.2 采空区

1. 采空区岩土工程勘察基本技术要求

采空区的岩土工程勘察任务是：查明老采空区上覆岩层的稳定性；预测现采空区、未来采空区的地表移动、变形特征和规律性，判定其作为建筑场地的适宜性、对建筑物的危害程度[228]。

对采空区的岩土工程勘察工作主要是通过收集资料和调查访问，必要时辅以物探、勘探工作和地表移动的观测，以查明采空区的特征和地表移动的基本参数。

1）资料收集：一般大面积采空区均做过矿山地质勘查工作，有大量的资料可以收集，如地质图，可以了解地层构成、产状和构造以及地下水条件等。矿床分布图，了解矿床的分布、层数、厚度、深度及埋藏特征；收集采空区的位置、尺寸、开采时间、开采方法、顶板处置方法，采空区的塌落、密实程度、有无空间和积水，矿层开采的远景规划等；收集地表变形和有关变形的观测资料、计算资料；收集已有建筑物的变形观测资料和建筑物加固处理措施；收集采空区及其附近的抽水情况，抽水对采空区的影响。

2）调查地表移动盆地的特征。依据变形值的大小和变形特征，自移动盆地中心向边缘可进行分区，并确定地表移动和变形特征值。从中心向边缘可分为三个区：

均匀下沉区（中间区），即盆地中心的平底部分，当盆地尚未形成时，该区不存在。区内地表下沉均匀，地面平坦，一般无明显裂缝；

移动区（内边缘区或危险变形区），区内地表变形不均匀，变形种类多，对建筑物破坏作用较大，如地表出现裂缝时，则称裂缝区；

轻微变形区（外边缘区），地表的变形值较小，一般对建筑物不起破坏作用。该区与移动区的分界，一般是以建筑物的变形值来划分。其外界边界（移动区的外缘边界）难以确定，一般是以地表下沉10mm作为划分标准。

地表变形的观测应平行和垂直矿层走向布置。平行矿层走向线的观测线应有一条布置在最大下沉值的位置；垂直矿层走向线一般不少于2条。所有观测线长度应超过移动盆地的范围。观测点间距应大致相等，并可据表9-3确定。

观察点间距表 表9-3

开采深度 H（m）	观测点间距 L（m）	开采深度 H（m）	观测点间距 L（m）
<50	5	$200 \leqslant H < 300$	20
$50 \leqslant H < 100$	10	$300 \leqslant H < 400$	25
$100 \leqslant H < 200$	15	$\geqslant 400$	30

观测周期可据地表变形速度按式9-1计算，或据开采深度按表9-4确定：

$$t = \frac{K \cdot n \cdot \sqrt{2}}{S}$$ （9-1）

式中　　t——观测周期（月）；

K——系数，一般取 $2 \sim 3$；

n——水准测量平均误差（mm）；

S——地表变形的月下沉量（mm/月）。

在观测地表变形的同时应观测地表裂缝、陷坑、台阶的发展和建筑物的变形情况，地表位移变形观测对现采矿区尤有意义，它可以提供资料、数据对未来地表变形（含未来采空区）进行预测。当通过收集资料和调查访问未能查清采空区的实际发育情况，有必要辅以物探、勘探工作时，其物探、勘探的工作与岩溶地面塌陷中物探、勘探工作相同。

观测周期表

表9-4

开采深度H（m）	观测周期	开采深度	观测周期
$H < 50$	10天	$250 \leqslant H < 400$	2个月
$50 \leqslant H < 150$	15天	$400 \leqslant H < 600$	3个月
$150 \leqslant H < 250$	1个月	$H \geqslant 600$	4个月

2. 采空区垮落带、裂隙带高度计算方法

采空区冒落引起的上覆岩层变形、破坏通常有明显分带性[228]（图9-3）：

如果煤层顶板覆岩内有极坚硬岩层，采后可能形成悬顶时，其下方的垮落带高度按式（9-2）计算：

$$H_{\mathrm{m}} = \frac{M}{(K-1)\cos\alpha} \qquad (9-2)$$

式中 H_{m}——垮落带高度；

M——煤层厚度；

K——垮落岩石碎胀系数；

α——煤层倾角。

当煤层顶板覆岩中为坚硬、中硬、软弱、极软弱岩层或其互层时，开采单一煤层的垮落带高度按式（9-3）计算：

$$H_{\mathrm{m}} = \frac{M-W}{(K-1)\cos\alpha} \qquad (9-3)$$

式中 H_{m}——垮落带高度；

M——煤层厚度；

W——垮落过程中顶板的下沉值（由实测取得）；

K——垮落岩石碎胀系数；

α——煤层倾角。

3. 采空区的岩土工程勘察与评价

1）采空区地表变形特征

当采空范围小，开采深度浅（多在50m以内，少数可达200～300m），平面延伸一般100～200m，以巷道采掘为主，向两侧开支巷道，一般分布无规律或呈网格状，有单层或2～3层交错，巷道高、宽一般为2～3m，大多不支撑或临时支撑，任其自由垮落。因

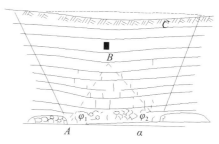

图9-3 采空区冒落引起的上覆岩层的变形与错动分带

此地表变形特征是：

（1）不会产生移动盆地，大多产生较大裂缝或塌坑；

（2）裂缝上宽下狭，两边无显著差别，且与工作面前进方向平行，随工作面推进而发展成相互平行的裂缝。

2）岩土工程勘察基本技术要求

对于采深小，地表变形剧烈且不连续的采空区进行勘察。由于采空范围小的采空区一般未进行过地质勘探，因此采空区的勘察工作应通过收集资料、调查访问结合测绘及配合适量的物探、钻探工作，以查明以下内容为目的：

（1）采空区和巷道的具体位置、大小、埋深、开采时间、回填塌落及充水情况；

（2）地表裂缝、陷坑位置、形状、大小、深度、延伸方向及其采空区与地层岩性、地质构造的关系等；

（3）开采计划及规划，采空区附近工程建设（尤其是水利建设）对采空区的影响。

3）采空区岩土工程评价

（1）地表产生裂缝和塌坑发育地段，属不稳定地段，不宜建筑。在附近建筑时，应有一定的安全距离（视建筑物性质而定，一般大于5～15m）；

（2）如建筑物已建在影响范围内，若采空区采深采厚比大于30，且地表已经稳定时可不进行稳定性评价；当采深采厚比小于30时，应根据建筑物的基底压力、采空区埋深、范围和上覆岩层的性质等评价建筑物地基稳定性，也可参考式（9-4）和式（9-5）验算顶板稳定性。

$$Q = G + BP_0 - 2f$$
$$= \gamma H[B - H \cdot \tan\varphi \cdot \tan^2(45° - \frac{\varphi}{2})] + BP_0$$
$$(9-4)$$

式中　　Q——建筑物基底单位压力P_0作用在采空段顶板上的压力（kPa）；

　　　　G——巷道单位长度顶板上岩层所受的总重力（kN/m），$G = \gamma \cdot B \cdot H$；

　　　　B——巷道宽度（m）；

　　　　f——巷道单位长度侧壁的摩阻力（kN/m）；

　　　　H——巷道顶板埋深（m）。

当H增大到某深度时，使顶板岩层恰好保持自然平衡（即$Q=0$），此时H称临界深度H_0；

$$H_0 = \frac{B \cdot \gamma \sqrt{B^2 \cdot \gamma^2 + 4B\gamma P_0 \cdot \tan\varphi \cdot \tan^2\left(45° - \frac{\varphi}{2}\right)}}{2\gamma \tan\varphi \cdot \tan^2\left(45° - \frac{\varphi}{2}\right)}$$
$$(9-5)$$

当$H < H_0$时，地基不稳定；$H_0 \leq H \leq 1.5H_0$时，地基稳定性差；$H > 1.5H_0$时，地基稳定。

9.3　地面塌陷风险评价与防治分区

9.3.1　地面塌陷危险性分区

1. 地面塌陷稳定性影响因素

地面塌陷区塌陷稳定性的影响因素很多，有岩体的物理力学性质、构造发育情况（褶皱、断裂等）、结构面特征、地下水赋存状态、溶洞的几何形态、溶洞

顶板承受的荷载（工程荷载及初始应力）、人为影响因素等，它们是地基稳定性分析评价的重要依据[229]。

1）断裂构造

地面塌陷是物质迁移转换的产物。物质的转移必须有一定的通道才能得以实现，可溶性基岩中的断裂、裂隙虽不能容纳过多塌落物质，但它可通过其中的水流将物质迁移他处，使土层中逐渐形成土洞，最终使上部覆盖层失稳。因此，断裂构造的力学性质、构造岩的胶结特性、裂隙发育程度、规模及其与其他构造的组合关系等，在一定程度上控制了地面塌陷的稳定性。

断裂构造的存在，总体来说对地面塌陷稳定性不利。断裂构造的力学性质、规模、构造岩的胶结特征、裂隙发育程度及与其他构造的组合关系，在一定的程度上决定了地面塌陷的稳定性。张性或张扭性断裂的断裂面较粗糙，裂口较宽，构造岩多为角砾岩、碎裂岩等，且多呈棱角状，粒径相差大，胶结较差，结构较松散，孔隙较大，透水性强，对地面塌陷稳定性不利，如桂林市西城区许多地面塌陷的塌陷失稳，均分布在张性或张扭性断裂带上或其附近；而压性或压扭性断裂的裂面较平直、光滑、裂口闭合、胶结较好、结构较致密、透水性差，不利于地下水活动，对地面塌陷稳定性影响较小。

2）褶皱构造

在纵弯褶皱作用下，较易在褶皱转折端处形成空隙——虚脱现象，同时在褶皱核部易形成共轭剪节理及张节理，这些部位的空隙及裂面粗糙，胶结较差，地下水活动较频繁，对含溶洞岩石地面塌陷稳定性不利；而平缓的大型褶皱，对地面塌陷稳定性影响较小。

3）结构面

当含溶洞岩石地面塌陷中存在结构面，如节理等，对其稳定性不利。结构面的性质、成因发展、空间分布及组合形态，是影响稳定性的重要因素。一般来说，次生破坏夹层比原生软弱夹层的力学性质差得多，如再发生泥化作用，则性质更差。若溶洞周边处

出现两组或两组以上倾向不同斜交的结构面，就极有可能产生坍落或滑动，例如2002年8月，位于桂林理工大学附近的屏风山一溶洞顶部由于存在多组斜交的结构面，顶部突然坍落直径数米、重达数十吨的大石灰岩块石。

4）岩石

当石灰岩呈厚层块状、质纯、强度高时，并且岩石的走向与溶洞轴线正交或斜交，角度平缓，对地面塌陷稳定性影响较小；反之，对地面塌陷稳定性不利。

5）溶洞洞体

当溶洞埋藏较深，覆盖层较厚，洞体较小（与基础尺寸比较），溶洞呈单体分布，且呈圆形时，对地面塌陷稳定性影响较小；反之，对地面塌陷稳定性不利。另外，当溶洞内有充填物时，也对地面塌陷稳定性有利。

6）地下水

地下水是影响含溶洞地面塌陷稳定性的重要因素，地下水的活动将降低岩体结构面的强度。当水位变化较大或有承压水时，也可改变地面塌陷溶洞周围的应力状态，从而影响地面塌陷的稳定性。

7）其他因素

人工爆破、人为大幅度降水（如：人工抽水）、人工加载（如：交通工具加载或振动）、地下工程施工及基坑开挖等产生临空面而改变溶洞周围应力状态、地震（如：水库诱发地震）等，都有可能引起地面塌陷区的塌陷失稳。

2. 地面塌陷危险性分区方法

地面塌陷危险区的确定可利用半定量评价方法来确定，如：模糊层次综合评判法，该方法的基本思路可概括为：

（1）在全面、充分分析现有岩溶特征、形成条件及影响因素的基础上，建立评价、预测所需的基本图形和属性数据库；

（2）确定重要影响因子，构造模糊层次判别模型，采用标度法计算各影响因素的权重初值，经归一化处理，确定各影响因子的权重；

（3）建立各评价因子相关主题图层，确定各评价因子稳定性等级、取值范围及隶属函数关系；

（4）考虑现有资料精度划分基本评价单元，利用GIS空间分析工具，从各评价因子相关主题图层中确定各评价因子在各评价单元的取值及隶属等级；

（5）根据模糊数学原理及应用计算机技术，经模糊层次综合评价，确定各评价单元在不同组合条件下的隶属等级；

（6）利用GIS的空间叠置分析和分类处理，得到整个预测区不同分级程度的预测分区结果。整个技术路线可用图9-4流程图得以表现。

1）建立岩溶塌陷基础数据库

建立岩溶塌陷基础数据库，是本项目工作中利用GIS进行数据提取与查询、因子分析与统计、预测计算与分区、图件表达与输出等的基础性工作。它是以MAPGIS为平台，用图形数据和属性数据两种表达形式同时建立。图形数据与属性数据分别反映一个空间的位置信息和属性信息，两者的对应关系通过用户标志符来建立，这两种数据库表达形式的同时使用，对信息的储存、管理、查询、分析和表达极为方便。

2）预测因子的确定及预测层次结构模型

岩溶塌陷总是在若干特定的条件下产生的，而某种条件又是由若干因子所组成。通过对某区岩溶塌陷条件及成因分析，认为该区的岩溶塌陷主要与岩溶条件（岩溶地层、岩溶发育程度）、覆盖条件（厚度，岩性，结构）、结构条件（距断层距离，距褶皱轴距离，断层性质，构造组合，构造规模）、水条件（地下水面与基岩面距离，地下水位波动频率，地下水位变幅，地下水径流强度，距地表水体距离）、地形地貌条件（地形变化、地貌条件）、人类工程活动条件（距抽水井距离，抽排水强度）等因素有关，因此，本次预测将以上述六个条件共19个因子进行。

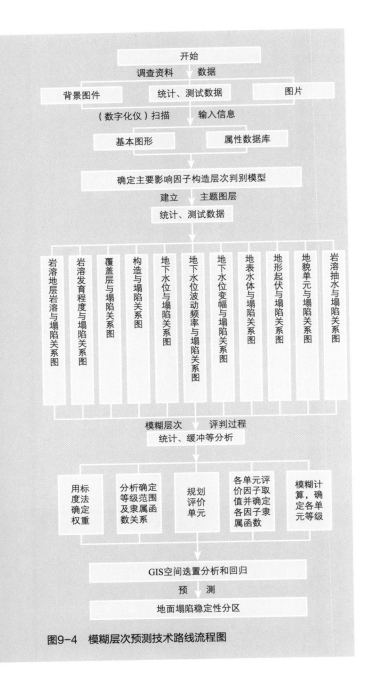

图9-4 模糊层次预测技术路线流程图

3）预测因子权值的确定

构造判断矩阵是层次分析中权重值确定的重要一步，判断矩阵的元素反映了研究者对影响因子之间相对重要性的认识。根据西城区岩溶塌陷条件及影响因素分析，结合专家经验，利用T·L·Saaty提出的"1-9标度"法（表9-5），分别列出图9-7所示的预测因子

层次结构中条件层和因子层的判断矩阵（即岩溶塌陷的基本条件相对于预测岩溶塌陷目标的相对重要性比较和针对各基本条件的相关因子之间相对重要性的比较（图9-5，图9-6）。

计算各判断矩阵的特征向量，经归一化后即得出岩溶塌陷各基本条件及相关因子的相对权重值，再通过条件层与因子层相对权重的连乘，可得到各预测因子的相对权重值（如图9-8所示数字）。然后，分别选取几个塌陷程度不同，但已明确的单元进行反演，对个别有矛盾的因子的权重进行适当调整，调试合理后的权重值作为计算权重矩阵，即：

$$W_B=\{0.2702, 0.1017, 0.3452, 0.1679, 0.0566, 0.0566\}$$

$$（9-6）$$

1-9标度说明表　　　　　表9-5

标度	含义
1	表示两个因素相比，具有同样重要性
3	表示两个因素相比，一个因素比另一个因素稍微重要
5	表示两个因素相比，一个因素比另一个因素明显重要
7	表示两个因素相比，一个因素比另一个因素强烈重要
9	表示两个因素相比，一个因素比另一个因素极端重要
2、4、6、8	以上两两相邻判断的中值
倒数	因素i与j比较得判断B_{ij}，因素j与i比较得判断$B_{ji}=1/B_{ij}$

A	B_1	B_2	B_3	B_4	B_5	B_6
B_1	1	3	1	2	5	5
B_2	1/3	1	1/3	1/2	2	2
B_3	1	3	1	2	6	6
B_4	1/2	2	1/2	1	3	3
B_5	1/5	1/2	1/6	1/3	1	1
B_6	1/5	1/2	1/6	1/3	1	1

图9-5 条件层B相对目标层A的判断矩阵

B_1	C_1	C_2
C_1	1	1/7
C_2	1/7	1

B_2	C_3	C_4	C_5
C_3	1	4	8
C_4	1/4	1	2
C_5	1/8	1/2	1

B_3	C_6	C_7	C_8	C_9	C_{10}
C_6	1	2	7	5	4
C_7	1/2	1	3	3	2
C_8	1/7	1/3	1	1/2	1/2
C_9	1/5	1/3	2	1	1/2
C_{10}	1/4	1/2	2	2	1

B_4	C_{11}	C_{12}	C_{13}	C_{14}	C_{15}
C_{11}	1	5	5	2	3
C_{12}	1/5	1	1	1/3	1/2
C_{13}	1/5	1	1	1/3	1/2
C_{14}	1/2	3	3	1	2
C_{15}	1/3	2	2	1/2	1

B_5	C_{16}	C_{17}
C_{16}	1	1/3
C_{17}	3	1

B_6	C_{18}	C_{19}
C_{18}	1	3
C_{19}	1/3	1

图9-6 因子层相对于条件层的判断矩阵

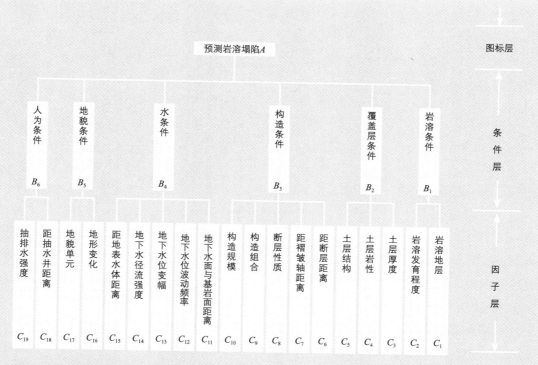

图9-7 预测因子层次结构模型分析图

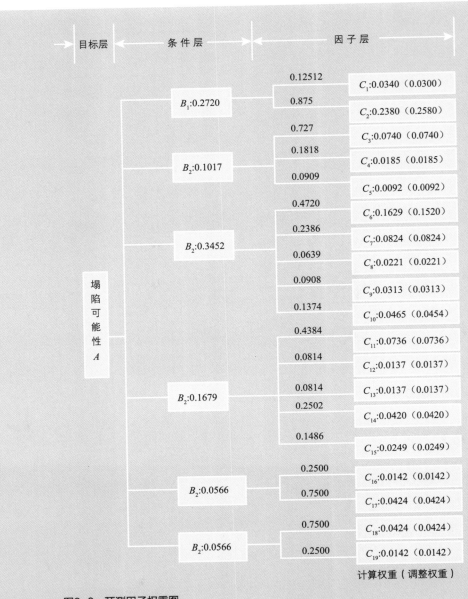

图9-8 预测因子权重图

W_C={0.0300, 0.2580, 0.0740, 0.0185, 0.0092, 0.1520,
0.0824, 0.0221, 0.0313, 0.0454, 0.0736, 0.0137,
0.0137, 0.0420, 0.0209, 0.0142, 0.0424, 0.0424,
0.0424, 0.0142}   (9-7)

4）预测因子的等级划分和取值

各预测因子的发育程度及其与预测单元的相对位置不同，对预测单元岩溶塌陷稳定性的影响程度也不尽相

同。根据工作区岩溶塌陷形成条件和影响因素分析，建立参与本次预测的19个因子的等级指标，如表9-6所示。

5）预测因子等级隶属函数确定

隶属函数的确定意味着每个因子属于各个级别的程度。由于影响岩溶塌陷的因素之间的相互作用，相互影响以及其本身的复杂性，定性指标与定量指标之间在量化取值上的差异性，给隶属函数的确定带来

某区岩溶塌陷模糊评判因子等级划分一览表　表9-6

条件层	指标因子层	代号	分级和取值				
			稳定级（1）	基本稳定级（2）	次不稳定级（3）	不稳定级（4）	极不稳定级（5）
岩溶条件	岩溶地层	C_1	无	岩关组	东村组	桂林组	融县组
	岩溶发育程度	C_2	无	较差	中等	较发育	强烈发育
覆盖层条件	土层厚度（m）	C_3	>20（或=0）	20～12	12～8	8～4	4～0
	土层岩性	C_4	砂砾石	残积黏土	冲洪积黏土、残坡积红黏土	含砾粉质黏土	粉质黏土、粉土、粉细砂
	土层结构	C_5	无	多元	二元	一元	混杂
构造条件	距断层距离（m）	C_6	>500	500～300	300～200	200～100	<100
	距褶皱轴距离（m）	C_7	>1 000	1 000～600	600～400	400～200	<200
	断层性质	C_8	压性（或无）	压扭性	扭性	张扭性	张性
	构造组合	C_9	无	单一构造	二条但不相交	二组相交	多组相交
	构造规模（m）	C_{10}	<20	20～100	100～200	200～300	>300
水条件	地下水面与基岩面距离（m）	C_{11}	>15	15～10	10～5	5～2.5	<2.5
	地下水位波动频率	C_{12}	<10	10～15	15～20	20～25	>25
	地下水位变幅（m）	C_{13}	<0.5	0.5～1.0	1.0～1.5	1.5～2.0	>2
	地下水径流强度	C_{14}	很弱	弱	中	较强	强
	距地表水体距离（m）	C_{15}	>200	200～100	100～50	50～30	<30
地形地貌条件	地形变化	C_{16}	山头	坡地	平坦地	低洼地	沟谷
	地貌单元	C_{17}	峰丛	岗丘	一级阶地	峰林平原	洼地谷地
人为条件	距抽水井距离（m）	C_{18}	>500	500～200	200～100	100～30	<30
	抽排水强度（m³/d）	C_{19}	<300	300～500	500～1 000	1 000～1 500	>1 500

了一定的困难。应按下列原则确定相应指标的隶属函数。

（1）定性指标隶属函数取值

由于定性指标难于进行连续取值或用数学表达式描述，故本次对定性指标进行离散取值，分别用定性描述表示其所处状态，相应的隶属函数、应取值及所属级别见表9-7所列。

定性指标隶属函数取值　表9-7

定性指标取值	隶属函数	所处级别
1	$U_I=1$，$U_{II}=U_{III}=U_{IV}=U_V=0$	稳定级
2	$U_{II}=1$，$U_I=U_{III}=U_{IV}=U_V=0$	基本稳定级
3	$U_{III}=1$，$U_I=U_{II}=U_{IV}=U_V=0$	次不稳定级
4	$U_{IV}=1$，$U_I=U_{II}=U_{III}=U_V=0$	不稳定级
5	$U_V=1$，$U_I=U_{II}=U_{III}=U_{IV}=0$	极不稳定级

（2）定量指标隶属函数取值

定量指标常常是连续性区间取值，各级别虽有界限值，但实际上往往呈过渡状态。对定量指标隶属函数的取值原则是在各级别界限值上、下各取1/4该指标对各级别最小范围（区间）值，作为各级别界限值的过渡函数，分属相邻级别共有；其余定量指标区间值隶属于相应级别。评价模型中，各定量指标隶属函数取值如图9-9所示。

6）建立模糊层次计算模型

根据工作区岩溶塌陷的空间分布特征，采用模糊数学方法，将预测层次结构型式中的预测目标A划定评价集为：

$A=\{$稳定级（a_1）、基本稳定级（a_2）、次不稳定级（a_3）、

不稳定级（a_4）、极不稳定级（a_5）$\}$　　　（9-8）

相应的条件层各预测指标对A的评价模糊子集为：

$$B_i=(b_{i1}, b_{i2}, b_{i3}, b_{i4}, b_{i5})\qquad（9-9）$$

相应的因子层各预测指标对A的评价模糊子集为：

$$C_i=(c_{i1}, c_{i2}, c_{i3}, c_{i4}, c_{i5})\qquad（9-10）$$

本项目所建立的模型中，设基本条件层有6个评价指标，因子层有19个评价指标，则某评价单元j所构成的相应模糊子集为：

利用层次分析法确定各层指标权重的模糊子集W。

对基本条件层：$W_B=\{W_{b1}, W_{b2}, \cdots, W_{b6}\}$且

$$\sum_{i=1}^{6} W_{bi}=1\qquad（9-11）$$

对因子层：$W_C=\{W_{c1}, W_{c2}, \cdots, W_{c19}\}$且

$$\sum_{i=1}^{19} W_{ci}=1\qquad（9-12）$$

于是得到某预测单元j评价集的计算模型：

$$A_j=W_B B_i=W_C C_j=(a_1, a_2, a_3, a_4, a_5)$$
$$（9-13）$$

根据各单元评判的结果，按最大隶属度原则，确定其所处单元的级别，然后再根据各单元的级别进行工作区整体稳定性预测分区评价。

7）预测单元划分及模糊层次综合预测

在计算机中利用ILWIS提供的栅格化功能，将工作区内42 km²划分为100m×100m共4 200个正方形单元格，作为预测单元，并通过GIS从属性库中读取每个预测单元的所有指标的实际值，确定各评价指标的隶属函数值，然后列出每个预测单元的隶属函数矩阵C，再根据图9-8所确定的各评价因子的权重W_C，运用模糊层次判别原理建立的计算模型：

$$A_j=W_C C_j(j=1, 2, 3, \cdots)\qquad（9-14）$$

计算得出每个单元的模糊评价集：

$$A_j=(a_1, a_2, a_3, a_4, a_5)\qquad（9-15）$$

取最大值，该值所对应的级别即为该单元所出的级别。

举例说明：如第1单元，实际取值为（岩关组，较差，2.40，粉质黏土，一元结构，290.00，3 736.00，无，无，0，0.77，16，0.70，弱，240.06，坡地，剥蚀残丘，189.73，180.00），相应模糊子集为C_1：

$$C_1=\begin{Bmatrix}
0.00 & 1.00 & 0.00 & 0.00 & 0.00 \\
0.00 & 1.00 & 0.00 & 0.00 & 0.00 \\
0.00 & 0.00 & 0.00 & 0.00 & 1.00 \\
0.00 & 0.00 & 0.00 & 0.00 & 1.00 \\
0.00 & 0.00 & 0.00 & 1.00 & 0.00 \\
0.00 & 0.20 & 0.80 & 0.00 & 0.00 \\
1.00 & 0.00 & 0.00 & 0.00 & 0.00 \\
1.00 & 0.00 & 0.00 & 0.00 & 0.00 \\
1.00 & 0.00 & 0.00 & 0.00 & 0.00 \\
1.00 & 0.00 & 0.00 & 0.00 & 0.00 \\
0.00 & 0.00 & 0.00 & 0.00 & 1.00 \\
0.00 & 0.06 & 0.94 & 0.00 & 0.00 \\
0.00 & 1.00 & 0.00 & 0.00 & 0.00 \\
0.00 & 1.00 & 0.00 & 0.00 & 0.00 \\
1.00 & 0.00 & 0.00 & 0.00 & 0.00 \\
0.00 & 1.00 & 0.00 & 0.00 & 0.00 \\
0.00 & 1.00 & 0.00 & 0.00 & 0.00 \\
0.00 & 0.15 & 0.85 & 0.00 & 0.00 \\
1.00 & 0.00 & 0.00 & 0.00 & 0.00
\end{Bmatrix}$$

根据图9-8计算结果，因子层相对于目标层的权重值为W_C：

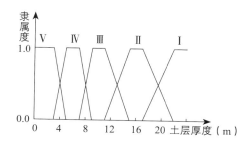
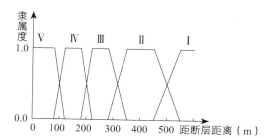
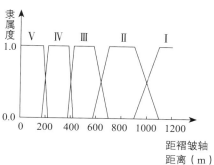
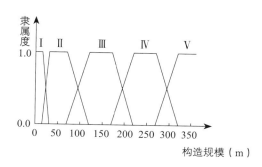
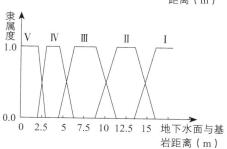
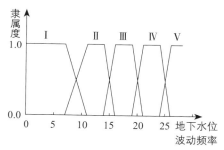
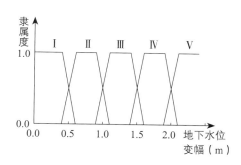
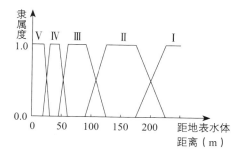
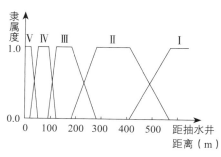
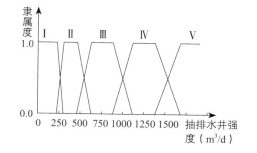

图9-9　定量指标隶属函数取值

W_C=[0.0300, 0.2580, 0.0740, 0.0185, 0.0092, 0.1520,

0.0824, 0.0221, 0.0313, 0.0454, 0.0736, 0.0137,

0.0137, 0.420, 0.0209, 0.0142, 0.0424, 0.0424,

0.0142] （9-16）

则目标隶属函数计算结果为：

$A_1=W_C C_1=$ （0.22，0.44，0.17，0.01，0.17）

（9-17）

取最大值为第二项，其所对应的稳定性级别为基本稳定级，则得第1单元稳定性为基本稳定级。

以上过程通过编制程序自动完成，并将评判结果存到各预测单元的属性库中。最后根据计算结果，把相同隶属度的单元划分为同一级别。在实际操作中，考虑到研究区的实际情况，把基岩出露区设定为稳定级区，因为在该区中，不具备岩溶塌陷的基本条件；第四系覆盖区按计算结果进行分区。

9.3.2 地面塌陷易损性评价

从狭义上讲，地面塌陷易损性是指某种受灾体被地面塌陷这种灾害源击中后，对于破坏、伤害等的敏感性。

从现实意义上讲，地面塌陷易损性是指一种潜在损坏现象对生态环境、人类财产或活动等造成的损失程度。危害是致灾因子，易损性是指承灾体，两者结合在一起则构成了灾害。所以，地面塌陷易损性从承灾体的类型来划分主要可以划分为：社会易损性、经济易损性及生态环境易损性这三类。

社会易损性：主要是对于岩溶塌陷引起的地面突变，对当地人民的内心带来的恐惧感和不安感，因为这种恐惧和不安，可能引起人们的迁居以及人类组织、风俗、生活习惯甚至观念和价值的改变。

经济易损性：主要是因为岩溶地面塌陷而带来的社会经济损失，这种损失主要是因塌陷引起的城市基础设施、建筑、路基、水坝等的变形、开裂等造成的经济损失，这种损失一般以土地利用要素分区为基础，

随着人口、生命线网、民房、社会服务区以及公共集会场所等的增加而增加，随着减灾措施的增强而减少。

生态环境易损性：主要针对岩溶塌陷带来的生态环境的破坏或者改变，而这种破坏和改变是否在生态环境的恢复能力范围之内。岩溶塌陷对生态环境的破坏和改变主要体现在：塌陷形成的塌坑对地表植被及地貌的破坏、塌坑漏水对地表河流及地下暗河的影响和破坏等。

9.3.3 地面塌陷风险性分区

潜在塌陷区工程建设期间发生的工程风险是否可以接受及接受程度如何，决定着不同的风险控制对策及处置措施，风险管理中需预先制定明确的风险等级及接受准则。

潜在塌陷区工程建设风险管理应该根据工程建设阶段、规模、重要性程度及建设风险管理目标等制定风险等级标准。

潜在塌陷区风险分析评估常用的方法有定性分析法、定量分析方法、综合分析方法。各种分析方法的选择参照表9-8。

除此之外，随着我国"地质灾害防治管理办法"的颁布和实施，不同灾种的风险评估已成为地质灾害防治管理的重要内容。针对城市岩溶塌陷风险评估问题，中国地质科学院岩溶地质研究所塌陷项目组结合多年岩溶塌陷研究的经验，研制开发了基于GIS技术的岩溶塌陷灾害管理与风险评估系统（GMRS）[230]。还有缪钟灵在桂林岩溶塌陷风险评价中提到的评价方法[231]，该方法简单易懂易于应用，下面将以该方法对岩溶塌陷风险评价进行介绍。

1. 塌陷概率

$$r = 1 - \Pi (1 - P_i)$$ （9-18）

式中 r——塌陷概率；

P——某因素控制下塌陷概率；

Π——连乘号。

风险评估分析方法对比一览表　　　　　表9-8

分类	名称	适用范围
定性分析方法	专家评议法	该方法适用于难以借助精确的分析技术而可依靠集体的直观判断进行预测的风险分析问题
	专家调查法（包括智暴法、德尔菲法）	1. 难以借助精确的分析技术而可依靠集体的直观判断进行预测的风险分析问题； 2. 问题庞大复杂，专家代表不同的专业并没有交流的历史； 3. 受时间、经费限制，或因专家之间存有分歧、隔阂不宜当面交换意见
	"如果…怎么办"法	该方法既可适用于一个系统，又可以适用于系统中某一个环节，适用范围较广。但不适用于庞大系统分析，只适用于系统中某一环节或小系统分析
	失效模式和后果分析法	FMEA可用在整个系统的任何一级，常用于分析某些复杂的设备
半定量分析方法	事故树法	FTA法应用比较广，非常适合于重复性较大的系统。在工程设计阶段对事故查询时，都可以使用FTA对它们的安全性做出评价。FTA法经常用于直接经验较少的风险辨识
	事件树法	EAT可以用来分析系统故障、设备失效、工艺异常、人的失误等，应用比较广泛。ETA法不能分析平行产生的后果，不适用于详细分析
	影响图方法	影响图方法与事件树法适用性类似，由于影响图方法比事件树法有更多的优点，因此，也可以应用于较大的系统分析
	原因—结果分析法	其适用性与事故树法和事件树法类似，适用于在设计、操作时用来辨识事故的可能结果及其原因。同样的，它也不适用于大型系统
	风险评价矩阵法	该方法可根据使用的需求对风险等级划分进行修改，使其适用不同的分析系统，但要有一定的工程经验和数据资料做依据。其既可适用于整个系统，又可以适用于系统中某一环节
定量分析法	模糊综合评判法	模糊数学综合评判方法适用于任何系统的任何环节，其适用性比较广
	层次分析法	AHP应用领域比较广阔，可以分析社会、经济以及科学管理领域中的问题。适用于任何领域的任何环节。但不适用于层次复杂的系统
	蒙特卡罗模拟法	比较适合在大中型项目中应用。优点是可以解决许多复杂的概率运算问题，以及适合于不允许进行真实试验的场合。对于那些费用高的项目或耗费时间长的试验，具有很好的优越性。一般只在进行较精细的系统分析时才使用，它适用于问题比较复杂、要求精度较高的场合，特别是对少数可行方案实行精选比较时更为必要
	等风险图法	该方法适用于对结果要求精度不高，只需要进行粗略分析的项目。同时，如果只进行一个项目一个方案分析，该方法相对繁琐，所以该方法适用于多个类似项目同时分析或一个项目的多个方案比较分析时使用
	控制区间记忆模型	该模型适用于结果精度要求不高的项目，且只适用于变量间相互独立或相关性可以忽略的项目
	神经网络方法	1. 预测问题，原因和结果的关系模糊的场合； 2. 模式识别，涉及模糊信息的场合； 3. 不一定非要得到最优解，主要是快速求得与之相近的次优解的场合； 4. 组合数量非常多、实际求解几乎不可能的场合； 5. 对非线性很高的系统进行控制的场合
	主成分分析法	主成分分析法可适用于各个领域，但其结果只有在比较相对大小时才有意义
综合分析法	专家信心指数法	同德尔菲法
	模糊层次综合评估方法	其适用范围与模糊数学综合评判法一致
	模糊事故树分析法	适用范围与事故树法相同，与事故树法相比，更适用于那些缺乏基本统计数据的项目
	事故树与模糊综合评判组合分析法	适用范围与事故树法相同

概率r是n个单因素的复合概率，从多个因素中筛选出4个因素：人为因素（P_1），土层厚度（P_2），土层性质（P_3）及岩溶发育程度（P_4）为致塌主因，单因素致塌概率的最大值为0.5，最小值理论上为0，但实际上不为0，其值可参照下列方法求得，即自60年代以来大约先后有千余钻孔和水井抽水，而发生塌陷200余起，概率约0.2，这是大范围内的均值，作为本次评估的下限，即单因素致塌概率变化于0.5～0.2间，划分为4个档次，分别与0.5，0.4，0.3，0.2概率对应。

1）人为因素（P_1）：主要指经济活动强度，它由工程类型、规模和水位降低值两个指标来衡量，划分为4个等级（表9-9）。

人为因素（P_1）等级　　　表9-9

等级	P_1	水位降低（s）	工程类型规模
1	0.5	在土层以下	巨型，大爆破，大排水，大荷载
2	0.4	在土层内$S>10m$	大型，大开挖
3	0.3	在土层内$S>5m$	中型
4	0.2	在土层内$S<5m$	小型

2）土层厚度（P_2）：根据桂林塌陷并参照我国南方塌陷区调查研究，划分四个档次，厚度小于10m，P_2为0.5；厚度10～20m，P_2为0.4；厚度20～30m，P_2为0.3；厚度大于30m，P_2为0.2。若厚度在40～50m甚至更大，P_2取值还可更小些。

3）土层性质（P_3）：一个综合指标，主要由土的内聚力、内摩擦角、液性指数、压缩模数、是否有软土淤泥、土洞是否发育、土层结构是否均一等土的物理力学性质决定。

不均一结构、有软土、C、φ值低、土洞多：P_3=0.5；
多元结构、C、φ值中等：P_3=0.4；
均匀一元结构、土力学强度较高：P_3=0.3；
固结性好的土、均一结构黏土：P_3=0.2。

4）岩溶发育强度（P_4）：岩溶地貌特点，溶洞成层性及分布密度，地下河道及地下通道交织程度，钻孔迂洞率及线、面、体岩溶率等均可以表示岩溶发育强度，另外亦可由岩溶发育的均匀、中等均匀、不均匀、极不均匀四个档次划分（表9-10）。

岩溶发育强度（P_4）划分档次　表9-10

档次	P_4	钻孔遇洞率（%）	线岩溶率（%）	岩溶发育均匀性
1	0.5	>80	>8	均匀
2	0.4	>50	>4	中等均匀
3	0.3	>30	>2	不均匀
4	0.2	<30	<2	极不均匀

5）塌陷概率分级

先作以下假设，如果4个因素都处于1档则按（9-18）式计算出r=93.75%；如果4个因素都处于2档水平，则r=87.04%；如果4个因素都处于3档水平，则r=75.99%；如果4个因素都处于4档水平，则r=59.05%。这4个复合概率可作为判断易塌程度的界限值，经过调整和取整其阈值如下：

塌陷概率分级　　　　表9-11

档次	概率r	塌陷分级
I	$r>90\%$	极易塌区
II	$r>90\%$	易塌区
III	$r>90\%$	中等塌区
IV	$r>90\%$	可能塌区

2．塌陷风险评价

灾害学认为灾害风险通常包括灾害发生的可能性和灾害产生的后果值（损失）两个方面，引伸到塌陷灾害，可表示为

$$CR=f(r, c) \qquad (9-19)$$

$$C=EC \times L \times F \qquad (9-20)$$

$$CR=\sum EC_i \times L_i \times F_i \qquad (9-21)$$

式中　　CR——塌陷风险；

　　　　r——塌陷概率；

C——塌陷后果；

EC——塌陷现场经济含量（元）；

L——破坏烈度；

F——塌陷方向系数。

1）破坏烈度（L）：塌陷对地面建筑物破坏程度随着距干扰中心的距离增加而逐渐衰减，以50m为单位距离，1～2单位距离内破坏最大，5～6单位距离内破坏显著，10～12单位距离以外破坏就较小，具有圈层分带规律。

$$L_n=L_1/n^{(1/2)} \qquad （9-22）$$

式中　　L_n——距干扰中心n单位距离内烈度；

L_1——单位距离为1的破坏烈度；

n——距离单位，凡有小数的均上进一位成整数。

烈度值定义1～0，全部毁损其烈度为1，未受损坏，仍能安全使用烈度为0，为0时不参与风险损失计算，烈度取值可根据专家判断亦可按档次取值，全毁损1～0.9，大部分毁损0.9～0.7，中等毁损0.7～0.5，一般毁坏0.5～0.2，小型损坏小于0.20。

2）经济含量（EC）塌陷分布区内建筑物或设施的价值或费用，可用现场调查数字也可用设计规划数字，后者用于预断评价，EC值也按距中心点距离层次分别给定。

3）塌陷方向系数（F）：塌坑分布并非以干扰点为中心全方位均匀分布，总是集中在一些敏感的或优势的方向域中，如地下水流上、下游方向、主构造线方向、区域主节理裂隙方向、边界方向等，这样受破坏的建筑物也具有一定的方向域，因而用方向系数（F）来修正，就显得很有必要。仅有1个方向域时，F取0.2，有2个方向域时，F取0.4，有3个方向域时，F取0.6，有4个方向域时，F取0.7，有4个以上方向域时，F取0.9。

最后，将上述对应的参数带入塌陷风险计算评估方程，得出塌陷风险值，但是，不同的地区经济情况和抗损失情况不同，所以，具体分区应该按照不同地区的具体情况来分析。

9.3.4　分区灾害的处治措施

一定厚度的覆盖层、采空区的存在或地下岩溶的发育、地下水的频繁活动是地面塌陷赖以存在的基本条件。这些基本条件是在长期地质历史时期中经各种地质营力塑造而成或者是人类工程活动所造成的，是一种客观存在，很难完全加以改变，只要基本条件存在，地面塌陷就有可能发生。因此，从这个意义上来说，地面塌陷是不可避免的。但可以通过采取一些积极措施来消除或弱化地面塌陷的基本条件的某些方面，使其朝不利于塌陷的方向转化，从而限制或减少塌陷的产生，实现对地面塌陷的防治。对地面塌陷应采取预防和治理相结合的综合方案进行，做到预防为主，防治结合，标本并治。"预防为主"强调在塌陷发生之前，应采取切实可行的措施来减弱岩溶、地下水及人类工程活动对地面塌陷的作用，防止塌陷的发生，变被动的治理为主动的预防；"治理为辅"是指在出现塌陷时，要采取必要有效的治理措施，防止其进一步发展，减少或消除塌陷危害；"防治结合"是指预防与治理应相互配合，要充分认识到预防的目的在于减少治理，而治理的效果在于预防未来塌陷的再次发生。其主要的防治原则如下[232，233]：

1. 在城市功能布局时应充分考虑地面塌陷的易发程度及场地建设适宜性，重要建筑应避开地面塌陷易发区，选择稳定性较好的场地用于工程建设。

2. 必须把重要建筑选择在稳定性较差的场地时，需要提出合理的地基处理方案，工程设计应充分考虑场地建设适宜性，基础设计应重点考虑地面塌陷、地面不均匀沉降及基岩面起伏大而造成基础滑移等不良地质条件。

3. 必须事先做好建筑场地的地面塌陷预测，避免塌陷对地面建（构）筑物的稳定和人类生命财产的安全造成威胁和危害。

4. 地下水的处理宜采取疏导的原则，不得已时才可考虑堵截方案。

5. 地下水的开采布置要合理，防止乱采乱抽，要加强水资源管理措施。

6. 注意积累地方塌陷的预测资料的整理建档，防止零散和遗失。

具体对分区灾害的处治措施详见本章9.5节。

9.3.5 地面塌陷与城市规划的关系

9.3.5.1 地面塌陷对城市规划的约束

城市规划是城市建设发展的龙头，是城市化进程中具前瞻性与战略性的工作。地质生态环境则是城市生存与发展的重要依托，体现出其基础性、资源性的特点。而地质环境同时具有灾害的属性，对地质条件认识不清或对地质环境开发利用不当，便有可能诱发或加剧地质灾害。随着城市化进程步伐的加快，地面塌陷城市地质生态环境问题也日渐凸显，并成为制约可持续发展的影响因素之一。城市规划应该在充分认识城市地质环境的基础上，以避免和减少规划布局中潜在与工程活动诱发的地面塌陷所带来的昂贵的工程处理费用[234]。

地面塌陷对城市规划的约束主要是从地基稳定性方面来讲，因为地面塌陷会导致地基承载力降低，引起地基不均匀沉降，使建筑物倾斜或结构破坏而不能正常使用。因此，地面塌陷对城市的规划具有很大的约束力。如：对建设高大建筑物、重要性建筑物等大型场址的选择时，要避开地面塌陷危险性较大区，可将危险性较大区作为绿地等人为扰动较小、附加应力较小的设施来进行规划，避免在建筑物的建设施工中及日后的正常使用中造成不必要灾难；若规划无法避开时，必须对其地下洞穴及岩溶发育情况进行详细勘察，并采取有效的处理措施后才可进行建筑，同时，还需建立长期的地面塌陷监测预警装置，发现异常立即停止对建筑物的使用，并查明原因，采取合理有效的处治措施，确定危险排除后方可继续使用。对于中小型、不重要建筑物可以按具体情况选择地面塌陷中

等发育区进行建设，但也必须采取适当的处理措施，同时配备必要的监测手段。对于有大量抽排地下水的工厂、农场及其他建筑物，不应建设在地面塌陷危险区内，若规划无法避免时，需建立长期的地面塌陷监测预警装置，发现异常立即停止抽排地下水，并进行详细勘察，及时采取合理的处治措施，避免危害的继续加重、恶化。

9.3.5.2 危险区对城市规划的指导意义

不同危险区对城镇规划产生了约束，城镇规划在这种约束下进行合理规划、发展，将有助于城市的长远发展。不同危险区的划分对城市规划有一定的指导意义。

1. 在城市规划选取地基时，考虑到地面塌陷的约束，合理进行城市规划布局及工程措施，这样减少了不必要的工程浪费，对土地进行了合理分类利用，有助于城市的长久发展。合理进行城市功能分区，以生产性与生活性用地适当分离和合理隔离、严格保护生态用地和非建设用地为原则，以生活区、生态保护区得到保护为目标，优化产业布局，使城区功能布局、产业布局与自然生态结构相适应，减轻用地混杂带来的环境影响，促进环境规划与城市规划的协调衔接。

2. 针对地面塌陷对水资源利用的约束，采取合理措施控制地下水水位。一方面由此可使城市水位保持基本稳定，避免地下水位的较大波动，有助于减少地面塌陷的发生，维护社会安定团结，对城市发展起到促进作用。另一方面，水资源日益紧缺，虽然水资源可以循环利用，但其恢复较慢，水资源浪费普遍存在，合理规划地下水利用布局，将缓解水资源紧缺局面，使水资源利用更有效化、合理化，避免了不必要的浪费。

3. 针对地面塌陷对选址的约束，对于地面塌陷敏感区如果不能避让，可将其整治后绿化，将其建为公共绿地，而可建用地则加大建筑密度和容积率，提高了土地利用率。同时，随着城市发展，建筑物越

来越多，绿地越来越少，空气质量堪忧。科学、合理的城市绿地系统规划是改善城区环境、促进城区社会、经济、环境可持续发展的有效途径之一。进行绿化后，不仅减少地面塌陷的危险性，而且提升空气质量，使城市向绿色健康方向发展，居民生存的空气质量提高，生活环境得到改善，发挥绿地系统对城区生态环境的改善作用。

4. 针对矿区进行的开采分布规划和环境保护规划，将使矿产开采对自然环境、居民生活以及地下水位的影响降至最小。同时可使矿区能通过分阶段整改逐步向正规化、规范化生产过渡，以此可以提高城市工业化的正规化、规范化。矿区生态重建对维持相对稳定的生态平衡有重要意义，生态重建后的矿区与周围景观价值相协调。通过生态重建，可将人为破坏的区域环境恢复或重建成一个与当地自然界相和谐的生态系统，因此矿区的生态重建是解决矿区生态和社会问题的基础和关键。

9.4　地面塌陷监测预警

9.4.1　塌陷监测要求

塌陷监测主要分采空塌陷监测和岩溶塌陷监测。塌陷监测主要是为了预报塌陷的发生和发展。监测工作任务可分两个方面：第一，对塌陷勘察确定的塌陷危险区和潜在的塌陷区主要动力因素的动态变化进行监测，根据动力因素产生塌陷的临界条件和判断进行预报；第二，对塌陷地面和建筑物变形位移过程及其主要动力因素的动态进行监测，以预报其发展趋势和速度。塌陷观测点主要布置在塌陷危险区和潜在塌陷区及具有塌陷威胁的重要建筑物分布地点。监测对象主要是引起或影响塌陷的主要动力因素、发生变形位移的地面或建筑物。

监测资料必须及时整理校对，并输入数据库。同时编制监测网点分布图及分析其原因，迅速作出判断，提出预报，上报主管部门，必要时通报有关部门。

9.4.2　采空塌陷监测技术与方法

采空塌陷是指地下矿藏采出后，上部覆岩、覆土失去支撑，矿体上部覆岩的力学平衡被打破，覆岩的岩石力学性质随之发生改变，在重力和应力作用下重新调整，随之发生弯曲变形、断裂、位移，导致地面塌陷，并形成地表低洼的沉陷地[235]。对于矿区而言，采空确实无法避免，但塌陷却是可以防治的。预防塌陷方法有两种：一是采用矸石、废石、河沙或者水泥等回填进采空区，减小或避免塌陷；二是加强监测，通过观测成果来分析研究得到矿区地表移动规律以及生态环境的变迁和演化过程，提前做好防灾减灾措施[236]。如果采取回填措施，所需投入较大，并且塌陷过程缓慢，引起的严重后果并不能立即显现，这就让企业有了忽略塌陷治理的理由，有效防治的方法就是加强采空区监测。采空区监测技术有水准测量和GPS测量等常规方法，还有近几十年来快速发展的InSAR、D-InSAR和PS-InSAR技术。

1. 水准测量和GPS测量

水准测量和GPS测量是采空区地面塌陷地表形变监测的传统方法。这两种监测方法具有技术成熟度高和精度高的优点，但由于水准和GPS观测的成本较高，台站分布和观测周期受到人力、财力和气候环境等因素的限制，对于采空区大面积长期形变监测略显不足。另外，由于GPS观测的垂向精度相对较低，也限制了其在采空塌陷监测中的应用。

2. InSAR技术和D-InSAR技术

合成孔径雷达（SAR）技术是干涉合成孔径雷达（InSAR）技术和差分干涉合成孔径雷达（D-InSAR）技术的基础，它涉及侧视雷达系统、雷达波信号处理技术以及雷达图像的生成等诸多方面。而干涉雷达技术和差分干涉雷达技术是基于合成孔径雷达技术的图像处理方法和模型，是将合成孔径雷达技术应用延伸和扩展开来。干涉合成孔径雷达（InSAR）技术是采空塌陷区的实时动态监测的新的技术手段。相比于传统测量手段，其具有精度高、分辨率高、重复频率高、覆盖范围大、全天时全天候等优点，自20世纪90年代初开始广泛应用。大量的研究和实践表明，合成孔径雷达差分干涉测量技术（Differential Interferometric Synthetic Aperture Radar，D-InSAR）可以用于高精度获取地表微小形变，该技术与其他离散点测量技术相比，其测量结果具有连续的空间覆盖优势，它不需要人员进入现场区域测量，对于人员难以达到的区域可以补充水准测量和GPS测量的空缺，对于短周期、大面积沉陷区调查和预测具有明显优势。近些年来全球基于D-InSAR的相关研究课题和项目多达上千项，在地震形变、山体滑坡、火山活动、矿区地面沉陷、城市地面沉降等方面取得了一系列重要的研究成果，是一项极具发展潜力的空间对地观测新技术。将D-InSAR应用到矿山开采沉陷监测中，可以对地下煤炭开采引起的地表变形进行全天候、自动化、连续空间覆盖的监测。因此，应用该技术进行矿区地表形变监测已经成为一种趋势。在此主要介绍差分干涉合成孔径雷达（D-InSAR）技术在采空塌陷监测中的应用。

SAR是利用两幅合成孔径雷达影像中的回波信号相位信息来获取大范围、高精度的地表三维信息和形变信息的技术，该技术使得人们从空间对全球地表进行长时间序列的监测成为可能。其中，获取地表形变的InSAR技术被称为差分InSAR（D-InSAR），根据差分干涉测量数据处理时所用的影像数目不同，又可将D-InSAR分为两轨法、三轨法和四轨法[237]。

D-InSAR技术是在InSAR技术基础上发展起来的一种专门应用与探测地表位移变化的手段。其基本原理是利用同一地区的两幅或两幅以上SAR图像组成干涉图，而干涉图中不仅包含因地形起伏引起的干涉相位，还包含了由地表位移而引起的形变相位，通过对干涉图进行差分处理（去除地形影响）来获取地表微量形变。对于一幅干涉图而言，是通过已配准的主辅SAR影像的共轭相乘所得到的。式中，（r，n）表示像素坐标；M和S分别为复数形式的主辅SAR影像；IF为复数形式的干涉影像，而其相位Δφ可以写成以下形式：

$$IF(r,n) = M(r,n)S(r,n) \quad (9-23)$$

$$\Delta\varphi = \frac{4\pi}{\lambda}D + \frac{4\pi}{\lambda}\frac{HB_\perp}{R\sin\theta} + \frac{4\pi}{\lambda}B_\Pi + \varphi_{atm} + \varphi_{noise} + 2k\pi$$

$$(9-24)$$

式中　　λ——雷达波长；

　　　　R——斜距；

　　　　θ——雷达入射角；

　　　　k——整周模糊度；

　　　　$B_\perp$、B_Π——干涉对的垂直基线和平行基线；

　　　　φ_{noise}——相位噪声；

　　　　φ_{atm}——大气相位。

在式（9-24）中，等号右侧第一项表示形变相位，是指在主辅影像所间隔的时间范围内，地表在雷达视线方向（Line-Of-Sight, LOS）上的位移D所引起的干涉相位。第二项表示由地表高程H引起的相位变化，即地形相位。去除地形相位的方法有两种：一种是利用仅包含地形信息的SAR影像对生成干涉图进而得到地形相位；另一种是利用已有的外部DEM模拟地形信息从而实现地形相位的去除。因此差分干涉方法可归结为两种模式：使用外部DEM的二轨方法；使用多图像干涉生成地形影像对的三轨或四轨方法。第三项表示平地相位，是由不同像素在参考椭球面的斜距差所引起的。B_Π可通过卫星精密轨道数据求得；也有一些学者利用地面控制点来优化基线。对于重复轨道干涉图而言，大气相位（φ_{atm}）是最主要的误差源之一，严重时可以给干涉图带来0.5到1个干涉条纹的影响。

GPS、MODIS或MERIS等水汽资料可有效去除大气效应，但受限于外部条件的制约；干涉图堆叠是另一种常用的大气相位去除方法。相位噪声φ_{noise}包括热噪声、时空相关噪声、多普勒相关噪声以及数据处理过程产生的噪声等。多视和滤波都可以达到去噪的效果。而滤波方法主要分为频域（如Goldstein滤波）和空域（如Lee滤波）两类。最后一项为2π整数倍的整周模糊相位。这是由于干涉相位图的相位往往是缠绕的，反映的只是真实相位值的小数部分，因此要通过解缠来还原相位的真值。目前常用的解缠方法有枝切法和最小费用流法等。

要通过干涉相位得到准确的地表形变值D，首先需要去除地形相位、平地相位、大气相位、噪声以及整周模糊相位。在实际数据处理中，可能仍然会存在一些相位残余，其大小决定了地表形变监测的精度。而相比于传统测量手段，D-InSAR技术具有以下优势：能够对监测区域进行全天时、全天候观测，测量过程中以面为基础；能够在短时间内监测到成千上万平方公里的地表变形，是一种无接触式的监测手段，基本上不需要地面控制点，精度高，能够达到厘米甚至毫米级精度，数据处理的自动化程度高。D-InSAR技术的发展大大促进了InSAR技术由理论研究向实际应用的发展，目前已经在全球各地广泛应用。

3. PS-InSAR技术

PS-InSAR技术即"永久散射体干涉技术"（Permanent Scatterers InSAR，PS-InSAR）。该技术在传统D-InSAR技术基础上，利用那些在相当长时间内仍能保持稳定发射特性的散射体（即永久散射体，PS）来减少数据的时间和空间的去相干、纠正大气影响等问题，从而获取目标（PS）点上微量形变时间序列。该技术一定程度上克服了D-InSAR技术去相干的瓶颈问题，大大拓展了D-InSAR技术的应用领域。

PS-InSAR技术在本质上仍然是一种雷达差分干涉处理技术；它是基于传统InSAR技术，对在时间序列上表现出稳定后向散射强度或相位特征的目标点进行识别，继而进行差分计算，以研究较长时间序列上目标点位移规律的一门技术[238]。其处理方法是：首先在一组SAR图像中选择一幅作为参考图像，并与其他图像生成干涉图，然后从这些干涉图中寻找相位稳定的点作为PS点，继而对每幅干涉图建立大气模型，通过联立方程的方式消除大气的影响，最终求解出各个PS点的微量形变。

9.4.3　岩溶（土洞）塌陷监测技术与方法

岩溶塌陷的监测方法可分为直接监测法和间接监测法两类。直接监测方法就是通过直接监测地下土体或地面的变形来判断地面塌陷的方法，如监测地面沉降、地面和房屋开裂等常规方法，以及地质雷达和光导纤维等监测地下土体变形的新技术新方法。而岩溶管道系统中水（气）压力的动态变化传感器自动监测技术就是一种岩溶地面监测的间接方法。由于塌陷具有隐蔽性、突发性，经国内外的专家学者多年的研究和实践发现，采用监测地面沉降、地面和房屋开裂的常规方法来监测塌陷效果不理想，而采用地质雷达、光导纤维的直接监测和岩溶管道系统中水（气）压力的动态变化传感器自动监测的间接监测技术来监测塌陷能取得比较理想的效果[239, 240]。

1. 岩溶塌陷的地质雷达监测技术

地质雷达由发射天线向地下发射高频电磁波，通过接收天线接收从地下不同电性界面上反射回来的信号。当地下物体的介电常数差异较大时，就会形成反射界面，电磁波在介质中传播时，其路径、电磁场强度等随介质的电磁性质及几何形态而变化。因此，根据接收波的旅行时间、频率等资料，可推断介质的结构。由于发生扰动、形成土洞的地下土体与其周围的原状土体具有明显不同的介电常数异常。通过地质雷达定期、定线路的探测扫描对比，可推断地下土体的变化，从而达到监测土洞的形成、发展过程，进而预测岩溶塌陷。

地质雷达定期扫描可以发现异常区，但是受工作环境和深度限制，而且因其操作的专业化成本，对于长期监测来说有局限性。

2. 光导纤维监测技术

光纤传感技术是近年来发展起来的尖端监测技术。光纤传感器是利用光纤技术和光学原理，将感受的被测量转换成可用输出信号的传感器。在光纤传感器中，光纤既是传感介质也是传输介质。作为传感介质的光纤，具有测量敏感性高、性能稳定的优点；而作为传输介质的光纤，在传输过程中不受电磁干扰、信号损失量小，传感光纤可以直接通过光缆连到控制监测中心，这样就可以实现远程分布式监测。鉴于光纤传感器的这些优点，其在工程监测领域受到越来越多的重视。光纤传感技术已经在隧道、基坑等地下工程的施工和运营中得到大量应用。光纤传感器根据测量方式可划分点式（SOFO）、准分布式（FBG）和分布式传感器（BOTDR & BOTDA）三种类型。

经过多年的研发，以FBG（光纤光栅）、BOTDR（布里渊光时域反射）与TDR（时域反射法）为代表的光纤传感器监测技术已成为当今最为先进的岩土变形现场监测技术。光导纤维检测技术在岩溶塌陷中的应用还处在试验研究阶段。本章节主要介绍BOTDR、TDR技术在岩溶塌陷中的应用。

1）BOTDR技术

BOTDR技术即布里渊时域反射技术，其工作原理是光波和声波在光纤中传播时相互作用而产生的光散射过程（图9-10）。布里渊散射光频率与温度和应变成线性关系，根据频率的漂移量即可计算出光纤受温度和轴向应变的变化。BOTDR技术的分布式、长距离、远程实时监控以及光纤耐久性好的特点正好弥补了传统监测技术的不足，在国内外岩土工程界已引起重视和推广，国内主要应用于桥梁、隧道等构筑工程的变形监测领域。BOTDR技术监测岩溶（土洞）塌陷的原理是：根据岩溶土洞的形成演变过程中，土洞的顶板变形随着时间逐渐变大直至垮塌从而导致地面塌陷的现象，在可能发生土洞（塌陷）地段水平布置传感光纤，光纤受上覆土层的荷载作用，当土洞发育到一定程度时，传感光纤发生变形甚至断裂。通过

对传感光纤沿线应变的时空变化分析，判断土洞形成位置规模及过程。

分布式光纤传感技术首先通过对光纤加载和卸载来模拟土洞形成过程顶板荷载的变化及分析传感光纤相应的变形和轴向应变特点，然后研究了土洞规模变化对光纤传感监测的影响[241]。光纤传感试验装置能较好地显示岩溶土洞形成演化过程中的应变变化特征，分布式光纤传感技术可应用于岩溶塌陷的监测预警。

2）TDR技术

TDR（Time Domain Reflectometry）技术，是同轴电缆时域反射技术的简称，为分布式监测技术。TDR技术最初主要应用于电力和电讯工业方面，自从1931年美国的研究人员最先开始研究运用TDR技术检测通讯电缆的通断情况。该技术自20世纪80年代开始应用于岩体的变形监测，在岩土工程方面应用非常广泛，在采空区、滑坡、桥基、岩溶土洞（塌陷）等监测中均有应用。

TDR技术监测岩溶土洞（塌陷）的原理主要是断点测量。通过同轴电缆与水泥砂浆胶结，在可能发现土洞（塌陷）地段水平布置同轴电缆。在上覆土层荷载的作用下，当土洞发育到一定规模时，同轴电缆水泥砂浆将断裂，折断同轴电缆。通过检测TDR电缆的特征信号，就可判断出土洞的确切发生位置（图9-11）。

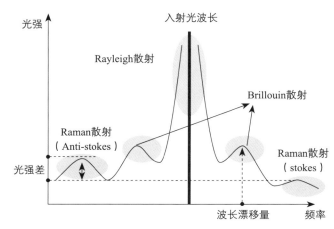

图9-10　BOTDR原理图

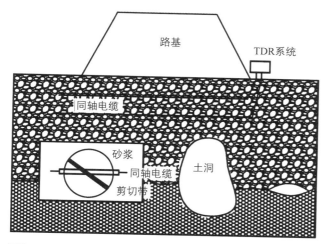

图9-11 岩溶土洞（塌陷）TDR监测原理图

岩溶土洞（塌陷）TDR监测步骤如下：首先根据地质调查结果，分析土洞发育规律，制定监测线布置方案，确定测线间距和测线的埋设深度，以保证绝大部分土洞都位于测线范围。而且土洞发育到测线位置时，还有足够的预警时间；然后通过水泥砂浆胶结同轴电缆，既保证电缆的变形破坏与土层同步，也对电缆起到保护作用，避免后期施工破坏；同轴电缆埋设后，即可开始监测，在上覆土层和公路荷载的作用下，当土洞发育到测线位置时，同轴电缆水泥砂浆将断裂，折断同轴电缆，通过TDR监测系统，定期对各测线电缆进行监测，就可判断电缆发生断点的距离，通过电缆平面布置的坐标与电缆长度的对应关系，得出土洞的发生位置。2002年Kevin等已将TDR技术运用到岩溶区高速公路路基塌陷监测中，并在岩溶塌陷最为发育的佛罗里达州高速公路进行监测试验研究。蒋小珍、雷明堂等对岩溶（土洞）塌陷TDR监测试验研究中进一步证明，TDR监测技术用于岩溶土洞发育区的塌陷监测具有可行性和可操作性。同轴电缆的类型、胶结体强度、埋设技术是影响TDR技术监测岩溶土洞（塌陷）是否成功的关键。

TDR技术具有技术成熟，设备价格相对低，抗干扰能力强等优点，但对监测条件要求较为严格，只有

监测对象受到剪切力、张力，或者两者综合作用变形的情况下才产生信号，导致对塌陷形成过程的监测较为困难。

3. 岩溶管道系统中水（气）压力的动态变化传感器自动监测技术

室内岩溶塌陷模拟试验表明，频繁的地下水（气）压力的变化，会造成第四系土层的变形破坏。当水（气）压力变化或作用于第四系底部土层的水力坡度达到该地层土体的临界值，第四系土层就会发生破坏，进而产生地面塌陷。因此，通过监测地下水（气）压力的变化可以对岩溶塌陷进行监测预报。

对岩溶管道裂隙系统中的水（气）压力变化这一触发因素进行实时监测，只能预报监测点所处的岩溶管道裂隙影响范围内的危险性，但未能解决发生岩溶塌陷具体位置定位问题。

9.4.4 塌陷的预报和预警

1. 采空塌陷的预报和预警

采空区的监测工作是塌陷的预报和预警的前提，采空区塌陷的监测和预警是其地质灾害防治的有机整体[242]。要通过对采空区的监测确定地表移动与塌陷参数，如下沉系数、塌陷面积系数、水平移动系数、积水率等相关数据，进而求得地表任意点下沉值和下沉持续时间等，以这些计算与预测结果为依据进行塌陷预报和预警。对于城市采空区地面沉降预警的目标是要通过大量的监测数据为闭坑矿井沉陷区构筑物等地面设施的安全提供地质安全保障，研究地面塌陷的临界地表变形指标（下沉倾斜水平移动和水平变形值），根据监测数据与临界变形指标，研发基于监测数据的预警软件，建立采空区塌陷的预警系统，及时预警塌陷强度和破坏程度，确保采空区居民的生命财产安全。

采空塌陷的预报、预警工作可结合监测技术，通过分析和反分析的方法，达到避灾预报和预警的目

的。分析和反向分析的研究方法是地下工程灾害的基本方法。根据采空区实际情况建立监测体系，通过监测体系的建立获取有效相关信息反向分析塌陷活动中各类参数数值的大小以及变化趋势，了解塌陷过程所取得的状态和发展趋势，再进行正向思维，预测采空塌陷形成的可能性、发生的时间、地点，从而对塌陷进行实时预报，进而采取相应的工程对策以预防灾害的发生或减少损失[243]。对采空塌陷的监测，可进行应力、应变、位移、位错等参量的监测，实施全过程的监测。在全过程监测中，可在塌陷发展阶段进行预报，以便采取工程措施终止塌陷的发展以确保安全；当只以避灾为目的时，可依据监测资料，当塌陷发展至接近破坏的临界点前予以预警。在有采空塌陷存在的场地进行工程建设时，需加强采空塌陷地质灾害的监测预报工作，并在预测塌陷区内设立警示标志。

STL-12型声发射监测系统是国内较为先进的岩石声发射监测系统，通过该系统可对某一区域岩体实施全天24h连续监测。对监测到的微震信号的产生机理进行处理、分析，可准确预测岩体的破坏范围、破坏强度、生源位置等，及时掌握空区岩体地压发展的动态规律，从而预报岩体塌陷等破坏现象。主要过程为：建立声发射在线监测系统，对空区地压活动进行全天候监测，并从现场取样进行室内岩石破坏过程的声发射实验，建立岩石破坏过程声发射波形特征数据库，总结岩石破坏过程的声发射参数信息特征，并建立完善预警制度[244]。

另外，对于地质灾害，最了解其具体情况，并且最可能受到威胁的是当地的居民，而过去对采空区塌陷灾害进行评价采用的方法主要是定量方法，如聚类分析法、主成分分析法、灰色理论等，这些方法通常以具体的采空区的地质硬数据为基础，通过数学的方法进行分析评价。这些定量方法虽然可行但缺少当地居民的参与，其结果与实际情况可能有所出入。起源于芬兰环境部发起的"环境聚集研究项目"的SoftGIS技术使用模式简单，用户群广泛。

可将SoftGIS技术应用于采空区的监测预警中，通过SoftGIS的公众参与平台，运用当地民众对本地水文地质环境的认识及对居住环境塌陷隐患现状的了解，为采空区塌陷灾害评估预警补充信息，可弥补专家技术人员不能实时了解当地灾害变化情况的不足。通过物探等手段得出的采空区范围只是推测的结果，根据系统SoftGIS平台获取的信息补充到推测图中经过叠加后得出的结果相对更加准确[245]。

2. 岩溶塌陷的预报和预警

岩溶塌陷往往是突然发生的，事前一般没有明显的征兆，因此很难准确预测岩溶塌陷发生的地点和时间。但是，根据当地的岩溶发育程度，则可以通过详细的工程地质调查，来评价岩溶塌陷发生的可能性大小，即岩溶塌陷的稳定性，寻找潜伏的岩溶洞穴，作为防治塌陷及制定工程建设规划的依据。在岩溶灾害的防治工作中，预报是一个重要的环节，对防灾减灾具有重要的意义。由于塌陷的突发性和隐蔽性，使监测工作面临诸多问题，难以对塌陷发生的地点和时间做出确切的预报，只能起到灾害中长期预报的作用[246]。预报工作开始之前需要取得通过岩溶塌陷勘察评价和预测获得的各种临界条件和判据，同时收集监测成果。预报工作就是对上述资料进行综合分析研究验证，通过监测对原来确定的临界条件和判据进行修正和补充，使其更符合于实际。

岩溶塌陷的预警是在灾前发出警报，以达到保护国家和人民生命财产安全的目的，它是一种短期的临塌的预报。设置预警装置，一边能及时准确地进行时空预警，是一个对减灾防灾至关重要的技术难题，可根据条件加以选择和考虑[247]。

研究表明，地下水是岩溶塌陷发育的动力因素，岩溶水压力的变化，尤其是突发性变化与岩溶塌陷发生有密切关系[246]。预警系统模型建设是建立在完善的监测网络、地面调查、测量等工作基础上，结合考虑地下水变化，进行岩溶的地面塌陷预警，预报思路如图9-12所示。

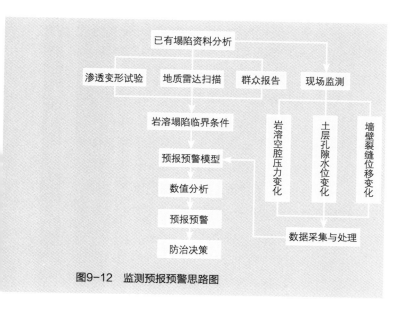

图9-12 监测预报预警思路图

岩溶地面塌陷的形成由其先决条件所决定，并在产生的早期（隐伏土洞的形成过程中）有明显的前兆：水位较快速下降、单井涌水量减少和岩溶水出现浑浊。这说明尽管岩溶地面塌陷是瞬间完成的，具有很强的危害性，但是其形成要经过一定时间的孕育期[248]。为此通过对岩溶水位、水质监测，可以对岩溶地面塌陷做出较准确预测。在产生岩溶地面塌陷的隐伏灰岩区，建立具有一定密度的岩溶水监测网络，对岩溶水位、水质进行监测。当岩溶水位下降至第四系底部附近时，应加密监测，并及时整理监测资料，做出等水位线平面图，了解岩溶水运动方向；当岩溶水位快速下降、单井涌水量骤然甚至岩溶水浑浊时，根据监测资料结果划定隐伏土洞形成范围及可能塌陷区范围。显然，监测网络密度越大，监测精度越高，划定塌陷区的范围就越准确。目前利用计算机技术，通过数据库和绘图工具，或通过建立岩溶水 GIS 系统，均可以较为准确地预测、预报及对岩溶地面塌陷进行预警。

由于岩溶土洞（塌陷）的无征兆性，地面变形监测对岩溶土洞（塌陷）的预报、预警往往起不到很好的效果[247]。因此，通过对于岩溶塌陷监测方式对灾害进行预报、预警，常规的地面变形测量（如水准测量、位移计、沉降标等）方法是难以做到对变形破坏

乃至地面塌陷的预报与预警工作。长期以来，岩溶土洞（塌陷）的监测预警问题一直是国际上极具挑战性的问题。随着新技术的发展，特别是光电传感技术的应用，岩溶土洞（塌陷）预警监测已取得可喜的进展。目前，国内外可用于岩溶土洞（塌陷）的监测预警方法包括：地质雷达监测法（GPR）、合成孔径雷达（InSAR）干涉测量法、基于岩溶管道裂隙水（气）压力监测的触发因素监测法、时域反射（TDR）同轴电缆监测法、光纤传感（BOTDR）技术监测法等。相关技术方法已在本章节中详细介绍，这些先进的技术方法应用，对岩溶土洞（塌陷）灾害的预报与预警方面工作起到了积极的促进作用。

9.5 地面塌陷预防与治理

地面塌陷的产生与形成是一个复杂的过程，受多种因素的综合影响和制约。这使地面塌陷的预防具有较大的难度，并在一定程度上决定了地面塌陷预防措施的多样性和复杂性。但是只要抓住地面塌陷产生的主要控制和影响因素，针对不同地区地面塌陷形成和发展的原因和基本规律，借鉴已有的治理地面塌陷的成功经验，我们就能成功地预防地面塌陷的进一步发生，最大程度减轻地面塌陷带来的危害。

9.5.1 地面塌陷的预防分区

在地面塌陷调查的基础上，对城市地面塌陷的可能性进行危险性预测，划分为危险性大区、危险性中等区和危险性小区。地面塌陷防治分区时在地面塌陷危险性分区的基础上，依据防治原则和防治的必要性，同时考虑地面塌陷现状和人类工程经济活动的强烈程度，综合划分成三个大区，即：重点防治区（A）、次重点防治区（B）和一般防治区（C）。对重点防治区内的居民进行变迁避让，在本区域内建立完

全的地质灾害监测预报系统，对已存在的地面塌陷地质灾害进行综合治理，对存在的地面塌陷地质灾害隐患及时进行勘测治理；对次重点防治区仍需关注地面塌陷地质灾害的发生与预防，应在地表建立动态观测站，定期对其进行监测；对一般防治区仅进行定期动态观测即可，日常监测以群测群防为主，对危险性重大的地面塌陷点和潜在危险区段布设监测点，及时获得数据，进行预测预报，减少财产损失和人员伤亡[249]。

9.5.2 地面塌陷的预防措施

为使地面塌陷预防达到预期的效果，避免灾害的发生，防止灾害进一步的扩大和加剧，从而达到防灾减灾的目的，根据各地区地面塌陷的特点，防治原则和防治分区，建议在政策和技术方面同步采取必要的防治对策。

1. 政策性措施[250]

1）广泛宣传地面塌陷地质灾害的严重性和危害性，宣传地面塌陷的形成条件和发展趋势，宣传其会给地区经济建设和人民生命财产安全带来的严重危害和损失，宣传防灾减灾所产生的社会效益和经济效益，增强全民的防灾意识，使得社会各部门及广大人民群众积极防灾抗害，让其自觉地处理好人与地质环境的相互依赖、相互作用关系，实施国民经济可持续发展战略，使全国矿产资源得到科学、合理的开发利用和保护。

2）地面塌陷的产生往往是因为地质环境条件的恶化而诱发的，因此为了预防地面塌陷地质灾害的发生，在国土规划、资源开发以及城市建设之前，必须要评价其对地质环境的影响程度和相互作用。坚决反对为了追求经济的增长而牺牲地质环境、生态环境、掠夺式的开发资源的方式；对于会导致严重地面塌陷地质灾害的工程经济活动和开发计划应该予以放弃，地质灾害易发地区应限制其工程规模和强度，以争取经济发展与环境保护同步进行的发展途径。

3）为了保护地质环境、防止人为催进地质灾害的发生与发展、保证地质灾害防治工作顺利进行，应尽快建立健全一系列相关的法规与制度。各级政府应杜绝以言代法、以权代法和地方保护主义的行为，必须坚持以法治矿。尤其是矿山开发和地矿行政主管部门需要对矿山地质灾害防治工作进行全面规划并统筹安排，必须坚持"谁开发、谁保护、谁闭坑、谁复垦、谁治理"的原则对矿山地质环境进行保护。对矿山水资源利用的结构进行调整，减轻地下水开采强度，以法规和制度的方式规范各种采矿活动。

4）在重要城镇和重点经济开发区对地面塌陷地质灾害进行现状调查，建立地面塌陷地质灾害的信息管理系统。以此为基础，按地面塌陷地质灾害的危险性进行分级，并针对性对其提出相应的整治计划。同时，对于地面塌陷灾害综合勘查、评价、预测预报和防治的新方法应积极予以推广，逐步建立地面塌陷灾害评估体系及监测预报网络。加强地面塌陷地质灾害的相关信息交流和国际合作，提高我国地面塌陷灾害的研究和防治水平。

2. 技术性措施

地面塌陷的预防措施规划是在查明塌陷成因、影响因素的基础上，为了防止或减少塌陷发生和塌陷危害的措施。如建立监测网、调整抽排水方案、设置完善的排水系统、工程选址时避开地表塌陷发育地段等。具体的预防措施如下[251~253]：

1）查明影响城市地面塌陷主要地质因素的空间分布特征，为城市规划和工程建设提供参考依据。地下岩溶的发育、丰富的地下水和地下矿产、土地资源是诱发地面塌陷的主导因素。因此，在岩溶发育地区，查明岩溶发育程度及其含水层分布特征，评估岩溶地下水的含水量；在蕴藏着丰富地下矿产资源的区域内应开展矿产资源评估，查明其资源储量、分布范围、厚度、地层、构造以及地下水等特征；在已开采区域，应查明采空区的埋深、空间展布特征等，并评估采空区的影响范围；为城市的未来土地规划提供科学依据，减少地面塌陷造成的人员伤亡和经济损失。

2）建议采用点、线、面相结合的方法，以区域预防为主，对具体工程建设地点，应加强岩土工程勘察工作，并着重查明场地塌陷产生的条件，做出分析评价。在地面塌陷易发区建设重要建筑物时，必须在选址阶段进行以地面塌陷为主的地质灾害危险性评估分级。对可能继续发生地面塌陷的地段进行预测，划定潜在危险区，并尽可能使重要建筑物布置在相对稳定地带，避开塌陷或塌陷隐患。在地面塌陷易发区制定防治方案，及时采取措施进行综合治理，减轻灾害造成的经济损失。修建建筑物时，应避开低洼地段，尽可能建在高处，基础要适当加深。当建筑物布置无法避开岩溶发育地段，必须对地基进行详细的勘察和采取有效的处理措施（桩基、加固、充填、架桥、高压灌注、封堵水源及排导等）。若须设置载荷大（如高层建筑、水库等）、振动强（如车站等）的工程，必须坚持清基处理，工程应砌置在牢固的基岩上。

3）地下采空区的充填。地下采空区的充填一般是从采矿方法和工艺的角度出发来预防地表塌陷。此方法是借助于水力、气力等动力把充填材料送入采空区中，并对其进行充填。常用的充填材料有尾矿、块石、工业废渣、砂卵石等。充填采矿法利用废料作为充填材料，在解决由采空区诱发的地表塌陷的同时，还解决了矿山废石废渣的堆放问题，并且降低了治理费用。

4）合理地控制地下水的开采。控制抽水强度，应禁止或限制过量抽取地下水，避免水动力条件发生急剧变化，破坏岩体应力平衡状态而导致地面塌陷。合理控制水位降深值，在塌陷区内不可长期连续大降深的抽水，同时建议抽水时，水位降深值应由小到大，逐渐增大，且必须选择合理的井距，降低地下水对岩溶充填物和土层的潜蚀搬运能力，达到减少塌陷的目的。尽量避免开采浅层岩溶水，只抽取深部岩溶水。根据调查、统计多个岩溶区的资料以及破坏性抽水实验分析，大多数抽水引起的岩溶塌陷都与浅层岩溶地下水开采有关。

5）对各种建筑工程在地基基础施工中，必须进行钻探工作。钻探密度及深度以能查明建筑物荷载影响范围内有无潜伏土洞和采空区为宜，若发现土洞或采空区，必须进行有效的治理后，才能继续施工。

6）在塌陷区及其附近，宜采用对地基振动小的施工方案，应禁止采用对地基振动大的施工方案，如爆破、振动或打入式桩基等，以免因振动诱发大面积塌陷。

7）对于城市供、排水以及农田水利灌溉工程，应加强防渗措施，避免因漏水对土体的长期渗蚀作用而引起塌陷。尤其是尽量避免工业废水和生活污水在岩溶地下管道内的下渗、溶蚀等作用而引起排放区土层性质改变和化学溶蚀塌陷。

8）应加强地面塌陷的环境监测，当发现抽水时变量变色、地陷、地裂、地面不均匀沉降、墙裂、门窗开关异常等情况，应及时查找原因及致灾因素，为避险和治理提供依据。

9）对于地面塌陷易发区的重大建筑物，应采取必要的抗塌结构措施。根据具体情况选用直梁、拱梁或者板结构等跨越经处理后的塌陷或是潜在塌陷区，或者采用钢管桩等深基础穿越处理后的塌陷区或潜在塌陷区进入稳定基岩，确保建筑物的安全。

10）加快地面塌陷地质灾害的信息管理系统的建立。建立地面塌陷的数据库和图库，可提高地面塌陷资料的利用率并为地面塌陷的防治、塌陷抢险以及城市规划提供有利条件，提高了地面塌陷资料的利用。

11）监测措施，在地面塌陷易发区，建立地面塌陷监测网点，进行长期监测。近年来，以FBG（光纤光栅）、BOTDR（布里渊光时域反射）与TDR（时域反射法）为代表的光纤传感监测技术也正在逐渐走向成熟，具有广阔的应用前景。

9.5.3　采空区地面塌陷的治理措施

目前常用于治理采空区地面塌陷的方法主要有：

压力灌浆法、充填复垦法等。对已形成的塌陷区，可根据类型的差异分别采取不同的治理措施[254, 255]。

1. 加固、维修废弃的巷道和回采工作面。地下开采的矿山在开采完毕之后，会遗留下大量的地下巷道及回采工作面，形成大范围采空区。对于采空区现在一般都没有对巷道及采掘面进行有效的治理措施，只是将巷道口进行爆破掩埋而已。加固及维修矿山采空区的废弃巷道和回采工作面，是防止产生采空区地面塌陷地质灾害的主要治理措施和有效手段。

2. 在地裂缝或地表塌陷产生之后采用压力灌浆法进行治理，用人工或机械往塌陷体中注入水泥砂浆或在回填后进行灌浆，既可以对松散土体或岩石进行加固，改善岩体应力状态，又可以抵抗渗透变形，进而极大限制或消除了塌陷区进一步发展。但是只有在对注浆区的水文、工程地质条件进行了深入的调查和了解之后，压力灌浆法才能达到预期的效果。

3. 利用矿区开采已有的废石和废渣对已形成的地面塌陷坑进行充填，在矿山开采闭坑后再对其覆土并实施生态恢复，此方法既解决塌陷区复垦和塌陷区生态系统恢复的问题，与此同时还为矿山固体废弃的问题提供了解决方案。

4. 针对无积水浅层塌陷区一般会采用推高填低整平法。这类地面塌陷分布广泛，地貌变化、下沉程度以及土壤的养分变化都不是太大。对于此类地面塌陷主要采用工程措施，利用机械进行推高垫底，修复整平并改进水利条件，恢复原有地形地貌和生态环境。

5. 针对地表下沉、凹凸不平、局部有积水、大部分无水的塌陷区，治理措施主要是大面积机械施工，挖深垫浅，即把塌陷中心区挖深，使积水集中，尽可能把其周边塌陷少而浅的土地垫高。将其改造形成物种共生、结构与功能协调的人工湿地生态系统。既能保持矿区好的生态环境，又能为一些野生动植物（如水鸟等）提供生境，为发展生态旅游创造良好的条件。

9.5.4　岩溶地面塌陷的治理措施

岩溶塌陷机理复杂，往往受多种因素的综合作用和制约，在进行治理时，应抓住主要控制因素（岩溶洞隙、土体、水），通过采取积极有效的方法来改变这些控制因素对岩溶塌陷的不利作用，以达到抑制或消除塌陷的发生与发展，减轻塌陷灾害的目的。从本质上来讲，治理岩溶塌陷的有效措施或途径无非是减少致塌力，增强抗塌力，避免或尽量减少诱发因素的作用。根据国内的成功经验，具体方法有换填法、地表封闭处理、跨越法、强夯法、深基础法、灌注法、旋喷加固法等方法。每一防治方法的选择要结合具体岩溶塌陷的成因、致塌模式及主控因素来进行，确保防治工作的效果[256, 257]。

1. 对于新、老地面塌陷坑，为了避免陷坑对周边地面的牵连性变形破坏，一般会采用换填法。首先清楚塌陷体中的松土，填入块石、碎石或中、粗砂，做成反滤层，然后上覆黏土夯实。对于重要建筑物，一般需要将坑底或洞底与基岩面的通道堵塞，可开挖回填混凝土或设置钢筋混凝土板，也可灌浆处理[256]。

2. 对于开挖回填有困难且深度较大的塌陷坑或土洞，岩溶顶板厚度与完整性难以确定，或其他处理方式不经济时，一般采用跨越法。岩溶区结构物跨越的方式一般有桥式跨越、网格梁、地面板、钢轨梁（板）、框架梁、深基础等。据广西岩溶区的处理经验，一般以梁板跨越为主，两端支承在可靠的岩、土体上，每边支承长度不小于$1.0 \sim 1.5m$[256]。

3. 对于松散软弱地层，可采用用强夯法加固土层。表土层经过强力夯实后，降低压缩性，增加密实度，提高土层的强度，有利于拱的平衡，进而增加了稳定土层的厚度，能减少或避免塌陷的发生。强夯法还可以破坏土层中尚未发展到地面的洞穴，消除隐患，达到处理的目的[257]。

4. 对埋藏较深的岩溶洞穴、溶蚀裂隙、溶沟等可以选择压力灌浆法进行处理，把灌注材料通过钻孔进行注浆。其目的是强化土层或洞穴充填物、充填岩溶洞隙、隔断地下水流通道、加固建筑物地基。灌注材料主要是水泥、碎料（沙、矿渣等）和速凝剂（水玻璃、氧化钙），水泥强度等级一般应大于42.5，灌注方式可采用低压间歇量式或循环式灌注。

5. 对于红黏土软弱土层或者塌陷土层，可采用旋喷加固法。在浅部用旋喷桩形成一"硬壳层"，在其上再设置基础。"硬壳层"厚度根据具体地质条件和建筑物的设计而定，一般可达5～20m。

6. 利用地下水回灌、恢复地下水平衡状态和停用取水水源来抑制塌陷的发展。从根本上清除因地下水位下降造成的地面塌陷的病源。

7. 在岩溶发育地区修建蓄水工程时，应采用"堵水不堵气"或"通气泄水"等减压装置处理，避免人为构成或恢复气爆条件。对矿区相对封闭的岩溶地段，设通气孔防止真空吸蚀和高压冲爆，有较好的防塌作用。

8. 在岩溶发育地区，应做好地表水的疏通、排泄及围、改等，防止地表水以强径流方式集中渗透入地下造成土体的渗蚀，避免土洞与塌陷的发生。

在实际塌陷的治理过程中，必须查明塌陷或潜在塌陷的规模大小及空间分布特征，分析引起塌陷的主导控制因素，根据实际情况选用一种或数种方法进行综合整治。

9.6　案例——桂林市西城区地面塌陷防治规划

9.6.1　桂林市西城区环境地质背景

桂林市属典型碳酸盐岩岩溶地貌区，地貌属岩溶盆地地貌，以漓江两岸河流阶地和岩溶孤峰平原、峰林平原地貌为主，东西两侧以尧山、长蛇岭低山丘陵为主。上覆第四系松散土层普遍较薄，下伏普遍分布

的碳酸盐岩岩溶多为强发育，局部分布有碎屑岩，河流阶地冲积层厚度较大但渗透性强，地下水资源丰富，水位埋深较浅，岩溶个体形态众多、复杂，形态多种多样。

1. 位置交通特征

桂林市西城区位于桂林市区的西部，包括琴潭开发区和西城区工业区的一部分，琴潭开发区是拟议中未来桂林市政府所在地，距桂林市老城区约2km。西城工业区以临桂县二塘镇为中心，距桂林市老城区仅5km，是桂林市老城区工业调整搬迁的基地，区内居住人口控制12万以内。本次工作区地理坐标为东经110°09′5″～110°16′11″，北纬25°14′26″～25°16′37″之间，总面积为42km²。区内交通便利，有湘桂铁路贯穿，并设二塘站，主要公路为桂林两江国际机场高速公路、桂柳高速公路，桂林至龙胜、融安、湖南公路通过该区（图9-13）。

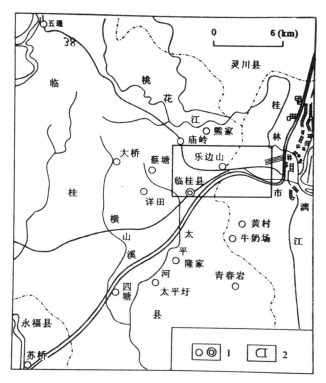

图9-13　交通位置图
1—居民点；2—工作区范围

2. 气象水文特征

工作区位于漓江与柳江水系的分水岭地带，分水岭东距漓江约8km，西距柳江水系的洛清江约15km。

工作区属亚热带季风气候，温暖润湿，气温较高，夏长冬暖，雨量充沛。据临桂县气象站多年实测资料统计，降雨量年平均值为1 853.3mm，最大为2 515.3mm，最小为1 293.0mm，其中4~7月为雨季，占全年降雨量的60%。年平均蒸发量为1 569.9mm，年平均气温19.1℃。一月最低（年均8.4℃），七月最高（年均28.2℃）。城区主导风向为东北偏北风。

研究区属漓江水系与柳江水系分水岭地带，无常年大河流，但小河流发育，雨季往往因河水排泄不畅，造成大范围洪淹。区内主要河流为南溪河、太平河，另有桃花江在研究区东北部边缘通过，青狮潭水库西灌渠从研究区内通过。

3. 地形地貌特征

研究区整体为"∞"型的岩溶盆地，盆地走向为NE-SW，分别向NE及SW呈开放性开口。由冲洪积、残坡积、溶余堆积三种成因的第四系覆盖物，覆盖于盆地东西部的平原以及盆地周边的岩溶山区的洼地、谷地表面。

4. 岩性特征

地层分布主要成因类型为：

全新统冲积层（Q_4^{al}）：主要分布于工作区东北角桃花江边，沿江展布。

上更新统冲、洪积层（Q_3^{al-pl}）：主要分布在工作区西部的庙岭、林机厂、临桂县政府、石塘尾一带。

上更新统残坡层（Q_3^{dl-el}）：主要分布于工作区西南部、中部及东部平原地区。

中、下更新统残坡层（Q_{1-2}^{el}）：是岩类组白云岩、泥质灰岩的风化残积物：主要分布于工作区西北角及东北部的垄岗地带。

出露的前第四纪地层仅有上泥盆统和下石炭统，均为海相沉积岩，由老至新可划分为多个岩石地层单位：

上泥盆统桂林组上段（D_3g^2）：为深灰至灰黑色中—厚层状粒屑微晶灰岩、板状层孔虫灰岩夹豹斑状白云质灰岩。分布于磨床厂和黑山变电站一带，面积0.4km²。

上泥盆统东村组（D_3d）：为浅灰至灰白色中—厚层状亮晶（微晶）砂屑灰岩、夹白云质灰岩。广泛分布于路口以南地区，面积8.4km²。

5. 地质构造特征

西城区位于广西山字形构造前弧东翼内缘，桂林弧形断褶带的弧顶附近。区内构造分褶皱和断裂两种基本类型，均为盖层型构造，经历了印支、燕山早期、燕山晚期和喜马拉雅构造运动。其中印支运动以近EW向水平挤压为主，是本区强度最大的一次构造运动，它奠定了本区基本的构造格架；燕山早期运动以近SN向至NNE向水平挤压——剪切为主，晚期转为NW向水平挤压；喜马拉雅构造运动本区总体处于抬升状态，活动频繁但不够强烈。

6. 地下水类型、含水岩组（层）及富水性

根据区内地下水赋存条件及岩层水理性质，水动力条件。本区地下水可分为孔隙水和岩溶水两大类。孔隙水主要分布于冲积层Q_4^{al}中的砂砾石层和冲洪积层Q_3^{al-pl}及坡残积层Q_3^{dl-el}中的含砾（碎屑）粉质黏土层中，岩溶水又可分为纯碳酸盐岩类裂隙溶洞水和不纯碳酸盐岩类溶洞裂隙水两个含水岩组。其中以纯碳酸盐岩类裂隙溶洞水最为发育，富水性最好，是本区最主要的含水层。

本区地下水最大的特点是各含水层之间连通性好，常作为统一整体考虑，但由于各含水岩组储水介质不同以及连通程度的差异性，造成各地段地下水富水程度差异。

9.6.2 桂林市西城区地面塌陷影响因素

桂林市地面塌陷多为岩溶塌陷。桂林市岩溶塌陷的主要影响与控制因素有：覆盖层特征、岩溶发育程度、地质构造、地下水和人类工程活动等。其中覆盖

层特征、岩溶发育程度和地下水是岩溶塌陷形成所必须具备的基本条件，地表水和人类工程活动场作为诱发动力，通过改变上述基本条件而加速塌陷的形成。

1. 覆盖层特征对岩溶塌陷的影响

覆盖层岩土性状对岩溶塌陷的影响。根据勘查资料，桂林市西城区岩土性状从总体上看，主要受其成因与时代控制。由表9-12可知，Q_{1-2}残积黏土由于形成时代较早，土体黏粒含量高。固结程度较高，因此抗剪强度较高，抗塌能力较强，塌陷密度小。Q_3形成的坡残积及冲洪积黏性土。

覆盖层岩土成因及性状与塌陷关系统计表　　表9-12

指标 盖层土类	黏粒含量 （Y_0）	ρ_s （g/cm³）	E	I_p	I_c	K （m/d）	C （kPa）	φ（°）	塌陷个数n （个）	面积A （km²）	塌陷密度 （个/km²）
Q_3^{al-pl}	45.6	2.72	0.89	18.8	0.48	0.131–0.552	25.3	8.8	107	8.24	12.99
Q_3^{dl-el}	56.1	2.76	1.09	24.5	0.34	0.014–0.137	52.7	5.8	206	19.74	10.44
Q_{1-2}^{el}	70	2.74	1.04	23.6	0.12	0.197–1.195	65.3	14.6	6	1.35	4.44

从覆盖层岩土类型看（表9-13），在西城区，粉质黏土最易产生土洞和塌陷，按其塌陷的容易程度依次排列为：粉质黏土——含砾粉质黏土——冲洪积黏土——坡残积黏土——残积黏土——砂砾石。

覆盖层类别与岩溶塌陷关系统计表　　表9-13

岩性		塌陷个数（个）	面积（km²）	塌陷密度（个/km²）
粉质黏土		128	8.78	14.57
含砾粉质黏土		18	1.46	12.30
黏土	冲洪积黏土	37	3.47	10.67
	坡残积黏土	128	14.42	8.88
	残积黏土	6	1.35	4.44
砂砾石		2	0.68	2.95

覆盖层结构对岩溶塌陷的影响。覆盖层结构主要指各不同岩性土层的相应排列及组合特征，它对岩溶塌陷的影响主要表现在抗渗性能、抵抗渗透变形等方面。对桂林市西城区岩溶塌陷的研究，将覆盖层分为一元结构、二元结构、多元结构和混杂结构四大类，见表9-14所列：

覆盖层结构与塌陷关系统计表　　表9-14

覆盖层结构		塌陷个数（个）	占总数百分比（%）	塌陷分布面积（km²）	塌陷密度（个/km²）
一元结构	粉质黏土	188	58.9	18.06	10.41
二元结构	黏性土/砂砾土	26	8.2	2.99	8.69
多元结构	粉质黏土/砂砾土/黏土	15	4.7	2.05	7.33
混杂结构	粉质黏土、粉砂黏土、砂砾石交错	90	28.2	6.25	14.43

由表9-13可看出，具有混杂结构的覆盖层，塌陷密度最大，表明其抗塌性能最差。这是由于该类结构较松散，且粗细粒渗透性能差异大，在其接触面上极易产生接触性管涌，而形成土洞和塌陷。具有一元结构的覆盖层，塌陷密度也较大，表明其抗塌性能也较差，这主要由于粉质黏土粒间连接较差，在渗透水流作用下容易产生潜蚀作用而引起塌陷。具有二元结构和多元结构的覆盖层，从总体看，塌陷密度较小，表明其抗塌性能相对较强，这主要是由于这两类土中黏土的粒间连接力较强，抗渗能力也较强，不易被水流搬运带走。

覆盖层厚度对地面塌陷的影响。覆盖层厚度对土洞顶板的抗塌能力有重要影响。通过对本区大量钻孔资料的统计分析发现，覆盖层厚度越小，岩溶塌陷越发育。在厚度小于6m区域的塌陷个数占总塌陷个数的75%以上。小于10m区的塌陷个数占总塌陷个数的99%以上。覆盖层厚度大于10m时，基本不会发生塌陷。此外，勘察资料还表明，覆盖层厚度大小对塌陷的规模的形态也有较大影响。一般厚度较大，塌陷平面形态多呈圆形或椭圆形。

2. 地质构造对岩溶塌陷的影响

地质构造对岩溶塌陷的影响主要表现在构造对岩溶发育的控制性，并为岩溶地下水的活动及其对覆盖层土体的潜蚀提供良好的活动场所和储运空间。地质构造对岩溶塌陷的影响包括褶皱构造和断裂构造对岩溶塌陷的影响。

褶皱构造对岩溶塌陷的影响主要表现在两个方面：首先，特殊的褶皱部位为岩溶塌陷发生提供直接或潜在的空间；第二，褶皱构造成为岩溶塌陷主动力因素，为岩溶地下水提供活动场所和富水条件。桂林市西城区为褶皱断裂等地质构造密集带，是岩溶塌陷发育经常发生地带。我国其他岩溶塌陷发育地区，如山东枣庄、泰安、河北唐山等地也有类似的规律。断裂构造的力学性质、构造岩的胶结特性、裂隙发育程度、规模及其与其他构造的组合关系等，在一定程度

上控制了岩溶塌陷的发生。

3. 地下水对岩溶塌陷的影响

岩溶塌陷与地下水关系极为密切，开展地下水长期监测，主要是为了查明地下水活动及其动态变化，从而分析地下水动态对岩溶塌陷的影响。地下水活动产生潜蚀作用过程为：地下水在砂土层中流动，在水动力的作用下，携带砂土颗粒从砂土层空隙通道中移出，导致空隙不断增大，产生土洞直至岩溶地面塌陷。

根据桂林市大量的调查资料研究发现，大部分土洞发育在地下水季节变动带，这说明区内大部土洞是由于土层受地下水长期反复潜蚀掏空而成。枯水位以下的土洞也有不少，大部分土洞发育在枯水位下1~3m，深者在枯水位下10~15m。深层土洞的特点是：埋藏深、洞高大，且在枯水位下，这部分土洞的形成时间可能比浅层土洞为早。少数土洞发育在丰水位以上，其成因是地表水下渗时潜蚀掏空而形成。

4. 工程活动对岩溶塌陷的影响

人类工程活动主要是作为一种诱发因素，通过改变塌陷形成的基本条件而加速塌陷的产生。人类工程活动对塌陷影响的主要形式有抽水、振动、堆载、开挖、渠道渗漏等，尤以抽水影响最大。因开采地下水，引起不同程度的地下水位下降、波动，改变地下水天然流场，常诱发或加速塌陷的发生。动静荷载对岩溶塌陷也有影响。对岩溶塌陷有影响的荷载主要有建筑工地堆料加载和施工机械的振动，交通工具加载和振动、积水和爆破等。这些荷载的作用，使洞顶增加附加的致塌力，破坏土洞的平衡条件，促进土洞破坏，产生塌陷。

9.6.3 桂林市西城区岩溶塌陷危险性预测评价

本项目采取的预测方法是模糊层次综合预测法，该方法吸收了各传统预测方法的优点，通过分析各主

要致塌因素对岩溶塌陷的影响，建立模糊层次评价模型，确定不同层次不同影响因子的权重，以此来刻画各影响因素对岩溶塌陷产生的影响程度及各影响因素之间的组合效应；采用模糊数学理论和方法，利用计算机技术和GIS空间分析工具，对含有不同权重的各影响因素进行空间迭置分析计算来确定西城区岩溶塌陷的稳定性分区。

9.6.4 西城区岩溶塌陷预测分区评价

根据前述的预测方法对桂林西城区进行岩溶塌陷预测，共分五个区，分别和稳定性预测等级对应，即稳定区Ⅰ、基本稳定区Ⅱ、次不稳定区Ⅲ、不稳定区Ⅳ和极不稳定区Ⅴ。就整体而言，该工作区内地质构造情况复杂，第四系厚度小，可溶性地层分布广泛，加之人为影响比较显著，地质环境脆弱。

1. 稳定区

主要分布于西城区中部东边山、称勾山一带峰丛山区以及零星分布于孤峰平原地貌单元的中低山区，总面积约12.66km²。该区是可溶性基岩裸露区，一般无地表第四系覆盖层和地表水体。通常不具备产生塌陷的基本条件。到目前为止，只在地势低洼处发现有极少数几个塌陷点，可能与地下水的集中灌入补给有关。本区内一般无建筑物及人群居住，工程意义不大，环境条件改变对此区的稳定性影响不大。

2. 基本稳定区

主要分布于研究区的西北、东北以及东南角等五处，规模较小，总面积约3.01km²。该区基岩主要是C₁y灰岩、白云质灰岩，部分区域为D₃d灰岩，岩溶微发育。第四系厚度较大，多为黏土。地下水活动不强烈，地表水体不发育。在自然条件下一般不会发生塌陷。目前该区内发现塌陷点九个，呈零星状散布，平均塌陷密度为2.99个/km²。在强烈的环境条件改变作用下可能加大塌陷产生的频数。

3. 次不稳定区

广泛分布于岩塘—县中学—县政府、甲山公社—庙岭等地，是工作区内分布面积最大的一个稳定性分区，面积约14.21km²，约占工作区总面积的33.8%。该区内第四系厚度小于10m，地表水体规模小，主要是水塘和沼泽化湿地等。地下水位波动比较频繁，且均有各组断层通过，岩溶中等发育。现有塌陷点66个，塌陷点分布成群不明显，平均塌陷密度4.65个/km²。

4. 不稳定区

主要分布在苗圃场、沙塘、桂林林业机械厂、县财政局、莲花塘、官桥村等地。分布面积为6.45km²。该区主要由峰林平原组成，局部地区为峰丛洼地。第四系厚度差别较大，多为一元结构，地表水体比较发育，地下水水位年变幅较大，现有开采井19个，塌陷分布成群性比较明显，平均塌陷密度14.89个/km²。今后如果井点的开采总量有较大的增加，会使地面塌陷加速、加重。

5. 极不稳定区

主要分布在石塘尾、甘蔗厂、庙门、广西第一地质队、桂林齿轮厂、电机厂等地。分布面积为5.53km²。该区主要由峰林平原和峰丛洼地组成，局部地区是一级阶地。第四系结构多为一元结构和混杂结构，地下水位年变幅大，波动频繁，活动比较强烈。现有开采井13个，总开采量约为4 905.0m³/d，环境条件改变较明显。区内现有塌陷142个，平均塌陷密度高达25.68个/km²，分布成群性非常明显，是塌陷危险区。

上述分区预测，均没有考虑各因素的动态变化，也没有考虑环境条件改变的影响，属于静态预测，事实上，有的因素会随着环境条件的改变而不断发生改变，如地下水位、波动频率等。人为的影响更是随机多变，因而上述各区不是一成不变的，当外界条件改变时，各分区大小及范围也相应变化，但是模糊层次预测方法依然适用，所需改变的只是数值和各评价因子层的指标等级取值。

9.6.5 桂林市西城区岩溶塌陷防治原则及分区

1. 西城区岩溶塌陷防治原则

一定厚度的覆盖层、地下岩溶的存在与发育、地下水的频繁活动是岩溶塌陷赖以存在的基本条件。这些基本条件是在长期地质历史时期中经各种地质营力塑造而成的，是一种客观存在，很难完全加以改变，而只要基本条件存在，岩溶塌陷就有可能发生。因此，从这个意义上来说，岩溶塌陷是不可避免的。但可以通过采取一些积极措施来消除或弱化岩溶塌陷的基本条件的某些方面，使其朝不利于塌陷的方向转化，从而限制或减少塌陷的产生，实现对岩溶塌陷的防治。对岩溶塌陷应采取预防和治理相结合的综合方案进行，做到预防为主，防治结合，标本并治。"预防为主"强调在塌陷发生之前，应采取切实可行的措施来减弱岩溶及地下水对岩溶塌陷的作用，防止塌陷的发生，变被动的治理为主动的预防；"治理为辅"是指在出现塌陷时，要采取必要有效的治理措施，防止其进一步发展，减少或消除塌陷危害；"防治结合"是指预防与治理应相互配合，要充分认识到预防的目的在于减少治理，而治理的效果在于预防未来塌陷的再次发生。其主要的防治原则如下：

1）重要建筑应避开岩溶强烈发育区，选择稳定性较好的场地用于工程建设。

2）必须把重要建筑选择在稳定性较差场地时，需要提出合理的地基处理方案；必要时，建筑在设计中应采用抗塌结构。

3）必须事先做好建筑场地的岩溶塌陷预测，避免塌陷对地面建（构）筑物的稳定和人类生命财产的安全造成威胁和危害。

4）岩溶水的处理宜采取疏导的原则，不得已时才可考虑堵截方案。

5）岩溶水的开采布置要合理，防止乱采乱抽，要加强水资源管理措施。

6）注意积累地方塌陷的预测资料的整理建档，

防止零散和遗失。

2. 西城区岩溶塌陷防治分区

本次勘查对区内岩溶塌陷的可能性进行了稳定性分区，岩溶地面塌陷防治分区是在岩溶地面塌陷稳定性分区的基础上，依据防治原则和防治的必要性，同时考虑地面塌陷现状和人类工程经济活动的强烈程度，综合划分成四个大区，即：重点防治区（A）、次重点防治区（B）、一般防治区（C）和不设防区（D）。然后针对重点防治区，考虑其涉及工程建设的重要性程度进一步划分为两个亚区，即：极重点防治亚区（A₁）和一般重点防治亚区（A₂）（表9-15）。

岩溶塌陷防治分区与预测分区对照表　　表9-15

岩溶塌陷预防分区	岩溶塌陷防治分区	
稳定区（Ⅰ）	不设防区（D）	
基本稳定区（Ⅱ）	一般防治区（C）	
次不稳定区（Ⅲ）		
不稳定区（Ⅳ）	次重点防治区（B）	
极不稳定区（Ⅴ）	重点防治区（A）	A₁亚区
		A₂亚区

1）重点防治区（A）

岩溶塌陷重点防治区主要位于桂林电表厂—齿龄厂—琴塘岩，临桂县城—区第一地质队，临桂县酒厂—岩塘—唐头公社甘庶厂三处，该区覆盖层厚度较小，岩溶发育，地下水位埋深浅，地质构造较为发育，厂矿企业相对较为集中，地下水抽水量相对较大，已发生的岩溶塌陷点密度大。其中，A₁亚区，包含有重要工程建设，是西城区重点防治区之重点，在该区进行各种工程活动应特别谨慎，必须严禁在该区抽取地下水。A₂亚区则为一般重点防治区，该区极易发生岩溶塌陷，应严格限制各企业的地下水抽水量。

2）次重点防治区（B）

该区主要分布于熊虎山庄—石塘尾，临桂县凤凰苗圃，塘家大队—敦睦村，红庙工区—官桥村等地，该区覆盖层厚度较小，岩溶较发育，地下水位埋深较浅，地质构造较发育，厂矿企业较多，人类工程活动的影响不容忽视，已发生的岩溶塌陷点也比较多，属岩溶塌陷不稳定地段。该区内现有开采井19个，总开采量约15 030m³/d。大量地开采地下水容易导致塌陷频繁发生，所以该区要注意减轻人类工程活动的影响，限制各厂矿企业对地下水的开采强度。

3）一般防治区（C）

该区占据工作区的大部分区域，分布范围广，从东到西，基本上连续分布，是临桂县城主要所在地。该区已发生的岩溶塌陷点相对较少，但人口相对较为密集，一旦产生塌陷，可能影响较大，应合理调配和限制地下水的开采强度。

4）不设防区（D）

该区主要位于工作区中部，为基岩裸露的石山区，其自身稳定性较好。

9.6.6　西城区岩溶塌陷防治措施建议

为使西城区岩溶塌陷防治达到预期的效果，避免灾害的发生，防治灾害进一步的扩大和加剧，从而达到防灾减灾的目的，根据西城区岩溶塌陷的特点，防治原则和防治分区，建议在组织、政策和技术三方面同步采取必要的防治对策。

1. 组织措施

西城区岩溶塌陷数量多，范围广，影响大，并涉及不同部门的工矿企业、公司、学校及政府某些部门，因此，建议由市政府出面组成权威性专门机构，对地下水开采进行严格的管理，使之合理开采而不致引起严重塌陷，同时布设地面变形动态监测网点进行动态监测和预测。

2. 政策措施

近二十年来，在西城区由于不当的工程—经济活动所诱发引起的岩溶塌陷明显增加，因此，建议市政府有关部门在城市规划建设和地下水开采方面制定相应的政策性限制和规定，严格依法办事。

1）在西城区岩溶塌陷防治重点区和次重点防治区内开采地下水，应采取审批制度，严格控制地下水量开采，并制定有关法规，统一管理地下水勘察、开采和利用。新增开发利用地下水，必须先进行技术论证（井位、水量、开采方式及开采强度、水井滤网、滤料、对周围环境的影响、必要的预防措施等），防止乱布井或乱采情况的发生。对现有的开采井，应根据其所在地段情况严格控制地下水开采量和抽水强度，甚至关闭部分抽水井。

2）在重点区和次重点区，一般不宜修建高层或重要建筑物。若要兴建，则必须查明岩溶发育分布情况，采取合理的地基基础处理方式，并在施工过程中加强对工程的监督、监测和管理，以确保其安全。

3）对重点防治区内已有岩溶塌陷地段，未彻底查清和整治以前，不能随意增加或新建建筑物，对岩溶塌陷影响较大的而未采取合适的地基基础处理的建筑物应进行基础补强处理。

4）塌陷的产生往往因为环境条件突变和恶化而诱发，因此，在防治重点区和次重点区，应注意做好环境保护工作，合理规范人类的行为及作用强度。如做好地表水排放，防止地表水溶蚀土体。

3. 预防措施

坚持以"预防为主、治理为辅"的原则，技术上主要根据地面塌陷的分布，成因和诱发因素以及岩溶发育特征，采取不同的有针对性的防治对策和措施进行预防和治理。

1）建议采用点、线、面相结合的方法，以区域预防为主，对具体的工程建设地点，应加强岩土工程勘察工作。注意并着重查明场地塌陷产生的条件，做出分析评价。尽可能使建筑物布置在相对稳定地带，避开塌陷或塌陷隐患。当不能避开时，应先行采取有效措施，对塌陷或塌陷隐患进行处理，如封堵、灌浆等，以防止塌陷的形成，保证建筑物的安全和正常使用。

2）严格控制地下水的开采，根据调查、统计分析及本次破坏性抽水试验结果，建议对各防治区分别限制不同的地下水开采量和降深（表9-16），同时建议各单位在抽水时，水量应由小到大，降深也应由小到大，逐渐增大，且必须选择合理的井距，采取良好的成井工艺，确保取水质量等。

各防治区地下水抽水量及降深限制值 表9-16

防治分区		允许最大抽水量值（m³/d）	允许最大水位降深值（m）	抽水井间距（m）
重点防治区（A）	A₁亚区	0	0	0
	A₂亚区	500	1	800
次重点防治区（B）		1 000	2	600
一般防治区（C）		1 500	3	400
不设防区		2 000	5	400

3）对各种建筑工程在地基基础施工中，必须进行钻探工作。钻探密度及深度以能查明建筑物荷载影响范围内有无隐伏土洞为宜，若发现土洞，必须进行有效治理后，才能继续施工。

4）对位于地下水位之下的深基坑及大口径桩基工程宜采用防渗帷幕等止水方案施工，不宜采用大面积抽排水等降水方案施工，需采用降水方案施工时，必须进行专门论证，在确保不致引起塌陷发生时，才能使用。在易塌陷区及极易塌陷区的重大工程中，应禁止采用大面积降排水施工方案。

5）宜采用对地基振动小的施工方案。在极不稳定区和不稳定区则应禁止采用对地基振动大的施工方案，如爆破、振动或打入式桩基等。以免因振动可能诱发大面积塌陷。

6）对城市供、排水及农田水利灌溉工程，应加强防渗措施，避免漏水对土体的长期渗透蚀作用而引起塌陷。

7）对极不稳定区和不稳定区的重大建筑物，应采取必要的抗塌结构措施。根据具体情况选用直梁、拱梁或者板结构等跨越经处理后的塌陷或潜在塌陷区。或者采用钢管桩等深基础穿越处理后的塌陷区或潜在塌陷区进入稳定基岩。确保建筑物的安全。

4. 治理措施

岩土洞坍落形成地表塌陷。岩土洞形成后常可保持相对稳定，若外界条件改变，可逐渐塌落，最后波及地表形成地表塌陷或地面变形。土洞较之岩溶洞隙具有发育速度快、分布密度大的特点，对场地、地基造成的危害不容忽视。在桂林岩溶地区勘察时发现土洞，一般都会进行地基处理，如换填、灌浆等。但有时在岩土工程勘察中没有发现土洞，在建筑物建成后，由于地下水的潜蚀作用或崩解作用，往往会形成土洞。起初土洞的规模尺寸不大，若不采取有关处理措施，土洞则会继续扩大，产生地基土体变形，继而引起建筑物开裂。例如桂林理工大学教四楼墙体开裂，该教学楼始建于1956年，1992年该楼东侧一楼联合教室形成一个直径4m的凹塌区，墙体由一楼开始至三楼，裂缝宽2～15mm，该教室只好停止使用进行地基处理，开裂的原因经勘察认为是地基土在地下水的潜蚀作用下形成土洞，土洞周围的土体软化变形而导致地面变形。此外，桂林理工大学图书馆的墙体开裂也是由于地下水的潜蚀作用使地面变形。

岩溶塌陷机理复杂，往往受多种因素的综合作用与制约。在进行治理时，应抓住其他主要控制因素。通过采取积极有效的方法来改变这些控制因素对岩溶塌陷的不利作用。以达到抑制或消除塌陷的发生与发展，减轻塌陷灾害的目的。从本质上来讲，治理岩溶塌陷的有效措施或途径无非是减小致塌力。增强抗塌力，避免或尽量减少诱发因素的作用。根据国内及桂林市的成功经验，对桂林市地面塌陷处理可采用以下治理方法：

1）回填封堵法：通过对塌坑及地下岩溶管道的填实封堵，削弱地下水的侵蚀作用和增强土体的抗潜蚀能力，以防止塌陷的再次发生与发展。多数情况下，这对已有塌陷的治理无疑是一种有效而实用的方法。

2）灌浆处理法：对较深的土洞或岩溶蚀裂隙、管道等不使用回填封堵时，可采用适当的灌浆材料与方法，将土洞、溶蚀裂隙、管道等充填密实并胶结，既可降低岩土体的渗透性，削弱地下水的潜蚀作用，又可对松散土体或岩石进行加固，使其强度提高，抵抗渗透变形及抵抗塌陷的能力，从而极大地限制或消除岩溶塌陷的发生与发展。

3）跨越法或穿越法：对建造在塌陷或潜在塌陷带上的工程建筑物，可采用牢固的跨越结构。如梁、板结构等，使作用在塌坑或塌陷带上的荷载通过跨越结构传到两侧稳定的岩土体上，以防止建筑物荷载的作用使塌陷或潜在塌陷的发生与发展。塌陷或潜在塌陷范围较大时，对重大建筑物也可采用钢管桩等深基础穿越塌陷或土洞、溶洞底部以下，进入稳定的岩层内。确保建筑物的稳定与安全。

4）疏、排、围、改治理法：在极不稳定区和不稳定区，应注意做好地表水的疏通、排泄及围、改等，防止地表水以强径流方式集中渗透入地下造成土体的渗蚀，避免土洞与塌陷的发生。

因此，在实际塌陷的治理过程中，必须查明塌陷或潜在塌陷的规模大小及空间分布特征，分析引起塌陷的主导控制因素，根据实际情况选用其中的一种或数种方法进行综合整治。例如，对于深度较浅、范围较小的塌陷，当对建筑物危害不大时，只需对塌陷进行回填夯实即可。对一般多层建筑，当塌陷坑、隐伏土洞、溶洞规模不大时，可采用回填或灌浆封堵及跨越法等综合治理。对深度较深、范围较大的大规模塌陷或隐伏土洞、溶洞等，对建筑物危害较大，此时，则需采用回填封堵、压力灌浆。钢管桩穿越及地表水疏、排、围、改等方法综合治理。

第十章 香港山坡地滑坡风险管治

我国人口超13亿，且在不断增多。但是国土面积难以增长，一直是960万km²，且70%是山坡地。众多人民需要在山坡地上工作和生活。特别是随着工业化、现代化和科技化的迅速发展和进步，土地资源越来越紧张，越来越多的人民要工作和生活在山坡地环境中。在另一方面，在重力作用下，组成斜坡的岩土物质向下方移动（滑坡），本来是个必然发生的、长期的自然现象。但是，山坡地岩土体滑坡的发生却能对生活在山坡地上和附近的人和社会造成多种危害作用。人、城镇、基础设施等可成为滑坡的受害者。同时，人也是制造斜坡、利用斜坡和防治滑坡的主导者。人可将滑坡危害降低到最低点，也可将它增加到最大值。因此，山坡地灾害风险管治就极为重要。

香港地少人多，且主要在山坡地上发展。单位平方公里山坡面上生活和工作的香港人能够达到10万人，是世界第一。因此，香港山坡地滑坡灾害风险管治的方法和经验对我国其他地区的现代化发展有借鉴作用[258-265]。

10.1 香港山坡地灾害概况

10.1.1 香港地理与地质环境

香港特别行政区北接我国内地，南临南海，位于

国土海域—陆地交汇的中心点，具有极其重要的战略地位。香港陆地地形主要为山地和丘陵，属中低山丘陵型，以基岩海湾式为主的地貌，有几处分散的山间平地。地形高程分布为海平面0m至海拔957m，陆地广泛有茂盛的树草覆盖。因而，树草覆盖的山岛和蔚蓝的海水形成了香港的全年天然绿色山水景观。香港最高的山是大帽山，海拔957m。大屿山最高的山是凤凰山，海拔934m。九龙半岛最高的山是飞鹅山，海拔602m。香港岛最高的山是扯旗山，海拔552m。

香港所处的位置在地质、地震、地理和气候上与其他许多大都市相比显得优越。香港地区岩体主要由侏罗纪和早白垩纪的火山岩及侵入花岗岩组成[266]。它们具有高抗压、抗剪强度，可为高层建筑物和市政基础设施提供坚固的岩石基础。香港远离板块边界，没有发现有规模的活动断裂。迄今，香港没有发生过中度、强烈的地震，历史地震灾害几乎没有。

香港位于珠江出海口的东侧。因地球自转的影响，珠江河水泥沙沉积在出海口的西侧。香港海域基本上无因珠江水载泥沙沉积而造成的不良环境问题。清洁海水从东边蓝塘海峡源源不断流入到维多利亚港。

香港属于典型的亚热带季风气候，分雨季和旱季。旱季从10月到3月，温暖干燥。雨季从4月到9月，炎

热、潮湿，降雨量大。年降雨量为2 500~3 000mm。年平均气温为22.8℃，绝对最高气温为36.1℃，冬季气温很少低于0~5℃。从而，香港海水深且不冻结，这样的地理和气候环境使得香港能成为全年四季繁忙的海港。强风或台风时常可为香港带来清新的海洋空气。

10.1.2　早期滑坡灾害事件

香港滑坡灾害的历史记录，最早可以追溯到1889年[267, 268]。最早的完整记录是1925年7月17日发生在香港岛半山区普庆坊的降雨滑坡。一座高大石砌挡土墙倒向多排房屋，摧毁其中的5座楼房，导致75人死亡。自第二次世界大战后和1950年以来，相当密集的建筑群在山坡上兴建起来。因而，滑坡发生后就一定会造成灾难。1966年6月12日，丰富降雨导致了700多处滑坡，共有64人丧生，2 500人无家可归，8 000多人需要疏散安置。

10.1.3　20世纪70年代滑坡灾害事件

香港最大的滑坡灾难发生在1972年6月18日[269, 270]。香港3天降雨量有650mm。连日的暴雨导致多处滑坡，导致了250人死亡。18日中午，一起大型滑坡灾难发生在九龙半岛秀茂坪的一段40m高公路路基填土斜坡。土体掩埋了坡上许多简易居民房（寮屋），导致71人死亡，60人受伤。18日傍晚，香港岛宝珊道两侧由坡积物与风化火山岩组成的山坡，因局部开挖施工和暴雨入侵而失稳，形成滑坡。高速向下运移的土石体摧毁了一座4层高的楼宇又推倒了一座12层高的居民大厦，导致67人死亡（图10-1）。1976年8月25日，一场暴雨又造成了上百起的滑坡，共有57人死伤。与此同时，九龙半岛秀茂坪的另一条公路路基填土斜坡发生了一起灾难性滑坡，导致18人死亡，24人受伤。

10.1.4　1980年以来滑坡灾害事件

1980年代，香港滑坡灾害相对于60、70年代大大的减少。原因在于，雨季降雨量小和气候较为干旱。但是，1990年起，香港雨季天气又转为潮湿，降雨量变大。香港滑坡灾害又增加了[271]。特别地，1994年7月23日，在多日暴雨后，香港岛观龙楼一面浆砌石挡土墙忽然倒塌，土石泥掩埋了街边的一个简易的公共汽车站，造成在车站内避雨的5人死亡、3人受伤。1995年8月13日黎明前，香港岛翡翠道一人造削岩体斜坡发生滑塌，山泥穿过公路流入浸信会堂导致会堂内一名小童死亡，一名成人受伤。几乎同时，香港岛南朗山道一段30m长的路面，一个由填土路堤支撑的让车与停车平台一起滑塌，滑坡泥土流冲过深湾道进入海水，途中毁坏了深湾道海傍的三间船厂及一间工厂，并将它们推入大海，导致2人死亡，5人受伤（图10-2）。

1997年降雨量是多年来最多的一年，大量降雨使得许多市区斜坡发生滑塌，造成数人伤亡和重大的经济财产损失。1999年8月25日，在大雨过程中，石硖尾一20m高的人造削土斜坡，出现了坡顶拉张裂缝以及坡角位移和变形，极有立刻滑坡的危险。政府立即

图10-1　1972年6月18日发生于香港岛宝珊道滑坡灾难事件

图10-2　1995年8月13日发生于通向香港海洋公园后山大门的深湾道滑坡灾难事件

采取紧急措施，疏散居民，封闭坡前三座居民楼，并采取工程措施防止滑坡。

2008年6月7日，香港经历了每一千一百年一遇的暴雨考验。上午8时至9时雨量145.5mm，创下1小时最高降雨量记录。全日雨量为307.1mm，是6月份单日降雨量第5高。暴雨而引发的水灾和滑坡造成2死16伤。香港新机场高速公路被泥石流中断。

10.2　山坡地灾害管理发展过程

10.2.1　概述

香港对滑坡灾害的管理和防治可分为两个阶段：1977年以前的没有政府专门技术与管理部门来管治滑坡灾害阶段和1977年以后的设有政府专门技术与管理部门来管治滑坡灾害阶段。两个阶段的区分标志是政府在1977年成立了土力控治处[259, 261, 266]。

10.2.2　没有专门政府部门管治阶段

1889年前的开埠早期香港人口很少，目前还没有找到滑坡灾害的报道和记录。第二次世界大战时期，

香港滑坡灾害记录很少。二战后到1971年，有记录的滑坡造成的死亡总人数是230多人。尽管滑坡灾害越来越严重，港英政府没有对斜坡安全给予应有的重视。从1972到1976年的五年时间内，更严重的滑坡灾难导致了近200人死亡。

10.2.3　设有专门政府部门管治阶段

1970年代及之前，香港社会贪污现象十分严重。港英政府不得不在1974年成立了廉正公署。同时，香港土地和房产变得越来越金贵。社会对控治滑坡灾害的要求也就越来越高。这对政府在滑坡灾害管治的投入起了重要作用。特别是，1972年和1976年的滑坡灾难事件促使港英政府在1977年7月成立了土力控治处（后改为土力工程处），负责统筹香港斜坡的规划、勘测、设计、建造、监察及维修等工作。迄今，土力工程处已扩展为有200多名岩土工程师和500名辅助的技术人员和其他人员。岩土工程师是技术和政策的制定和管理者。

10.2.4　方法、经验与效益

山坡地滑坡灾害管理与防治工作是一项长期的社会公益工作。它涉及自然科学、工程技术、社会科学与管理、经济、法律、园林艺术等方面的知识、人才及各方面之间的协调工作。管治好山地滑坡灾害对一个山地城市的可持续发展和繁荣、以人为本和谐社会的建设有重要作用[263]。

香港各界人士经过三十多年的努力，特别是政府自1995年以来的大力投入，建立了一套山坡地风险管理与防治体系。这一套系统的建立、落实和执行需要政府各部门、岩土工程专业界、大学、私人业主和广大市民的共同努力，大家做了大量工作，各个方面已建立一种很好的伙伴关系。当然，政府土力工程处起到了领导和决定性作用。

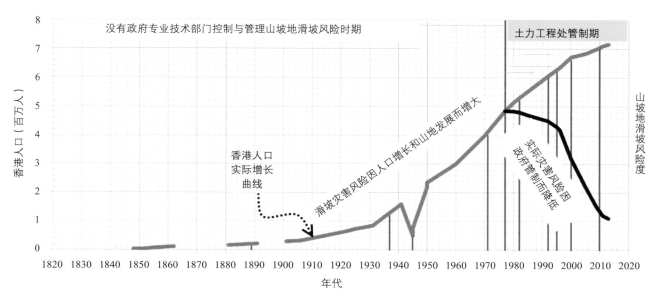

图10-3　香港人口增长和土地发展与山坡地滑坡风险度的变化对应关系

多年来滑坡灾害统计数据，证明了香港山坡地灾害风险管治工作是有效的，满足了公众对减低滑坡灾害风险的要求，实现了斜坡安全人人受惠，使市民安居乐业。香港滑坡灾害的风险已大大降低。政府的努力和投资已得到回报，并为世界其他山坡地城市的风险管治和建设提供了宝贵经验和成熟方法（图10-3）。

10.3　山坡地安全和灾害风险管理理念

10.3.1　概念

山体滑坡在香港称山泥倾泻。香港的山体滑坡一般与大量降雨径流有关。山体在水作用下突然塌滑，土石体与雨水快速冲滑而下。因而，山泥倾泻是一个既能反映滑坡的降雨成因，又能体现山泥下滑速度快、冲击力大。山泥倾泻可在远离城市的自然山地上发生，也可在城市内自然或人造斜坡上发生，造成人员伤亡和大量经济财物损失。"山泥倾泻"比普通名称"滑坡"更能让市民理解和体会降雨滑坡灾害的成

因和机理。

10.3.2　责任归属

自然山坡地是经过数千年到数百万年地质演变形成的。因此，自然山坡地的基本安全系数应该是较低的，时常发生滑坡。政府和社会资源有限。因此，山坡地安全和滑坡风险的责任归属是个极其重要的议题，需要得到全社会的共识。

多年来，香港一直将山坡地分为人造斜坡和天然山坡[272]。政府没有责任和义务、也没有能力保证每一个天然山坡达到一定的安全标准。但是，政府有责任和义务将每一个人造斜坡达到最低的安全度标准。土力工程处代表政府监管和审查所有人造斜坡是否达到最低安全度。私人业主负责加固和维修属于私人土地的人造斜坡。政府则负责政府土地的人造斜坡。

因此，发生在天然山地斜坡的滑坡灾害属于自然灾害，与政府关系不大。发生在人造斜坡的滑坡灾害有可能是自然原因，也有可能是人为因素造成。因此，政府要做滑坡调查，查明原因。

10.3.3 滑坡调查和目的

　　每次滑坡事件都是一次斜坡不稳定和滑坡的自然试验。滑坡调查可使得研究人员和工程师获得第一手经验和认识，增进对斜坡稳定性和滑坡机理的了解。同时，它可提供减低滑坡灾害的新构思和新设计方法，又可找出过去斜坡设计和施工方面需要改善之处，从而达到更有效地、更合理地展开防治滑坡灾害工作。另外，在人造斜坡上发生的滑坡就是要查明滑坡成因，分清楚造成和导致滑坡的自然和人为因素。调查结果一项重要作用，是给涉及死因诊断、法律行动及财产损失纠纷的滑坡灾害事件，提供法律证据。

　　自1954年起，香港研究人员和工程师一直在对滑坡事件进行调查和研究[273]。香港政府从1997年正式展开了一项长期的、有系统的滑坡事件调查项目。政府也委聘私人工程顾问公司协助并独立地进行调查研究。调查报告要正式由政府发布，以广泛宣传。

10.3.4 经济和伤亡安全度

　　每一个山地斜坡的风险和安全度是按照如果这幅斜坡发生滑坡，滑坡所能够造成的经济损失和人员伤亡的结果来确定的。这两个风险指数分别为高、中、低。它们与评估和设计安全系数紧密相连。由于人造斜坡大多在市区，因此，它们大都是高风险的。

　　自1948年以来，香港滑坡导致约472人死亡，90%以上是在1977年以前发生。1984年至今，共有20人因滑坡致死。这表明政府设立专门部门来管治滑坡灾害的重要性[268]。

10.3.5 山坡地上水的管理与分工

　　滑坡在香港主要是强降雨形成径流和地下水造成的。香港政府早已成立了多个部门来分工负责和管理山坡上的水。香港天文台负责天气预报。水务署负责

管理香港水库和供应与处理各种用水。渠务署负责管理香港河流和山地沟渠排水。路政署负责管理道路路面排水。土木工程拓展署土力工程处负责管理人造斜坡排水。由于地表径流可以跨越土地使用界限，因此，这种按土地使用分工管辖的山地水管理方法时有失效。

10.3.6 经费投入与成果产出

　　自2000年以来，特区政府每年投入到滑坡防治的总经费可能有20亿元港币，在滑坡灾害防治上做了大量的工作。政府的经费投入强调工程和社会实际效益。政府各个部门和工程师主要发表立即实用的技术报告书和设计指导指南。在国际学术期刊上发表学术论文不是他们（公务员）的工作任务和升迁指标。

10.4 人工边坡安全与灾害风险管理

10.4.1 概述

　　1848年以前，香港是个数千人的渔村，对自然山坡有很小的改变。之后，为市政建设而在自然山坡上进行的开挖与填方工程不断增加。人造斜坡包括挡土墙、削土斜坡和填土斜坡持续增多、增大。这些人造斜坡、坡地平台和道路，可能彻底地改变了自然山坡的稳定性和地表与地下水的流动途径和储存环境。从而，具有大量人造斜坡的山坡地的滑坡灾害风险增大、增多。自1977年以来，香港逐步建立了一整套人造斜坡的安全和滑坡风险的管治方法[267]。

10.4.2 人造斜坡安全技术规范和法规

　　从1977以来，香港的工程师和研究人员对滑坡防治和斜坡加固工程进行了大量研究，先后制定和颁布

了一系列适用于香港的有关斜坡治理与维护的技术规范和管治手册。其中较为重要的有：《港岛半山区地质水文与土质条件研究》，1982年第一版；《挡土墙设计指南》，1982年第一版；《斜坡岩土工程手册》，1984年第一版；《场地勘察指南》，1987年第一版；《岩石与土描述指南》，1988年第一版；《地下洞室工程指南》，1992年第一版；《香港地质调查图表报告》，1992年第一版；《斜坡维修指南》，1995年第一版；《公路边坡指南》，2000年第一版；《美化斜坡及挡土墙指南》，2000年第一版；《加筋土结构物和斜坡设计指南》，2002年第一版；《土钉设计和施工指南》，2008年第一版。这些技术规范和管治手册随时间会被修订、再版。

10.4.3　人造斜坡的调查和档案

人造斜坡遍布于香港各个社区和公共场所，每幅人造斜坡必须占有一块确定土地。在成立后，土力工程处的一项重要工作，是全面调查已建人造斜坡，为每幅人造斜坡提供详细资料和档案，所涉费用约一亿港元。土力工程处在1977～1978年编制完成了香港《斜坡记录册》，在1994～1998年编制完成了《新斜坡记录册》。斜坡档案资料完全对市民开放。此外，又建立了一套基于地理信息系统（GIS）的电脑人造坡资讯系统。人们可透过互联网在香港斜坡安全网页（http：//hkss.cedd.gov.hk）中查阅人造斜坡资料。截至2003年11月，新斜坡记录册共收录了约57 000幅可登记的人造斜坡资料。其中政府和私人负责的人造斜坡分别为39 000幅和18 000幅。截至2012年12月，已收录约60 000幅人造斜坡资料。

10.4.4　新岩土工程的技术审批和监理

1977年以前，人造斜坡的设计和施工基本上没有政府技术审批和质量监理。为保证所有新建斜坡达到规定安全标准，从而降低滑坡灾害，土力工程处需要做的第二项重要工作是，审查与批准新建人造斜坡的设计，以及对相关岩土施工的监理。自1977年至2003年，香港新建了约18 000幅注册人造斜坡。土力工程处审批了这些斜坡的设计，以保证它们和施工符合当时规定的安全标准。多年来的人造斜坡滑坡事件调查结果，确认了这些审批过的新斜坡也会发生滑坡。这些滑坡也证明人造斜坡安全风险的多样和复杂性。

10.4.5　长期防止滑坡工程

土力工程处需要做的第三项重要工作是，加固、治理未符合标准的旧人造斜坡。如果某一政府人造斜坡未符合现行安全标准，土力工程处就治理和加固此幅斜坡。如果某一私人人造斜坡未符合现行安全标准，土力工程处就通过政府屋宇署发出危险斜坡修葺令，要求私人业主治理巩固其斜坡。自1977年以来，用于加固4 500幅旧斜坡的勘察、设计、施工等直接费用总共有140亿港元[264]。

从1977年至1995年，土力工程处主要治理在《斜坡记录册》中的潜在高风险不稳定旧人造斜坡。在这段时间，防止滑坡工程的力量投入是不多的。总共加固了680幅旧人造斜坡。由于1994年和1995年发生的灾难和破坏性滑坡事件，土力工程处获得额外资源，进行了五年加快防止滑坡工程。加固了745幅政府人造斜坡（图10-4），及对1 500幅私人斜坡进行了安全筛选研究。同时，政府开始聘用私人岩土工程设计顾问公司参与防止滑坡工程。同时，特区政府在1998年制定了长远策略以改善香港的人造斜坡安全。在2000年展开了延续十年的防止滑坡工程。目标工作量是每年加固250幅未符合标准的政府人造斜坡及对300幅私人人造斜坡进行安全筛选研究。防止滑坡工程每年开支约9亿港元。2007年11月30日，特区政府宣布新的十年计划，从2010年到2020年，每年经费3亿港币巩固150幅中度风险人造斜坡。

图10-4 1997年九龙观塘道一幅旧高陡人造削岩土斜坡的加固维修工程

10.4.6 启动和推行迁拆简易居民房

由于历史原因，在二战后，大量内地移民涌入香港。许多人居住在天然山地上的简易居民房（或寮屋）。1982年是降雨大且频繁，共发生了700次滑坡事件，导致23名居住山坡寮屋的居民死亡。

在1982年，政府着手解决山坡寮屋的斜坡安全问题。大量山坡寮屋因斜坡安全问题而清拆，近十万居民得以安居于公共楼宇。同时，政府收回了原被寮屋占据的大面积山坡地，恢复天然山坡地自然环境。清拆寮屋及安置住户是一项既重要又艰难的社会工作。今天仍有不少市民居住在山坡地寮屋。

10.4.7 政府斜坡的维修审核

自1996年起，政府承诺保证、妥善维修每幅政府人造斜坡。七个政府部门负责维修各自部门管辖土地范围的人造斜坡。它们是渔农自然护理署、建筑署、渠务署、路政署、房屋署、地政总署和水务署。土力工程处循环审核这七个部门的斜坡维修工作，周期约为二至三年。土力工程处会向有关部门提出改善建议，而该部门会就这些审核建议策划和安排所需的复查行动，进一步改善其斜坡维修工作。在全面审核后的六至十二个月内，土力工程处会再次进行审核，以

复检和查证部门所采取跟进行动的成效。

10.5 天然斜坡安全与灾害风险管理

10.5.1 防御式防治

人造斜坡一般在市区内，比天然山坡对社会构成更高的滑坡风险。但是，随着香港人口进一步的增加以及市区建设逐步扩展至陡峭的天然山坡，天然山坡滑坡事件可能导致的后果也就相应增加。自1994年起，土力工程处开始研究天然山坡的危险性，编制了自然山坡滑坡事件目录。同时，编制成一些技术指南，以供专业人士研究和采取天然山坡危险缓减措施。

香港天然山坡的灾害风险主要是强暴雨在天然山坡地形成泥石流，从山沟冲出到公路和市区。每一沟谷所携带的汇水山坡地面积范围大，需要加固的潜在不稳定斜坡众多，且施工通道等条件差。因此，适用于人造斜坡的加固方法难以经济合理地运用到天然山坡。土力工程处采取了防御式防治方法。对每条沟谷的天然山坡泥石流风险进行定量风险评估。在沟谷出口处，建设钢筋混凝土谷坊坝来减缓泥石流的灾害风险（图10-5）。2007年11月30日特区政府宣布的新十

图10-5　香港大学校园内天然山坡冲沟谷口处的钢筋混凝土谷坊坝

年计划也每年提供3亿港元，为30幅天然汇水冲沟山坡开展风险缓减工程。

10.5.2　郊野公园

香港人多地少，土地短缺、昂贵。在1977年前，常常在天然山坡地进行开山建造城市。自1977年起，香港政府开始颁布法律，在天然山坡地建立郊野公园

和特别地区。它们约束了政府和地产商大量开发天然山坡地。现在，香港有24个郊野公园，占香港陆地土地面积40%。这个决策保护了香港很有限的天然山坡地资源，使之成为山地天然公园。政府和地产发展商主要通过改造已发展的市区，进行深入城市发展。这有利于香港的可持续发展，应用科学技术进行高增值发展。现在，香港有大量充满茂盛植被覆盖的绿色山坡地。香港陆地面积1 104km²。其中24%陆地用于城市发展和建筑物，76%陆地主要是受保护的自然绿色山地和郊野公园（表10-1）。已达到每平方公里土地平均有25 000人长期生活和工作。

香港自行约束开发山坡土地，保护自然生态环境，并且，减少了滑坡灾害风险责任范围，将滑坡防治资源集中到有限地域范围的潜在滑坡灾害区。从而，香港建立了新的、安全斜坡的山地城市发展模式。

本章介绍、分析和讨论了香港山坡地滑坡风险管治的一整套方法、经验和社会效益。它们包括以下八条：香港工程师依据科学设计和管治，建立和执行了政府的规范和法规；为减少滑坡灾难、顺应民心，他

土地用途的分布情况（截至2012年年底，香港2013年年鉴）　　　　表10-1

没有开发的土地			已开发的土地		
类别	面积（km²）	占总面积	类别	面积（km²）	占总面积
草地	200	18.1%	私人住宅	25	2.3%
林地	251	22.6%	公营房屋	16	1.4%
灌丛	282	25.4%	乡郊居所	35	3.2%
红树林/沼泽	5	0.4%	商业	4	0.4%
			政府/机构/社区	25	2.3%
农地	51	4.6%	休憩空地	25	2.3%
鱼塘/基围	17	1.5%	工业用地	7	0.6%
			工业村	3	0.3%
水塘	25	2.3%	货仓/露天储物	16	1.4%
河道/明渠	5	0.4%	道路	40	3.6%
			铁路	3	0.3%

没有开发的土地			已开发的土地		
类别	面积（km²）	占总面积	类别	面积（km²）	占总面积
劣地	2	0.2%	机场	13	1.2%
石矿场	1	0.1%	坟场/火葬场	8	0.7%
岩岸	5	0.4%	公用事业设施	7	0.6%
			空置	16	1.4%
			其他	22	2.0%
小结	843	76.0%	小结	265	24.0%

们建立和发展了政府的管治和权威；工程科技人员领导灾害管治，培育了人才和创新了科技，并创造了长期稳定的就业机会；长期宣传山坡地滑坡风险，增加了社会忧患意识，锻炼了紧急应变能力，实践了可持续性发展和繁荣；抓住滑坡灾难机遇，启动和推行了迁拆山坡地寮屋，安顿了灾民，并解决了一些重大社会难题；为了生命安全，自行约束开发山坡土地，保护了大量自然山坡生态环境；集中有限的防治资源到有限的潜在滑坡灾害点，减少了滑坡灾害问题，建立了新型山坡地城市的发展模式；开展了公益事业，使得全社会人人受惠，赢得了国际声誉。滑坡灾害管治历程经历了种种曲折困难，不是一帆风顺的，一定要坚持不懈、与时俱进、和谐发展。

1997年以来，香港特别行政区政府一直提供大量经费加强力度管治香港的斜坡安全和滑坡防治。特别是近40年来，香港一代地质工作者致力于山坡地滑坡灾害管治，他们把香港斜坡安全作为毕生的事业，专心致志、尽心尽力、任劳任怨地工作，为香港这座现代化、青山绿水园林式大都市、东方之珠作出巨大的贡献！

从这些方法、经验和效益可见，人的作用，特别是政府工程师作用的重要性。山坡地本身必然存在滑坡灾害风险。但是，人可以降低这个风险，将它转化为绿色、环保山坡地城市发展的有利因素。在这方面，香港给出了一个范例。

附　图

图1-2　中国地震活动强烈地区分布图[3][审图号：GS（2013）5190号]

图1-5　甘肃省舟曲特大山洪泥石流灾害（粉色部分为灾前建筑物的分布）

图1-6　2013年7月10日四川都江堰五里坡滑坡灾害

图4-11　人机交互遥感解译结果

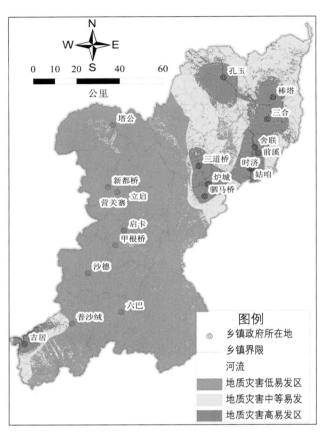

图5-19　康定县地质灾害区域危险性评价结果图

图5-39　利用上游控流设施布置进口段

图5-31　用等高线法计算拦砂坝库容平面示意图

图5-30　云南大理市苍山莫残溪圣佛缝隙坝

图5-42　"东川"型泥石流排导槽（左：罗家沟；右：大桥河）

滑坡周界　　　　滑坡前缘土体突然强烈上隆鼓胀　　　　滑坡后缘弧形下错裂缝　　　　滑坡后缘的裂缝

图6-1　滑坡典型形态特征

图5-51 八步里沟泥石流排导槽

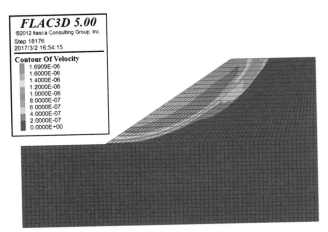

图6-21 速度等值线图与简化Bishop法的临界滑面比较

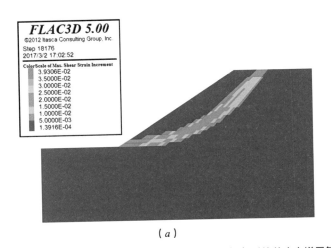

（a）

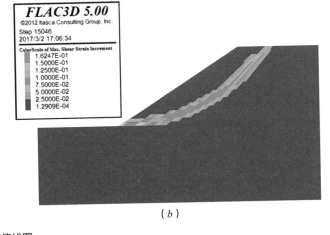

（b）

图6-22 折减系数分别为1.13（a）和1.15（b）时的剪应变增量等值线图

参考文献

第一章

［1］高亚伟. 中国城市地质灾害的类型及防治［J］. 理论探讨，2008，3（2）：8-12.

［2］张风霖. 城市规划中地质灾害预防研究［D］. 兰州：兰州大学. 2011.

［3］崔鹏. 长江上游山地灾害与水土流失地图集［M］. 北京：科学出版社，2014.

［4］崔鹏等. 汶川地震山地灾害形成机理与风险控制［M］. 北京：科学出版社，2011.

［5］崔鹏. 中国西部泥石流及其减灾对策［J］. 第四纪研究. 2003，23（2）：142-151.

［6］彭建兵，张勤，黄强兵等. 西安地裂缝灾害［M］. 北京：科学出版社，2012.

［7］苏涛. 我国城市地质灾害的主要类型及防治措施［J］. 科学咨询，2009（9）：17-18.

［8］康仲远. 中外大城市灾例对比研究系列报告（一）［J］. 灾害学，1996，11（2）：62-70.

［9］王庾纲. 城市规划与地质灾害［J］. 防灾博览，2011（001）：40-43.

［10］施伟忠，方红. 湖北省矿山环境地质问题及防治对策［J］. 湖北地矿，2003，17（3）：22-24.

［11］方家骅. 中国城市环境地质工作回顾和今后工作思考［J］. 火山地质与矿产，2001，22（2）：84-86.

［12］孙建华，王建华. 我国地质灾害防治工作综述［J］. 西部探矿工程，1998，10（3）：60-65.

［13］南京地质矿产所中国地质调查局城市地质研究中心. 东部沿海城市环境地质调查规划［R］. 2003.

［14］李友枝，庄育勋，蔡纲，等. 城市地质：国家地质工作的新领域［J］. 地质通报，2003，22（8）：589-596.

［15］陈坤琨，陈曦. 城市环境地质研究进展［J］. 科技信息，2009（9）：114-115.

［16］国土资源部. 全国地质灾害防治"十二五"规划. 2012.

［17］杨梅忠. 煤矿区地质灾害链分析与防治对策［C］//全国煤炭第二届青年学术会议文集. 北京：煤炭工业出版社，1993，108.

［18］徐抗学，马明义，阎嘉祺，等. 韩城矿区地质灾害及防治对策［J］. 陕西煤炭技术，1992，3：8.

［19］杨梅忠，阎嘉祺. 陕西渭北煤矿区地质灾害浅析［J］. 灾害学，1993，1：15.

［20］崔鹏. 泥石流起动条件及机理的实验研究［J］. 科学通报，1991，36（21）：1650-1652.

［21］崔鹏，关君蔚. 泥石流起动的突变学特征［J］. 自然灾害学报，1993，2（1）：53-61.

［22］崔鹏，韦方强，谢洪，等. 中国西部泥石流及其减灾对策［J］. 第四纪研究，2003，23（2）：142-151.

［23］崔鹏，柳素清，唐邦兴，等. 风景区泥石流研究与防治［M］. 北京：科学出版社，2005.

［24］王光谦，倪晋仁. 泥石流动力学基本方程［J］. 科学通报，1994，39（18）：1700-1704.

［25］胡凯衡，韦方强，何易平，等. 流团模型在泥石流危险度分区中的应用［J］. 山地学报，2004，21（6）：726-730.

［26］黄润秋. 20世纪以来中国的大型滑坡及其发生机制［J］. 岩石力学与工程学报，2007，26（3）：433-454.

［27］岳中琦. 汶川地震成因的龙门山断裂带异常高压天然气体力源简述［J］. 岩石力学与工程动态，2009，2：45-50.

［28］岳中琦. 汶川地震与山崩地裂的极高压甲烷天然气成因和机理［J］. 地学前缘，2013，6：3.

［29］丁继新，尚彦军，杨志法，等. 降雨型滑坡预报新方法［J］. 岩石力学与工程学报，2004，23（21）：3738-3743.

［30］Cui P, ZhuY. Y., Chen J, et al. Relationships between Antecedent Rainfall and Debris Flows in Jiangjia Ravine, China. Proceedings of 4th International Conference on Debris-Flow Hazards Mitigation［J］: Mechanics, Prediction, and Assessment, Chengdu, China, 2007. Millpress, 3-10.

［31］马力, 游扬声, 缪启龙. 强降水诱发山体滑坡预报. 山地学报, 2008, 26（5）: 583-589.

［32］乔建平, 杨宗佶, 田宏岭. 降雨滑坡预警的概率分析方法. 工程地质学报, 2009, 17（3）: 343-348.

［33］褚宏亮. 我国地质灾害防治工作现状［J］. 中国城市经济, 2011, 27: 212.

［34］王梅, 关尼亚. 辽宁省地质灾害预防工作取得可喜成效［J］. 国土资源, 2012（8）: 26-26.

国务院. 地质灾害防治条例［Z］. 2003.

［35］何思明. 预应力锚索作用机理研究［D］. 成都: 西南交通大学, 2004.

［36］张远明, 李梦华. 边坡加固处治新技术的研究与应用［J］. 四川地质学报, 2000, 20（4）: 281-286.

［37］杨志法, 张路青, 祝介旺. 四项边坡加固新技术［J］. 岩石力学与工程学报, 2005, 24（21）: 3.

［38］唐邦兴. 中国泥石流［M］. 北京: 商务印书馆, 2000.

［39］杨亚川, 莫永京, 等. 土壤~草本植物根系复合体抗水蚀强度与抗剪强度试验研究［J］. 中国农业大学学报, 1996, 1（2）: 31-38.

［40］代全厚, 张力, 等. 嫩江大堤植物根系固土护坡功能研究［J］. 水土保持通报, 1998, 18（6）: 8-11.

［41］刘传正, 张明霞, 孟晖. 论地质灾害群测群防体系［J］. 防灾减灾工程学报, 2006, 26（2）: 175-179.

［42］周兆东. 广西地质灾害防治工作现状及对策［J］. 南方国土资源, 2003, 2: 7.

［43］赵立强. 地质灾害防治规划内容与编制工作［J］. 中国地质, 2000, 11: 35-36.

第二章

［44］赵万民. 关于山地人居环境研究的理论思考［J］. 规划师, 2005, 19（6）: 60-62.

［45］詹晨曦. 城市地质灾害防治规划编制初探［J］. 西部探矿工程, 2004, 16（9）: 210-213.

第三章

［46］卓宝熙. 工程地质遥感判释与应用［M］. 北京: 中国铁道出版社, 2011.

［47］潘懋, 李铁锋. 灾害地质学［M］. 北京: 北京大学出版社, 2012.

［48］侯兰功, 崔鹏. 单沟泥石流灾害危险性评价研究［J］. 水土保持. 2004, 11（2）: 995-1005.

［49］吴树仁, 石菊松, 张春山, 王涛. 地质灾害风险评估技术指南初论［J］. 地质通报. 2009, 28（8）: 126-128.

［50］刘希林, 莫多闻. 泥石流风险评价［M］. 成都: 四川科学技术出版社, 2003.

［51］胡凯衡, 韦方强. 基于数值模拟的泥石流危险性分区方法［J］. 自然灾害学报. 2005, 14（1）: 10-14.

［52］UNDRO: Natural disasters and vulnerability analysis, Office of the United Nations Disaster Relief Co-ordinator［R］. Geneva, 1980: 5-6.

［53］Varnes D J, IAEG(International Association Engineering Geology) Commission on Landslides and Other Mass-Movements. Landslide hazard zonation: a review of principles and practice［R］. UNESCO Press, Paris, 1984: 63.

［54］Einstein HH. Special lecture: Landslide risk assessment procedure［R］. In: Proc 5th Int. Symp. on Landslides, Lausanne, Switzerland, 1988, 2: 1075-1090.

［55］Fell R. Landslide risk assessment and acceptable risk［J］. Canadian Geotechnical Journal, 1994, 31: 261-272.

［56］Cruden D M, Fell R. Landslide Risk Assessment［C］. IUGS Working Group on Landslides, Committee on Risk Assessment Workshop, Honolulu, Balkema, 1997: 371.

［57］ Leone F, Aste J P, Leroi E. Vulnerability assessment of elements exposed to mass movement: working toward a better risk perception［M］. In: Sassa, K., Fukuoka, H., Wang, F et al. (eds), Landslides. A. A. Balkema, Rotterdam, 1996: 263-270.

［58］ Fuchs S, Heiss K, Hübl J. Towards an empirical vulnerability function for use in debris flow risk assessment［J］. Natural Hazards and Earth System Sciences, 2007, 7: 495-506.

［59］ Jakob M, Stein D, Ulmi M. Vulnerability of buildings to debris flow impact［J］. Natural Hazards. 2012, 60(2): 241-261.

［60］ 张宇，韦方强，贾松伟，等. 砖砌体建筑在泥石流冲击力作用下动态响应实验［J］. 山地学报. 2006（3）：340-345.

［61］ 肖诗云，杨留娟，岳斌，等. 山区乡村房屋模型洪水冲击试验研究［J］. 防灾减灾工程学报. 2010（03）：235-240.

［62］ Petrazzuoli S M, Zuccaro G. Structural resistance of reinforced concrete buildings under pyroclastic flows: a study of the Vesuvian area［J］. Journal of Volcanology and Geothermal Research. 2004, 133（1-4）：353-367.

［63］ 吴越，刘东升，陆新，等. 基于功-能关系的滑坡典型受灾体易损性评估模型［J］. 岩石力学与工程学报. 2011（S1）：2946-2953.

［64］ Mavrouli O, Corominas J. Rockfall vulnerability assessment for reinforced concrete buildings［J］. Nat. Hazards Earth Syst. Sci. 2010, 10: 2055-2066.

［65］ FEMA and NIBS. Multi-hazard Loss Estimation Methodology, Earthquake Model, HAZUS MH-MR4, Technical Manual［R］. FEMA and NIBS, Washington DC, 2003.

［66］ Hu K H, Cui P, Zhang J Q. Characteristics of damage to buildings by debris flows on 7 August 2010 in Zhouqu, Western China［J］. Natural Hazards and Earth System Sciences, 2012（12）：2209-2217.

［67］ 殷坤龙，张桂荣，陈丽霞，等. 滑坡灾害风险分析［M］. 北京：科学出版社，2010.

［68］ 国家煤炭工业局. 建筑物、水体、铁路及主要井巷煤柱留设与压煤开采规程［M］. 北京：煤炭工业出版社.

［69］ 中华人民共和国地质矿产行业标准 滑坡防治工程设计与施工技术规范 DZ 0240—2004.

［70］ 地面沉降监测与防治技术规程 DG/TJ 08—2051—2008.

第四章

［71］ 齐瑜. 对减灾社区建设的思考［J］. 中国减灾，2005（4）：17-19.

［72］ Burby, R. J., ed. Cooperating with nature: Confronting natural hazards with land-use planning for sustainable communities. Joseph Henry Press, 1998.

［73］ 国家减灾委员会办公室. 全国综合减灾示范社区标准. 国减办发［2010］6号.

［74］ 游志斌. 当代国际救灾体系比较研究［D］. 北京：中共中央党校，2006.

［75］ 郭正阳，董江爱. 防灾减灾型社区建设的国际经验［J］. 理论探索，2011，（4）：121-123，131.

［76］ Stehr S. Community recovery and reconstruction following disasters［C］// Handbook of crisis and emergency management. New York: Rothstein Associates, 2001.

［77］ 顾林生. 国外基层灾害应急管理的机制评析［J］. 中国减灾，2007，（6）：30-35.

［78］ 伍国春. 日本社区防灾减灾体制与应急能力建设模式［J］. 城市与减灾，2010，（2）：16-20.

［79］ Anderson M G, Holcombe E A, Williams D. Reducing landslide risk in poor housing areas of the Caribbean —developing a new government–community partnership model［J］. Journal of International Development, 2007,（19）：205-221.

［80］ Tsinda A，Gakuba A. Sustainable Hazards Mitigation in Kigali City（Rwanda）［J］. ISOCARP Congress，2010，（46）：1-11.

［81］ 陈容，陈树群，巫仲明等. 台湾地区泥石流防灾减灾的经验与启示［J］. 水利学报，2012，43（s2）：186-192.

［82］ 陈容，崔鹏. 社区灾害风险管理现状和展望［J］. 灾害学，2013，28（1）：133-138.

［83］ 陈容，崔鹏，苏志满，等. 汶川地震极重灾区公众减灾意识调查分析［J］. 灾害学，2014，29（2）：228-233.

［84］ Lillywhite J. Identifying available spatial metadata：the problem［J］. Metadata in the Geosciences，1991：3-12.

［85］ 周成虎，李军. 地球空间元数据研究［J］. 地球科学-中国地质大学学报，2000，25（6）：579-585.

［86］ 刘丰，王泽，曲政. 基于数据库的图文报表生成系统的研究［J］. 计算机应用，2006，26（2）：36-38.

第五章

［87］ 韦方强，谢洪，钟敦伦，等. 西部山区城镇建设中的泥石流问题与减灾对策［J］. 中国地质灾害与防治学报，2002，（4）：25-30.

［88］ 李莎莎. 甘肃省城市建设地质灾害防治研究［D］. 兰州：兰州大学，2009.

［89］ 李德基. 泥石流减灾理论与实践［M］. 北京：科学出版社，1997：59.

［90］ 谢洪，钟敦伦，韦方强等. 泥石流信息范畴与信息收集，地理科学［J］. 2000，20（5）：474-477.

［91］ 中国科学院成都山地灾害与环境研究所. 泥石流研究与防治. 成都：四川科学技术出版社，1989：12-13，62，119，123，130.

［92］ 关宝树编. 铁路隧道围岩分类［M］. 北京：人民铁道出版社，1978：57.

［93］ 交通部第一铁路设计院. 铁路工程地质手册. 北京：人民交通出版社，1975：143，146，161.

［94］ 南昌铁路局工务处. 防洪［M］. 北京：人民铁道出版社，1979：218.

［95］ 钟敦伦. 试论地震在泥石流中的作用［J］. 泥石流论文集. 重庆：科学技术文献出版社重庆分社，1981：30-35.

［96］ 铁道部第二勘测设计院主编. 铁路工程地质泥石流勘测规则（TBJ27-91）［M］. 北京：铁道部建设司标准科情所组织出版发行，1991：32.

［97］《工程地质手册》编写委员会. 工程地质手册（第三版）［M］. 北京：中国建筑工业出版社，1992：608.

［98］ 王继康主编，泥石流防治工程技术［M］. 北京：中国铁道出版社，1996：30.

［99］ 周必凡，李德基，罗德富等. 泥石流防治指南［M］. 北京：科学出版社，1991：59-60，96-108.

［100］ 铁道部第一勘测设计院. 路基设计参考资料［M］. 北京：人民铁道出版社，1997：8.8-8.9.

［101］ 章书成，袁家模. 泥石流冲击力及其测试［J］. 中国科学院兰州冰川冻土研究所集刊，第4号（中国泥石流研究专辑）北京：科学出版社，1985：269-274.

［102］ 远藤隆一. 砂防工学［M］. 共立出版株式会社，昭和33年：119-129.

［103］ 周必凡，高考. 拦砂坝消能工的特点［C］//全国泥石流防治经验交流会论文集. 重庆：科技文献出版社重庆分社，1983：88-93.

［104］ 中国科学院水利部成都山地灾害与环境研究所. 中国泥石流［M］. 北京：商务印书馆，2000.

［105］ 张军，泥石流拦沙坝设计荷载初步分析［C］//泥石流(2). 重庆：科学技术文献出版社重庆分社，1983：56-61.

［106］ Bagnolod，R. A. Experiments on a Gravity-free Dispersion of Large Solid Spheres in a Newtonian Fluid under Shear［J］，Proc. Roy. soc. London，1954，Series A，Vol. 225，49-63.

［107］ 周必凡. 粘性泥石流力学模型与运动方程及验证［J］. 中国科学（B辑），第25卷第二期，1995：196-203.

［108］ 吴积善，康志成，田连权，章书成. 云南蒋家沟泥石流观测研究［M］. 北京：科学出版社，1990：53-127.

［109］ 陈光曦等. 泥石流防治［M］. 北京：中国铁路出版社，1983：52-53.

［110］ 李德基，吕儒仁等. 四川甘洛利子依达沟泥石流及其防治［A］. 全国泥石流防治经验交流会论文集［C］. 重庆：科学技术文献出版社重庆分社，1983：34-39.

［111］ 陈光曦，王继康，王林海. 泥石流防治［M］. 北京：中国铁道出版社，1983：60.

［112］ 甘肃省交通科学研究所，中国科学院兰州冰川冻土研究所. 泥石流地区公路工程［M］. 北京：人民交通出版社，1981：29-143.

［113］ 游勇，柳金峰，陈兴长．"5·12"汶川地震后北川苏保河流域泥石流危害及特征［J］．山地学报，2010（3）：358-366.

［114］ 丁玉寿，谢修齐，吕儒仁．成昆铁道利子依达1981年7月9日泥石流［C］//中国铁路学会铁道工程委员会，铁路泥石流学术论文集，1981.

［115］ 孙恩智，袁建模．泥石流沟正射影像动态地图制作及应用［C］// 泥石流（3）．重庆：科学技术文献出版社重庆分社，1986：96-103.

［116］ 武居有恒．地すべり崩壊土石流予測と對策［M］．鹿島出版社，1980.

［117］ C. M. 弗莱施曼．泥石流［M］．姚德基译．北京：科学出版社，1986.

［118］ 刘希林．泥石流堆积扇危险范围雏议［J］．灾害学，1990（3）：86-89.

［119］ 山下佑一，石川芳治．土石流の直撃を受ける範囲の設定［J］．新砂防，1991，44（2）：22-25.

［120］ L. Franzi, G. Bianco. A statistical method to predict debris flow deposited volumes on a debris fan［J］. Phys. Chem. Earth（c），2001，26（9）：683-688.

［121］ 盧田和男，江頭進治，矢島啟．土石流の流動堆積機構［J］．京都大學防災研究所年報，1986，第29號B-2：1-17.

［122］ 唐川．泥石流堆积特征与扇状地危险范围预测［D］．硕士研究生学位论文，1988.

［123］ 高桥保．泥石流停止和堆积机理的研究（二）：泥石流堆积扇的形成过程［J］．京都大学防灾研究所年报，1980，23（B-2）：1-4.

［124］ 刘希林．泥石流堆积扇危险范围雏议［J］．灾害学，1990（3）：86-89.

［125］ Perla, R., Cheng, T. T. and McClung, D. M. A two parameter model of snow avalanche motion［J］. Journal of Glaciology, 1980, 26（94）：197-208.

［126］ Cannon, S. H. An approach for estimating debris flow runout distance. In: Proceedings Conference XX, International Erosion Control Association, Vancouver［C］, British Columbia, 1989: 457-468.

［127］ Benda, L. E. and Cundy, T. W. Predicting deposition of debris flows in mountain channels［J］, Canadian Geotechnical Journal, 1990, 27: 409-417.

［128］ Zimmermann, M. Formation of debris flow Cones: Results form Model Tests, JAPAN-U. S. WORKSHOP ON SNOW AVALANCHE, LANDSLIDE, DEBRIS FLOW PREDICTION AND CONTROL, Proc［J］. JUWSLDPC, 1991: 463-470.

［129］ Whipple, X. K. Predicting Debris-flow Runout and Deposition on Fans: the Importance of the Flow Hydrograph, EROSION, DEBRIS FLOWS AND ENVIRONMENT IN MOUNTAIN REGIONS（Proceedings of the Chengdu Symposium, July 1992）［J］, IAHS Publ., 1992, 209: 337-345.

［130］ Pierson, T. C. Flow characteristics of large eruption-triggered debris flows at snow-clad volcanoes: Constraints for debris-flow model［J］. Journal of Volcanology and Geothermal Research, 1995, 66: 283-294.

［131］ Vandine, D. F. Debris flow control structures for forest engineering［J］. Ministry of Forests Research Program, 1996, 22: 75.

［132］ Bathurst, J. C., Burton, A. and Ward, T. J. Debris flow run-out and landslide sediment delivery model tests［J］. Journal of Hydraulic Engineering, ASCE, 123（5）：410-417.

［133］ Iverson, R. M., Schilling, S. P. and Vallance, J. W. Objective delineation of lahar-inundation zones［J］. Geological Society of America Bulletin, 1998, 110（8）：972-984.

［134］ A. Gomez-Villar, J. M. Garcia-Ruiz. Surface sediment characteristics and present dynamics in alluvial fans of the central Spanish Pyrenees［J］. Geomorphology, 2000, 34, 127-144.

［135］ Fannin, R. J. and Wise, M. P. An empirical-statistical model for debris flow travel distance［J］. Canadian Geotechnical Journal, 2001, 38: 982-994.

［136］ Lancaster, S. T. Effects of wood on debris flow runout in small mountain watersheds［J］. Water Resources Research, 2003, 39（6）：

1168.

［137］ Crosta, G. B., Cucchiaro, S., and Franttini, P. Validation of semi-empirical relationships for the definition of debris-flow hazards mitigation: Mechanics, Prediction and Assessment: Proceedings 3rd International DFHM Conferene［C］, Davos, Switzerland, 2003: 821-831.

［138］ Cannon, S. H. An Empirical Model for the Volume-change Behavior of Debris flows. Proc. 1993 Conference of Hydraulic Engineering ASCE［C］, San Francisco, California, U. S. A, 1993: 1768-1773.

［139］ Toyos G., Oramas Dorta D., et al. GIS-assisted modeling for debris flow hazard assessment based on the events of May 1998 in the area of Sarno, Southern Italy［J］. Part 1: Maximum run-out. Earth Surface Processes and Landforms, 2007, 32（10）: 1491-1502.

［140］ Bull, W. B. Geomorphology of segmented alluvial fans in western Fresno County［J］, California. USGS Prof. Rep., P0352E, 1964, 89-128.

［141］ Christine L. M., Robert E. G. Spatial and temporal patterns of debris-flow deposition in the Oregon Coast Range, USA. Geomorphology［J］, 2003, 1362, 1-15.

［142］ Berti, M. and A. Simoni. Prediction of debris flow inundation areas using empirical mobility relationships［J］. Geomorphology, 2007, 90（1~2）: 144-161.

［143］ Tang C, Zhu J, Chang M, et al. An empirical-statistical model for predicting Debris flow runout zones in the Wenchuan earthquake area［J］. Quaternary International, 2012, 250: 63-73.

［144］ 刘希林. 泥石流危险度判定的研究［J］. 灾害学, 1988, 3（3）: 10-15.

［145］ 刘希林. 我国泥石流危险度评价研究: 回顾与展望［J］. 自然灾害学报, 2002, 11（4）: 1-8.

［146］ United Nations, Department of Humanitarian Affairs. Mitigating Natural Disasters: Phenomena, Effects and Options-A Manual for Policy Makers and Planners［M］. New York: UnitedNations, 1991: 1-164.

［147］ 刘希林. 区域泥石流危险度评价研究进展［J］. 中国地质灾害与防治学报, 2002, 13（4）: 3-11.

［148］ 刘希林, 莫多闻, 王小丹. 区域泥石流易损性评价［J］. 中国地质灾害与防治学报, 2001, 12（2）: 7-12.

［149］ 刘希林, 莫多闻. 泥石流风险及沟谷泥石流风险度评价［J］. 工程地质学报, 2002, 10（3）: 266-273.

［150］ 刘希林. 泥石流风险区划研究［J］. 地质力学学报, 2000, 6（4）: 37-42.

［151］ 刘希林. 泥石流风险区划研究［J］. 地质力学学报, 2000, 6（4）: 37-42.

［152］ 陈景武. 云南东川蒋家沟泥石流暴发与暴雨关系的初步分析［C］, 第一届全国泥石流学术会议, 1980.

［153］ 谭炳炎, 段爱英. 山区铁路沿线暴雨泥石流预报的研究［J］. 自然灾害学报, 1995, 4（2）: 43-52.

［154］ 刘传正, 刘艳辉, 温铭生, 等. 中国地质灾害区域预警方法与应用［J］. 工程地质学报. 2012（6）.

［155］ 长江水利委员会. 长江上游滑坡泥石流监测预警技术手册［M］. 武汉: 长江出版社, 2008, 1.

［156］ 张金山, 崔鹏. 泥石流预警及其实施方法［J］. 水利学报, 2012, 43（S2）: 174-180.

［157］ 吴积善, 王成华等. 中国山地灾害防治工程［M］, 成都: 四川科学技术出版社, 1997.

［158］ 周必凡, 李德基, 罗德富. 泥石流防治指南［M］. 北京: 科学出版社, 1991.

［159］ 柳素清. 四川扁桃: 泥石流生物治理的优良树种［A］//泥石流（3）［C］. 重庆: 科技文献出版社重庆分社, 1984.

第六章

［160］ Duncan JM. State of the art: limit equilibrium and finite-element analysis of slopes［J］. J Geotech Eng, ASCE 1996; 122（7）: 577-596.

［161］ Cai F, Ugai K. Numerical analysis of the stability of a slope reinforced with piles［J］. Soils Found, Jpn Geotech Soc 2000; 40（1）: 73-84.

［162］乔建平主编. 滑坡风险区划理论与实践［M］. 成都：四川大学出版社，2010.

［163］Newmark, N. M. Effects of earthquakes on dams and embankments. Geotechnique［J］, 1965, 139-159.

［164］Ambraseys N N, Menu J M. Earthquake-induced ground displacements［J］. Earthquake engineering & structural dynamics, 1988, 16（7）：985-1006.

［165］Jibson R W. Predicting earthquake-induced landslide displacements using Newmark's sliding block analysis［J］. Transportation research record, 1993: 9.

［166］Jibson R W. Regression models for estimating coseismic landslide displacement［J］. Engineering Geology, 2007, 91（2）：209-218.

［167］Romeo R. Seismically induced landslide displacements: a predictive model［J］. Engineering Geology, 2000, 58（3）：337-351.

［168］王涛，吴树仁，石菊松. 国际滑坡风险评估与管理指南研究综述［J］. 地质通报，2009，28（8）：1006-1019.

［169］唐亚明，冯卫，李政国，孙巧银. 滑坡风险管理综述［J］. 灾害学，2015，30（1）：141-149.

［170］李天斌，陈明东. 滑坡预报的几个基本问题［J］. 工程地质学报，1990，3.

［171］许强，黄润秋，李秀珍. 滑坡时间预测预报研究进展［J］. 地球科学进展. 2004，19（3）：478-483.

第七章

［172］耿大玉. 西安地裂灾害与对策研究. 西安地裂及渭河盆地活断层研究［M］. 北京：地震出版社，1992.

［173］张栓厚，胡巍. 西安地裂缝群的主要特征及其成因和危害［A］//全国地面变形地质灾害学术讨论会论文集［C］. 1990.

［174］晏同珍. 西安地面沉降及地裂缝阶段预测［J］. 现代地质，1990，03：101-109.

［175］徐光黎，佟永贺，张家明. 地下水抽汲对西安地面沉降和地裂缝活动的影响程度分析［J］. 中国地质灾害与防治学报，1992，04：3-7，15.

［176］钱瑞华，高震寰，徐锡伟，等. 大同铁路分局地裂缝综合研究［R］. 北京：国家地震局地质研究所，1992.

［177］徐光黎，张家明，佟永贺，等. 西安市地裂缝的时空预测预报［J］. 西北地震学报，1992，4：75-81.

［178］邓聚龙. 灰色控制系统［J］. 华中工学院学报，1982，03：10-18.

［179］彭建兵，孙萍，范文等. 随机介质理论确定黄土暗穴引起的地表变形［J］. 长安大学学报（自然科学版），2005，25（4）：48-51.

［180］黄强兵. 地裂缝对地铁隧道的影响机制及病害控制研究［D］. 西安：长安大学，2009.

［181］彭建兵，范文，黄强兵. 西安市城市快速轨道交通二号线穿过地裂缝带的结构措施专题研究［R］. 长安大学，铁道第一勘察设计院，2006.

［182］赵超英. 差分干涉雷达技术用于不连续形变的监测研究［D］. 西安：长安大学博士论文，2009（b）.

［183］刘娟. 西安地裂缝活动强度空间信息量模型预测及防治对策［J］. 灾害学，1997，2：27-31.

［184］张家明，佟永贺，徐光黎，等. 西安地裂缝与地貌成生关系研究［J］. 中国地质灾害与防治学报，1991（2）：67-73.

［185］刘玉海，陈志新，倪万魁，等. 大同城市地质研究［M］. 西安：西安地图出版社，1995.

［186］董东林，武强，孙桂敏. 山西临汾市地裂缝GIS预测的初步研究［J］. 中国地质灾害与防治学报，1996，7（4）：16-20.

［187］姜振泉，隋旺华，田宝霖. 临汾地裂缝灾害与地下水开采相关关系［J］. 中国矿业大学学报，1999，28（1）：90-93.

［188］武强，董东林，武雄，等. 临汾市地裂缝灾害模拟与灾情预报的GSI研究［J］. 中国科学（D辑），2000，30（4）：429-435.

［189］张家明. 西安地裂缝研究［M］. 西安：西北大学出版社，1990.

［190］王兰生，李天斌，赵其华. 浅生时效构造与人类工程［M］. 北京：地质出版社，1994.

［191］耿大玉，巩守文. 西安地裂的成因. 西安地裂及渭河盆地活断层研究［M］. 北京：地震出版社，1992.

第八章

［192］中国地质学会城市地质研究会. 中国城市地质［M］. 北京：中国大地出版社，2005.

［193］工程地质手册编委会. 工程地质手册（第四版）［M］. 北京：中国建筑工业出版社，2007，2.

［194］陈洪凯编著. 地质灾害理论与控制［M］. 北京：科学出版社，2011.

［195］中国地质调查局编. 地质灾害调查与监测技术方法论文集［C］. 北京：中国大地出版社，2005，6.

［196］刘传正主编. 地质灾害勘查指南［M］. 北京：地质出版社，2000.

［197］王寒梅. 上海市地面沉降风险评价体系及风险管理研究［D］. 上海：上海大学，2013.

［198］罗元华等编著. 地质灾害风险评估方法［M］. 北京：地质出版社，1998.

［199］张梁等著. 地质灾害灾情评估理论与实践［M］. 北京：地质出版社，1998.

［200］张勤，李家权. GPS测量原理及应用［M］. 北京：科学出版社，2005.

［201］张勤，黄观文，王利，等. GPS在西安市地面沉降与地裂缝监测中的应用研究［J］. 工程地质学报，2007，15（6）：828-833.

［202］黄观文. GPS精密单点定位和高精度GPS基线网平差研究及其软件实现［D］. 西安：长安大学，2008.

［203］武晓忠，张勤，刘忠. 西安地面沉降与地裂缝GPS监测网的设计与实现研究［J］. 测绘技术装备，2006，8（2）：3-5.

［204］赵超英，张勤，王利. GPS高差在滑坡监测中的应用研究［J］. 测绘通报，2005，（1）：39-41.

［205］张永海. GPS城市沉降监测网数据处理方法研究［J］. 地球科学与环境学报，2009，31（3）：327-330.

［206］熊福文，顾卫锋，李家权. GPS技术在上海市地面沉降研究中的应用［J］. 地球物理学进展，2006，（4）：1352-1358.

［207］张勤，黄观文，王利，等. GPS在西安市地面沉降与地裂缝监测中的应用研究［J］. 工程地质学报，2007，15（6）：828-833.

［208］王超，张红，刘智. 星载合成孔径雷达干涉测量［M］. 北京：科学出版社，2002.

［209］廖明生，林挥. 雷达干涉测量—原理与信号处理基础［M］. 北京：测绘出版社，2003.

［210］张红. D-InSAR与POLInSAR的方法及应用研究［D］. 北京：中国科学院遥感应用研究所，2002.

［211］王超，张红，刘智等. 苏州地区地面沉降的星载合成孔径雷达干涉测量监测［J］. 自然科学进展，2002，12（6）：621-624.

［212］何伟. D-InSAR技术在西安市地面沉降监测中的应用［D］. 长安大学，2007.

［213］孙赫，张勤，杨成生，等. PS-InSAR技术监测分析辽宁盘锦地区地面沉降［J］. 上海国土资源，2014，（4）：68-71.

［214］刘媛媛，张勤，赵超英，等. PS-InSAR技术用于太原市地面沉降形变分析［J］. 大地测量与地球动力学，2014，34（2）.

［215］杨成生，张勤，赵超英，等. 短基线集InSAR技术用于大同盆地地面沉降、地裂缝及断裂活动监测［J］. 武汉大学学报：信息科学版，2014，（8）：945-950.

［216］赵超英，张勤，丁晓利，等. 基于InSAR的西安地面沉降与地裂缝发育特征研究［J］. 工程地质学报，2009，17（3）：389-393.

［217］张勤，赵超英，丁晓利，等. 利用GPS与InSAR研究西安现今地面沉降与地裂缝时空演化特征［J］. 地球物理学报，2009，52，（5）：1214-1222.

［218］李灵运，李冲. GPS-InSAR合成方法用于地面沉降监测的可行性展望［J］. 全球定位系统，2006，31（3）：39-41.

［219］张勤，赵超英，丁晓利，等. 利用GPS与InSAR研究西安现今地面沉降与地裂缝时空演化特征［J］. 地球物理学报，2009，52（5）：1214-1222.

［220］马静，张菊清. 利用InSAR-GIS监测西安地面沉降的分析研究［J］. 测绘通报，2012，（2）：14-17.

［221］潘学标，郑大玮主编. 地质灾害及其减灾技术［M］，北京：化学工业出版社，2010，8.

第九章

［222］刘之葵. 桂林岩溶区岩土工程理论与实践［M］. 北京：地质出版社，2009.

［223］秦美前，刘晓军，商南南. 岩溶地区的工程地质勘察与稳定性分区［J］. 采矿技术. 2004，4（1）：67-68.

［224］陈学军，陈植华，贾晓青. 桂林市西城区岩溶塌陷灾害危险性评价［M］. 武汉：中国地质大学出版社，2004.

［225］刘之葵，牟春梅，朱寿增. 岩土工程勘察［M］. 北京：中国建筑工业出版社，2012.

［226］刘传正. 地质灾害勘查指南［M］. 北京：地质出版社，2000.

［227］岩土工程勘察规范GB　50021—2001［S］.

［228］刘之葵，梁金成. 岩溶区溶洞及土洞对建筑地基的影响［M］. 北京：地质出版社，2006.

［229］邓自强等. 桂林岩溶与地质构造［M］. 重庆：重庆出版社，1988.

［230］雷明堂，蒋小珍，李瑜，等. 城市岩溶塌陷地质灾害风险评估：以贵州六盘水市为例［J］. 中国地质灾害与防治学报. 2000（4）.

［231］缪钟灵，宗凤书. 桂林岩溶塌陷风险评价［J］. 中国地质灾害与防治学报. 1995（2）.

［232］万志清，秦四清，祁生文. 桂林市岩溶塌陷及防治［J］. 工程地质学报，2001. 09（2）：199-203.

［233］刘细元，马振兴，杨永革等. 江西省宜春城区地面塌陷特征及防治建议［J］. 中国地质灾害与防治学报，2006，18（2）：89-94.

［234］南玮超. 城市地质灾害成因分析与规划建议：以徐水县为例［D］. 北京：中国地质大学，2008.

［235］张长敏. 煤矿采空塌陷特征与危险性预测研究［D］. 中国地震局地质研究所，2009.

［236］王亚男. InSAR技术用于矿区大量级塌陷监测研究［D］. 长安大学，2011.

［237］朱建军，邢学敏，胡俊，李志伟. 利用InSAR技术监测矿区地表形变［J］. 中国有色金属学报. 2011（10）：2564-2576.

［238］陈国浒，刘云华，单新建. PS-InSAR技术在北京采空塌陷区地表形变测量中的应用探析［J］. 中国地质灾害与防治学报. 2010（2）：60-63.

［239］李瑜，朱平. 岩溶地面塌陷监测技术与方法［J］. 中国岩溶. 2005（2）：104-108.

［240］蒋小珍，雷明堂，顾维芳，张美恒. 线性工程路基岩溶土洞（塌陷）监测技术与方法综述［J］. 中国岩溶. 2008（02）：173-176.

［241］蒋小珍，雷明堂，陈渊，葛捷. 岩溶塌陷的光纤传感监测试验研究［J］. 水文地质工程地质. 2006（06）：75-79.

［242］程国名，赵龙辉，郝春明. 闭坑矿井地面塌陷监测示范区建设初探［J］. 水文地质工程地质. 2010（07）：131-134.

［243］方建勤. 地下工程开挖灾害预警系统的研究［D］. 长沙：中南大学，2004.

［244］冯林，秦沛. 基于SoftGIS的采空区塌陷灾害评价系统研究［J］. 矿业研究与开发，2014，12，34（7）：27-30.

［245］李示波，李占金，张洋，卢宏建. 声发射监测技术用于采空区地压灾害预测［J］. 金属矿山，2014. 3：152-155.

［246］雷明堂，李瑜，蒋小珍，甘伏平，蒙彦. 岩溶塌陷灾害监测预报技术与方法初步研究：以桂林市柘木村岩溶塌陷监测为例［J］. 中国地质灾害与防治学报. 2004（S1）：143-145.

［247］覃秀玲. 岩溶土洞稳定性分析及TDR监测预警研究［D］. 成都理工大学，2010.

［248］刘传正. 地质灾害勘察指南［M］. 北京：地质出版社，2000.

［249］张泰丽，周爱国，冯小铭，等. 南京市地面塌陷发育特征及防治对策［J］. 中国安全科学学报，2011，21（3）：3-8.

［250］张瑛. 辽宁地面塌陷现状、成因及防治对策［J］. 中国地质灾害与防治学报，1998，9（3）：94-98.

［251］钱建平. 桂林市岩溶塌陷的基本特征和防治对策［J］. 矿产与地质，2007，21（2）：200-204.

［252］莫家光. 广西岩溶塌陷的危害及其防治措施［J］. 中国地质，1990，17（4）：24-25.

［253］周治国. 湖南娄底地区岩溶塌陷特征及防治探讨［J］. 水文地质工程地质，1993，3：18-20.

［254］张红日，石潇，牛兴丽，陈杰. 山东省矿山地面塌陷状况与恢复治理［J］. 地质灾害与环境保护，2008，19（3）：20-23.

[255] 杨利芳. 山西经坊煤矿采空塌陷形成机理及防治对策研究 [J]. 中国煤炭地质, 2013, 25 (2): 52-59.

[256] 龙裙魁. 长沙地铁1号线工程岩溶洞穴稳定性及其病害处理研究 [D]. 长沙: 中南大学, 2012.

[257] 左岩岩, 李金娜, 温京. 浅析岩溶塌陷的治理措施 [J]. 河北建筑工程学院学报, 2012, 30 (4): 28-30.

第十章

[258] 岳中琦. 香港滑坡灾害防治和社会效益 [J]. 工程地质学报, 2006, 14 (Suppl.): 12-17.

[259] 岳中琦. 香港山泥倾泻灾害管治的社会效益 [J]. 京港学术交流, 第70号, 2006, 13-18, 18.

[260] GEO. Thirty Years of Slope Safety Practice in Hong Kong, Geotechnical Engineering Office (GEO), The Government of the Hong Kong SAR. 2007: 625.

[261] Yue, Z. Q. Social benefits of landslide prevention and mitigation in Hong Kong, China [M]. in Progress of Geo-Disaster Mitigation Technology in Asia, Environmental Science and Engineering, DOI: 10.1007/978-3-642-29107-4_3, Springer-Verlag Berlin Heidelberg, 2013: 55-75.

[262] Lan, H. X., Hu, R. L., Yue, Z. Q., Lee, C. F., Wang, S. J. Engineering and geological characteristics of granite weathering profiles in South China [J]. Journal of Asian Earth Sciences, 2003, 21(4): 353-364.

[263] 土木工程拓展署. 山崩土淹话今昔: 香港山泥倾泻百年史. 香港: 香港特别行政区政府土木工程拓展署, 2005: 233.

[264] 冯锦荣, 刘润和, 陈志明. 香港工程发展130年 [M]. 香港: 中华书局（香港）有限公司, 2013: 305.

[265] Lumb, P. Slope failures in Hong Kong [J]. Quarterly Journal of Engineering Geology. Vol. 8, 1975: 31-65.

[266] Wong H. N., Ho, K. K. S., Pun, W. K. and Pang, P. L. R. Observations from some landslide studies in Hong Kong, in Slope Engineering in Hong Kong [J]. A. A. Balkema Publisher, Rotterdam, 1998: 277-284.

[267] 土力工程处. 斜坡岩土工程手册 [M]. 香港: 香港特别行政区政府. 土木工程署土力工程处, 1998: 308.

[268] Choi, K. Y., Cheung, R. W. M. Landslide disaster prevention and mitigation through works in Hong Kong [J]. Journal of Rock Mechanics and Geotechnical Engineering, 2013, 5: 354-365.

[269] Chan, Y. C. Study of Old Masonry Retaining Walls in Hong Kong(1996) [J]. GEO Report No. 31, Hong Kong, 1996: 225.

[270] GEO. Guide to Soil Nail Design and Construction [J]. Geoguide 7, Geotechnical Engineering Office (GEO), Government of HKSAR. Hong Kong, China, 2008: 97.

[271] Wan S. P., Yue, Z. Q. Significant cost implications in using Janbu's simplified or Morgenstern-Price slice methods for soil nail design of cut slopes [J]. Transactions of Hong Kong Institution of Engineers, 2004, 11(1): 54-63.

[272] 岳中琦, 李焯芬, 罗锦添, 谭国焕, 菅原纯. 香港大学钻孔过程数字监测仪在土钉加固斜坡工程中的应用 [J]. 岩石力学与工程学报, 2002, 21 (11): 1685-1690.

[273] Yue, Z. Q., Lee, C. F., Law, K. T., Tham, L. G. Automatic monitoring of rotary-percussive drilling for ground characterization-illustrated by a case example in Hong Kong [J]. International Journal of Rock Mechanics & Mining Science, 2004, 41: 573-612.